5판 토질역학 이론과 응용

저자 소개

김상규
AIT 공학석사
서울대학교 공학박사
전 동국대학교 건설환경공학과 교수

이영휘
AIT 공학석사
AIT 공학박사
전 영남대학교 건설시스템공학과 교수

오세붕
KAIST 공학석사
KAIST 공학박사
현재 영남대학교 건설시스템공학과 교수

5판 **토질역학** 이론과 응용

2013년 2월 20일 제3판 발행
2020년 8월 26일 제4판 발행
2025년 8월 8일 제5판 발행

지은이 김상규·이영휘·오세붕 | **펴낸이** 류원식 | **펴낸곳** **교문사**
편집팀장 성혜진 | **책임진행** 윤정선 | **디자인** 신나리

주소 (10881) 경기도 파주시 문발로 116
전화 1644–0965(대표) | **팩스** 070–8650–0965 | **등록** 1960.10.28. 제406-2006-000035호

홈페이지 www.gyomoon.com | E–mail genie@gyomoon.com

ISBN 978–89–363–2683–8(93530) | **값** 33,000원

S O I L　M E C H A N I C S

5판 토질역학 이론과 응용

김상규 · 이영휘 · 오세붕 지음

교문사

5판 머리말 FIFTH EDITION PREFACE

1991년에 최초로 출간된 『토질역학』은 35년간에 걸쳐 독자의 많은 사랑을 받아왔다. 토질역학의 이론과 실제가 지속적으로 발전되므로 개정의 필요성을 느끼게 되었고, 그에 따라 저자도 추가되었다. 2012년 제3판에서는 최근의 토질역학 이론을 포함시키는 차원에서 다음 내용을 새로이 추가 또는 보완했다.

(1) 불포화토의 전단강도
(2) 현장에서의 전단강도 측정 보완
(3) 모래지반의 액상화 보완
(4) 흙의 동적거동
(5) 말뚝의 부마찰력 보완
(6) 한계상태이론
(7) 비탈의 안정 보완

제4판에서는 토질역학 교재로서 장황한 부분을 정리하는 데 초점을 두었다. 각 장에서 최근 잘 적용하지 않는 개념이나 전통적인 도해법을 삭제하였다. 토질역학과 기초공학에서 중복되는 버팀대와 널말뚝에 작용하는 토압, 사면 활동에 대한 전통적 해법, 말뚝의 횡방향 지지력과 연약지반 처리와 관련한 내용 등을 정리하였다. 한편, 오랫동안 사용한 중력단위를 국제적으로 통용되는 SI 단위로 바꾸었다. 이에 따라 이 책의 글과 그림, 예제, 연습문제 등에 모두 SI 단위를 사용하였다.

제5판에서는 독자가 읽기 편하도록 개선하였다. 한자를 없애고 지질학적 용어를 역학적 용어로 고쳤다. 불필요하거나 오류는 아니지만, 새 세대와 교감하기 어려운 부분이 있었다. 또한 개념이 혼동스럽거나 문장이 복잡한 부분을 개선하였다. 이 책의 전통과 정체성을 잃지 않는 선에서 개정을 하였다.

2025년 8월
저자 김상규, 이영휘, 오세봉

머리말 PREFACE

14년 전에 정인준 교수님과 함께 『土質力學』의 저서를 출간한 바 있는데, 여러 대학에서 교재로 채택되어 지금까지 비교적 널리 사용되어 온 것을 고맙게 여기고 있다. 그러나 저자 입장에서는 그 당시 출간된 책의 범위가 대학 과정에서 6학점으로 수업하기에는 부족할 뿐만 아니라 최근에 발전된 중요한 내용이 포함되어 있지 않아서 틈나는 대로 더욱 충실한 책을 다시 엮어보겠다고 마음먹고 있었다. 그동안 수업 내용을 정리하면서 1년 동안의 노력 끝에 뜻은 이루었으나, 막상 탈고하고 보니 또 미진하게 느껴지는 부분이 한두 가지가 아니라는 것을 솔직히 고백하지 않을 수 없다.

이 책을 엮는 데 역점을 두었던 것은 부제에 나타나 있는 바와 같이 토질역학의 이론을 정확히 이해하여, 이것을 바탕으로 실제 문제에 응용할 수 있는 능력을 함양하도록 하자는 데 있다. 저자의 경험으로 보면, 토질역학의 습득은 흙의 거동에 관한 개념의 이해가 무엇보다도 중요하다고 생각되어, 독자가 읽어서 개념을 정확하고 쉽게 이해할 수 있도록 엮고자 노력하였다. 특히 토질역학에서 가장 중요한 유효응력의 개념을 자세히 취급하였고, 이 개념을 비탈의 안정해석에 적용하는 데 도움이 되도록 상세히 기술하였다.

이 책에서는 2장에서 12장까지 흙의 물리적 성질, 유효응력의 개념, 흙의 투수, 압밀, 전단강도, 토압 등을 다루어 토질역학의 기본적인 이론을 망라하도록 기술하였다. 13장 이후부터는 얕은 기초와 깊은 기초, 비탈의 안정, 연약지반의 개량 등을 포함시켜 토질역학의 기본적인 이론을 바탕으로 하여 실제 문제의 해결에 응용할 수 있는 능력을 배양하도록 하는 데 주력하였다. 일반 토질 기술자들이 가장 많은 관심을 가지고 있는 다짐과 연약지반 처리도 각각 독립된 장으로 취급하여 실무자에게 도움이 되도록 하였다. 이와 같이 실제와 관련된 문제를 중심으로 책을 엮다 보니 기초공학의 분야까지 포함시키게 된 것이 사실이다. 그러나 본래의 의도는 기초공학은 별도의 다른 교과서로 강의하는 것으로 가정하였다.

이 책의 내용을 전체적으로 보면 대학 수준의 교과서로서의 정도를 넘는다. 따라서 대학 과정에서는 수준에 따라 내용을 간추려서 교육하는 것이 적절할 것이라고 생각한다. 그러나 최근의 토질역학 분야의 발전을 보면, 더욱 복잡한 문제의 해결을 위한 수치해석의 발전, 확률의 도입, 한계상태 토질역학, 토질동력학 등 새롭게 공부하여야 할 분야들이 너무나 많다는 것을 실감하게 된다. 따라서 이제는 종전의 대학원 수준에서 가르쳤던 내용을 대학 수준에서 가르치지 않을 수 없는 상황이 되어버린 것 같다. 이 점을 감안한다면 이 책은 대학 교재로서도 큰 무리는 없을 것이다.

토질역학의 내용은 과목의 성격상 토질시험 결과를 많이 활용하고 있으므로 이 결과가 그림으로 많이 나타나 있다. 이것은 흙의 거동을 이해하는 데 있어서는 토질시험이 대단히 중요하다는 것을 의미한다. 따라서 흙의 거동에 대한 완벽한 이해를 위해서는 토질시험과 병행하여 교육하는 것이 교육효과가 더욱 상승될 수 있을 것이다. 특히 10장의 전단강도는 비교적 자세히 기술되었는데, 토질시험의 경험이 없으면 이를 이해하는 데 어려움이 따를 수도 있을 것이다.

이 책을 엮는 데 있어서 필자 주위에 있는 많은 분들의 도움을 받은 것을 대단히 고맙게 여기고 있다. 특히 강기영 이사와 김영묵 박사는 탈고할 때부터 출판되기까지 계속해서 교정을 담당하여 좋은 책이 될 수 있도록 많은 노력을 기울여 주었다. 여러 가지 까다로운 주문을 청문각 신대영 상무께서 흔쾌히 받아들이시고, 오랜 기간 편집에 애쓰신 노고에 대하여 깊이 감사드리고 싶다.

1991년 7월
저자 김상규

차례 CONTENTS

4장

점토광물과 흙의 구조

5장

지반 내의 응력

6장

유효응력의 개념, 모관현상 및 흙의 동결

7장

흙 속으로의 물의 흐름

10장

모래와 점성토의 전단 특성, 간극수압계수 및 응력경로

11장

한계상태이론

12장

흙막이 구조물에 작용하는 토압

CHAPTER 1

흙의 생성과 흙에 관련되는 공학적 문제

1.1 흙의 정의와 특성

흙이 다른 건설 자재, 가령 강철이나 콘크리트와 근본적으로 구별되는 것은 불연속체(discrete material)라는 사실이다. 즉, 흙 입자 자체는 고체지만 철과 같은 결정체와는 달리 이들이 강하게 부착되어 있지 않다. 따라서 흙 입자는 쉽게 분리될 수 있으며, 외력을 받았을 때에는 입자 상호 간의 변위가 쉽게 일어난다.

이러한 관점에서 보면 흙은 암반과 구별된다. 전자는 광물 입자들이 자연적으로 결합되어 있으나 쉽게 분리할 수 있는 반면, 후자는 거의 영속적인 결합력에 의하여 강하게 부착되어 있다. 그러나 실제로는 흙과 암반을 명확하게 구별할 수 없는 경우가 많다. 예를 들면, 풍화과정에 있는 암반은 광물 분자의 결합력이 대단히 약화되어 있는 반면, 어떤 흙은 거의 암반에 비견할 수 있을 정도로 고결되어 있는 경우도 있다.

흙이 불연속체라는 사실은 토질역학이 고체역학이나 유체역학과 근본적으로 차이를 보이는 중요한 특징이다. 불연속체인 흙 입자 사이에는 공기와 물이 존재할 수 있기 때문에 흙은 본질적으로 삼상(三相, 고체 · 액체 · 기체상)이다. 흙에 하중이 가해졌을 때에는 이러한 물질의 상호 작용 때문에 하나의 균질한 물질로 되어 있는 경우와는 달리, 힘의 전달이나 변위가 단순하지 않다. 대단히 가는 입자를 가진 흙은 입자 상호 간에 전기력이 작용하기도 한다.

토질역학은 흙의 이와 같은 복잡한 거동을 과학적으로 규명하는 학문이다. 이것을 연구하는 데 있어서는 다음과 같은 흙의 특성을 미리 알아둘 필요가 있다.

(1) 흙의 응력-변형률 거동은 탄성을 보이지 않는다

흙 시료에서 응력과 변형률을 정의하기 위해서는 연속체로 간주해야 한다. 대상 물체 지층에 비하여 충분히 작은 크기에서 흙의 삼상 조직을 포함하는 대표 체적이 정의된다고 가정한다. 이 대표 체적으로 흙 재료의 밀도는 연속적으로 정의할 수 있다.

흙시료에 대해 압축시험을 해보면 흙의 종류에 따라 응력-변형률 곡선이 달라진다. 그림 1.1의 곡선 (1)에서 보는 바와 같이 견고한 흙은 곡선이 가파르게 그려지며 작은 변형률에서 최대 강도에 이르러 갑작스럽게 파쇄되어 버린다. 이 곡선은 강도의 크기가 분명하고 직선에 가깝지만 실제로 탄성체와 같은 탄성적인 거동은 보이지 않는다. 곡선 (2)는 연약한 흙의 거동을 대표하는 것인데, 변형이 상당히 크게 일어나도 강도는 거의 일정한 상태를 유지하고 있다. 따라서 이러한 지반 위에 놓이는 구조물의 안정은 강도는 물론 변형이 중요한 지배적인 요소가 될 수 있다.

그림 1.1의 곡선 (3)과 (4)와 같이 곡선 (1)과 (2)의 중간 상태에 있는 것도 얼마든지 존재할 수 있다. 여기서 분명한 것은 어떤 흙이든 응력-변형률 거동은 탄성을 나타내지 않는다는 사실이다. 그러나 이 곡선들의 처음 부분은 거의 직선에 가까우므로 탄성계수(흙에 대해서는 변형계수라는 말을 많이 사용한다)를 구하여 흙의 탄성적인 거동을 추정하는 데 이용되고 있다.

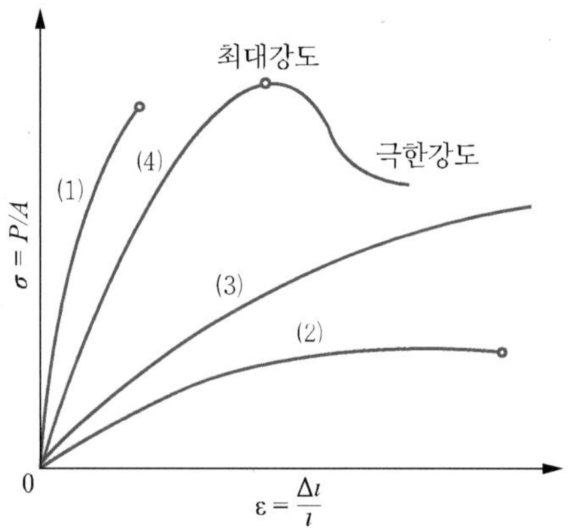

그림 1.1 흙의 응력-변형률 곡선

(2) 흙의 성질은 본질적으로 비균질 비등방성이다

서로 다른 위치에서 상호의 공학적 성질이 동일하다면 이것을 **균질**하다고 하고, 그렇지 않으면 **비균질**하다고 말한다. 그리고 한 위치에서 사방으로 공학적 성질이 동일하다면 이것을 **등방성**이라고 하고, 그렇지 않으면 **비등방성**이라고 한다. 자연 지반은 본래 위치마다 공학적 성질이 다르고, 또한 한 위치에서도 연직 방향과 수평 방향의 성질이 다르므로 비등방 비균질하다고 말할 수 있다.

예를 들면, 수중에 있는 물의 한 요소는 사방으로 수압이 동일하나 지반 내 흙의 한 요소는 연직 방향과 수평 방향의 응력이 각각 다르다. 강재는 구조물의 어느 위치에 있든 동일한 강도를 사용하여 설계하지만, 지반은 깊이에 따른 전단강도의 변화를 고려하여야 한다. 우리는 이따금 전단강도나 투수계수가 등방성이라고 간주하여 해석하지만, 이것은 어디까지나 계산을 간편하게 하고자 하는 것일 뿐 실제로는 비등방성이다.

(3) 흙의 거동은 응력에 의존할 뿐만 아니라 시간과 환경에도 의존한다

흙은 모든 다른 재료와 마찬가지로 응력의 크기에 따라 변형이 일어나며, 이로 인해 파괴까지 이르게 되지만 시간과 환경에 따라서도 흙의 거동은 크게 달라질 수 있다. 포화된 연약한 지반에 하중이 놓이면 이 지반은 시간의 변화에 따라 침하가 일어난다. 이것을 압밀이라고 하며, 토질공학에서 다루는 중요한 과제 중 하나이다. 또한 흙은 온도가 0℃ 이하로 하강하면 흙 속에 있는 물은 얼고, 그 흙은 물이 언 체적 이상으로 팽창한다. 한편, 흙이 동결하면 전단강도와 변형계수가 증가하며, 융해 시 함수비가 커지면 연약해진다.

(4) 지반의 구성과 공학적 성질은 시추(試錐)를 통해서 자세히 판명된다

지구물리학적 방법에 의해서도 지반의 구성을 조사할 수는 있지만, 자세한 지반 조사를 하려면 시추에 의존할 수밖에 없다. 그러나 시추 조사는 조사하려는 전체 지반 중 극히 일부에 국한된다는 사실을 명심하여야 하며, 가능한 한 지반의 전체적인 상황을 파악하도록 노력하는 것이 중요하다. 일반적으로 시추를 통해 얻은 시료를 가지고 지반의 물리적 특성을 파악하고 설계와 해석에 사용되는 여러 가지 정수(parameter)들을 결정하지만, 현장에서 아무리 정교한 기구를 사용해서 시료를 채취하였다고 하더라도 현장과 똑같은 조건을 유지할 수는 없다. 때로는 현장 시험을 통하여 설계에 사용되는 정수들을 결정하는 것이 실제와 맞고 더 경제적일 수 있다.

1.2 흙과 암석

1.2.1 암석의 순환

흙덩이의 고체부분을 형성하는 광물입자들은 암석의 풍화에 의해 생성된 산물이다. 암석은 그 생성과정에 따라 화성암, 퇴적암 및 변성암의 세 가지로 크게 분류된다. 그림 1.2는 위 세 가지 암석이 어떤 순환과정을 거쳐서 생성되는가를 그림으로 잘 보여주고 있다. 이것을 암석의 순환(rock cycle)이라고 한다. 암석 순환의 첫 번째 단계로서 용융된 물질의 마그마(magma)가 지각으로 상승하면서 냉각되어 고결된 화성암(igneous rock)이 생성된다. 화성암이 지각 부근에서 풍화작용(weathering)을 받게 되면 암석은 흙으로 변화되고, 이 흙은 또다시 물, 바람, 빙하 및 중력 등의 운송매체(transporting agent)에 의해 침식된 후 다른 장소에 퇴적토(sediments)로 쌓인다. 이 퇴적물은 장기간에 걸친 매몰, 고화, 압축(compaction) 등에 의해 다시 딱딱한 암석, 즉 퇴적암(sedimentary rock)이 된다. 퇴적암은 높은 온도와 압력에 의해 암석 본래의 광물성분

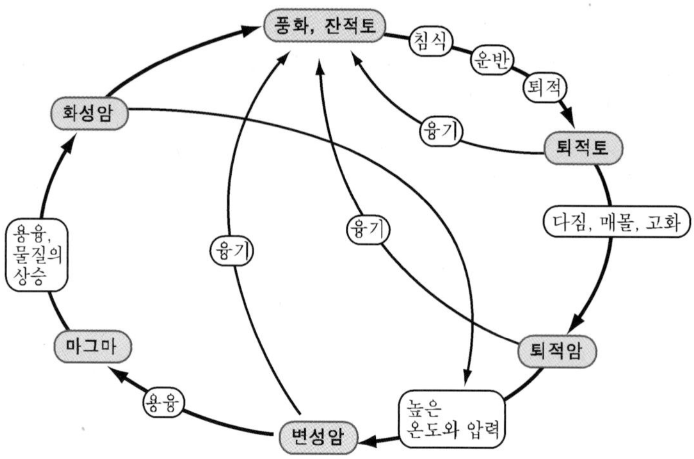

그림 1.2 암석의 순환

이 변화된 변성암(metamorphic rock)으로 전환될 수 있다. 변성암은 용융되어 다시 마그마로 되돌아갈 수 있다. 이러한 순환과정은 그림 1.2에 보인 원을 따라 시계 방향으로 마그마, 화성암, 퇴적토, 퇴적암, 변성암, 다시 마그마로 연속해서 순환된다. 한편, 이와 같이 연속되는 과정은 원 안의 화살표 방향으로 가로질러 갈 수 있으므로 중간에서 순환이 단절될 수도 있다.

(1) 화성암

화성암(igneous rock)은 지구 깊숙이 있는 맨틀로부터 용융된 마그마가 분출되어 그 마그마가 냉각되면서 이에 따른 결정작용에 의해 광물입자들이 고결되어 형성된 것이다. 이 암석은 두 가지의 기준, 즉 표출 상태와 실리카(SiO_2)의 함량에 따라 표 1.1에 보인 바와 같이 대표적인 6종류의 암으로 분류된다.

분출암의 입자의 크기는 0.1 mm 이하로 세립인 반면 관입암의 입자 크기는 2 mm 이상의 조립질이다. 한편, 실리카의 함량이 70% 이상인 암은 산성, 50~70%인 암은 중성, 50% 이하인 암은 염기성(basic)으로 분류된다. 암이 산성에 가까울수록 밝은 색상을 띠고, 염기성 암은 어두운 색상을 띠게 된다.

표 1.1 화성암의 분류

실리카(SiO_2)의 함량 / 표출 상태	70% 이상	50~70%	50% 이하
분출암(extrusion)	유문암(rhyolite)	안산암(andesite)	현무암(basalt)
관입암(intrusion)	화강암(granite)	섬록암(diorite)	반려암(gabbro)

(2) 퇴적암

퇴적토가 쌓인 후 장기간에 걸친 중력작용과 고화작용으로 생성된 퇴적암(sedimentary rock)은 쇄설성 퇴적암과 비쇄설성 퇴적암으로 1차적으로 분류된다. 대표적인 쇄설성 퇴적암은 역암(conglomerate), 각력암(breccia), 사암(sandstone), 미사암(siltstone), 이암(mudrock), 셰일(shale) 등이다. 역암과 각력암은 입자의 크기가 2 mm 이상인 자갈질 암이며, 전자는 역암 속에 박혀 있는 자갈이 둥근 형상인 반면, 후자는 모가 난 형상을 갖는다. 사암은 입자의 크기가 모래질(0.06～2.00 mm)이며, 미사암, 이암, 셰일 등은 입경이 0.06 mm 이하의 점토질 암이다. 한편, 비쇄설성 퇴적암인 석회암(limestone)과 고회암(dolomite) 등은 탄산염 암이다. 비탄산염 암으로는 유기질 성분의 석탄(coal)과 해수가 증발하여 퇴적된 암염(rocksalt), 석고(gypsum) 등이 있다.

(3) 변성암

변성암(metamorphic rock)은 600°C 이상의 높은 온도와 500 MPa 이상의 높은 압력에 의해 암의 구조와 조직이 변화되어 생성된 것이다. 변성되기 전 암종류와 변성작용 중 온도 및 압력조건에 따라 여러 종류의 변성암으로 분류된다. 또한 변성작용 중에 새로운 광물이 생성되고 광물입자들이 전단되어 엽리구조(foliated texture)를 나타내기도 한다. 변성과정에 따라 점토질 암에서 생성되는 변성암으로는 혼펠스(hornfels), 점판암(slate), 편암(schist), 편마암(gneiss) 등이 있는데, 이들 암들은 변성이 진행됨에 따라 입자 크기가 증가하는 경향을 보인다. 기타 변성암으로는 석회암이 방해석(calcite)의 재결정작용에 의해 변성된 대리석(marble), 사암이 석영(quartz)의 재결정작용으로 변성된 규사암(quartzite) 등이 있다.

1.2.2 풍화작용

흙은 암석이 물리적 풍화작용, 화학적 풍화작용 또는 용해작용에 의해 미세한 조각으로 나누어져 이루어진 것이다. **물리적 풍화작용**이란 암석이 모암으로부터 작은 조각으로 파쇄되거나 마모되어 가는 과정을 말한다. 이것은 건습반복 또는 응력해방에 따른 암석의 파쇄, 균열 속에 있는 물의 동결, 심한 온도 변화로 인한 암반의 팽창 또는 수축, 유수에 의해 운반되는 자갈의 마모 등으로 인하여 일어난다.

화학적 풍화작용이란, 모암과는 전혀 다른 새로운 광물을 생성하기 위하여 암석 광물의 성질이 화학적으로 바뀌는 것을 뜻한다. 이러한 작용이 일어나는 것은 물이나 공기 중의 산소 또는 이산화탄소나, 썩은 식물에서 생기는 유기산, 물속에 있는 염분과 같은 것이 광물과 반응하기 때문이다.

용해작용은 암석으로부터 가용성 광물은 녹이고 불가용성 광물은 잔류물로 남겨두는 과정을 말한다. 이러한 세 가지 작용은 각각 다른 속도로 동시에 일어나지만 기후, 지형, 모암의 성분 등에 따라 풍화 정도를 달리한다. 일반적으로 따뜻하고 습기가 많은 평탄한 지방에서는 화학적 풍화작용이 우세하고, 험한 지세의 건조한 지방에서는 물리적 풍화작용이 우세하다. 용해작용은 가용성 암석이 있는 다습한 지방에서 많이 일어난다.

이와 같은 작용을 받아 이루어진 흙은 그 자리에 남아 있기도 하고 물이나 바람 또는 빙하의 작용을 받아 멀리까지 운반되어 퇴적되기도 한다. 전자를 **잔적토**(residual soil), 후자를 **퇴적토**(transported soil)라고 한다.

1.2.3 잔적토

잔적토는 풍화 속도가 중력, 침식 또는 빙하작용에 의해 제거되는 속도보다 빠를 때 형성된다. 풍화 속도가 얼마나 빠르고 암석이 풍화한 다음에 얻어지는 생성물이 어떤 것인가 하는 것은 기온, 강우, 시간, 암석의 종류 등에 따라 다르다. 습기가 많고 온난한 지방에서는 암석의 화학적인 풍화가 촉진되기 때문에 잔적토의 두께가 깊다.

잔적토는 모암의 광물 성분을 그대로 지닌다. 현무암처럼 망간철 광물을 가지는 암석은 산화철 색깔과 같은 몬모릴로나이트(montmorillonite) 광물의 점토를 형성한다. 화강암이 풍화하면 운모나 카올리나이트(kaolinite)군의 점토광물을 포함하는 황갈색의 흙이 된다. 암석 중에서도 특히 화강암류는 풍화되기 쉽다. 우리나라에서는 인천 지방의 흙이 특히 풍화가 심한데, 약 30 m 깊이까지도 완전 풍화되어 있다고 한다(임, 1974).

풍화작용의 정도는 지층의 깊이에 따라 다르다. 그림 1.3은 모암이 풍화작용을 받은 지층 단면을 나타낸 것인데, 표토층 아래에 있는 지층은 암석이 완전히 풍화되어 잔적토(풍화토)로 변하였고, 깊이가 깊어지면 부분적으로 풍화되어 있어 흙과 암석의 구별이 뚜렷하지 않다. 지표면에 있는 장석이나 망간철 광물을 포함한 암석은 대부분 점토로 바뀌며 암반이 절리(joint)나 전단대(shear zone)를 가지고 있으면, 이러한 균열을 따라 풍화되어 바위 덩어리를 남긴다. 풍화가 전혀 되지 않은 신선한 암석은 지표면 아래 훨씬 깊은 곳에 존재한다.

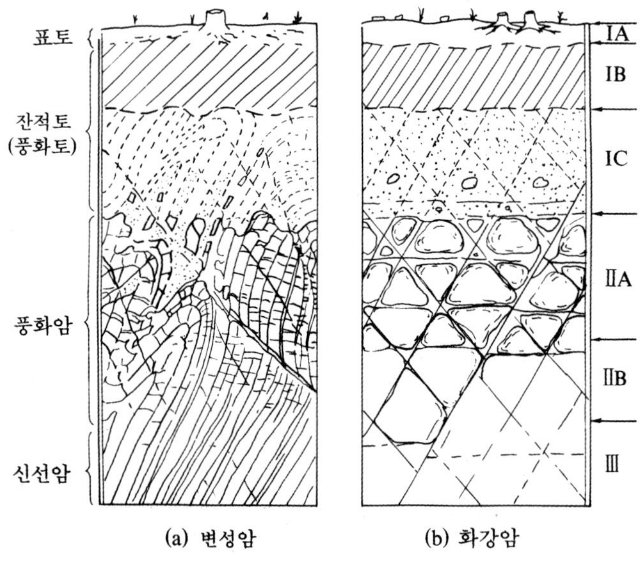

그림 1.3 풍화를 받은 지층의 단면

1.2.4 퇴적토

퇴적토는 물, 바람, 빙하, 중력 등과 같은 매체에 의하여 멀리까지 운반되어 퇴적된 것으로, 이러한 매체에 의해 흙이 운반되는 도중에 흙은 마모되거나 충격으로 파쇄되어 입자가 가늘어지고 모양이 둥글어진다.

(1) 물에 의한 퇴적물

물은 유로를 지나면서 흙을 침식하기도 하고 입자의 크기별로 나누어 퇴적시키기도 한다. 작은 흙 입자는 부유해서 하류까지 운반되어 퇴적되는 반면, 모래나 자갈과 같은 굵은 입자는 하상으로 굴러 흐르면서 파쇄되거나 마모되면서 퇴적된다. 이와 같은 과정을 거치면서 하상에 퇴적된 흙을 **충적토**(alluvium)라고 한다.

강이나 하천을 지나 파도 작용이 심하지 않은 고요한 바다에서 퇴적된 흙은 입자가 가늘고 두께가 두꺼우며, 또 바다에 존재하는 염분 때문에 입자들이 엉성하게 엉켜서 면모구조(4장 참조)를 하고 있다. 이러한 점토를 **해성점토**(marine clay)라고 하며, 이것은 압축성이 크고 대단히 연약하여 가벼운 하중을 지지할 수 있는 능력밖에 없다. 우리나라에서는 군산, 이리 지방과 남해, 동해안에 걸쳐서 20 m 내지 30 m에 이르는 해성점토층이 존재한다(김, 1975). 특히 낙동강 하구 해안과 양산, 김해 일대에 퇴적된 점토층은 그 범위가 넓고 두꺼우며, 그 아래 놓인 대수층(aquifer)에서 작용하는 수압으로 인해 분수압(피압, artesian pressure)이 존재하는 곳이 여러 군데에서 발견된다(Kim, 2008)

(2) 바람에 의한 퇴적물

바람은 입자를 먼 곳까지 운반하는 주요한 매체 중 하나이다. 바람에 의해 형성된 모래의 퇴적을 **사구**(sand dune)라고 한다. 사구는 물리적 풍화작용에 의해 흙이 생성되어 있는 사막 지대나 모래가 집적되어 있는 해안에서 흔히 생긴다.

모래보다 가는 실트 크기의 흙이 건조 지대와 반건조 지대의 경계에서 천천히 쌓일 수 있다. 이러한 흙을 **뢰스**(loess)라고 한다. 뢰스는 입경이 고르고 누런 갈색의 빛깔을 띠며, 연직 방향으로 분명하게 균열이 보인다. 또한 포화되면 갑작스럽게 붕괴되는 특징이 있다.

(3) 빙하에 의한 퇴적물

빙하로 대표될 수 있는 얼음의 작용은 풍화작용과 운반작용을 동시에 일으킨다. 빙하는 흐르는 속도가 느리지만 거대한 중량과 견고성 때문에 침식력이 막대하여 구릉이나 세곡을 깎아내린다.

빙하의 이동으로 직접 퇴적된 것을 **빙쇄석**(moraine)이라고 한다. 빙쇄석은 유수의 작용을 받지 않았기 때문에 점토에서부터 큰 돌에 이르는 여러 가지 크기의 흙 입자를 가지고 있다. 어떤 흙은 얼음에서 녹은 물에 의해 멀리까지 운반되어 퇴적된다. 얼음이 녹는 속도는 계절에 따라 변화되기 때문에 융해수의 유량과 유속이 달라져서 여름에는 비교적 굵은 입자가 퇴적되고 겨울에는 가는 입자가 퇴적된다. 이와 같이 흙의 입경이 호층을 이루어 형성된 점토를 **호상점토**(varved clay)라고 하는데, 북유럽과 캐나다에 많이 분포한다.

(4) 중력에 의한 퇴적물

반복되는 산사태에 의하여 원래 장소에 있던 흙이 중력에 의해 언덕 아래로 운송되어 쌓인 퇴적물을 **붕적토**(colluvium)라 한다. 점토에서 큰 돌에 이르는 여러 크기의 흙 입자가 혼합되어 있어 매우 불균질하고 느슨하여 기초지반으로는 부적합하다. 또한 붕적토 지반을 굴착하여 비탈면을 형성할 경우 굴착면에 매우 큰 공동(cavity)이 나타나는 경우가 많다. 이때에는 주입공법(grouting) 등에 의한 지반개량이 비탈면의 안정을 위해 필요하다. 경사진 산비탈에 쌓이는 암괴 더미인 **테일러스**(talus)도 붕적토에 속한다.

1.3 흙에 관련되는 공학적 문제

모든 공사에 있어서 토목 기술자는 흙을 다루지 않으면 안 된다. 특히 토질공학을 전문으로 하는 기술자가 해결하여야 할 기술적 문제는 크게 다섯 가지로 나눌 수 있다.

1. 구조물을 설치할 기초를 설계하는 문제
2. 흙을 건설 재료로서 사용하는 문제
3. 비탈면과 굴착면의 안정에 관한 문제
4. 지하 구조물이나 흙막이 구조물에 작용하는 토압의 문제
5. 기타 특별한 문제

이러한 공학적 문제들을 가장 만족하게 해결할 목적으로 토질역학은 오늘날까지 끊임없이 발전해 오고 있다. 다음에서는 이러한 문제들을 더 자세히 언급해 보기로 한다.

1.3.1 기초

건물, 교량, 탑, 댐 등과 같은 모든 토목 구조물은 지표면이나 지중에 설치되며, 이러한 여러 가지 구조물이 충분히 만족스럽게 기능하도록 하기 위해서는 적절한 기초가 필요하다. 지표면이나 그 가까이에 견고한 흙이 존재할 경우, 건물의 기둥이나 벽체로부터 오는 하중을 가장 손쉽게

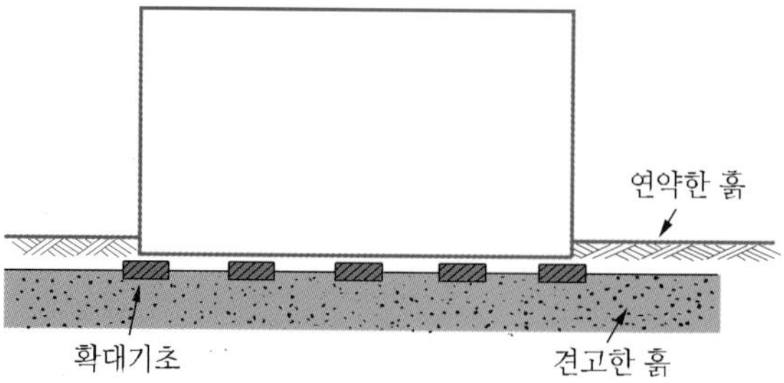

그림 1.4 확대기초 위에 놓이는 건물

전달시키는 방법은 확대기초(spread footing)를 설치하는 일이다(그림 1.4 참조). 확대기초로는 주로 철근 콘크리트가 많이 사용된다.

지표면에서는 구조물을 충분히 지지할 만큼 견고한 흙이 존재하지 않는 곳이 많다. 이러한 경우에 하중을 지중으로 전달시키는 방법은 말뚝이나 케이슨(caisson) 같은 것을 이용해서 연약한 지반을 지나 견고한 지층에 하중을 도달시키는 것이다.

이와 같이 기초의 종류를 어느 것으로 하느냐 하는 것은 지반의 강도, 즉 지지력과 밀접한 관계가 있다. 또 한 가지 중요한 것은 구조물을 손상시킬 만한 침하량이 일어나서는 안 된다는 것이다. 침하량을 어느 정도까지 허용할 수 있느냐 하는 것은 구조물의 종류, 용도, 크기, 위치 등에 따라 다르다.

기초의 침하량은 기초 위에 놓이는 하중의 크기에 지배되기 때문에 하중을 경감시키면 침하량을 줄일 수 있다는 것은 당연하다. 구조물이 지표면 아래 깊숙이 놓인다면 그 깊이만큼 흙을 굴토해야 하기 때문에 굴토량만큼 하중은 경감된다. 이러한 기법을 사용하면 경우에 따라 기초에 작용하는 순하중을 거의 무시할 수 있게 된다.

1.3.2 건설재료로서의 흙

흙은 세계 어디에서나 쉽게 구할 수 있는 풍부한 건설 재료이며, 종류도 다양하다. 흙은 신석기 시대부터 분묘, 축성, 주택, 저수시설 등에 사용되어 왔다.

흙을 건설재료로서 가장 많이 사용하는 경우는 댐, 도로 그리고 공항을 만들 때라고 하겠다. 도로 제방을 만들 때에는 토취장에서 흙을 운반하고, 흙에 가장 적절한 양의 물을 뿌려 다지는 기계로 잘 다져서 시공한다. 도로를 포장하기 위해서는 먼저 도로 제방이나 원지반을 잘 다져서 기층을 두고 위에 아스팔트나 콘크리트 포장을 하게 되는데(그림 1.5 참조), 기층으로 이용할 수 있는 자갈을 쉽게 구할 수 없다면 흙에 시멘트나 석회를 섞어서 기층으로 대신하는 것이 훨씬 경제적일 수 있다. 이러한 경우에는 반드시 토질시험을 거쳐서 혼합재료의 비율, 함수비, 다지는 방법 등을 결정하여야 한다.

흙은 값이 싸고 또 무게가 비교적 가볍기 때문에 최근 들어서는 콘크리트 댐보다 흙댐(earth dam)을 축조하는 경향이 늘고 있다. 흙댐은 그림 1.6에서 보는 바와 같이 점토 심벽(clay core)과 심벽 양쪽에 놓이는 제각(shell)으로 구성된다. 점토 심벽은 투수가 잘 안 되어 침투가 최소로

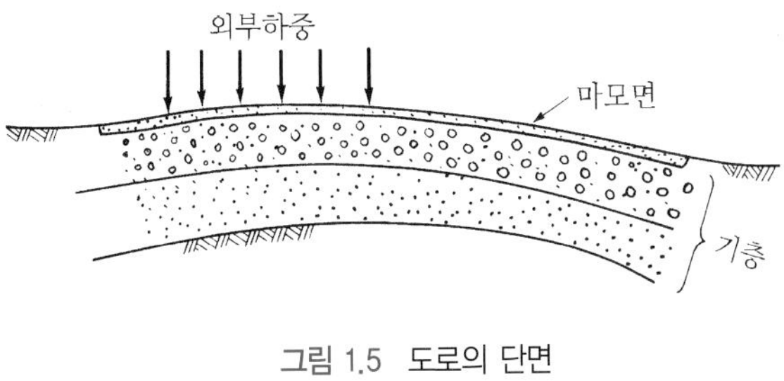

그림 1.5 도로의 단면

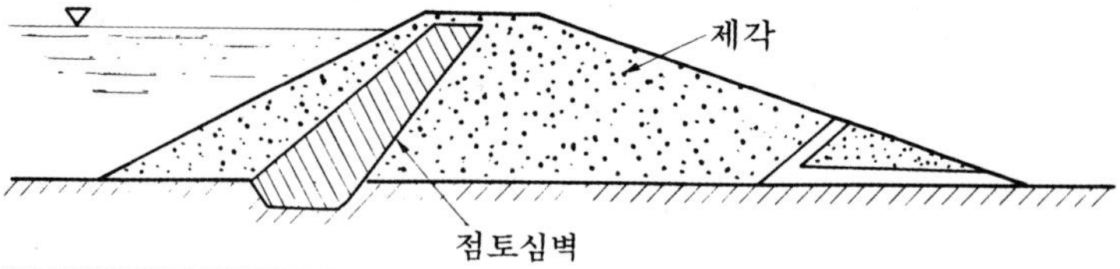

그림 1.6 흙댐의 단면

될 수 있는 흙을 골라 축조하여야 한다. 제각은 무겁고 투수성이 좋은 자갈이나 암석을 사용해서 댐이 안정되도록 하여야 한다.

세계 각지에서는 내륙에서 좋은 건설 부지를 구하지 못하여 해안을 매립한 후 공장 부지나 항구 등으로 사용하는 경우가 많다. 매립에 사용되는 흙은 바다에서 준설하기도 하고 내륙에서 좋은 흙을 골라오기도 한다. 해안선을 따라 존재하는 원지층은 대단히 연약하므로 매립 시나 장차 그 위에 구조물을 세우려고 할 때는 특수한 공법을 이용해서 미리 지반을 안정시키는 것이 일반적이다. 매립에 관한 공법은 Whitman(1970)의 논문에서 상세히 언급하고 있다.

1.3.3 비탈의 안정

그림 1.7은 자연 사면이나 인공 제방과 같은 비탈을 나타낸 것이다. 비탈은 수평이 아니기 때문에 중력의 작용을 받아 아래로 내려가려고 하는 경향이 있다. 오랫동안 안정되어 있던 비탈이라고 하더라도 그 위에 하중이 놓인다면 위태로울 수 있다. 흙댐이나 제방과 같은 비탈을 가진 모든 토질 구조물을 설계할 때에는 주어진 비탈의 경사에 대하여 안정할 수 있는지 검토하여야 한다. 폭우로 인해 수많은 인명과 재산의 피해를 입히는 축대의 붕괴나 산사태 등은 비탈의 안정문제에 포함되는 좋은 예로서 토질 기술자가 해결하여야 할 중요한 과제인 것이다.

관개 배수로나 운하를 만들 때에도 일정 기울기로 굴토를 하여 비탈을 만든다. 이러한 비탈에 대해서는 우선 유수로 인한 침식이 방지되어야 한다. 침식이 일어나면 비탈이 더 가파라져 한층 더 위태로워지기 때문이다. 연약한 셰일(shale) 지반을 굴착하여 만든 파나마 운하는 1914년에 개통되었으나 오늘날까지도 활동이 계속되고 있는 것으로 유명하다.

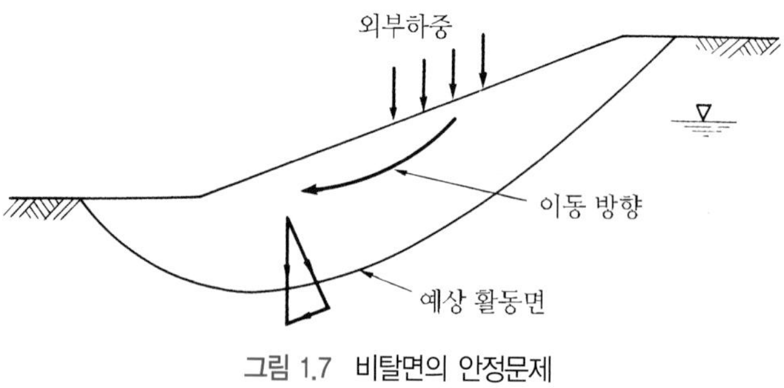

그림 1.7 비탈면의 안정문제

1.3.4 지하 구조물과 흙막이 구조물

지표면 아래에 축조되는 어떤 구조물도 접촉하고 있는 흙으로 인하여 힘을 받는다. 지표면을 일정 기울기로 굴토한 후 매설한 파이프 라인(그림 1.8 참조)은 이러한 구조물의 좋은 예이다. 어떤 경우에는 컬버트나 파이프 라인을 매설한 후 상당히 높은 제방을 쌓을 때도 있다. 어느 경우에나 이러한 구조물을 매설할 때에는 여러 가지 고려 사항이 있을 수 있는데, 이에 대해서는 Clarke(1966)의 논문에 잘 설명되어 있다.

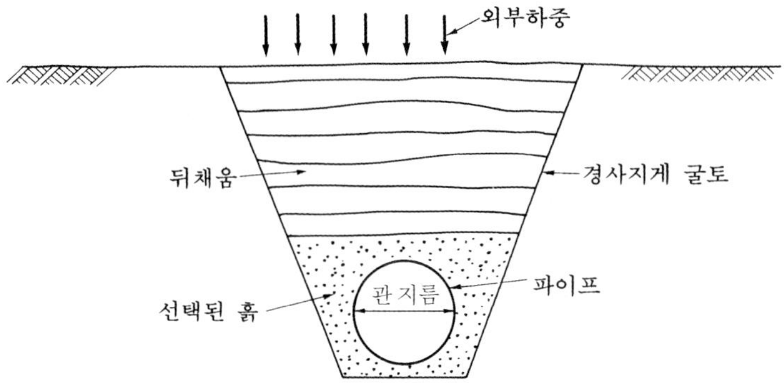

그림 1.8 파이프 라인의 매설

점토나 모래와 같은 연약한 지반을 통해 터널을 구축할 때에는 침하 때문에 문제 해결을 더욱 어렵게 한다. 지하철을 부설하기 위한 지하 구조물도 이러한 예에 속한다. 지하 구조물에 작용하는 힘의 크기를 결정하기 위해서는 그것을 둘러싸고 있는 흙에서 오는 힘만을 고려하여서는 안 된다. 지하 구조물의 거동은 흙과 구조물의 상호 작용에 의존하기 때문에 이 관계를 잘 이해해야만 만족스러운 설계를 할 수 있을 것이다.

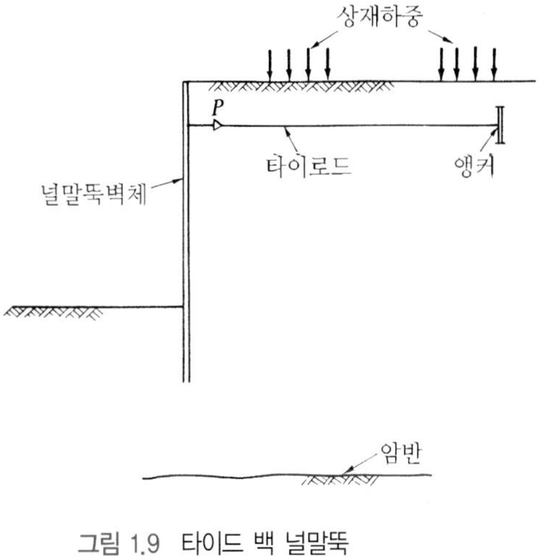

그림 1.9 타이드 백 널말뚝

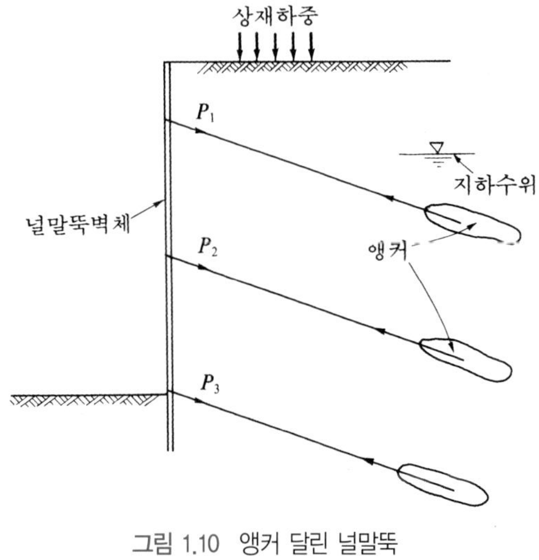

그림 1.10 앵커 달린 널말뚝

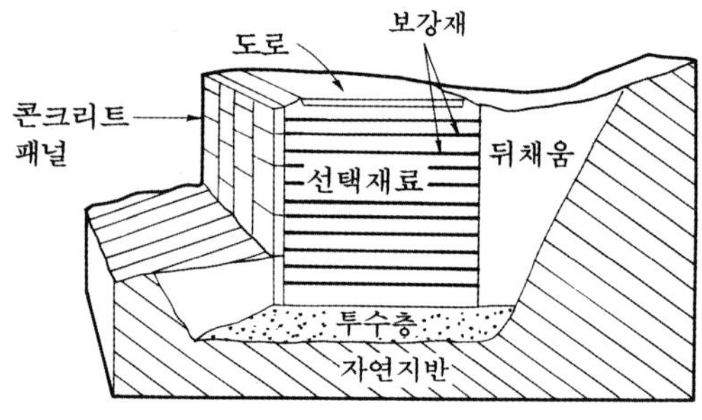

그림 1.11 보강토로 된 토류 구조물

가장 보편적으로 사용되는 흙막이 구조물은 중력식 옹벽이다. 이것은 흙과 접촉하고 있는 바닥을 넓게 해서 활동이나 전도 또는 지지력에 안정되도록 설계한다. 해안에 있는 안벽과 같이 기초를 설치하기가 어렵거나 벽체가 대단히 높을 때에는 그림 1.9와 같이 타이드 백 널말뚝으로 설계하는 것이 더 경제적일 수 있다. 때로는 그림 1.10과 같이 한 널말뚝에 앵커를 여러 개 설치해서 토압에 견디게 할 수도 있다. 이것은 지하실을 구축하기 위하여 지표면에서 연직으로 굴토할 때 자주 사용되는 공법이며, 이때에는 널말뚝 전면에서 구멍을 파서 앵커를 박아 넣는다.

Vidal(1966)의 아이디어로 여러 겹의 보강재를 흙 속에 넣어 흙막이 구조물을 만드는 공법이 개발되었다(그림 1.11 참조). 보강재와 흙을 총칭하여 **보강토**(reinforced earth)라고 한다.

모든 흙막이 구조물의 문제에 있어서 벽체 단면을 선정하거나 앵커를 설계할 때에는 벽체에 생긴 힘과 분포를 알아야 한다. 나중에 더 자세히 설명하겠지만, 힘의 분포는 벽체의 변위에 지배된다는 점을 유념하여야 한다.

1.3.5 그 밖의 특별한 토질공학적 문제

앞에서 언급한 여러 가지 문제 외에도, 극히 중요하다고 생각되는 특별한 토질공학적 문제가 많다. 그중 하나는 물이나 기름 같은 물질을 땅속에서 뽑아냄으로써 지표면이 가라앉는 현상이다. 캘리포니아 롱비치에서는 기름을 뽑아 올린 결과 지표면이 8 m나 가라앉았고, 멕시코 시에서는 물을 지하에서 뽑아 사용함으로써 지표면이 수십 m 가라앉았다고 한다. 이러한 지표면의 침하는 구조물의 기초를 설계하는 데 있어서 대단히 어려운 문제점을 야기한다. 느슨한 입상토로 이루어진 지층은 진동을 받으면 흙이 다져져서 지반 침하가 일어날 수 있다. 큰 컴프레서나 말뚝 박기에 사용되는 해머, 또는 터빈이 진동을 일으키면 이것은 구조물의 기초로 전달된다. 이러한 진동으로 생긴 주파수가 흙의 고유 진동수와 근접할 때에는 대단히 위험한 결과를 초래할 수 있으므로, 기술자는 이러한 재해를 미리 방지하는 방법을 강구하여야 할 것이다. 그 한 가지 방법으로 흙에 주입제를 넣어 흙의 단위중량을 증가시킴으로써 고유 진동수를 변경시킬 수 있다.

건설 공사에서 자주 이용되는 폭파에 의해 생긴 충격파가 구조물을 지나가면 구조물은 진동을 일으킨다. 마찬가지로 핵폭발로 인한 충격파의 전달은 구조물에 심각한 영향을 끼치며 지진으로 인한 진동도 동일한 결과를 초래한다. 1964년에 알래스카에서 일어난 지진은 앵커리지에 있는 대부분의 건물을 파괴시켰음은 물론, 대규모의 지반 활동을 일으킨 것으로 유명하다. 우리나라에서는 지진으로 인한 피해가 거의 없다는 것이 다행한 일이다.

얼기 쉬운 흙이 습기에 접촉하여 동결 온도 이하가 되면 물을 흡수하여 크게 팽창한다. 이러한 동상(frost heaving)은 구조물을 움직이거나 균열을 생기게 할 만큼 충분히 큰 힘을 나타내며, 또 융해 시에는 동결로 인해 과도하게 흡수한 물 때문에 지반이 연약해져서 흙의 강도가 현저히 저하한다. 구조물의 종류로 보아 동상으로 인해 가장 큰 피해를 입는 것은 아마도 도로일 것이다. 동결 지방에서 도로나 비행장을 건설하는 토목 기술자는 동상이 일어나지 않도록 배수가 잘 되는 좋은 흙을 선택하여야 하고, 동시에 융해 시 연약해진 흙에도 견딜 수 있도록 포장을 설계하여야 한다.

1.4 토질공학적 문제에 대한 해결방법

1.3절에서는 흙과 관련된 여러 가지 공학적 문제를 제기하였는데, 이러한 문제를 만족스럽게 해결하기 위해서는 토질역학의 이론을 바탕으로 하여 지하탐사, 응용지질(engineering geology), 경험, 경제적 지식 등이 필요하다. 토질역학의 이론은 정량적인 방법으로 흙의 거동을 기술하는 데 이용되며, 이 책의 목적은 독자들로 하여금 바로 이 이론을 습득하도록 하는 데 있다.

땅속의 상태는 직접 눈으로 볼 수 없으므로 어떤 방법으로든 땅속을 조사하여 흙의 실제 구성을 알아 둘 필요가 있다. 지하탐사는 지구물리학적 방법 또는 전기적 방법 등 간접적인 방법으로 행해지기도 하고, 시추(boring)나 사운딩(sounding)과 같은 직접적인 방법으로 행해지기도 한다. 이러한 내용은 기초공학 분야에서 다루어지며, 특히 Hvorslev(1949)의 책에 자세히 나온다.

응용지질학의 지식은 지질의 변천과정을 이해하고, 지질학적인 요소가 흙의 성질에 미치는 영향을 파악하는 데 도움을 줄 수 있다. 예를 들면, 지표면 가까이에 있는 런던 점토는 절리나 균열이 많은데, 이것은 그 점토층이 과거에 큰 하중을 받았기 때문이라는 것이 지질학적 조사를 통해 밝혀졌다(Bishop, 1966).

여기서 말하는 경험이란, 단순히 무슨 일을 해보았다는 것을 의미하는 것이 아니고, 그 일을 행하고 행위의 결과를 평가해 보았다는 것을 뜻한다. 만약 설계 시에 가정한 것과 현장에서의 측정값을 비교·검토해서 원인을 분석해 보았다면, 그 기술자는 소중한 경험을 얻을 것이다. 이러한 경험이 쌓이면 문제 해결 능력이 커질 것은 분명하다.

여러 가지 가능한 해결 방안 중에서 최선의 방안을 선정하는 일은 경제적인 문제와 결부된다. 한 프로젝트의 공사비는 단가를 기준으로 하여 산정하지만, 과학적인 시공 관리도 공사비와 관련되는 중요한 요소 중의 하나이다.

문제에 대한 최선의 해결은 위에서 설명한 여러 가지를 토대로 하여 정확한 공학적 판단을 함으로써 성취할 수 있다. 이러한 공학적 판단의 기본이 되는 것이 토질역학의 철저한 해득이라는 것은 두말할 필요도 없다.

참고문헌

Bishop, A. W. (1966). The strength of soils as engineering materials. *Geotechnique* **16**, No. 2, 89-130.

Clarke, N. W. B. (1966). The load imposed on conduits load under embankments or valley fills. *Proc. Institution of Civil Engineers, London* **36**, 63-98.

Hvorslev, J. (1949). *Subsurface exploration and sampling of soils for civil engineering purposes.* New York: American Society of Civil Engineers.

Kim, S. K. (2008). Characteristics of deltaic deposits in the Nakdong River Mouth, Busan. *Geotechnical and Geophysical Site Characterization*, Edited by A. B. Huang and P. W. Mayne, 75-88.

Kim, S. K. (1975). Engineering properties of marine clays in Korea. *Proc. 5th Asian Regional Conference on Soil Mechanics and Foundation Engineering*. Bangalore, India, 35-43.

Vidal, H. (1966). La Terre Arme'e. *Annales de L'Institut Technique du Batiments et des Travaux Publics.* No. 223-224, 888-937.

Whitman, R. V. (1970). Hydraulic fills to support structural loads. *Journals, American Society of Civil Engineers* **96**, No. SM1, 23-47.

임병조(1974). 기초공학. 야정문화사.

CHAPTER 2

흙의 기본적 성질

2.1 흙의 각 성분 사이의 관계

무기질의 흙덩이는 고체인 흙 입자, 액체인 물 그리고 기체인 공기, 이 세 가지 성분으로 구성되어 있다. 어떤 경우에는 공기 또는 물이 제외되어 있을 수도 있다. 유기질토는 위의 세 가지 성분 외에 유기물질을 포함한다.

흙 입자, 물 그리고 공기의 세 가지 성분을 따로따로 분리하여 표시하면 그림 2.1과 같다. 이 그림으로부터 다음과 같은 관계식이 유도된다.

2.1.1 간극비(void ratio)와 간극률(porosity)

간극비 e는 흙 입자의 용적에 대한 간극의 용적비이다. 즉,

$$e = \frac{V_v}{V_s} \tag{2.1}$$

로 표시된다. 이 식에 사용된 각 기호는 그림 2.1에서 보여지듯이 흙 입자, 물, 공기의 질량은 M_s, M_w, M_a이고, 부피는 V_s, V_w, V_a, 간극의 부피는 V_v이다. 간극비는 소수로 표시되는데, 1.0이면 간극이 차지하는 부피가 흙 입자의 부피와 같다. 대단히 촘촘하고 입도분포가 좋은 사질토는 이 값이 0.3 정도밖에 되지 않는 반면, 어떤 점토는 2.0이나 그 이상이 될 수도 있다.

간극률은 흙덩이 전체의 용적에 대한 간극의 용적비를 백분율로 표시한 것이다. 그림 2.1을 참조하면 간극률은,

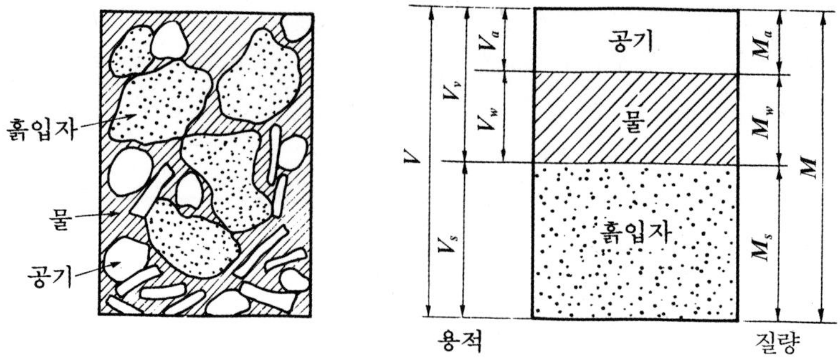

(a) 자연 상태에 있는 흙 (b) 흙덩이의 성분

그림 2.1 흙덩이의 구성

$$n = \frac{V_v}{V} \times 100(\%) \tag{2.2}$$

로 표시됨을 알 수 있다.

간극비와 간극률 사이에는 다음과 같은 관계가 있다.

$$e = \frac{V_v}{V_s} = \frac{V_v}{V - V_v} = \frac{V_v / V}{(V/V) - (V_v / V)} = \frac{n}{1 - n} \tag{2.3}$$

$$n = \frac{V_v}{V} = \frac{V_v}{V_s + V_v} = \frac{V_v / V_s}{(V_s / V_s) + (V_v / V_s)}$$

$$= \frac{e}{1 + e} \times 100(\%) \tag{2.4}$$

예를 들어, 간극비가 1.0일 때, 간극률은 50%이다.

2.1.2 포화도(degree of saturation)

포화도는 간극의 용적에 대한 간극 속에 포함되어 있는 물의 용적비를 백분율로 표시한 것이다. 따라서 포화도 S는 다음 식으로 표시된다.

$$S = \frac{V_w}{V_v} \times 100(\%) \tag{2.5}$$

$S = 100\%$라면 간극 속에 물이 완전히 채워져 있고, 공기는 그 속에 존재하지 않는 상태이다. 이런 상태에 있는 흙은 완전히 포화되었다고 말하는데, 지하수위 아래에 있는 흙은 완전 포화에 가깝다.

자연 상태의 105℃ 내지 110℃의 건조로에서 흙이 건조되었다면 그 흙의 포화도는 0이다.

2.1.3 함수비(water content)

함수비 w는 흙 입자의 질량에 대한 수분의 질량의 백분율로 정의된다. 즉,

$$w = \frac{M_w}{M_s} \times 100(\%) \tag{2.6}$$

이다. 흙을 노건조시키면 이때의 함수비는 0이다.

2.1.4 비중(specific gravity)

비중이란 4℃에서의 물의 밀도에 대한 어느 물질의 밀도로 정의된다. 따라서 흙의 비중은,

$$G_s = \frac{\rho_s}{\rho_{w(4℃)}} \tag{2.7}$$

이다. 여기서, ρ_w는 물의 밀도, ρ_s는 흙 입자의 밀도이며, 다음 식으로 표시된다.

$$\rho_s = \frac{M_s}{V_s} \tag{2.8}$$

그리고 T℃에서의 물의 비중은

$$G_w = \frac{\rho_{w(T℃)}}{\rho_{w(4℃)}} \tag{2.9}$$

로 표시된다. 여기서, $\rho_{w(T℃)}$와 $\rho_{w(4℃)}$는 각각 T℃에서 물의 밀도와 4℃에서 물의 밀도이다. 한국공업규격에서는 $\rho_{w(15℃)}$를 기준으로 하여 비중을 측정하고 있다.

2.1.5 함수비, 포화도 및 간극비 사이의 관계

함수비, 포화도 및 간극비 사이에는 다음과 같은 관계가 있다. 이 관계식은 함수비의 정의로부터 쉽게 유도할 수 있다. 여기서 함수비 및 포화도는 소수로 표시한다.

$$w = \frac{M_w}{M_s} = \frac{\rho_w V_w}{\rho_w G_s V_s} = \frac{\rho_w S V_v}{\rho_w G_s V_s} = \frac{Se}{G_s}$$

즉,

$$G_s w = Se \tag{2.10}$$

2.1.6 흙의 밀도(density)

흙의 밀도는 흙덩이의 질량을 이에 대응하는 용적으로 나눈 값이다. 밀도의 단위는 g/cm^3 또는 Mg/m^3(t/m^3)로 표시된다. 그림 2.2는 그림 2.1의 각 성분의 용적과 질량을 V_s로 나누어 표시한 것이다. 흙 입자가 차지하는 부피가 1일 때, 간극이 차지하는 부피는 간극비 e이다. 흙 입자의 질량은 ρ_s 또는 $G_s\rho_w$이다. 간극의 질량은 간극수의 질량과 같으며(공기의 질량 무시), 간극수의

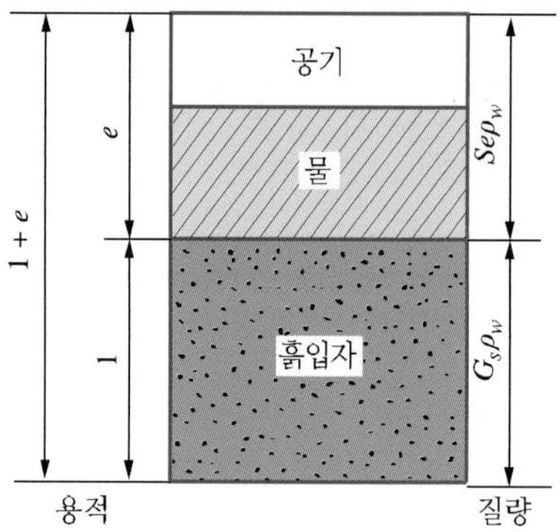

그림 2.2 흙 성분의 표시

부피 Se에 물의 밀도를 곱하여 구한다($Se\rho_w$ 또는 $wG_s\rho_w$). 이 그림을 보고 흙의 밀도에 대한 공식을 쉽게 유도할 수 있다.

(1) 전체 밀도(bulk density)

흙의 전체 밀도 ρ_t는 자연 상태에 있는 흙의 질량을 이에 대응하는 용적으로 나눈 값이다. 즉,

$$\rho_t = \frac{M}{V} = \frac{G_s + Se}{1+e}\rho_w = \frac{1+w}{1+e}G_s\rho_w \tag{2.11}$$

자연 상태에 있는 흙의 밀도 값은 그 흙의 다져진 상태, 입경과 입도분포, 함수비에 따라서 크게 달라진다. 특히 지층에서 포화도(또는 함수비)는 변동하므로, 전체 밀도는 건조밀도와 포화밀도 사이의 값으로 존재한다.

사질토의 전체 밀도는 1.8 Mg/m^3 내지 2.2 Mg/m^{3}의 값을 보이며, 점토는 대략 1.6 Mg/m^3 내지 2.0 Mg/m^{3}의 범위에 있다. 흙에 유기질이 섞여 있으면 밀도는 훨씬 낮아질 수 있다.

(2) 건조밀도(dry density)

흙을 노건조시켰을 때의 밀도를 건조밀도라고 한다. 그림 2.2를 참조하여 건조밀도 ρ_d를 식으로 표시하면,

$$\rho_d = \frac{M_s}{V} = \frac{G_s}{1+e}\rho_w \tag{2.12}$$

가 된다. 건조밀도와 전체 밀도 사이에는 다음과 같은 관계가 있다.

$$\rho_d = \frac{\rho_t}{1+w} \tag{2.13}$$

(3) 포화밀도(saturated density)

흙이 수중에 있거나 또는 모관작용에 의하여 완전히 포화되었다면, 이때의 밀도는 $S=100\%$일 때의 전체 밀도이므로 식 (2.11)로부터 이 값은 쉽게 결정할 수 있다. 따라서 포화밀도는 다음과 같다.

$$\rho_{\text{sat}} = \frac{G_s + e}{1+e}\rho_w \tag{2.14}$$

(4) 수중밀도(submerged density)

흙이 지하수위 아래에 있으면 부력을 받는다. 이때의 밀도는 포화밀도에서 물의 밀도를 뺀 값만큼 감소하므로 수중밀도 ρ_{sub}는 다음과 같이 표시된다.

$$\rho_{\text{sub}} = \rho_{\text{sat}} - \rho_w = \frac{G_s + e}{1+e}\rho_w - \rho_w = \frac{G_s - 1}{1+e}\rho_w \tag{2.15}$$

표 2.1은 여러 가지 흙의 간극률, 간극비 및 밀도의 대푯값을 나타낸 것이다.

표 2.1 흙의 간극률, 간극비 및 밀도

흙의 종류	흙의 상태	간극률 (%)	간극비	밀도(Mg/m^3)		
				건조	전체	포화
모래질 자갈	느슨	38～42	0.61～0.72	1.4～1.7	1.8～2.0	1.9～2.1
	촘촘	18～25	0.22～0.33	1.9～2.1	2.0～2.3	2.1～2.4
거친 모래, 중간 모래	느슨	40～45	0.67～0.82	1.3～1.5	1.6～1.9	1.8～1.9
	촘촘	25～32	0.33～0.47	1.7～1.8	1.8～2.1	2.0～2.1
균등한 가는 모래	느슨	45～48	0.82～0.92	1.4～1.5	1.5～1.9	1.8～1.9
	촘촘	33～36	0.49～0.56	1.7～1.8	1.8～2.1	2.0～2.1
거친 실트	느슨	45～55	0.82～1.22	1.3～1.5	1.5～1.9	1.8～1.9
	촘촘	35～40	0.54～0.67	1.6～1.7	1.7～2.1	2.0～2.1
실트	연약	45～50	0.82～1.00	1.3～1.5	1.6～2.0	1.8～2.0
	중간	35～40	0.54～0.67	1.6～1.7	1.7～2.1	2.0～2.1
	견고	30～35	0.43～0.49	1.8～1.9	1.8～1.9	1.8～2.2
소성이 작은 점토	연약	50～55	1.00～1.22	1.3～1.4	1.5～1.8	1.8～2.0
	중간	35～45	0.54～0.82	1.5～1.8	1.7～2.1	1.9～2.1
	견고	30～35	0.43～0.54	1.8～1.9	1.8～2.2	2.1～2.2
소성이 큰 점토	연약	60～70	1.50～2.30	0.9～1.5	1.2～1.8	1.4～1.8
	중간	40～55	0.67～1.22	1.5～1.8	1.5～2.0	1.7～2.1
	견고	30～40	0.43～0.67	1.8～2.0	1.7～2.2	1.9～2.3

2.1.7 단위중량(unit weight)

단위중량은 뉴턴의 운동 제2법칙에 따라 다음과 같이 정의된다.

$$\gamma = \rho g \tag{2.16}$$

여기서, γ는 단위중량이고, g는 중력가속도이다. 중력가속도는 $g = 9.807\ \text{m/s}^2$이므로 밀도를 측정하였다면 단위중량의 값은 9.8(또는 10)을 곱하여 SI 단위의 값이 쉽게 얻어진다. 단위중량의 단위는 $\text{kg}\cdot\text{m/s}^2/\text{m}^3 = \text{N/m}^3$라는 것에 유의한다.

단위중량은 앞서 설명한 밀도와 마찬가지로 전체 단위중량 γ_t, 건조단위중량 γ_d, 포화단위중량 γ_{sat}, 수중단위중량 γ_{sub}라는 용어를 사용한다. 그러나 응력이나 하중 등은 단위중량을 기본으로 계산하는 것이 더 편리하므로 이 책 대부분의 내용에서는 이 관습을 따르기로 한다.

흙의 단위중량이란 흙덩이의 중량을 이에 대응하는 용적으로 나눈 값을 말하며, 앞 절에서 유도된 밀도의 공식을 이용하여 다음과 같은 단위중량 계산식을 얻게 된다.

(1) 전체 단위중량(total unit weight)

$$\gamma_t = \frac{G_s + Se}{1+e}\gamma_w \ (\text{kN/m}^3) \tag{2.17}$$

여기서, γ_w는 물의 단위중량으로, 9.8 kN/m^3이다.

(2) 건조단위중량(dry unit weight)

$$\gamma_d = \frac{G_s}{1+e}\gamma_w \ (\text{kN/m}^3) \tag{2.18}$$

(3) 포화단위중량(saturated unit weight)

$$\gamma_{sat} = \frac{G_s + e}{1+e}\gamma_w \ (\text{kN/m}^3) \tag{2.19}$$

(4) 수중단위중량(submerged unit weight)

$$\gamma_{sub} = \gamma_{sat} - \gamma_w = \frac{G_s - 1}{1+e}\gamma_w \ (\text{kN/m}^3) \tag{2.20}$$

2.1.8 상대밀도(relative density)

사질토는 느슨한 상태인지, 또는 촘촘한 상태인지에 따라서 성질이 많이 달라진다. 이러한 상태를 알기 위하여 상대밀도라는 말이 사용되는데, 다음 식으로 표시된다.

$$D_r = \frac{e_{max} - e}{e_{max} - e_{min}} \times 100 = \frac{\rho_{d\max}}{\rho_d} \times \frac{\rho_d - \rho_{d\min}}{\rho_{d\max} - \rho_{d\min}} \times 100(\%) \tag{2.21}$$

여기서, e_{min} : 가장 촘촘한 상태에 있는 흙의 간극비

e_{max} : 가장 느슨한 상태에 있는 흙의 간극비

e : 자연 상태에 있는 흙의 간극비

$\rho_{d\min}$: 가장 느슨한 상태에 있는 흙의 건조밀도

$\rho_{d\max}$: 가장 촘촘한 상태에 있는 흙의 건조밀도

ρ_d : 자연 상태에 있는 흙의 건조밀도

$e_{\min}$ 이나 $e_{\max}$ 또는 $\rho_{d\max}$ 을 결정하는 방법은 국내에서는 아직도 표준화되어 있지 않다. 그러므로 결정하는 방법에 따라 상대밀도의 값은 차이가 있을 수 있다. 그러나 일반적인 방법은, $e_{\max}$ 은 10 mm(1/2 in)의 높이에서 흙 입자를 떨어뜨리거나 물속에서 흙을 침전시켜(특히 실트인 경우) 구하고, $e_{\min}$ 은 흙을 용기에 넣어 압력과 진동을 동시에 가하거나 또는 흙 입자가 흙 표면에 충격을 가할 수 있는 충분한 높이에서 떨어뜨려 구한다. 현장에서는 일반적으로 표준관입시험(9장 참조)을 하여 그 결과로부터 상대밀도를 추정할 수 있다.

예제 2.1

지름 75 mm, 길이 900 mm의 샘플링 튜브에 가득 찬 흙의 질량은 7.1 kg, 이것을 건조한 질량은 5.9 kg이었다. 이 흙 입자의 비중이 2.6일 때, 전체 밀도와 전체 단위중량, 함수비, 건조밀도와 건조단위중량, 간극비, 포화도를 구하여라.

| 풀이 |

$$V = \frac{\pi \times D^2}{4} \times H = \frac{\pi \times 0.075^2}{4} \times 0.9 = 0.004 \text{ m}^3$$

식 (2.11)에서

$$\rho_t = \frac{M}{V} = \frac{7.1 \times 10^{-3}}{0.004} = 1.775 \text{ Mg/m}^3$$
$$\gamma_t = \frac{W}{V} = \frac{Mg}{V} = \frac{7.1 \times 9.8}{0.004} = 17{,}395 \text{ N/m}^3 = 17.4 \text{ kN/m}^3$$
$$w = \frac{M_w}{M_s} \times 100(\%) = \frac{7.1 - 5.9}{5.9} \times 100 = 20.3\%$$

식 (2.13)에서

$$\rho_d = \frac{\rho_t}{1+w} = \frac{1.775}{1+0.203} = 1.475 \text{ Mg/m}^3$$
$$\gamma_d = \frac{\gamma_t}{1+w} = \frac{17.4}{1+0.20} = 14.5 \text{ kN/m}^3$$
$$e = \frac{G_s \gamma_w}{\gamma_d} - 1 = \frac{2.6 \times 9.8}{14.5} - 1 = 0.76$$
$$S = \frac{G_s w}{e} = \frac{2.6 \times 0.20}{0.76} \times 100 = 68\%$$

2.2 아터버그 한계(Atterberg limits)

세립토는 함수비의 대소에 따라 그림 2.3에서 보는 바와 같이 네 가지 상태로 존재할 수 있다. 즉, 흙이 완전히 건조되어 있으면 그 흙은 고체 상태로 존재하나, 함수비가 증가함에 따라 반고체, 소성체, 액체로 변화한다. 소성 상태에서 액체 상태로 변하는 순간의 함수비를 **액성한계**(liquid limit), 반고체 상태에서 소성 상태로 변하는 순간의 함수비를 **소성한계**(plastic limit), 고체 상태에서 반고체 상태로 변하는 순간의 함수비를 **수축한계**(shrinkage limit)라고 하며, 이 모두를 '**아터버그 한계**'라고 한다.

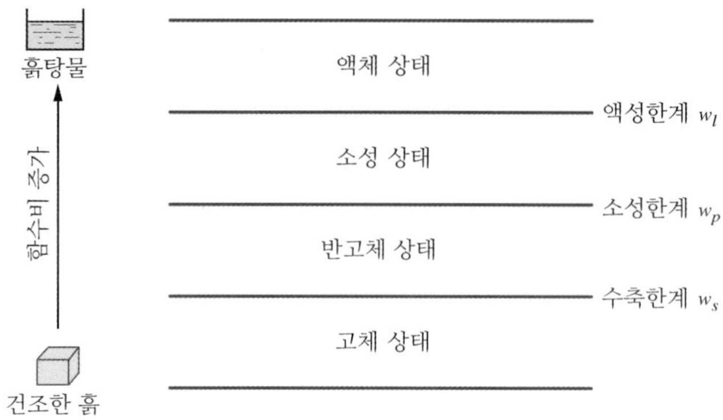

그림 2.3 아터버그 한계

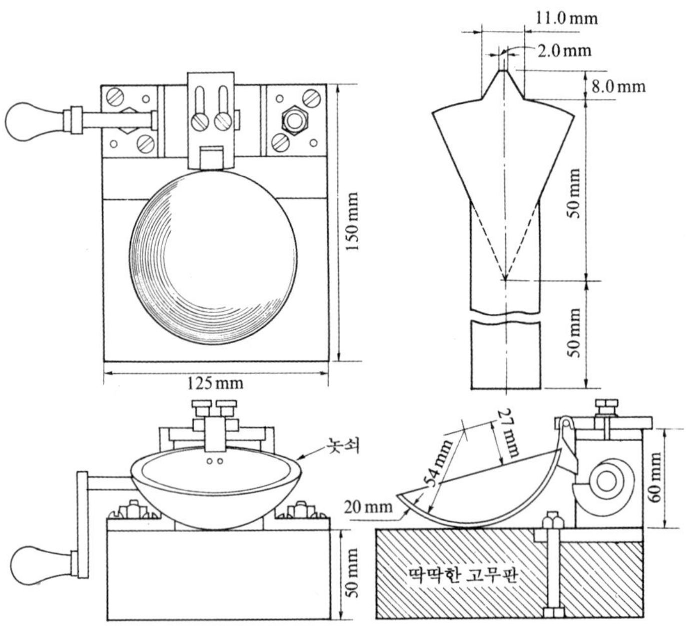

그림 2.4 표준액성한계 시험기구

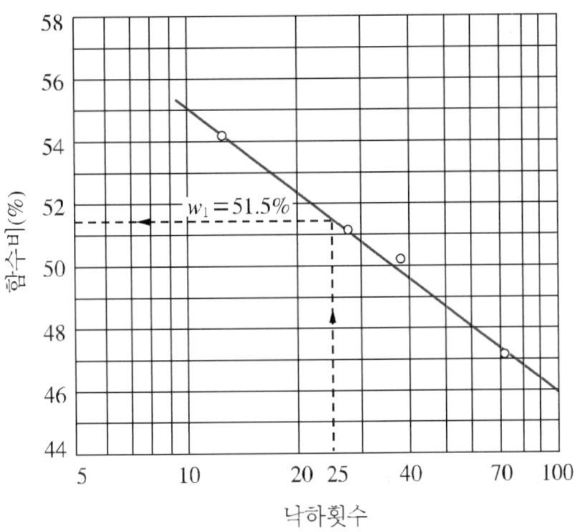

그림 2.5 유동곡선

액성한계를 결정하기 위해서는 표준액성한계 시험기구의 접시(그림 2.4 참조) 속에 잘 반죽된 흙을 넣고 규정된 기구로 홈을 판 다음, 10 mm의 높이에서 접시를 낙하시켜 홈이 규정된 길이(약 13 mm)만큼 합치되었을 때의 함수비를 측정한다. 반죽된 흙의 함수비를 달리하여 각 함수비에 대한 접시의 낙하횟수와의 관계를 반대수(semi-log) 그래프에 그리면 그림 2.5에 나타낸 바와 같이 직선이 되는데, 이것을 **유동곡선**(flow line)이라고 한다. 이 곡선으로부터 타격횟수 25회에 대한 함수비를 구하면 이것이 액성한계의 값이다.

소성한계를 결정하기 위해서는 유리판에 잘 반죽된 흙을 놓고 손바닥으로 굴려 함수비를 감소시키면서 흙실을 만든다. 이 흙실의 지름이 3 mm가 되어 토막토막 부서지기 시작할 때의 함수비를 측정하면 이것이 곧 소성한계이다.

수축한계는 함수비가 감소되어 흙의 체적이 최소로 된 상태에서 그 흙이 완전히 포화되었을 때의 함수비라고 정의할 수 있다. 시험실에서는 이와 같은 정의를 근거로 해서 수축한계를 결정한다. 더 자세한 측정방법은 토질시험 교과서[예: Lambe(1951), Bowles(1970), 김(1982)]를 참조하기 바란다.

액성한계와 소성한계의 차이를 **소성지수**(plasticity index, PI)라고 한다. 즉, 소성지수는,

$$PI = w_l - w_p \tag{2.22}$$

가 된다. 소성지수는 흙이 소성 상태로 존재할 수 있는 함수비의 범위를 가리킨다.

액성지수는 자연 상태인 흙의 함수비에서 소성한계를 뺀 값을 소성지수로 나눈 값이다. 즉,

$$LI = \frac{w - w_p}{PI} \tag{2.23}$$

해성점토처럼 자연 상태에 있는 흙이 거의 액체 상태라면 액성지수는 1 또는 그 이상이 되고, 소성 상태에 있다면 1 이하가 된다.

아터버그 한계는 흙의 거동을 대략적으로 판단하는 데 있어서 좋은 지침이 될 수 있다. 예를 들면, 시료 A가 시료 B보다 더 큰 액성한계를 가지고 있다면 시료 A의 흙 입자는 더 많은 물을 흡수하려는 경향이 있으므로, 이 흙의 팽창이나 수축은 시료 B보다 훨씬 더 크리라는 것을 예상할 수 있다. 그러나 아터버그 한계는 흐트러진 시료로 시험하여 결정되는 값이므로 자연 상태에 있는 입자의 배열이나 입자 간의 부착력 등 전단강도에 관련되는 요소까지 포함할 수 없다는 점을 명심하여야 한다.

2.3 활성도(activity)

흙의 입경이 작으면 작을수록 그 흙의 단위중량당 표면적이 증가하기 때문에 흙 입자에 흡착되어 있는 수분은 그 흙 속에 존재하는 점토 입자의 크기와 밀접한 관계가 있다. 만일, 그 점토의 광물 성분이 일정하다면 소성지수 PI는 흙 속에 있는 점토분의 함량에 비례할 것이라고 추측할 수 있다. Skempton(1953)은 이 관계를 점토의 **활성도**로 정의하였다. 즉,

$$\text{점토의 활성도(A)} = \frac{\text{소성지수}}{2\,\mu\text{m 보다 가는 입자의 중량 백분율}} \tag{2.24}$$

가 된다. 점토광물에 따른 활성도의 값은 표 2.2와 같다.

표 2.2 몇 가지 중요 점토광물의 활성도(Skempton, 1953)

점토광물	활성도
석영	0
Calcite	0.18
Muscovite	0.23
Kaolinite	0.3~0.5
Illite	0.5~1.3
Ca-Montmorillonite	1.5
Na-Montmorillonite	4~7

그림 2.6(Kim, 1975)은 한국의 해안에서 찾아볼 수 있는 몇 가지 해성점토에 대한 2 μm 이하의 점토함률과 소성지수 사이의 관계를 나타낸 것이다. 이 그림에는 대표적인 세 가지 주요 점토광물의 활성도도 함께 표시되어 있으므로 이것과 비교해 보면 대략적인 점토광물의 종류를 추정할 수 있다.

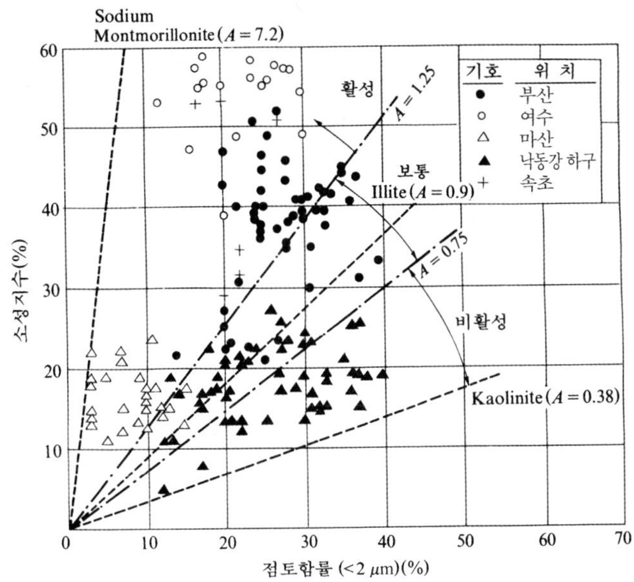

그림 2.6 한국의 주요 해성점토의 활성도 분포

연습문제-2장

2.1 함수비 22%, 흙 입자의 비중이 2.60, 간극비가 0.6인 흙의 포화도, 간극률, 포화밀도와 포화단위중량, 건조밀도와 건조단위중량 및 수중밀도와 수중단위중량을 구하여라.

2.2 간극비가 0.76, 비중이 2.74, 포화도가 각각 85, 90, 95, 100%인 네 개의 시료가 있다. 이 시료 각각에 대한 전체 밀도와 전체 단위중량을 구하여라.

2.3 함수비가 25%인 흙의 질량이 90 Mg(ton)이고, 부피는 50.0 m^3였다. 이 흙 입자의 비중이 2.6일 때, 건조밀도, 건조단위중량, 간극비, 간극률, 포화도를 구하여라.

2.4 포화된 흙을 담은 용기의 질량은 113.27 g이었는데, 이것을 노건조시킨 결과 질량이 100.06 g이었다. 용기만의 질량은 49.31 g이고, 흙의 비중은 2.80이다. 포화된 흙의 간극비, 함수비를 구하여라.

2.5 포화된 흙의 단위중량이 19.2 kN/m^3이고, 함수비가 32.5%였다. 이 흙의 간극비와 비중을 결정하여라.

2.6 단위중량이 16.8 kN/m^3이고, 비중이 2.70인 건조한 모래를 비 속에 두었다. 이 흙이 비를 맞는 동안 포화도가 40%로 증가되었으나 부피는 일정하였다. 비를 맞은 이 흙의 단위중량과 함수비를 결정하여라.

2.7 식 (2.21)에서 간극비로 표시한 상대밀도와 밀도로 표시한 상대밀도가 동일함을 증명하여라.

2.8 흙을 다지기 위하여 시료를 채취하여 함수비를 측정한 결과 11.5%라는 것이 밝혀졌다. 이 흙의 최대 건조밀도는 함수비가 21.5%에서 얻어진다. 함수비를 21.5%까지 증가시키기 위해서는 흙 1 kg에 대하여 수량을 얼만큼 가해야 하는지 계산하여라.

2.9 무게가 7.5 N인 느슨하고 건조한 모래가 500,000 mm^3의 용기에 담겨 있다. 이 흙은 정하중 20 MPa하에서 체적이 원체적의 1%로 감소되었고, 진동을 가하였더니 10%까지 감소되었다. 모래 입자의 비중을 2.70이라고 할 때, (a) 느슨한 상태, (b) 정하중이 작용한 경우, (c) 정하중과 진동이 가해진 경우에 대하여 간극비, 간극률, 건조단위중량을 구하여라.

2.10 다음 표의 빈칸을 채워라.

시료 번호	ρ_t (Mg/m^3)	ρ_d (Mg/m^3)	e	n (%)	S (%)	w (%)	G_s	용적 (cc)	질량(g)	
									전체	건조
1	1.76		0.57			0		–	–	–
2				48		34	2.65	–	–	–
3	1.73		0.73				2.71	–	–	–
4	1.90	1.45					2.71			14.5
5				46	90		2.60	–	–	–
6					100		2.65	86.0	162.0	
7	1.79						2.68	31.5	56.4	48.5

참고문헌

Bowles, J. E. (1970). *Engineering properties of soils and their measurement.* New York: McGraw-Hill.

Kim, S. K. (1975). Engineering properties of marine clays in Korea. *Proc. 5th Asian Regional Conference on Soil Mechanics and Foundation Engineering*. Bangalore, India, 35–43.

Lambe, T. W. (1951). *Soil testing for engineers*. New York: John Wiley & Sons.

Skempton, A. W. (1953). The colloidal activity of clays. *Proc. 3rd Inter. Conf. Soil Mech. Found. Eng.*, Switzerland, **1**, 57–61.

김상규(1982). 토질시험. 동명사.

CHAPTER 3

흙의 분류

3.1 입경에 따른 흙의 분류

3.1.1 흙의 입경과 결정

흙 입자의 크기는 점토광물의 두께인 10 Å(10^{-6} mm)에서부터 지름이 수백 mm나 되는 돌에 이르기까지 대단히 넓게 분포되어 있다. 이와 같이 넓은 범위의 흙 입자는 대략적으로 조립토(coarse grained soil)와 세립토(fine grained soil), 또는 사질토(granular soil)와 점성토(cohesive soil)로 나눌 수 있다. 입자가 굵은 자갈이나 모래는 조립토 또는 사질토로 분류하고, 흙 입자가 가늘고 점성이 있으면 세립토 또는 점성토로 분류한다. 이렇게 분류하는 데 엄격한 분류 기준이 있는 것은 아니다.

그림 3.1은 몇몇 기관에서 채택하고 있는 흙의 입경에 따른 분류방법이다. KS는 한국표준, ASTM은 미국표준이며, BS는 영국표준이다.

분류법 \ 입경(mm) (100, 10, 1, 0.1, 0.01, 0.001, 0.0001)									
BS 5930 * 1981	자갈	2.0	모래	0.06	실트	0.002	점토		
AASHTO ** 1978	76.2 자갈	2.0	모래	0.075	실트	0.005	점토	0.001	콜로이드
ASTM *** 1980	자갈	4.75	모래		실트		점토		콜로이드
KSF 2301 1985	자갈		모래		실트		점토		콜로이드

* BS: British Standard
** AASHTO: American Association for State Highway and Transportation Officials
*** ASTM: American Society for Testing and Materials

그림 3.1 입경에 의한 흙의 분류

이 그림을 보면 ASTM에서 4.75 mm(또는 BS에서 2 mm) 이상은 자갈, 0.075 mm(또는 0.06 mm) 이상은 모래, 0.005 mm(또는 0.002 mm, 2 μm) 이상은 실트, 그 이하는 점토로 구분하고 있다. 76 mm 또는 100 mm 이상 되는 입자는 호박돌 또는 사력이라고 한다. 모래와 점토의 중간에 있는 실트는 암석이 물리적 풍화작용을 받아 가장 가늘게 분쇄될 수 있는 입자이다. 이것은 세립토로 분류되지만 공학적 성질은 사질토에 가깝다. 2 μ보다 가는 점토 입자는 주로 암석의 화학적 풍화작용으로 형성된다. 실트와 이것보다 가는 입자는 육안으로는 식별할 수 없으며, 식별하려면 전자현미경의 도움이 필요하다.

자연 상태에 있는 흙은 동일한 입경만으로 존재하는 경우는 드물며 개략적인 입경의 구성을 표시할 때에는 두 가지 명칭을 함께 사용한다. 예를 들면, 실트질 점토(silty clay)라고 하면 주로 점토 크기의 입경이지만 실트도 다소 포함하고 있다는 것을 뜻한다.

그림 3.1은 입경을 근거로 하여 흙을 분류한 것이며, 이것만으로 그 흙의 공학적 성질을 표현할 수 없다는 것을 분명히 알아야 한다. 흙의 공학적 분류는 다음 절에서 설명한다.

흙의 입경을 결정할 때에는 입경이 대략 0.075 mm 이상이면 체분석(sieve analysis)을 하고, 그 이하의 입경은 비중계분석(hydrometer analysis)을 하는 것이 보통이다.

체분석에서는 굵은 체와 가는 체를 위에서부터 아래로 포개어 놓고 흙을 넣어 흔든 다음, 각 체를 통과한 흙의 무게를 계산하여 흙 전체의 무게로 나눈다. 이렇게 결정된 비율은 어느 체에 남아 있는 흙의 입경보다 더 가는 입경의 흙 전체에 대한 중량 백분율이 된다(그림 3.2 참조). 체의 종류는 번호로 표시해 왔으나, 최근 개정된 한국공업규격(KS A5101-1989)은 표 3.1과 같이 눈금의 크기를 호칭 치수로 사용하고 있다. 표 3.1은 체 번호와 눈금 크기의 관계를 나타낸 것이다. No. 4체는 눈금 크기가 4.75 mm로 자갈과 모래 입자를 구분하고, No. 200체는 0.075 mm로 모래와 실트 입자를 구분한다.

비중계분석은 구를 물에 떨어뜨렸을 때의 침강속도는 그 구의 지름의 제곱에 비례한다는 원리를 이용한 것이다. 이것을 식으로 나타내면,

$$v = \frac{\rho_s - \rho_w}{18\eta} d^2 \qquad (3.1)$$

이며, Stokes의 법칙이라고 한다.

여기서, ρ_s: 구의 밀도

η: 액체의 점성계수

ρ_w: 물의 밀도

d: 구의 지름

체분석은 체 속에 흙을 넣고 흔들어 흙 입자의 크기를 결정하기 때문에 입경은 흙 입자의 최소 치수가 된다. 그러나 비중계분석으로 결정된 입경은 흙 입자가 침강하는 구의 지름과 같다는 점에 유의하여야 한다. 체분석 및 비중계분석의 자세한 시험방법은 토질시험에 관한 문헌(예: 김, 1982)을 참고하기 바란다.

표 3.1 체 번호와 눈금의 크기(KS A 5101-1989)

KS 호칭치수	4.75 mm	2 mm	1 mm	425μm	250μm	150μm	75μm	38μm
별칭	No. 4	No. 10	No. 18	No. 40	No. 60	No. 100	No. 200	No. 400
눈금 크기(mm)	4.75	2.00	1.00	0.425	0.250	0.150	0.075	0.038

3.1.2 입도분포곡선

체분석이나 비중계분석에 의해 흙의 입경과 분포를 결정한 결과는 그림 3.2와 같이 반대수 그래프상에 나타낼 수 있다. 이 그림의 가로축은 흙의 입경, 세로축은 그 흙의 입경보다 가는 흙의 전체 흙의 무게에 대한 백분율(통과중량 백분율)을 나타낸다. 이 곡선은 어떤 흙의 입경 범위와 분포를 잘 나타내므로 **입도분포곡선**(grain-size distribution curve)이라고 한다. 크고 작은 입자가 골고루 분포한 경우를 입도분포가 양호하며(well graded), 균등한 크기만으로 분포한 경우를 입도분포가 불량하다고(poorly graded) 정의한다. 지질학에서는 정반대로 정의하는 것에 유의해야 한다.

이 곡선에서 **통과중량 백분율** 10%에 대응하는 입경을 **유효지름**(effective size)이라고 하고, D_{10}으로 표시한다. **균등계수**(coefficient of uniformity) C_u는 유효지름에 대한 통과중량 백분율 60%에 대응하는 입경 D_{60}의 비를 말한다. 이것을 식으로 나타내면 다음과 같다.

$$C_u = \frac{D_{60}}{D_{10}} \tag{3.2}$$

흙의 입도분포가 좋고 나쁜 것을 균등계수로서 나타낼 수 있다. 그림 3.2의 A곡선은 흙 입자가 작은 것부터 큰 것까지 골고루 존재하는 대표적인 입도분포곡선인데, 흙의 균등계수는 $C_u = 8.5/0.02 = 425$이다. B곡선은 기울기가 급한 곡선부에서 입경 0.5 mm 부근의 입자들이

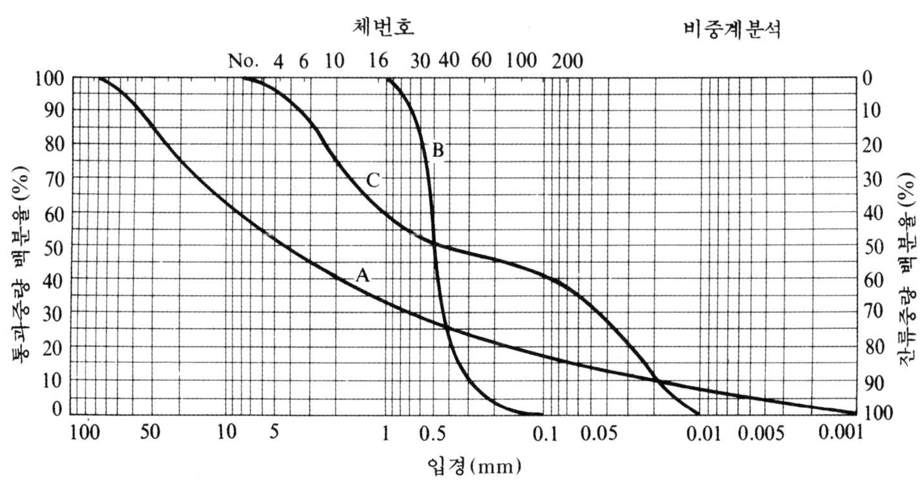

그림 3.2 입도분포곡선

주로 분포한다. $C_u = 0.4/0.3 = 1.33$ 이다. 따라서 균등계수가 큰 흙은 일반적으로 입도분포가 양호하고, 작으면 입경이 균등에 가깝다고 말할 수 있다. 그러나 곡선 C와 같이 입도분포곡선이 구불구불하다면 균등계수($C_u = 1.0/0.02 = 50$)의 값이 크다고 하더라도 입도분포가 양호하다고 말할 수 없다. 이런 경우에 대해서는 **곡률계수**(coefficient of curvature)를 구하여 입도분포 상태를 정량적으로 정할 수 있다.

곡률계수는 다음과 같이 정의된다.

$$C_g = \frac{(D_{30})^2}{D_{10} \times D_{60}} \tag{3.3}$$

여기서, D_{30}은 통과중량 백분율 30%에 대응하는 입경이다. 곡선 C 에 대한 곡률계수를 구하면 $C_g = 0.045^2/(0.019 \times 1.1) = 0.10$ 이 된다. 통일분류법에서는 균등계수가 모래의 경우에 4(또는 자갈의 경우에 6)보다 크고 곡률계수가 $1 \sim 3$의 범위에 있을 때 입도분포가 좋다고 말한다. 따라서 곡선 C는 균등계수는 크지만 곡률계수가 만족되지 않으므로 입도분포가 불량한 흙이다.

3.2 흙의 공학적 분류

흙을 분류하는 목적은 성질이 다른 여러 가지 흙을 간단한 시험을 근거로 하여 몇 가지 무리로 나누어 미리 그 흙의 공학적 성질을 알아두자는 것이다. 그러나 자연 상태에 있는 흙의 성질은 너무나 다양하므로 어디에나 적용할 수 있도록 흙을 분류하기란 거의 불가능하다. 따라서 여기서는 공학적 목적으로 가장 많이 사용되는 통일분류법과 AASHTO 분류법에 대해서만 언급하기로 한다.

3.2.1 통일분류법(unified soil classification system, USCS)

통일분류법은 제2차 세계대전 중 군비행장을 빨리 설계하고 건설할 목적으로 Casagrande 교수가 미국 공병단을 위하여 개발한 것이다. 그런 연고로 그의 이름을 따서 Casagrande 분류법이라고 말하기도 한다. 이 분류법은 특히 기초공학 분야에서 널리 사용되고 있으며, 1969년에는 ASTM에 의하여 흙을 공학적 목적으로 분류하는 표준방법으로 채택되었다.

통일분류법에서는 입경에 따른 명칭(그림 3.1)으로 함량이 지배적인 입도분포에 따라 흙을 분류한다. 처음에 흙을 조립토와 세립토로 나누는데, No. 200체(0.075 mm) 통과율이 50% 미만이면 조립토(자갈과 모래), 그 이상이면 세립토(실트와 점토)가 된다.

조립토는 No. 4체(4.75 mm) 통과율이 50% 미만이면 자갈 또는 자갈질 흙으로 분류하고 G(gravel)라는 기호를 붙이며, 통과율이 50% 이상이면 모래 또는 모래질 흙으로 분류하고 S(sand)라는 기호를 붙인다.

G 또는 S 기호 다음에는 입도분포나 세립자의 함유 비율(No.200체 통과량)에 따라 다음과

같은 기호를 붙인다.

- W: 세립분 5% 미만이고, 입도분포가 양호한(well graded) 깨끗한 흙
- P: 세립분 5% 미만이고, 입도분포가 불량한(poorly graded) 깨끗한 흙
- M: 세립분 12% 초과 함유, 실트질(silty)의 혼합토
- C: 세립분 12% 초과 함유, 점토질(clayey)의 혼합토

세립토는 실트(silt), 점토(clay), 유기질토(organic soil)로 나누어지며, 이것은 각각 M, C, O라는 기호를 써서 표시한다. 이들의 기호 다음에는 액성한계의 값에 따라 다음과 같은 기호를 붙인다.

- L: 액성한계가 50% 미만인 낮은 소성(low plasticity) 흙
- H: 액성한계가 50% 이상인 높은 소성(high plasticity) 흙

세립토의 분류는 그림 3.3의 **소성도**를 이용하는 것이 더욱 편리하다. 이 소성도에서 액성한계와 소성지수가 A선 아래에 있다면 실트(M) 또는 유기질(O) 흙이고, 선 위에 있다면 점토(C)임을 알 수 있다. 또한 액성한계가 높고(H) 낮은(L) 것은 액성한계 50%를 기준하여 나뉜다. 액성한계와 소성지수가 A선 위에 있고 소성지수 4 미만은 ML, 7 초과면 CL로 구분되고 빗금 친 구역 ($4 \le PI \le 7$)에 들어가면 CL-ML로 분류된다.

이 그림의 U선은 액성한계와 소성지수의 상한선을 의미한다. 다시 말하면 U선 바깥쪽으로는 측점이 있을 수 없으므로, 만일 그렇다면 토질시험의 결과를 재검토할 필요가 있다.

그림 3.4에서는 조립토의 통일분류법에 대하여 정리하였다. 모래의 경우에는 $C_u > 4$ 그리고 $1 < C_g < 3$ 조건을 만족할 때 SW이며, 그렇지 않은 경우에는 SP이다. 자갈의 경우에는 $C_u > 6$ 그리고 $1 < C_g < 3$ 조건을 만족할 때 GW이며, 그렇지 않은 경우에는 GP이다. No. 200체

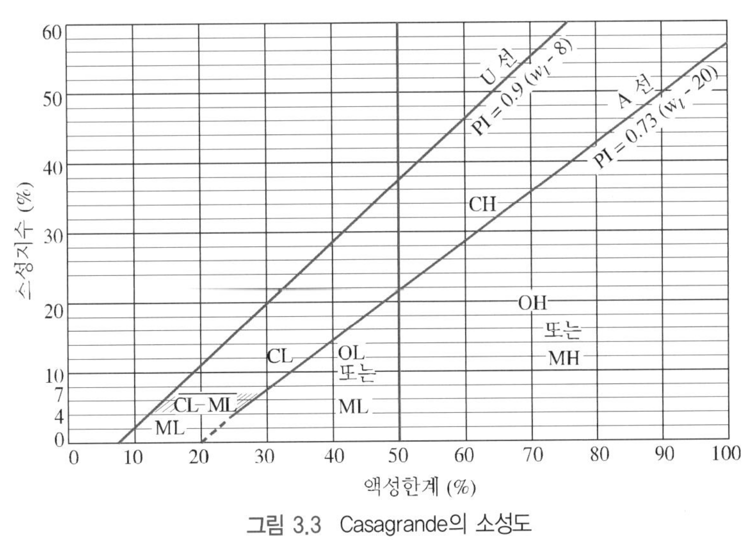

그림 3.3 Casagrande의 소성도

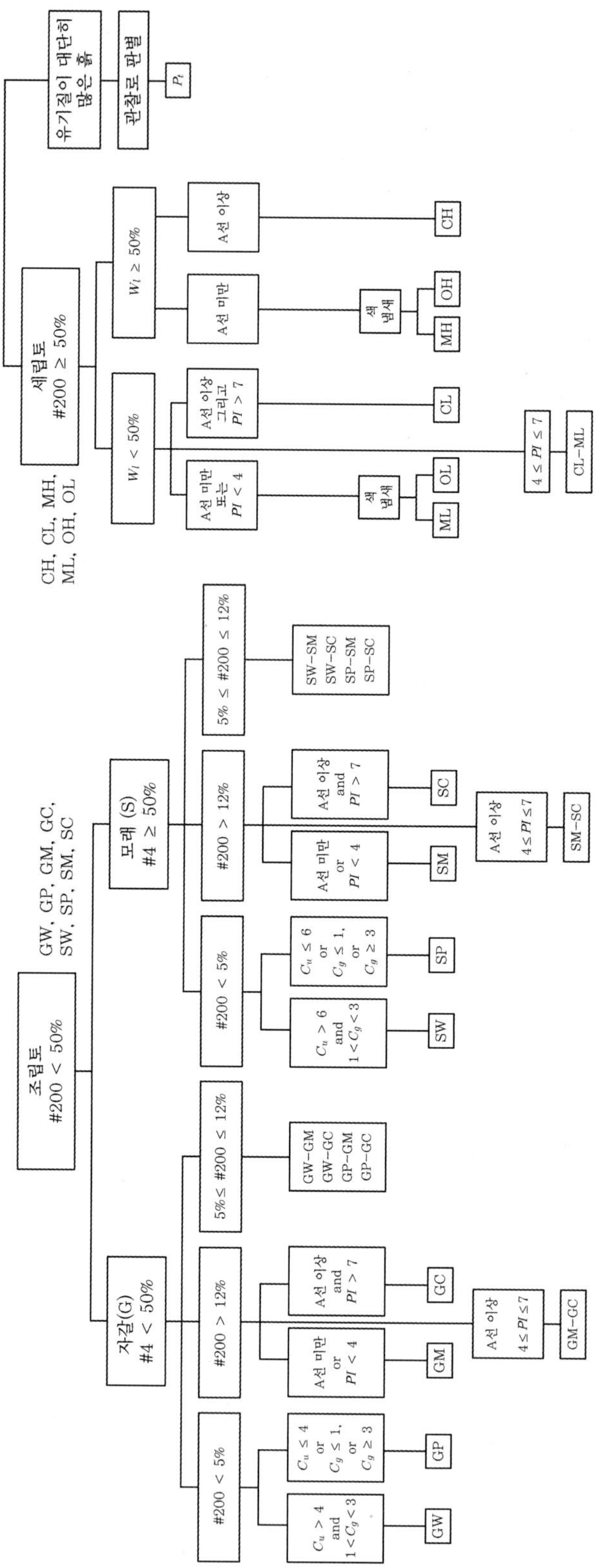

그림 3.4 통일분류법에 의한 흙의 분류방법

통과량이 12%를 초과하면 두 번째 문자 M과 C는 소성도표에서 결정하며 SM, SC, GM, GC, SM-SC, GM-GC로 나타난다. No.200체 통과량이 5~12%일 경우에는 이중기호를 사용한다(예: SP-SM, GW-GC).

표 3.2는 이 방법으로 분류한 각 토군의 특성을 나타낸 것이다. 어떤 흙을 분류한 다음 이 표와 대조해 보면 도로, 비행장 또는 흙댐 건설과 같이 주어진 공학적 목적에 따라 흙에 대한 적부를 쉽게 판단할 수 있다.

표 3.2 통일분류법으로 분류한 각 토군의 특성(도로 및 활주로용)

주요 구분 (1)	(2)	문자 (3)		색 (4)	명칭 (5)	동결작용을 받지 않는 경우의 포장기초로서의 가치 (6)	역청포장 바로 아래의 노반으로서의 가치 (7)	동결작용의 가능성 (8)	수축성과 팽창성 (9)	배수성 (10)	다짐기계 (11)	건조 밀도 (Mg/m^3) (12)	현장 CBR (13)	지반계수 K (10^4 kN/m^3) (14)
조립토	자갈 및 자갈질흙	GW		적	입도분포가 좋은 자갈 또는 자갈 모래 혼합토. 세립분은 약간 또는 결여	우	양	무 내지 극히 적음	거의 없음	우	크로라형 트랙터 고무타이어 롤러 강륜 롤러	2.00~2.24	60~80	8.3 이상
		GP		적	입도분포가 나쁜 자갈 또는 자갈 모래 혼합토. 세립분이 약간 또는 결여	양 또는 우	불가 또는 가	무 내지 극히 적음	거의 없음	우	크로라형 트랙터 고무타이어 롤러 강륜 롤러	1.76~2.08	25~60	8.3 이상
		GM	d	황	실트질의 자갈, 자갈 모래 실트 혼합토	양 또는 우	가 또는 양	약간 내지 보통	약간	가 내지 불가	고무타이어 롤러 양족 롤러. 엄밀한 함수비 관리	2.08~2.32	40~80	8.3 이상
			u	황	점토질의 자갈, 자갈 모래 점토 혼합토	양	불가	약간 내지 보통	약간	불가 내지 실제 불투수	고무타이어 롤러 양족 롤러	1.92~2.24	20~40	5.5~8.3
		GC		황	입도분포가 좋은 모래 또는 자갈질의 모래. 세립분은 약간 또는 결여	양	불가	약간 내지 보통	약간	불가 내지 실제 불투수	고무타이어 롤러 양족롤러	1.92~2.24	20~40	5.5~8.3
	모래 및 모래 질흙	SW		적	입도분포가 좋은 모래 또는 자갈질의 모래. 세립분은 약간 또는 결여	양	불가	무 내지 극히 적음	거의 없음	우	크로라형 트랙터 고무타이어 롤러	1.76~2.08	20~40	5.5~8.3
		SP		적		가 또는 양	불가 또는 부적	무 내지 극히 적음	거의 없음	우	크로라형 트랙터 고무타이어 롤러	1.60~1.92	10~25	5.5~8.3
		SM	d	황	실트질의 모래, 모래 실트 혼합토	양	불가	약간 내지 큼	극히 약간	가 내지 불가	고무타이어 롤러 양족 롤러. 엄밀한 함수비 관리	1.92~2.16	20~40	5.5~8.3
			u	황		가 또는 양	부적	약간 내지 큼	약간 내지 보통	불가 내지 실제 불투수	고무타이어 롤러 양족 롤러	1.68~2.08	10~20	5.5~8.3
		SC			점토질의 모래, 모래 점토 혼합토	가 또는 양	부적	약간 내지 큼	약간 내지 보통	불가 내지 실제 불투수	고무타이어 롤러 양족 롤러	1.63~2.03	10~20	5.5~8.3
세립토		ML			무기질의 실트 및 매우 가는 모래, 석분, 소성이 작은 실트질 또는 점토질의 세사 또는 점토질 실트	가 또는 불가	부적	보통 내지 극히 큼	약간 내지 보통	가 내지 불가	고무타이어 롤러 양족 롤러. 엄밀한 함수비 관리	1.60~2.00	5~15	2.8~5.5

(계속)

주요 구분 (1)	(2)	문자 (3)	색 (4)	명칭 (5)	동결작용을 받지 않는 경우의 포장기초로서의 가치 (6)	역청포장 바로 아래의 노반으로서의 가치 (7)	동결작용의 가능성 (8)	수축성과 팽창성 (9)	배수성 (10)	다짐기계 (11)	건조 밀도 (Mg/m³) (12)	현장 CBR (13)	지반계수 K (10^4 kN/m³) (14)
세립토	실트 및 점토 $w_l<$ 50	CL	녹	소성이 보통 이하인 무기질 점토 자갈질 점토, 모래질 점토, 실트질 점토, 소성이 낮은 점토	부 또는 불가	부적	보통 내지 큼	보통	실제 불투수성	고무타이어 롤러 양족 롤러	1.69~2.00	5~15	2.8~5.5
세립토	실트 및 점토 $w_l<$ 50	OL	녹	소성이 낮은 유기질 실트 및 실트질 점토	불가	부적	보통 내지 큼	보통 내지 큼	불가	고무타이어 롤러	1.44~1.68	4~8	2.8~5.5
세립토	실트 및 점토 $w_l>$ 50	MH	청	무기질의 실트, 운모질 또는 규조질의 세사질 또는 실트질 점토, 탄성이 큰 실트	불가	부적	보통 내지 매우 큼	큼	가 내지 불가	양족 롤러	1.28~1.60	4~8	2.8~5.5
세립토	실트 및 점토 $w_l>$ 50	CH	청	소성이 큰 무기질 점토, 소성이 큰 점토	불가 또는 극불가	부적	보통	큼	실제 불투수성	양족 롤러	1.44~1.68	3~5	1.4~2.3
세립토	실트 및 점토 $w_l>$ 50	OH	청	소성이 보통 이상인 유기질 점토, 유기질 실트	불가 또는 극불가	부적	보통	큼	실제 불투수성	양족 롤러	1.28~1.68	3~5	1.4~2.3
세립토	피트	Pt		이탄 및 그 외의 유기질이 극히 많은 흙	부적	부적	약간	극히 큼	가 내지 불가	다지기는 실용적이지 못함	1.28~1.68	3~5	1.4~2.3

주: 1. (3)란의 GM과 SM을 d와 u로 세분하는 것은 도로와 비행장의 경우뿐임. 세분류는 아터버그 한계에 의함. d(예로 GMd)는 $w_l \leq 28$ 및 $PI \leq 6$인 경우에 쓰이고 u는 $w_l > 28$인 경우에 쓰임

2. (6)란의 값은 노상 및 역청포제 바로 아래의 노반을 뺀 노반에 대한 것임

3. (8)란에서는 이들 흙이 동결작용을 받기 쉬운 조건 아래에서는 동결작용을 받음

4. (11)란에서는 함수조건과 까는 두께(lift)를 적절히 선정하면 표에 적은 기계를 적당횟수 통과시킴으로써 소요밀도를 얻을 수 있음. 어떤 경우에 여러 종류의 기계를 적은 것은 그 토군에 속하는 각종 흙의 성질에 따라 서로 다른 기계를 요구하기 때문임. 어떤 경우에는 2종류의 기계를 조합할 필요가 생김

a. 선택된 노반기계 및 그 외 모난 재료: 세립분 또는 스크리닝(screening)이 한정되어 있는 단단하고 모가 난 재료에 대해서는 강륜 롤러가 적절함. 깨지기 쉬운 연약한 재료에 대해서는 고무타이어 롤러가 적절함

b. 마감일(finishing): 대부분의 흙과 선택된 재료에 대해 최후의 성형작업을 할 때에는 고무타이어 롤러가 적절함

c. 기계의 크기: 비행장 건설 시 요구되는 높은 밀도를 얻기 위해서는 아래와 같은 큰 기계가 필요함

크로라형 트랙터: 150 kN 이상의 전 중량

고무타이어 롤러: 윤하중 75 kN 이상, 어떤 재료에 대해서는 200 kN이나 되는 큰 윤하중이 요구되는 경우도 있음(접지압, 약 0.45~1.05 MPa)

양족 롤러: 보통 단위압력이 1750 kPa(0.004~0.008 m²의 양족에 대해) 정도이지만 어떤 재료에 대해서는 소요 단위중량을 얻기 위해 4.5 MPa이나 되는 단위압력이 소요되는 경우가 있음. 양족의 면적은 드럼의 둘레 면적(양족 바닥까지 생각한)의 5% 이상이어야 함

5. (12)란의 건조단위중량은 최적함수비일 때 개정 AASHTO 다짐 에너지로 다진 때의 값임

3.2.2 AASHTO 분류법

이 분류법은 원래 미공로국(U.S. Public Road Administration)[1])에서 1929년에 발표하였으나, 그 후 여러 차례 수정되어 현재는 AASHTO(American Association of State Highway and Transportation Officials) **분류법**이라 부르고 있다.

이 분류법은 입도 분석, 아터버그 한계 및 **군지수**(group index)를 근거로 삼는다. 군지수 GI는 다음 식으로 표시된다.

$$GI = 0.2a + 0.005ac + 0.01bd \tag{3.4}$$

1) 현재는 연방도로국(Federal Highway Administration, FHWA)

여기서, a: No. 200체 통과중량 백분율에서 35%를 뺀 값, 0~40의 정수만 취함

b: No. 200체 통과중량 백분율에서 15%를 뺀 값, 0~40의 정수만 취함

c: 액성한계에서 40%를 뺀 값, 0~20의 정수만 취함

d: 소성지수에서 10%를 뺀 값, 0~20의 정수만 취함

No. 200체 통과율, 액성한계 및 소성지수를 알면 군지수는 그림 3.5를 보고 직접 구하는 것이 더 편리하다.

AASHTO 분류법에서는 먼저 어떤 흙의 No. 200체(0.075 mm) 통과율을 구하고, 그 값이 35%보다 작으면 입상토(granular materials), 35%보다 많으면 실트-점토(silt-clay materials)로 분류한다. 다음에는 식 (3.4) 또는 그림 3.5에서 구한 군지수를 가지고 표 3.3의 아래로부터 소성지수, 액성한계, No. 200체, No. 40체, No. 10체의 통과율과 대조하면서 어느 분류기호에 해당하는가를 판별한다. 흙은 A-1에서 A-7까지로 분류되는데, 어느 분류기호는 입경과 아터버그 한계에 의존하여 더 세분되어 있다. 그림 3.6은 실트-점토인 A-4로부터 A-7까지 액성한계와 소성지수를 근거로 하여 쉽게 분류할 수 있는 도표이며, 비교를 위하여 통일분류법을 위한 소성도와 겹치게 하였다. AASHTO 분류법에서는 분류기호 다음에 괄호 속에 군지수를 적어둔다(예: A-2-6(3)).

표 3.3 AASHTO 분류법에 의한 분류방법

일반적 분류	입상토 (No. 200체 통과율 35% 이하)							실트-점토 (No. 200체 통과율 36% 이상)			
분류기호	A-1		A-3	A-2				A-4	A-5	A-6	A-7 A-7-5 A-7-6
	A-1-a	A-1-b		A-2-4	A-2-5	A-2-6	A-2-7				
체분석, 통과량의 %											
No. 10체	50 이하										
No. 40체	30 이하	50 이하	51 이상								
No. 200체	15 이하	25 이하	10 이하	35 이하	35 이하	35 이하	35 이하	36 이상	36 이상	36 이상	36 이상
No. 40체 통과분의 성질											
액성한계				40 이하	41 이상	40 이하	41 이상	40 이하	41 이상	40 이하	41 이상
소성지수	6 이하		*NP	10 이하	10 이하	11 이상	11 이상	10 이하	10 이하	11 이상	11 이상
군지수	0		0	0		4 이하		8 이하	12 이하	16 이하	20 이하
주요 구성재료	석편, 자갈, 모래		세사	실트질 또는 점토질 자갈 모래				실트질 흙		점토질 흙	
노상토로서의 일반적 등급	우 또는 양							가 또는 불가			

주: A-7-5군의 소성지수는 액성한계에서 30을 뺀 값과 같거나 그보다 작아야 한다.
A-7-6군은 이보다 커야 한다.
*NP는 비소성(nonplastic)을 의미함

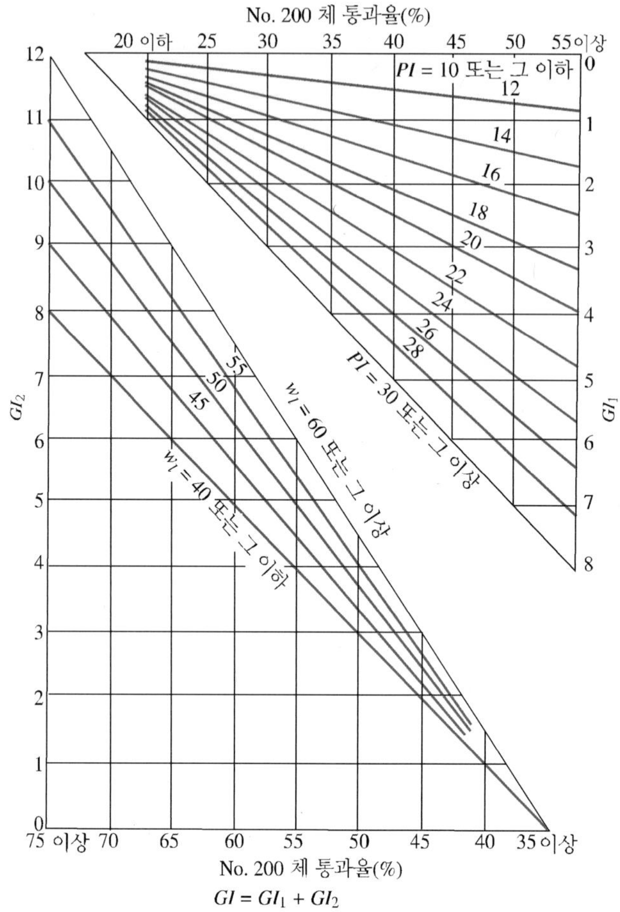

그림 3.5 군지수를 구하는 도표

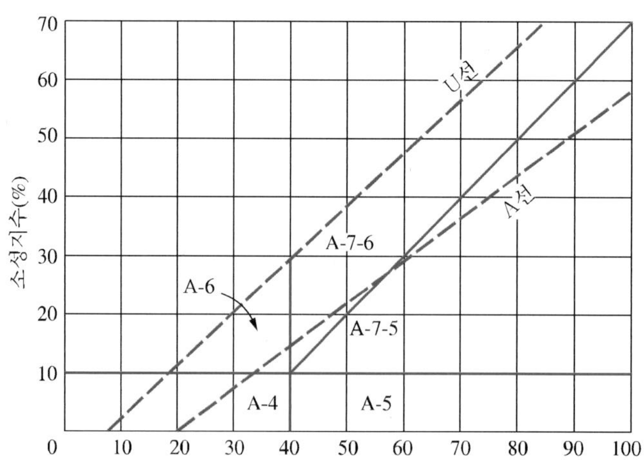

그림 3.6 AASHTO 분류법에 의한 실트-점토 흙의 분류 도표

예제 3.1

체분석 및 아터버그 한계 시험 결과 다음 표와 같은 자료를 얻었다. (a) 흙 시료 1 및 2는 통일분류법으로, (b) 흙 시료 3 및 4는 AASHTO 분류법으로 분류하여라.

흙 시료	No. 1	No. 2	No. 3	No. 4
No. 4체 통과율(%)	99	97	99	23
No. 10체 통과율(%)	92	90	96	18
No. 40체 통과율(%)	86	40	89	9
No. 100체 통과율(%)	78	8	79	5
No. 200체 통과율(%)	60	5	70	4
액성한계(%)	20	—	49	—
소성한계(%)	15	—	24	—
소성지수(%)	5	NP	25	NP

| 풀이 | 먼저 그림 3.7과 같이 모든 시료의 입도분포곡선을 그린다.

(a) 통일분류법에 의한 분류

① 시료 No.1

그림 3.7의 입도분포곡선으로부터 No. 200체 통과량이 50%를 넘는다는 것을 알 수 있으므로 이 흙은 세립토이다. 따라서 Casagrande의 소성도를 이용하면 액성한계 20%와 소성지수 5%에 대한 교점은 빗금 친 구역($4 \le PI \le 7$) 안에 떨어지므로 이 흙은 CL-ML로 분류된다.

② 시료 No. 2

이 흙은 No. 200체 통과량이 5%이고 비소성이므로 조립토임을 바로 알 수 있다. No. 4

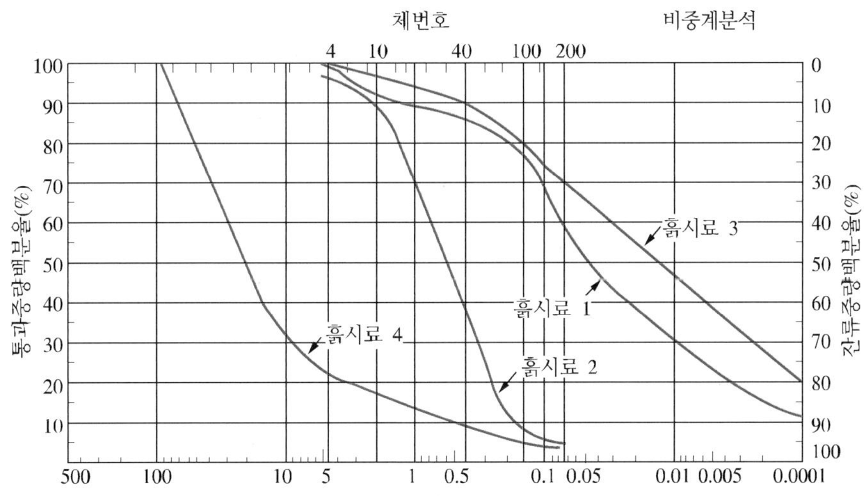

그림 3.7 예제 3.1의 입도분포곡선

체 통과량이 97%이므로 그림 3.4로부터 모래로 분류된다. 또한 No. 200체 통과량이 5%이므로 이것은 이중 기호를 써서 분류해야 할 것 같다. 균등계수와 곡률계수를 계산하면, 다음과 같다.

$$C_u = \frac{0.71}{0.18} = 3.9$$

$$C_g = \frac{0.34^2}{(0.18 \times 0.71)} = 0.91$$

따라서 제2문자는 P를 써야 하고, 소성지수는 4 미만이므로 M을 쓰면 이 흙은 SP-SM으로 분류된다.

(b) AASHTO 분류법에 의한 분류

① 시료 No. 3

이 흙은 35% 이상이 No. 200체를 통과하므로 A-4 내지 A-7에 속하는 실트-점토이다. 그림 3.6을 이용하여 이 흙을 분류하면, 액성한계 49%, 소성지수 25%에 대응하는 분류 기호는 A-7-6이다.

그림 3.5로부터 군지수를 구하면,

$$GI = GI_1 + GI_2 = 6 + 8.7 = 14.7 \doteqdot 15$$

이다. 이 값을 표 3.3의 분류표와 대조하면 이 흙은 A-6으로 분류될 수도 있다. 그러나 액성한계가 41%를 넘으므로 A-7이어야 하고, 또한 소성지수 25%는 액성한계에서 30%를 뺀 값보다 크므로 이 흙은 A-7-6(15)으로 분류된다.

② 시료 No. 4

이 시료는 No. 200체 통과량이 35% 이하이므로 조립토이다(군지수는 0). 표 3.3을 이용하여 분류하면, 이 흙은 A-1-a(0)임을 바로 알 수 있다.

연습문제-3장

3.1 다음 표와 같은 세 가지 시료가 있다.

(a) 반대수지상에 각 시료의 입도분포곡선을 그려라.

(b) 각 분포곡선으로부터 유효지름, 균등계수 및 곡률계수를 구하여라.

(c) 통일분류법과 AASHTO 분류법으로 각 시료를 분류하여라.

체번호 / 시료번호	통과백분율(%)								w_l	PI
	No. 10	No. 40	No. 60	No. 100	No. 200	0.05 mm	0.01 mm	0.002 mm		
1	89	72	60	45	35	33	21	10	19	0
2	98	85	72	56	42	41	20	8	44	0
3	99	94	89	82	76	74	38	9	40	12

3.2 한 시추 구멍으로부터 흙을 채취하여 다음과 같은 자료를 얻었다. 각 시료에 대하여 소성지수를 구하고 통일분류법과 AASHTO 분류법으로 분류하여라.

깊이 (m)	통과백분율(%)				자연함수비 w(%)	액성한계 w_l(%)	소성한계 w_p(%)
	No. 4	No. 10	No. 40	No. 200			
0.6		100	98	93	60	54	31
2.4	88	80	46	36	42	46	24
4.5	97	94	88	67	16	21	15
7.5			100	59	52	32	18
10.5			100	99	60	66	24

참고문헌

김상규(1982). 토질시험. 동명사. 서울.

CHAPTER 4

점토광물과 흙의 구조

4.1 개 설

흙의 구조(soil structure)라는 것은 흙 입자의 배치 상태와 입자 사이에 작용하는 여러 가지 힘을 통틀어 일컫는 말이다. 따라서 흙 입자를 조성하는 광물 성분, 입자 표면에 작용하는 전기력 또는 흙 입자 사이에 존재하는 간극수의 물리적 성분이나 이온 성분 등이 여기에 포함된다. 흙 입자의 기하학적 배치만을 말할 때에는 배열(soil fabric)이라는 말을 사용한다.

자갈이나 모래와 같은 사질토를 구성하고 있는 광물 성분은 흙의 공학적 성질과 거의 관계가 없으며, 흙 입자 사이에 작용하는 힘도 거의 무시할 수 있다. 따라서 사질토의 구조는 배열만을 고려하면 된다. 그러나 세립의 점성토는 단위체적당 표면적이 대단히 크므로 중력의 작용보다는 입자 상호 간에 작용하는 인력이나 반발력의 영향을 더 많이 받는다. 이로 인한 점토의 공학적 성질은 흙의 배열만으로는 설명될 수 없다. 이 장에서는 이러한 전기력의 근원이 무엇인가에 대해 중점적으로 다루고자 한다.

4.2 흙 입자의 모양과 크기

사질토의 입자는 구나 입방체와 같이 사방으로 비슷한 지름을 가지는 모양을 하고 있다. 실제 낱알의 입자 형상은 대단히 불규칙하지만, 일반적으로 둥글다거나(rounded), 모나다(angular)라고 모양을 표시한다. 둥근 입자는 암석에서 풍화된 후 오랫동안 바람이나 물에 의해 운반되면서 모서리가 마모되었을 때 생긴다. 모난 입자는 흙으로 생성된 지 오래되지 않은 신선한 것이며, 공학적 특성이 전자에 비해 훨씬 양호하다.

실트는 세립토로 분류되지만 사질토와 같이 둥그스름한 모양을 하고 있다. 이것은 모암의 광물 성분을 그대로 지니고 있기 때문에 크기가 2 μm 이하까지 더 잘게 분쇄되는 경우는 드물다.

이에 반해서 점토 입자는 모래나 자갈과 같은 둥그스름한 모양을 하고 있는 경우는 거의 없다. 점토를 이루는 거의 모든 점토광물은 다음 절에서 설명하는 바와 같이 시트(sheet)로 이루어진 결정체이기 때문이다. 일반적으로 점토광물의 모양은 운모처럼 얇고 넓적하나 바늘이나 파이프처럼 길쭉한 것도 있다. 점토광물은 크기가 2 μm 이하인 미립자로 존재하며 높은 점성과 소성을 가진다. 가령, 흙 입자가 2 μm 이하의 가는 치수라고 하더라도, 이것이 점토광물이 아니라면 공학적 성질은 서로 판이하다. 따라서 점토 크기의 치수를 가진 흙과 점토광물을 혼동하여서는 안 된다.

4.3 점토광물

4.3.1 기본 구성

점토광물의 종류는 많으나 광물을 구성하고 있는 기본 단위는 Tetrahedron과 Octahedron으로 나눌 수 있다. Tetrahedron은 그림 4.1과 같이 규소(Si) 원자를 중심으로 네 개의 산소(O)가 자리잡아 4면체를 이루고 있는 것이고, Octahedron은 그림 4.2와 같이 알루미늄(Al)이나 마그네슘(Mg)을 중심으로 여섯 개의 수산기로 둘러싸여 8면체를 이루고 있는 것이다. 특히 알루미늄이 가운데에 있으면 Al Octahedron이라고 하고, Mg이 가운데에 있으면 Mg Octahedron이라고 한다. 이러한 기본 구조 단위인 Tetrahedron이나 Octahedron은 전기적으로 중립이 아니기 때문에 독립적으로 존재할 수 없고, 산소끼리 또는 수산기끼리 서로 공유하면서 횡방향으로 결합할 수 있다. Tetrahedron이 이와 같이 결합되어 있는 것을 Silica 시트라고 하며, 사다리꼴[그림 4.1(c) 참조]로 표시하고, Al Octahedron이나 Mg Octahedron이 횡방향으로 결합되어 있으면 이들을 각각 Gibbsite 또는 Brucite라고 하며, 네모꼴[그림 4.2(c) 참조]로 표시한다.

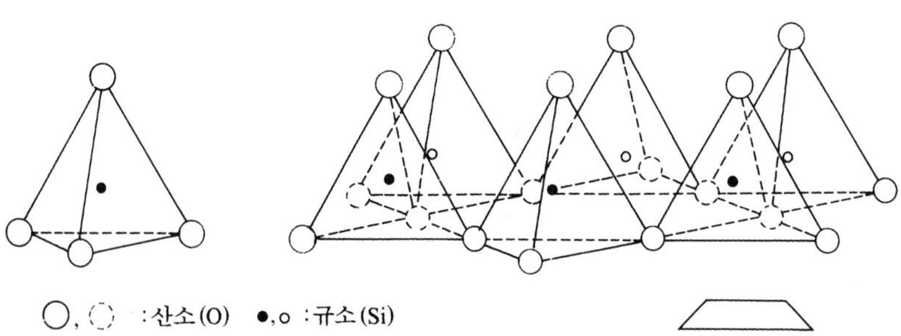

(a) Tetrahedron의 기본 구조 (b) Silica 시트 (c) 기호

그림 4.1 Tetrahedron의 분자 구조

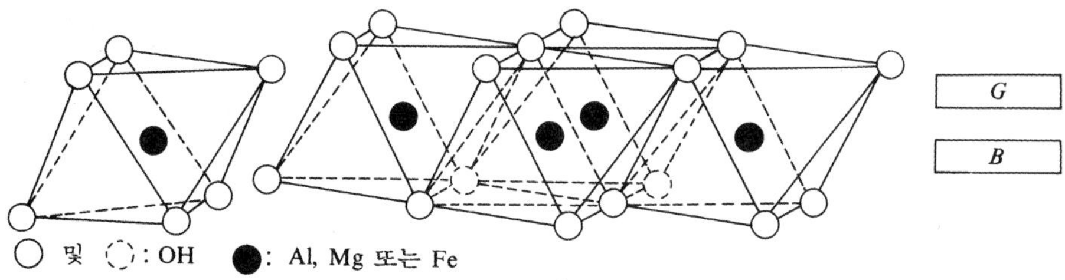

(a) Octahedral의 기본 구조 (b) Octahedral 시트 (c) 기호

그림 4.2 Octahedron의 분자 구조

4.3.2 이층구조의 점토광물

흔히 있는 점토광물 중의 하나인 Kaolinite는 Gibbsite의 하면에 Silica의 상면이 끼워진 두 개의 시트가 기본이 되어 이루어진 점토광물이다. 이와 같은 한 쌍의 기본 구조 단위로 이루어진 것을 '이층구조를 가진 점토광물'이라고 한다. 실제로 점토는 이러한 이층구조 단위가 수소 결합[2] 또는 2차 원자가결합[3]으로 여러 겹이 결합되어 이루어진 것이다. 그림 4.3에 보이는 Kaolinite는 이러한 구조 단위가 115개 결합되어 있다.

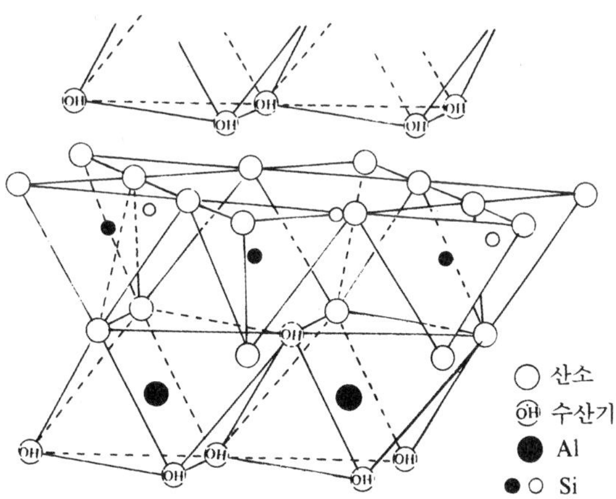

그림 4.3 Kaolinite의 원자 구조(Grim, 1962)

2) 수소결합(hydrogen bond)이란 한 분자나 또는 결정의 수소 원자가 다른 분자나 결정의 산소 원자에 인접해 있으면 이 두 원자 사이에 아주 강력한 분자 간 결합력이 생긴다. 결합력의 상대적인 크기는 다음과 같다.
- 분자 간 결합 1~10
- 수소결합 10~20
- 1차 원자가결합 40~200

3) 2차 원자가결합(secondary valence bond)이란 한 분자에 있는 원자가 다른 분자에 있는 원자와 이루어지는 결합력이다. 분자 간 결합(van der Waals force)과 수소결합(hydrogen bond)이 여기에 포함된다.

Halloysite는 이층구조 단위 사이에 한 층의 물 분자가 존재하는 것이 다를 뿐, 분자 구조는 Kaolinite와 동일하다. 이 물은 일단 건조되면 다시 물을 흡수하지 못하므로 건조 전과 후의 중량이 현저히 다르다. Halloysite의 모양은 마치 파이프와 같으며, 공학적으로 대단히 흥미 있는 점토광물이다.

시트가 쌓여서 점토광물이 형성되는 과정에서 가끔 **동형치환**(isomorphous substitution)이 일어난다. 동형치환이란 어떤 한 원자가 비슷한 이온 반경을 가진 다른 원자와 치환하는 것을 의미한다. 예로서 Kaolinite의 형성과정에서 Al 원자가 충분히 존재하였다면 Si^{+4}가 자리 잡고 있어야 할 자리에 Al^{+3}이 대신 들어갈 수 있다. 그러면 4가의 Si 자리에 3가의 Al이 들어갔으므로 이 점토광물은 +1가가 부족되어 음으로 대전하게 될 것이다. 점토광물이 음으로 대전되는 것은 주로 이러한 동형치환에 기인한다.

4.3.3 삼층구조의 점토광물

Montmorillonite는 두 장의 Silica 시트 사이에 Gibbsite가 끼어 있는 기본 구조를 하고 있다(그림 4.4 참조). 이러한 삼층구조의 기본 단위의 두께는 약 10Å이고, 다른 두 방향으로는 상당히 멀리까지 뻗친다.

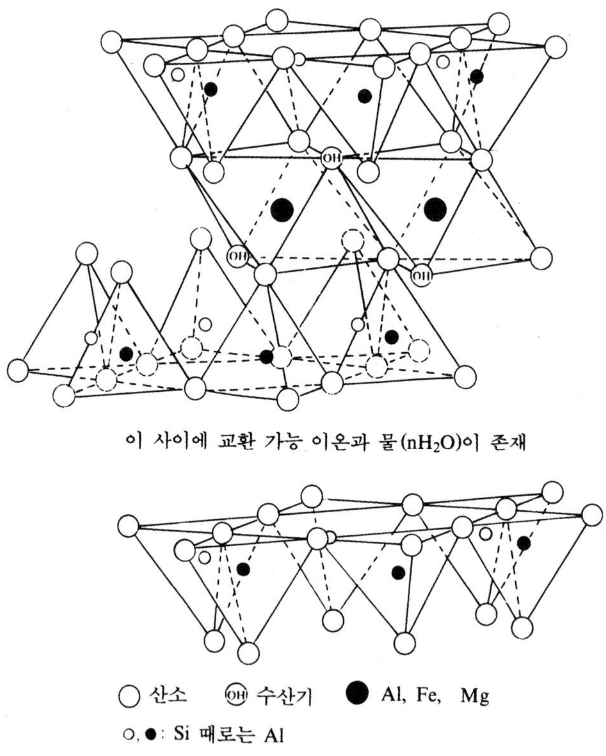

그림 4.4 Montmorillonite의 원자 구조(Grim, 1962)

Montmorillonite는 Gibbsite의 Al 이온 6개당 1개의 Mg이 동형치환을 한다. 이러한 동형치환으로 인해 점토광물의 결정은 음의 전하를 가지므로 Na^{+}, Ca^{+2}, K^{+}와 같은 양이온을 끌어들여 평형을 이룬다. 이러한 양이온들은 일반적으로 쉽게 교환될 수 있다. 이 구조 단위 사이에는 이러한 양이온과의 결합과 분자 간 약한 인력으로 결합되어 종잇장처럼 겹겹이 쌓인다. 따라서 결합력은 비교적 약하며 크기는 교환할 수 있는 양이온의 성질에 의존한다. 이 구조 단위 사이에 물이 들어가면 쉽게 팽창을 하며, 그 결정체를 10 Å 두께로 분리시키는 것도 그다지 어렵지는 않다.

Illite도 Montmorillonite와 마찬가지로 Gibbsite가 Silica 사이에 낀 삼층구조의 점토광물이다. Illite는 Silica의 Si^{+4}가 Al^{+3}으로 동형치환되어 있다. 동형치환으로 인해 음의 전하는 삼층 구조 단위 사이에 있는 K^{+}으로 평형을 이루고 있으며, K^{+}은 교환이 되지 않는다.

K^{+} 이온과의 결합은 Kaolinite의 구조 단위를 결합하는 수소결합보다는 약하지만 Montmorillonite의 결합력보다는 훨씬 강하다. 이것은 교환되지 않는 K^{+} 이온이 Silica 시트 사이에 꼭 껴 있어서 교환할 수 있는 이온보다도 그 시트에 있는 원자에 훨씬 더 가까이 있기 때문이다. 따라서 Illite는 시트 사이에 물이 있다고 해도 Montmorillonite처럼 팽창하지는 않는다.

표 4.1 대표적인 점토광물의 특성(Lambe과 Whitman, 1969)

점토광물	기호	동형치환	시트 사이의 연결	입자 모양	입자 크기
Kaolinite	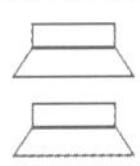	Si 대신 Al 400 중 1개	수소결합+ 2차 원자가결합	판상	$d=0.3\sim3\ \mu m$ $t=1/3\sim1/10d$
Halloysite ($4H_2O$)	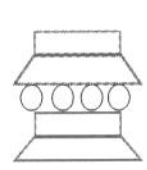	Si 대신 Al 100 중 1개	2차 원자가결합	파이프	od $=0.07\ \mu m$ id $=0.04\ \mu m$ $l=0.5\ \mu m$
Illite	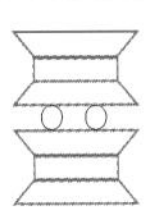	Si 대신 Al Al 대신 Mg, Fe Mg 대신 Fe, Al	2차 원자가결합+ K이온 결합	판상	$d=0.1\sim2\ \mu m$ $t=1/10d$
Montmorillonite	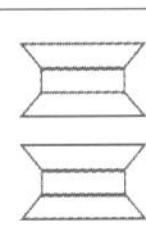	Al 대신 Mg 6 중 1개	2차 원자가결합+ 교환 가능 이온 결합	판상	$d=0.1\sim1\ \mu m$ $t=1/100d$
Vermiculite	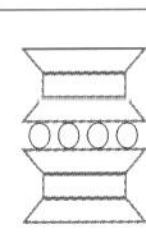	Mg 대신 Al, Fe Si 대신 Al	2차 원자가결합+ Mg이온 결합	판상	$t=1/10\sim1/30d$
Chlorite	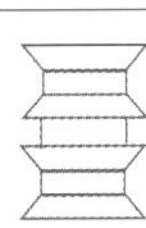	Si, Fe 대신 Al Mg 대신 Al	2차 원자가결합+ Brucite 결합	판상	

주: od: 바깥지름, id: 안지름, l: 길이, d: 지름, t: 두께

이상 설명한 점토광물 외에도 Vermiculite나 Nontronite 같은 다른 점토광물도 존재한다 [Grim(1962) 참조]. 표 4.1은 대표적인 점토광물의 특성을 요약한 것이다.

4.4 점토광물과 물의 상호작용

자연 상태에 있는 점토광물은 물속에서 퇴적되어 수위면 아래에 존재하거나 또는 지하수면 위에 있다고 하더라도 항상 수분을 함유하고 있으므로, 이것이 물과 접촉할 때 어떤 작용을 할 것인가를 알아보는 것이 대단히 중요하다. 앞에서 설명한 것처럼 점토광물은 주로 동형치환 때문에 음으로 대전되어 있으며, 또한 점토 입자는 두께가 대단히 얇아서 입자의 질량에 대한 표면적이 대단히 크므로 이 전기력은 물에 접해 있는 점토광물에 큰 영향을 주게 된다.

점토광물은 암석이 용해작용을 받아 형성되므로 그중에는 항상 K^{+}, Na^{+2}, Al^{+3} 등이 존재한다. 음으로 대전된 점토광물은 이들 양이온을 끌어들여 평형을 유지하려고 하고 또한 양이온 자체로서는 순부하가 양이므로 평형을 유지하기 위해 물을 끌어들인다. 물은 중성이지만 산소 원자 주위에 수소 원자가 비대칭으로 있어 양과 음의 전기부하의 중심이 일치하지 않는다. 다시 말하면 물 분자는 마치 막대자석처럼 한쪽은 음으로 다른 한쪽은 양으로 대전되어 있으므로, 물 분자의 음극은 양이온과 결합하고 양극은 점토 입자와 결합한다(그림 4.5 참조). 특히, 점토 입자의 표면은 격자 내의 산소 또는 수산기와 물 분자의 수소가 수소결합을 하고 있으므로 결합력이 대단히 강하다.

음으로 대전된 점토광물의 부하가 평형을 유지하는 데 있어서 양이온이 끌리는 범위는 점토 표면을 넘어서 훨씬 더 멀리까지 미친다. 그 이유를 알아보기 위하여 입자 크기가 가장 작고 물에 대단히 민감한 Montmorillonite를 예로 들어 보기로 하자. Montmorillonite의 대표적인

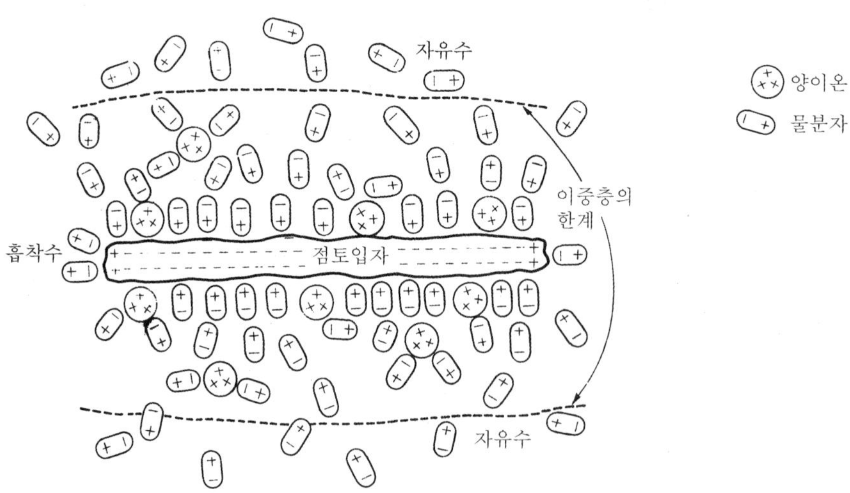

그림 4.5 이중층 안에 있는 흡착수와 양이온

입자는 두께가 약 10 Å이고, 폭과 길이가 약 1,000 Å인 고기 비늘과 같은 모양을 하고 있다. 이 한 개의 입자에 대해 14,400개의 교환할 수 있는 단가 이온이 부착되어 있다[이 숫자의 계산 방법은 Lambe(1969) 참조].

만일 이 이온을 Na^+ 이온이라고 가정해 보자. Na^+ 이온을 물속에 떨어뜨렸을 때에는 물을 끌어들여 수화작용을 일으킨다. 수화작용이 일어나면 각 개의 Na^+ 이온은 지름이 약 7배로 커지기 때문에 Montmorillonite 입자의 면에 붙어 있기에는 면적이 너무 모자란다. 따라서 수화된 Na^+ 이온은 이온 상호 간의 반발력이 작용하기도 하여 음으로 대전된 점토광물과 평형을 유지할 만큼 멀리 떨어져 나간다. 이와 같이, 교환할 수 있는 이온이 입자에 끌려서 평형을 유지하고 있는 두께를 **이중층**(double layer)이라고 한다(그림 4.5 및 4.6 참조).이 말은 점토 입자에 바로 인접하여 밀도가 크고 대단히 견고하게 부착된 수막이 존재하고(그림 4.7 참조. 두께는 약 10 Å), 그 다음에 점토 입자의 인력 한계까지 확산되어 있는 또 하나의 유동적인 층이 존재한다는 뜻에서 유래된 것이다.

그림 4.6(a)를 보면 입자 표면에서의 거리가 멀어질수록 Na^+의 이온 농도가 감소한다는 것을 알 수 있다. 그림 4.6(b)는 입자 표면에서의 거리와 전기 퍼텐셜의 관계를 나타낸 것이다. 전기 퍼텐셜이란 단위 전하를 무한으로부터 어느 위치까지 끌어오는 데 소요되는 일을 말하며, 부호는 음으로 나타낸다. 따라서 이중층의 두께는 입자 표면에서부터 전기 퍼텐셜이 존재하는 위치까지의 거리가 된다. 이 거리를 넘으면 입자의 부하와 전혀 관련이 없는 영역이 존재한다.

이중층 안에 있는 물은 입자 표면에 전기적으로 끌려 있는 교환할 수 있는 이온을 함유하고 있기 때문에, 흙 입자로부터 인력을 받고 있다. 따라서 이 물은 성질상 이중층 바깥에 있는 **자유수**(free water)와 완전히 구별되며, 이것을 **흡착수**(adsorbed water)라고 한다(어떤 학자들은 10 Å의 두께로 입자에 강력하게 부착되어 있는 물만을 흡착수라고 정의한다. 예: Das, 1983).

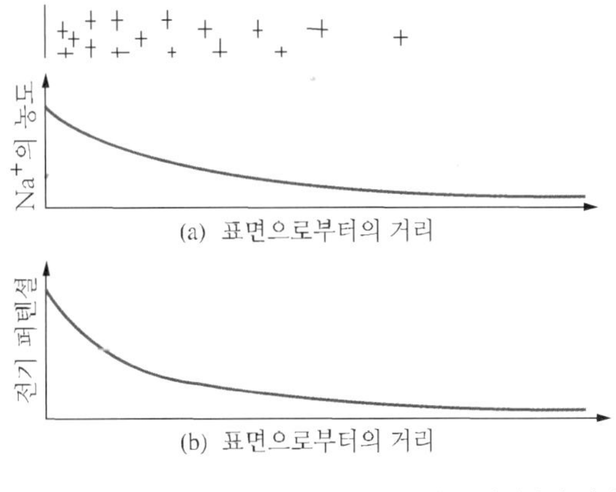

그림 4.6 Sodium Montmorillonite에 대한 입자 표면에서의 거리에 따른 Na^+ 이온 농도 및 전기 퍼텐셜의 변화

그림 4.7은 Na Montmorillonite에 대해 흡착수의 밀도의 변화를 나타낸 것인데, 점토 입자의 표면에서 10Å 내에 있는 물의 밀도는 현저히 높아서 물이라기보다는 고체에 가까운 성질을 띤다.

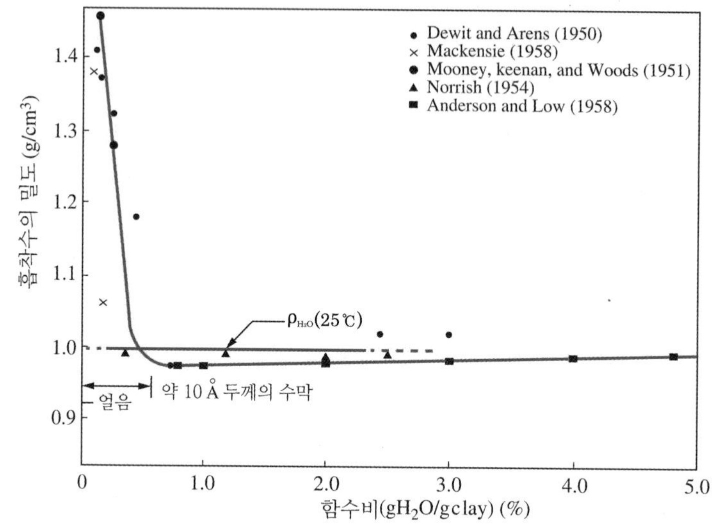

그림 4.7 흡착수의 밀도(Martin, 1960)

표 4.2 교환할 수 있는 이온에 따른 점토광물의 아터버그 한계의 변화(Cornell University, 1951)

점토광물	교환 가능한 이온	액성한계 (%)	소성한계 (%)	소성지수 (%)	수축한계 (%)
Montmorillonite	Na	710	54	656	9.9
	K	660	98	562	9.3
	Ca	510	81	429	10.5
	Mg	410	60	350	14.7
	Fe	290	75	215	10.3
	Fe*	140	73	67	–
Illite	Na	120	53	67	15.4
	K	120	60	60	17.5
	Ca	100	45	55	16.8
	Mg	95	46	49	14.7
	Fe	110	49	61	15.3
	Fe*	79	46	33	–
Kaolinite	Na	53	32	21	26.8
	K	49	29	20	–
	Ca	38	27	11	24.5
	Mg	54	31	23	28.7
	Fe	59	37	22	29.2
	Fe*	56	35	21	–
Attapulgite	H	270	150	120	7.6

* 5회의 건습주기 후에 시험한 것임

지금까지의 논의에서는 교환할 수 있는 이온으로서 Na^+을 예로 들었지만, 만일 Ca^{+2}을 Na^+이온을 가진 물속에 있는 흙을 추가로 넣었다면, 이것은 Ca^{+2}과 교환되어 전자와 많이 다른 성질을 보인다. 즉, 교환할 수 있는 이온이 바뀌면 이중층의 두께가 달라져서 흙의 거동에 미치는 영향이 달라진다. 표 4.2는 교환할 수 있는 이온의 종류에 따른 아터버그 한계의 변화를 나타낸 것이다.

4.5 흙의 구조

4.5.1 점성토의 구조

앞에서 언급한 바와 같이, 물속에 있는 입자는 양이온에 의해 평형되어 있다. 이와 같이 평형되어 있는 두 개의 점토 입자가 무한한 거리에서 점차 가까워진다면 어느 거리에 이르렀을 때 두 입자 사이에 반발력이 작용할 것이다. 두 입자 사이의 거리를 일정하게 두었다면 이 반발력의 크기는 이중층의 두께에 의존한다는 것은 분명하다. 한편, 두 입자 사이에는 위에서 언급한 반발력에 추가해서 인력이 존재한다. 인력이 우세하다면 입자는 서로를 향해 근접하려고 하는 경향이 있으며, 이러한 현상을 **면모화**(綿毛化, flocculation)라고 한다. 반대로, 반발력이 우세하다면 이 입자들은 서로 떨어지려고 할 것이며, 이것을 **이산**(dispersion)이라고 한다. 일반적으로 점토 입자의 이중층의 두께가 얇을 때에는 면모화가 되고, 두꺼울 때는 이산이 된다. 이중층의 두께는 전해질의 농도, 이온가 및 온도가 증가하면 증가하고, 유전상수, 수화 이온의 크기 및 pH가가 증가하면 감소한다(Lambe, 1958).

지금까지 설명한 것은 콜로이드(colloid) 이론(Van Olphen, 1963)에 의한 것이나, 이 이론으로도 해명할 수 없는 다른 전기력도 존재한다는 것이 밝혀졌다. 그중 중요한 한 가지는 흙 입자의 연단에 있는 양의 전기력이다. 이 힘 때문에 두 개의 입자가 대단히 근접할 때에는 입자의 한 연단과 다른 입자의 면이 연결되어 이른바 연단 대 면 연결(edge-to-face linkage)이 되어 버린다[그림 4.8(a) 참조]. 입자들이 면모화되면 점토 입자의 두께에 비해 폭이나 길이가 너무 커서 대단히 느슨하게 엉키는 배열을 한다.

해수 또는 담수에서 점토 입자가 퇴적되면 그 퇴적층은 면모구조를 가진다[그림 4.8(b) 및 (c) 참조]. 그런데 해수에서 퇴적된 점토 입자는 담수에서 퇴적된 구조보다도 훨씬 더 면모화되는 경향이 있다. 약 3.5%의 염도를 가진 바닷물은 입자 사이의 반발력을 감소시키는 전해질로 작용하기 때문이다. 이보다 훨씬 더 전해질의 농도가 약한 남수에서는 반발력이 우세하여 부분적으로 입자 배열이 평행한 구조를 가지나, 전반적으로 보면 면모화되어 있다.

수중에서 퇴적된 점토를 인위적으로 교란시키면 처음에 면모구조를 가졌던 점토 입자는 그림 4.5에서 보는 바와 같이 서로 나란한 배열로 바뀐다. 실내 토질시험을 하기 위하여 점토 시료를 채취하거나 운반할 때 시료가 완전히 교란되면, 이와 같은 이산구조를 가지며 흙의 전단강도는 현저히 떨어진다.

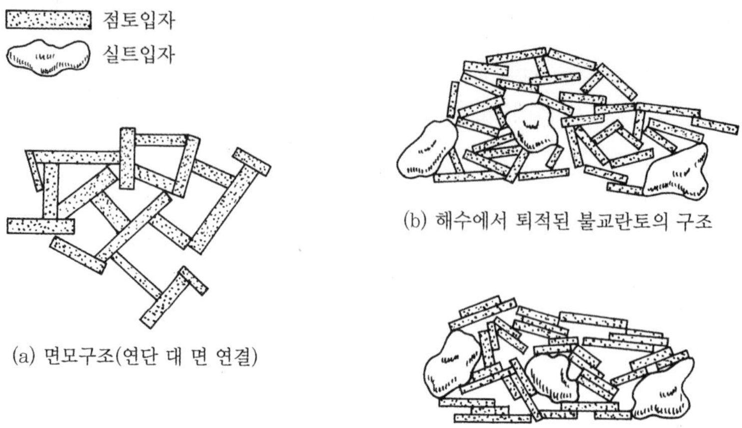

(a) 면모구조(연단 대 면 연결)

(b) 해수에서 퇴적된 불교란토의 구조

(c) 담수에서 퇴적된 불교란토의 구조

그림 4.8 점토의 구조

흙이 교란되어 강도가 감소되면 시간이 지남에 따라 일단 감소되었던 강도는 천천히 증가한다. 그러나 교란 전의 원상태까지 회복하지는 못한다. 이와 같은 강도 증가의 원인은 교란으로 인해 이산구조로 되었던 점토가 더욱 면모화하려고 하는 경향 때문인 것으로 알려지고 있다. 이와 같이 잃었던 강도를 다시 원상태로 회복하려는 현상을 **틱소트로피**(thixotropy)라고 한다. 교란으로 인한 강도 감소의 정도와 교란 후 강도 회복의 정도는 점토광물의 종류에 따라 다르다. 일반적으로 Montmorillonite와 같이 물을 많이 흡수할 수 있는 점토광물은 Kaolinite와 같은 점토광물에 비해 틱소트로피 효과가 대단히 크다.

4.5.2 조립토의 구조

자갈, 모래 또는 실트와 같이 둥그스름한 입자를 가지는 조립토는 전기력의 작용보다는 중력의 작용에 의하여 퇴적되므로 앞에서 설명한 점토의 구조와는 전혀 다르다. 다시 말하면, 각각의 입자는 인력이나 점착력 없이 중력의 작용을 받아 서로 접촉되어 있고 하중은 이러한 접촉점을 통해 전달된다. 바람이나 유수의 작용에 의하여 퇴적되는 조립토는 처음에는 느슨하나 그 위에 퇴적되는 흙의 무게로 인해 점점 촘촘해진다. 특히 사질토는 진동을 받으면 접촉 부분이 느슨해

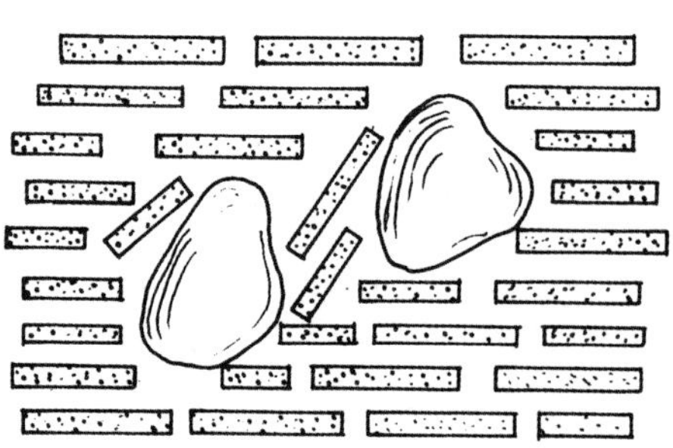

그림 4.9 이산구조(면 대 면 연결)

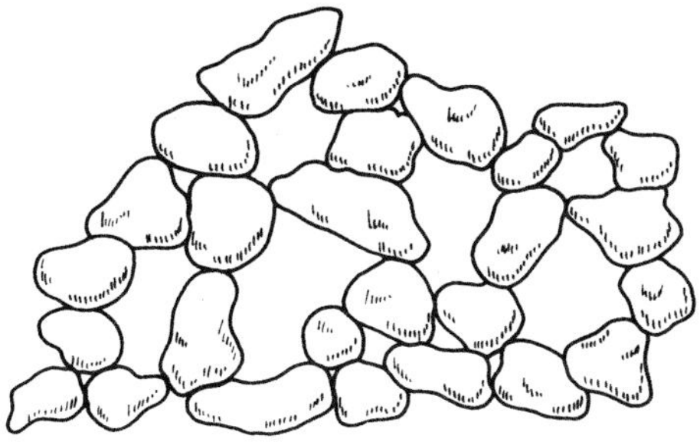

그림 4.10 모래의 용적팽창현상이 생겼을 때의 구조

져 마찰저항이 감소되므로 체적은 현저히 감소한다. 사질토가 진동에 의해 쉽게 다져지는 것은 이러한 이유 때문이다.

조립토는 퇴적 환경이나 인위적인 다짐에 따라 느슨한 상태로부터 촘촘한 상태에 이르기까지 넓은 범위의 간극비를 가지며, 이것을 상대밀도(2장 참조)로 표시한다. 상대밀도가 클수록 흙은 압축성이 작고 전단강도는 커진다. 따라서 조립토에서는 이것이 공학적 성질을 좌우하는 중요한 요소가 된다.

모래나 실트가 물을 약간 머금고 있을 때, 그 흙은 극히 느슨한 상태가 되어 마치 벌집처럼 엉켜서 건조한 경우에 비해 체적이 훨씬 증가하는 것을 볼 수 있다(그림 4.10 참조). 이것을 **용적팽창현상**(bulking)이라고 하며, 두 입자 사이의 수막에 작용하는 표면장력 때문에 이와 같은 현상이 생긴다. 이러한 체적 변화는 입자의 크기와 함수비에 의존하는데, 함수비가 5～6%일 때 그 체적은 최대가 된다고 한다.

연습문제-4장

4.1 점토가 물을 머금고 있으면 소성을 보인다. 소성의 의미가 무엇인지 설명하여라.

4.2 실트나 모래와 같은 입상토와 점토는 입자의 크기와 형상에 어떤 차이가 있는지 설명하여라.

4.3 이중층이 무엇이며, 왜 점토에서만 존재하는지 이유를 설명하여라.

4.4 다음 점토광물의 구조와 물을 머금고 있을 때의 특성을 기술하여라.
(a) Montmorillonite (b) Illite
(c) Kaolinite (d) Halloysite

4.5 점토에 있어서 면모구조와 이산구조를 설명하고, 어떤 환경에서 다른 구조를 보이는지 기술하여라.

4.6 점토에 물이 존재하면 모래인 경우에 비해 공학적 성질이 왜 현저히 달라지는지 설명하여라.

참고문헌

Cornell University (1951). *Final report on soil solidification research.* New York: Ithaca.

Das, B. M. (1983). *Advanced soil mechanics.* Washington: Hemisphere Publishing Corporation.

Grim, R. E. (1962). *Applied clay mineralogy.* NewYork: McGraw-Hill.

Lambe, T. W. (1969). *Soil mechanics.* New York: John Wiley & Sons, Inc., 48-49.

Lambe, T. W. (1958). The engineering behavior of compacted clay. *J. Soil Mech. Found. Div.*, ASCE, **84**, No. SM2, 1-34.

Martin, R. T. (1960). Adsorbed water on clay: A Review. *Clay and Clay Minerals* **9**, 28-70.

Van Olphen (1963). *An introduction to clay colloid chemistry.* New York: Interscience, 94-95.

CHAPTER 5

지반 내의 응력

5.1 개 설

지반 내에 생기는 응력은 흙 자체의 무게로 인한 응력과 지표면에 실리는 하중으로 인해 생기는 응력으로 나누어 생각할 수 있다. 지하수위가 있거나 모관수의 작용을 받을 때에는 전자의 응력을 산정하는 데 있어서 물의 영향이 특히 중요하다. 이 장에서는 물의 영향까지 포함하여 흙 자체의 무게로 인한 연직응력 및 수평응력을 산정하는 방법을 설명한 다음 지표면에 여러 가지 하중이 놓일 때, 이로 인해 지반 내에 생기는 응력의 변화를 살펴보기로 한다.

5.2 흙의 무게로 인한 지반 내의 응력

5.2.1 연직 방향 응력

침전으로 토층이 형성되었을 때처럼 지표면이 수평하고 흙의 성질이 수평 방향으로 많이 변화하지 않는다면 지반 내 임의 요소의 연직면과 수평면상에는 전단응력이 존재하지 않는다. 이때의 연직응력은 그 깊이 위에 있는 흙의 무게를 생각함으로써 간단히 계산할 수 있다(그림 5.1 참조).

만일, 흙의 단위중량이 전체 깊이에 걸쳐 일정하다면 연직응력 σ_v는

$$\sigma_v = \gamma z = \rho g z \tag{5.1}$$

로 표시된다. 여기서, γ는 흙의 단위중량, ρ는 밀도, g는 중력가속도이고, z는 대상 토층까지의 깊이이다. 실제로 흙의 단위중량은 깊이에 따라 일정한 경우는 드물다. 흙은 일반적으로 토층의 깊이가 증가할수록 촘촘해져 단위중량이 증가하기 때문이다. 이러한 경우에는 지반을 단위중량이 비슷한 몇 개의 층으로 나누어서 다음 식을 사용하여 연직응력을 구한다.

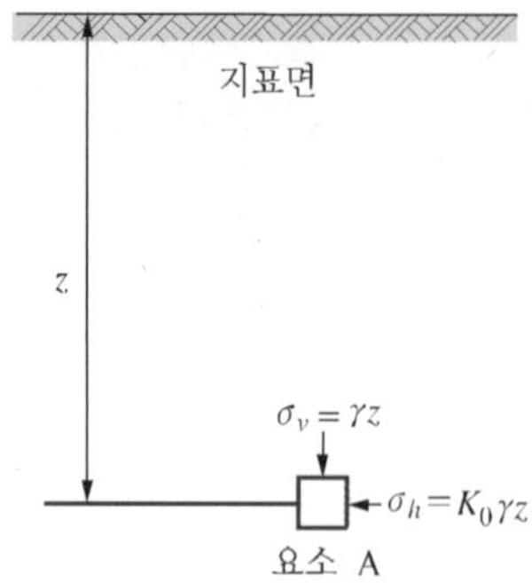

그림 5.1 흙의 토층 단면

$$\sigma_v = \sum \gamma \Delta z \tag{5.2}$$

여기서, σ_v는 어느 토층 위에 있는 흙으로 덮인 단위면적당 하중이므로, 이것을 **상재압력** 또는 **토피압력**(overburden pressure)이라고도 한다.

5.2.2 토층이 물속에 있을 때의 연직응력

그림 5.2에서 보는 바와 같이, 물속에 잠겨 있는 토층의 한 요소 A가 받는 연직응력을 생각해 보자. 이 요소의 전연직응력 σ_v는 흙과 물로 전달되는 연직응력의 합이므로,

$$\sigma_v = \gamma_w h_w + \gamma_{\text{sat}} z \tag{5.3}$$

여기서, h_w와 z는 그림 5.2에 표시되어 있고, γ_{sat}는 흙의 포화단위중량, γ_w는 물의 단위중량이다. 그런데 이 요소는 부력을 받고 있으며, 그 값은 그림의 수주로 나타낸 바와 같이,

$$u = \gamma_w (h_w + z) \tag{5.4}$$

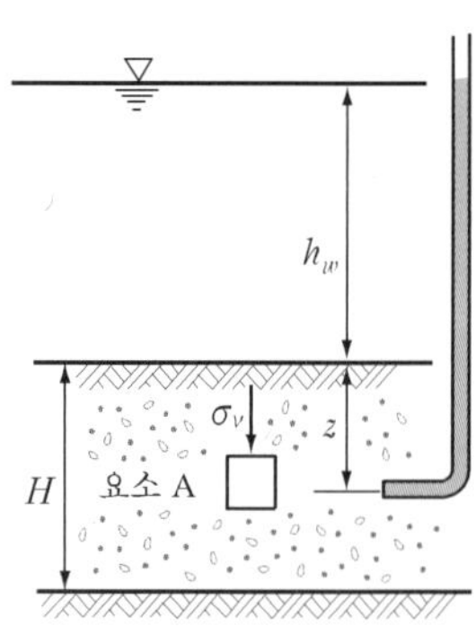

그림 5.2 토층이 받는 연직응력

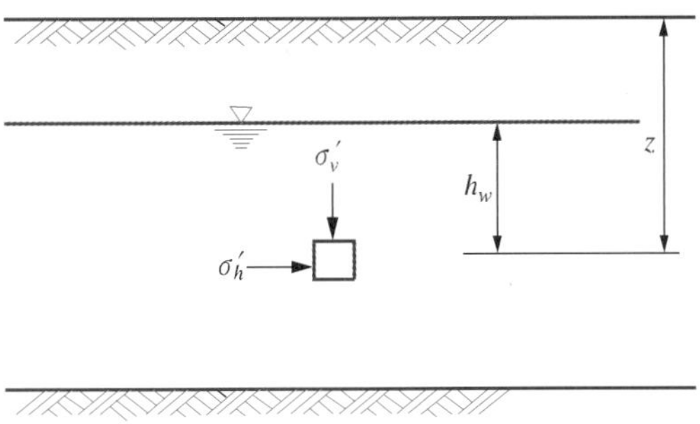

그림 5.3 지하수위가 지반 내에 있을 때의 유효연직응력 계산

따라서 흙 입자로 전달되는 응력은 전연직응력에서 부력, 즉 수압을 뺀 값이므로,

$$\begin{aligned}\sigma_v' &= \sigma - u = \gamma_w h_w + \gamma_{sat} z - \gamma_w (h_w + z) \\ &= (\gamma_{sat} - \gamma_w) z = \gamma_{sub} z\end{aligned} \tag{5.5}$$

가 된다. 다시 말하면, 흙 입자로 전달되는 응력은 흙의 수중단위중량에 그 요소 위에 있는 지반의 높이를 곱하여 구할 수 있으며, 지표면 위에 있는 수위의 높이와는 관련이 없다는 사실을 알 수 있다. 이것을 **유효연직응력**(effective vertical pressure)이라고 한다.

지하수위가 지반 내에 있을 때에는 지하수위 위에 있는 토층의 무게와 그 아래에 있는 토층의 무게를 각각 구하여 합한다. 그림 5.3을 참조하여 지표면에서 z의 깊이에 있는 유효연직응력을 구하면,

$$\sigma_v' = \gamma_t (z - h_w) + \gamma_{sat} h_w - \gamma_w h_w = \gamma_t (z - h_w) + \gamma_{sub} h_w \tag{5.6}$$

가 됨을 알 수 있다. 즉, 이 경우에는 지하수위 위에 있는 토층의 무게와 지하수위 아래에 있는 토층의 유효 무게(이때에는 수중단위중량을 적용)를 합한 값이 된다.

5.2.3 수평 방향 응력

물과 같은 유체에서는 한 요소에 작용하는 연직응력과 수평응력이 동일하지만, 자연 지반 내에서는 이 응력들이 서로 다른 값을 보인다. 지반 내 한 요소가 작용하는 수평응력은 다음 식으로 구해진다.

$$\sigma_h = K \sigma_v \tag{5.7}$$

여기서, K는 연직응력에 대한 수평응력의 비이며, 이것을 **횡응력계수**(coefficient of lateral stress) 또는 **토압계수**(coefficient of lateral earth pressure)라고 한다.

K의 값은 수평 방향으로 발생하는 변위조건에 따라 넓게 변화한다. 자연 상태에 있는 지반처럼 수평 방향으로 전혀 변위가 없을 때의 토압계수를 **정지토압계수**(coefficient of earth pressure at rest)라고 하고, K_0라는 기호로 표시한다. 그림 5.3과 같이 지하수위 아래에 있는 한 요소의 유효수평응력은 다음과 같은 식으로 구할 수 있다.

$$\sigma_h{}' = K_0\sigma_v{}' \tag{5.8}$$

퇴적토와 같이 흙이 조금씩 쌓여서 이루어진 토층은 흙이 쌓임에 따라 상재 하중이 증가하기 때문에 연직 방향으로 압축을 받는다. 연직응력이 증가하면 수평응력도 증가하지만, 후자의 크기는 전자보다 작다. 이렇게 형성된 토층의 K_0의 값은 모래인 경우 0.4～0.5의 범위에 있다.

반면, 원지반을 절토한 경우 토층이 과거에 무거운 하중을 받은 적이 있었을 때에는 수평응력이 연직응력을 초과할 수 있다. 무거운 연직하중으로 생긴 수평응력은 연직하중이 일부분 제거되었다고 하더라도 전부 없어지지 않기 때문이다. 이 경우의 K의 값은 1 이상이 될 수도 있다. 토압계수에 대해서는 12장에서 더 자세히 언급하기로 한다.

예제 5.1

2.4 m 두께의 모래층이 포화된 점토층 위에 놓여 있다(그림 5.4 참조). 지하수위면은 지표면에서 0.9 m 아래에 있다. 지하수위면 위로 모관수는 없다고 가정하고 지표면으로부터의 깊이 0.9 m, 2.4 m, 5.4 m에서의 유효연직응력, 유효수평응력 및 전수평응력을 구하여라.

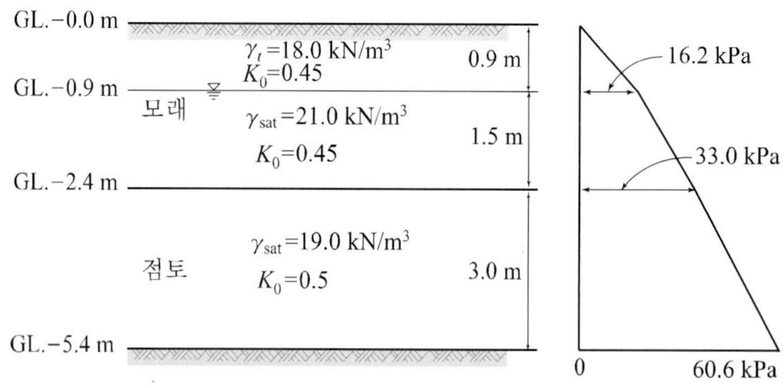

그림 5.4 유효연직응력의 계산

| 풀이 | 지하수위면 위 모래의 단위중량 $=18.0\ \text{kN/m}^3$

지하수위면 아래 모래의 수중 단위중량 $=21.0-9.8=11.2\ \text{kN/m}^3$

지하수위면 아래 점토의 수중 단위중량 $=19.0-9.8=9.2\ \text{kN/m}^3$

GL.−0.9 m: $\sigma_v = 18.0\times0.9 = 16.2\ \text{kPa}$

$u = 0$

$\sigma_v{}' = \sigma_v - u = 16.2-0 = 16.2\ \text{kPa}$

$\sigma_h{}' = K_0\,\sigma_v{}' = 0.45\times16.2 = 7.3\ \text{kPa}$

GL. −2.4 m: $\sigma_v = 18.0 \times 0.9 + 21.0 \times 1.5 = 47.7$ kPa

$u = 1.5 \times 9.8 = 14.7$ kPa

$\sigma_v{}' = \sigma_v - u = 47.7 - 14.7 = 33.0$ kPa

$\sigma_h{}' = K_0 \sigma_v{}' = 0.45 \times 33.0 = 14.9$ kPa

$\sigma_h = \sigma_h{}' + u = 14.9 + 14.7 = 29.6$ kPa

GL. −5.4 m: $\sigma_v = 18.0 \times 0.9 + 21.0 \times 1.5 + 19.0 \times 3.0 = 104.7$ kPa

$u = 4.5 \times 9.8 = 44.1$ kPa

$\sigma_v{}' = \sigma_v - u = 104.7 - 44.1 = 60.6$ kPa

$\sigma_h{}' = K_0 \sigma_v{}' = 0.50 \times 60.6 = 30.3$ kPa

$\sigma_h = \sigma_h{}' + u = 30.3 + 44.1 = 74.4$ kPa

유효연직응력의 분포는 그림 5.4의 오른쪽에 그려진 바와 같다.

5.3 지표면에 놓인 하중으로 생긴 연직응력의 증가

지표면에 하중이 작용할 때 하중으로 인해 지반 내에 생기는 응력의 계산방법은 탄성론으로부터 유도된 결과를 이용할 수 있다. 이 이론을 적용함에 있어서 흙은 균질(homogeneous)하고, 등방성(isotropic)이며, 탄성(elastic)이라고 가정하였다. 그러나 실제 흙의 성질은 이 가정과는 많이 틀리나, 탄성론으로 얻어진 결과는 실제와 크게 어긋나지 않는다. 여기서는 탄성론으로 얻어진 결과를 도표로 이용하는 방법을 주로 설명한다.

5.3.1 집중하중으로 인한 응력의 증가

그림 5.5와 같이 지표면에 집중하중 Q가 작용할 때, 좌표 x, y, z에 있는 요소 A에 생기는 응력은 Boussinesq에 의해 다음과 같이 유도되었다.

깊이 z와 거리 r에 있는 수평면상에서,

연직응력 증가분 :

$$\Delta\sigma_v = \frac{3Qz^3}{2\pi R^5} = \frac{3Q}{2\pi z^2}\cos^5\varphi \tag{5.9}$$

전단응력 증가분 :

$$\Delta\tau = \frac{3Qrz^2}{2\pi R^5} \tag{5.10}$$

수평응력 증가분 :

$$\Delta\sigma_h = \frac{Q}{2\pi}\left[\frac{3y^2 z}{R^5} - (1-2\mu)\left(\frac{y^2 - x^2}{Rr^2(R+z)} + \frac{x^2 z}{R^3 r^2}\right)\right] \tag{5.11}$$

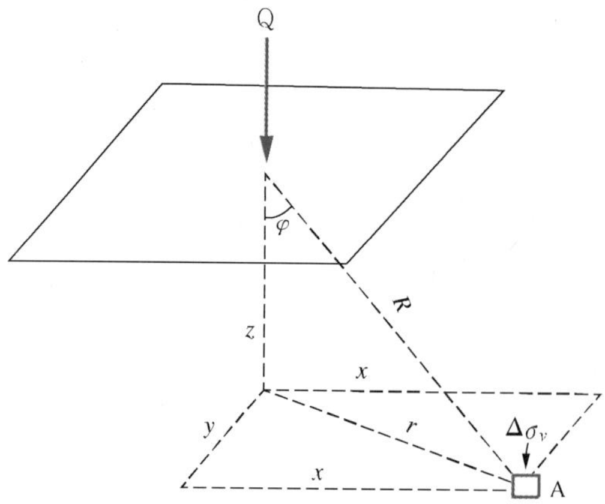

그림 5.5 지표면에 집중하중이 작용할 때의 지반응력

여기서, μ는 푸아송비(Poisson's ratio)이다. 이 밖의 다른 기호는 그림 5.5에 나타나 있다. 위의 식 중에서 식 (5.9)는 윤하중과 같은 집중하중으로 인한 침하량을 추정하는 데 유용하게 사용할 수 있다. 식 (5.9)를 더 간단히 표시하면,

$$\Delta\sigma_v = I_B\left(\frac{Q}{z^2}\right) \tag{5.12}$$

여기서, $I_B = \dfrac{3z^5}{2\pi R^5}$

I_B를 영향계수라고 하며, r/z와 I_B의 관계는 표 5.1과 같다.

식 (5.9)와 표 5.1을 보면, 지표면에 집중하중이 놓일 때 이로 인한 연직응력의 증가량은 깊이의 제곱에 반비례하고, 하중의 중심에서 멀어질수록 감소한다는 사실을 알 수 있다. 다시 말하면 지중의 연직응력 증가량은 하중의 중심선상에서 가장 크며, 깊이가 깊어짐에 따라 감소하여 어느 깊이 이상에서는 지표면에 있는 하중의 영향을 받지 않는다. 그림 5.6은 이러한 사실을 이해하는 데 도움을 줄 것이다.

표 5.1 집중하중으로 인해 생기는 수직응력의 계산을 위한 영향계수$\left(\Delta\sigma_v = I_B\dfrac{Q}{z^2}\right)$

r/z	영향계수 I_B	r/z	영향계수 I_B	r/z	영향계수 I_B
0.00	0.4775	1.00	0.0844	2.00	0.0085
0.10	0.4657	1.10	0.0658	2.10	0.0070
0.20	0.4329	1.20	0.0513	2.20	0.0058
0.30	0.3849	1.30	0.0402	2.30	0.0048
0.40	0.3294	1.40	0.0317	2.40	0.0040
0.50	0.2733	1.50	0.0251	2.50	0.0034
0.60	0.2214	1.60	0.0200	2.60	0.0029
0.70	0.1762	1.70	0.0160	2.70	0.0024
0.80	0.1386	1.80	0.0129	2.80	0.0021
0.90	0.1083	1.90	0.0105	2.90	0.0018

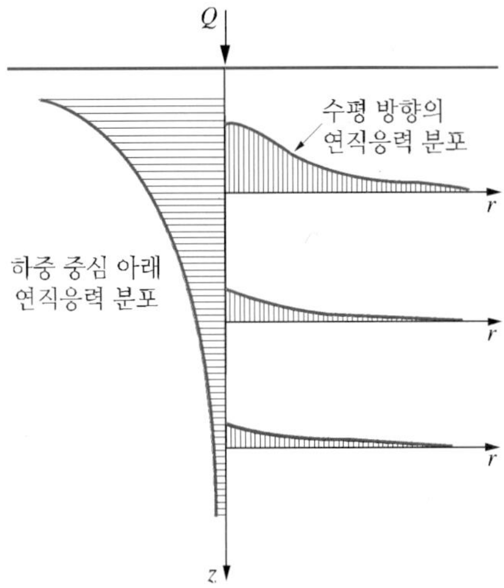

그림 5.6 지표면에 집중하중이 놓일 때 지중 연직응력의 분포

예제 5.2

다음 그림과 같이 50 kN의 집중하중이 작용한다. (a) 이 하중의 바로 아래 3 m 깊이와, (b) 여기서 4 m 떨어진 위치에서의 연직응력의 증가량은 얼마인가?

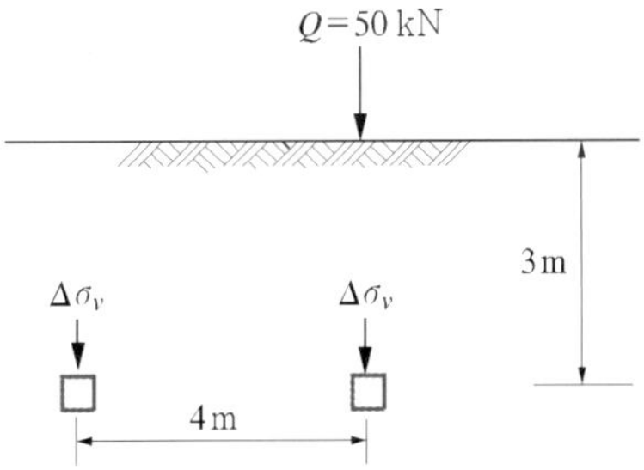

그림 5.7 예제 5.2의 그림

| 풀이 | (a) 표 5.1로부터 영향계수 $I_B = 0.4775$

$$\Delta\sigma_v = I_B\left(\frac{Q}{z^2}\right) = 0.4775\left(\frac{50.0}{3^2}\right) = 2.7 \text{ kPa}$$

(b) 영향계수를 식으로 구하면,

$$I_B = \frac{3z^5}{2\pi R^5} = \frac{3(3)^5}{2\times\pi\times 5^5} = 0.0371$$

$$\Delta\sigma_v = I_B\left(\frac{Q}{z^2}\right) = 0.0371\left(\frac{50.0}{3^2}\right) = 0.2 \text{ kPa}$$

5.3.2 원형 단면상에 등분포하중이 작용하는 경우

그림 5.8은 반지름이 r인 원형 단면상에 등분포하중 q_s가 작용할 때 반무한탄성체 내에 생기는 연직응력의 변화를 그린 것이다. 이 그림에서 구해진 값은 지표면에 작용하는 하중으로 인해 생긴 응력 증가뿐이므로, 어떤 토층 깊이에서의 전체 연직응력은 흙 자체의 무게로 인한 응력을 더해야 한다. 이 표의 사용방법은 예제 5.3에서 설명한다.

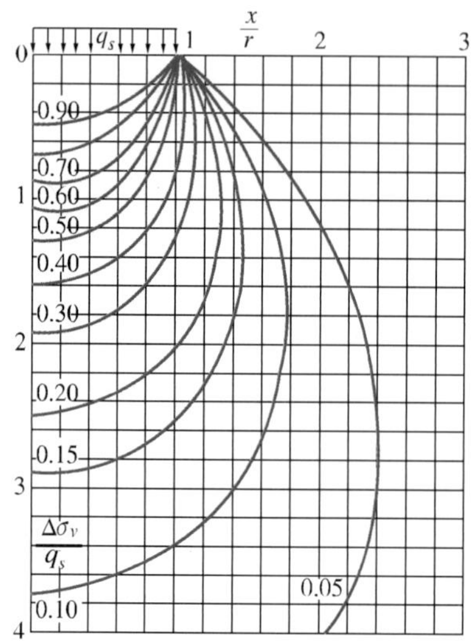

그림 5.8 원형 단면상에 등분포하중이 작용할 때 생기는 연직응력

예제 5.3

6 m 지름의 물 탱크가 지표면에 놓여 있다. 물 탱크 중심과 연단 아래 4 m 깊이에서의 연직응력의 증가량을 구하여라. 단, 물 탱크의 압력은 100 kPa이다.

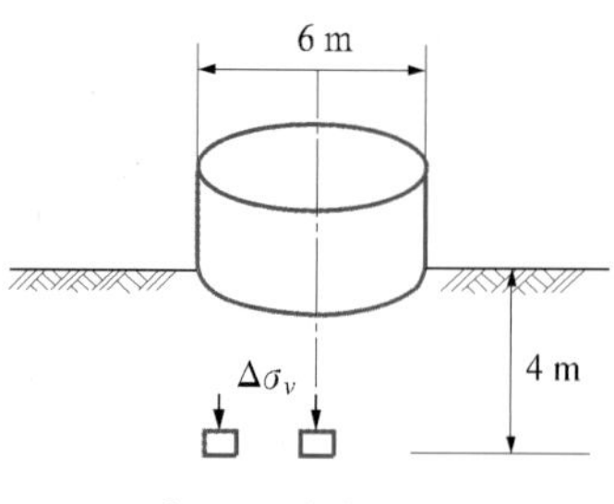

그림 5.9 예제 5.3의 그림

| 풀이 | 중심 아래 $x/r = 0$

$$z/r = 4/3 = 1.33$$

그림 5.8에서, 이때의 $\Delta\sigma_v/q_s = 0.50$

$$\Delta\sigma_v = 0.5 \times 100 = 50.0 \text{ kPa}$$

연단 아래 $x/r = 1.0$

$$z/r = 4/3 = 1.33$$

그림 5.8로부터 $\Delta\sigma_v / q_s = 0.28$

$$\Delta\sigma_v = 0.28 \times 100 = 28.0 \text{ kPa}$$

그림 5.8을 자세히 관찰해 보면, 지표면에 작용하는 하중으로 인하여 생기는 연직응력이 미치는 범위를 추정할 수 있다. 예를 들면, $3r$의 깊이 아래에는 연직응력 증분이 $0.15q_s$보다 작고 $4r$의 깊이 아래에서는 $0.10q_s$보다 작으며, 연직응력 증분이 같은 점을 연결한 선은 구의 모양을 하고 있다. 일반적으로 $0.10q_s$ 내의 체적을 **압력구근**(pressure bulb)이라고 한다. 압력구근 바깥에 있는 연직응력의 증가량은 거의 무시할 수 있다.

5.3.3 직사각형 단면상에 등분포하중이 작용하는 경우

직사각형 단면상에 등분포하중이 작용하는 경우, 이 하중으로 인하여 생기는 연직응력은

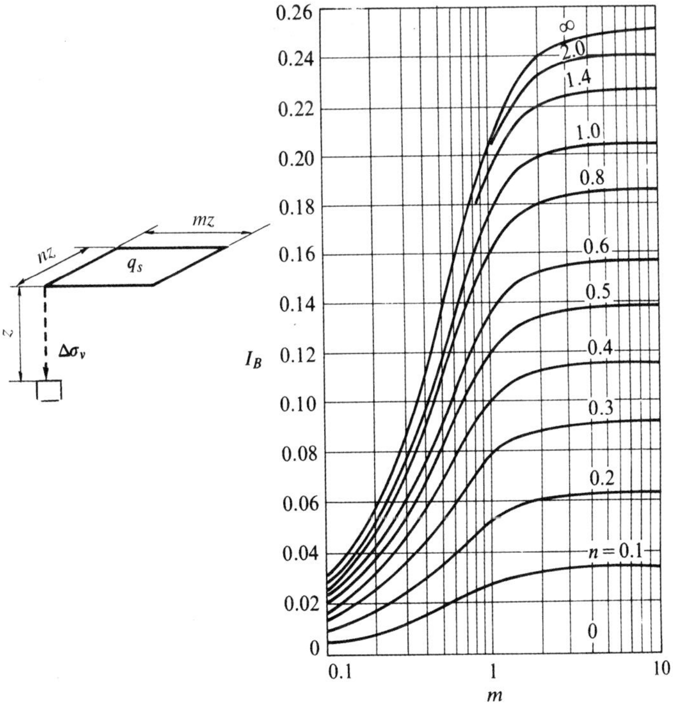

그림 5.10 직사각형 단면상에 등분포하중이 작용할 때 연직응력의 증가량을 계산하는 도표

그림 5.10을 사용하여 계산할 수 있다. 직사각형 단면상의 폭을 b, 길이를 l이라고 한다면 b와 l을, 응력을 알고자 하는 토층의 깊이 z로 각각 나눈 값, 즉 $m = \frac{b}{z}$와 $n = \frac{l}{z}$을 계산하여 그림 5.10으로부터 영향계수 I_B를 구한다. 그러면 재하 단면의 한 모서리 아래 깊이 z에서의 연직응력의 증가는,

$$\Delta\sigma_v = I_B\, q_s \tag{5.13}$$

직사각형 단면 안의 어떤 점 또는 재하 단면 바깥쪽 한 점 아래의 연직응력은 그 점이 직사각 단면의 한 모서리가 되도록 나누어서 각 직사각형 단면마다 계산한 값을 가감하여 구한다.

예제 5.4

1.0 m×1.5 m인 직사각형 단면에 500 kN의 집중하중이 균등하게 분포하여 작용한다. 그림 5.11의 (a) 직사각형 단면의 중심점 아래 깊이 2 m와 (b) G점 아래 깊이 2 m에서의 연직응력의 증가량을 구하여라.

| 풀이 | (a) 전 재하면 JELK를 C점이 한 모서리가 되도록 네 개의 직사각형 단면으로 나눈다. 각 직사각형 단면에 대하여,

$$m = 0.5 / 2.0 = 0.25$$
$$n = 0.75 / 2.0 = 0.375$$

그림 5.10으로부터 $I_B = 0.038$

따라서 $\Delta\sigma_v = 4 \times \left(\frac{500}{1.5 \times 1.0}\right) \times 0.038 = 50.7\ \text{kN/m}^2 = 50.7\ \text{kPa}$

(b) G점이 직사각형 단면의 한 모서리가 되도록 나누면,

□AHJE = □GHJF − □GAEF

□GHJF에 대해,

$$m = 1.0,\ n = 0.375,\ I_B = 0.098$$

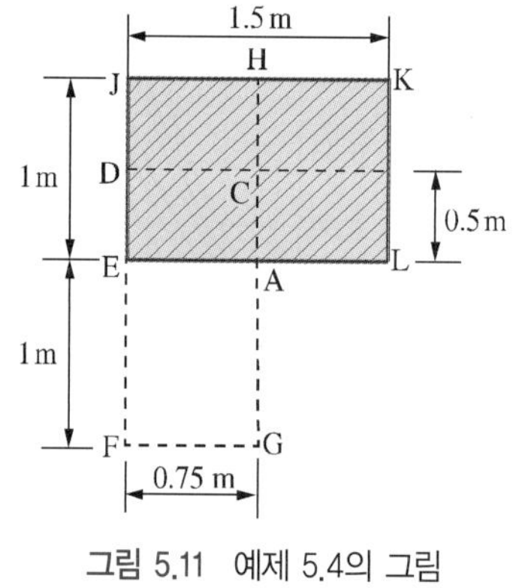

그림 5.11 예제 5.4의 그림

□GAEF에 대해,

$$m=0.5,\ n=0.375,\ I_B=0.068$$

따라서,

$$\Delta\sigma_v=\frac{500}{1.5\times1.0}(2\times0.098-2\times0.068)=20.0\ \text{kN/m}^2=20.0\ \text{kPa}$$

예제 5.5

고층 건물을 짓기 위해 10×10 m의 부지를 3 m의 깊이로 파고 확대기초를 설치하기로 계획하였다. 부지의 중심에 있는 기둥은 1,000 kN의 하중을 받고 기초의 단면은 1.5×1.5 m로 설계하려고 한다. 기둥의 기초 바닥 중심 아래 3 m 깊이에서의 연직응력의 순증가량은 얼마인가? 지반의 단위중량은 18.0 kN/m³이다.

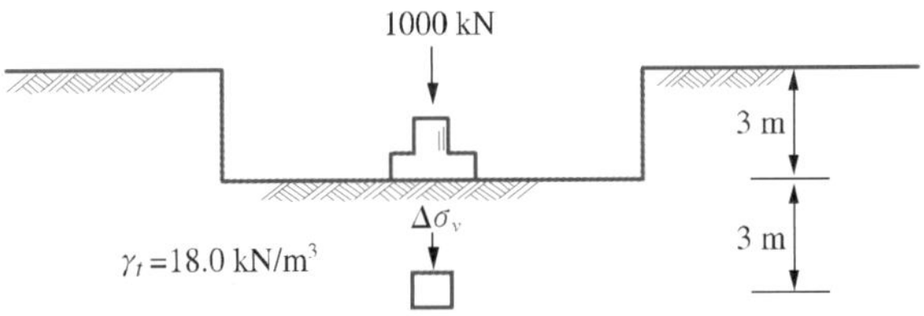

그림 5.12 예제 5.5의 그림

| 풀이 | 굴토로 인한 연직응력의 감소량

$$m=n=5/3=1.67$$

그림 5.10으로부터, $I_B=0.226$

$$\Delta\sigma_{v1}=4\times18.0\times3\times0.226=48.8\ \text{kPa}$$

기둥 하중으로 인한 응력의 증가량

$$m=n=0.75/3=0.25,\ I_B=0.03$$
$$\Delta\sigma_{v2}=[1000/(1.5\times1.5)]\times4\times0.03=53.3\ \text{kPa}$$
$$\Delta\sigma_v=\Delta\sigma_{v2}-\Delta\sigma_{v1}=53.3-48.8=4.5\ \text{kPa}$$

위의 예제에서는 그림 5.10의 도표를 이용하여 지중의 응력 증가량을 구하는 방법을 보였지만, 간단한 방법을 이용해서 구할 수도 있다. 이 간편법의 요점은 그림 5.13에 나타낸 바와 같이 지중응력이 수평 1, 연직 2의 비율로 분포된다는 것이다. 또한 임의의 깊이에서의 지중응력은 이것이 분포하는 범위까지 동일하다고 가정하였다. 이들을 근거로 하면, 주어진 깊이에서 분포된 모든 응력의 합계는 지표면에 놓인 하중과 동일하여야 하므로 그림 5.13을 참조하면,

$$\Delta\sigma_v=\frac{Q}{(B+z)(L+z)}\tag{5.14}$$

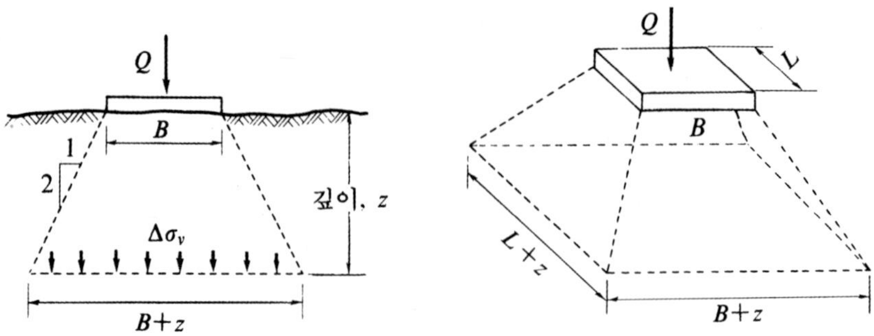

그림 5.13 지중응력을 계산하는 간편법

식 (5.14)는 예비 설계 단계에서 흔히 적용된다. 이 식으로 계산한 값을 그림 5.10의 도표를 이용한 것과 비교하면, 중심에서는 작고 연단에서는 크게 나타난다.

5.3.4 제방 하중이 작용하는 경우

도로 제방처럼 지표면에 길이 방향으로 무한한 사다리꼴 하중이 작용하는 경우가 많이 있다.

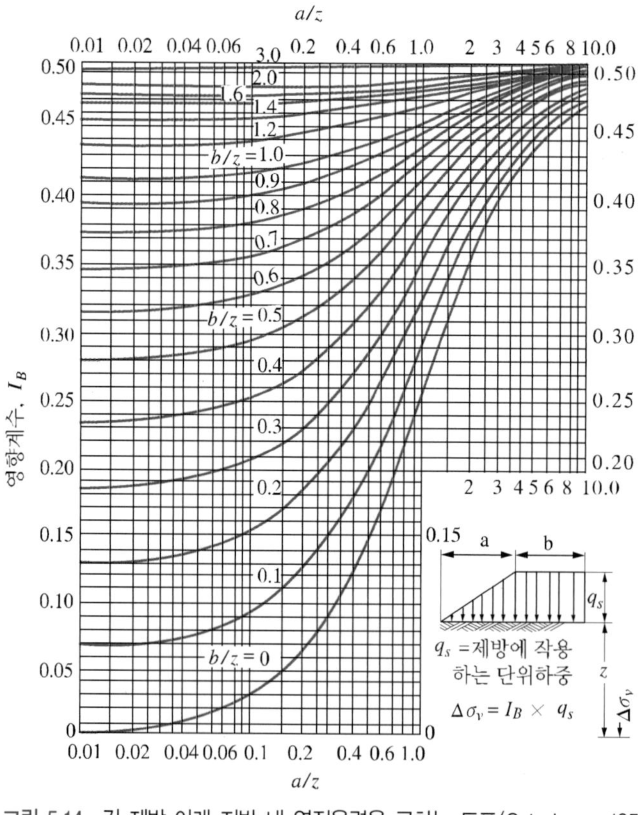

그림 5.14 긴 제방 아래 지반 내 연직응력을 구하는 도표(Osterberg, 1957)

이로 인한 응력의 증가에 대해서는 Osterberg(1957)가 그림 5.14와 같은 실용적인 도표를 발표하였는데, 이 도표는 실제로 많이 이용되고 있다. 이 도표에서는 사다리꼴의 치수 a와 b(그림 5.14)를 지중응력을 알고자 하는 깊이 z로 나누어 계수를 구하고, 이것을 이용하여 I_B를 구하도록 되어 있다. 자세한 계산방법은 다음 예제에서 설명된다.

5.3.5 띠하중과 정방형 하중에 의한 압력구근의 비교

그림 5.15는 재하면적이 띠 형상(strip area)인 경우와 정방형 형상(square area)인 경우에 대해 등연직응력선도(contours of equal vertical stress increase)를 보여주고 있다. 이 그림에서 임의 등분포하중강도(q)에 의해 유발되는 지반 내 연직응력 증가량은 깊이가 증가할수록 감소하며, 또한 같은 깊이에서의 응력 증가량은 재하면적의 형상이 정방형일 때가 띠하중 형상일 때보다 훨씬 작다는 것을 알 수 있다. 예컨대, $0.2q$의 등가선도의 최댓값은 띠하중에서는 3B(B는 재하 최소폭)의 깊이까지 이르지만, 정방형 하중에서는 1.5B의 깊이에서 나타난다. 이 그림은 예상 구조물 하중에 대한 지반응력의 영향 깊이를 나타내므로 지반조사 시 시추공의 깊이를 정하는 데(보통 $0.2q$ 깊이 이하) 이용될 수 있다.

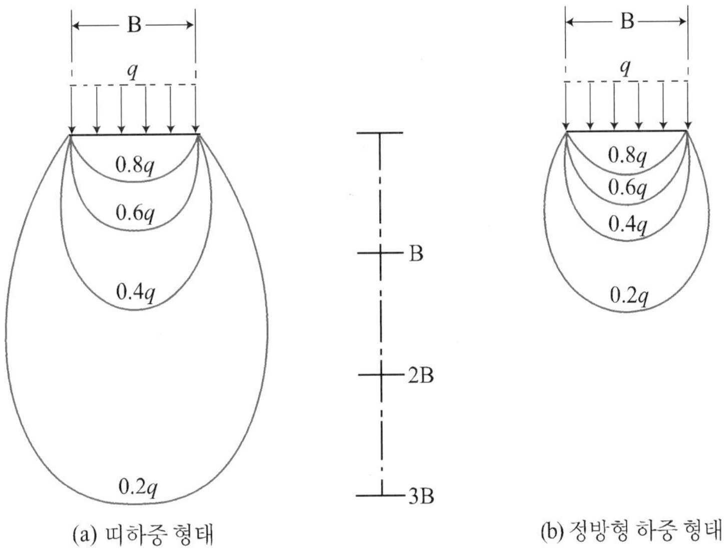

그림 5.15 연직응력의 등가선도

예제 5.6

그림과 같은 긴 제방이 지표면에 놓인다. 제방 중심부에서 지표면 아래 3 m와 6 m 깊이에서의 응력의 증가량을 결정하여라($\gamma_t = 20.0\ \text{kN/m}^3$).

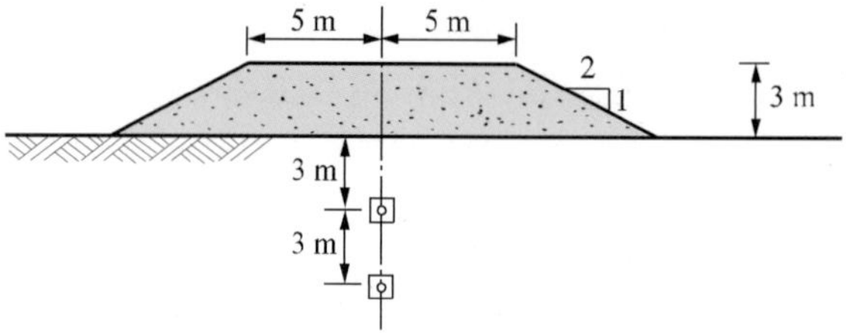

그림 5.16 예제 5.6의 그림

| 풀이 |

$$q_s = \gamma_t h = 20 \times 3 = 60.0 \text{ kPa}$$

$$b = 5 \text{ m}, \ a = 2 \times 3 = 6 \text{ m}$$

3 m 깊이: $a/z = 6/3 = 2$

$b/z = 5/3 = 1.67$

그림 5.14로부터, $I_B = 0.49$

$$\Delta\sigma_v = q_s I_B = 60 \times 0.49 \times 2 = 58.8 \text{ kPa}$$

6 m 깊이: $a/z = 6/6 = 1$

$b/z = 5/6 = 0.83$

그림 5.14로부터, $I_B = 0.44$

$$\Delta\sigma_v = q_s I_B = 60 \times 0.44 \times 2 = 52.8 \text{ kPa}$$

연습문제-5장

5.1 흙의 단위중량이 17.5 kN/m^3이고, 횡응력계수가 0.45인 균질한 지층이 있다. 지표면 아래 15 m 깊이에서의 연직응력 및 수평응력을 구하여라.

5.2 다음과 같은 지층이 있다.

지표면에서 0~3 m: $\gamma_t = 17.5 \text{ kN/m}^3$

3~5 m: $\gamma_t = 16.0 \text{ kN/m}^3$

5~15 m: $\gamma_t = 18.0 \text{ kN/m}^3$

지표면 아래 깊이 13 m에서의 연직응력은 얼마인가?

5.3 문제 5.2에서 지하수위면이 지표면 아래 2 m의 깊이에 있다고 생각하고, 지표면 아래 13 m 깊이에서의 유효연직응력을 구하여라(단, $\gamma_t = \gamma_{sat}$로 가정할 것).

5.4 지표면이 수평인 점토층에서 지하수위는 지표면으로부터 3.0 m 깊이에 위치하고 있다. 포화단위중량이 17.0 kN/m^3, 전체 단위중량이 16.0 kN/m^{3}이고, 정지토압계수(K_0)가 0.6일 때, 깊이 7.0 m에 위치한 흙 요소에 작용하는 다음의 응력을 각각 계산하여라.

(a) 전연직응력

(b) 전수평응력

(c) 간극수압

(d) 유효연직응력

(e) 유효수평응력

5.5 6 m×12 m의 직사각형 단면상에 50 kPa의 등분포하중이 작용하고 있다.

(a) 재하 면적의 한 모서리 아래 깊이 3 m에서의 연직응력의 증가량은 얼마인가?

(b) 재하 면적의 중심 아래 깊이 3 m에서의 연직응력의 증가량은 얼마인가?

(c) 재하 면적의 한 모서리에서 횡방향 및 종방향으로 각각 2 m 떨어진 점 아래 3 m 깊이에서의 연직응력의 증가량은 얼마인가?

5.6 지름이 10 m이고 물의 깊이가 5 m인 물탱크가 지표면에 놓여 있다. 물탱크의 중심선 아래 깊이 5 m에서의 연직응력의 증가량을 구하여라.

5.7 그림 5.17과 같이 지표면의 두 곳에서 집중하중이 작용한다. A점에서의 연직응력의 증가량을 구하여라.

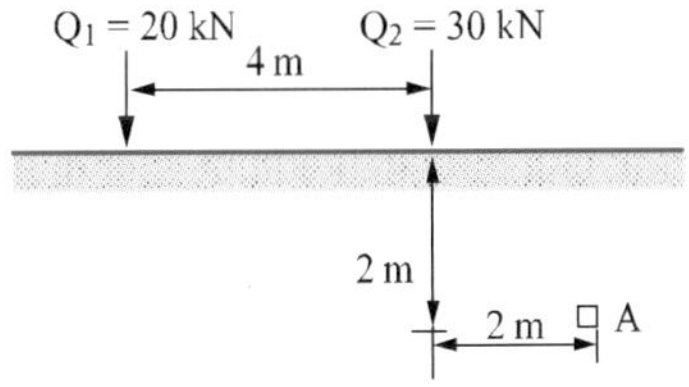

그림 5.17 문제 5.7의 그림

5.8 10 m 높이의 제방을 그림 5.18에 보이는 것처럼 축조하려고 한다. 제방 재료의 단위중량을 18 kN/m^{3}이라고 하면 A, B, C점에서의 연직응력의 증가량을 구하여라.

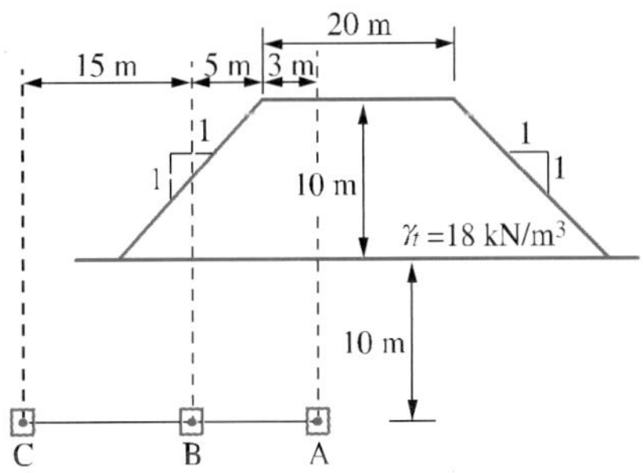

그림 5.18 문제 5.8의 그림

5.9 그림 5.19의 A점 아래 깊이 5 m에서의 연직응력의 증가량을 구하여라. 이 직사각형의 기초 위에는 1,000 kN의 하중이 균등하게 작용하는 것으로 가정하여라.

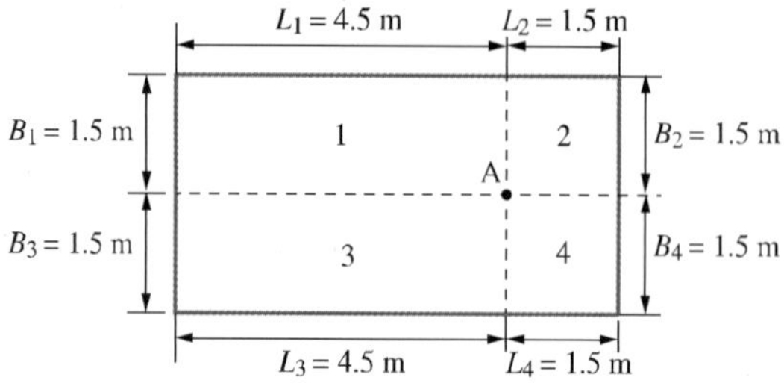

그림 5.19 문제 5.9의 그림

5.10 그림 5.20과 같이 빗금 친 기초에 300.0 kPa의 등분포하중이 작용한다. 점 A에서 연직으로 6.0 m 깊이에서의 연직응력 증가량을 계산하여라.

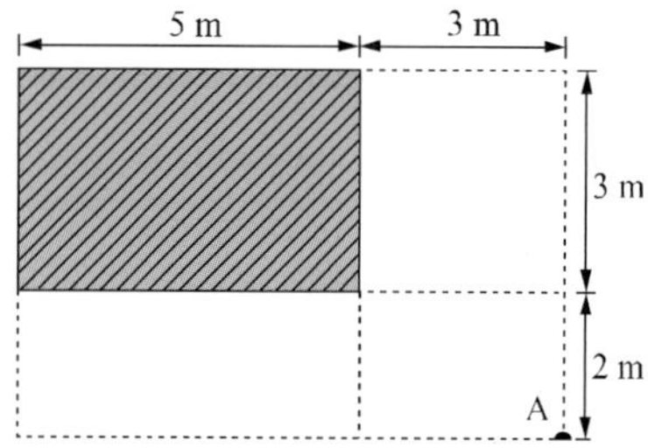

그림 5.20 문제 5.10의 그림

참고문헌

Lambe, T. W. (1969). *Soil mechanics*. New York: John Wiley & Sons.

Osterberg, J. O. (1957). Influence values for vertical stresses in a semi-infinite mass due to an embankment loading. *Proc. Fourth Inter. Conf. Soil Mech. Found. Eng.,* London.

CHAPTER 6

유효응력의 개념, 모관현상 및 흙의 동결

6.1 유효응력의 개념

6.1.1 포화토의 유효응력

그림 6.1은 지표면이 수평인 자연 지반 내의 한 단면을 나타낸다. 이 흙의 간극은 지표면까지 물로 가득 차 있고, 연속되어 있는 것으로 가정한다. 이 그림에서 보는 바와 같이 흙 입자 사이의 접촉면을 통해서 수평 방향으로 선을 긋고 이 선상에 작용하는 연직 방향의 힘의 평형을 고려해 보기로 한다.

먼저, 입자만을 통해서 작용하는 모든 힘은 다음과 같이 기술할 수 있다.

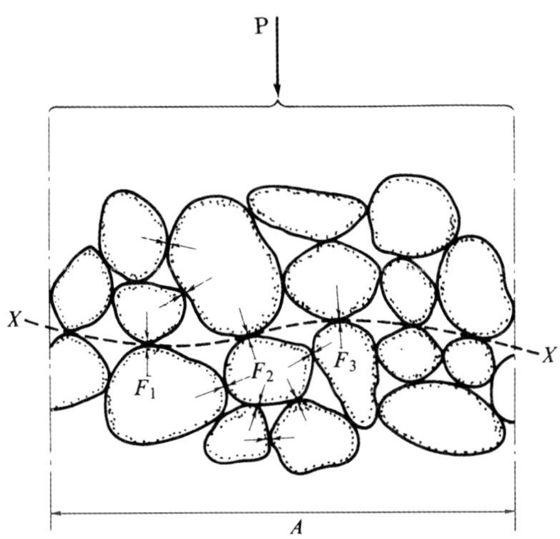

그림 6.1 포화토에 작용하는 응력

$$F_v = F_{1v} + F_{2v} + \cdots + F_{nv} \tag{6.1}$$

여기서, F_{1v}, F_{2v}, $\cdots$, F_{nv}는 입자의 접촉면, 1, 2,$\cdots$, n점 등에서 연직 방향으로 작용하는 접촉응력이다.

이 면에 작용하는 수압의 합력은 입자 사이의 접촉면을 제외한 단면적에 작용하므로,

$$U = u[A - (a_1 + a_2 + \cdots + a_n)] \tag{6.2}$$

으로 표시된다. 여기서, u는 단위면적당 작용하는 간극수압, A는 전 단면적, a_1, a_2, $\cdots$, a_n은 각 점의 접촉면적이다. 또한 입자 사이에는 전기적인 인력과 반발력이 작용할 수 있다. 따라서 이 면에 작용하는 연직 방향의 전체 힘은,

$$P = F_v + U - F_A + F_R \tag{6.3}$$

가 되고, 이것을 단위면적당으로 표시하면

$$\frac{P}{A} = \frac{F_v}{A} + \frac{U}{A} - \frac{F_A}{A} + \frac{F_R}{A}$$

즉,

$$\sigma_v = \sigma_v{}' + u(1-a) - A' + R' \tag{6.4}$$

여기서, $\sigma_v = P/A$: 전연직응력

$\sigma_v{}' = F_v/A$: 유효연직응력

$A' = F_A/A$: 단위면적당 인력

$R' = F_R/A$: 단위면적당 반발력

$a = (a_1 + a_2 + \cdots + a_n)/A$: 단위면적당 입자의 접촉면적

단위면적당 접촉면적 a는 전체 면적의 몇 백분의 1밖에 되지 않으므로(Bishop and Eldin, 1950), 이것을 무시하여도 공학적으로 정확도는 거의 문제되지 않는다. 또한 사질토, 실트 또는 소성이 작은 점토에서는 전기력을 무시할 수 있으므로, **전응력**(total stress)은 **유효응력**(effective stress)과 **간극수압**(pore water pressure)의 합으로써 다음과 같이 일반식으로 표시할 수 있다.

$$\sigma = \sigma' + u \tag{6.5}$$

전응력을 이와 같이 둘로 나누어 표시하는 이유는 유효응력만이 흙덩이의 변형과 전단에 관계되기 때문이다. 엄격히 말하면, 수압이 가해지면 흙 입자 자체가 변형될 수도 있지만, 흙 입자는 일반적으로 작용하는 수압에 대해서는 충분히 강하므로 이것을 무시하여도 좋다. 식 (6.5)에서 보는 바와 같이 유효응력은 대단히 간단한 식으로 표시되지만, 토질역학을 공부하는 데 있어서 유효응력의 개념을 철저히 이해하는 것이 무엇보다 중요하다. 다음 소절에서 유효응력에 대한 물리적 의미를 더 자세히 언급할 것이다.

예제 6.1

그림 6.2에 보인 토층에 대하여 각 심도별 전응력, 간극수압 및 유효응력을 계산하여 도시하여라.

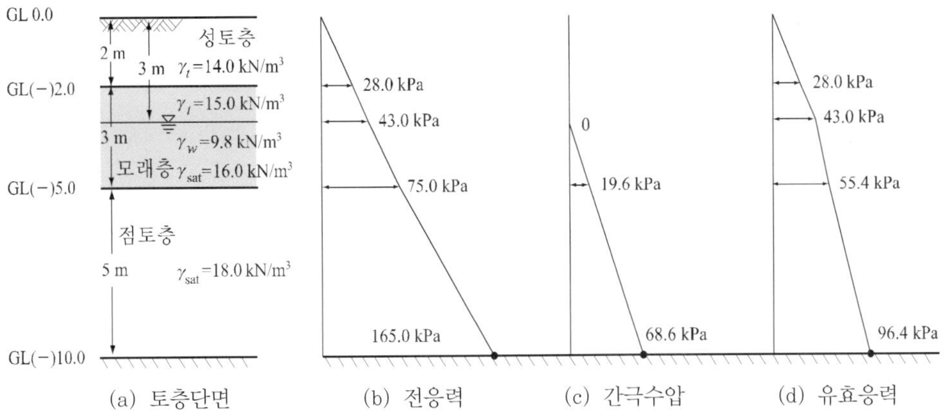

그림 6.2 예제 6.1의 그림

| 풀이 | GL.−2.0 m: $\sigma_v = 14.0 \times 2 = 28.0$ kPa

$u = 0$ kPa

$\sigma_v{}' = \sigma_v - u = 28 - 0 = 28.0$ kPa

GL.−3.0 m: $\sigma_v = 14.0 \times 2 + 15.0 \times 1 = 43.0$ kPa

$u = 0$ kPa

$\sigma_v{}' = \sigma_v - u = 43 - 0 = 43.0$ kPa

GL.−5.0 m: $\sigma_v = 14.0 \times 2 + 15.0 \times 1 + 16.0 \times 2 = 75.0$ kPa

$u = 9.8 \times 2 = 19.6$ kPa

$\sigma_v{}' = \sigma_v - u = 75.0 - 19.6 = 55.4$ kPa

GL.−10.0 m: $\sigma_v = 14.0 \times 2 + 15.0 \times 1 + 16.0 \times 2 + 18.0 \times 5 = 165.0$ kPa

$u = 9.8 \times 7 = 68.6$ kPa

$\sigma_v{}' = \sigma_v - u = 165.0 - 68.6 = 96.4$ kPa

6.1.2 유효응력의 물리적 의미

유효응력의 개념에 대한 충분한 이해를 위하여 몇 가지 기본이 되는 원리를 설명하기로 한다.

(1) 공학적 성질이 동일한 두 흙의 유효응력이 동일하면 공학적 거동도 동일하다. 다음과 같은 두 경우를 생각해 보자. 그림 6.3(a)에서는 지하수위가 지표면과 일치한다. 그림 6.3(b)에서는 수위가 지표면 위 10 m에 있다.

이 그림에서 지표면 아래 1.0 m에 있는 한 요소의 유효연직응력을 계산해 보기로 한다. 이 흙의 포화단위중량은 20.0 kN/m^{3}이다.

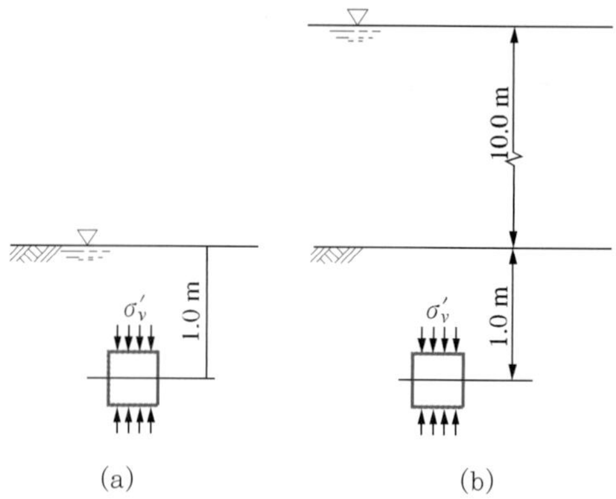

그림 6.3 수위가 다른 경우의 연직응력 계산

(a)의 경우

$$\sigma = 20.0 \times 1.0 = 20.0 \text{ kPa}$$
$$u = 9.8 \times 1.0 = 9.8 \text{ kPa}$$
$$\sigma' = 20.0 - 9.8 = 10.2 \text{ kPa}$$

(b)의 경우

$$\sigma = 20.0 \times 1.0 + 9.8 \times 10.0 = 118.0 \text{ kPa}$$
$$u = 9.8 \times 11.0 = 107.8 \text{ kPa}$$
$$\sigma' = 118.0 - 107.8 = 10.2 \text{ kPa}$$

계산 결과에 의하면 두 경우의 유효연직응력이 같으므로, 각 요소에 대한 공학적 거동은 동일하다. 다시 말하면, 지표면 위의 수위가 증가하거나 감소하여도 이로 인해 그 요소는 변형이 일어나지 않는다.

(2) 흙에 하중을 가하거나 제거하는 동안 체적 변화가 없으면, 유효응력은 항상 동일하다. 이 원리는 9장에서 설명하는 삼축압축시험의 삼축실을 이용하여 증명할 수 있다(등방압축시험과 배수시험). 그림 6.4와 같이 포화된 흙을 멤브레인으로 싸고 바깥쪽에서 사방으로 1000 kPa의 압력을 가하였다고 가정하자. 이때 시료 내부에도 압력을 가하여 압력이 500 kPa에 이르렀다고 하면 유효응력은,

$$\sigma' = 1000 - 500 = 500 \text{ kPa}$$

이 된다.

이번에는 이 상태에서 외부 압력을 1500 kPa로 증가시켰다고 하면, 그 시료는 완전히 포화되어 있으므로 더 이상의 체적 변화가 없다. 그러나 이때 시료 내부의 간극수압은,

$$u = 500 + 500 = 1000 \text{ kPa}$$

로 측정될 것이다. 간극수압은 이와 같이 차이가 생겼지만, 체적 변화가 없으므로 유효응력은 동일하다. 즉, $\sigma' = 1500 - 1000 = 500\ \text{kPa}$이다.

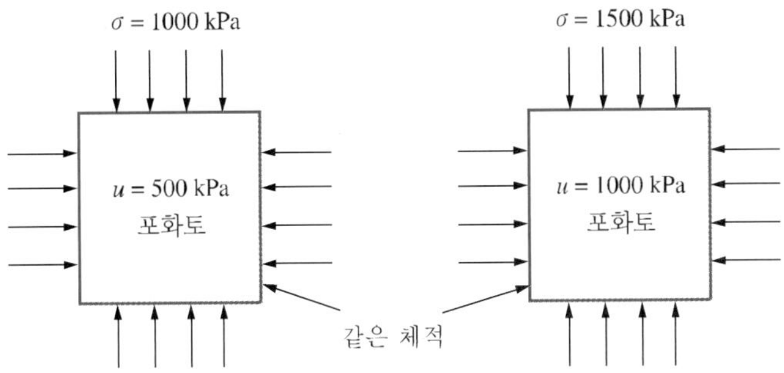

그림 6.4 포화된 시료에 대한 등방압축시험

(3) 전응력은 일정하고 간극수압이 증가된다면, 흙 시료는 팽창하고 강도는 감소되며, 반대로 간극수압이 감소한다면 흙의 체적은 감소하고 강도는 증가된다.

이번에는 시료 내부에서 간극수압이 증감될 수 있도록 하고, 이것을 측정할 수 있는 장치를 부착하였다고 하자(그림 6.5 참조). 이 시험에서 처음에 시료에 가해진 응력은,

$$\sigma = 1000\ \text{kPa}$$

$$u = 500\ \text{kPa}$$

이라고 한다면, 유효응력은

$$\sigma' = 1000 - 500 = 500\ \text{kPa}$$

이 된다. 전응력을 그대로 유지한 상태에서 간극수압을 800 kPa로 증가시켰다면, 유효응력은

$$\sigma' = 1000 - 800 = 200\ \text{kPa}$$

로 감소되었다. 따라서 이로 인한 체적의 팽창은 유효응력의 감소로 기인된 것이다. 반면, 유효응력이 증가하면 이 흙은 체적이 감소하게 될 것이다.

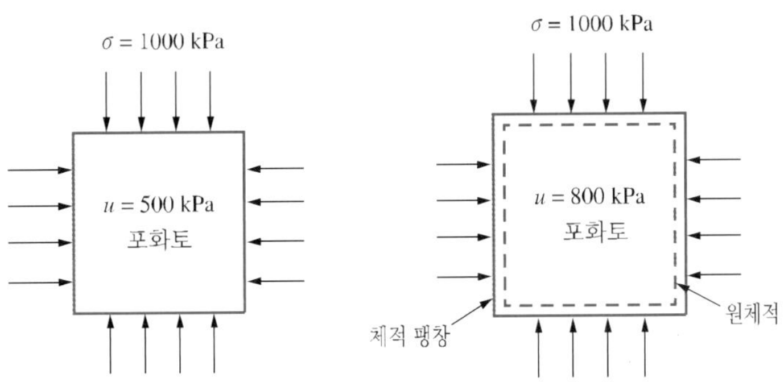

그림 6.5 배수압축시험

6.1.3 불포화토의 유효응력

불포화토는 흙 속에 공기를 포함하고 있으므로 앞에서 언급한 포화토의 경우에 추가해서 공기압을 고려하여야 한다. 즉, 흙 입자 사이에는 그림 6.6에 나타내는 바와 같이 수압과 공기압이 존재하므로 이들이 함께 전응력에 대응하여야 한다. 따라서 식 (6.4)를 참조하고 입자 간 접촉 응력과 전기력을 무시하면, 이 경우의 전응력은 다음과 같이 표시될 수 있음을 쉽게 이해할 수 있을 것이다.

$$\sigma_v = \sigma'_v + u_w(A_w/A) + u_a(1 - A_w/A) \tag{6.6}$$

여기서, u_w: 간극수압

u_a: 간극공기압

A_w: 수압이 작용하는 단면적

A: 전체 단면적

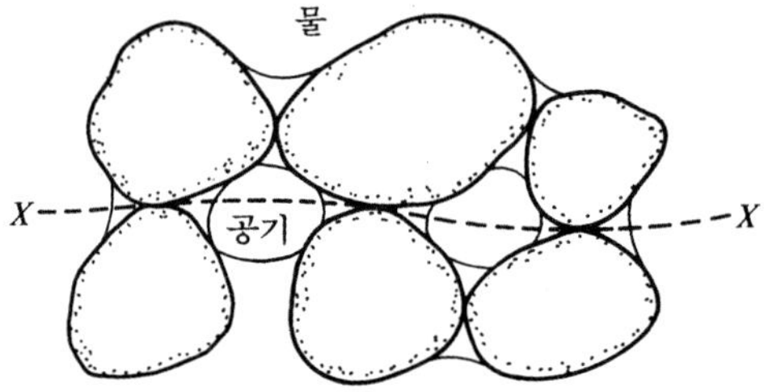

그림 6.6 불포화토에 작용하는 간극수압과 공기압

위 식의 A_w/A는 단위면적당 수압이 작용하는 단면적이며, 보통 이것을 χ로 표시한다. 위의 식을 정리하면,

$$\sigma = \sigma' + \chi u_w + (1 - \chi)u_a \tag{6.7}$$

로 표시된다.

만일 공기압이 대기압과 같다고 하면 공기의 계기압력은 0이므로,

$$\sigma = \sigma' + \chi u_w \tag{6.8}$$

또한 식 (6.7)로부터 불포화토의 유효응력을 다음 식으로 표시할 수 있다.

$$\sigma' = (\sigma - u_a) + \chi(u_a - u_w) \tag{6.9}$$

여기서, $\sigma - u_a$를 순수직응력이라고 하며, 전응력에서 간극공기압을 제외한 부분이다. 순응력은 흙 입자와 공기의 접촉면에서 작용하는 응력성분으로서 간극공기압이 대기압일 때는 전응력과 동일하다. $u_a - u_w$는 **모관흡수력**(matric suction)이라고 하며, 공기와 물 접촉면에 작용하는 흡수력 성분으로 입자 간 구속효과를 일으킨다. 식 (6.9)의 두 번째 항인 $\chi(u_a - u_w)$는 모관흡수력이 유효응력에 기여하는 성분이다. 불포화토의 한 요소에 작용하는 응력의 수직응력 및 전단 응력 성분을 그림 6.7과 같이 표시할 수 있다.

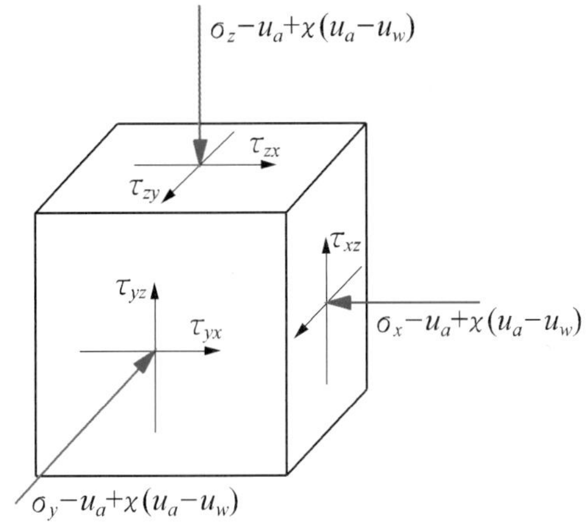

그림 6.7 불포화토 유효응력의 정의

실제로 χ의 값은 포화도뿐만 아니라 여러 인자에 의존하기 때문에 정확하게 결정하는 것은 쉬운 일이 아니다. Bishop 등(1960)은 실험을 통하여 포화도에 따른 χ의 값을 그림 6.8과 같이 제시하였다. 이 그림을 보면 건조한 흙은 포화도가 0이므로 $\chi=0$이 되어 전응력은 유효응력과 동일함을 알 수 있다. 포화도가 100%일 때에는 $\chi=1$이므로 이것을 식 (6.7)에 대입하면 포화토에 대한 식 (6.5)와 일치한다.

Bishop 응력을 기술하는 변수 χ는 포화도나 모관흡수력의 함수로 나타낼 수 있다. Vanapalli와 Fredlund(2000)는 포화도의 함수로 χ를 다음과 같이 두 가지 식을 제안하였다.

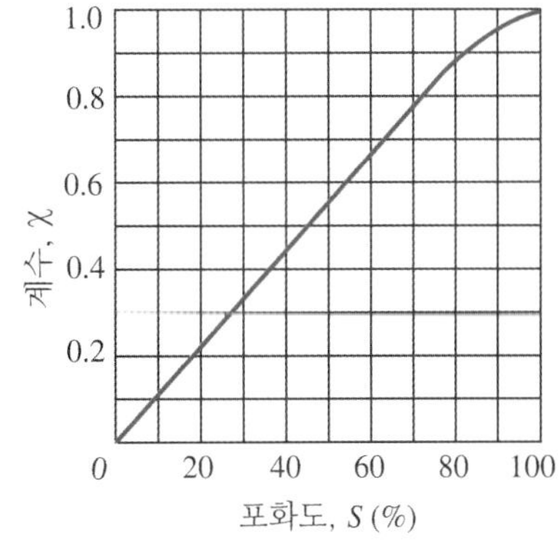

그림 6.8 포화도와 계수 χ의 관계(Bishop et al., 1960)

$$\chi = S^k = \left(\frac{\theta}{\theta_s}\right)^k \tag{6.10a}$$

$$\chi = \frac{S - S_r}{1 - S} = \frac{\theta - \theta_r}{\theta_s - \theta_r} \tag{6.10b}$$

여기서, S는 포화도, S_r은 잔류 포화도이고 k는 상수이다. 그리고 θ, θ_r, θ_s는 각각 체적함수비, 잔류체적함수비 및 포화체적함수비이다. 위의 두 식에서 포화도는 함수특성곡선으로부터 모관흡수력에 따라 결정될 수 있다(6.3.4절 참조). 따라서 주어진 흙의 함수특성곡선을 얻었다면, χ는 모관흡수력의 함수로 구할 수 있다.

6.2 침투가 발생할 때의 유효응력

6.2.1 수두

토층 내 임의의 두 지점 사이의 전수두(total head)의 차이가 있으면 흙의 간극을 통해서 물이 흐르게 된다. 전수두는 Bernoulli의 정리에 의해 식 (6.11)과 같이 표시되며, 여기서 한 점에서의 전수두는 위치수두 h_e, 압력수두 h_p 및 속도수두 h_v의 합이다. 이것을 식으로 나타내면,

$$h_t = h_e + h_p + h_v = h_e + \frac{u}{\gamma_w} + \frac{v^2}{2g} \tag{6.11}$$

이 된다. 여기서, u: 간극수압

v: 유속

g: 중력 가속도

이다. 물이 흙 속을 통과하는 속도는 대단히 느리므로 토질역학에서는 일반적으로 속도수두는 무시한다. 그러면 전수두는,

$$h_t = h_e + h_p \tag{6.12}$$

가 된다. 수두의 계산 예는 그림 6.9에서 보는 바와 같다. 이 그림에서 압력수두는 스탠드 파이프를 꽂은 위치에서 파이프 속으로 수위가 올라온 높이이고, 위치수두는 임의의 기준면에서 스탠드 파이프를 꽂은 위치까지의 높이이다. 기준면의 위치를 임의로 정하면 한 위치에서의 전수두는 달라지지만 두 점 사이의 전수두의 차는 항상 일정하다는 것을 명심하여야 한다. 이 그림에서는 기준면을 하류면으로 잡았으므로 물이 흐르는 상류면의 점(1점)의 전수두가 바로 전수두 차가 된다. 다시 말하면, 이것은 1점과 2점, 즉 상류면과 하류면 사이의 거리이므로 물의 침투가 있는 어떤 토질 구조물이든 상류면과 하류면의 위치만 알면 전수두 차는 바로 계산할 수 있다.

구분	위치	압력수두	위치수두	전수두	수두 차
a	3	h_1	h_2	h_1+h_2	$h_1+h_2=\Delta h$
	4	h_3	$-h_3$	0	
b	3′	h_1	h_2	h_1+h_2	$h_1+h_2=\Delta h$
	4′	$-h_3$	h_3	0	

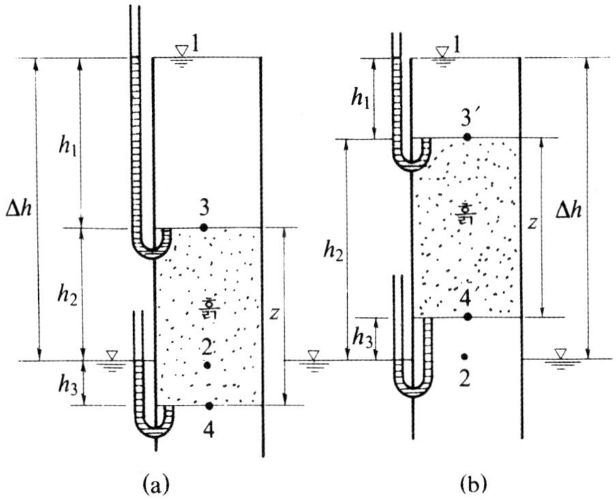

그림 6.9 전수두의 계산방법

전수두 차 Δh를 흙 속으로 유과한 거리 z로 나눈 값을 **동수경사**(hydraulic gradient) i라고 한다. 이것을 식으로 나타내면 다음과 같다.

$$i=\frac{\Delta h}{z} \tag{6.13}$$

6.2.2 정수압, 하향 흐름, 상향 흐름 시의 전응력, 유효응력 및 간극수압

흙 속에 있는 물의 흐름 상태는 (1) 정수압, (2) 하향 흐름, (3) 상향 흐름의 세 경우로 분리해서 생각할 수 있다. 각 경우에 대한 토층의 상하면과 토층 내 임의의 점의 전응력, 간극수압 및 유효응력은 다음과 같이 나타낼 수 있다.

(1) 정수압의 경우

정수압의 경우에는 물의 흐름이 없으므로 토층 상면과 하면의 전수두는 동일하다. 전응력, 간극수압, 유효응력의 깊이별 분포와 계산방법은 각각 그림 6.10과 표 6.1에 나타나 있다.

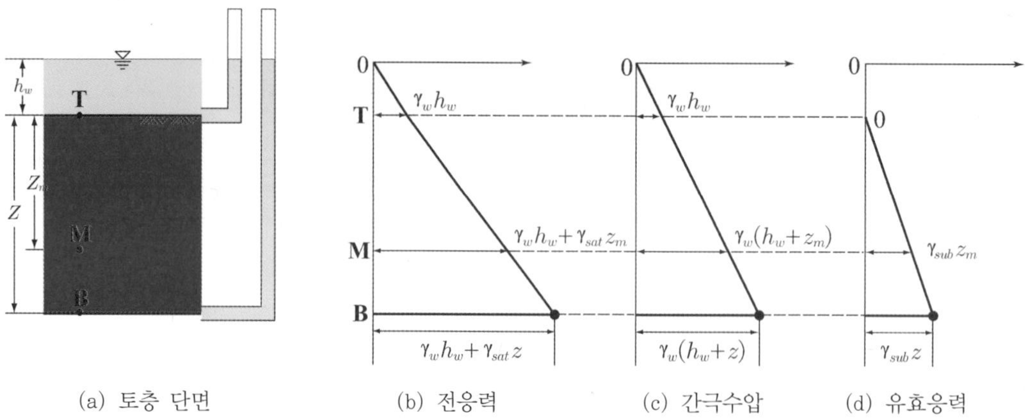

그림 6.10 토층위치별 전응력, 유효응력 및 간극수압의 깊이별 변화(정수압의 경우)

표 6.1 토층위치별 전응력, 유효응력 및 간극수압의 계산(정수압의 경우)

위치	전응력	간극수압	유효응력
토층 상면(T)	$\sigma = \gamma_w h_w$	$u = \gamma_w h_w$	$\sigma' = 0$
토층 내부(M)	$\sigma = \gamma_w h_w + \gamma_{sat} z_m$	$u = \gamma_w (h_w + z_m)$	$\sigma' = \gamma_{sub} z_m$
토층 하면(B)	$\sigma = \gamma_w h_w + \gamma_{sat} z$	$u = \gamma_w (h_w + z)$	$\sigma' = \gamma_{sub} z$

(2) 하향 흐름의 경우

물이 토층을 통해 하향으로 흐를 때에는 하류면의 전수두가 Δh만큼 낮아진다. 이 경우에 대한 전응력, 간극수압, 유효응력의 깊이별 분포와 계산방법은 각각 그림 6.11과 표 6.2에 나타나 있다.

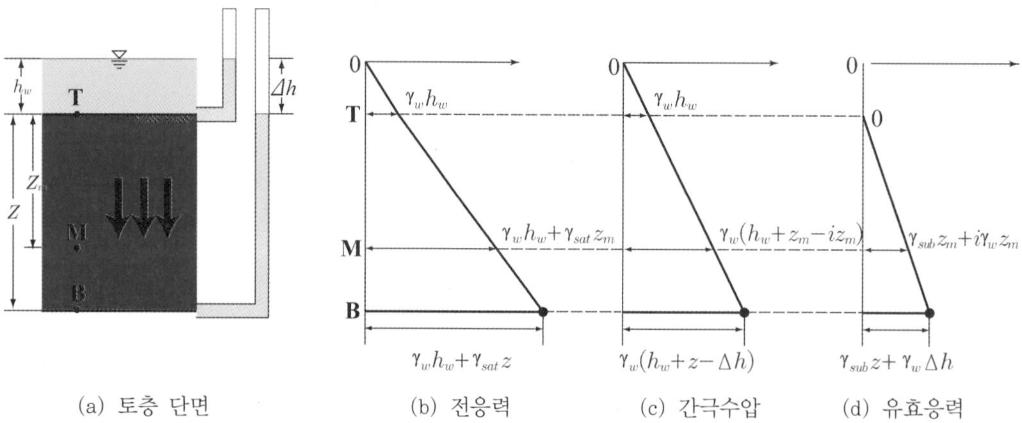

그림 6.11 토층위치별 전응력, 유효응력 및 간극수압의 깊이별 변화(하향 흐름의 경우)

표 6.2 토층위치별 전응력, 유효응력 및 간극수압의 계산(하향 흐름의 경우)

위치	전응력	간극수압	유효응력
토층 상면(T)	$\sigma = \gamma_w h_w$	$u = \gamma_w h_w$	$\sigma' = 0$
토층 내부(M)	$\sigma = \gamma_w h_w + \gamma_{sat} z_m$	$u = \gamma_w (h_w + z_m - i z_m)$	$\sigma' = \gamma_{sub} z_m + i \gamma_w z_m$
토층 하면(B)	$\sigma = \gamma_w h_w + \gamma_{sat} z$	$u = \gamma_w (h_w + z - \Delta h)$	$\sigma' = \gamma_{sub} z + \gamma_w \Delta h$

(3) 상향 흐름의 경우

물이 토층을 통해 상향으로 흐를 때에는 하류면의 전수두가 Δh만큼 높아진다. 이 경우에 대한 전응력, 간극수압, 유효응력의 깊이별 분포와 계산방법은 각각 그림 6.12와 표 6.3에 나타나 있다.

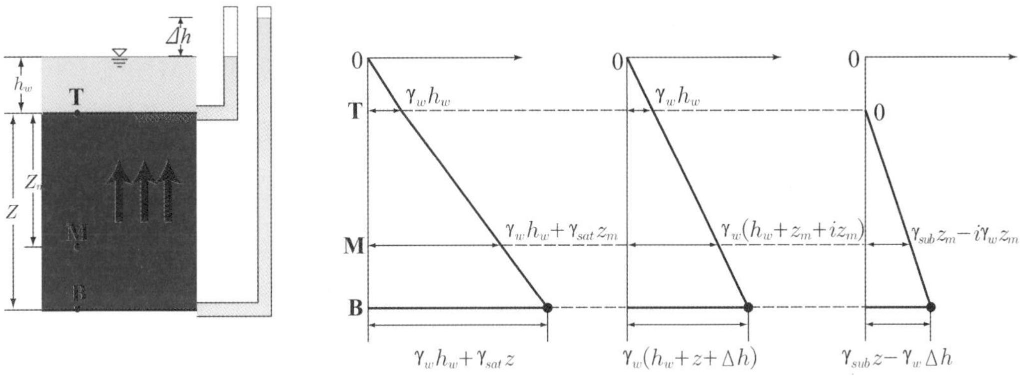

그림 6.12 토층위치별 전응력, 유효응력 및 간극수압의 깊이별 변화(상향 흐름의 경우)

표 6.3 토층위치별 전응력, 유효응력 및 간극수압의 계산(상향 흐름의 경우)

위치	전응력	간극수압	유효응력
토층 상면(T)	$\sigma = \gamma_w h_w$	$u = \gamma_w h_w$	$\sigma' = 0$
토층 내부(M)	$\sigma = \gamma_w h_w + \gamma_{sat} z_m$	$u = \gamma_w (h_w + z_m + i z_m)$	$\sigma' = \gamma_{sub} z_m - i \gamma_w z_m$
토층 하면(B)	$\sigma = \gamma_w h_w + \gamma_{sat} z$	$u = \gamma_w (h_w + z + \Delta h)$	$\sigma' = \gamma_{sub} z - \gamma_w \Delta h$

6.2.3 침투수압(seepage pressure)

그림 6.10의 상태에서는 임의의 두 점 사이의 전수두의 차이가 없으므로 물이 흐르지 않는다. 이 그림에서 토층 하면(B점)의 간극수압은,

$$u = \gamma_w (h_w + z) \tag{6.14}$$

가 된다. 이 식의 기호는 그림에 표시되어 있다.

그러나 그림 6.11의 경우에는 물이 아래 방향으로 흐르고, 토층 상면(T점)과 토층 하면(B점)의

수두차는 Δh이므로, 토층 하면(B점)에서의 간극수압은,

$$u = \gamma_w(h_w + z - \Delta h) \tag{6.15}$$

가 된다. 이 식을 식 (6.14)와 비교해 보면 간극수압은 $\Delta h \gamma_w$만큼 감소하였다는 것을 알 수 있다. 유효응력의 원리에 의하면[식 (6.5) 참조],

$$\sigma' = \sigma - u = (\gamma_w h_w + \gamma_{\text{sat}} z) - \gamma_w(h_w + z - \Delta h) = \gamma_{\text{sub}} z + \gamma_w \Delta h \tag{6.16}$$

이다. 따라서 유효응력은 정수압인 경우에 비하여 $\gamma_w \Delta h$만큼 증가하였다. 이 증가량은 침투수로 인하여 생긴 유효응력이므로 **침투수압**이라고 한다. 이것은 흙 입자 표면과 유수의 마찰저항으로 인한 것인데, 이 값은 수두차에 물의 단위중량을 곱하여 구하며, 항상 물이 흐르는 방향으로 작용한다.

그림 6.11, 6.12와 표 6.2, 6.3에서는 토층 상하면의 간극수압과 함께 토층 내부의 임의의 점(M점)에 대한 간극수압 계산방법도 표시되어 있다. 하향 흐름의 경우 토층 내부(M점)에서의 간극수압은 정수압인 경우에 비해 $i\gamma_w z_m$만큼 감소하고 유효응력은 $i\gamma_w z_m$만큼 증가한다. 상향 흐름의 경우에는 간극수압은 정수압인 경우보다 $i\gamma_w z_m$만큼 증가하고 유효응력은 $i\gamma_w z_m$만큼 감소한다는 것을 알 수 있다.

흐름이 일정할 때에는 **침투수력**(seepage force)은 흙 전체에 걸쳐 균등하게 분포된다. 그림 6.11에서 토층 하면(B점)상의 침투수력은 $\gamma_w \Delta h A$이고, 물이 흙을 유과(流過)한 체적은 zA이므로 단위체적당 침투수력은,

$$j = \frac{\gamma_w \Delta h A}{zA} = i\gamma_w \tag{6.17}$$

이다. 즉, 이것은 동수경사에 물의 단위중량을 곱한 값과 같다.

6.2.4 분사현상(quicksand)

그림 6.12에서처럼 흐름의 방향이 상향이라면 유효응력은 정수압인 경우에 비해 $\gamma_w \Delta h$만큼 감소하므로,

$$\sigma' = \gamma_{\text{sub}} z - \gamma_w \Delta h \tag{6.18}$$

이다. 만일 침투수 압력이 점점 커져서 유효응력이 0이 된다면 식 (6.18)로부터,

$$\gamma_{\text{sub}} z = \gamma_w \Delta h$$

$$\frac{\Delta h}{z} = i_c = \frac{\gamma_{\text{sub}}}{\gamma_w} = \frac{G_s - 1}{1 + e} \tag{6.19}$$

이 된다. 이때의 동수경사 i_c를 **한계동수경사**라고 한다. 동수경사가 이 값에 이르면 흙의 유효응력은 0이 되므로 점착력이 없는 흙은 전단강도를 가질 수 없다(후술하는 Mohr-Coulomb식 참조). 이러한 상태가 되어 흙이 위로 솟구쳐 오르려는 현상을 **분사현상**이라고 한다.

점성토는 유효응력이 0이 되었다고 하더라도 점착력이 있으므로 전단강도는 0이 되지 않는다. 분사현상이 가장 잘 일어나는 흙은 전단강도가 유효응력에 비례하는 사질토, 특히 모래이다. 자연적으로 퇴적된 모래의 수중단위중량은 대략 9.8 kN/m^{3}에 가깝고, 물의 단위중량도 9.8 kN/m^{3}이므로 한계동수경사는 식 (6.19)에서 보는 바와 같이 대략 1의 값을 가진다.

예제 6.2

다음 그림과 같이 흙 기둥을 통해서 물이 아래로 흐르고 있고, 이 흙의 포화단위중량은 19.0 kN/m^{3}이다.

(a) A점과 B점 사이의 수두차를 구하여라.
(b) A점과 B점에서의 유효응력을 구하여라.
(c) B점에서의 단위체적당 침투수력(침투수압)은 얼마인가?
(d) 정수압인 경우에 비하여 B점에서의 유효응력의 증가량은 얼마인가?

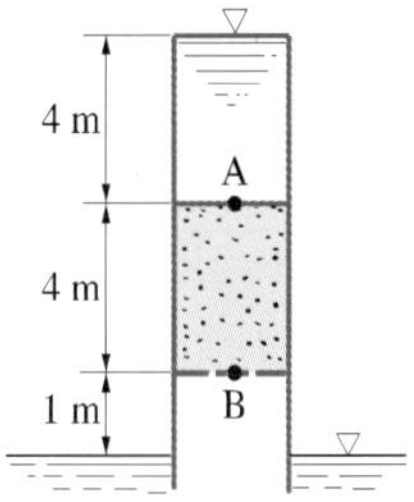

그림 6.13 예제 6.2의 그림

| 풀이 | (a) A점의 전수두(B점 기준)

$$h_t(A) = 4 + 4 = 8 \text{ m}$$
$$h_t(B) = -1 + 0 = -1 \text{ m}$$

따라서 수두차 $\Delta h = 8 - (-1) = 9$ m
즉, 이 값은 상류면과 하류면의 수위차와 동일함을 알 수 있다.

(b) A점 :

$$\sigma = 4.0 \times 9.8 = 39.2 \text{ kPa}$$
$$u = 4.0 \times 9.8 = 39.2 \text{ kPa}$$
$$\sigma' = 39.2 - 39.2 = 0$$

B점 :

$$\sigma = 4 \times 9.8 + 4 \times 19.0 = 39.2 + 76.0 = 115.2 \text{ kPa}$$
$$u = -9.8 \text{ kPa}$$
$$\sigma' = 115.2 - (-9.8) = 125.0 \text{ kPa}$$

(c) 단위체적당 침투수력

$$j = i\gamma_w = \frac{\Delta h}{z} \cdot \gamma_w = [(4+4+1)/4] \times 9.8 = 22.05 \text{ kN/m}^3$$

B점에서의 침투수압

$$J_p = j \cdot z = 4 \times 22.05 = 88.2 \text{ kPa}$$

(d) 정수압일 때 B점에서의 유효응력

$$\sigma' = (19.0 - 9.8) \times 4.0 = 36.8 \text{ kPa}$$

침투 시 B점에서의 유효응력

$$\sigma' = 125.0 \text{ kPa}$$

유효응력의 차이

$$\Delta\sigma' = 125.0 - 36.8 = 88.2 \text{ kPa}$$

즉, 이 값은 침투수압과 동일함을 알 수 있다.

예제 6.3

다음 그림에서 흙(시료 단면적: 1.21 m^2) 속으로 아래에서 물이 침투할 때 다음 값을 계산하여라. 단, 이 모래의 비중은 2.65이고 간극비는 0.60이다.

(a) 분사현상이 발생하는 수두차
(b) 단위체적당 침투수력과 전침투수력

| 풀이 | (a) 식 (6.19)에 의하면 한계동수경사는,

$$i_c = \frac{\gamma_{sub}}{\gamma_w} = \left(\frac{G_s - 1}{1+e}\right) = \frac{2.65-1}{1+0.6} = 1.03$$

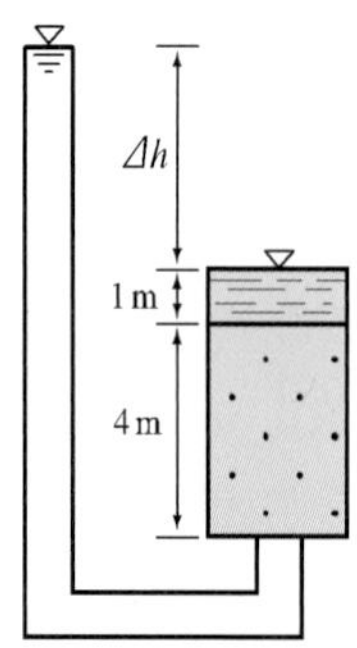

그림 6.14 예제 6.3의 그림

또한,

$$i_c = \Delta h / z \text{이므로}$$

수두차는,

$$\Delta h = 1.03 \times 4 = 4.12 \ \text{m}$$

(b) 단위체적당 침투수력 : $j = i_c \gamma_w = 1.03 \times 9.8 = 10.1 \ \text{kN/m}^3$

전침투수력 : $J = j \cdot V = 10.1 \times 1.21 \times 4 = 48.9 \ \text{kN}$

6.3 모관현상

6.3.1 모관현상의 원리

그림 6.15에서 보는 바와 같이 자유 수면에 작은 안지름의 유리관을 세웠다고 하면, 자유 수면으로부터 유리관 속으로 h_c만큼 물이 상승하는 것을 쉽게 관찰할 수 있다. 이와 같은 물의 상승 현상은 유리관과 물 사이의 부착력과 물의 표면장력 때문인 것으로 알려지고 있다. 자유 수면 아래에 있는 물은 압축을 받고 있는 반면, 모관 속에 보관되어 있는 물은 인력을 받는다. 그 이유는 다음과 같이 설명될 수 있다.

그림 6.15(b)에서 a점은 수면 위에 있으므로 그 점의 압력은 대기압과 같다. b점은 a점과 같은 수평면 위에 있으므로 대기압과 같은 압력을 받고 있어야 한다. 만일 그렇지 않다면 물의 흐름이 발생할 것이다. 메니스커스 바로 위에 있는 e점도 대기압을 받는다. 따라서 c점은 b점 위에 있으므로 대기압보다 더 작은 압력을 받고 있다. 이 위치에서의 압력은 다음과 같이 구할 수 있다.

c점을 통하는 평면에 작용하는 수압은 모관 둘레를 따라 작용하는 표면장력과 평형을 이루므로 이것을 다음과 같이 표시할 수 있다.

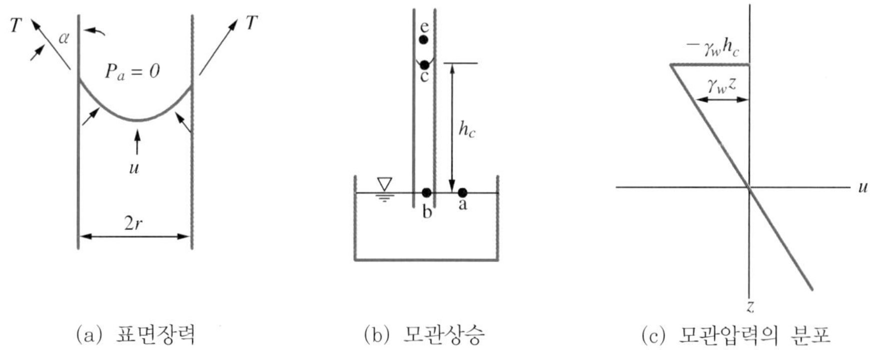

그림 6.15 모관상승과 응력분포

$$\frac{\pi d^2}{4}u + \pi d T\cos\alpha = 0$$

$$u = -\frac{4T\cos\alpha}{d} \tag{6.20}$$

여기서, T: 표면장력

d: 관의 지름

α: 표면장력의 작용 방향이 연직면과 이루는 각도

u: 모관압력

만일 메니스커스가 반원이라면 $\alpha = 0$이므로, 위의 식은

$$u = -\frac{4T}{d} \tag{6.21}$$

다음에는 물이 표면장력에 의해 어느 높이까지 올라갈 수 있는가 생각해 보자. 표면장력과 물 무게의 평형을 고려하면 전자는 상향, 후자는 하향으로 작용하므로,

$$-\frac{\pi d^2}{4}\gamma_w h_c + \pi d T\cos\alpha = 0$$

$$h_c = \frac{4T\cos\alpha}{\gamma_w d} \tag{6.22}$$

여기서, h_c는 모관상승고이고 γ_w는 물의 단위중량이다.

위에서와 마찬가지로 $\alpha = 0$으로 가정하면, 이 식은 다음과 같이 간단히 나타낼 수 있다.

$$h_c = \frac{4T}{\gamma_w d} \tag{6.23}$$

20℃에서의 물의 표면장력은 7.3 dyne/mm$=73\times10^{-9}$ kN/mm, 물의 단위중량은 9.8 kN/m^3$=9.8\times10^{-9}$ kN/mm^{3}이므로 이것을 위 식에 대입하면 관경의 크기에 따른 모관상승고를 다음과 같이 결정할 수 있다.

$$h_c = \frac{4\times73\times10^{-9}}{9.8\times10^{-9}\times d} = \frac{30}{d}\ \text{(mm)} \tag{6.24}$$

여기서, d의 단위는 mm라는 점에 유의하여야 한다.

식 (6.21)을 식 (6.23)에 대입하면,

$$h_c = -\frac{u}{\gamma_w}$$

즉,

$$u = -\gamma_w h_c \tag{6.25}$$

따라서 모관장력에 의해 끌려 있는 물은 인장력을 받고 있으므로 압력분포는 그림 6.15(c)에서 보는 바와 같다.

6.3.2 자연 지반의 모관현상

실제로 자연 상태에서 지하수위 위에 있는 흙은 그 아래에 있는 물을 빨아들여 위에서 설명한 바와 같은 모관현상을 보인다. 그러나 자연 상태에 있는 흙은 간극으로 이루어진 관망을 가지고 있으나 그림 6.15에서 보는 바와 같은 유리관의 경우와는 많이 다르다. 즉, 관의 모양이나 크기가 불규칙할 뿐만 아니라 관이 구불구불하고, 또 관경이 좁아졌다 넓어졌다 하기 때문에 지반 내에서의 모관현상은 대단히 복잡하다. 이러한 간극으로의 모관상승도 앞에서 설명한 유리관의 모관상승과 원리는 동일하므로 흙에 있어서는 유효지름의 1/5을 모관의 지름으로 가정하여 개략적인 모관상승고를 구할 수 있다. 그러나 흙의 간극의 크기는 상대밀도와 구조에 크게 지배되므로 동일한 유효지름에 대해서도 간극의 변화가 대단히 크다는 사실을 유의할 필요가 있다.

또한 표면장력에 의해 흡착된 물은 모관상승고까지 연속적으로 연결은 되어 있으나 흙의 간극을 모두 채우지는 못한다. 그림 6.16은 지하수위면 위의 포화도의 변화, 간극수압의 변화 등을 나타낸 것이다. 그림 6.16(b)를 보면 수위면 위 어느 높이까지는 지하수위 아래처럼 완전히 포화되나 그 이상에서는 공기가 흡입되어 포화도가 떨어져서 불포화 상태가 된다[그림 6.16(c) 참조]. 여기서, 모관작용에 의해 포화된 구역을 **모관포화대**(capillary fringe)라고 한다. 부간극수압의 크기는 포화도에 관계 없이 물의 단위중량에 모관상승고까지의 높이를 곱한 값이다.

표 6.4는 몇 가지 대표적인 흙에 대한 개략적인 모관상승고의 범위를 나타낸 것이다.

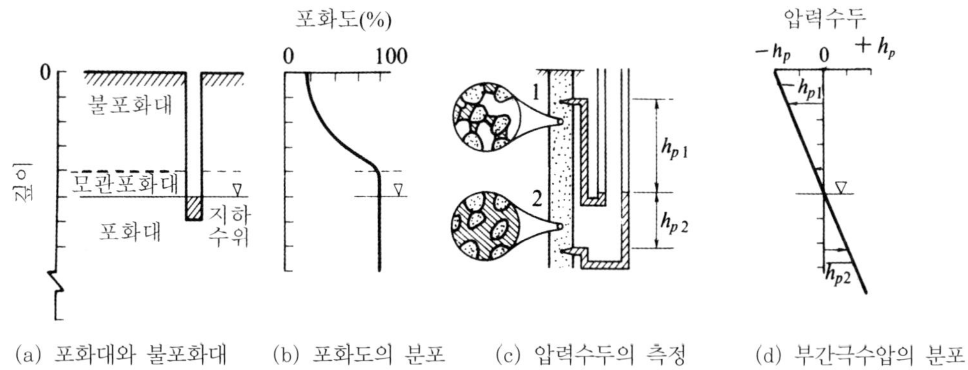

그림 6.16 자연 지반의 모관현상

표 6.4 흙의 종류별 개략적인 모관상승고(MaCarthy, 1982)

흙의 종류	모관상승고(mm)
잔자갈	20~100
굵은 모래	150
가는 모래	300~1,000
실트	1,000~10,000
점토	10,000~30,000

예제 6.4

유효지름이 0.01 mm인 흙의 이론적인 모관상승고와 이 높이에서의 모관압력을 구하여라.

| 풀이 | 모관상승고: $h_c = \dfrac{30}{1/5 \times 0.01} = 15,000\ \text{mm} = 15\ \text{m}$

모관압력: $u = 9.8 \times (-15.0) = -147.0\ \text{kPa}$

6.3.3 표면장력의 영향

메니스커스의 위치에서는 그 점에서의 모관압력과 똑같은 압축력이 흙 입자의 접촉면에 작용한다. 이 힘은 모관상승에 의해 생긴 메니스커스에서뿐만 아니라 약간의 수분을 함유하고 있는 흙 입자에서도 존재한다. 이 압축력의 크기는 입자의 크기에 따라 다르지만, 점토의 경우에는 표면장력이 작용하는 위치에서 최대 300 kPa이나 된다.

모관장력에 의해 압축력이 발생되는 원리는 그림 6.17을 보면 쉽게 이해할 수 있다. 이 그림은 편의상 흙 입자를 구로 가정하여 두 구 사이에 작용하는 표면장력의 영향을 나타낸 것이다. 두 구의 접촉점은 모관수로 둘러싸여 있고, 메니스커스가 있는 점에서 각 구의 접선을 따라 표면

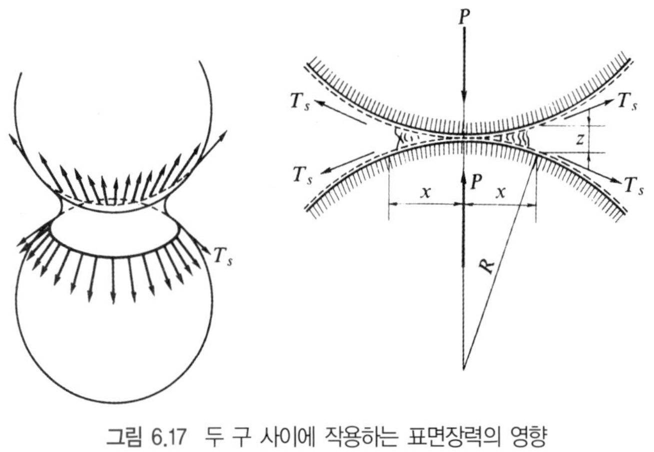

그림 6.17 두 구 사이에 작용하는 표면장력의 영향

장력 T가 작용한다. 이 표면장력에 대하여 힘 P가 압축력으로 저항하며, 이것이 두 구를 밀착시키려고 한다.

만일 모래가 물을 조금 머금고 있으면 이러한 표면장력 때문에 입자를 서로 밀착시키려고 하는 힘이 생긴다. 그러나 모래를 완전히 말리거나 충분히 물을 가한다면 이 힘은 소멸되어 버린다. 따라서 이 힘은 모래가 적절한 함수비를 가지고 있을 때에만 생기므로 **겉보기 점착력**(apparent cohesion)이라고 한다. 모래가 겉보기 점착력을 가지고 있으면 상당한 강도를 나타낼 수 있다. 예를 들면, 해변의 모래사장에서 수면 바로 위에 있는 수분을 함유한 모래 부분이 그 위에 있는 건조한 모래 지반보다는 훨씬 더 높은 강도를 보이는 것이나, 또는 굴토작업 시 촉촉한 모래 지반에서 지반의 붕괴 없이 더 깊이 굴착할 수 있는 이유는 바로 겉보기 점착력으로 인한 강도 증가 때문이다.

점토 지반에서도 모관장력에 의하여 강도가 크게 증가된다. 만일 점토층이 유수의 작용으로 퇴적되었다가 그 다음에 지하수위가 하강되었다면 지표면은 견고한 지층을 형성한다. 지질학적으로 보면 이러한 과정을 거쳐서 형성된 지층이 세계 도처에서 발견된다. 이와 같은 표층은 수분의 증발에 의한 강도 증가와 모관작용에 의한 유효응력 증가 때문에 높은 강도를 나타내며, 따라서 과압밀 점토(8장 참조)의 거동을 보인다. 이러한 점토를 **건조 점토**(desiccated clay)라고 한다. 그러나 이 표층 아래에 있는 점토는 연약한 상태에 있다.

6.3.4 모관흡수력

지표 부근의 지층에서는 연중 강우량과 일조량의 변동에 따라 침투와 증발이 반복적으로 발생한다. 강우로 인해 침투가 일어나면 지표 하부로 간극수가 흐르므로 지표면에 가까운 지층에서는 함수비와 포화도가 증가한다. 반대로 증발이 일어나면 불포화층에서도 상부로 간극수가 흐르므로 함수비와 포화도는 감소하게 된다. 이로 인하여 간극수압이 변화한다.

그림 6.16(d)에 보인 바와 같이, 양의 간극수압은 정수압 상태에서 지층 깊이의 증가에 따라 선형적으로 증가하는 양상을 띤다. 지하수위 상부의 불포화층에서는 음의 간극수압이 나타난다. 건기 시 지표에서 증발이 일어나면 불포화층의 간극수압은 감소하고, 우기 시 지표로부터 침투가 발생하면 간극수압은 지표로부터 증가하게 된다. 강우로 인한 침투가 극심하면 지표 부근은 포화되고 양의 간극수압을 가질 수 있다.

흙 입자 사이의 공간은 간극수와 간극공기가 차지하고 있다. 지층 내의 물과 공기의 접촉면의 공기압(u_a)은 수압(u_w)과 차이가 있으며, 그 차이가 **모관흡수력**($u_a - u_w$)이 된다. 불포화층에서 발생하는 음의 간극수압은 모관흡수력을 증가시킨다.

이러한 모관흡수력은 흙 입자에 표면장력으로 전달된다. 이로 인하여 흡수력이 클수록 입자들을 서로 잡아당기며 흙 골격의 구속효과가 증가한다. 반대로 포화도가 증가하여 흡수력이 감소하면 구속효과는 감소하게 된다.

지표의 대기압은 절대기압으로 표시하면 1기압(101.3 kPa)이다. 통상 공학적으로는 계기압력을 사용하고 있으므로 간극공기압이 지표의 대기압과 같은 경우에는 0이 된다. 따라서 모관흡수력은 $-u_w$가 된다. 예컨대 불포화층의 수압이 -50 kPa일 때, 간극공기압이 대기압인 경우에는 모관흡수력이 50 kPa이다.

모관흡수력의 변화는 그림 6.18에 보인 바와 같이 포화도나 체적함수비의 함수로 표시할 수 있다. 이를 **함수특성곡선**(soil water characteristic curve)이라고 한다. 모관흡수력이 변화하여도 간극비와 입자의 배열이 그대로 유지된다고 가정하면 함수특성곡선은 임의의 지층에 대하여 유일하다. **체적함수비**는 다음과 같이 정의된다.

$$\theta = V_w / V = S V_v / V = S n = \frac{S e}{1+e} \tag{6.26}$$

여기서, V_w: 물의 용적

V_v: 간극의 용적

S: 포화도

그림 6.18에 보인 바와 같이 건조과정에서 모관흡수력이 증가하면 포화도 및 체적함수비는 감소한다. 모관흡수력이 0인 경우는 포화 상태를 의미하고, 완전 건조 상태가 되면 모관흡수력은 100 MPa 수준의 거대한 압력이 작용하게 된다. 한편, 지층 내에서 침투가 발생하면 습윤과정을 따르므로 모관흡수력이 감소하는 과정을 겪는다.

포화 상태에서 모관흡수력이 공기함입치(air-entry value)에 도달할 때까지는 포화도의 변화가 거의 일어나지 않는다. 공기함입치를 초과하면 잔류포화도(잔류함수비)에 이를 때까지 포화도가

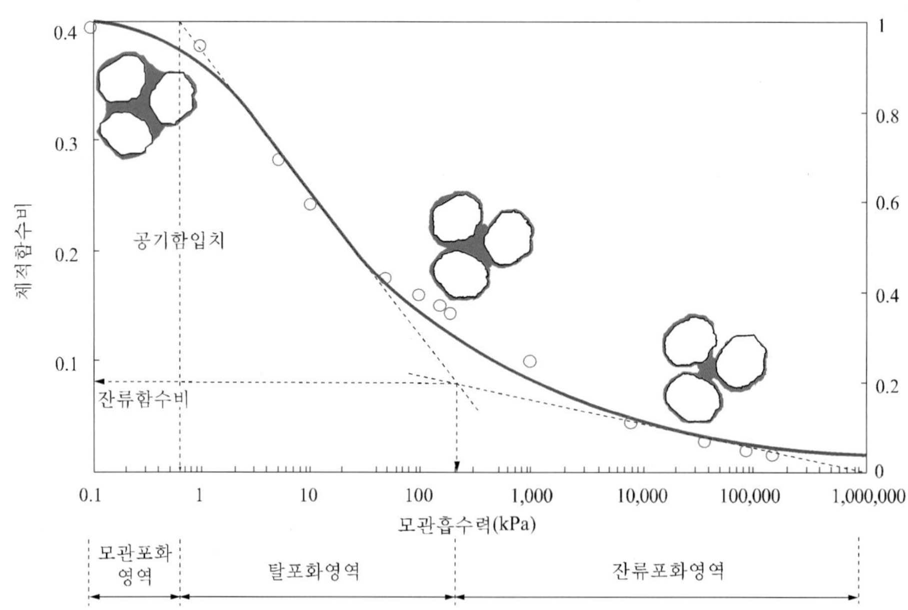

그림 6.18 함수특성곡선의 개념

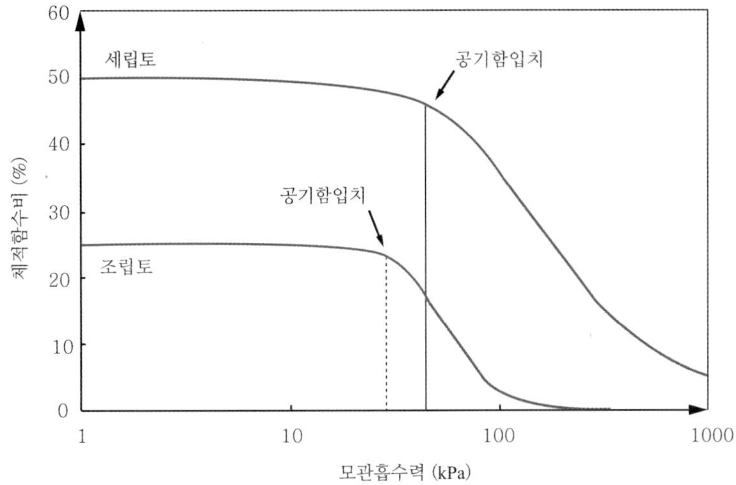

그림 6.19 세립토와 조립토에 대한 모관흡수력과 체적함수비의 관계

크게 변화하게 된다. 이 영역은 불포화층의 모관흡수력의 영향에 따라 포화도나 함수비의 변화가 급격하게 일어나는 구간이다. 잔류포화도 이후에는 수천 내지 수만 kPa 수준의 모관흡수력이 가해지더라도 포화도는 서서히 감소한다.

그림 6.19에 보인 바와 같이 함수특성곡선은 세립토일수록 공기함입치가 크고 공기함입치보다 큰 모관흡수력에서는 포화도의 변화율은 작게 나타난다. van Genuchten(1980)은 모관흡수력과 체적함수비의 관계를 식 (6.27)과 같이 제안하였다.

$$\frac{\theta-\theta_r}{\theta_s-\theta_r}=\left[\frac{1}{1+\{\alpha(u_a-u_w)\}^n}\right]^m \tag{6.27}$$

여기서, θ_s: 포화 체적함수비

θ_r: 잔류 체적함수비

α: 공기함입치의 역수

n: 함수특성곡선의 기울기와 관련된 계수

m: 모관흡수력이 높은 수준에서 기울기와 관련된 계수(통상 $m=1-1/n$)

불포화층 내에서도 간극 내 유체는 흐름이 발생한다. 간극 내 공기와 물은 각각 독립적으로 연속성을 나타내며, 간극공기와 간극수는 각각의 유로를 따라서 퍼텐셜이 높은 곳에서 낮은 곳으로 흐르게 된다. 불포화층의 간극수 흐름은 포화 시와 마찬가지로 Bernoulli 정리와 Darcy 법칙이 성립한다고 가정할 수 있다. 이 경우에 압력수두는 0보다 작은 음의 값을 가진다.

간극수는 간극 내 물로 채워진 공간을 따라 흐르므로 포화도는 유속에 영향을 끼치는 중요한 인자가 된다. 즉, 불포화토의 투수계수는 포화도나 체적함수비가 감소할수록 감소한다. 모관흡수력이 증가하면, 건조가 진행됨에 따라 공기가 차지하는 공간이 넓어지므로 투수계수가 감소하게 된다.

그림 6.20에 보인 바와 같이, 투수계수는 함수특성곡선과 관련이 있다. 투수계수곡선은 함수특성곡선과 유사한 공기함입치를 보이는 것으로 알려져 있다. 모관흡수력이 증가하면, 조립토의 경우에 세립토보다 투수계수의 감소가 급격하게 일어난다. 불포화토의 투수계수는 모관흡수력에 따라서 1/10 내지 1/100씩 차수가 변동할 수 있음을 알 수 있다.

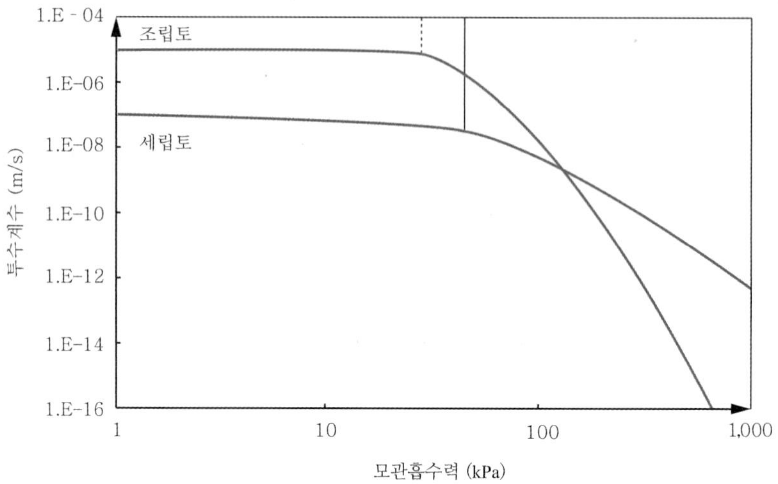

그림 6.20 세립토와 조립토에 대한 모관흡수력과 투수계수의 관계

6.4 흙의 동결

6.4.1 동상과 융해

대기의 온도가 0°C 이하로 내려가면 지표면의 물이 얼기 시작한다. 추위가 심하고 오래 계속되면 땅이 어는 깊이가 깊어진다. 이와 같이 땅이 얼어서 지표면이 부풀어오르는 현상을 **동상**(frost heave)이라고 한다.

물이 얼어서 얼음이 되면 대략 9%의 체적 팽창이 생긴다고 한다. 만약 간극률이 50%인 포화된 흙이 언다면 9%×0.5=4.5%의 체적 팽창이 있겠지만, 실제로는 이보다 훨씬 크게 체적이 팽창된다. 따라서 간극 속에 있는 물이 어는 것만이 동상의 주원인은 아닌 것이다.

상당히 깊은 땅속에서의 온도는 대략 일정하지만, 지표면 바로 아래 깊이의 온도는 대기의 온도에 따라 변화한다. 만약 0°C 이하의 온도가 상당 기간 계속되면 지표면 아래에는 0°C인 지반선이 존재하는데, 이것을 **동결선**(frost line)이라고 한다(그림 6.21 참조). 동결선 위에 있는 흙에서 비교적 큰 간극에 물이 존재하면 인접한 더 작은 간극에서보다 온도가 더 하강하므로 이 물이 먼저 얼어 얼음의 결정을 만든다. 이 얼음덩이는 인접해 있는 간극 속의 물을 끌어들여 결정이 더 커지며, 이와 같은 작용으로 인접한 간극 속이 비게 되면 지하수위 아래의 물을 모관장력으로 빨아들인다. 이와 같은 과정을 반복하여 형성된 얼음의 결정을 **아이스 렌스**(ice lens)라고 한다. 지표면의 동상은 바로 아이스 렌스 때문이다. 실제로 동상을 조사해 보면 아이스 렌스의 두께만큼 부풀어 오른 것을 알 수 있다.

온도가 0°C 이상으로 상승하면 이와 같이 생긴 아이스 렌스는 녹기 시작한다. 만약 녹은 물이 적절히 배수되지 않았다고 하면 언 흙의 함수비는 얼기 전의 함수비보다 훨씬 크다. 봄철에 언 흙이 녹았을 때에는 이와 같이 증가된 함수비 때문에 지반이 연약하고 강도가 떨어진다. 이러한 현상을 **융해**(thawing)라고 한다.

6.4.2 동상이 일어나는 조건

동상이 일어나는 데에는 세 가지 중요한 조건이 있다. (1) 동상을 받기 쉬운 흙이 존재하여야 하고, (2) 0°C 이하의 온도가 오랫동안 유지되어야 하고, (3) 아이스 렌스를 형성할 수 있도록 물의 공급이 충분하여야 한다.

일반적으로 말하면, 동상을 가장 받기 쉬운 흙은 실트이다. 조립토는 동해를 쉽게 받지 않는다. 이것은 간극이 비교적 크고 그 속에 있는 물이 얼 때에는 그 안에 있는 물 자체만 얼기 때문이다. 점토는 동상을 받을 수 있지만, 불투수성이기 때문에 아이스 렌스를 형성하는 데 필요한 충분한 양의 물이 잘 공급되지 않는다. 그러나 점토에 균열이 있으면 이것을 통해서 아이스 렌스가 형성되므로 구조물의 파손을 가져올 수 있다.

지표면으로부터의 온도 변화는 그림 6.21에 나타낸 것처럼 대략 직선으로 나타난다. 대기온도의 하강이 크면 클수록 동결선의 관입 속도가 빠르다. 만약 0°C 이하의 대기 온도가 오랜 기간 지속되면 아이스 렌스를 형성하는 데 소요되는 시간이 충분하므로 동결 깊이가 깊고, 또 아이스 렌스의 간격이 촘촘하여 동상의 피해가 매우 심해진다.

동상이 심하게 일어나기 위해서는 충분한 물이 공급되어야 한다. 이것은 흙이 포화되어 있고 동결선이 지하수위 가까이 있어야 한다는 것을 의미한다. 만약 동상에 필요한 다른 조건이 충족되어 있다면 지하수위가 지표면 가까이 있을 때 동해가 가장 심하다. 지하수위가 상당히 깊이 있다고 하더라도 동결선이 모관상승고 이내까지 내려온다면 동해를 받을 수 있다.

일반적으로 동상을 받기 쉬운 흙의 지표면에서 10 m 아래 지하수위가 존재한다면 동상으로 인한 피해는 거의 없다. 포화된 세립토는 지하수면 위에 있다고 하더라도 동해의 영향이 있을 수 있다. 소성한계 근처의 자연함수비를 가지고 있는 점토는 지하수위면에 관계 없이 동해를

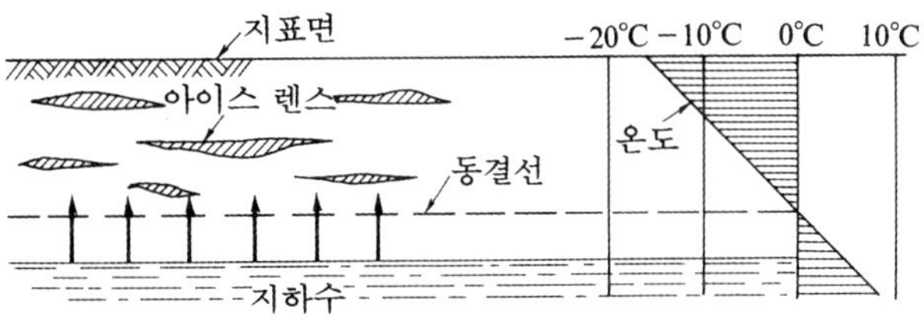

그림 6.21 아이스 렌스의 형성

받는다고 하며, 불포화토는 동상의 피해가 거의 없다.

6.4.3 동상과 융해에 대한 대책

동상을 받는 지반 위에 구조물이 놓이면 구조물은 피해를 입는다. 가장 많은 피해를 입는 구조물은 도로포장이며, 건물의 기초나 땅 위에 직접 놓인 슬래브 바닥 또는 땅속에 얕게 묻힌 상하수도 등도 더러 손상을 입는다. 동상을 일으키는 힘은 대단히 커서 도로포장이나 빌딩의 기초를 위로 들어 올린다. 또한 동상의 크기는 균일하지 않으므로 포장에서는 주로 균열이 발생하고 건물에서는 벽체에 금이 가거나 문이 잘 안 닫히는 경우가 생긴다.

융해 시에도 비슷한 피해가 발생한다. 즉, 동결되었던 흙이 융해될 때에는 아이스 렌스의 형성으로 아래에서 끌어들인 과도한 수분이 그 아래 동결된 지반으로 배수되지 못한다. 따라서 흙의 강도는 현저히 감소되며 지반의 침하가 뒤따르기도 한다.

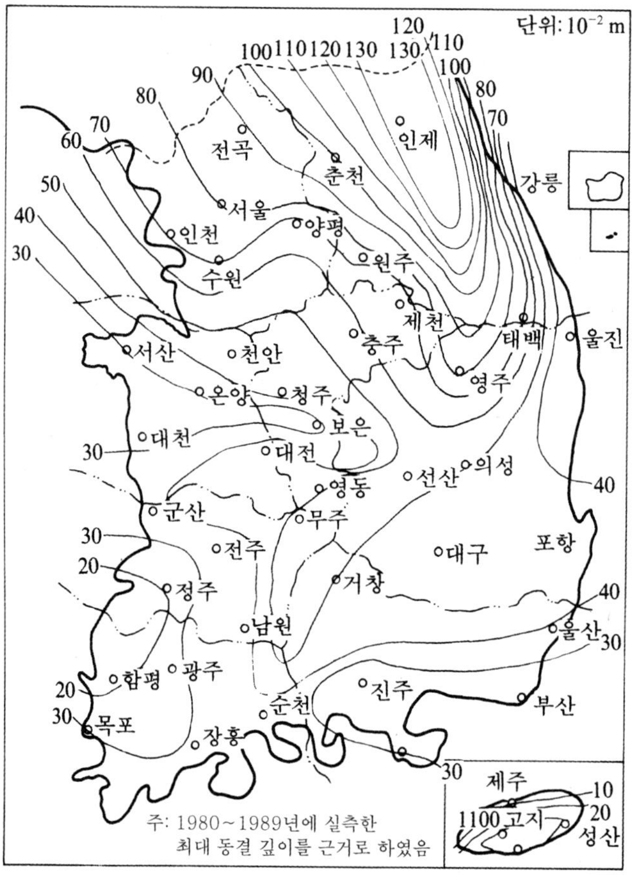

그림 6.22 남한의 최대 동결 깊이 분포(김 등, 1990)

동상과 융해에 대한 피해를 방지하기 위해 가장 일반적으로 행하는 방법은 모든 구조물의 기초를 최소한 **동결 깊이** 아래에 설치하는 것이다. 도로포장의 경우에는 보조기층 아래 동결작용에 민감하지 않은 자갈층을 두어 포장체를 보호하고 있다. 최대 동결 깊이는 과거 10년 또는 30년간의 기상자료로부터 구하기도 하고, 또는 오랜 기간에 걸쳐 기상 자료에 따른 동결 깊이를 실측할 수도 있다. 그림 6.22는 1980~1989년에 걸친 실측 자료로부터 얻은 우리나라의 최대 동결 깊이의 분포를 나타낸 것이다(김 등, 1990).

이론적으로 보면 지하수위가 없거나 동결에 민감하지 않은 지반에서는 동결의 피해가 없는 것으로 알려져 있으나 물의 공급은 지하수위 이외에는 상하수도관의 누수로 발생할 수 있고, 또 자연 지반은 사질토이든 점성토이든 실트를 약간은 포함하고 있기 때문에 거의 모든 지반은 동결에 대한 대책이 요구된다.

연습문제-6장

6.1 그림 6.23과 같은 지층 단면에 대하여 점토층의 상면, 중간면 및 하면에서의 유효연직응력을 구하여라.

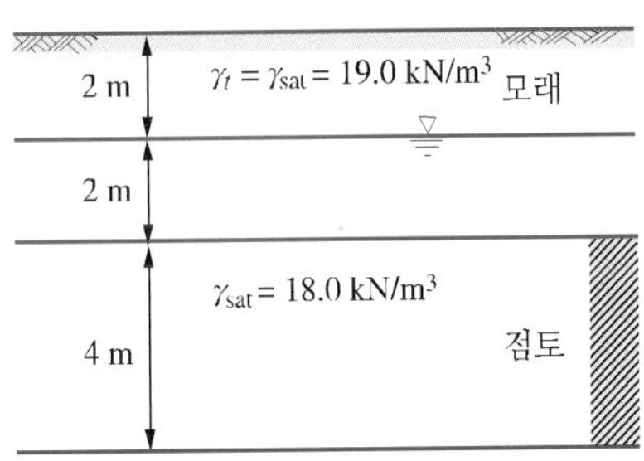

그림 6.23 문제 6.1의 그림

6.2 그림 6.24에서 수위가 (a) 표고 A에 있을 때와 (b) 표고 B까지 올라왔을 때 표고 A에서 전응력, 간극수압 및 유효응력을 계산하여라. 단 이 흙의 포화단위중량은 20 kN/m^{3}이다.

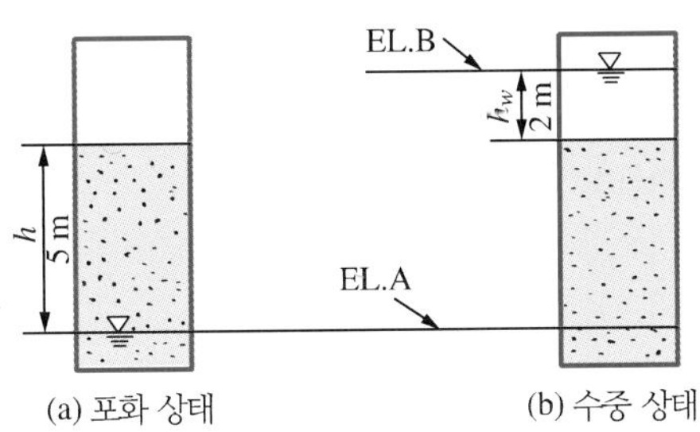

(a) 포화 상태 (b) 수중 상태

그림 6.24 문제 6.2의 그림

6.3 그림 6.25에서 A, B, C, D 및 E점에서의 전수두, 압력수두 및 위치수두를 계산하고 수평축에 각각 수두의 변화를 그림으로 나타내어라.

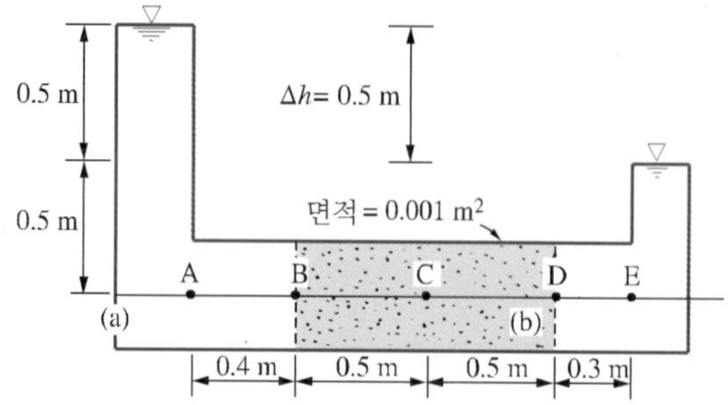

그림 6.25 문제 6.3의 그림

6.4 그림 6.26에서 모래의 비중이 2.65, 간극비가 0.5라고 할 때 (a) A점에서의 전응력, 간극수압 및 유효응력을 계산하여라. (b) 그림 6.26(b)에서 분사현상이 발생할 것인지 검토하여라.

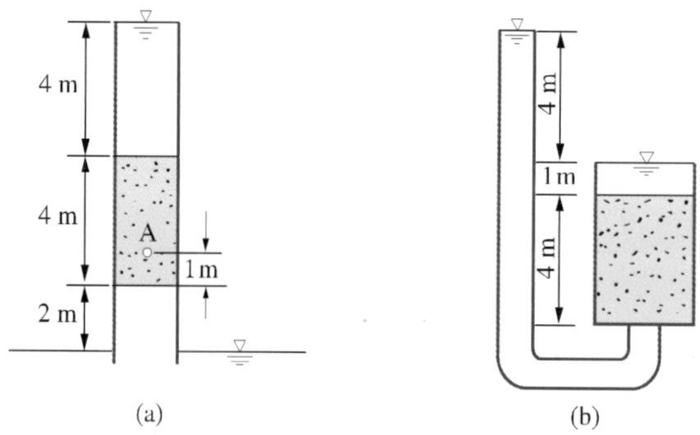

그림 6.26 문제 6.4의 그림

6.5 그림 6.27과 같이 흙기둥을 통해 물이 아래로 흐르고 있고, 이 흙의 포화단위중량이 18.0 kN/m^{3}일 때, 다음을 계산하여라.

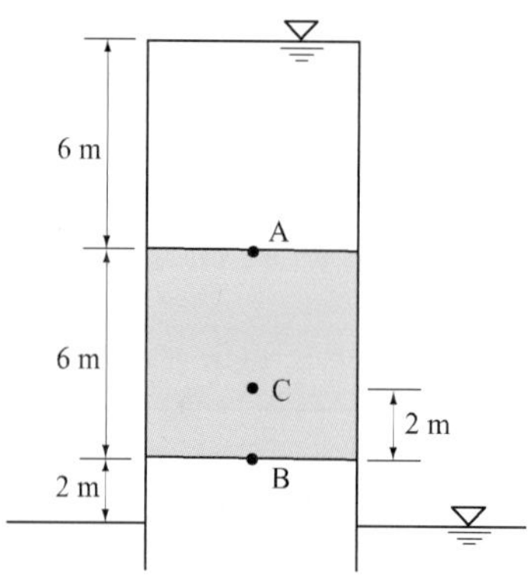

그림 6.27 문제 6.5의 그림

(a) A, B, C점의 전수두(기준면은 B점을 적용)
(b) A, B, C점에서의 간극수압
(c) A, B, C점에서의 유효응력
(d) B점에서의 침투수압
(e) 정수압인 경우에 비하여 B점에서의 유효응력 증가량

6.6 그림 6.28과 같은 수조의 하부에 수압이 작용하여 상부에서 유출되고 있다. 토층 하면에 작용하는 압력수두가 11.0 m이고, 흙시료의 포화단위중량이 18.0 kN/m^{3}일 때 다음을 계산하여라.

(a) 시료 내부의 동수경사
(b) C점의 전응력, 간극수압 및 유효응력
(c) 본 시료의 한계동수경사
(d) quicksand 발생 여부
(e) 토층 하면(B–B)의 유효응력

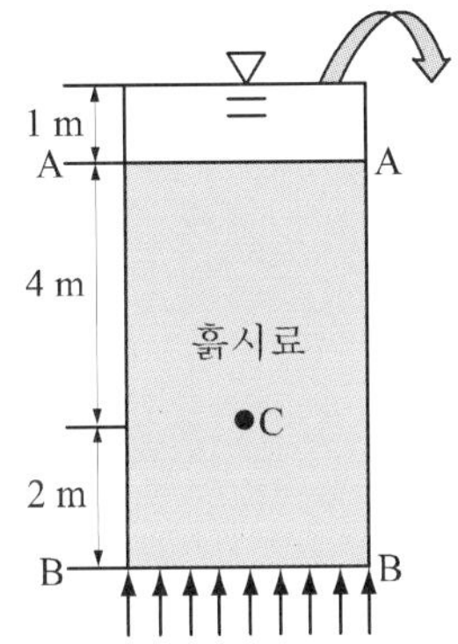

그림 6.28 문제 6.6의 그림

참고문헌

Bishop, A. W., Alpan, I., Blight, E. E., and Donald, I. B. (1960). Factors controlling the strength of partly saturated cohesive soils. *Proc. ASCE Research Conference of Cohesive Soils*, Boulder, CO., 503–532.

Bishop, A. W. and Eldin, G. (1950). Undrained triaxial test on saturated sands and their significance in the general theory of shear strength. *Geotechnique* **2**, No. 13.

MaCarthy, D. F. (1982). *Essentials of soil mechanics and foundations*, 2nd ed., Virginia: Reston Publishing Company.

van Genuchten, M. T. (1980). A closed-form equation for predicting the hydraulic conductivity of unsaturated soils. *Soil Science Society of America J.* **44**, 892–898.

Vanapalli, S. K., and Fredlund, D. G. (2000). Comparison of empirical procedures to predict the shear strength of unsaturated soils using the soil-water characteristic curve. in *Advances in Unsaturated Geotechnics*, Shackelford, C. D, Houston, S. L., and Chang, N. Y., eds., GSP No. 99, ASCE, Reston, VA, 195–209.

김상규, 박상길, 박방훈 (1990). 우리나라 동결 심도에 관한 연구. 대한토목학회논문집, 제10권 제2호, 79–89.

CHAPTER 7

흙 속으로의 물의 흐름

7.1 개 설

흙이 아무리 잘 다져져 있다고 하더라도, 간극은 이웃끼리 서로 연결되어 있다. 자갈이나 모래와 같은 조립토는 간극이 따로 고립되어 있는 경우가 절대로 없다. 주로 물고기 비늘과 같은 모양을 하고 있는 점토도 겉으로 보기에는 간극이 고립되어 있을 수 있다고 생각되지만, 현미경 사진으로 보면 간극은 서로 통해 있다. 이와 같이, 흙은 간극이 서로 연결되어 있기 때문에 간극을 통해 물이 흐를 수 있는 것이다. 그러나 흙 속에서는 물이 한 위치에서 다른 위치로 직선적으로 흐르지 않고, 간극의 통로를 따라 구불구불 흐른다는 것을 이해해야 한다.

유체역학에서는 물의 흐름을 **정류**(steady flow)와 **부정류**(unsteady flow) 또는 **층류**(laminar flow)와 **난류**(turbulent flow)로 구분한다. 이와 같은 용어는 물이 흙 속으로 흐를 때에도 마찬가지로 적용된다. 물이 시간에 따라 일정하게 흐르면 정류이고, 조류의 변화와 같이 시간에 따라 수두가 변하면 부정류가 된다. 흐름의 층이 평행하다면 층류라고 하고, 서로 교차한다면 난류라고 한다. 흙 속으로 물이 실제로 흐르는 경로는 앞에서 설명한 것처럼 구불구불하지만, 대부분의 흙에서는 흐름의 속도가 대단히 느리므로 층류로 간주될 수 있다. 연구 결과에 의하면 레이놀즈 수가 1~10 이하이고, 거친 모래나 잔자갈보다 가는 흙에서는 층류가 발생한다고 한다. 층류에서 흐름의 속도는 동수경사(hydraulic gradient)에 비례하며 다음에 설명하는 Darcy의 법칙이 적용된다.

흙 속으로의 물의 흐름과 관련되는 공학적 문제는 대단히 많다. 흙댐 밑으로 또는 그 내부로의 투수, 굴토할 때의 작업의 편리를 위한, 또는 흙의 성질을 개선하기 위한 배수, 널말뚝 아래를 통하는 투수 등이 그러한 예에 속한다. 이 장에서는 이러한 공학적 문제와 관련되는 투수현상을 규명해 보기로 한다.

7.2 투수계수

7.2.1 Darcy의 법칙

프랑스의 과학자 Darcy는 흙 속을 통해 흐르는 물의 침투수량을 구하기 위하여 다음과 같은 실험식을 발표하였다.

$$q = kiA \tag{7.1}$$

$$v = ki \tag{7.2}$$

식 (7.1)을 Darcy의 법칙이라고 하며, 이는 중력작용에 의해 물이 흙 속을 흐를 때 유량을 계산하는 가장 기본이 되는 식이다. 이 식을 보면 단위시간당 침투수량 q(L^3/T)는 동수경사 i와 비례한다는 것을 알 수 있다. 1차원적 z 방향 흐름에서 동수경사 $i = dh/dz$로 정의하며, 동수경사가 일정한 경우 식 (6.13)에서와 같이 $i = \Delta h/z$로 나타난다. 식 (7.1)에서 A는 단면적이고, 비례상수 k(L/T)는 투수계수이며 유속 v와 같은 단위를 가진다.

투수계수의 값은 흙의 입경에 따라 변화되는 범위가 대단히 넓다. 거친 모래나 자갈은 0.01 m/s 이상이 되는 반면, 점토는 10^{-10} m/s 이하가 되기도 한다. 흙의 입경에 따른 투수계수의 변화는 그림 7.1에서 보는 바와 같다.

물은 흙 입자 사이의 간극만을 통하여 흐를 수 있으므로 식 (7.2)의 속도 v는 실제 속도가 아니라는 점에 유의하여야 한다. 실제의 침투속도 v_s를 구하기 위하여 간극 체적을 고려하면, 다음과 같이 유도된다.

$$q = vA = v_s A_v$$

$$\therefore\ v_s = v\frac{A}{A_v} = v\frac{AL}{A_v L} = \frac{vV}{V_v} = \frac{v}{n} \tag{7.3}$$

식 (7.3)의 v를 침투속도 v_s와 구별하기 위하여 접근속도 또는 유출속도라고 한다.

k (m/s)	흙의 종류		투수특성
10	굵은 자갈, 옥석, 호박돌		투수 매우 양호
1			
10^{-1}	깨끗한 자갈		
10^{-2}			
10^{-3}	깨끗한 모래		투수 양호
10^{-4}	깨끗한 모래-자갈 혼합층	균열, 건조, 풍화의 영향을 받은 불투수 흙	
10^{-5}			
10^{-6}	가는 모래		
10^{-7}	실트질 모래		투수 불량
10^{-8}	실트		
10^{-9}	층상 점토/실트층		실질적으로 불투수
	비포화, 비균열 및 균질 점토(점토 함유량> 20%)		

그림 7.1 흙의 종류별 대표적인 투수계수의 범위

7.2.2 투수계수의 측정

흙 속을 통과하는 침투 유량을 알기 위해서는 먼저 투수계수의 값을 알아야 한다. 투수계수는 (1) 경험 공식, (2) 실내시험 및 (3) 현장시험 중 어느 한 가지 방법으로 구할 수 있다.

(1) 경험 공식에 의한 방법

일반적으로 흙의 투수계수는 간극의 크기가 커질수록 증가한다. 그러나 간극의 형상, 즉 입경의 형상에 따라서도 많이 달라진다. Hazen은 조립토에만 적용할 수 있는 다음과 같은 공식을 발표하였다.

$$k = CD_{10}^2 \ \ (\text{m/s}) \tag{7.4}$$

여기서, C: 상수(0.01 ~ 0.015)

D_{10}: 유효지름(mm)

(2) 실험실에서의 투수계수 측정

실험실에서는 (a) 정수두 투수시험과 (b) 변수두 투수시험의 두 가지 방법으로 투수계수를 결정한다. 전자는 투수성이 비교적 큰 조립토에 적절하고, 후자는 투수성이 낮은 세립토에 적용한다.

(a) 정수두 투수시험

이 방법은 그림 7.2(a)에 나타낸 바와 같이 물이 유입하는 수위와 유출하는 수위를 각각 일정한 높이로 정하고 흙 속으로 물을 통과시킨다. 그러면 수두차는 항상 일정하므로 동수경사 i를

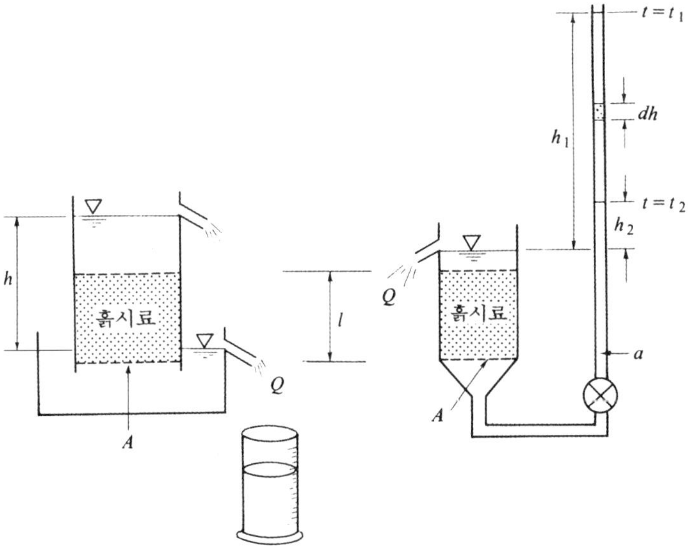

(a) 정수두 투수시험기 (b) 변수두 투수시험기

그림 7.2 투수시험 장치

쉽게 계산할 수 있다($i = h/l$). 또 침투한 유량은 실린더로 받아 측정할 수 있으므로 Darcy의 법칙에 의하여,

$$Q = kiAt$$

즉,

$$k = \frac{Q}{iAt} = \frac{Ql}{hAt} \tag{7.5}$$

여기서, t: 측정 시간
l: 물이 시료를 통과한 거리
Q: t시간 동안 침투한 유량
A: 시료의 단면적

(b) 변수두 투수시험

변수두 투수시험의 원리는 물이 스탠드 파이프를 통하여 흙 속으로 자유롭게 유입하도록 하고, 유입하는 강하속도를 측정하여 투수계수를 산정하는 것이다[그림 7.2(b) 참조].

단면적이 a인 스탠드 파이프를 통해 흙 속으로 유입하는 수위가 Δt 시간에 Δh만큼 변하였다고 하면, 단위시간당 유입 유량은 $-a\dfrac{dh}{dt}$이다. 여기서 음의 기호는 시간이 경과함에 따라 수위가 강하한다는 것을 의미한다. 동수경사 $i = h/l$는 수두에 따라서 변한다. 물이 유출할 때의 단위시간당 유량은 Darcy의 법칙에 의하여 구할 수 있다. 즉, 유입 유량과 유출 유량은 동일하므로,

$$-a\frac{dh}{dt} = k\frac{h}{l}A$$

즉,

$$-a\frac{dh}{h} = k\frac{A}{l}dt$$

만일, t_1 시간에서의 수위가 h_1이고 t_2 시간에서의 수위가 h_2라면,

$$-a\int_{h_1}^{h_2}\frac{dh}{h} = k\frac{A}{l}\int_{t_1}^{t_2}dt$$

이것을 적분하고 정리하면,

$$k = \frac{al}{A}\frac{1}{t_2 - t_1}\ln\left(\frac{h_1}{h_2}\right) \tag{7.6}$$

이 된다. 이 식에 의해 k를 쉽게 계산할 수 있다.

(3) 현장에서의 투수계수 측정

실험실에서 투수계수를 측정할 때에는 실제 현장의 흙 상태를 재현하기 곤란하기 때문에 시험 결과에 대한 신뢰성이 낮을 수 있다. 중요하고 대규모인 공사에서는 현장에서 투수시험을 하여 투수계수를 결정하는 일이 많다.

그림 7.3은 현장 투수시험을 하는 방법을 나타낸 것이다. 먼저 시험정을 투수층까지 파서 우물 속의 수위가 일정할 때의 유량을 측정하고 관측정의 수위를 기록한다. 이때 시험정으로 들어오는 유량은 다음과 같이 계산할 수 있다.

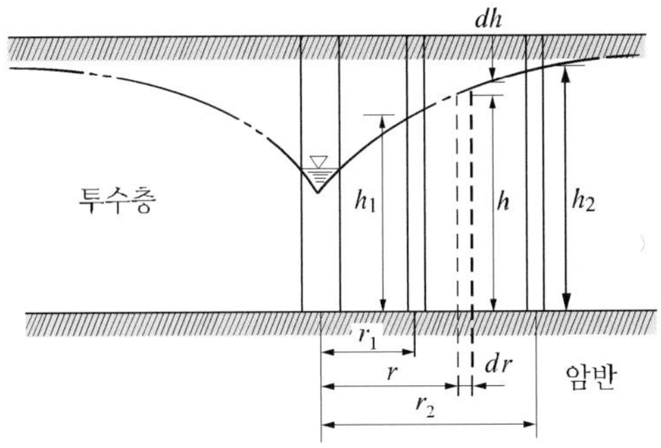

그림 7.3 현장 투수시험

$$i = \frac{dh}{dr}$$

$$q = kiA = k\,\frac{dh}{dr}\,2\pi r h$$

$$\frac{dr}{r} = \frac{2\pi k h\, dh}{q}$$

위의 식을 적분하면, 다음 식으로 유도된다.

$$\int_{r_1}^{r_2} \frac{dr}{r} = \frac{2\pi k}{q}\int_{h_1}^{h_2} h\, dh$$

$$\ln\left(\frac{r_2}{r_1}\right) = \frac{\pi k}{q}(h_2^2 - h_1^2)$$

$$\therefore\ k = \frac{q\,\ln\left(\dfrac{r_2}{r_1}\right)}{\pi(h_2^2 - h_1^2)} \tag{7.7}$$

여기서, r_1, r_2, h_1, h_2는 그림에 표시되어 있다.

예제 7.1

균질한 모래에 대해 변수두 투수시험을 행하였다. 시험 시작 전 지름이 10 mm인 스탠드 파이프의 수위는 900 mm, 시험 종료 후의 수위는 400 mm였으며, 시험 종료까지의 소요 시간은 600초였다. 이 시험 시료의 지름은 40 mm, 길이는 180 mm라고 할 때, 이 모래의 투수계수를 결정하여라.

| 풀이 | 시험 제원으로부터,

$$a = (3.14/4) \times 10^2 = 78.5\ \text{mm}^2$$
$$A = (3.14/4) \times 40^2 = 1256\ \text{mm}^2$$
$$l = 180\ \text{mm}$$

$$t_2 - t_1 = 600 \ \text{s}$$
$$h_1 = 900 \ \text{mm}$$
$$h_2 = 400 \ \text{mm}$$

이 값들을 식 (7.6)에 대입하면,

$$k = \frac{78.5 \times 180}{1,256} \times \frac{1}{600} \times \ln\left(\frac{900}{400}\right)$$
$$= 0.0152 \ \text{mm/s}$$
$$= 1.52 \times 10^{-5} \ \text{m/s}$$

7.2.3 투수계수에 영향을 미치는 요소

토질공학 분야에서 사용되는 투수계수는 단위 동수경사의 수두차에 의해 단위면적당 흙의 단면을 흐르는 물의 접근 속도이다. 따라서 이 값은 물과 흙의 성질에 따라 달라진다. Taylor(1948)는 물과 흙의 모든 영향을 반영하는 식을 다음과 같이 제안하였다.

$$k = D_s^2 \frac{\gamma_w}{\eta} \frac{e^3}{(1+e)} C \tag{7.8}$$

여기서, D_s: 유효지름

η: 물의 점성계수

C: 형상계수

한편, Kozeny가 제안하였고 그후에 Carman에 의하여 수정된 또 다른 식이 발표되었다. 이것을 Kozeny-Carman식이라고 하며, 다음과 같다.

$$k = \frac{1}{k_0 s^2} \frac{\gamma_w}{\eta} \frac{e^3}{(1+e)} \tag{7.9}$$

여기서, k_0: 간극의 형상과 두 점 사이의 거리에 대한 실제 흐름의 길이에 의존하는 계수

s: 비표면적

식 (7.8)의 유효지름 D_s는 식 (7.9)의 비표면적 s를 가지는 입경이라고 생각할 수 있으므로 전자는 Kozeny-Carman식을 다소 단순화한 것이라고 말할 수 있다. 위의 두 식은 어떤 요소들이 투수계수에 영향을 끼치는가를 제시하고 있다. 그런데 이 식을 자세히 관찰해 보면 투수계수에 영향을 끼치는 인자는 투수 물질인 물과 투수 매체인 흙으로 대별할 수 있다는 것을 알 수 있다. 여기서는 물과 흙으로 나누어 이 영향을 설명한다.

(1) 물의 영향

위의 식들을 보면 물의 점성과 단위중량이 투수계수에 영향을 끼친다는 것을 알 수 있다. 이 두 변수를 함께 포함하는 또 하나의 투수계수를 다음과 같이 정의해 보자.

$$K = \frac{k\eta}{\gamma_w} \tag{7.10}$$

여기서, K를 **절대투수계수**(absolute permeability)라고 하며, 길이의 제곱의 단위를 가진다. K의 값은 흙 속을 통하는 물의 성질과는 관련이 없고, 매체인 흙의 성질에만 의존하는 투수성을 표현한다.

식 (7.8)과 (7.9)를 보면 투수계수는 물의 점성계수에 반비례한다는 것을 알 수 있다. 점성계수는 물의 온도와 밀접하게 관련되어 있다. 온도가 증가함에 따라 물의 점성계수는 감소하므로 투수계수는 온도의 증가와 더불어 증가한다. 온도에 대한 영향을 고려하기 위하여 실내시험에서 투수계수를 정할 때, 한국공업규격에서는 15℃를 기준으로 하게 되어 있다. 만일 온도의 증가에 따른 물의 단위중량의 증가를 무시한다면, 투수계수와 점성계수의 관계는 다음과 같이 나타낼 수 있다.

$$k_{15} = k_t \frac{\eta_t}{\eta_{15}} \tag{7.11}$$

여기서, k_{15}: 15℃에서의 투수계수

k_t: T℃에서의 투수계수

η_{15}: 15℃에서의 점성계수

η_t: T℃에서의 점성계수

(2) 흙의 영향

투수계수는 간극비의 함수로 표시할 수 있다. 동일한 흙에 대하여 투수계수와 간극비의 관계를

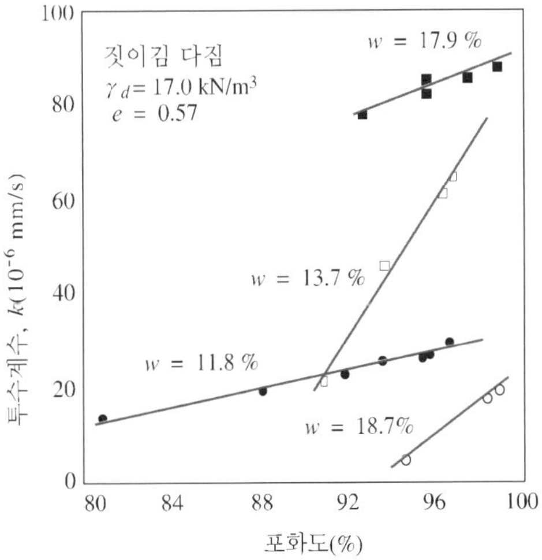

그림 7.4 포화도의 변화에 따른 투수계수의 영향(Mitchell et al., 1965)

표시하기 위하여 여러 가지 실험 공식이 시도되었다. Lambe과 Whitman(1969)은 k와 $e^3/(1+e)$는 선형 관계가 성립될 수 있음을 실험적으로 입증하였다. 이것을 식으로 나타내면 다음과 같다.

$$k_2 = k_1 \frac{e_2^3/(1+e_2)}{e_1^3/(1+e_1)} \tag{7.12}$$

특히 사질토에 대해 실내에서 시험할 때에는 시료의 교란 때문에 현장 조건과 같은 간극비로 시험하기가 어려우므로, 이 관계를 이용하면 교란으로 인해 간극비가 달라질 때에도 현장 조건에 일치하는 투수계수를 추정할 수 있다. 흙의 입자를 구라고 가정할 때에는 투수계수는 입자의 제곱에 비례한다. 이 관계는 이미 7.2.2절에서 Hazen의 공식으로 나타내었다.

실트, 모래, 자갈과 같은 사질토는 거의 관련이 없지만, 점토는 흡착 이온에 따라 투수계수의 값이 현저히 달라진다. 만일 교환할 수 있는 이온이 Na이라면, 다른 흡착 이온에 비하여 동일한 간극비에서 최소의 투수계수를 보인다(Lambe과 Whitman, 1969). 시공 분야에서 불투수층을 형성하기 위하여 Na Montmorillonite를 자주 사용하는 것은 바로 이 때문이라고 할 수 있다.

흙 입자의 구조도 투수계수에 영향을 미친다. 점토가 면모구조로 퇴적되었다면 이산구조인 경우보다도 더 큰 투수계수를 가진다. 물이 이산구조를 가진 흙 속을 통과할 때에는 유선이 전자에 비해 구불구불하게 되어 경로가 길어지기 때문이다. 사질토의 입자가 길쭉하고 배열이 평행하다면 수평 방향의 투수계수가 연직 방향에 대한 것보다 훨씬 크다.

흙이 포화되지 않았다면 간극수가 흐르는 공간이 줄고 기포의 존재가 물의 흐름을 방해하기 때문에 포화된 경우보다도 투수계수의 측정값은 훨씬 낮다. 그림 7.4는 실내에서 다진 실트질 점토에 대하여 포화도와 투수계수의 관계를 나타낸 것이다. 이 그림은 일반적으로 포화도가 낮을수록 투수계수도 감소한다는 사실을 보여주고 있다.

예제 7.2

간극비가 0.45인 모래 시료의 시험 결과, 투수계수가 6.2×10^{-4} m/s였다. 시험시료와 유사한 모래의 간극비가 0.60일 때의 투수계수를 추정하여라.

| 풀이 | 식 (7.12)로부터,

$$\frac{k_2}{k_1} = \frac{{e_2}^3/(1+e_2)}{{e_1}^3/(1+e_1)}$$

$$\frac{6.2\times10^{-4}}{k_1} = \frac{(0.45)^3/(1+0.45)}{(0.60)^3/(1+0.60)}$$

$$\therefore\ k_1 = 1.33\times10^{-3}\ \text{m/s}$$

7.3 흐름의 기본 이론과 유선망

7.3.1 유선과 등수두선

그림 7.5는 널말뚝이 박힌 모래 지반을 통하여 물이 2차원으로 흐르는 경우를 나타낸 것이다. 상류 측의 수위를 h_1, 하류 측의 수위를 h_2라고 하고, 이 수위가 일정하게 유지된다고 가정하면 널말뚝의 양측 사이의 전수두 손실은 $\Delta h = h_1 - h_2$이다. 이러한 수위차로 인해 물은 상류면의 모래층으로 유입되어 널말뚝 아래로 흘러 다시 상방향으로 바뀌어 하류면으로 흐를 것이다. 물이 흐르는 이러한 경로를 **유선**(flow line)이라고 한다. 유선은 수압이 $h_1\gamma_w$인 AB면에서 시작하여 수압이 $h_2\gamma_w$인 CD면에서 끝난다. 최초의 수압은 물이 흐르면서 물과 흙 사이에 생기는 점성 저항 때문에 점차 소실된다.

각 유선을 따라 수두는 계속적으로 소실되기 때문에 손실수두가 동일한 위치가 있을 수 있으며, 이 위치를 연결한 선을 **등수두선**(equipotential line)이라고 한다. 등수두선을 따라 피조미터를 세웠다고 하면 각 피조미터에는 똑같은 수위까지 올라오므로 모든 점에서 전수두가 동일하다.

유선과 등수두선으로 이루어지는 그림을 **유선망**(flow net)이라고 한다. 그림 7.5는 널말뚝 밑의 토층으로 물이 통과할 때의 유선망을 나타낸 것이다.

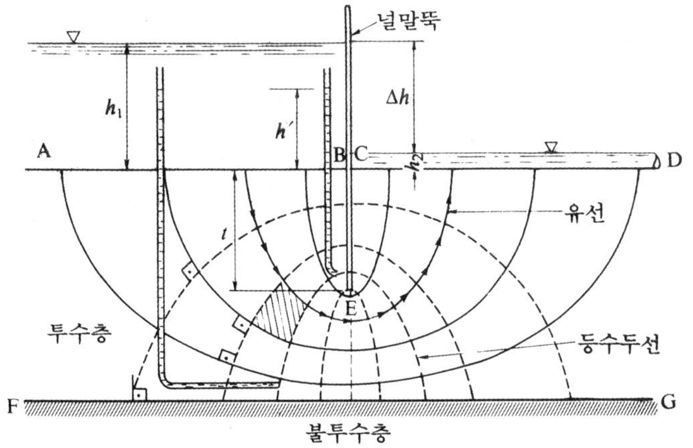

그림 7.5 널말뚝 밑의 2차원 흐름

7.3.2 2차원 흐름의 기본 원리

2차원 흐름에 대한 기본 방정식을 유도하는 데 있어서 다음과 같은 가정을 설정한다.

1. Darcy의 법칙은 성립한다.
2. 흙은 등방성(isotropic)이고 균질(homogeneous)하다.
3. 흙은 포화되어 있고 모관현상은 무시한다.

4. 흙 골격(soil skeleton)은 비압축성이며 물이 흐르는 동안에 흙의 압축이나 팽창은 생기지 않는다.

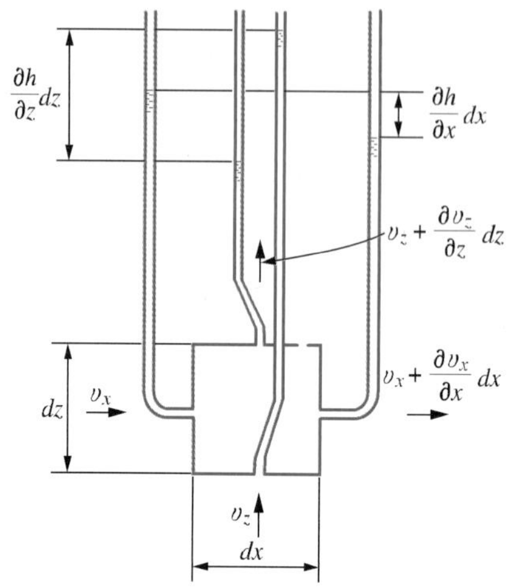

그림 7.6 한 요소에서 물의 흐름

그림 7.6에서 보는 바와 같이 변의 길이가 각각 dx, dz인 한 요소로 수두 h의 변화로 인하여 물이 들어와서 나간다고 생각해 보자(2차원 흐름이므로 dy는 단위 길이로 잡는다).

이 요소를 흐르는 물의 속도 벡터 $\{v_x, v_z\}^T$는 수평 및 연직 성분을 가지고 있고, 이에 대응하는 동수경사 벡터 $\{i_x, i_z\}^T$에 대하여, 각 성분은 다음과 같다.

$$i_x = -\frac{\partial h}{\partial x},\ i_z = -\frac{\partial h}{\partial z} \tag{7.13}$$

단위시간에 이 요소에 유입하는 전 유량은,

$$q_{\text{in}} = v_x\,dz\,dy + v_z\,dx\,dy \tag{7.14}$$

이다. 이 요소로부터 유출되는 유량은,

$$q_{\text{out}} = v_x\,dz\,dy + \frac{\partial v_x}{\partial x}dx\,dy\,dz + v_z\,dx\,dy + \frac{\partial v_z}{\partial z}dx\,dy\,dz \tag{7.15}$$

가 된다. 물이 흐르는 동안 흙은 압축되지 않는다고 가정하였으므로 식 (7.14)와 식 (7.15)는 동일하다. 따라서,

$$\frac{\partial v_x}{\partial x}dx\,dy\,dz + \frac{\partial v_z}{\partial z}dx\,dy\,dz = 0$$

즉,

$$\frac{\partial v_x}{\partial x} + \frac{\partial v_z}{\partial z} = 0 \tag{7.16}$$

Darcy의 법칙으로부터,

$$v_x = -k\frac{\partial h}{\partial x},\ v_z = -k\frac{\partial h}{\partial z}$$

이므로 식 (7.16)은

$$\frac{\partial^2 h}{\partial x^2} + \frac{\partial^2 h}{\partial z^2} = 0 \qquad (7.17)$$

이 된다. 위의 식은 2차원 흐름에 대한 Laplace 방정식이다. 이것은 비압축성의 다공성 매체(porous medium)에 있어서 x방향의 동수경사의 변화와 z방향의 동수경사의 변화의 합은 영이라는 것을 가리킨다. 특히 임의의 점 (x, z)에서 해 수두 $h(x, z)$를 구하는 문제임을 의미한다. 등방 균질의 흙으로 흐르는 물이 Laplace 방정식을 만족시키면, 유선망을 이루는 유선과 등수두선이 서로 직교한다. 이를 수학적으로 증명하는 과정은 범위에서 벗어난다.

7.3.3 유선망의 작도

앞에서 유도한 식 (7.17)의 미분방정식은 만일 경계조건이 단순하다면 정해를 구할 수 있고, 또 유한차분법 또는 유한요소법과 같은 수치해석이나 전기상사법 또는 수리 모형 시험으로도 근사해를 얻을 수 있다. 그러나 Laplace 방정식을 만족시키도록 유선망을 작성하는 데 있어서 가장 간편한 방법은 도해법이다. 이 방법에서는 처음에 경계조건을 만족시키는 유선과 등수두선을 그린다. 예로서, 그림 7.5의 널말뚝이 박힌 모래층으로 물이 침투하는 과정을 생각해 보자. 이 경우에서는 다음과 같은 네 개의 경계조건을 가지고 있다.

1. 선분 AB는 이 선을 따라 전수두가 동일하므로 등수두선이다.
2. 선분 CD는 이 선을 따라 전수두가 동일하므로 등수두선이다.
3. 널말뚝을 따라 상류면에서 하류면으로 흐르는 BEC는 하나의 유선이다.
4. 물이 상당히 먼 거리로부터 흘러들어온다고 할 때 암반선을 따르는 FG도 하나의 유선이다.

위와 같은 경계조건을 만족시키도록 두 개의 유선과 두 개의 등수두선을 그린 다음, 추가로 몇 개의 유선을 가정하여 원활한 곡선이 되도록 그리되, 유선과 등수두선으로 이루어진 네 개의 선분이 대략 정사각형이 되도록 하여야 한다. 초보자에게 유선망을 그리는 일은 쉽지 않은데, 한번 그린 유선망은 계속해서 수정을 가하여 정확한 유선망이 되도록 하여야 한다. 이와 같이 하여 정확한 유선망이 그려졌다면 두 개의 인접한 유선과 두 개의 인접한 등수두선은 한 원에 접한다(그림 7.7 참조). 더 촘촘하게 유선망을 그리고자 할 때에는 인접한 유선과 등수두선의 간격을 더 세분하면 될 것이다.

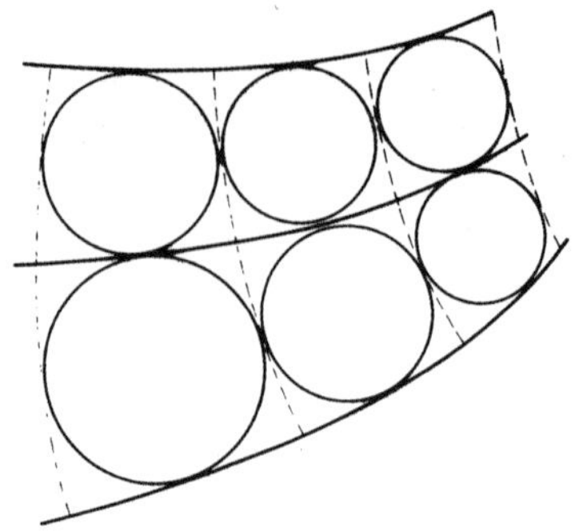

그림 7.7 유선망의 특성

그림 7.5와 같은 경우에는 앞에서 본 바와 같이 네 개의 경계조건이 있으므로 유선망의 경계가 쉽게 결정되지만, 흙댐과 같이 제체를 통하여 물이 침투하는 경우에는 경계 조건이 쉽게 결정되지 않는다. 이에 대해서는 7.3.5절에서 좀 더 자세히 언급하기로 한다.

7.3.4 유선망의 특성

유선망의 특성을 알기 위하여 그림 7.8과 같은 1차원 흐름을 예로 들어 보자. 폭 4 m, 길이 5 m 모형에 유선을 다섯 개로 가정하고 정사각형으로 유선망을 그렸다면 그림 7.8(b)와 같은 모양이 된다. 등수두선 간격과 유선 간격이 같으면, 5개의 등수두선 간격마다 전수두는 일정하게 손실되고 4개의 유로에 흐르는 침투수량이 동일하다. 이와 같은 사실로부터 유선망의 특성은 다음과 같이 요약할 수 있다.

1. 인접한 두 유선 사이를 흐르는 침투수량은 서로 동일하다.
2. 인접한 두 등수두선 사이의 수두손실은 서로 동일하다.

이와 같은 특성은 수학적으로 입증할 수 있으며, 2차원 흐름에서도 마찬가지로 적용된다. 유선망이 그려지면 침투수량, 간극수압, 동수경사 등은 다음과 같이 결정된다.

(1) 침투수량의 결정

그림 7.8의 요소 A에 인접한 유선 사이를 흐르는 침투수량을 $\bar{q}$라고 하자. 그러면 Darcy의 법칙에 의하여,

$$\bar{q} = kia \tag{7.18}$$

여기서, a_A는 요소 A의 단면적이다.

단위 요소 A의 손실수두 $\Delta\bar{h}$는 전 손실수두 Δh를 등수두선 간격 수 n_d로 나눈 값이며, 어떤 요소에서도 동일한 값이 될 것이다. $l = b$이므로, 동수경사 $i = (\Delta\bar{h})/l = (\Delta\bar{h})/b$이다. 폭을 단위길이로 잡는다면 단면적은 $a = b$이므로 식 (7.18)은 다음과 같이 유도된다.

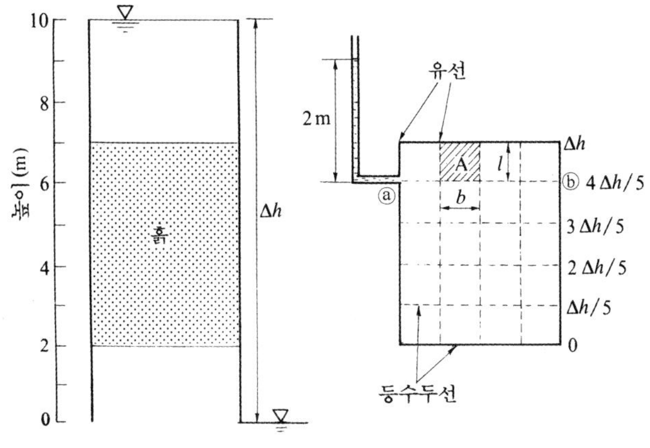

그림 7.8 1차원 흐름에 대한 유선망

$$\Delta\bar{h}=\frac{\Delta h}{n_d},\ \ \bar{q}=k\Delta\bar{h}\frac{b}{b}=k\Delta\bar{h} \tag{7.19}$$

연직방향으로는 유로를 따라서 모든 요소에서 동일한 수량이 나타나고 수평방향으로는 동일한 수두차를 가지고 있으므로, A뿐만 아니라 모든 요소에서 수량은 $\bar{q}$로 동일하다. n_f를 유로수라고 한다면, 전 침투수량은

$$Q=n_f\bar{q}=k\Delta h\frac{n_f}{n_d} \tag{7.20}$$

이며, 식 (7.20)은 유선망을 이용해서 침투수량을 구하는 공식이다.

그림 7.8에서는 $n_d=5$, $n_f=4$, $\Delta h=10\text{ m}$이다. $\Delta\bar{h}=10/5=2\text{m}$, $\bar{q}=2k$, $Q=4\bar{q}=8k$로 구할 수 있다.

(2) 유선망을 이용한 간극수압의 결정

다음에는 유선망을 이용해서 간극수압을 결정하는 방법을 알아보기로 하자. 그림 7.8에서 보는 바와 같이, 물이 흙을 통과하는 사이에 수두손실은 균일하게 생기므로 한 등수두선으로부터 그 다음 등수두선까지의 수두손실은 똑같이 $\bar{h}=\Delta h/5$이다. 만일, 기준면을 하류면으로 잡는다면 ⓐ−ⓑ 위치에서의 전 손실수누는 $\Delta h-\Delta h/5=4\Delta h/5=4\times10/5=8\ \text{m}$이나. 압력수두는 전수두로부터 위치수두를 뺀 값이므로 $h_p=8-6=2\text{ m}$가 된다. 따라서 간극수압 $u=2\times\gamma_w=19.6\text{ kPa}$이다.

간극수압은 더 직접적인 방법으로도 결정할 수 있다. 즉, ⓐ−ⓑ면에 피조미터를 세웠을 때의 높이가 바로 압력수두가 되므로, 이것을 압력으로 고치면 바로 간극수압이 된다. 따라서 지금의 예에서는 피조미터의 수위가 상류면의 수위로부터 $\Delta h/5$만큼 하강하므로, 압력수두는 등수두선

ⓐ－ⓑ로부터 이 높이까지의 길이이다.

(3) 동수경사의 결정

앞에서 언급한 바와 같이 동수경사는 물이 흐른 거리에 대한 수두손실이므로 유선망을 그려두면 임의의 두 점에서의 동수경사는 쉽게 결정할 수 있다. 요소 A에서, $i=\Delta \bar{h}/l=10/(5\times 1)=2\ \mathrm{m}$ 이다. 그림 7.8에서와 같은 1차원의 흐름에서는 동일한 두 점 사이의 동수경사는 모든 위치에서 일정하지만 2차원 흐름에서는 각 위치마다 달라질 수 있다. 등수두선의 한 칸은 간격이 좁든 넓든 손실수두가 동일하므로 동수경사의 값은 인접한 등수두선의 간격에 따라 달라진다. 즉, 한 유선망에 있어서 간격이 좁은 곳은 넓은 곳에 비해 동수경사가 크다는 것은 명백하다. 동수경사의 값은 침투가 상향으로 발생할 때에는 파이핑(piping) 현상의 존재 여부에 대한 지침이 될 수 있으며, 특히 침투수압을 결정하는 데 많이 이용된다.

(4) 침투수력의 결정

6장의 식 (6.17)에서 언급한 바와 같이 단위체적당 침투수력은 $i\gamma_w$로 표시되므로, 동수경사가 결정되었다면 전침투수력은 단위체적당 침투수력에 체적을 곱한 것이 된다. 즉,

$$J=i\gamma_w Az \tag{7.21}$$

여기서, A는 물이 침투하는 단면적이고, z는 토층의 두께이다.

만일, 이 침투수력이 상향으로 작용할 때 유효응력으로 표시한 흙의 무게보다 크다면 파이핑 현상이 일어난다.

예제 7.3

그림 7.9에 나타낸 댐에 대하여 (a) 침투수량, (b) A, B 및 C점에서의 간극수압, (c) C점에서 출구까지의 동수경사를 구하여라. 단, 이 흙의 투수계수는 $3\times 10^{-3}\ \mathrm{m/s}$이다.

| 풀이 | (a) 유선으로 싸인 간격 수 $n_f=4$

등수두선으로 싸인 간격 수 $n_d=12$

식 (7.20)에 의하여,

$$Q=k\Delta h\frac{n_f}{n_d}=3\times 10^{-3}\times 20\times\frac{4}{12}=0.02\ \mathrm{m^3/s/m}$$

(b) 하류면을 기준으로 할 때 A점에서의 전수두는

$$\Delta h-1.2\frac{\Delta h}{12}=10.8\times\left(\frac{20}{12}\right)=18.0\ \mathrm{m}$$

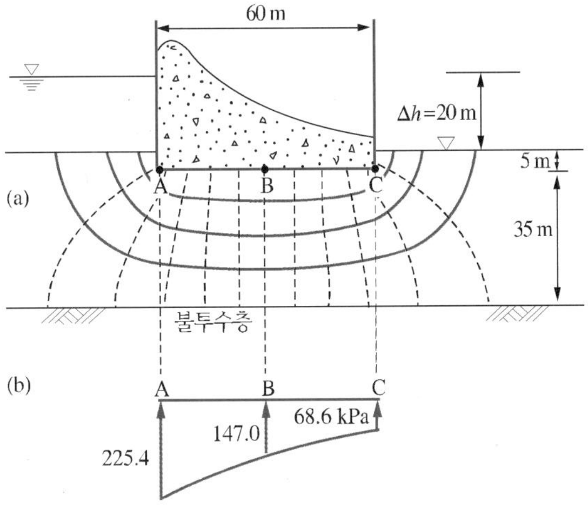

그림 7.9 댐 아래로의 침투

압력수두는 전수두에서 위치수두를 뺀 값이므로,

$$h_p = 18.0 - (-5) = 23.0 \text{ m}$$

따라서 $u_{(A)} = 23.0 \times 9.8 = 225.4 \text{ kPa}$

동일한 방법으로 B점과 C점의 간극수압을 구하면,

$$u_{(B)} = \left[\left\{20 - \left(6 \times \frac{20}{12}\right)\right\} - (-5)\right] \times 9.8 = 147.0 \text{ kPa}$$

$$u_{(C)} = \left[\left\{20 - \left(10.8 \times \frac{20}{12}\right)\right\} - (-5)\right] \times 9.8 = 68.6 \text{ kPa}$$

간극수압의 분포를 그리면 그림 7.9(b)와 같다. 이것이 댐의 바닥에서 상향으로 작용하는 양압력이 된다.

(c) C점에서 댐의 유선을 따라 측정한 거리는 5 m이고 C점과 하류면 사이의 수두손실은,

$$\left(20 - 10.8 \times \frac{20}{12}\right) = \frac{1.2}{12} \times 20 = 2 \text{ m} \text{ 이므로,}$$

$$i = \frac{2}{5} = 0.4$$

예제 7.4

그림 7.10(a)와 같이 2종류의 흙을 통하여 물이 아래로 흐를 때 각 높이에서의 위치수두, 압력수두 및 전수두를 계산하여 도시하고 침투수량을 구하여라(기준면: 하류면).

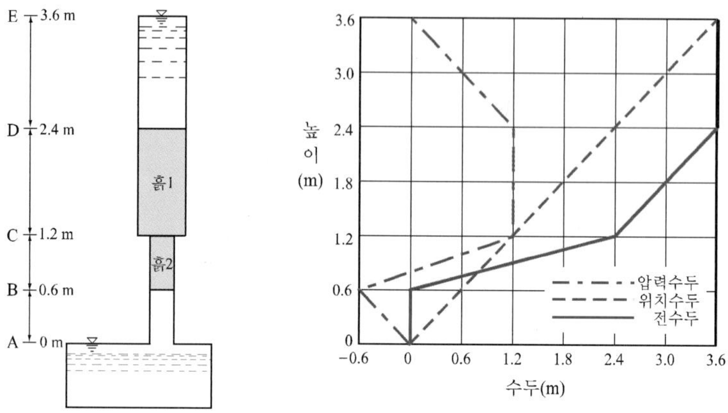

(a) 흙기둥 수조 (b) 높이별 각 수두

그림 7.10 예제 7.4의 그림

구분	$A(\text{m}^2)$	$k(\text{m/s})$
흙 1	0.5	0.4
흙 2	0.25	0.2

| 풀이 | (1) 수두의 계산

A점의 위치수두와 압력수두는 각각 0 m이고, 전수두는 0 m이다.

B점의 위치수두는 0.6 m, 압력수두는 −0.6 m이고, 전수두는 0 m이다.

D점의 위치수두는 2.4 m, 압력수두는 1.2 m이고, 전수두는 3.6 m이다.

E점의 위치수두는 3.6 m, 압력수두는 0 m이고, 전수두는 3.6 m이다.

C점의 전수두는 다음과 같이 계산된다.

B점과 D점의 전수두차 $\Delta h = 3.6$ m이고, $i = \dfrac{\Delta h}{z}$이므로 다음의 관계식이 성립한다.

$$\Delta h = 3.6m = i_1 z_1 + i_2 z_2 = (i_1 \times 1.2 + i_2 \times 0.6) \quad \cdots\cdots \text{①}$$

연속방정식에 의하여 임의의 시간에 흙을 통과하는 유량은 동일하고, Darcy의 법칙이 적용되므로,

$$q = k_1 i_1 A_1 = k_2 i_2 A_2 = 0.4 \times i_1 \times 0.5 = 0.2 \times i_2 \times 0.25$$

$$i_1 = 0.25 \times i_2 \quad \cdots\cdots \text{②}$$

②를 ①에 대입하여 풀면

$$0.25 \times i_2 \times 1.2 + i_2 \times 0.6 = 3.6$$
$$i_2 = 4$$

그러므로 $i_1 = 1,\ i_2 = 4$이다.

C점의 위치수두는 1.2 m, 전수두는 $3.6 - \Delta h_1 = 3.6 - 1 \times 1.2 = 2.4$ m

그러므로 압력수두는 $2.4 - 1.2 = 1.2$ m

위의 결과들은 다음 표와 같고 그림 7.10(b)에 도시되었다.

구분	위치수두(m)	압력수두(m)	전수두(m)
A	0	0	0
B	0.6	−0.6	0
C	1.2	1.2	2.4
D	2.4	1.2	3.6
E	3.6	0	3.6

(2) 침투수량

침투수량은 $q = kiA = 0.4 \times 1 \times 0.5 = 0.2 \times 4 \times 0.25 = 0.2$ m^3/s이다.

7.3.5 물이 흙댐을 침투할 때의 유선망

그림 7.5와 같은 널말뚝 아래 또는 그림 7.9와 같은 콘크리트 댐 아래로 물이 침투하는 경우에는 앞에서 설명한 네 가지 경계조건이 분명히 정해지므로 이들을 근거로 해서 유선망을 쉽게 작도할 수 있다. 그러나 그림 7.11과 같은 흙댐을 통해 물이 통과할 때에는 가장 위에 있는 유선 AD의 경로가 쉽게 정해지지 않는다. 만일, 이 유선이 만족스럽게 정해졌다고 하면 이것을 따르는 경로에서의 압력은 항상 대기압과 같으므로 전수두는 위치수두뿐이다. 그러므로 그림 7.11(b)에서 보는 바와 같이 높이를 따르는 손실수두는 일정하다는 것을 알 수 있다. 이러한 특성을 가지는 유선을 **침윤선**(phreatic line)이라고 한다.

침윤선을 결정하는 방법은 Casagrande와 Kozeny에 의하여 다음과 같이 제안되었다. 먼저 그림 7.11에서 AE=0.3(AG)이 되도록 E점을 정한다. 여기서, G점은 B점에서 연직 방향으로 그은 선이 수면과 일치하는 점이다. C점이 초점이고 D점과 E점을 통하는 포물선을 그린 다음, A점에서 등수두선 AB와 직각으로 교차하여 기본 포물선과 만나도록 AJ와 같이 원활하게 선을 그으면 AJD가 곧 침윤선이 된다.

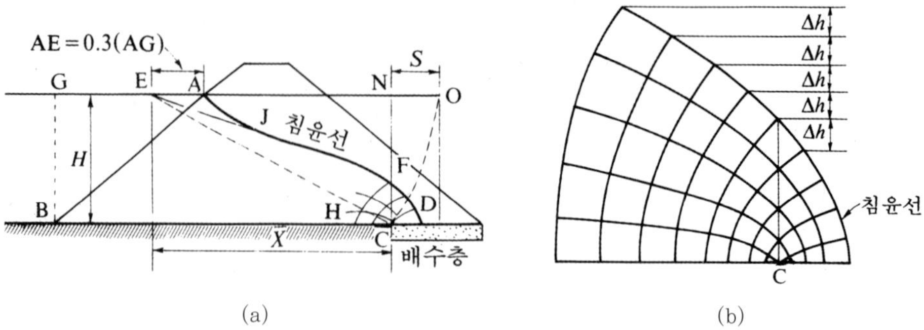

그림 7.11 침윤선과 특성

포물선의 성질을 이해하면 D점과 E점을 통하는 포물선은 쉽게 그릴 수 있다. 그림 7.12에서 초점 C를 원점으로 취하고 초점거리 CK를 S라고 하면, CL=LM이므로

$$\sqrt{x^2+z^2}=x+S \tag{7.22}$$

식 (7.22)를 정리하면,

$$x=\frac{z^2-S^2}{2S} \tag{7.23}$$

이 된다. 그림 7.11(a)에서 상류면의 수심은 H, 초점에서 E까지의 수평 거리를 X라고 하고, 식 (7.22)에 대입하면 다음과 같다.

$$S=\sqrt{X^2+H^2}-X \tag{7.24}$$

또한 포물선의 특성으로부터,

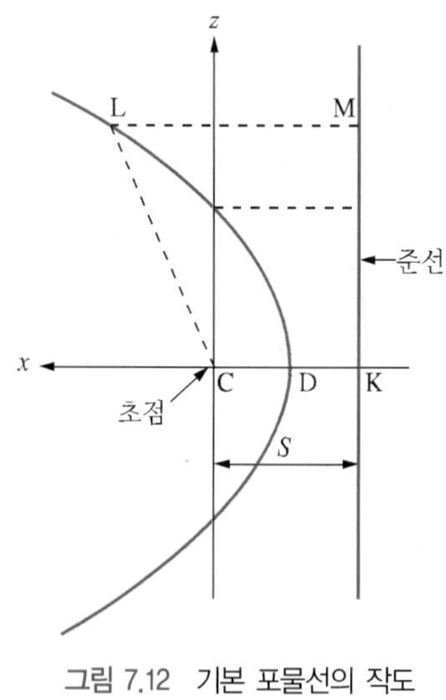

그림 7.12 기본 포물선의 작도

$$\text{CD} = \frac{1}{2}S \tag{7.25}$$

이와 같이 하여 준선과 D점이 결정되면 침윤선은 쉽게 그려진다.

예제 7.5

다음 그림과 같이 필터를 설치하여 만든 흙댐의 100 m 길이당 침투수량을 구하여라. 이 흙댐의 투수계수 $k = 8.5 \times 10^{-4}$ m/s이다.

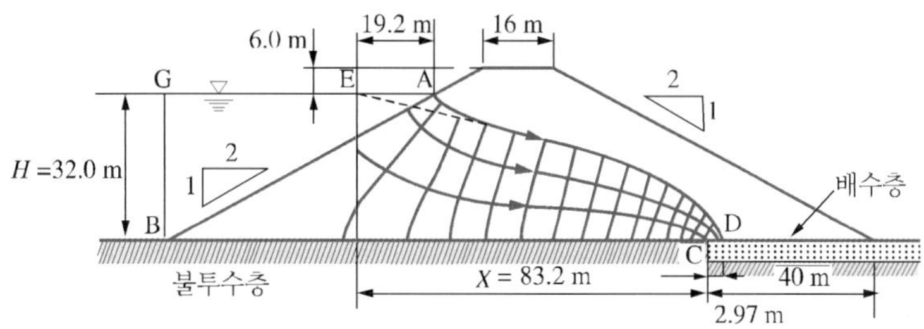

그림 7.13 예제 7.5의 그림

| 풀이 | 침투수량을 구하는 첫 단계로서 먼저 유선망을 그려야 한다. 이 경우에 유선망을 그리는 데 있어서의 경계조건은 다음과 같다.

(i) AB는 등수두선이다.
(ii) BC는 유선이다.
(iii) CD는 등수두선이다. 그러나 D점은 아직 정해지지 않는다.
(iv) AD는 유선이다. 그러나 아직 정해지지 않는다.

침윤선 AD를 결정하기 위해서는 식 (7.22)~(7.25)를 이용하여야 한다. 그림 7.13으로부터

$$\text{AE} = 0.3 \times 64 = 19.2 \text{ m}$$

$$H = 32.0 \text{ m}, \ X = 83.2 \text{ m}$$

$$S = \sqrt{83.2^2 + 32^2} - 83.2 = 5.94 \text{ m}$$

$$\therefore \ \text{CD} = \frac{1}{2}S = \frac{1}{2} \times 5.94 = 2.97 \text{ m}$$

$$\therefore \ x = \frac{z^2 - (5.94)^2}{11.88} \tag{7.26}$$

위의 식은 C점에 초점을 가지는 기본 포물선의 방정식이므로 여러 가지 값을 대입하면 포물선을 그릴 수 있다. 따라서 미지의 경계조건을 알게 되었으므로 유선망을 그리면 그림 7.13과 같다. 이 유선망으로부터 $\Delta h = H = 32.0$ m, $n_d = 16$, $n_f = 3$이므로,

$$Q = k\Delta h \frac{n_f}{n_d} = 8.5 \times 10^{-4} \times 60 \times 60 \times 24 \times 32 \times \frac{3}{16}$$
$$= 440.64 \text{ m}^3/\text{day/m}$$

100 m 길이에 대해서는,

$$Q = 440.6 \times 100 \doteqdot 44{,}000 \text{ m}^3/\text{day}$$

7.4 비등방 및 비균질 토층의 투수계수와 유선망

7.4.1 투수계수와 비등방성과 비균질성

흙이 퇴적되어 자연 지반을 이루었다면 흙 입자의 형상 때문에 대략 평행한 층을 이루면서 퇴적되므로 연직 방향과 수평 방향의 투수계수가 다르다. 다시 말하면, 수평 방향의 투수계수는 연직 방향의 그것보다 일반적으로 더 큰 값을 보이며 비가 10:1 이상인 경우도 있다. 이와 같이, 한 위치에서 방향에 따라 투수계수가 다르다면 이것을 **비등방**(anisotropy)이라고 한다.

또한 두 위치에서 흙의 투수계수가 다를 때, **비균질**(nonhomogeneity)하다고 한다. 흙이 퇴적되는 과정에서 퇴적 환경이 달라졌다면 각 토층의 투수계수는 비균질하다. 엄격히 말하면, 자연 지반의 투수계수는 비등방성이고 비균질성이다. 등방성과 비등방성, 균질성과 비균질성은 그림 7.14를 보면 더욱 쉽게 이해할 수 있을 것이다.

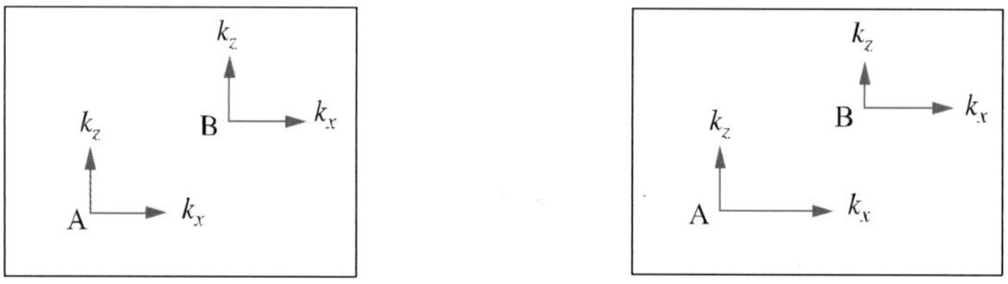

(a) 등방, 균질
$k_x = k_z$, $k_x(\text{A}) = k_x(\text{B})$
$k_z(\text{A}) = k_z(\text{B})$

(b) 비등방, 비균질
$k_x \neq k_z$, $k_x(\text{A}) \neq k_x(\text{B})$
$k_z(\text{A}) \neq k_z(\text{B})$

그림 7.14 투수계수의 등방성과 비등방성 및 균질성과 비균질성

7.4.2 다층 지반의 토층에 대한 등가투수계수

투수계수가 각각 다른 이질의 토층에 대하여 수평 및 연직 방향의 등가투수계수를 구해 두면 여러 가지 계산을 아주 간소화할 수 있다. 그림 7.15에서 각 토층의 투수계수는 등방성이나 토층마다 각각 다른 투수계수를 가지고 있다고 가정한다.

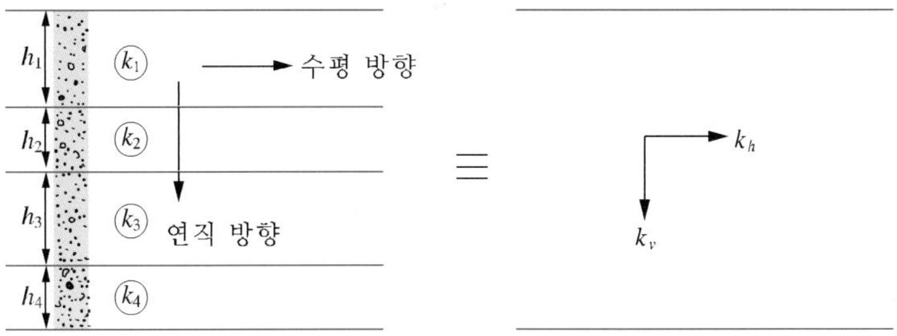

그림 7.15 이질의 토층으로 이루어진 지층에 대한 등가투수계수

이러한 경우에 대한 투수계수를 결정하기 위해서는 각 층으로부터 불교란 시료를 채취하여 각 투수계수를 결정한 후, 다음과 같은 방법으로 등가투수계수를 구하여 침투유량을 산정하여야 한다.

그림 7.15는 이층으로 된 자연 지반을 나타낸 것이다. h_1, h_2, ⋯, h_n을 각 토층의 두께라고 하고, 각 층에 대응하는 투수계수를 각각 k_1, k_2, ⋯, k_n이라고 하자. 그리고 물이 토층에 평행한 방향으로 흐른다고 하면 동수경사는 각 층마다 동일하므로, Darcy의 법칙에 의하여 유출속도 v는 다음과 같이 나타낼 수 있다.

$$v = k_h i = \frac{1}{h}(v_1 h_1 + v_2 h_2 + \cdots + v_n h_n)$$
$$= \frac{1}{h}(k_1 i h_1 + k_2 i h_2 + \cdots + k_n i h_n)$$

여기서, $h = h_1 + h_2 + \cdots + h_n$이다.

이것을 정리하면, 다음 식과 같다.

$$k_h = \frac{1}{h}(k_1 h_1 + k_2 h_2 + \cdots + k_n h_{n)} = \frac{1}{h}\sum_{j=1}^{n}(k_j h_j) \tag{7.27}$$

여기서, k_h는 수평 방향의 등가투수계수이다.

만일, 토층에 직각 방향으로 물이 흐른다고 하면 각 층을 통해 흐른 침투유량은 동일하나 동수경사는 각 층마다 다르다는 것을 쉽게 알 수 있다. 지금 각 층의 동수경사를 각각 i_1, i_2, ⋯, i_n이라고 하고, 전 토층의 두께를 h, 전수두 손실을 Δh라고 하면,

$$v = k_v \frac{\Delta h}{h} = k_1 i_1 = k_2 i_2 \cdots = k_n i_n \tag{7.28}$$

즉,
$$v = k_1 \frac{\Delta h_1}{h_1} = k_2 \frac{\Delta h_2}{h_2} \ldots = k_n \frac{\Delta h_n}{h_n}$$

따라서,
$$\Delta h_1 = v \frac{h_1}{k_1}$$

마찬가지로, $$\Delta h_2 = v\frac{h_2}{k_2}$$

$$\vdots$$

$$\Delta h_n = v\frac{h_n}{k_n}$$

전수두 손실은

$$\Delta h = \Delta h_1 + \Delta h_2 + \cdots + \Delta h_n = \frac{vh_1}{k_1} + \frac{vh_2}{k_2} + \cdots + \frac{vh_n}{k_n} \tag{7.29}$$

식 (7.28)에서 $k_v = \frac{h}{\Delta h}v$이므로 이 식의 Δh 대신 식 (7.29)를 대입하고 정리하면,

$$k_v = \frac{h}{\frac{h_1}{k_1} + \frac{h_2}{k_2} + \cdots + \frac{h_n}{k_n}} = \frac{h}{\sum_{j=1}^{n}\left(\frac{h_j}{k_j}\right)} \tag{7.30}$$

여기서, k_v는 연직 방향의 등가투수계수이다.

7.4.3 비등방성 토질의 유선망 작도

자연적으로 퇴적되는 토층에서는 연직 방향보다는 수평 방향의 투수량이 더 큰 경향이 있다. 일반적으로 수평 방향의 투수계수 k_x는 연직 방향의 투수계수 k_z보다도 10배 정도 크다고 하며, 특히 점성토일수록 이러한 경향이 심하다.

만일 $k_x \neq k_z$라고 하면, 식 (7.17)로부터 다음과 같은 식이 유도된다.

$$k_x \frac{\partial^2 h}{\partial x^2} + k_z \frac{\partial^2 h}{\partial z^2} = 0 \tag{7.31}$$

따라서 이 식은 Laplace 방정식이 아니다. 위의 식을 고쳐 쓰면,

$$\frac{\partial^2 h}{\left(\frac{k_z}{k_x}\right)\partial x^2} + \frac{\partial^2 h}{\partial z^2} = 0 \tag{7.32}$$

x_t를 x 방향으로 측정한 새로운 좌표라고 생각하고, 식 (7.32)를 Laplace 방정식의 형식으로 고칠 수 있다. 그러면,

$$\frac{\partial^2 h}{\partial x_t^2} + \frac{\partial^2 h}{\partial z^2} = 0 \tag{7.33}$$

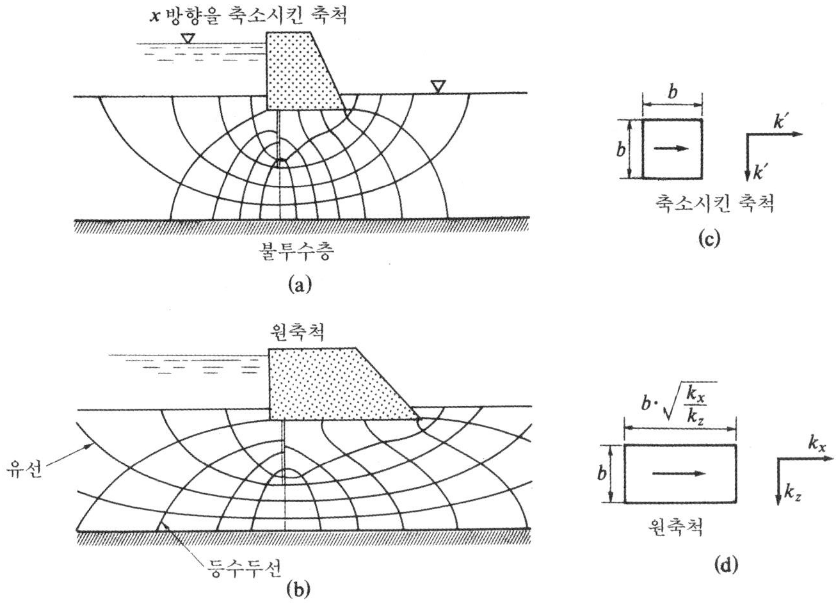

그림 7.16 토질이 비등방성일 때 유선망의 작도법

여기서,

$$x_t = \sqrt{\frac{k_z}{k_x}}\, x \tag{7.34}$$

로 표시된다. 따라서 x_t와 z의 좌표를 써서 유선망을 그린다면 등방성인 경우와 같은 방법으로 적용될 수 있을 것이다. 즉, x 방향의 치수는 $\sqrt{(k_z/k_x)}$를 곱하여 축소시킨 축척(縮尺)을 이용해서 유선망을 작도한다[그림 7.16(a) 참조]. 이와 같이 그린 유선망을 원축척으로 환원하면 그림 7.16(b)에 나타낸 바와 같으므로 유선과 등수두선은 전처럼 직교하지 않는다.

유선망을 그린 다음에는 식 (7.20)을 이용해서 침투수량을 구한다. 이때 이용하는 투수계수는 등가투수계수 k'을 사용하여야 한다.

x 방향의 침투만을 고려한다면 그림 7.16(c)의 축소시킨 축척으로 그린 그림에서,

$$Q_x = k'\frac{\Delta h}{b}b$$

이고, 원축척으로 그린 그림 7.16(d)에서는,

$$Q_x = k_x \frac{\Delta h}{b\sqrt{\dfrac{k_x}{k_z}}}\, b$$

이다. 이 두 식에서 구한 침투유량은 동일하므로 등식으로 놓고 풀면,

$$k' = k_x\sqrt{\frac{k_z}{k_x}} = \sqrt{k_x k_z} \tag{7.35}$$

가 된다.

예제 7.6

그림 7.16에서 k_x =4.0 mm/s, k_z =1.0 mm/s라고 할 때, 침투수량을 구하여라. 단, 상류면과 하류면의 수두차는 15.0 m이다.

| 풀이 |

$$x_t = \sqrt{\frac{1}{4}}x = \frac{1}{2}x$$

x 축척을 반으로 줄여 유선망을 그리면 그림 7.16(a)와 같고, 이것을 원축척으로 환원하면 그림 7.16(b)와 같다. 식 (7.35)로부터,

$$k' = \sqrt{1.0\times4.0} = \sqrt{4.0} = 2.0\ \text{mm/s} = 2.0\times10^{-3}\ \text{m/s}$$

$$\therefore\ Q = k'\Delta h\frac{n_f}{n_d} = 2.0\times10^{-3}\times60^2\times24\times15\times\frac{5}{12}$$

$$= 1{,}080\ \text{m}^3/\text{day/m}$$

7.4.4 비균질 토층으로 물이 통과할 때의 유선망

흙댐과 같은 토질 구조물을 만들 때에는 한 가지의 균질한 흙만을 사용하는 경우는 드물다. 누수를 감소시키기 위하여 댐 중심부에 점토 심벽을 만들기도 하고, 세굴을 방지할 목적으로 댐 하류측에 상당한 두께의 필터를 두기도 한다.

투수계수가 각각 k_1, k_2인 두 가지 다른 토층의 경계면 AB에 수직으로 물이 흐르는 경우를 생각해 보자(그림 7.17 참조). 두 유선 사이의 침투수량은 항상 같으므로,

$$Q = k_1 i_1 A_1 = k_2 i_2 A_2 \tag{7.36}$$

여기서, 첨자 1과 2를 붙인 문자 k, i, A는 각각 1구역과 2구역의 투수계수, 동수경사 및 단면적을 의미한다.

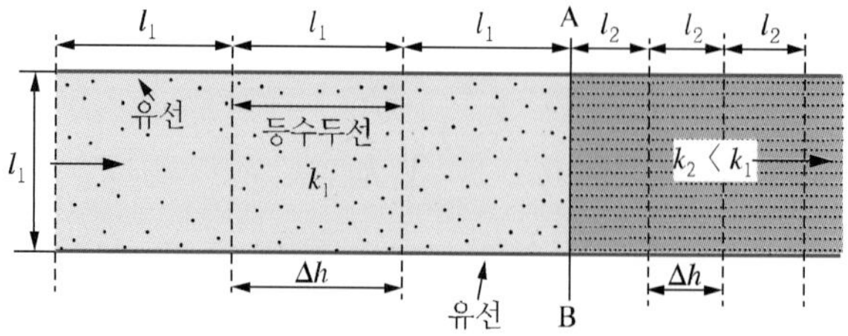

그림 7.17 두 토층의 경계면에 직각으로 물이 흐를 때의 유선망

두 인접한 등수두선 사이의 손실수두를 Δh라고 하면,

$$i_1 = \Delta h / l_1,\ i_2 = \Delta h / l_2,\ A_1 = A_2 = l_1 \times 1 \tag{7.37}$$

$$\therefore\ k_1 \frac{\Delta h}{l_1} l_1 = k_2 \frac{\Delta h}{l_2} l_1$$

$$\frac{l_2}{l_1} = \frac{k_2}{k_1}$$

즉, 투수계수가 다른 지층을 물이 통과하면 처음에는 정사각형이던 유선망이 직사각형이 되며 직사각형의 양변의 비는 투수계수의 비와 같다.

그림 7.18에 나타낸 바와 같이 만약 유선이 두 토층의 경계면 AB의 법선과 α의 각도로 유입하는 경우를 생각해 보자. 이때 이 유선은 제2구역에서 법선과 β의 각도로 유출한다고 가정한다. 그림에서,

$$Q = k_1 \frac{\Delta h}{\mathrm{CA}} b_1 = k_2 \frac{\Delta h}{\mathrm{BD}} b_2$$

$$k_1 \frac{\Delta h}{\mathrm{CA}} b_1 = k_2 \frac{\Delta h}{\mathrm{BD}} b_2$$

$$\frac{\mathrm{CA}}{b_1} = \tan\alpha,\ \ \frac{\mathrm{BD}}{b_2} = \tan\beta$$

$$\therefore\ \frac{k_1}{\tan\alpha} = \frac{k_2}{\tan\beta} \tag{7.38}$$

따라서 제1구역에서의 유선이 경계면의 유선과 α만큼 경사지어 유입되면, 제2구역에서의 유출각 β는 식 (7.38)에 의하여 구해진다.

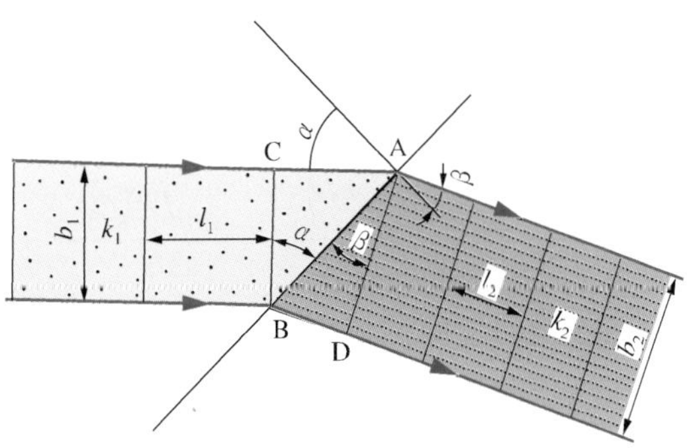

그림 7.18 두 토층의 경계면에 경사지게 물이 흐를 때의 유선망

7.5 파이핑 현상

침투수압이 상향으로 되어 유효응력이 0이 된다면 모래 지반에서는 분사현상이 발생된다는 것을 이미 6장에서 설명하였다. 이와 같은 동일한 현상이 자연 지반에 놓인 수리 구조물의 뒷굽이나 또는 널말뚝의 하류면 쪽에서 이따금 일어난다. 그림 7.19에 나타낸 바와 같이 뒷굽에서의 동수경사가 어느 한계를 넘으면 유수에 의해 지표면의 흙이 침식되고, 이로 인해 유로가 더 짧아지기 때문에 동수경사가 점점 더 커져서 유로를 따라 마치 파이프처럼 공동이 생긴다. 이와 같은 현상을 **파이핑**(piping)이라고 한다.

유선의 출구에서의 동수경사는 앞에서 설명한 바와 같은 유선망을 그려서 설명할 수 있다. 유선망은 수리 구조물의 뒷굽의 유선 출구에서 가장 촘촘하게 그려지므로 동수경사는 이 부근이 가장 크다. 따라서 파이핑은 이곳에서부터 국부적으로 일어나기 시작한다.

파이핑이 일단 시작되면 상당한 거리까지 계속해서 진행되므로 무서운 재난을 가져올 수도 있다.

물이 수평 방향으로 흙댐 또는 방조제의 하류 경사면을 침투할 때에도 누수로 인해 파이핑이 발생할 수 있다(Sherald, et. al., 1963). 누수의 원인은 필터층이 잘못 설계되었거나 제방 축조 시 시공 관리를 잘못하여 다짐이 불충분하거나, 제체 내에 누수 경로가 존재할 때 등이다.

침투가 상향으로 발생할 때 파이핑에 대한 검토를 하려면 어느 평면에 대하여 상향의 침투력과 하향의 흙의 무게를 비교하여야 한다. 그림 7.20은 널말뚝에 대한 이의 검토 방법을 나타낸 것인데, 널말뚝의 축방향 단위 길이에 대하여 깊이 D와 폭 $D/2$인 프리즘의 침투수력은,

$$J = \frac{\Delta h_{\text{ave}}}{D}\gamma_w\left(\frac{1}{2}D^2\right) = \frac{1}{2}\gamma_w D\,\Delta h_{\text{ave}} \tag{7.39}$$

이고, 이 프리즘의 전 유효하중은,

$$W = \frac{1}{2}\gamma_{\text{sub}}D^2 \tag{7.40}$$

이므로 파이핑에 대한 안전율은,

$$F_s = \frac{W}{J} = \frac{\frac{1}{2}\gamma_{\text{sub}}D^2}{\frac{1}{2}\gamma_w D\Delta h_{\text{ave}}} = \frac{D\gamma_{\text{sub}}}{\Delta h_{\text{ave}}\gamma_w} \tag{7.41}$$

로 계산할 수 있다.

위의 식에서 Δh_{ave}는 프리즘의 바닥에서 지표면까지의 평균 수두손실이며, 유선망을 그려 결정할 수 있다.

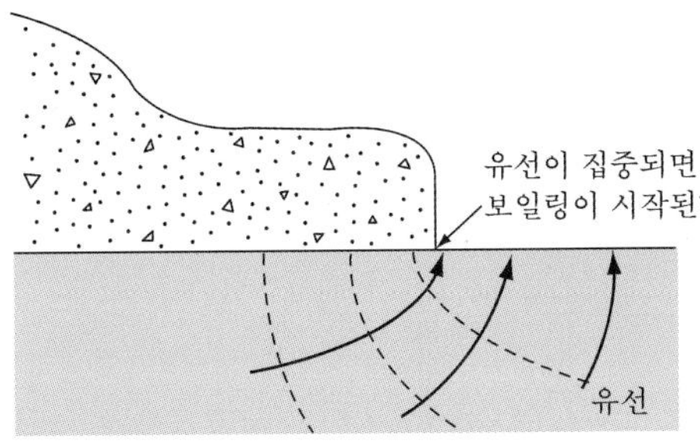

(a) 댐 뒷굽에서의 파이핑의 초기조건

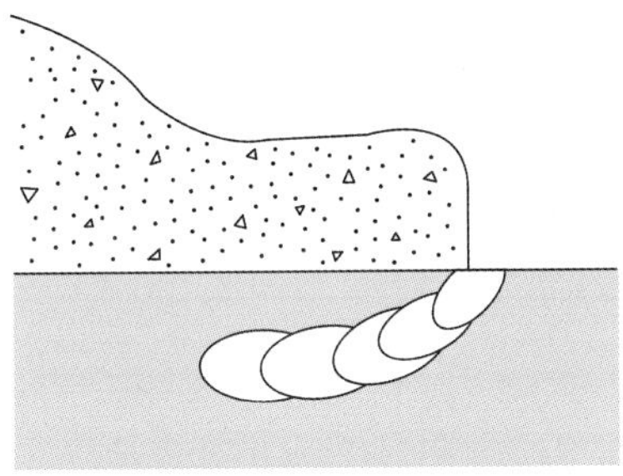
(b) 상향으로 진전되는 파이핑 현상

그림 7.19 파이핑 현상

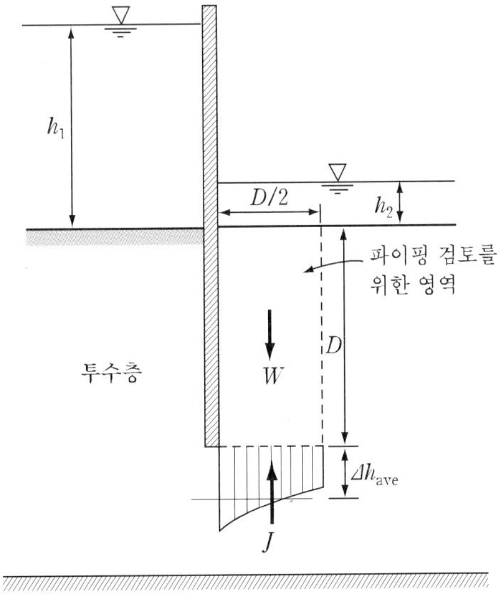

그림 7.20 널말뚝에 대해 파이핑을 검토하는 방법

예제 7.7

그림 7.21에 나타낸 널말뚝의 파이핑에 대한 안전율을 구하여라. 이 흙의 전체 단위중량은 16.0 kN/m^{3}이다.

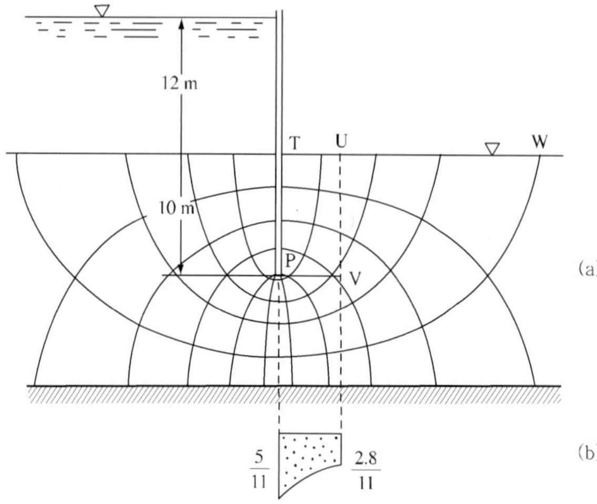

그림 7.21 예제 7.7의 그림

| 풀이 | P점과 P점에서 가로 방향으로 ½TP되는 점(V점)에서 유출면까지의 손실수두는 유선망으로부터 각각 (5/11)Δh와 (2.8/11)Δh로 구해진다. 여기서, Δh는 전 손실수두이다.
평균 손실수두,

$$\Delta h_{\text{ave}} = (5/11 + 2.8/11) \times \frac{1}{2} \times \Delta h$$
$$= 3.9/11 \times 12 = 4.25 \text{ m}$$
$$i_{\text{ave}} = \frac{4.25}{10} = 0.425$$

길이 방향으로 단위폭을 생각하면 침투수압을 받는 체적은,

$$V = 5 \times 10 \times 1 = 50 \text{ m}^3$$

따라서 전 침투력은,

$$J = i\gamma_w V = 0.425 \times 9.8 \times 50 = 208.3 \text{ kN}$$

전 유효하중,

$$W = 50 \times (16.0 - 9.8) = 310.0 \text{ kN}$$
$$F_s = \frac{310.0}{208.3} = 1.49$$

7.6 필터

침투수로 인한 흙의 유실을 방지하면서 빨리 배수시킬 목적으로 설치하는 배수층을 필터라고 한다. 흙 속을 통하는 물이 가는 입자로부터 갑자기 굵은 입자의 흙덩이를 통과한다면 작은 입자가 유실될 수도 있고, 반대로 가는 입자 쪽으로 물이 통과한다면 간극수압이 유발될 수도 있다. 따라서 이 사이에 적절한 입경의 배수층을 설치하면 이러한 문제를 해소할 수 있을 것이다. 필터는 흙댐의 심벽 양쪽과 하류 경사면 또는 옹벽의 배수 구멍 주위에 많이 설치된다. 필터는 다음의 상반되는 요구조건이 만족되지 않으면 안 된다.

(1) 간극의 크기가 충분히 작아 인접해 있는 흙의 유실을 막을 수 있어야 한다.

(2) 간극이 충분히 커서 필터로 들어온 물이 빨리 빠져나가야 한다.

필터는 흙의 입경을 근거로 설계되며 기준은 다음과 같다(NAVFAC, 1971).

$$\frac{(D_{15})_f}{(D_{85})_s} < 5 \tag{7.42}$$

$$4 < \frac{(D_{15})_f}{(D_{15})_s} < 20 \tag{7.43}$$

$$\frac{(D_{50})_f}{(D_{50})_s} < 25 \tag{7.44}$$

여기서, D_{15}, D_{50}, D_{85}는 각각 가적 통과율 15%, 50%, 85%일 때의 입경을 의미하며, 첨자 f는 필터, s는 필터에 인접해 있는 흙을 표시한다.

위의 식 (7.42)와 (7.44)는 (1)의 조건을 만족한다. 식 (7.43)의 기준은 (1)과 (2)의 조건을 동시에 만족시킨다. NAVFAC(1971)은 다음의 기준도 추가로 제시하고 있다.

(1) 파이프에 구멍을 뚫어 주위의 흙으로부터 침투되는 물을 배제시키고자 할 때에는 흙과 배수공 사이에 두는 필터 재료는 다음의 기준이 만족되어야 한다.

$$\frac{(D_{85})_f}{\text{배수 슬롯(slot)의 폭}} > 1.2 \sim 1.4 \tag{7.45}$$

$$\frac{(D_{85})_f}{\text{배수공 지름}} > 1.0 \sim 1.2 \tag{7.46}$$

(2) 입자 분리를 피하기 위해서 필터는 75 mm 이상의 치수를 포함해서는 안 된다.

(3) 가는 입자가 내부에서 이동하는 것을 방지하기 위해서는 필터 재료는 No. 200체 통과율이 5% 이상 되어서는 안 된다.

예제 7.8

그림 7.22에 나타낸 바와 같이, 옹벽의 물구멍과 뒤채움 사이에 필터를 설치하려고 한다. 뒤채움 흙에 대한 입도분포곡선은 그림 7.23과 같다. 필터 재료의 입도분포 범위를 결정하여라(Das, 1984).

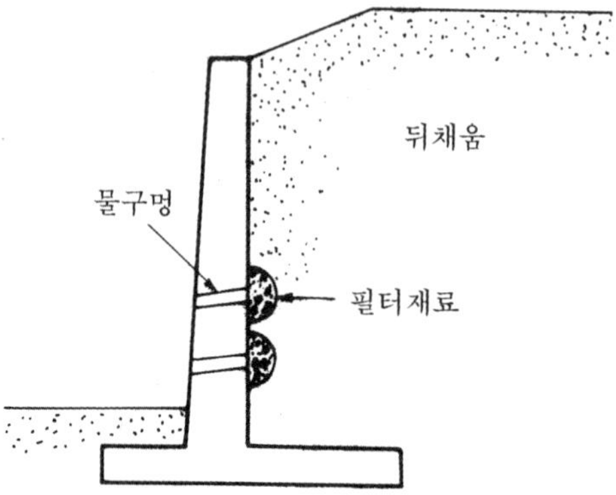

그림 7.22 옹벽의 물구멍 뒤에 놓인 필터

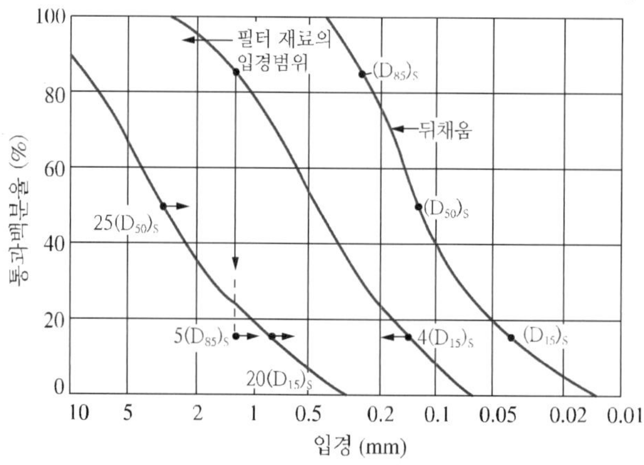

그림 7.23 뒤채움과 필터의 입도분포곡선

| 풀이 | 그림 7.23의 뒤채움 흙에 대한 입도분포곡선으로부터 다음 값이 결정된다.

$$(D_{15})_s = 0.04 \text{ mm}$$
$$(D_{50})_s = 0.13 \text{ mm}$$
$$(D_{85})_s = 0.25 \text{ mm}$$

식 (7.42), (7.43) 및 (7.44)의 기준을 적용하면 다음과 같다.

$(D_{15})_f$는 $5(D_{85})_s = 5 \times 0.25 = 1.25$ mm보다 가늘어야 한다.

$(D_{15})_f$는 $4(D_{15})_s = 4 \times 0.04 = 0.16$ mm보다 굵어야 한다.

$(D_{15})_f$는 $20(D_{15})_s = 20 \times 0.04 = 0.8$ mm보다 가늘어야 한다.
$(D_{50})_f$는 $25(D_{50})_s = 25 \times 0.13 = 3.25$ mm보다 가늘어야 한다.

그림 7.23은 위에서 결정한 입경의 범위를 그림으로 나타낸 것이다.

연습문제-7장

7.1 간극비가 0.6인 모래시료의 정수두 투수시험 결과, 투수계수가 0.0005 m/s였다. 같은 종류의 모래 시료로서 간극비가 0.3인 경우의 투수계수는 대략 얼마이겠는가?

7.2 깨끗한 모래에 대해 변수두 투수시험을 행하였다. 최초의 수두는 1,200 mm이고 최종 수두는 600 mm였는데, 이와 같이 수두가 감소하는 데 60초가 걸렸다. 스탠드 파이프의 단면적은 100 mm^2이고 시료의 크기는 지름 40 mm, 길이 180 mm였다. 이 흙의 투수계수를 결정하여라.

7.3 정수두 투수시험을 행하였다. 200 mm의 수두차로 흙 속을 통과한 물은 2분 동안에 2.6×10^5 mm^3였다. 시료의 지름은 40 mm이고 길이는 100 mm라고 할 때 이 흙의 투수계수는 얼마인가?

7.4 그림 7.24는 여러 가지 다른 투수계수를 가지는 지층 단면을 나타낸 것이다. 각 층의 수평 및 연직 방향의 투수계수는 동일하다고 가정하고 지층 전체의 수평 방향 및 연직 방향의 등가투수계수를 계산하여라.

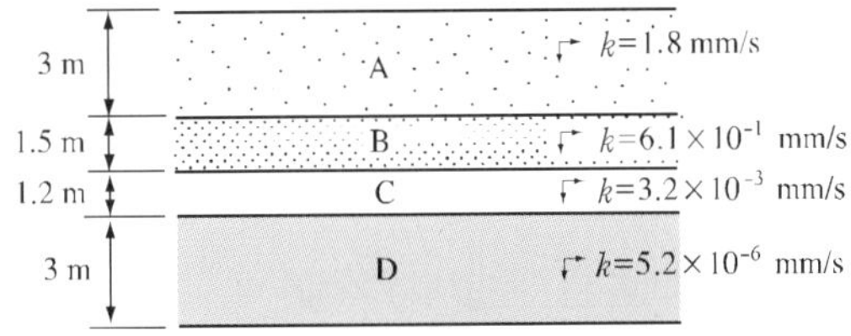

그림 7.24 문제 7.4의 그림

7.5 그림 7.25의 모래를 담은 관은 1 m × 1 m의 단면을 가지고 있다.
(a) 모래 시료 양단에서의 전수두, 위치수두, 압력수두를 구하고 이로부터 양단 사이의 수두차를 결정하라.
(b) 유선망을 그려라.
(c) 이 유선망으로부터 침투수량을 구하여라.

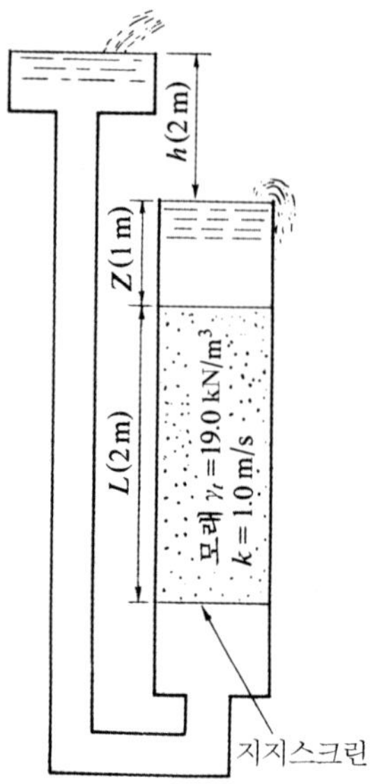

그림 7.25 문제 7.5의 그림

7.6 그림 7.26과 같이 포화단위중량이 17.0 kN/m^{3}이고, 투수계수가 0.8×10^{-4} m/s인 지반에 널말뚝 벽이 설치되어 있을 때, 다음을 답하여라[기준면: 토층 상면(AB면)].

(a) 단위길이당 침투수량

(b) 점 ⓐ, ⓑ, ⓒ에서의 각각의 간극수압

(c) 파이핑에 대한 안전율

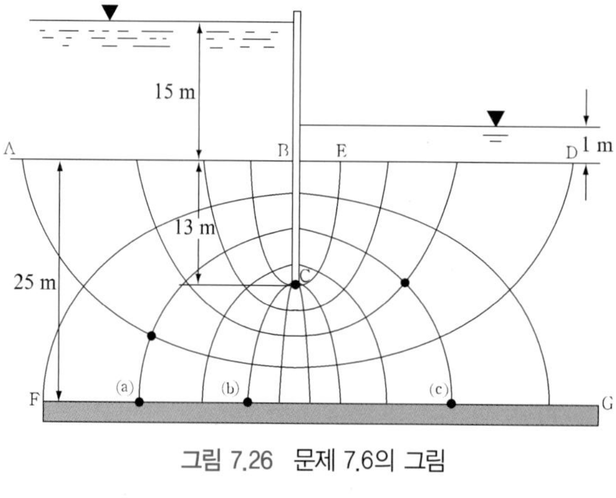

그림 7.26 문제 7.6의 그림

7.7 그림 7.27은 연직 및 수평 방향의 투수계수가 각각 10×10^{-5} m/s와 6×10^{-2} m/s인 지층을 가지는 댐 단면을 축소시킨 축척으로 그린 유선망을 나타낸 것이다.

(a) 원축척으로 재작도하고 유선망을 그려라.

(b) 댐의 바닥을 따라 양압력의 분포도를 그려라.

(c) 차수벽 선단점과 그 점 바로 아래 암반선에서의 압력수두, 위치수두 및 전수두를 결정하여라.

(d) 댐 길이 100 m당의 침투수량을 구하여라.

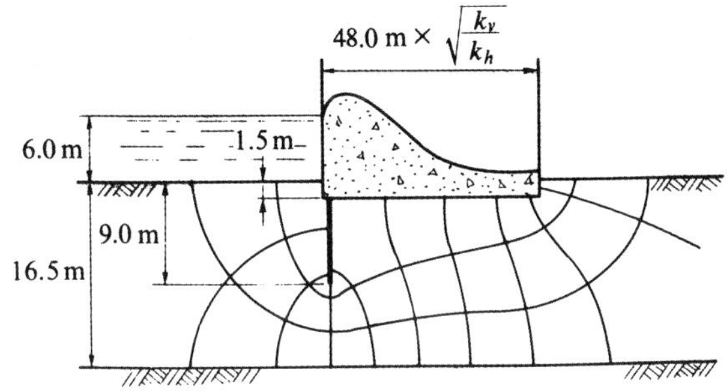

그림 7.27 문제 7.7의 그림

참고문헌

Das. B. M. (1984). *Principles of foundation engineering.* Monterey, California: Brooks/Cole Engineering Division.

Lambe, T. W. and Whitman, R. V. (1969). *Soil mechanics.* New York: John Wiley & Sons.

Mitchell, J. K., Campanella, R. G., and Singh, A. (1965). Soil creep as a rate process. *Soil Mech Found Eng Div.*, ASCE, **94**, No. SM1, 231-253.

NAVFAC (1971). *Design Manual - Soil Mechanics, Foundations, and Earth structures, NAVFAC DM*-7, U.S. Department of the Navy, Washington D.C.

Sherard, J. L., Woodward, R. J., Gizienski, S. G., and Clevenger, W. A. (1963). *Earth and earth rock dams.* New York: John Wiley & Sons.

Terzaghi, K. and Peck, R. B. (1967). *Soil mechanics in engineering practice.* 2nd ed, New York: John Wiley & Sons.

Taylor, D. W. (1948). *Fundamentals of soil mechanics.* New York: John Wiley & Sons.

CHAPTER 8

흙의 압축과 압밀이론

8.1 개 설

일반적으로 모든 흙은 압축성 물질이다. 즉, 흙이 하중을 받으면 체적이 감소한다. 공학적으로 보면 흙 입자와 물은 비압축성이므로 이러한 체적의 감소는 흙 입자 사이의 간극을 차지하고 있는 공기가 압축되거나 또는 간극 속에서 물이 빠져나가기 때문이라고 할 수 있다. 만일 흙이 하중을 받기 전부터 물로 완전히 포화되어 있었다면, 압축이 일어나기 전에 먼저 물이 빠져나가야 한다. 이때의 압축속도는 물이 얼마나 빨리 빠져나갈 수 있느냐에 달려 있다.

그림 8.1은 모래와 점토의 압축곡선이다. 이 두 곡선에 근본적으로 차이가 생기는 것은 모래와 점토의 간극비와 투수계수가 각각 다르기 때문이다. 모래는 점토에 비해 간극비가 작으므로 압축률이 작을 뿐만 아니라, 투수계수가 커서 물이 순간적으로 빠져나가기 때문에 압축이 빨리 끝난다. 실제로 모래 지반에서는 하중을 가하는 시간, 즉 건설 도중에 침하는 거의 모두 일어난

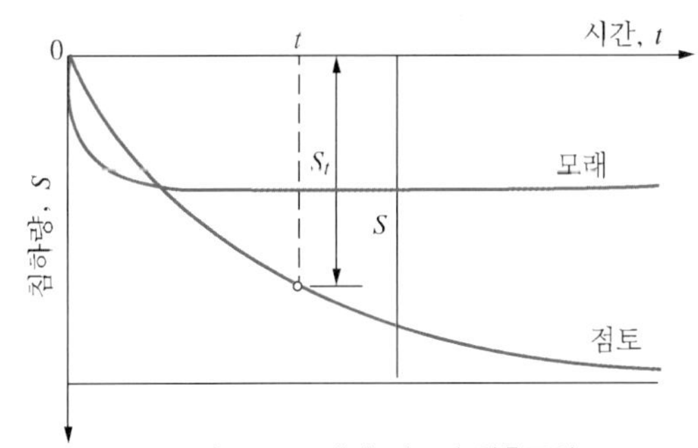

그림 8.1 모래와 점토의 압축곡선

다. 느슨한 모래 지반은 간극비가 크므로 침하량이 비교적 클 수 있다. 이러한 지반에 대해서는 진동을 가하면 잘 다져져서 침하량을 미리 줄일 수 있다.

반면, 점토는 오랜 기간에 걸쳐 압축될 뿐만 아니라, 침하량은 모래에 비하여 대단히 크다. 이것은 점토의 간극비가 크고 투수계수가 매우 작기 때문이다.

위에서 언급한 바와 같이, 사질토의 침하는 점토에 비해 대단히 작고 거의 순간적이기 때문에 일반적인 구조물에서는 별로 문제 삼지 않는다. 그러나 이것을 특별히 고려하여야 할 중요한 구조물에 대해서는 탄성론으로부터 유도된 공식에 의해 침하량을 산정할 수 있다(14장 참조).

이 장에서는 점토에 관련되는 압축 문제만을 취급하기로 하고 사질토에 대해서는 기초의 침하와 관련시켜 14장에서 자세히 언급한다.

8.2 압밀의 원리

완전히 포화되어 있거나 또는 부분적으로 포화되어 있는 흙에 하중이 가해지면, 하중으로 인해 간극수압이 발생한다. 이것을 **과잉간극수압**(excess pore water pressure)이라고 하는데, 이 수압으로 인하여 어느 두 점 사이에 수두차가 생기면 물이 흙 속을 흐를 수 있다. 7장에서 언급한 바와 같이, 물이 흙 속을 통하여 흘러간다면 물이 흐르는 속도는 투수계수에 의존하며, 투수계수가 작은 점토에서는 물의 흐림이 대단히 느리다. 이와 같이, 오랜 시간에 걸쳐 흙 속에서 물이 흘러나가면서 흙이 천천히 압축되는 현상을 **압밀**(consolidation)이라고 한다.

압밀은 점토층에 응력이 증가하였을 때 발생한다. 응력은 자중에 의하여 변화할 수 있지만 주로 외부하중의 변화에 의하여 일어난다. 그림 8.2(a)에서 보여지듯이, 지표에 상재하중 q가 작용하였을 때 그로 인하여 점토층에는 연직응력이 $\Delta\sigma$만큼 증가하였다. 광활한 지역에 연직응력이 등분포로 증가하면 전단응력이나 횡변위가 일어나지 않고 1차원적인 침하가 일어난다. 8장에서는 이러한 경우에 한하여 주로 기술할 것이다.

그림 8.2(b)에서 압밀이 일어나는 과정을 개념적으로 설명한다. 먼저, 일시에 발생한 상재하중에 의하여 임의의 깊이에서 연직응력 변동이 오랜 기간 발생한다고 가정한다. 초기에는 연직응력의 증분이 모두 과잉간극수압으로 전달되고, 시간이 지남에 따라 소산된다. 그만큼 유효응력으로 전달되어 최종적으로 연직응력 증분이 전부 유효응력을 증가시킨다. 이러한 과정에서 시간에 따라 간극비가 점점 줄어들고 흙은 압축되어, 지표에서는 침하가 심하게 발생하게 된다.

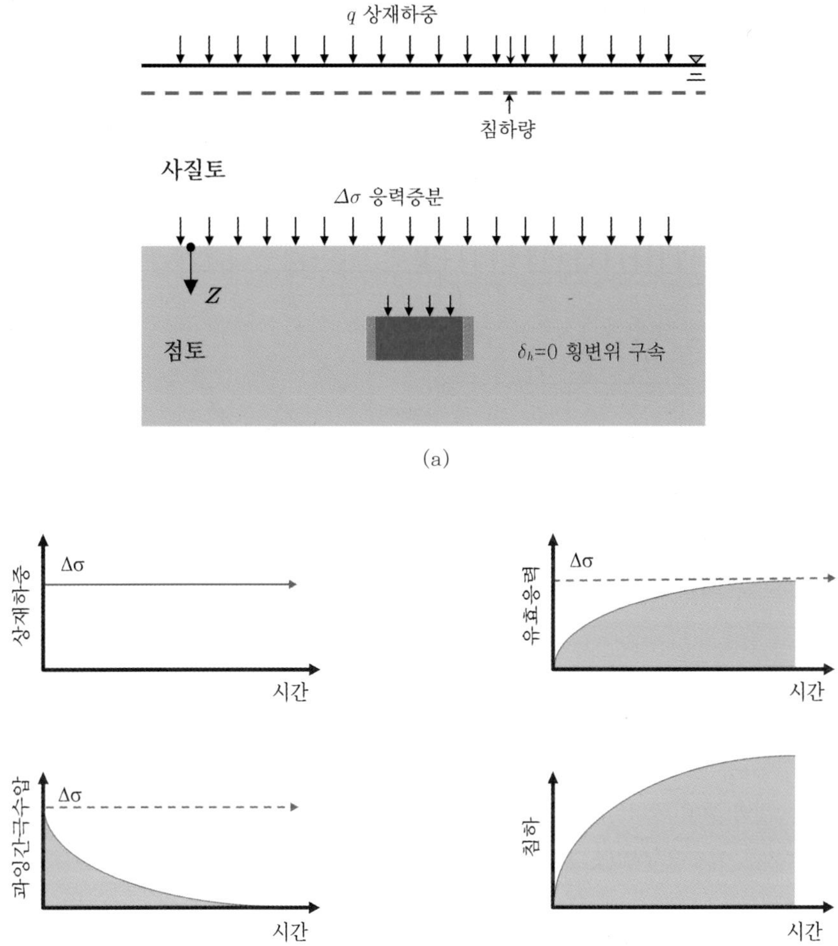

(b)

그림 8.2 압밀의 개념과 과정

점토층에서 압밀의 과정과 압밀에 영향을 미치는 요소는 Terzaghi의 모델로 잘 설명될 수 있다. 그림 8.3은 얇은 판자에 작은 구멍을 뚫고 스프링을 달아서 몇 겹으로 쌓은 그림을 나타낸 것이다.

스프링 사이의 공간은 물로 완전히 포화되어 있다. 가장 상단에 있는 판에 응력 증분 $\Delta\sigma$를 작용시켰다고 생각해 보자. 처음에 이 구멍으로부터 물이 전혀 빠져나가지 못하도록 구멍을 막았다고 하면 스프링은 압축되지 않으므로 모든 응력은 물이 받는다. 따라서 이때의 초기 과잉간극수압은 처음에 가해진 응력과 같으며,

$$u_e = \Delta\sigma = \gamma_w h \tag{8.1}$$

이다. 여기서, u_e: 과잉간극수압

$\Delta\sigma$: 응력 증분

h: 피조미터에 나타난 수주 높이

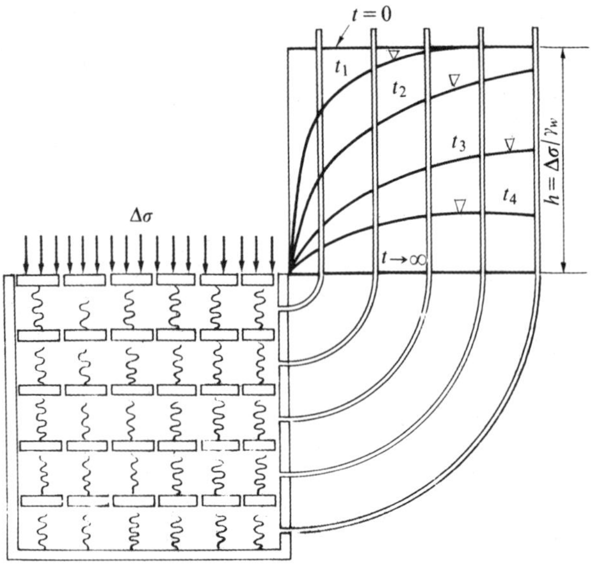

그림 8.3 Terzaghi의 모델

만일 구멍을 개방한다면, 물은 가장 상단에 있는 구멍을 통해 빠져나갈 수 있지만, 가장 아래에 있는 스프링은 아무런 변화가 없을 것이다. 상단에서는 물이 일부분 빠져나갔기 때문에 스프링이 압축을 받는다. 이러한 현상은 스프링이 가해진 응력의 일부를 부담하고, 간극수압은 그만큼 감소된다는 것을 의미한다. 이 단계에서 각 피조미터 튜브에 나타나 있는 수위는 t_1으로 나타낸 곡선을 보이며, 이것을 **아이소크론**(isochrone)이라고 한다. 시간이 t_2만큼 지난 다음에는 아이소크론은 t_2 곡선이 되며, 오랜 시간이 경과하고 난 다음에는 모든 곳에서 과잉간극수압은 0이 된다. 이때 외부에서 가해진 응력은 모두 스프링이 부담하며, 또 이때 스프링은 최대로 압축된다.

위의 모델에서는 물이 완전히 빠져나가는 시간은 전적으로 판자에 뚫린 구멍의 크기에 의존한다는 것이 분명하다. 더욱이 스프링이 대단히 유연하다면 동일한 응력하에서도 물이 빠져나가는 양은 더 많을 것이다.

점토층이 응력을 받을 때에는 가해진 응력은 처음에는 전적으로 간극수압이 부담하며, 간극수압의 증가에도 불구하고 흙은 압축되지 않는다. 그러나 시간이 지남에 따라 물은 점차 간극으로부터 빠져나가므로 흙 골격은 모델의 스프링처럼 압축된다. 이와 같이 흙의 압축은 과잉간극수압이 완전히 소실될 때까지 계속된다.

점토층이 응력을 받을 때의 압밀과정은 위에서 설명한 Terzaghi의 모델과 흡사하다. 그림의 모델에서 스프링은 포화된 흙의 골격을, 스프링의 반력은 흙의 유효응력을, 모델의 물은 흙의 간극을 채우고 있는 물을, 판자의 구멍은 흙의 투수계수를, 스프링의 압축성은 흙의 압축성을 각각 의미한다. 따라서 흙은 압축성이 클수록 완전히 압밀할 때까지 시간이 많이 소요되며, 흙의 투수계수가 클수록 압밀속도는 빠르다.

8.3 Terzaghi의 1차원 압밀이론

8.3.1 1차 압밀의 기본 미분방정식

Terzaghi는 압밀이론(Terzaghi, 1943)을 유도하는 데 있어서 다음과 같은 가정을 설정하였다.

1. 흙은 균질하고 완전히 포화되어 있다.
2. 흙 입자와 물의 압축성은 무시한다.
3. 흙 속의 물의 이동은 Darcy의 법칙을 따르며, 투수계수는 일정하다.
4. 압축 토층은 횡적으로 변위되지 못하도록 구속되어 있다.
5. 유효응력이 증가하면 압축 토층의 간극비는 유효응력의 증가에 반비례해서 감소한다.

치수가 $dx \times dz \times 1$인 압축 토층의 한 요소를 생각해 보자(그림 7.6 참조). 물이 연직 방향으로만 흐른다고 할 때, Darcy의 법칙에 의하여 물이 흙 속을 흐르는 속도는 $v = ki$이고, 동수경사 i는 $-\partial h/\partial z$이다. 여기서, ∂h는 이 요소의 상하면 사이의 수두차이고 음의 기호는 수두의 감소를 의미한다.

이 요소에 유입되는 유량과 유출되는 유량의 차이는 식 (8.2)와 같이 표현한다.

$$\begin{aligned}\Delta q &= -\left(v_z + \frac{\partial v_z}{\partial z}dz\right)dx + v_z\,dx \\ &= -\frac{\partial v_z}{\partial z}\,dx\,dz \\ &= k\frac{\partial^2 h}{\partial z^2}\,dx\,dz \qquad (8.2)\end{aligned}$$

요소의 체적은 $dx \times dz \times 1$이고, 간극의 체적은 이 요소의 체적에 간극률을 곱한 값, 즉 $(dx \times dz)\dfrac{e}{1+e}$가 된다. 이 요소의 체적의 시간적인 변화율은,

$$\frac{\partial V}{\partial t} = \frac{\partial}{\partial t}\left[(dx\,dz)\frac{e}{1+e}\right] = \frac{dx\,dz}{1+e}\frac{\partial e}{\partial t} \qquad (8.3)$$

가 된다. 식 (8.3)에서 $dx\,dz/(1+e)$는 흙 입자의 체적이므로 일정한 값이라는 것에 유의하여야 한다. 흙이 포화되었고 흙 입자와 물은 비압축성이라고 가정하였으므로 간극의 감소율은 이 요소로부터 물의 유출률과 동일하여야 한다. 따라서 식 (8.2)와 (8.3)을 등식으로 놓으면,

$$k\frac{\partial^2 h}{\partial z^2} = \frac{1}{1+e}\frac{\partial e}{\partial t} \qquad (8.4)$$

그런데 정수압은 일정한 경우 과잉간극수압만 변동하므로,

$$dh = \frac{1}{\gamma_w} du_e$$

여기서, u_e는 과잉간극수압이다.

그러면 식 (8.4)는

$$\frac{k}{\gamma_w} \frac{\partial^2 u_e}{\partial z^2} = \frac{1}{1+e} \frac{\partial e}{\partial t} \tag{8.5}$$

유효연직응력 σ'과 간극비 간의 관계에서

$$a_v = -\frac{\partial e}{\partial \sigma'} \tag{8.6}$$

로 정의하자. 이 식의 음의 기호는 응력의 증가에 대한 간극비의 감소를 의미한다. 여기서, a_v를 **압축계수**(coefficient of compressibility)라고 한다.

그러면 식 (8.5)는

$$\begin{aligned} \frac{k}{\gamma_w} \frac{\partial^2 u_e}{\partial z^2} &= \frac{1}{1+e} \frac{\partial e}{\partial t} \left(-\frac{\partial \sigma'}{\partial e} a_v \right) \\ &= -\frac{a_v}{1+e} \frac{\partial(\sigma - u_e)}{\partial t} = m_v \frac{\partial u_e}{\partial t} \end{aligned} \tag{8.7}$$

위 식에서 σ는 일정한 값이므로 $\frac{\partial \sigma}{\partial t} = 0$이라는 점에 유의하여야 한다. 여기서,

$$m_v = \frac{a_v}{1+e} \tag{8.8}$$

이것을 **체적변화계수**(coefficient of volume change)라고 한다. 식 (8.7)을 정리하면,

$$\frac{k}{\gamma_w m_v} \frac{\partial^2 u_e}{\partial z^2} = \frac{\partial u_e}{\partial t} \tag{8.9}$$

여기서,

$$c_v = \frac{k}{\gamma_w m_v} \tag{8.10}$$

라고 두면 식 (8.9)는

$$c_v \frac{\partial^2 u_e}{\partial z^2} = \frac{\partial u_e}{\partial t} \tag{8.11}$$

가 된다. 여기서, c_v를 **압밀계수**(coefficient of consolidation)라고 하며, 단위는 m^2/year로 나타낸다. 식 (8.11)은 1차 압밀의 기본 미분방정식이며, 임의의 깊이 및 시간에서의 과잉간극수압 $u_e(z, t)$을 해로 풀어야 한다.

8.3.2 과잉간극수압이 깊이에 따라 일정한 경우에 대한 풀이

위의 미분방정식의 풀이는 응력 분포와 배수조건을 고려하여 얻을 수 있다. 두께가 $2H$인 점토층이 모래층 사이에 끼어 있다. 그림 8.2와 같이 지표면의 상재하중으로 인하여 점토층에 $\Delta\sigma$가 작용하여 과잉간극수압이 깊이에 따라 일정하게 분포되어 있는 경우를 생각해 보자. 이때의 초기 조건 및 경계 조건은 다음과 같다.

$t=0$에서 연직응력 $\Delta\sigma$는 점토층이 모든 점에서 간극수압으로 지지되므로

- $t=0$에서 $\quad u_e = u_i = \Delta\sigma$

여기서, u_i는 초기 과잉간극수압이다.

점토층의 상면과 하면에서는 완전한 배수층이 존재하므로 이 두 면에서는 과잉간극수압이 0이다. 즉,

- $z=0$에서 $\quad u_e = 0$
- $z=2H$에서 $\quad u_e = 0$

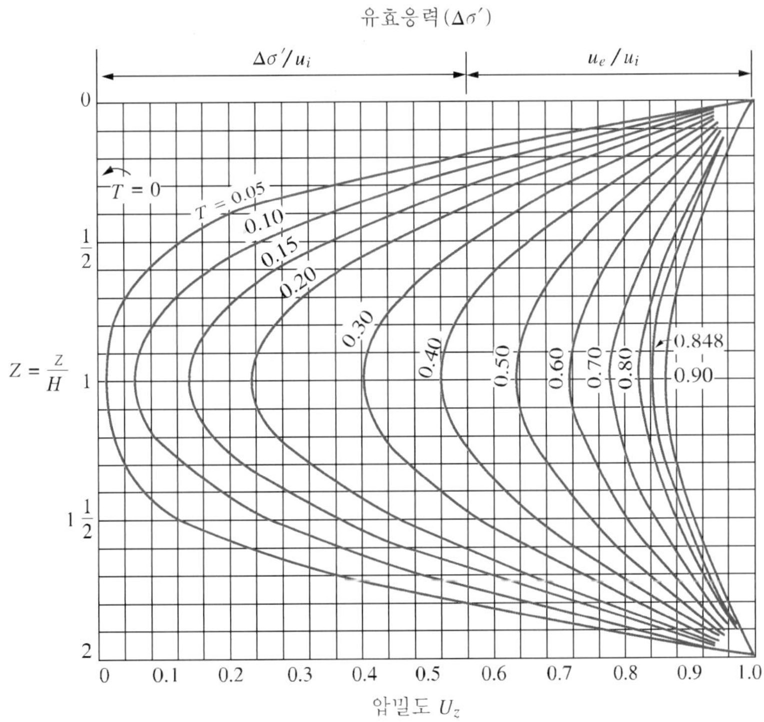

그림 8.4 초기 간극수압이 점토층의 깊이에 따라 일정한 경우에 대한 압밀도, 시간계수 및 점토층의 깊이 사이의 관계

이와 같은 초기 조건 및 경계 조건을 만족시키는 식 (8.11)의 해 $u_e(z, t)$는 다음과 같이 무한 급수로 나타난다[자세한 풀이는 Taylor(1948) 참조].

$$u_e = \sum_{m=0}^{m=\infty} \frac{2u_i}{M}\left(\sin\frac{Mz}{H}\right)e^{-M^2T} \tag{8.12}$$

여기서, M: $\frac{\pi}{2}(2m+1)$

m: 정수

H: 배수 길이

z: 점토층 상면으로부터 하방향으로 잰 거리

$$T = \frac{c_v\, t}{H^2} \tag{8.13}$$

여기서, T를 **시간계수**(time factor)라고 하며 차원은 없다. 점토층의 한쪽 면에만 모래와 같은 투수층이 있을 때에는 식 (8.12) 및 식 (8.13)의 배수길이 H는 그 층의 두께와 동일하나, 상하면에 투수층이 있을 때에는 그 두께의 반이 된다. 왜냐하면 이때에는 점토층의 중앙을 중심으로 해서 상하 양면으로 배수되기 때문이다.

8.3.3 압밀도

점토층의 깊이 z에서의 압밀도 U_z를 다음과 같이 정의하자.

$$U_z = \frac{u_i - u_e}{u_i} = 1 - \frac{u_e}{u_i} \tag{8.14}$$

압밀도는 어떤 시간 t가 경과한 후 어떤 지층 내에서의 압밀 정도를 표시한다. 식 (8.12)를 식 (8.14)에 대입하면 압밀도는 시간계수의 함수로 표시할 수 있다. 즉,

$$U_z = 1 - \sum_{m=0}^{m=\infty} \frac{2}{M}\left(\sin\frac{Mz}{H}\right)e^{-M^2T} \tag{8.15}$$

시간계수에 따른 점토층의 깊이비(z/H)와 압밀도의 관계는 그림 8.4에 나타낸 바와 같다. 식 (8.12)로 표시되는 과잉간극수압은 시간계수 T의 함수이고 또한 시간계수는 압밀시간 t의 함수라는 것을 알 수 있다[식 (8.13) 참조]. 따라서 지표면에 작용하는 하중으로 생긴 과잉간극수압은 앞의 Terzaghi 모델에서 설명한 바와 같이 시간의 경과에 따라 천천히 소실된다. z/H와 압밀도에 대하여 $u_e(z, t)$ 함수를 그래프로 간편하게 표시한 것이다.

예제 8.1

그림 8.5(a)와 같은 토층 단면을 가진 지표면에 넓은 범위에 걸쳐 40 kPa의 등분포 하중이 작용한다. 하중 작용 후 8개월이 지난 시점에서 (a) 시간계수와 GL. −4.5 m, −6.0 m, −7.5 m에서의 압밀도 및 과잉간극수압을 구하여라. (b) GL. −4.5 m에서의 유효연직응력은 얼마인가? 단, 점토층의 압밀계수는 토질시험 결과 $c_v = 1.26\ \text{m}^2/\text{year}$로 밝혀졌다.

| 풀이 | (a) 점토층의 상하면은 투수성이 큰 실트층과 모래층이 존재하므로 점토층의 배수길이는 점토층 두께의 반, 즉 $H = 6/2 = 3$ m이다. 식 (8.13)에 의하면 시간계수는,

$$T = \frac{c_v t}{H^2} = \frac{1.26 \times \frac{8}{12}}{3^2} = 0.09$$

GL. −4.5 m:

그림 8.4에서 $z/H = (4.5-3)/3 = 1.5/3 = 0.5$, $T = 0.09$에 대한 압밀도를 구하면 $U_z = 0.24$를 얻는다.

식 (8.14)로부터 과잉간극수압 $u_e = (1 - U_z) \times u_i$이고, 성토 하중은 넓은 범위에 분포되어 있으므로 초기 과잉간극수압은 등분포 하중과 동일하다. 따라서

$$u_e = (1-0.24) \times 40 = 30.4\ \text{kPa}$$

GL. −6.0 m:

그림 8.4에서 $z/H = (6.0-3.0)/3 = 3.0/3 = 1.0$, $T = 0.09$

위와 같은 방법으로 압밀도와 과잉간극수압을 구하면,

$$U_z = 0.04$$
$$u_e = (1-0.04) \times 40 = 38.4\ \text{kPa}$$

GL. −7.5 m:

위와 같은 방법을 적용하면,

$$U_z = 0.24$$
$$u_e = (1-0.24) \times 40 = 30.4\ \text{kPa}$$

(b) 유효응력은 전응력에서 간극수압을 뺀 값이므로 먼저 GL. −4.5 m에서의 간극수압을 구하여야 한다. 이때의 전 간극수압은 성토 하중이 놓이기 전 지하수위로 인한 간극수압과 재하 후 8개월이 지난 시점에서의 과잉간극수압을 더한 값이어야 한다.

즉,

$$u = 4.5 \times 9.8 + 30.4 = 74.5\ \text{kPa}$$

만일 피조미터를 GL. −4.5 m의 위치에 꽂았다면 이때 수주의 높이는 7.6 m(74.5 ÷ 9.8)가 될 것이다. 그림에 나타낸 각 지층의 단위중량을 이용하여 유효연직응력을 구하면,

$$\sigma_v{}' = [40 + (19 \times 3) + (17 \times 1.5)] - 74.5 = 48.0 \text{ kPa}$$

GL. −3.0 m와 −9.0 m 사이의 다른 표고에 대해서도 위와 같은 방법으로 유효연직 응력을 구하면 분포도는 그림 8.5(b)에 나타낸 바와 같다.

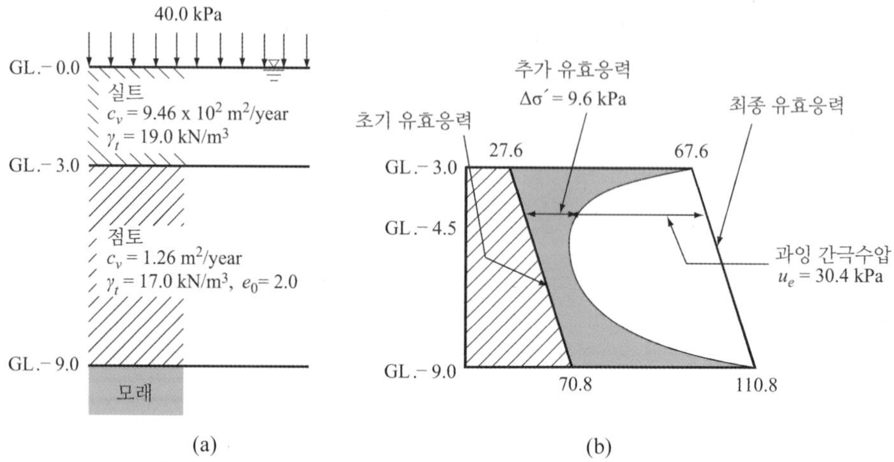

그림 8.5 예제 8.1의 지층 단면

8.3.4 평균 압밀도와 시간계수의 관계

예제 8.1에서 알 수 있는 바와 같이 어느 시간 t에서 지층의 깊이에 따른 과잉간극수압의 분포는 곡선적으로 변동하므로[그림 8.5(b) 참조], 압밀도는 깊이에 따라 다르다. 그러나 우리가 실제로 공학적으로 관심을 가지게 되는 것은 각 깊이에서의 압밀도라기보다 이들을 합하여 평균을 낸 점토층 전체의 압밀도이며, 이것을 **평균 압밀도**(average degree of consolidation)라고 한다. 평균 압밀도 $\overline{U}$는 그림 8.6에 보인 바와 같이, 전체 면적에 대한 빗금 친 면적이며, 식으로 표현하면 다음과 같다.

$$\overline{U} = 1 - \frac{\int_0^{2H} u_e \, dz}{\int_0^{2H} u_i \, dz} \tag{8.16}$$

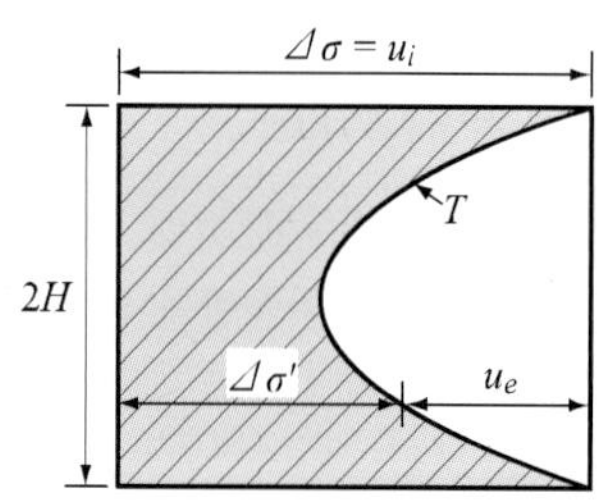

$$\overline{U} = \frac{\text{빗금 친 면적}}{\text{전체 면적}}$$

그림 8.6 평균 압밀도

식 (8.16)에 식 (8.12)를 대입하면,

$$\overline{U} = 1 - \sum_{m=0}^{m=\infty} \frac{2}{M^2} e^{-M^2 T} \tag{8.17}$$

이 된다.

식 (8.17)을 보면 평균 압밀도는 시간계수 T의 함수로서 표시될 수 있음을 알 수 있다. 이 식은 초기 과잉간극수압이 깊이에 따라 일정하게 분포된 경우에 대한 해이며, 이 관계는 그림 8.7의 곡선 (1)로 나타낼 수 있다. 곡선 (2)와 (3)은 경계 조건이 이와 다른 경우에 대해 얻어진 것이다. 결국 Terzaghi 압밀이론에 의하여 시간계수와 평균압밀도 관계는 $\Delta\sigma$에 상관없이 유일하게 나타낸다.

식 (8.17)의 평균 압밀도와 시간계수의 관계를 다음과 같이 근사적인 수식으로 나타낼 수도 있다.

$$0 < \overline{U} \le 54\% : \ T = \frac{\pi}{4}\left(\frac{\overline{U}(\%)}{100}\right)^2 \tag{8.18}$$

$$54\% < \overline{U} < 100\% : T = 1.781 - 0.933\{\log[100 - \overline{U}(\%)]\} \tag{8.19}$$

한편, 과잉간극수압이 모두 소산되면 더 이상의 침하가 없고 또한 과잉간극수압의 소산에 비례하여 침하가 발생한다고 가정하면, 평균 압밀도는 침하량의 함수로서도 나타낼 수 있다.

$$\overline{U} = \frac{S_{ct}}{S_c} \tag{8.20}$$

여기서, S_c: 전 압밀침하량

S_{ct}: 임의 시간에서의 침하량

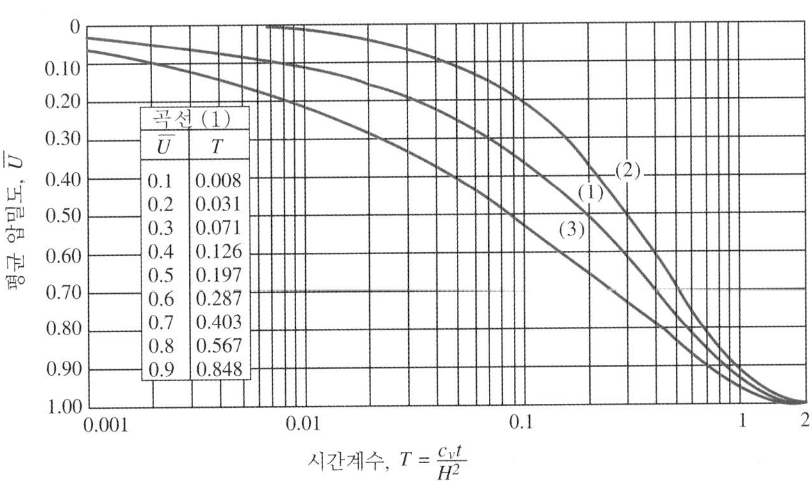

그림 8.7 평균 압밀도-시간계수곡선

예제 8.2

예제 8.1의 점토층에 대하여 하중 작용 후 8개월이 지난 시점에서의 평균 압밀도를 구하여라.

| 풀이 | (a) 도표에 의한 방법

하중 작용 후 8개월이 지난 시점에서의 시간계수는 예제 8.1에서 $T=0.09$로 계산되었다. 그림 8.7의 곡선 (1)을 보면 $T=0.09$에 대한 평균 압밀도 $\overline{U}=0.33$임을 알 수 있다. 다시 말하면, 재하 8개월 후 점토층 여러 깊이의 압밀도는 각각 다르게 계산되지만 이 시점에서 평균적으로 압밀은 33% 진행되었음을 의미한다.

(b) 근사식에 의한 방법

식 (8.18)을 이용하면

$$\frac{\pi}{4}\left(\frac{\overline{U}(\%)}{100}\right)^2 = 0.09$$

$$\therefore \ \overline{U}= 33.8\%$$

8.3.5 여러 가지 아이소크론에 대한 해

식 (8.17)에 표시된 평균 압밀도 $\overline{U}$에 관한 관계식은 압밀층이 비교적 얇아서 깊이에 따른 과잉간극수압의 분포가 일정하다고 가정할 수 있는 경우에는 그 적용이 만족스럽다. 그러나 실제로는 초기 아이소크론의 형태가 그림 8.8에 나타낸 것처럼 사다리꼴 또는 삼각형이 되는 경우도 많이 있다. 따라서 이러한 때에는 초기 경계 조건이 달라지므로 압밀 기본 미분방정식의 해는 식 (8.17)과 동일하지 않을 수 있다.

그림 8.8(b)는 두께가 재하폭에 비해 두꺼운 점토층의 아이소크론을 나타낸 것이다. 점토층의 두께가 두꺼우면 최초 간극수압은 지층 상면에서는 크고 하면으로 갈수록 작아지므로 압력의 분포를 직선이라고 가정하면 최초의 아이소크론은 a－d－e－c로 표시된다. 이때의 압밀도-시간계수 곡선은 그림 8.8(a)의 경우와 마찬가지로 그림 8.7의 곡선 (1)을 따른다.

점토층이 대단히 두꺼울 때에는 점토층 하면에서는 압밀응력이 거의 0이 되므로 최초 간극수압의 분포는 삼각형 상태라고 가정할 수 있다[그림 8.8(c) 및 (d)]. 만약 점토층 아래에 불투수층이 있으면 초기 과잉 간극수가 처음에는 양면으로 배수되다가 하단에서는 곧 배수 방향이 상향으로 바뀌므로 일시적으로 과잉간극수압이 증가하여 아이소크론은 그림 8.8(d)의 모양이 된다. 압밀층 아래에 배수층이 있으면[그림 8.8(c)], 압밀도-시간계수곡선은 그림 8.7의 곡선 (1)이 적용되나, 그림 8.8(d)처럼 불투수층이 있으면 곡선 (3)을 적용하여야 한다. 그림 8.8(e)와 (f)는 **준설성토**(hydraulic fill)를 할 때의 아이소크론을 나타낸다. 압밀층에 작용하는 하중은 흙 자체의 무게뿐이기 때문에 지층 상면에서 과잉간극수압은 항상 0이다. 입밀층 하면에 배수층이 있는 경우[그림 8.8(e)]와 불투수층이 있는 경우[그림 8.8(f)]의 최초의 아이소크론의 형태는 동일하지만, 중간 단계에서의 아이소크론은 그림에서 보는 바와 같이 서로 다르다. 압밀도-시간계수 관계에서 전자는 그림 8.7의 곡선 (1)에 해당하고 후자는 곡선 (2)에 해당한다.

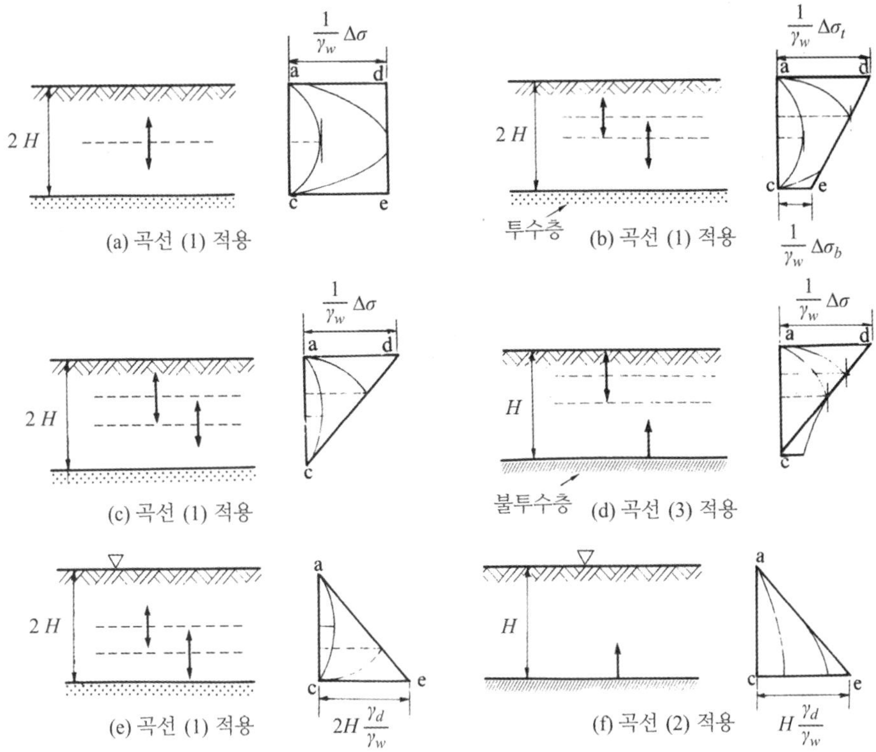

그림 8.8 경계조건이 다른 경우에 대한 아이소크론

8.4 압밀시험

세립토의 압밀특성은 그림 8.9의 압밀시험기를 사용하여 알 수 있다. 흙 시료를 놋쇠로 된 링 속에 넣고 상하면은 다공질판을 넣는다. 이 판은 자유로이 배수될 수 있도록 되어 있다. 링의 지름은 보통 60 mm이고, 높이는 20 mm 정도이다. 압밀압력은 커버를 통해 가해지고 압축량은 변위계로 측정한다.

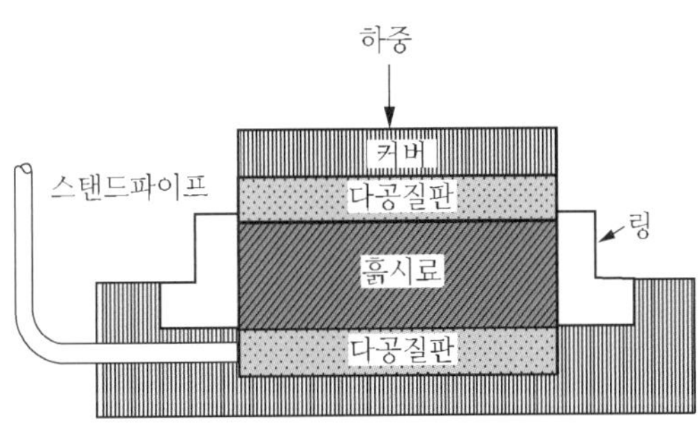

그림 8.9 압밀시험기

표준 압밀시험에서는 처음에 압밀압력은 10 kPa(또는 5 kPa)을 약 24시간 동안 가하고, 적절한 시간 간격으로 압축량을 기록한다. 이와 같이 하여 압축이 완료된 다음에는 처음에 가한 하중의 두 배를 가한다. 동일한 방법으로 연직응력이 640 kPa이 될 때까지 시험을 반복하고 그 다음에는 압력을 제거한다.

이와 같이 압밀시험을 행한 결과로부터 간극비와 연직응력의 관계 및 압밀계수와 연직응력의 관계를 나타내는 두 가지 중요한 곡선을 얻을 수 있다. 자세한 시험방법에 대해서는 한국공업규격 KS F2316. 김(1982) 또는 Lambe(1951)의 저서를 참고하기 바란다.

8.4.1 간극비-연직응력곡선

(1) 선행압밀압력의 결정

그림 8.10(a)는 우리나라 해성(海成) 점토에 대하여 압밀시험을 행하여 간극비와 유효연직응력 사이의 관계를 반대수지상에 그린 것이다. 이 곡선을 보면 처음부터 어느 응력까지는 간극비의 감소가 별로 크지 않으므로 곡선의 경사가 완만하나 어느 응력 이상이 되면 간극비가 직선적으로 급격하게 감소한다는 사실을 알 수 있다.

또한 응력을 640 kPa까지 가한 후 단계적으로 5 kPa까지 제거하면 시료가 팽창되므로 간극비는 약간 증가한다. 여기서 다시 응력을 증가시키면 처음 부분의 완만한 압밀곡선과 대략 평행한 곡선이 그려진다. 이것을 **재압축곡선**(recompression curve)이라고 한다. 그러나 과거에 받았던 응력(640 kPa) 이상이 되면 그 곡선은 처음의 경사와 같은 가파른 직선 부분의 연장선상에 그려진다. 이 직선 부분은 흙이 과거에 받았던 적이 없었던 응력을 처음으로 받을 때의 간극비-유효연직응력 관계인데, 이것을 **정규압밀선**(normal consolidation line)이라고 한다. 이와 같이 압밀곡선은 과거에 받았던 압력을 다시 받을 때까지는 곡선의 경사가 완만하나 이 압력을 넘으면 경사가 갑작스럽게 변한다는 것이 분명하다. 경사 변화의 경계가 되는 압력을 **선행압밀압력**(preconsolidation pressure)이라고 한다.

그림 8.11은 선행압밀압력을 결정하는 방법을 나타낸 것이다. 먼저 e-logσ' 곡선에서 곡률이 가장 큰 점을 선택하여 그 점을 통하여 수평선과 접선을 긋는다. 이 두 선분으로 이루어지는 각도를 이등분한 선이 이 곡선의 직선 부분의 연장선과 만나는 점의 응력이 선행압밀압력이 된다.

수중에서 퇴적되어 형성된 점토층이 퇴적 이후 지층이나 수위의 변화가 전혀 없었다면, 그 토층의 임의 깊이에서의 유효연직응력은 그 깊이에서 시료를 채취하여 얻어진 압밀곡선에서 위와 같은 방법으로 구한 선행압밀압력과 동일하다. 이와 같은 응력 상태에 있는 흙을 **정규압밀점토**(normally consolidated clay)라고 한다. 만일, 지표면의 토층이 일부 제거되었거나 지하수위가 상승하였다면 압밀곡선에서 구해진 선행압밀압력은 현재의 유효연직응력보다 더 큰 값을 보일 것이다. 이와 같은 응력 상태에 있는 흙을 **과압밀점토**(over consolidated clay)라고 한다.

압밀곡선으로부터 선행압밀압력을 구하면 그 흙에 대한 과거의 **응력이력**(stress history)을 알 수 있다. 이런 뜻에서 이것을 **최대과거압력**(maximum past pressure)이라고도 한다. 흙이 현재

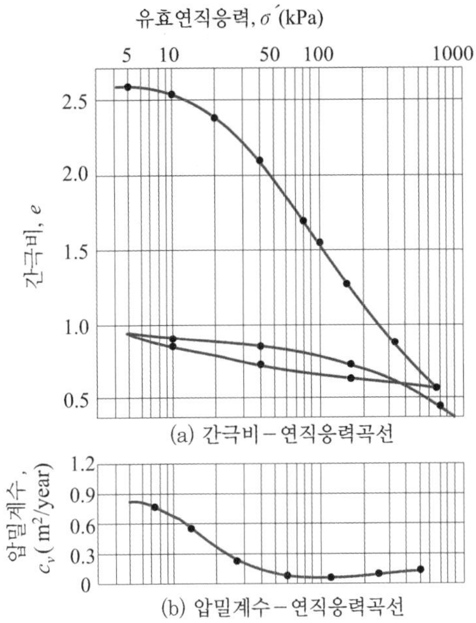

그림 8.10 압밀특성곡선

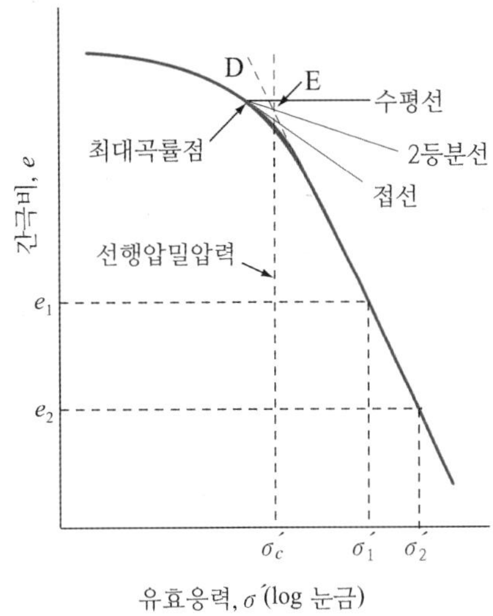

그림 8.11 선행압밀압력의 결정

받고 있는 유효연직응력에 대한 선행압밀압력의 비를 **과압밀비**(overconsolidation ratio, OCR)라고 한다. 즉, 과압밀비는

$$OCR = \frac{\sigma_c'}{\sigma_{vo}'} \tag{8.21}$$

로 정의된다.

여기서, σ_c': 선행압밀압력

σ_{vo}': 유효연직응력

OCR=1이면 그 흙은 정규압밀점토이고, OCR>1이면 과압밀점토이다. 흙이 과압밀되는 원인은 표 8.1에 자세히 수록하였다.

표 8.1 과압밀이 발생하는 원인

1. 지질학적 침식 또는 인공적인 굴착으로 인한 전응력의 변화
   - 토피하중의 제거
   - 구조물의 제거
   - 빙하의 후퇴
2. 지하수위의 변동으로 인한 간극수압의 변화
   - 피압(artesian pressure)
   - 심정양수
   - 건조에 의한 증발산
   - 식물에 의한 증발산

3. 2차 압밀에 의한 흙 구조의 변화
4. pH, 온도, 염분 농도와 같은 환경적 변화
5. 풍화작용, 응고 물질(cementing agent)의 침전, 이온 교환에 의한 화학적 변화
6. 재하 시 변형률의 변화

(2) 압축지수

그림 8.11의 압밀곡선을 보면, 선행압밀압력을 넘으면 그 곡선은 대략 직선상을 보인다는 것을 알 수 있다. 이 직선 부분의 기울기를 **압축지수**(compression index) C_c라고 하며, 이것은 압밀침하량을 산정하는 데 이용되는 중요한 값이다. 그림 8.11을 참조하면 압축지수는,

$$C_c = \frac{e_1 - e_2}{\log_{10}(\sigma_1'/\sigma_2')} = -\frac{\Delta e}{\Delta \log_{10}\sigma'} \tag{8.22}$$

가 된다. 실험 결과를 이용하여 압축지수를 구하려면 압밀시험을 하는 데 많은 시간이 소요되므로 간편한 방법으로 이것을 추정할 수 있는 경험식이 제안되었다. 액성한계를 기준하여 Terzaghi와 Peck(1967)이 발표한 식은 다음과 같다.

- 흐트러진 시료: $C_c = 0.007(w_l - 10)$ (8.23)
- 흐트러지지 않은 시료: $C_c = 0.009(w_l - 10)$ (8.24)

여기서, w_l은 액성한계이다.

한편, 간극비를 근거로 하여 압축지수를 측정할 수 있는 경험식도 다음과 같이 제안되었다(NAVFAC, 1971).

$$C_c = 1.15(e_0 - 0.35) \tag{8.25}$$

여기서, e_0는 지반의 초기간극비이다.

선행압밀압력 이전의 곡선에 대해서도 앞에서 설명한 것과 같은 방법으로 곡선의 기울기를 결정할 수 있다. 이 곡선은 점토가 처음으로 응력을 받은 후 그것이 제거되었다가 다시 응력을 받을 때 얻어진 것이므로 이것의 기울기를 **재압축지수**(recompression index)라고 하며, C_r로 표시한다.

여러 가지 점토에 대한 대표적인 압축지수의 값은 표 8.2에 수록되어 있다. 이 표를 보면 C_c는 일반적으로 0.2~0.9의 범위에 있으나, 예민비가 크거나 유기질 점토는 1보다 훨씬 큰 값을 갖는다는 것을 알 수 있다.

C_r의 값은 보통 C_c의 5~20%를 취한다. Leonard(1976)의 조사에 의하면 이 값은 0.015와 0.035 사이에서 변화한다고 한다.

표 8.2 여러 가지 점토에 대한 압축지수의 값

흙의 종류	C_c
예민비가 중간 정도인 정규압밀점토	0.2－0.5
Chicago 실트질 점토(CL)	0.15－0.3
Boston 청점토(CL)	0.3－0.5
Vicksburg 점토(CH)	0.5－0.6
Sweden 예민 점토(CL－CH)	1－3
Canada Leda 점토(CL－CH)	1－4
Mexico City 점토(MH)	7－10
유기질 점토(OH)	4 이상
이탄(Pt)	10－15
유기질 실트 및 점토질 실트(ML－MH)	1.5－4.0
San Francisco Bay Mud(CL)	0.4－1.2
San Francisco Old Bay 점토(CH)	0.7－0.9
Bangkok 점토(CH)	0.4

8.4.2 압밀계수의 결정

지반의 압밀침하속도를 알기 위해서는 압밀계수의 값을 알아야 한다. 압밀계수의 값은 압밀시험을 할 때의 시료의 압밀속도를 측정하여 구한다.

그림 8.12는 임의의 한 응력에 대한 시간－압축량곡선인데, 그림 8.12(a)는 시간을 제곱근으로 표시하였고, 8.12(b)는 대수로 표시하였다. 이 곡선에서 다음과 같은 방법을 사용하여 c_v를 구할 수 있다.

(1) $\sqrt{t}$ 방법(Taylor, 1942)

그림 8.12(a)의 오른쪽 그림에서 보는 바와 같이 그림 8.7로부터 구한 $\overline{U}-\sqrt{T}$의 이론곡선에서는 압밀도가 약 60% 될 때까지 거의 직선이다. 이 직선의 기울기의 1/1.15배 되는 기울기로 그은 직선과 이론곡선이 만나는 점의 압밀도가 90%라는 사실을 이용하여, 왼쪽의 실측곡선에서 c_v를 구할 수 있다. 먼저 실측곡선의 직선 부분을 연장하여 세로축과 만나는 점을 d_s라 하고, 이 점으로부터 직선 부분의 기울기의 1/1.15배 되는 기울기로 선을 그어서 실측곡선과 만나는 점을 d_{90}으로 한다. 그러면 d_{90}에 해당하는 시간이 $\sqrt{t_{90}}$이므로 식 (8.13)에 의하여,

$$c_v = \frac{H^2 T_{90}}{t_{90}} \tag{8.26}$$

가 되어 c_v값이 결정된다. 여기서, 첨자 90은 90% 압밀도에 해당하는 시간 또는 시간계수를 뜻한다. 여기서, H는 일면배수일 때에는 점토층의 전체 두께를 취하고 양면배수일 때에는 반을 취한다.

(2) $\log t$ 방법(Casagrande and Fadum, 1940)

그림 8.12(b)의 오른쪽 그림에서 보는 바와 같이 $\overline{U}-\log T$ 곡선의 직선 부분의 연장선과 그 곡선의 점근선과의 교점은 압밀도가 100% 되는 점이다. 이러한 사실로부터 실측곡선에서 중간

부분과 마지막 부분의 직선의 연장선의 교점을 d_{100}으로 정한다. 대수눈금으로는 $t=0$인 점을 찍을 수 없으므로 곡선의 처음 부분은 포물선이 된다고 가정하고, $t=0$에서의 다이얼 읽음을 다음과 같이 결정한다. 즉, 그 곡선에서 1분(그 근처의 다른 시간이어도 괜찮다)과 이 시간의 4배 되는 시간(즉, 4분) 사이의 다이얼 읽음의 차를 1분의 읽음 위에 점을 찍어서 측정 영점 d_s로 한다. d_s와 d_{100} 사이의 거리의 반이 d_{50}이 되므로 이 값에 대응하는 t_{50}을 결정하면 식 (8.13)에서 시간과 시간계수를 각각 t_{50}, T_{50}으로 바꾸어서 c_v를 결정할 수 있다.

위의 두 가지 방법으로 계산한 c_v의 값은 꼭 일치하지 않는다. 일반적으로 $\log t$ 방법으로 구한 c_v의 값이 정규압밀 범위 내에서는 더 작은데, 이 방법으로 c_v를 구하여 압밀속도를 계산하는 것이 실제와 더 부합한다고 알려지고 있다.

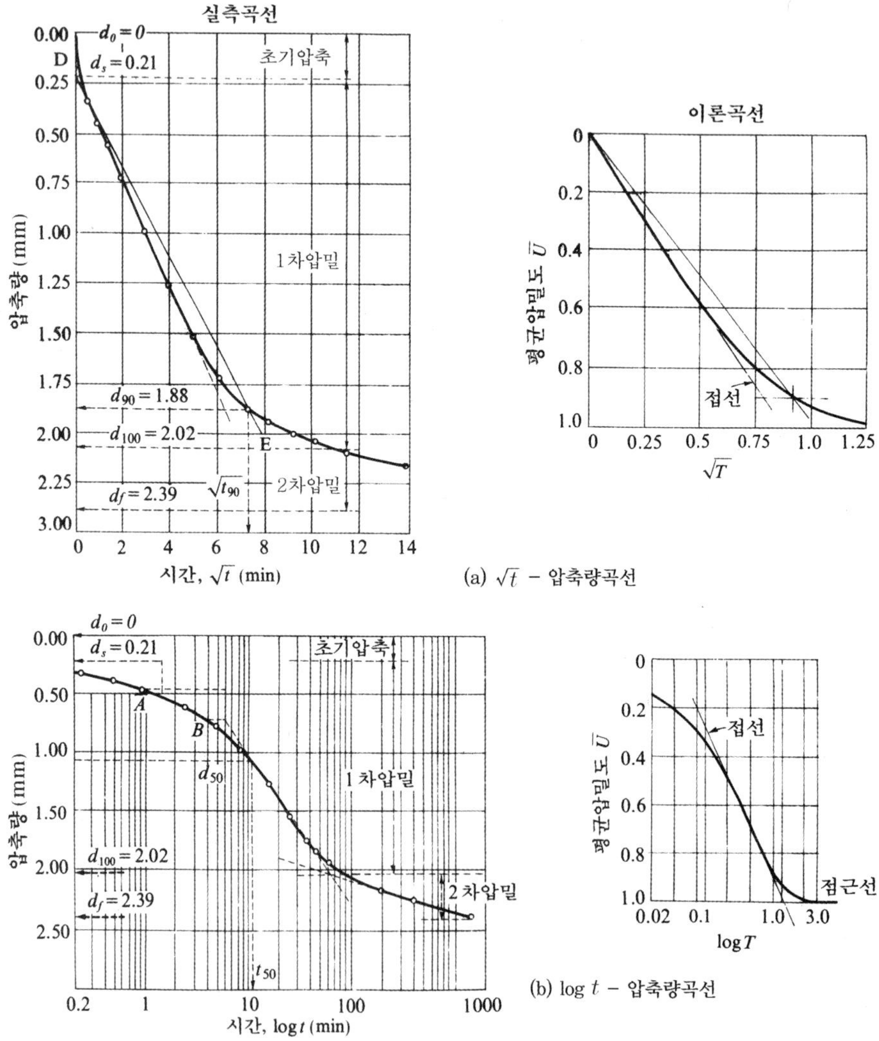

그림 8.12 시간-압축량곡선

이렇게 해서 구한 c_v의 값은 $c_v - \log\sigma'$ 곡선으로 나타낼 수 있다. 그림 8.10(b)에서 보는 바와 같이 c_v값은 과압밀 범위 내에서는 상당히 크지만, 정규압밀의 응력 범위 내에서는 거의 일정하다.

예제 8.3

비중이 2.73인 점토 시료에 대하여 압밀시험을 행하였다. 응력을 200 kPa에서 400 kPa로 증가시켰을 때의 경과시간에 대한 압축침하량은 다음 표와 같다.
200 kPa의 응력으로 압밀이 완료되었을 때의 간극비는 1.330이고, 400 kPa의 응력으로 압밀이 완료되었을 때의 간극비는 0.980이며, 이때의 시료 두께는 13.6 mm였다. $\sqrt{t}$ 법과 $\log t$법으로 시간-압축량곡선을 그리고 c_v의 값을 구하여라. 또한 응력이 200 kPa에서 400 kPa로 변화하는 동안 압축계수, 압축지수, 체적변화계수 및 투수계수의 값은 얼마인가?

시간(분)	압축량(mm)	시간(분)	압축량(mm)
0	0	25	1.51
1/4	0.33	36	1.72
1/2	0.38	49	1.85
1	0.47	64	1.94
$2\frac{1}{4}$	0.59	81	2.00
4	0.72	100	2.04
9	0.99	400	2.24
16	1.25	1440	2.39

| 풀이 | 시료의 평균 두께는

$$13.6 + \frac{2.39}{2} = 14.8 \text{ mm}$$

압밀시험기는 양면배수이므로,

$$H = \frac{14.8}{2} = 7.4 \text{ mm}$$

$\sqrt{t}$ 법으로 그린 시간-압축량곡선은 그림 8.12(a)에 나타나 있다. 이 그림으로부터,

$$\sqrt{t_{90}} = 7.3, \qquad t_{90} = 7.3^2 = 53.3 \text{ min}$$

식 (8.26)으로부터

$$c_v = \frac{7.4^2 \times 0.848}{53.3} = 8.71 \times 10^{-1} \text{ mm}^2/\text{min} = 4.58 \times 10^{-1} \text{ m}^2/\text{year}$$

$\log t$법으로 그린 시간-압축량곡선은 그림 8.12(b)에 나타낸다. 이 그림으로부터,

$$d_{50} = \frac{1}{2}(d_{100} - d_s) + d_S = \frac{1}{2}(2.02 - 0.21) + 0.21 = 1.1 \text{ mm}$$

따라서,

$$t_{50} = 12.5 \text{ min}$$

$$c_v = \frac{H^2 T_{50}}{t_{50}} = \frac{7.4^2 \times 0.197}{12.5} = 8.63 \times 10^{-1} \text{ mm}^2/\text{min} = 4.54 \times 10^{-1} \text{ m}^2/\text{year}$$

식 (8.6)으로부터,

$$a_v = -\frac{1.33 - 0.98}{200 - 400} = 0.175 \times 10^{-2} \text{ m}^2/\text{kN}$$

식 (8.22)로부터,

$$C_c = -\frac{1.33 - 0.98}{\log_{10}\left(\frac{200}{400}\right)} = 1.16$$

식 (8.8)로부터,

$$m_v = \frac{0.175 \times 10^{-2}}{1 + 1.33} = 0.751 \times 10^{-3} \text{ m}^2/\text{kN}$$

식 (8.10)으로부터,

$$k = c_v m_v \gamma_w = 4.54 \times 10^{-1} \times 0.751 \times 10^{-3} \times 9.8 = 3.34 \times 10^{-3} \text{ m/year}$$
$$= 1.06 \times 10^{-10} \text{ m/s}$$

8.4.3 시료 교란의 영향

압밀시험은 전혀 교란되지 않은 시료에 대하여 시험을 행하였을 때 실제와 가장 잘 일치하는 시험자료를 얻을 수 있다. 그러나 실제로는 자연 지반으로부터 시료를 채취할 때의 불가피한 교란, 시료를 시험실까지 운반할 때의 부주의 또는 시험실에서 시료를 부주의하게 취급한 데 따른 교란 등으로 인해 다소 교란된 시료를 가지고 시험을 하게 된다. 그림 8.13에 나타낸 것처럼 교란시료에 대한 압밀곡선은 불교란시료에 대한 곡선에 비하여 경사가 완만하므로 압축지수의 값이 실제보다 더 작게 얻어진다.

교란시료에 대한 압밀곡선을 수정하는 방법은 Schmertmann(1953)이 제안하였다. 만일 시험시료가 정규압밀점토라면, 초기 간극비의 42%, 즉 $0.42e_0$ 되는 응력에서 교란시료와 불교란시료의 두 압밀곡선이 교차하는 것으로 가정하고, 이 점(F점)과 점(e_0, σ_{vo}')을 연결한 선이 실제 압밀곡선이 된다고 가정하였다[그림 8.14(a) 참조]. 과압밀점토의 경우에는 그림 8.14(b)에서 보는 바와 같이 점(e_0, σ_{vo}')에서 재압밀곡선과 평행하게 선을 그어 σ_c'과 만나는 점에서 다시 F점까지 선을 그으면 곡선 GHF가 실제 압밀곡선이 된다.

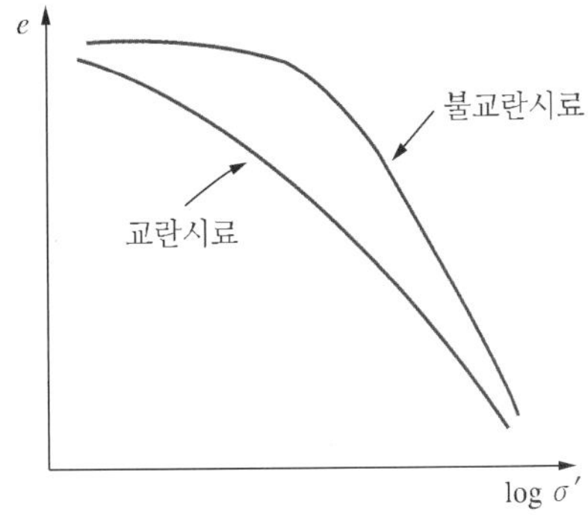

그림 8.13 교란시료와 불교란시료에 대한 압밀곡선

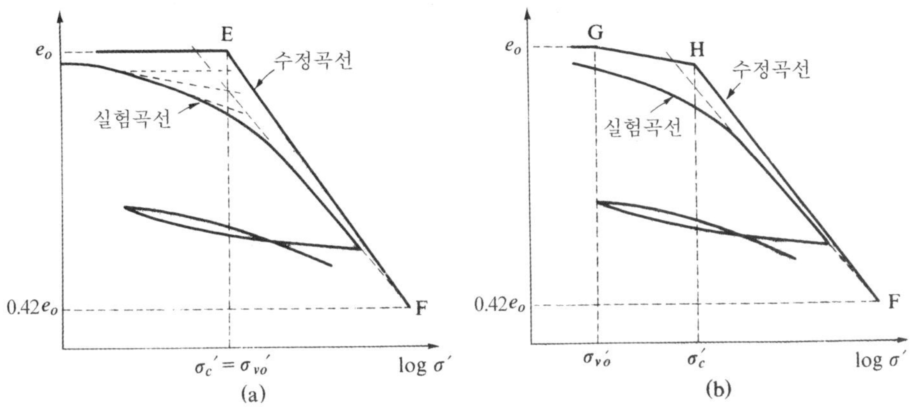

그림 8.14 교란된 압밀곡선의 수정방법

8.4.4 2차 압밀

점토층이 응력을 받아 압축되는 양은 (1) 과잉간극수압이 소산되면서 압축되는 양과 (2) 과잉간극수압이 사실상 소산되고 난 다음 압축되는 양으로 나누어 생각할 수 있다(그림 8.15 참조). 전자는 Terzaghi의 압밀이론을 따르는 압축인데, 이것을 1차 압밀(primary consolidation)이라고 하고, 후자는 전자의 압밀이론을 따르지 않으며, 이것을 2차 압밀(secondary consolidation 또는 secondary compression)이라고 한다. 2차 압밀에 대한 이론은 많은 학자들이 레올로지(rheology)로 설명하고 있으나 아직도 정립된 이론이 없다.

그림 8.16(a)는 어떤 응력을 받고 있는 흙 시료에 대한 반대수지상에 그린 시간－침하량곡선이다. 이 곡선을 보면 1차 압밀이 끝난 다음에 생기는 2차 압밀은 거의 직선을 보인다는 것을 알 수 있다. 이 직선의 기울기로부터 **2차 압축률**(the rate of secondary compression) $C_{\alpha\varepsilon}$을 다음과 같이 정의한다.

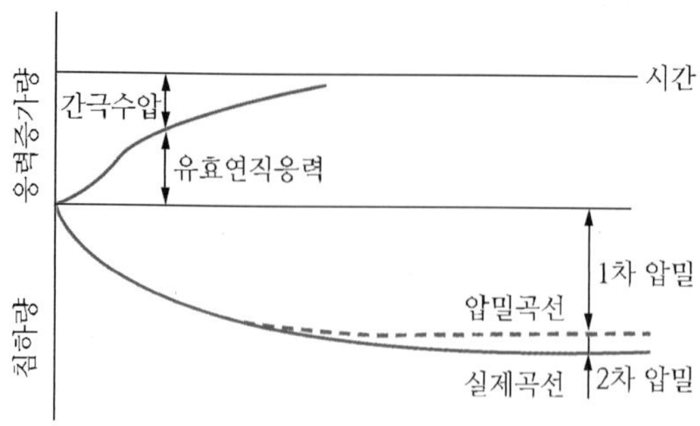

그림 8.15 1차 압밀과 2차 압밀

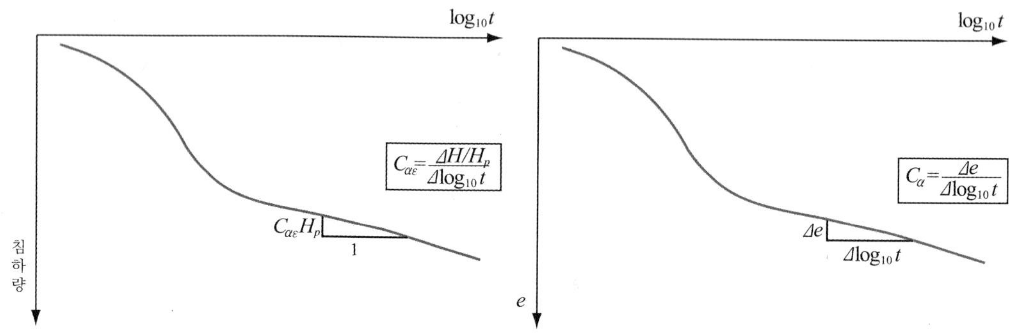

(a) 2차 압축률 (b) 2차 압축지수

그림 8.16 2차 압축률 및 2차 압축지수의 결정

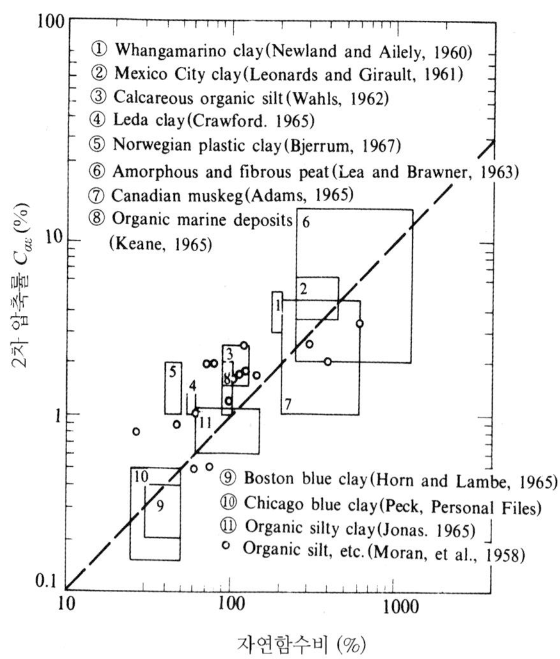

그림 8.17 2차 압축률과 자연함수비의 관계(Mesri, 1973)

$$C_{\alpha\varepsilon} = \frac{\text{변형률}}{\text{대수로 표시한 시간 차}} = \frac{\Delta H / H_p}{\Delta \log t} \tag{8.27}$$

여기서, H_p는 1차 압밀이 완료된 후 흙 시료의 두께이다.

압밀시험을 하여 과잉간극수압이 소산된 다음에도 그림 8.12(b)의 직선 부분이 얻어질 때까지 응력을 가하면 이 직선 부분에서 2차 압축지수를 구할 수 있다. 이 값은 무기질의 점토보다 유기질토나 이탄에서는 더 크다. 만일 실험실에서 이 값을 결정할 수 없었다면 그림 8.17을 이용하여 점토의 자연함수비로부터 이것을 추정할 수도 있다. 2차 압축률의 값으로 2차 압밀침하량을 계산하는 방법은 다음 절에서 설명한다.

한편, Mesri and Godlewski(1977)는 1차 압밀 시의 압축지수에 대응하는 **2차 압축지수**(secondary compression index) C_α를 다음과 같이 정의하였다[그림 8.16(b) 참조].

$$C_\alpha = \frac{\Delta e}{\Delta \log t} \tag{8.28}$$

여기서, Δe: 시간 t_1과 t_2 간에 발생한 간극비의 변화

Δt: 시간 t_1과 t_2 간의 시간차

$C_{\alpha\varepsilon}$과 C_α 사이에는 다음과 같은 관계가 성립한다.

$$C_{\alpha\varepsilon} = \frac{C_\alpha}{1 + e_p} \tag{8.29}$$

여기서, e_p는 $e - \log t$ 곡선에서 직선 부분이 시작할 때의 간극비이다.

C_α / C_c의 값은 흙의 종류에 따라 대략 일정한 값을 가진다. 표 8.3은 여러 가지 흙에 대한 대푯값을 보여준다(Terzaghi et al., 1996). 이 표를 보면, C_α / C_c는 0.01부터 0.07까지 변하며, 무기질의 점토는 평균 0.04라는 것을 알 수 있다.

표 8.3 여러 가지 재료에 대한 C_α / C_c의 대푯값(Terzaghi et al. 1996)

재 료	C_α / C_c
입상토 및 암편	0.02 ± 0.01
셰일 및 이암	0.03 ± 0.01
무기질 점토 및 실트	0.04 ± 0.01
유기질 점토 및 실트	0.05 ± 0.01
이탄	0.06 ± 0.01

8.5 압밀침하량의 산정

8.5.1 정규압밀 점토

흙이 연직 방향으로만 압밀된다고 하면(즉, 1차 압밀), 압밀층의 두께 H_0에 대한 높이의 변화량 ΔH는 다음과 같이 나타낼 수 있다(그림 8.18 참조).

$$\frac{\Delta H}{H_0} = \frac{\Delta V}{V_0} = -\frac{\Delta e}{1+e_0} \tag{8.30}$$

$$a_v = -\frac{\Delta e}{\Delta \sigma_v'} \tag{8.31}$$

따라서 $\Delta e = -a_v \Delta \sigma_v'$

$$\Delta H = H_0 \frac{a_v}{1+e_0} \Delta \sigma_v' \tag{8.32}$$

그런데, $m_v = a_v/(1+e_o)$는 체적변화계수이므로 이것을 식 (8.32)에 대입하면,

$$\Delta H = H_0 m_v \Delta \sigma_v' \tag{8.33}$$

여기서, $\Delta \sigma_v'$은 외부 하중으로 인하여 압축 토층에 생긴 유효응력의 증가량이다. 이것은 Boussinesq의 방법(5장 참조) 또는 Westergaard의 방법[Taylor(1948) 참조]으로 깊이에 따라 변동하는 양으로 결정할 수 있다. 또는 편의상 외부하중이 점토층 전체에 전부 전달되는 것으로 가정한다. m_v는 압밀시험의 결과를 이용하여 구할 수 있다. 그러나 m_v를 계산하는 것보다 $e-\log\sigma_v'$ 곡선에서 C_c를 구하는 것이 더 용이하므로, 이것을 이용하여 압밀침하량을 구하는 공식을 유도하는 것이 사용하는 데 더 편리하다. 정의에 의하면,

$$C_c = -\frac{\Delta e}{\Delta \log \sigma_v'} \tag{8.34}$$

이므로,

$$\Delta e = -C_c \Delta \log(\sigma_v') = -C_c \log\left(\frac{\sigma_{vo}' + \Delta\sigma_v'}{\sigma_{vo}'}\right) \tag{8.35}$$

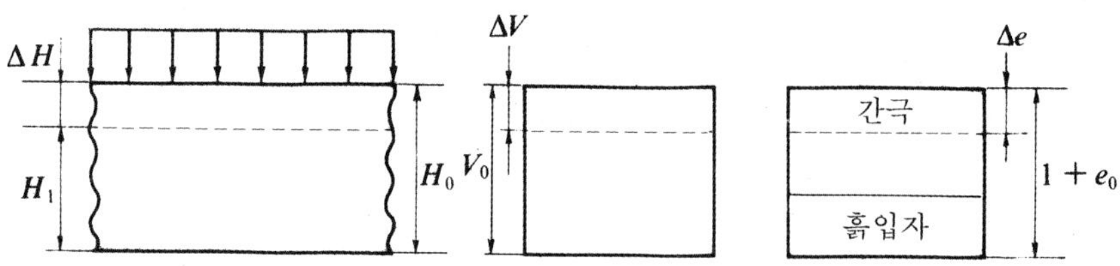

(a) $\Delta H = H_0 - H_1$ (b) $\Delta H = (\Delta V/V_0)H_0$ (c) $\Delta H = [\Delta e/(1+e_0)]H_0$

그림 8.18 흙의 침하량

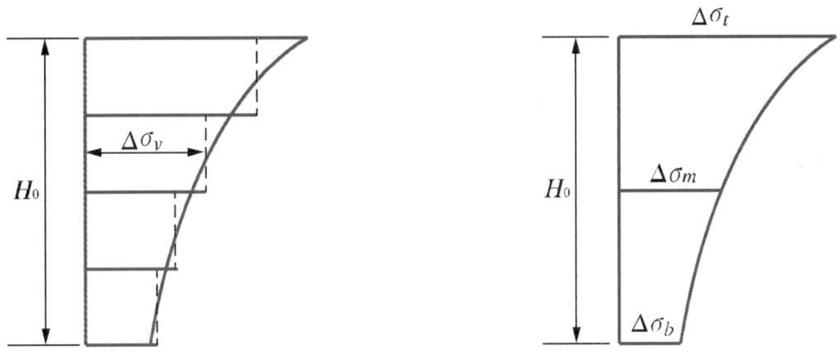

(a) 토층을 세분하는 방법 (b) 응력 증가량 평균값의 계산

그림 8.19 연직응력 증가량의 분포

여기서, σ_{vo}'은 하중이 지표면에 작용하기 전의 초기 유효연직응력이다. 이것을 식 (8.30)에 대입하고 압밀침하량을 s_c라고 하면,

$$s_c = \Delta H = \frac{C_c}{1+e_0} H_0 \log\left(\frac{\sigma_{vo}' + \Delta\sigma_v'}{\sigma_{vo}'}\right) \tag{8.36}$$

위의 식에서 σ_{vo}'과 $\Delta\sigma_v$는 점토층의 중앙에서의 값을 평균값으로 가정하여 계산한다. 만일 이 값들이 깊이에 따라 일정하거나 선형으로 변한다면 이와 같이 계산하는 것이 정당하다. 그러나 지중 응력의 증가량, $\Delta\sigma_v$는 이미 5장에서 언급하였던 것처럼, 지표면에 제한된 면적에 걸쳐 하중이 작용하는 경우에는 그림 8.19와 같이 곡선 모양을 나타낸다. 이러한 경우 전 점토층을 세분하여 계산한 후 합치면 더 정확한 값을 얻는다[그림 8.19(a) 참조].

또 하나의 방법은 Simpson의 법칙을 사용하여 점토층의 중앙에서의 평균값을 사용하는 것이다. 평균 유효응력 증가량은 다음 식으로 표시된다.

$$\Delta\sigma_v' = \frac{1}{6}(\Delta\sigma_t' + 4\Delta\sigma_m' + \Delta\sigma_b') \tag{8.37}$$

여기서, $\Delta\sigma_t'$, $\Delta\sigma_m'$ 및 $\Delta\sigma_b'$는 각각 점토층의 상면, 중간면 및 하면의 연직응력 증가량이다[그림 8.19(b) 참조]. 이 방법으로 하면 토층을 세분하는 것보다 계산이 더 간편하다.

8.5.2 과압밀 점토

만일 점토층이 과압밀되었다면, 토층에 유발된 응력이 선행압밀압력에 이르기까지는 간극비가 재압축지수에 의존하여 감소하고, 이 응력을 초과하면 정규압밀곡선의 압축지수에 의존하여 감소할 것이다. 따라서 이때에는 현재의 유효연직응력으로부터 선행압밀압력에 이르기까지의 침하량과 선행압밀압력으로부터 최종 작용응력에 이르기까지의 침하량으로 나누어 전 침하량을 계산하여야 한다. 그림 8.20(c)를 참조하면 이 경우의 감소량은,

$$\Delta e = \Delta e_1 + \Delta e_2 = -C_r \log\left(\frac{\sigma_c'}{\sigma_{vo}'}\right) - C_c \log\left(\frac{\sigma_{vo}' + \Delta\sigma_v'}{\sigma_c'}\right) \tag{8.38}$$

가 됨을 알 수 있다. 따라서,

$$s_c = \frac{H_0}{1+e_0}\left[C_r \log\frac{\sigma_c'}{\sigma_{vo}'} + C_c \log\frac{\sigma_{vo}' + \Delta\sigma_v'}{\sigma_c'}\right] \tag{8.39}$$

만일 지표면에 작용되는 하중으로 인하여 지중에 유발된 응력이 선행압밀압력보다 작다면, 식 (8.36)의 C_c 대신 재압축지수 C_r를 대입하여 압밀침하량을 구하면 된다[그림 8.20(b) 참조].

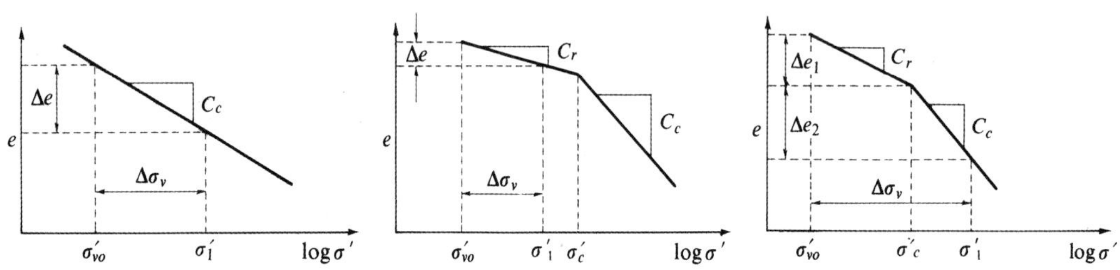

(a) 정규압밀점토　　(b) 과압밀점토, 응력 증가량이 선행압밀압력 이내에 있는 경우　　(c) 과압밀점토, 응력 증가량이 선행압밀압력을 초과하는 경우

그림 8.20 간극비 감소량의 계산

예제 8.4

예제 8.1의 그림에서 (a) 40 kPa의 무한 등분포하중이 작용하는 경우와 (b) 이 등분포하중 대신 4 m × 4 m의 정방형 기초에 2000 kN의 집중하중이 작용하는 경우에 대하여 압밀침하량을 구하여라(정방형 기초인 경우는 기초중심). 정규압밀점토층의 압축지수는 0.50이다.

| 풀이 | (a) $\sigma_{vo}' = (19-9.8)\times 3 + (17-9.8)\times 3 = 27.6 + 21.6 = 49.2$ kPa

$\Delta\sigma_v' = 40$ kPa, 이 값은 전 토층 깊이에 걸쳐 동일하다.

$$s_c = \frac{C_c}{1+e_0} H_0 \log\left(\frac{\sigma_{vo}' + \Delta\sigma_v'}{\sigma_{vo}'}\right) = \frac{0.5}{1+2}\times 6000 \times \log\left(\frac{49.2+40}{49.2}\right)$$

$= 258$ mm$= 0.258$ m

(b) 이 경우에는 Boussinesq의 도표(그림 5.10)를 이용하여 $\Delta\sigma'$을 구하여야 한다.

- 점토층의 상면: $m = n = 2/3 = 0.66$, $\Delta\sigma_t = 2{,}000/(4\times 4)\times 4\times 0.122 = 61.0$ kPa
- 점토층의 중간면: $m = n = 2/6 = 0.33$, $\Delta\sigma_t = 2{,}000/(4\times 4)\times 4\times 0.042 = 21.0$ kPa
- 점토층의 하면: $m = n = 2/9 = 0.22$, $\Delta\sigma_t = 2{,}000/(4\times 4)\times 4\times 0.020 = 10.0$ kPa

따라서 평균

$$\Delta\sigma_v{}' = \frac{1}{6}(61.0 + 4\times 21.0 + 10) = 25.8 \text{ kPa}$$

$$s_c = \frac{C_c}{1+e_0} H_0 \log\left(\frac{\sigma_{vo}{}' + \Delta\sigma_v{}'}{\sigma_{vo}{}'}\right)$$

$$= \frac{0.5}{1+2}\times 6000 \times \log_{10}\left(\frac{49.2+25.8}{49.2}\right)$$

$$= 183 \text{ mm} = 0.183 \text{ m}$$

예제 8.5

두께가 7.0 m인 점토층이 모래층 사이에 끼어 있다. 이 점토층에 $\Delta\sigma = 50$ kPa의 응력이 작용하여 압밀침하량이 445 mm가 되었다. 압밀시험 결과 $c_v = 1.26$ m^2/year였다.

(a) 평균 압밀도가 20%, 50%, 70% 및 90%가 될 때까지의 압밀소요시간을 구하고 침하곡선을 그려라.

(b) 재하 10개월 후에는 이 점토층이 얼마나 압밀되는가?

| 풀이 | (a) 식 (8.13)에 의하여,

$$t = \frac{H^2 T}{c_v} = \frac{(3.5)^2 T}{1.26} = 9.72\ T \text{ (year)}$$

평균 압밀도가 20%, 50%, 70% 및 90%에 대한 시간계수는 그림 8.7에서 각각 0.031, 0.197, 0.403, 0.848이므로 위 식에 이 값을 대입하면,

$$t_{20} = 9.72\times 0.031 = 0.30 \text{ year},\quad s_{ct} = 445\times 0.2 = 89 \text{ mm} = 0.089 \text{ m}$$

$$t_{50} = 9.72\times 0.197 = 1.91 \text{ year},\quad s_{ct} = 445\times 0.5 = 222 \text{ mm} = 0.222 \text{ m}$$

$$t_{70} = 9.72\times 0.403 = 3.92 \text{ year},\quad s_{ct} = 445\times 0.7 = 311 \text{ mm} = 0.311 \text{ m}$$

$$t_{90} = 9.72\times 0.848 = 8.24 \text{ year},\quad s_{ct} = 445\times 0.9 = 400 \text{ mm} = 0.400 \text{ m}$$

침하량곡선은 그림 8.21과 같이 그려진다.

(b) $$T = \frac{c_v t}{H^2} = \frac{1.26\times\frac{10}{12}}{(3.5)^2} = 0.085$$

그림 8.7로부터 $T = 0.085$에 대한 평균 압밀도는 32%이다. 따라서 10개월 후의 압밀침하량은 $s_{ct} = 445\times 0.32 = 142$ mm=0.142 m.

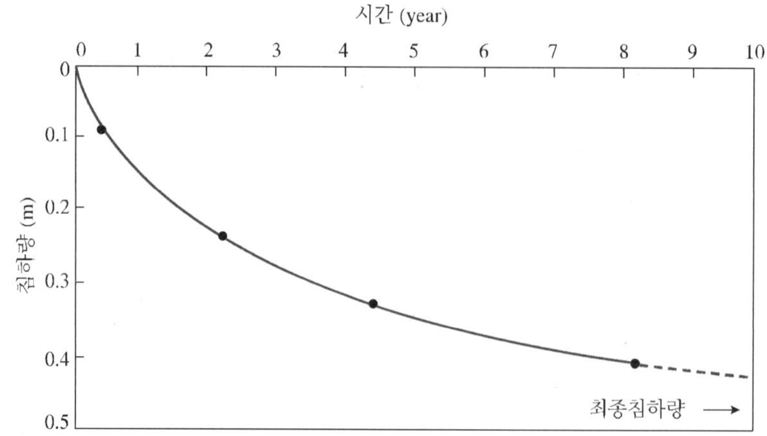

그림 8.21 침하량곡선

예제 8.6

그림 8.22에서 보이는 바와 같이 두께 10 m의 정규압밀 점토층이 모래층 사이에 끼어 있다. 지표에서 넓은 범위에 걸친 성토를 하여 점토층 전 깊이에 걸친 평균 연직응력 증가량이 100 kPa이고, 점토층의 압축지수 C_c는 0.49, 압밀계수 $c_v = 2.50\ \text{m}^2/\text{year}$, 초기 간극비 e_0는 0.60이다. 압밀침하량이 0.55 m에 도달되는 시간 t를 계산하여라.

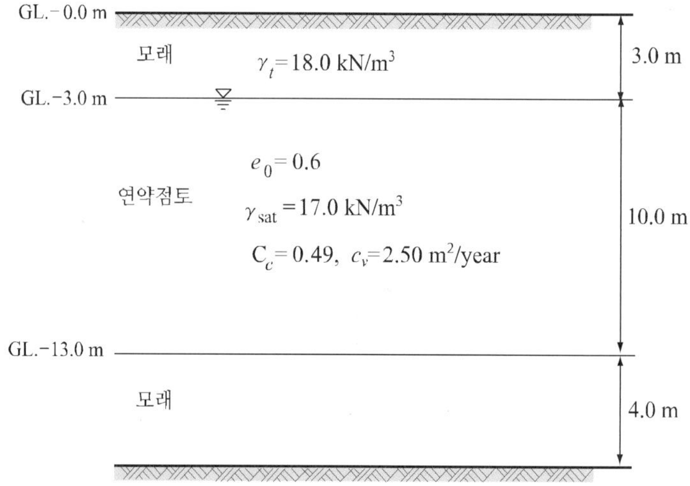

그림 8.22 예제 8.6의 그림

| 풀이 | 점토층 중간에서의 유효연직응력,

$$\sigma_{vo}' = 18.0 \times 3.0 + (17.0 - 9.8) \times 5.0 = 90.0\ \text{kPa}$$

최종 압밀침하량, $s_c = \dfrac{0.49}{1+0.6} \times 10.0 \times \log\left(\dfrac{90+100}{90}\right) = 0.994$ m

압밀침하량이 0.55 m 발생할 경우의 평균 압밀도 $\overline{U} = \dfrac{0.55}{0.994} = 0.553$ 또는 55.3%

이다.

그림 8.7 곡선 (1) 또는 식 (8.19)에서 $\overline{U} = 0.553$에 대응하는 시간계수 T

$$\begin{aligned} T &= 1.781 - 0.933\{\log[100 - \overline{U}(\%)]\} \\ &= 1.781 - 0.933\{\log[100 - 55.3]\} = 0.241 \end{aligned}$$

따라서 압밀침하량 0.55 m에 도달하기 위한 시간 t는

$$t = \frac{TH^2}{c_v} = \frac{0.241 \times 5.0^2}{2.5} = 2.41 \text{ year}$$

예제 8.7

6 m 두께의 점토층이 지표면에 놓인 등분포하중으로 인하여 전 깊이에 걸쳐서 520 kPa의 응력이 유발되었다. 그 점토층의 중앙에서의 토피 하중은 500 kPa이다. 압밀곡선에서 얻어진 이 위치에서의 선행압밀압력은 630 kPa이고, $C_r = 0.06$, $C_c = 0.50$, $e_0 = 1.5$로 계산되었다. 압밀침하량을 구하여라.

| 풀이 | 이 토층은 선행압밀압력이 토피 하중보다 크므로 과압밀되어 있다. 따라서 식 (8.39)를 적용하면,

$$\begin{aligned} s_c &= \frac{H_0}{1+e_0}\left[C_r \log\left(\frac{\sigma_c'}{\sigma_{vo}'}\right) + C_c \log\left(\frac{\sigma_{vo}' + \Delta\sigma_v}{\sigma_c'}\right)\right] \\ &= \frac{6000}{1+1.5}\left[0.06 \log\left(\frac{630}{500}\right) + 0.5 \log\left(\frac{500+520}{630}\right)\right] = 266 \text{ mm} = 0.266 \text{ m} \end{aligned}$$

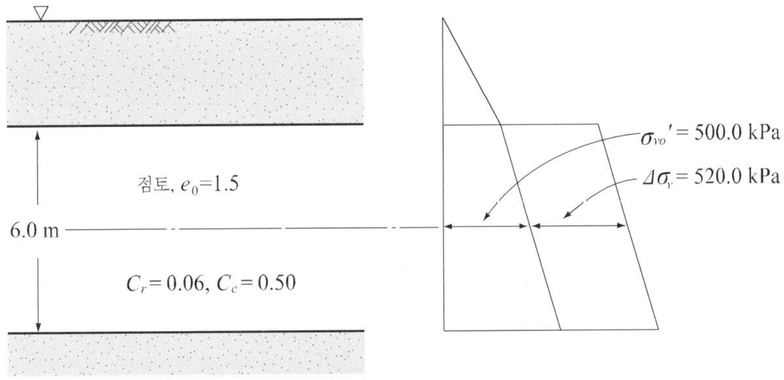

그림 8.23 예제 8.7의 그림

예제 8.8

그림 8.24와 같이 불투수층 위에 8 m의 점토층, 그 위에 10 m의 모래층이 있다. 지하수위면은 지표면으로부터 3 m 깊이에 있다. 1년 동안 넓은 면적의 지표 위에 3 m로 성토(단위중량 20 kN/m^3)를 하였다. 모래의 포화단위중량은 18 kN/m^{3}이고 점토의 포화단위중량은 16 kN/m^{3}이다.
지하수위면 위의 모래의 단위중량은 17 kN/m^{3}이다. 점토층의 $e_0 = 0.85$, $C_c = 0.50$, $c_v = 2.40$ m^2/year이다.

(a) 점토의 최종 압밀침하량을 계산하고 성토 개시로부터 4년 후의 침하량을 계산하여라.

(b) 만약 배수가 자유로운 매우 얇은 배수층(모래층)이 점토층 상면으로부터 5 m 깊이에 위치한다면 최종 및 4년 후의 침하량은 얼마가 될 것인가?

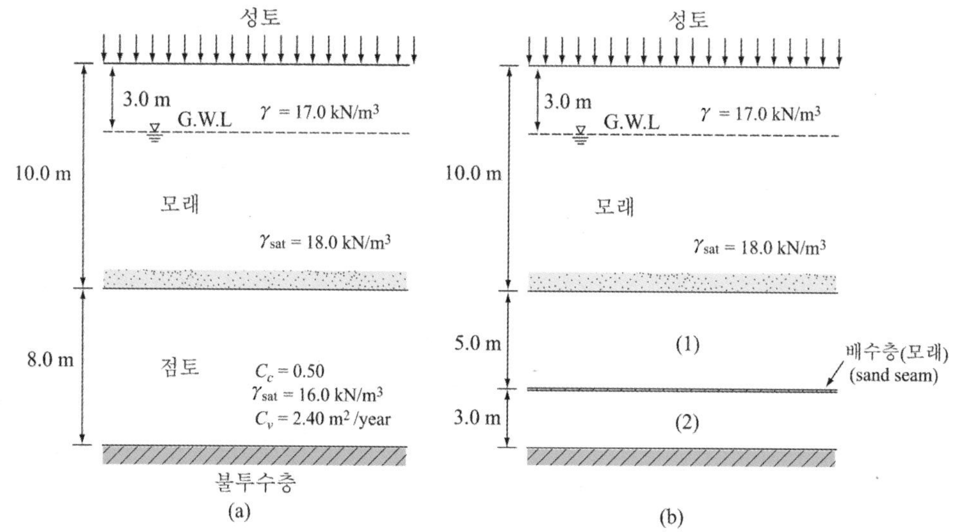

그림 8.24 예제 8.8의 그림

| 풀이 | (a) 성토는 넓은 지역에 걸쳐 있기 때문에 1차원 압밀조건으로 보고, 성토하중(60 kPa)에 의한 최종 압밀침하량 s_c를 계산한다.

$$\sigma_{vo}' = (17\times 3) + [(18-9.8)\times 7] + [(16-9.8)\times 4] = 133.2 \text{ kPa}$$

$$\Delta\sigma' = 3\times 20 = 60 \text{ kPa}$$

$$s_c = \frac{C_c}{1+e_0} H_0 \log\left(\frac{\sigma_{vo}' + \Delta\sigma_v}{\sigma_{vo}'}\right) \text{로부터}$$

$$s_c = \frac{0.50}{1+0.85}\times 8000\times\log\left(\frac{133.2+60}{133.2}\right) = 349.2 \text{ mm}$$

성토 개시 4년 후의 압밀도 계산에서, 1년간의 단계 성토기간을 고려한 수정 성토기간은 다음과 같다.

$$t = 4 - \frac{1}{2} = 3.5\text{년}$$

압밀층은 일면배수이고, 배수길이 $H=8$ m이다.

$$T=\frac{c_v t}{H^2}=\frac{2.40\times 3.5}{8^2}=0.131$$

그림 8.7의 곡선 1로부터 $\overline{U}=0.407$이다. 성토 개시 4년 후의 침하량은

$$s_{c(4년)}=349.2\times 0.407=142.1 \text{ mm}$$

(b) 최종 침하량 $s_c=349.2$ mm이고(배수층 두께는 무시), 단지 침하속도만 영향을 받을 것이다. 점토층 내부의 배수층으로 인하여 점토층 (1)의 배수길이 $H=2.5$ m, 점토층 (2)의 배수길이 $H=3$ m이다. 따라서 성토 개시로부터 4년 경과 후의 시간계수와 평균 압밀도는 비례에 의해서 다음과 같이 계산된다.

$$T_1=0.131\times\frac{8^2}{2.5^2}=1.341$$

$$\therefore\ \overline{U_1}=0.970$$

그리고

$$T_2=0.131\times\frac{8^2}{3^2}=0.932$$

$$\therefore\ \overline{U_2}=0.919$$

이제 각 층에서 $s_{c(t)}=\overline{U}s_c$이다. 그러므로 결합된 두 층에 대한 전체적인 압밀도를 $\overline{U}$라고 하면,

$$5\overline{U_1}+3\overline{U_2}=8.0\overline{U}$$

$$(5\times 0.970)+(3\times 0.919)=8.0\overline{U}$$

$$\overline{U}=0.951$$

그러므로 4년 후의 침하량은,

$$s_{c(4년)}=349.2\times 0.951=332.1 \text{ mm}=0.332 \text{ m}$$

8.5.3 2차 압밀침하량

앞에서는 정규압밀 점토와 과압밀 점토에 대하여 과잉간극수압이 소산되면서 일어나는 침하량, 즉 1차 압밀침하량을 구하는 방법을 설명하였지만, 이것이 완전히 소산된 후의 침하량, 즉 2차 압밀침하량을 구하는 공식은 식 (8.27)과 식 (8.29)로부터 다음과 같이 유도될 수 있다.

$$s_s=\Delta H=C_{\alpha\varepsilon}H_p\Delta\log t \tag{8.40}$$

또는

$$s_s=\Delta H=\frac{C_\alpha}{1+e_p}H_p\Delta\log t \tag{8.41}$$

2차 압밀침하량을 계산하는 데에는 1차 압밀이 완료된 시간 t_1부터 어느 시간 t_2까지의 시간

간격이 정해져야 한다. 그러나 실제로는 점토층이 두꺼울 때에는 1차 및 2차 압밀이 명확히 구별되지 않을 뿐만 아니라, 동일한 토층에서 배수층 부근에서는 2차 압밀이 이미 시작되었다고 하더라도 그 중앙에서는 1차 압밀이 진행되기도 한다. 따라서 실제로 압밀침하량은 이와 같이 엄격히 분리되지 않는다는 것을 명심하여야 한다.

예제 8.9

10 m 두께의 점토층은 그 지표면에 성토를 한 후 25년 만에 1 m 침하 후 1차 압밀이 완료된다. $C_{\alpha\varepsilon}=0.0154$라고 가정하고 성토 후 50년까지 발생되는 2차 압밀침하량을 구하여라.

| 풀이 |

$$s_s = C_{\alpha\varepsilon} H_p \Delta \log t$$
$$= 0.0154 \times 9 \times \log\left(\frac{50}{25}\right) = 0.042 \text{ m}$$

예제 8.10

낙동강 하구 점토의 평균 압축지수는 0.6이다. 점토 두께를 35 m로 가정하여 50년간 발생하는 2차 압밀침하량을 추산하여라. 배수재와 프리로딩으로 압밀을 촉진시킨 결과 1차 압밀은 2.5 m 침하 후 3년 만에 완료되었고, 이때의 평균 간극비는 0.9로 추정되었다.

| 풀이 | 이 점토가 무기질 점토라고 가정하면, 표 8.3으로부터 C_α/C_c의 평균값은 0.04이다. 따라서

$$s_s = \frac{C_\alpha/C_c \times C_c}{1+e_p} H_p \log\frac{t_{50}}{t_p} = \frac{0.04\times 0.6}{1+0.9}\times(35.0-2.5)\times\log\left(\frac{50}{3}\right) = 0.50 \text{ m}$$

연습문제-8장

8.1 점토의 함수비가 54.2%, 액성한계가 57.3%였다. 압축지수를 추정하여라.

8.2 다음과 같은 시료에 대해 압밀시험을 행하였다.

- 시료: 속초항 해성점토
- 비중: 2.68
- 시료의 건조중량: 4.25×10^{-1} N
- 링의 단면적: 28.25×10^{-4} m^2
- 링의 높이: 0.02 m

압밀시험 시 측정 결과는 표 8.4와 같다.

표 8.4 침하 측정 결과 (단위: 10^{-2} mm)

압력(kN/m²) / 경과시간(분)	5.0	10.0	20.0	40.0	80.0	160.0	320.0	50 (하중 제거)
0	0	18.5	41.0	91.5	267.5	460.0	624.0	−
1/4	3.2	22.5	47.5	101.0	278.0	473.0	637.0	−
1	6.2	24.8	52.2	109.5	289.0	485.0	643.0	−
2¼	8.8	26.8	57.0	118.0	301.0	497.0	660.0	−
4	10.7	26.8	57.0	118.0	310.0	497.0	660.0	−
9	13.2	31.2	66.2	140.7	336.5	536.5	691.0	−
16	14.9	32.5	69.5	152.0	355.2	556.0	706.0	−
25	15.5	33.5	72.0	166.0	376.2	569.0	715.0	−
36	16.0	34.2	73.5	178.5	391.0	579.0	722.0	−
64	16.5	35.0	76.3	194.8	410.0	591.0	730.5	−
100	16.9	35.7	78.5	205.4	422.0	598.0	735.0	−
200	17.4	37.1	82.0	222.0	433.0	607.0	743.0	−
400	17.8	38.5	85.1	238.0	444.5	614.0	750.0	−
1440	18.5	41.0	91.5	267.5	460.0	624.0	753.0	668.2

(a) 반대수지상에 간극비-응력(log scale) 곡선을 그려라.

(b) 반대수지상에 압밀계수-응력(log scale) 곡선을 그려라.

(c) 응력 40.0 ~ 80.0 kPa, 80 ~ 160 kPa에 대한 압축지수 C_c를 구하여라.

(d) 선행압밀압력을 결정하여라.

(e) 이 시료를 지표면 아래 2 m 깊이에서 채취하였다고 했을 때 과압밀비(OCR)는 얼마인가? 단, 이 흙의 함수비는 95.6%이었다.

8.3 그림 8.25와 같은 정규압밀 토층 단면을 가진 지표면에 60.0 kPa의 무한히 넓은 등분포하중이 작용한다. 하중작용 후 24개월이 지난 시점에서 다음을 계산하여라.

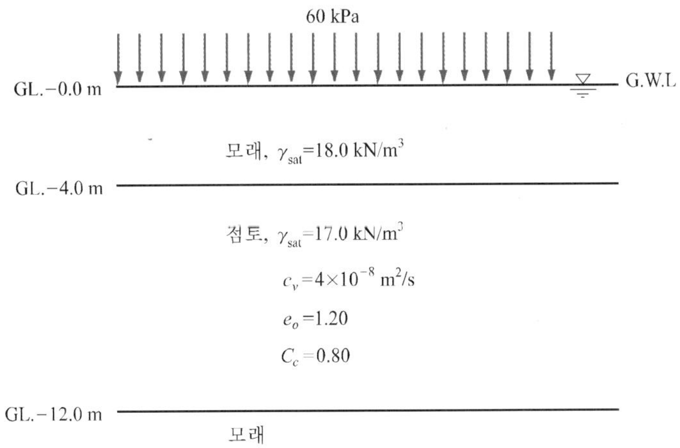

그림 8.25 문제 8.3의 그림

(a) 시간계수
(b) 점토층 중앙(GL. − 8.0 m)에서의 압밀도(U_z)와 과잉간극수압(u_e)
(c) GL − 10.0 m에서의 유효연직응력

8.4 문제 8.3에 대해서 다음을 계산하여라.
(a) 최종 압밀침하량
(b) 평균 압밀도가 50% 도달되는 시간
(c) 하중작용 후 24개월 후의 압밀침하량

8.5 그림 8.26에서 보는 바와 같이 점토층이 상하에 있는 모래층 사이에 끼어 있다. 이 점토층의 압밀계수는 1.26 m^2/year이다. 지표면에 50.0 kPa의 무한 등분포하중이 작용한다.
(a) 이 등분포하중이 작용하기 전의 간극수압의 분포도를 그려라.
(b) 하중이 작용한 직후의 간극수압의 분포도를 그려라.
(c) 하중이 작용한 후 6년이 되었을 때 간극수압의 분포도를 그려라.
(d) 이 점토층이 50% 및 90% 압밀될 때까지의 압밀 소요 시간을 구하여라.

8.6 그림 8.26에서 이 점토층이 압축지수가 0.78이라고 하였을 때,

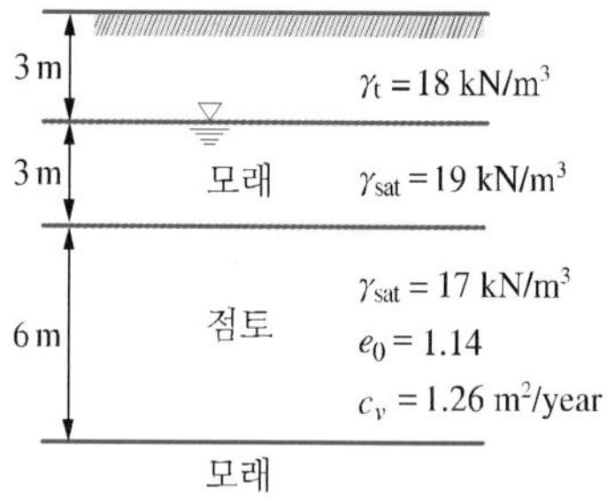

그림 8.26 문제 8.6의 그림

(a) 100% 압밀이 완료되었을 때의 침하량은 얼마인가?
(b) 침하량이 전 침하량의 10%, 50%, 80%, 90%일 때 각 침하량이 일어날 때까지의 소요 시간은 얼마나 되는지 그림을 그려 보아라.

8.7 두께 6 m의 점토층이 모래층 사이에 끼어 있다. 지표면에 400.0 kPa의 무한등분포하중이 작용하고 점토층 중앙에서의 유효연직응력이 300.0 kPa이며, 압밀시험 결과에 의한 선행압밀압력이 400.0 kPa일 경우의 압밀침하량을 계산하여라. 점토층의 압축지수, $C_c = 0.98$, $C_r = 0.08$, $e_o = 1.30$이다.

8.8 포화된 점토에 대해 압밀시험을 행하여 다음과 같은 결과를 얻었다.

압력(kPa)	10.0	25.0	50.0	100.0	200.0	400.0	500.0
간극비	1.25	1.24	1.22	1.16	1.07	0.99	1.00

8 m 두께의 점토층이 4 m 두께의 모래층 아래에 놓여 있다. 점토와 모래의 포화단위중량은 각각 18.0 kN/m^{3}와 19.0 kN/m^{3}이고 지하수위는 지표면과 일치한다.

(a) 지표면에 25 kPa의 성토 하중을 넓은 구역에 걸쳐 재하할 때 압밀침하량은 얼마인가?

(b) 이 지표면에 10.0 m×10.0 m 넓이로 동일한 성토 하중을 재하한다고 하였을 때 압밀침하량은 얼마인가?

참고문헌

Barron, R. A. (1948). Consolidation of fine grained soils by drain wells. *Transactions*, ASCE, **113**.

Casagrande, A., and R. E. Fadum (1940). *Notes on soil testing for engineering purpose*. Harvard Univ. Graduate School of Engineering, Publication, No. 8.

Lambe, T. W. (1951). *Soil testing for engineers*. New York: John Wiley & Sons.

Leonards, G. A. (1976). Estimating consolidation settlements of shallow foundations on overconsolidated clays. *Transportation Research Board, Special Report 163*. Washingtion, D.C., 13-16.

Mesri, G. (1973). Coefficient of secondary compression. *J. Soil Mech, Found. Div*, ASCE, **99** No. SM1, 123-137.

Mesri, G. and Godlewski, P. M. (1977). Time- and stress-compressibility interrelationship. *J. Geotech. Eng. Div.*, ASCE, **130**, No. GT5, 417-430.

NAVFAC (1971). *Design Manual-Soil Mechanics, Foundations, and Earth structures*, NAVFAC DM-7, U.S. Department of the Navy, Washington D.C.

Schmertman, J. H. (1953). Undisturbed laboratory behavior of clay. *Trans. ASCE*, **120**, 1201.

Taylor, D. W. (1942). *Research on consolidation of clays*. Massachusetts Institute of Technology, Publication No. 82.

Taylor, D. W. (1948). *Fundamentals of soil mechanics*. New York: John Wiley & Sons.

Terzaghi, K. (1943). *Theoretical soil mechanics*. New York: John Wiley & Sons.

Terzaghi, K. and Peck, R. B. (1967). *Soil mechanics in engineering practice*. New York: John Wiley & Sons.

Terzaghi, K. Peck, R. B. and Mesri, G. (1996). *Soil mechanics in engineering practice*. 3rd edition. New York: John Wiley and Sons.

김상규(1982). 토질시험법. 동명사. 서울.

CHAPTER 9

흙의 파괴이론과 전단강도의 측정

9.1 개 설

재료는 힘을 받으면 변형을 일으킨다. 응력을 가하고 제거하는 과정에서 변형률이 회복되면 이와 같은 재료를 탄성체라고 한다. 1장에서 언급한 바와 같이 흙의 응력-변형률 거동은 탄성이 아니다. 흙은 비탄성체인 동시에 시간에 따라 응력-변형률 거동이 달라진다. 그러므로 흙의 거동은 응력-변형률-시간의 관계로 표현되어야 한다. 그러나 이 관계는 간단하지가 않으며 현재까지의 이론으로는 수학적으로 완전히 표시하지 못하고 있다.

재료의 강도라고 하면 재료가 변형이 일어나면서 파괴될 때의 응력을 말한다. 파괴를 야기하는 응력성분이 인장이나 압축응력일 때는 인장강도 또는 압축강도를 정의한다. 전단응력에 의하여 파괴가 일어날 때는 **전단강도**(shear strength)가 정의된다. 소성체에 있어서는 응력이 어느 한계에 도달하면 파괴가 일어나므로 강도가 분명히 나타난다. 그러나 탄소성 또는 소성 유동을 보이는 흙에 있어서는 과도한 변형이 일어나서 그 값이 어느 한계를 넘었을 때, 이것을 파괴라고 볼 수도 있으므로 흙의 강도를 정확히 정의하기란 대단히 어렵다.

일반적으로 흙의 파괴는 두 가지 방법으로 일어난다. 첫 번째는 파괴면 또는 활동면이라고 하는 한 곡면을 따라 흙덩이가 활동되는 경우이고, 두 번째는 활동면과 무관하게 흙덩이의 일부 또는 전체가 파괴 상태에 있는 경우이다. 어떤 경우이든 지층 내에서 흙은 전단변형에 취약하고 전단응력에 의하여 파괴가 주로 일어나므로, 전단강도가 토질역학에서 핵심적인 부분을 차지한다. 흙의 전단강도는 흙에 작용하는 응력의 함수로 정하는 파괴이론이 발전되어 토질역학에서 적용되고 있다. 이 장에서는 흙 요소의 평면에 작용하는 응력, Mohr 응력원, 흙의 파괴이론으로 가장 널리 쓰이는 Mohr-Coulomb의 파괴이론을 기술하고, 실험실과 현장에서 흙의 전단강도를 측정하는 시험방법들을 상세히 기술한다.

9.2 평면 내의 응력, Mohr 원 및 주응력

9.2.1 평면에 작용하는 수직응력과 전단응력

지반 내 흙의 한 평면 요소에 작용하는 응력은 수직응력(normal stress)과 전단응력(shear stress) 성분으로 나타낼 수 있다. 수직응력은 임의의 평면에 직각 방향으로 작용하는 응력성분이고, 전단응력은 임의의 평면에 접선 방향으로 작용하는 응력성분이다. 이들을 2차원으로 표시하면 그림 9.1(a)와 같고, 그림 9.1(b)에서는 수직응력면과 θ만큼 경사진 면에 작용하는 수직응력과 전단응력을 보이고 있다. 이 응력은 각각 σ_θ와 τ_θ로 표시하기로 한다(여기서, $\sigma_y > \sigma_x$).

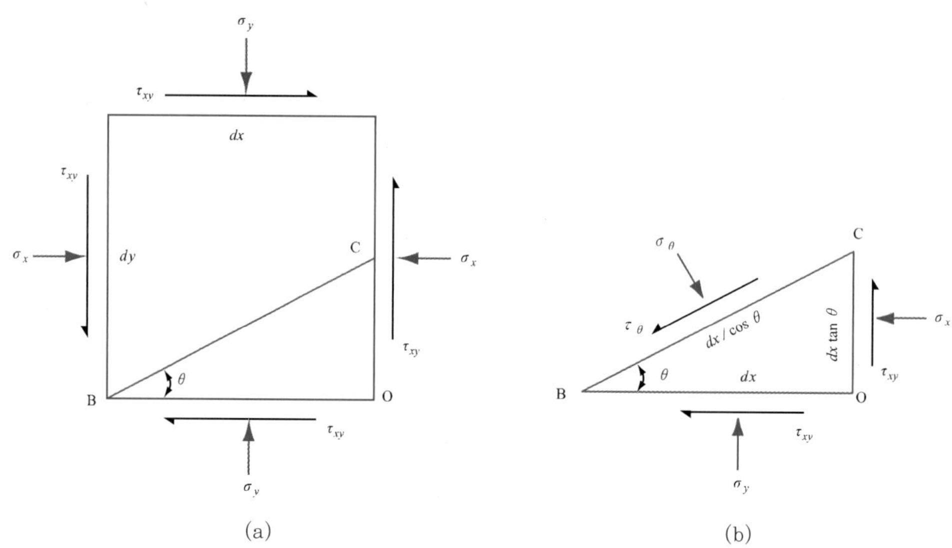

그림 9.1 흙 요소 평면에 작용하는 응력과 자유물체도

BC면의 단면적은 $(dx/\cos\theta)$이므로 $\sum F_\theta = 0$의 평형조건을 쓰면 다음의 식을 얻는다.

$$\sigma_\theta\left(\frac{dx}{\cos\theta}\right) = \sigma_x(dx\tan\theta)\sin\theta + \sigma_y(dx)\cos\theta + \tau_{xy}(dx\tan\theta)\cos\theta + \tau_{xy}(dx)\sin\theta$$

위 식에 다음의 삼각함수 관계식을 적용하여 정리하면 식 (9.1)을 얻게 된다.

$$\sin\theta\cos\theta = \frac{\sin 2\theta}{2}$$

$$\cos^2\theta = \frac{1+\cos 2\theta}{2} \quad \text{그리고} \quad \sin^2\theta = \frac{1-\cos 2\theta}{2}$$

$$\sigma_\theta = \frac{\sigma_y + \sigma_x}{2} + \frac{\sigma_y - \sigma_x}{2}\cos 2\theta + \tau_{xy}\sin 2\theta \tag{9.1}$$

또한 $\sum F_{\theta+90°}=0$의 조건으로부터 식 (9.2)를 얻는다.

$$\tau_\theta\left(\frac{dx}{\cos\theta}\right)=\sigma_y(dx)\sin\theta-\sigma_x(dx\tan\theta)\cos\theta+\tau_{xy}(dx\tan\theta)\sin\theta-\tau_{xy}(dx)\cos\theta$$

$$\tau_\theta=\frac{\sigma_y-\sigma_x}{2}\sin 2\theta-\tau_{xy}\cos 2\theta \tag{9.2}$$

9.2.2 Mohr 응력원과 주응력

식 (9.1)과 (9.2)를 제곱하여 서로 합치면 식 (9.3)과 같은 식을 얻게 된다.

$$\left(\sigma_\theta-\frac{\sigma_y+\sigma_x}{2}\right)^2+{\tau_\theta}^2=\left(\frac{\sigma_y-\sigma_x}{2}\right)^2+{\tau_{xy}}^2 \tag{9.3}$$

이 식은 원의 중심이 $\left(\frac{\sigma_y+\sigma_x}{2}\right)$에 있고, 반경이 $\sqrt{\left(\frac{\sigma_y-\sigma_x}{2}\right)^2+(\tau_{xy})^2}$인 원의 방정식이다. 이 식으로 표시되는 원을 Mohr 응력원(Mohr's circle of stresses)이라 한다(그림 9.2 참조).

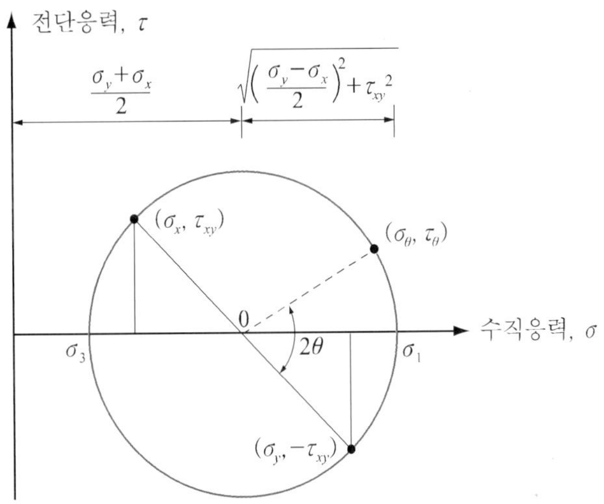

그림 9.2 Mohr 응력원

한편 지반 내의 어떤 요소가 응력을 받는다고 하면, 그 요소에는 전단응력이 0인 세 개의 직교하는 평면이 존재한다. 이 면들을 **주응력면**(principal plane)이라 하고, 이 면에 작용하는 법선 방향의 응력을 **주응력**이라고 한다. 주응력 중에서 값이 최대인 것을 **최대 주응력**(major principal stress, σ_1), 최소인 것을 **최소 주응력**(minor principal stress, σ_3), 중간을 **중간 주응력**(intermediate principal stress, σ_2)이라고 한다.

지표면이 수평이고 흙이 균질하다면 지반 내의 한 점을 통하는 수평면은 주응력면이고, 모든 연직면도 주응력면이다. 정규압밀토일 때에는 수평면이 최대 주응력면이고, $\sigma_2 = \sigma_3$이면 연직면이 최소 주응력면이 된다.

$\sigma_2 \neq \sigma_3$일 때 σ_2를 고려하면 3차원이 되지만, 응력 상태를 2차원으로 취급하기 위하여 여기서는 이것을 포함하지 않기로 한다.

주응력의 크기를 알면 주응력면과 임의의 각도로 기울어진 평면에 작용하는 수직응력과 전단응력을 다음에 설명하는 방법으로 쉽게 결정할 수 있다.

주응력은 전단응력이 0인 경우의 수직응력이므로 식 (9.3)에서 전단응력 τ_θ값을 0으로 놓고 풀면 다음과 같은 2개의 σ_θ값을 얻는다. 그중 큰 값이 최대 주응력(σ_1)이 되고, 작은 값이 최소 주응력(σ_3)이 된다.

$$\sigma_1 = \frac{\sigma_y + \sigma_x}{2} + \sqrt{\left[\frac{(\sigma_y - \sigma_x)}{2}\right]^2 + \tau_{xy}{}^2} \tag{9.4}$$

$$\sigma_3 = \frac{\sigma_y + \sigma_x}{2} - \sqrt{\left[\frac{(\sigma_y - \sigma_x)}{2}\right]^2 + \tau_{xy}{}^2} \tag{9.5}$$

또한 식 (9.2)에 $\tau_\theta = 0$을 대입하면 식 (9.6)을 얻게 된다. 식 (9.6)에 주어진 σ_y, σ_x, τ_{xy}값을 넣어 풀면 tan 2θ의 주기는 90°이므로 두 개의 θ값(θ°와 $\theta + 90$°)을 얻게 되는데, 이것은 상호 직각이면서 전단응력이 0인 두 평면(최대 주응력면과 최소 주응력면)이 존재함을 의미한다.

$$\tan 2\theta = \frac{2\tau_{xy}}{\sigma_y - \sigma_x} \tag{9.6}$$

9.2.3 평면기점

그림 9.3(a)는 지반 내의 흙 요소를 최대 주응력면과 최소 주응력면으로 자른 다음 다시 최대주응력면에서 θ각도만큼 경사진 면에 작용하는 응력을 표시한 것이다. 그림 9.3(a)의 응력 상태를 Mohr 원으로 표시하면 9.3(b)와 같다. 여기서, 최대 주응력면(AO)에 θ만큼 경사진 면 AB에 작용하는 수직 및 전단응력을 각각 σ_θ와 τ_θ라고 할 때, 이 값들은 식 (9.1)과 (9.2)를 이용하여 계산할 수 있다(이 경우, 전단응력 $\tau_{xy} = 0$를 적용).

한편, Mohr 원으로부터 구하고자 하는 응력의 크기와 응력작용면의 방향을 도해적으로 구할 수도 있는데, 이를 위해서는 **평면기점**(origin of plane, O_p)의 성질을 이해하는 것이 중요하다. 평면기점은 다음과 같은 특성이 있다.

(1) Mohr 원의 E점[그림 9.3(b) 참조. 최소 주응력이 표시되는 좌표]에서 최소 주응력면과 평행하게 그은 선이 Mohr 원과 만나는 점이 O_p이다.
(2) O_p점에서 임의의 평면에 평행하게 그은 선이 Mohr 원과 교차하는 좌표는 그 면에 작용하는 응력의 크기를 표시한다.

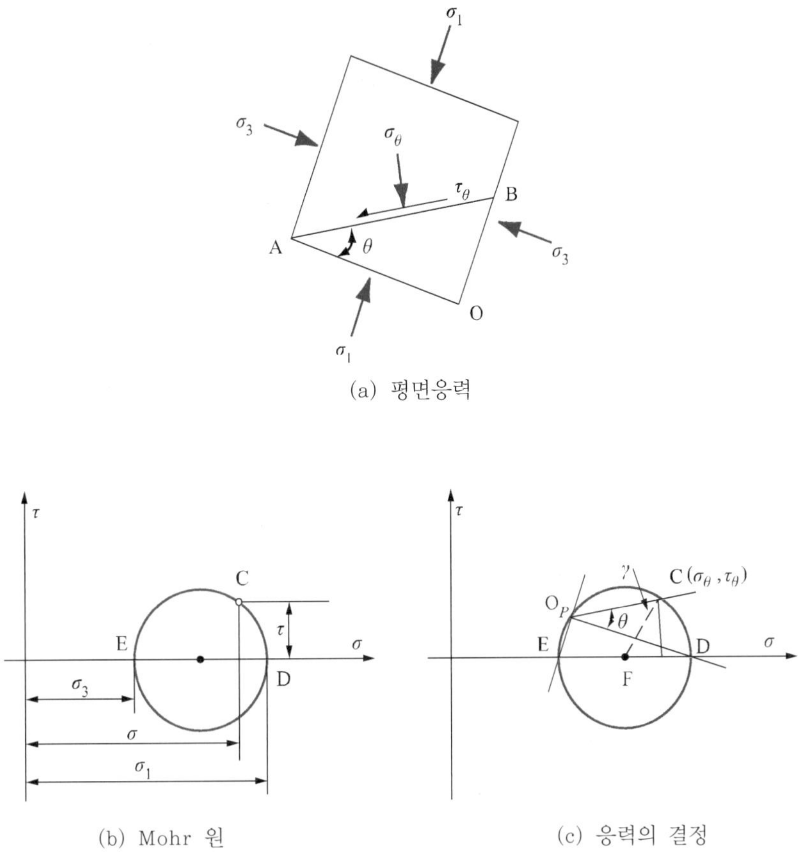

그림 9.3 Mohr 원과 응력의 결정

그림 9.3(c)는 평면 기점의 성질을 이용하여 그림 9.3(a)의 응력 상태를 Mohr 원 위에 표시한 것이다. 그림 9.3(a)의 요소의 주응력면에 작용하는 σ_1과 σ_3를 알았다면 $(\sigma_1-\sigma_3)$를 지름으로 하는 원을 그린다[그림 9.3(b) 참조]. 그림 9.3(c)의 D점에서 그림 9.3(a)의 최대 주응력면 OA에 평행하게 선을 그었을 때 Mohr 원과 만나는 점이 O_p가 되므로, 이 점에서 그림 9.3(a)의 AB와 평행하게 선을 긋는다면 그림 9.3(c)의 Mohr 원상의 C점과 만난다. C점의 좌표가 AB상에 작용하는 σ_θ와 τ_θ값이 된다.

Mohr 원을 그리는 데 있어서 부호 규약은 다음과 같이 정한다. 즉, 압축력은 +로 표시하고, 전단력은 요소의 중앙을 중심으로 해서 반시계 방향으로 회전할 때 +가 된다. 이 부호 규약을 따르면 그림 9.3(a)의 AB면에 작용하는 수직응력과 전단응력은 모두 +이다.

Mohr 원을 이용하여 임의의 면에 작용하는 수직응력과 전단응력을 구하는 방법은 다음 예제에서 설명한다.

예제 9.1

그림 9.4의 D-D 단면에 작용하는 수직응력과 전단응력을 구하여라.

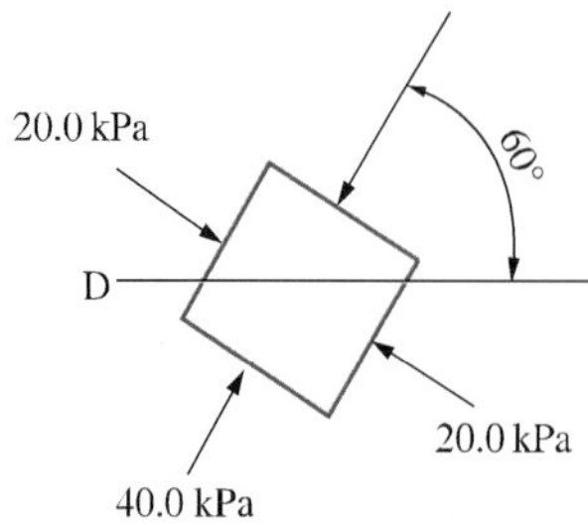

그림 9.4 예제 9.1의 그림

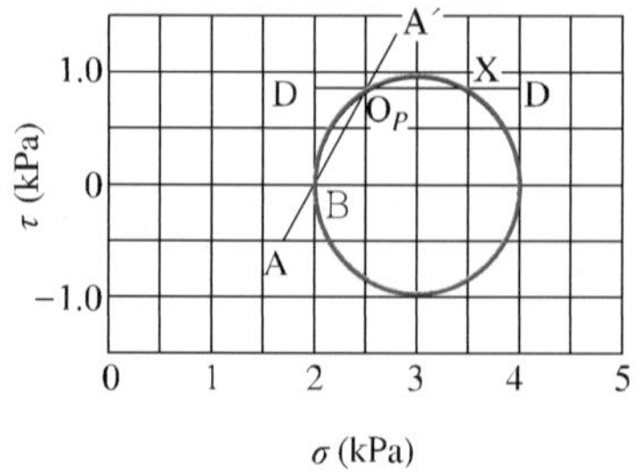

그림 9.5 예제 9.1의 풀이

| 풀이 | 이 그림을 보면 최대 주응력 σ_1은 40.0 kPa, 최소 주응력 σ_3는 20.0 kPa임을 알 수 있다. 따라서 좌표 (40, 0)과 (20, 0)을 통하는 원을 그리면, 이 그림의 모든 응력 상태를 표시하는 Mohr 원이 된다(그림 9.5 참조). 다음에 Mohr 원의 B점에서 최소 주응력면과 평행한 선분이 Mohr 원과 교차하는 점이 O_p가 되므로, 이 O_p점에서 다시 D-D면에 평행한 선분을 그었을 때 Mohr 원과 만나는 점 X의 좌표가 구하고자 하는 응력이다. 즉,

$$\sigma = +35.0 \text{ kPa} \qquad \tau = +8.7 \text{ kPa}$$

여기서, +부호는 수직응력일 때에는 압축을 의미하고 전단응력일 때에는 반시계 방향으로 작용한다는 것을 의미한다.

예제 9.2

그림 9.6(a)에 보인 한 요소가 받는 응력 상태에 대하여 주응력의 크기와 방향을 구하여라.

| 풀이 | (a) 평면기점을 이용한 도해적인 방법

주응력의 크기와 방향을 단계적으로 결정하는 방법은 다음과 같다.

(1) 그림 9.6(b)에 점(40, −10)과 점(20, 10)을 찍는다.
(2) 이 두 점을 연결하고 이 길이를 지름으로 하는 Mohr 원을 그린다.
(3) 점 (40, −10)에서 그림 9.6(a)의 BB와 평행하게 선을 긋고 Mohr 원과 만나는 점을 찍으면 이것이 O_p가 된다.
(4) O_p점에서 Mohr 원의 횡축과 만나는 점까지 선을 그으면, 그중 큰 값이 최대 주응력이 되고 작은 값이 최소 주응력이 된다. 즉, $\sigma_1 = 44.1$ kPa, $\sigma_3 = 15.9$ kPa이다.
(5) O_p점에서 σ_1과 연결한 선이 최대 주응력면의 방향이고, σ_3와 연결한 선이 최소 주응력면의 방향이 된다[그림 9.6(c) 참조].

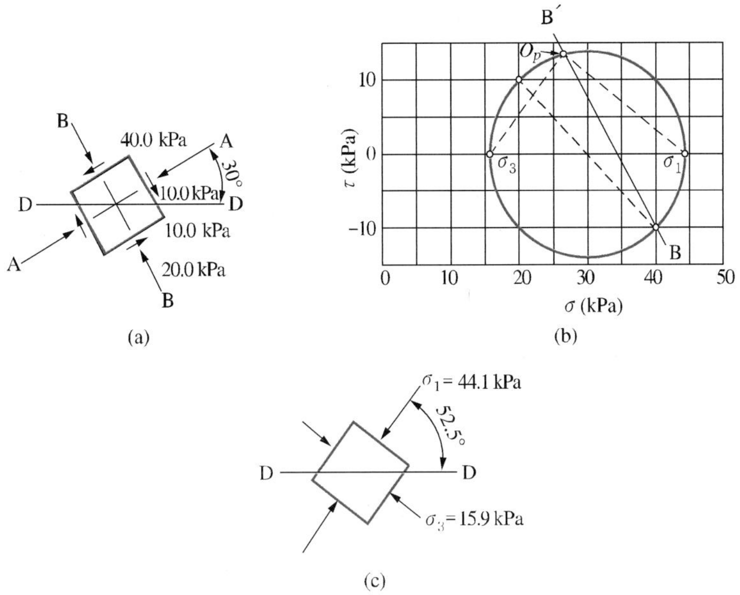

그림 9.6 예제 9.2의 그림

(b) 계산식에 의한 방법

(1) 최대 주응력

$$\sigma_1 = \frac{\sigma_y + \sigma_x}{2} + \sqrt{\left[\frac{(\sigma_y - \sigma_x)}{2}\right]^2 + {\tau_{xy}}^2}$$

$$= \frac{40+20}{2} + \sqrt{\left[\frac{(40-20)}{2}\right]^2 + 10^2}$$

$$= 44.1 \text{ kPa}$$

(2) 최소 주응력

$$\sigma_3 = \frac{\sigma_y + \sigma_x}{2} - \sqrt{\left[\frac{(\sigma_y - \sigma_x)}{2}\right]^2 + {\tau_{xy}}^2}$$

$$= \frac{40+20}{2} - \sqrt{\left[\frac{(40-20)}{2}\right]^2 + 10^2}$$

$$= 15.9 \text{ kPa}$$

(3) 주응력의 방향

최대 주응력의 방향 θ는 식 (9.6)으로부터,

$$\tan 2\theta = \frac{2\tau_{xy}}{\sigma_y - \sigma_x} = \frac{2 \times 10}{40 - 20} = 1.0 \qquad \therefore \ \theta = 22.5°,\ 112.5°$$

따라서 최대 주응력은 (D-D)단면으로부터 52.5° 반시계 방향으로 작용한다.

예제 9.3

그림 9.7에 보인 한 흙 요소가 수평면으로부터 35° 회전되었을 때, 최대 주응력면과 20° 경사진 E-E 면에 작용하는 수직응력과 전단응력을 구하여라.

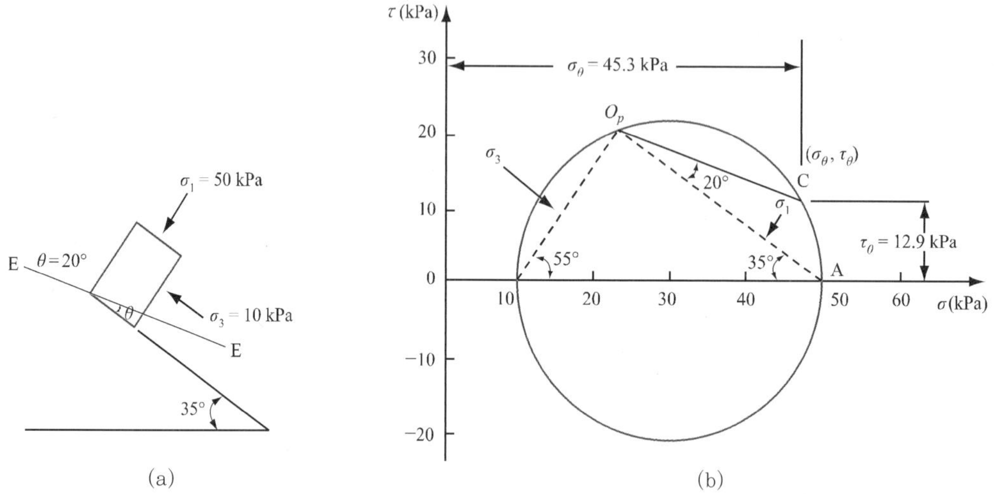

그림 9.7 예제 9.3의 그림

| 풀이 | (1) Mohr 원을 그리고, O_p점을 찾는다. $(\sigma_1, 0)$인 A점에서 최대 주응력면(수평면과 35° 각을 이룸)과 평행한 선을 그으면 Mohr 원과 만나는 점이 O_p점이다.

(2) θ평면(요소의 저변과 20°각을 이루는 면)에 작용하는 응력을 구하기 위하여, O_p점에서 최대 주응력면과 20°의 각을 이루는 선을 그어 Mohr 원과 교차하는 점 C를 정하고, C점의 좌표를 도상에서 읽으면 $(\sigma_\theta, \tau_\theta)$를 얻게 된다.

(3) 앞의 (1) 단계에서 사용한 $(\sigma_1, 0)$ 응력점 대신, $(\sigma_3, 0)$ 응력점을 사용하여 최소 주응력면과 55° 경사를 이루는 선을 그어도 동일한 O_p점을 구할 수 있다.

9.3 Mohr-Coulomb의 파괴이론

재료의 파괴를 정의하는 여러 가지 이론이 있는데(Newmark, 1960), 토질역학에서는 일반적으로 Mohr의 파괴이론이 많이 사용되고 있다. 이 이론에 의하면, 파괴 시 파괴면에서의 전단응력이 동일한 파괴면상의 수직응력에 대하여 유일한 함수에 도달될 때 그 재료는 파괴된다는 것이다. 이것을 식으로 나타내면,

$$\tau_{ff} = s = f(\sigma_{ff}) \tag{9.7}$$

가 된다. 여기서, τ_{ff}는 파괴 시 파괴면에서의 전단응력, σ_{ff}는 파괴 시 파괴면에서의 수직응력, s는 전단강도를 표시하며, 첫 번째 첨자 f는 파괴면, 두 번째 첨자 f는 파괴 시를 의미한다[그림 9.8(a) 참조]. 이 이론에 의하면 전단강도는 내재된 취약면에서 재료가 파괴될 때의 전단응력으로 정의된다.

재료가 파괴될 때의 최대 주응력과 최소 주응력을 알면 앞 절에서 설명한 방법으로 Mohr 원을 그릴 수 있다. 그림 9.8(b)는 주응력을 여러 가지로 바꾸어 그린 Mohr 원이다. 이 그림의 모든 원은 재료가 파괴될 때의 상태를 표시하므로, 여기에 접하는 선을 긋는다면 이 선상의 모든 점은 주어진 수직응력에 대하여 전단응력이 도달될 수 있는 한계를 의미한다. 이 선을 **Mohr의 파괴포락선**(Mohr's failure envelope)이라고 한다.

응력 상태를 표시하는 Mohr 원이 포락선과 접할 때에만 그 재료는 파괴된다. 따라서 Mohr 원이 그 선 아래 그려진다면 그 재료는 아직 파괴에 이르지 않았다는 것을 의미하므로 안정한 상태에 있다. 그러나 포락선 위로 그려지는 Mohr 원은 있을 수 없다.

Mohr보다 훨씬 먼저 태어난 Coulomb은 흙의 전단에 관한 시험을 하여 흙의 전단강도는 응력과 관계가 있는 성분과 응력과 관계가 없는 성분으로 나눌 수 있다는 것을 관찰하였다. 전자는 마치 고체 사이에 작용하는 마찰 성분과 같은 것이고, 후자는 마치 풀처럼 두 재료를 결착시킬 수 있는 성분이다. 이것을 식으로 나타내면,

$$s = c + \sigma \tan\phi \tag{9.8}$$

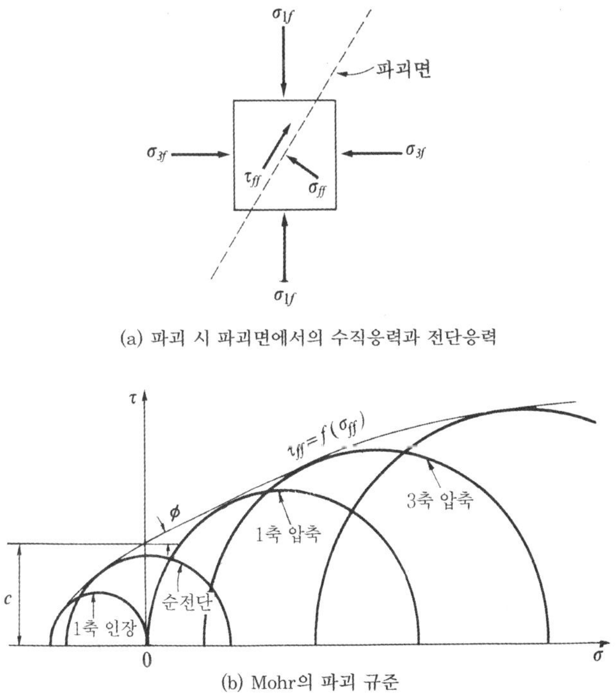

그림 9.8 Mohr 파괴규준과 파괴 시 응력

가 된다. 위의 식에서 σ는 수직응력, c는 점착력, ϕ를 **내부 마찰각**(angle of internal friction)이다.

그 후 여러 학자들의 연구 결과, c와 ϕ의 값은 흙에 따라 고유한 것이 아니고 전단하는 방법과 배수조건에 따라서도 크게 달라질 수 있다는 것이 밝혀졌기 때문에 전자를 **점착절편**(cohesion intercept), 후자를 **전단저항각**(angle of shearing resistance)이라고 하기도 한다. 이 두 값은 흙의 전단강도를 결정하는 데 대단히 중요하며, 이들을 합쳐서 **강도정수**(strength parameter)라고 한다.

Mohr의 파괴포락선은 곡선으로 표시되므로 이것을 흙에 적용하기에는 대단히 불편하다. 만일 위에서 설명한 Coulomb의 전단강도에 대한 개념을 도입하여 이것을 직선으로 나타낼 수 있다면, 실용에 대단히 편리할 것이다. 그림 9.9는 Mohr 포락선을 직선으로 표시한 것인데, 이것을 **Mohr–Coulomb의 포락선**이라고 한다. 이 직선의 세로축과의 교점이 점착력 c가 되고, 직선의 수평축과의 경사각은 ϕ가 되므로 전단강도는 앞에서 기술한 식 (9.8)로 표시될 수 있다.

5장의 유효응력의 원리에서 간단히 설명한 바와 같이 흙의 전단은 흙 입자를 통하여 전달되는 응력, 즉 유효응력에만 지배되므로 전단강도를 유효수직응력의 함수로 표시할 수 있다. 그러면 식 (9.8)은

$$s = c' + \sigma' \tan \phi' \tag{9.9}$$

이 된다. 여기서, c'은 유효응력으로 표시한 점착력, σ'은 유효수직응력, ϕ'은 유효응력으로 표시한 전단저항각이다. 전응력으로 강도정수를 표시할 때에는 수직응력은 전응력이어야 하고 c와 ϕ에 첨자 u를 붙인다.

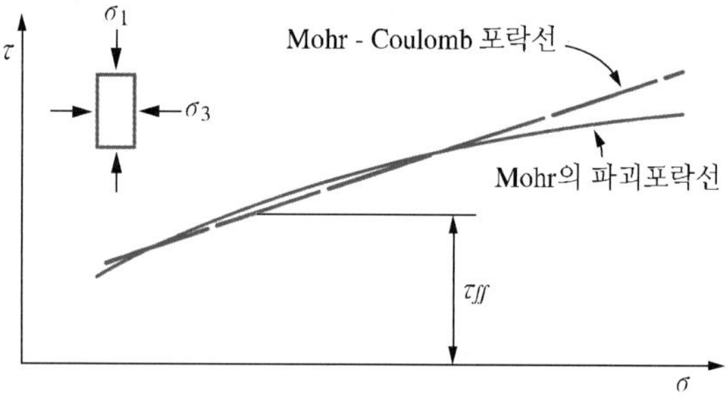

그림 9.9 Mohr–Coulomb 포락선

9.4 실험실에서의 전단강도 측정

전단강도를 시험적으로 결정하는 근본 원리는 비교적 간단한 방법으로 흙 시료에 몇 가지 다른 조건의 하중을 가해서 파괴가 일어날 때의 응력 상태에 대한 Mohr 원을 그리는 것이다. 이러한 Mohr 원에 접하는 선을 그으면 이것이 Mohr의 파괴포락선이며, 이 포락선의 경사각과 절편을 측정하여 그 흙의 ϕ와 c를 결정한다.

강도정수를 결정하기 위하여 보편적으로 사용되는 실내에서의 시험방법에는 (a) 직접 전단시

험, (b) 1축압축시험, (c) 3축압축시험이 있다.

점성토에 대해서는 베인 시험(vane shear test)도 더러 수행한다. 여기서는 몇 가지 중요한 실내 시험에 대하여 측정원리를 기술하는 정도로만 하고, 자세한 방법은 시험에 관한 다른 문헌을 참고하기 바란다.

9.4.1 직접 전단시험(direct shear test)

이 시험기구는 그림 9.10(a)에서 보는 것처럼 비교적 간단한데, 전단상자(shear box)라고 하는 흙 시료를 담을 수 있는 용기, 연직력 및 수평력을 가할 수 있는 가압장치, 연직변위 및 수평변위를 측정할 수 있는 다이얼 게이지 등으로 구성되어 있다. 전단상자는 수평으로 갈라져서 두 쪽으로 나누어지고, 아래 반쪽은 고정되어 있으나 위쪽은 수평으로 움직이게 되어 있다. 연직력은 위에서 가해지며, 연직력의 크기를 고정시킨 상태에서 수평력을 가하여 전단상자의 갈라진 면을 따라 흙을 전단시킨다.

그림 9.10(b)는 이와 같이 시험을 하여 얻은 전단변형률과 전단응력(수평력/시료의 단면적)의 관계를 나타낸 것이다. 연직력 증가 시 전단저항도 증가하므로 연직력의 크기를 바꾸어서 시험한다면 그림과 같이 각각 다른 곡선을 얻을 수 있다. 그림 9.10(c)는 연직변위와 전단변형률의 관계를 나타낸 것이다. 이 그림을 보면 전단변형률이 작을 때에는 높이, 즉 체적이 약간 감소하다가 변형률이 증가함에 따라 체적이 증가하는 경향을 보이고 있다. 이것은 촘촘한 흙에 대한

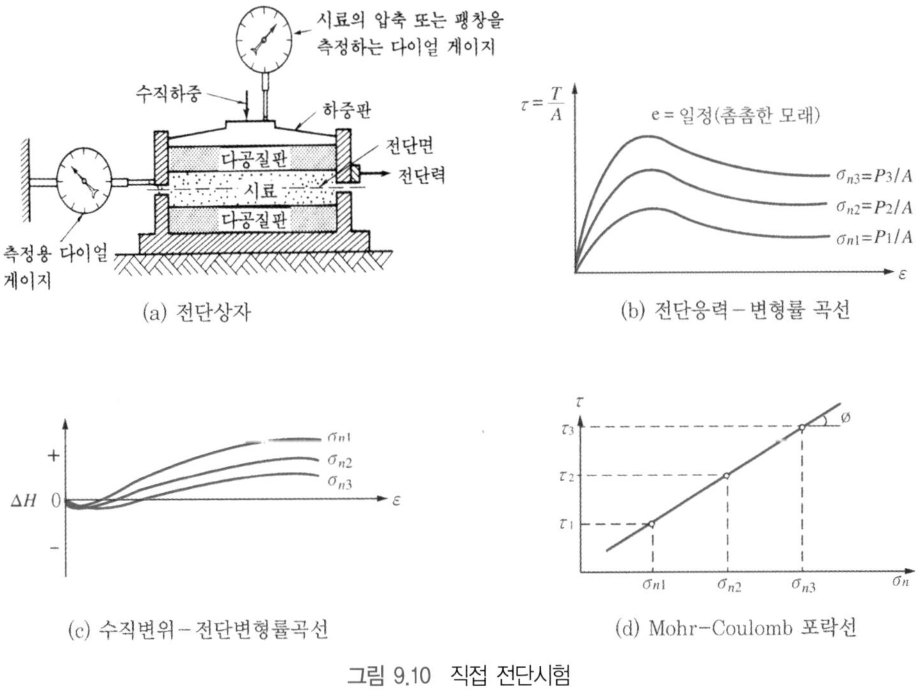

그림 9.10 직접 전단시험

대표적인 체적변화곡선이다. 그러나 느슨한 흙에 대해 시험을 하면 흙이 전단되면서 체적이 감소하므로 곡선이 가로축 아래에 그려진다.

그림 9.10(d)는 그림 9.10(b)의 세 개의 곡선으로부터 연직응력과 최대 전단응력을 취하여 점 찍은 것이다. 이 측정 값들은 흙이 전단파괴될 때 파괴면에서 연직응력과 전단응력이므로 Mohr 원상에 놓이며, 이 점들을 연결하면 Mohr-Coulomb 포락선이 된다. 따라서 이 선의 세로축과의 절편과 경사각을 재면 시험한 흙의 c와 ϕ가 결정된다.

직접 전단시험에서 배수조건은 시료의 상하에 놓이는 다공질판(porous stone)으로 조절할 수 있다. 즉, 배수시험에서는 다공질판을 사용하되, 비배수시험에는 다공질판 대신 배수시키지 못하는 다른 판으로 바꾸어야 한다. 그러나 다음에 설명하는 3축압축시험에서처럼 배수 조건을 철저히 조절할 수 없으므로 점성토에 대한 전단시험으로서는 적절하지 못하다. 또한 시료의 경계에 응력이 집중되므로 응력이 전단면에 골고루 분포하지 않고, 전단면이 시험 도중 자연적으로 발생되는 것이 아니고 미리 정해지며, 시험을 시작할 때 주응력의 방향은 연직과 수평이지만 전단 시에는 이 방향이 회전되는 등의 문제점이 있다. 그러나 이러한 결함에도 불구하고 이 시험은 간단하고 시험 결과를 빨리 얻을 수 있다는 장점 때문에 사질토에 대한 전단시험으로 많이 활용되고 있다.

예제 9.4

$K_0=0.5$인 모래질 실트에 대해 수직응력 650 kPa을 가하여 직접 전단시험을 행하였다. 흙이 전단파괴될 때의 전단응력은 410 kPa이었다. (a) 시험을 시작할 때와 파괴 시의 응력 상태를 표시하는 Mohr 원을 그려라($c=0$으로 가정할 것). (b) 파괴 시 최대 및 최소 주응력의 크기와 작용면의 방향을 결정하여라. (c) 최대 전단응력의 크기와 작용면의 방향을 결정하여라.

| 풀이 | (a) 시험 시작 전에는 최대 주응력 $\sigma_{1i}=650$ kPa, 최소 주응력 $\sigma_{3i}=0.5\times650=325$ kPa 이므로 Mohr 원은 그림 9.11의 원 A와 같이 그려진다. 파괴 시에는 $\sigma_{1f}=\sigma_{ff}=650$ kPa, $\tau_{ff}=410$ kPa이므로 F점을 찍을 수 있다. F점과 원점을 지나는 선을 그으면 이것이 Mohr-Coulomb 포락선이 되므로 이 경사각을 재어 $\phi=32°$를 얻는다. F점에서 90°의 각도로 선을 내려 가로축과 만나는 점 O를 찍고 OF를 반경으로 하는 원을 그리면 이것이 파괴 시의 Mohr 원이 된다.

(b) 이 원으로부터 $\sigma_{1f}=1{,}391$ kPa, $\sigma_{3f}=422$ kPa을 얻는다. 다음에는 F점에서 수평으로 선을 그으면 Mohr 원과 만나는 점이 O_p이므로 이 점에서 σ_{1f}와 직선으로 연결하면 이 선의 방향이 최대 주응력면의 방향이 된다.

(c) 최대 전단응력의 값은 $\tau_m=(\sigma_{1f}-\sigma_{3f})/2=(1391-422)/2=485$ kPa이 되고 O_p 점에서 M점과 연결하면 이 선의 방향이 최대 전단응력이 작용하는 면의 방향이 된다.

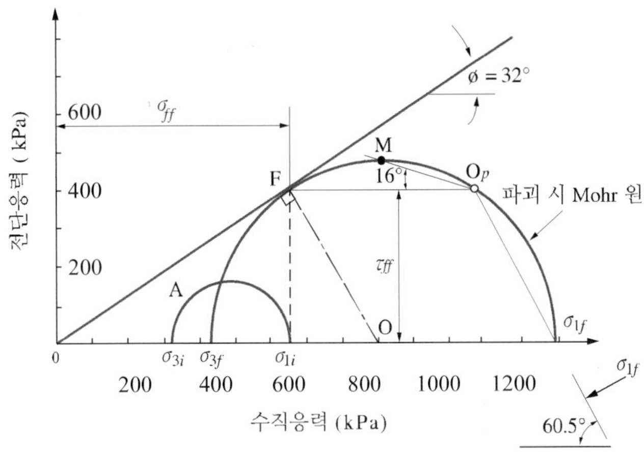

그림 9.11 예제 9.4의 풀이

9.4.2 3축압축시험(triaxial compression test)

그림 9.12(a)는 3축압축시험의 측정 계통을 나타낸 것인데, 이것은 압축실, 가압장치, 간극수압 측정장치 및 체적변화 측정장치로 나뉜다. 이 시험에서는 시료를 원통 모양으로 깎고 얇은 고무막으로 싸서 이것을 압축실에 넣는다. 이 그림의 왼쪽 가압장치를 이용하여 압축실에 수압을 가하면, 그림 9.12(c)에 보이는 것처럼 시료는 사방에서 똑같은 압력을 받는다. 이것을 **구속압력**(confining pressure, cell pressure)이라고 한다. 표준 3축압축시험에서는 이것이 최소 주응력이 되며, 사방의 압력이 동일하므로 $\sigma_3 = \sigma_2$이다. 다음에는 피스톤을 통해 축응력을 가하여 시료가 파괴될 때까지 증가시킨다. 이것을 **축차응력**(deviator stress) 또는 **주응력차**(principal stress difference)라고 하며, 이것과 구속압력을 합한 값이 최대 주응력이 되므로 축차응력은 $(\sigma_1 - \sigma_3)$이다.

시료에 축력을 가하면 이것이 축방향으로 수축되면서 단면적이 증가한다. 축차응력을 계산할 때에는 축력을 다음과 같이 수정된 단면적으로 나누어야 한다.

$$V_0 - \Delta V = A_c(l_0 - \Delta l)$$

$$A_c = A_0 \frac{1 \quad \Delta V/V_0}{1 - \Delta l/l_0} \tag{9.10}$$

여기서, A_c : 수정된 단면적

A_0 : 원단면적

ΔV : 전단 시의 체적 변화량

V_0 : 원체적

Δl : 전단 시 시료의 길이 변화량

l_0 : 원시료의 길이

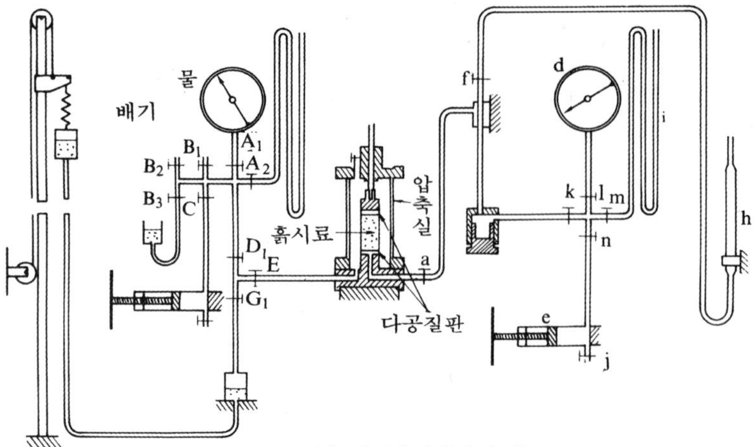

(a) 3축압축시험 측정 계통

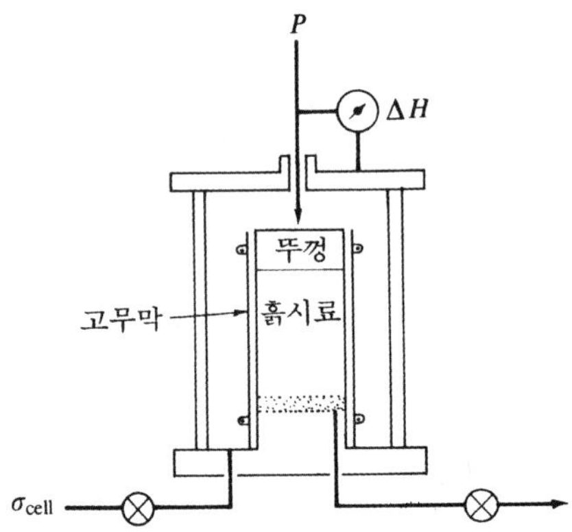

(b) 3축실

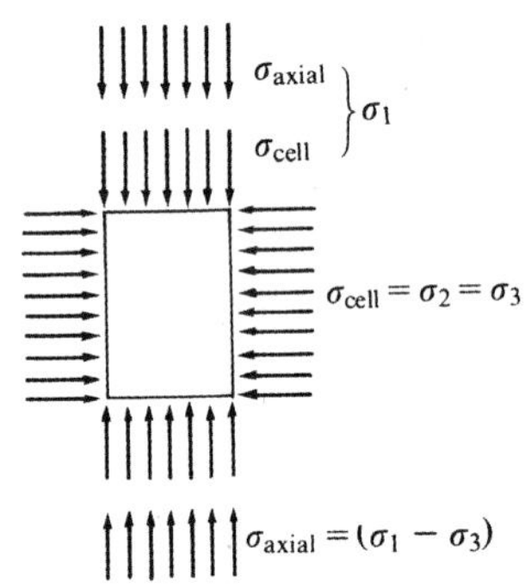

(c) 흙시료가 받는 응력 상태

그림 9.12 3축압축시험

시료가 전단되는 동안 간극수압을 측정하고자 할 때에는 시료의 상하 양단 또는 하단에 다공질판을 놓고, 이것과 가는 튜브로 연결된 간극수압 측정장치를 이용하여 이를 측정한다. 전단 시의 체적 변화는 체적 변화 측정장치를 이용한다. 이와 같은 방법으로 시험을 행하면 시료가 파괴될 때의 최대 주응력 및 최소 주응력을 알 수 있으므로 Mohr 원을 그릴 수 있다. 구속응력 σ_3를 3, 4회 바꾸어서 동일한 방법으로 시험을 행하면 그림 9.8과 같은 Mohr 원을 그릴 수 있고, 이 Mohr 원에 접선을 그으면 이것이 Mohr의 포락선이 된다. 3축압축시험에 대한 자세한 내용은 Bishop & Henkel(1962)이 잘 설명하고 있다.

3축압축시험은 이론상으로는 간단하지만, 실제로는 시험장치의 조작과 시험방법이 직접 전단시험에 비하여 대단히 복잡하다. 그러나 이 시험에서는 실제 지반이 받고 있는 응력 상태를 실험실에서 재현할 수 있을 뿐만 아니라 배수조건을 완전히 달리하여 시험할 수 있는 장점이 있다.

3축압축시험에서 배수조건에 따라 시험하는 방법은 다음과 같이 분류된다.

(1) 비압밀 비배수시험(unconsolidated undrained test, UU)

흙 시료에서 물이 빠져나가지 못하도록 하고, 구속압력(confining pressure)을 가한 다음 비배수 상태로 시료를 파괴시키는 시험이다.

(2) 압밀 비배수시험(consolidated undrained test, CU 또는 $\overline{\text{CU}}$)

시료에 구속응력을 가하고 간극수압이 0이 될 때까지 압밀시킨 다음 비배수 상태로 전단시킨다. 전단 시에는 간극수압의 변화를 측정할 수 있다. 이때 전응력으로 강도정수를 결정하면 CU 시험이라고 하고, 유효응력으로 강도정수를 표시하면 $\overline{\text{CU}}$ 시험이라고 한다.

(3) 압밀 배수시험(consolidated drained test, CD)

흙 시료를 압축시키고 난 다음, 전단 시에는 간극수압이 조금도 발생하지 않도록 천천히 하중을 증가시켜 전단시키는 시험이다.

어떤 배수 조건으로 시험방법을 선택하느냐 하는 것은 전단강도가 요구되는 목적에 달려 있다. 원칙적으로 말하면 전단 시의 배수조건은 실제로 흙이 응력을 받는 조건과 일치시켜야 한다. 여러 가지 배수 조건에서 얻은 강도정수의 적용 예는 다음 절에서 설명한다.

예제 9.5

압밀 배수 3축시험을 행하였다. 구속압력을 100 kPa로 하고 축차응력을 가하여 200 kPa이 되었을 때 파괴가 일어났다.

(a) 파괴 시의 응력 상태를 표시하는 Mohr 원을 그려라.

(b) $c = 0$으로 가정하고 전단저항각, 파괴면에서의 수직응력과 전단응력 및 파괴면의 경사각을 구하여라.

(c) 최대 전단응력의 크기와 그 응력이 작용하는 면의 경사각을 구하여라.

(d) 파괴면에서의 (σ_{ff}, τ_{ff})를 계산식으로 구하여라.

| 풀이 | (a) $\sigma_{1f} = \sigma_{3f} + (\sigma_1 - \sigma_3)_f = 100 + 200 = 300$ kPa

$\sigma_{3f} = 100$ kPa

최소 주응력과 최대 주응력점을 찍고 (300−100)/2=100 kPa 반경으로 하는 원을 그리면 이것이 파괴 시의 Mohr 원이 된다(그림 9.13 참조).

(b) 이 그림의 원점에서 Mohr 원에 접하는 직선을 그으면, 직선의 경사각 $\phi = 30°$가 얻어진다. Mohr 포락선과 원이 접하는 점의 좌표를 읽으면,

$$\sigma_{ff} = 150.1 \text{ kPa}$$
$$\tau_{ff} = 86.4 \text{ kPa}$$

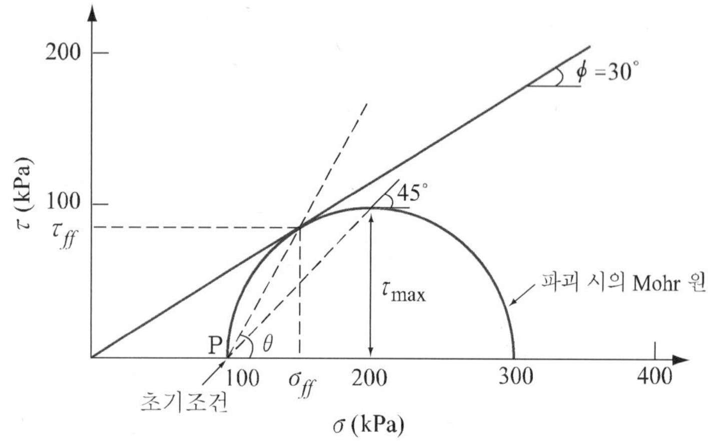

그림 9.13 예제 9.5의 풀이

가 된다. 이 점과 $\sigma_{3f} = 100$ kPa 되는 점을 연결하고 수평면과 이루는 각도를 재면 $\theta = 60°$가 얻어진다. 이 각도는 다음과 같이 해석적으로도 구할 수 있다.

$$\theta = 45° + \phi/2 = 60°$$

(c) 최대 전단응력

$$\tau_{max} = 1/2(\sigma_{1f} - \sigma_{3f}) = 1/2(300 - 100) = 100.0 \text{ kPa}$$

이 응력이 작용하는 면은 수평면과 45°를 이룬다.

(d) 계산식을 이용한 (σ_{ff}, τ_{ff})

위에서 얻은 전단저항각과 파괴면에서의 수직응력과 전단응력은 계산으로도 얻을 수 있다.

$$\sin\phi' = \frac{\sigma_{1f}' - \sigma_{3f}'}{\sigma_{1f}' + \sigma_{3f}'} = \frac{300 - 100}{300 + 100} = 0.5$$

$$\phi' = \sin^{-1}(0.5) = 30°$$

$$\sigma_{ff} = \frac{\sigma_1 + \sigma_3}{2} + \frac{\sigma_1 - \sigma_3}{2}\cos 2\theta \qquad \text{여기서, } \theta = 45° + \frac{\phi'}{2} = 60°$$

$$= \frac{300 + 100}{2} + \frac{300 - 100}{2}\cos(2 \times 60°) = 150.0 \text{ kPa}$$

$$\tau_{ff} = \frac{\sigma_1 - \sigma_3}{2}\sin 2\theta = \frac{300 - 100}{2}\sin(2 \times 60°) = 86.6 \text{ kPa}$$

9.4.3 1축압축시험(unconfined compression test)

1축압축시험은 마치 콘크리트 공시체에 대한 압축시험처럼 축방향으로만 압축하여 흙을 파괴시키는 것이므로 $\sigma_3 = 0$일 때의 3축압축시험이라고 할 수 있다. 따라서 이 시험으로부터는 Mohr 원이 하나밖에 그려지지 않으므로(그림 9.14 참조), ϕ를 결정하지 못한다.

1축압축시험을 할 때에는 흙 시료가 자체적으로 서 있어야 하므로 점성토에 대해서만 시험이 가능하다. 또한 배수조건을 조절할 수 없으므로 항상 비배수조건에서의 시험 결과밖에 얻지 못한다. 시료가 파괴될 때의 축방향의 응력을 **1축압축강도**(unconfined compressive strength), q_u라고 하며, 비배수조건에서의 전단강도는 이 값의 반으로 정한다. 즉,

$$s_u = c_u = \frac{q_u}{2} \tag{9.11}$$

여기서, 첨자 u는 비배수조건을 뜻하며, c_u를 특별히 s_u라는 기호를 써서 표시하고 이것을 **비배수 강도**(undrained strength)라고 한다.

1축압축시험은 매우 간단한 방법으로 비배수조건에서의 전단강도를 결정할 수 있으므로 교란되지 않은 시료와 교란된 시료의 강도를 비교하는 데 많이 이용된다. 즉,

$$s_t = \frac{q_u}{q_{ur}} \tag{9.12}$$

여기서, s_t를 **예민비**(sensitivity)라고 하며, q_u는 교란시키지 않은 흙의 1축압축강도이고, q_{ur}는 교란된 흙의 1축압축강도이다. 포화된 흙의 예민비는 보통 1.5~100까지 이르는 넓은 범위의 변화를 보인다. 이와 같이 교란된 흙의 전단강도가 감소되는 것은 자연적으로 형성된 흙 입자의 구조 배열이 바뀌어서 입자의 접촉점에서의 부착력이 파괴되기 때문이다. 예민비가 큰 흙을 quick clay라고 하며, 이런 흙은 스칸디나비아 또는 캐나다 북부에서 많이 발견된다. 이것은 본래 해저에서 퇴적되어 면모구조를 가지고 있다가 육지의 융기로 인해 담수로 세척되어 형성된 것이다.

4장에서 설명한 바와 같이 교란된 흙은 시간이 지남에 따라 손실된 전단강도가 조금씩 회복되지만 오랜 시간이 되어도 본래의 강도까지 회복되지는 않는다.

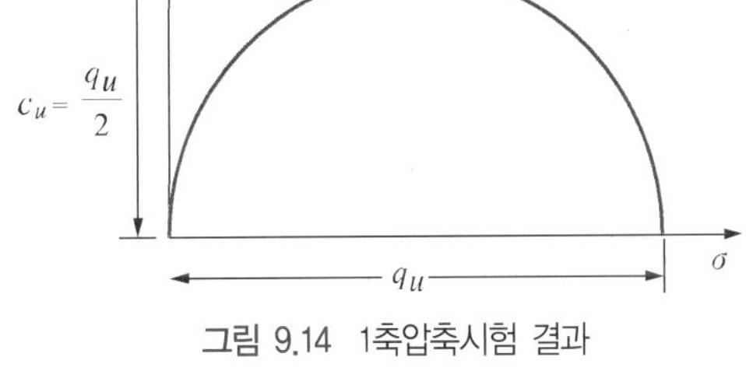

그림 9.14 1축압축시험 결과

9.5 불포화토의 전단강도

9.5.1 불포화토의 파괴이론

6.3절에서 논의한 바와 같이 불포화토는 모관흡수력 효과가 중요한 역할을 하며, 특히 전단강도에 큰 영향을 끼친다. **순수직응력** $\sigma - u_a$는 흙 입자와 공기의 접촉면에서 작용하는 응력성분이며 **모관흡수력** $u_a - u_w$는 물과 공기의 접촉면에 작용하는 성분으로서 모두 입자 간의 구속효과를 높이는 데 기여한다. 순응력과 모관흡수력을 독립적인 응력변수로 정의하면, 불포화토의 전단강도를 Mohr-Coulomb 파괴규준에 따라 식 (9.13)과 같이 정의할 수 있다(Fredlund et al, 1978).

$$\tau_{ff} = c' + (\sigma - u_a)\tan\phi' + (u_a - u_w)\tan\phi^b \tag{9.13}$$

위 식에서, c'은 포화토의 유효점착력, ϕ'은 포화토의 유효내부마찰각이다. ϕ'은 다양한 모관흡수력이 작용하더라도 포화토의 경우와 동일한 것으로 알려졌다. 포화도가 증가하여 포화 상태가 되었을 때, 간극 내 공기가 차지하는 공간은 간극수로 채워지고 간극공기압 u_a는 간극수압 u_w로 대체된다(즉, $u_a \rightarrow u_w$). 따라서 식 (9.13)은 Terzaghi의 유효응력의 원리에 따른 Mohr-Coulomb 파괴규준과 일치한다.

ϕ^b는 모관흡수력에 따른 겉보기 점착력의 변화 기울기를 나타내는 **흡수마찰각**이다. 식 (9.13)에서 순수직응력이 0일 때의 전단강도는 **겉보기 점착력**(apparent cohesion)으로 정의되며, 모관흡수력에 따른 겉보기 점착력 $\bar{c}$는 식 (9.14)와 같이 표시된다.

$$\bar{c} = c' + (u_a - u_w)\tan\phi^b \tag{9.14}$$

따라서 식 (9.13)과 (9.14)로부터,

$$\tau_{ff} = \bar{c} + (\sigma - u_a)\tan\phi' \tag{9.15}$$

으로 쓸 수 있다.

그림 9.15(a)에 보인 바와 같이 순수직응력($\sigma - u_a$)-전단응력(τ_{ff}) 관계에서 불포화토의 파괴규준은 기울기가 ϕ'인 평행한 직선으로 나타난다. 이 그림에서 겉보기 점착력은 전단응력축과 만나는 절편을 의미하며, 모관흡수력이 클수록 겉보기 점착력은 증가하게 된다. 그림 9.15(b)에서 보여준 모관흡수력에 따른 겉보기 점착력은 실험적으로 얻을 수 있다. 모관흡수력의 범위가 크지 않은 경우에는 선형적으로 단순화할 수 있는데, 그 기울기를 나타내는 각이 ϕ^b이다. 표 9.1에는 이러한 ϕ^b의 측정 사례를 제시하고 있다.

순수직응력이나 모관흡수력이 증가하게 되면 불포화토의 전단강도도 증가하게 된다. 이러한 관계를 3차원으로 나타내면 그림 9.16과 같다. 이 그림에 보인 바와 같이 모관흡수력이 증가하면 불포화토의 파괴규준은 3차원 공간상에서 유일한 평면을 형성하고 있다.

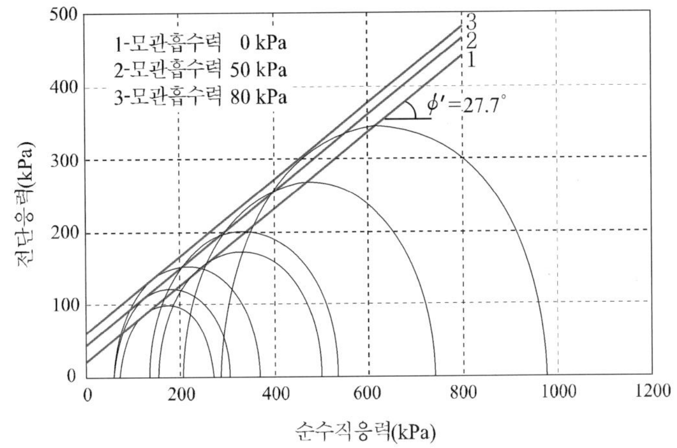

(a) 순수직응력-전단응력 관계

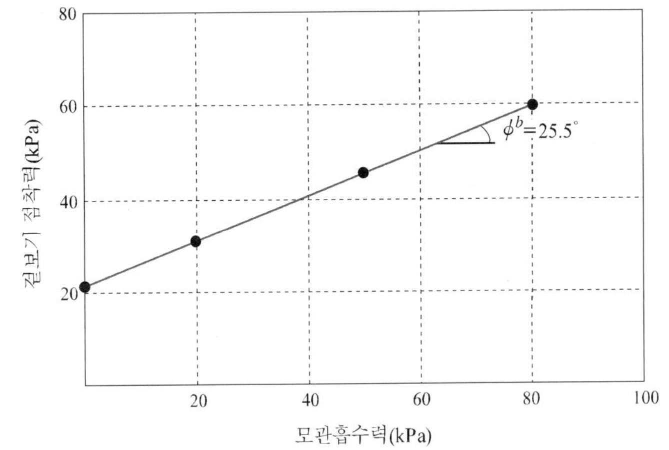

(b) 모관흡수력-겉보기 점착력 관계

그림 9.15 3축압축시험 시 불포화토의 전단강도

표 9.1 ϕ^b 값의 실험 사례(Fredlund and Rahardjo, 1993)

종 류	c' (kPa)	ϕ' (°)	ϕ^b(°)	Reference
다짐 셰일; w=18.6%	15.8	24.8	18.1	Bishop et al. (1960)
빙력점도(boulder clay); w−11.6%	9.6	27.3	21.7	Bishop ct al. (1960)
Dhanauri 점토; w=22.2%, ρ_d=1.58 Mg/m^3	37.3	28.5	16.2	Satija (1978)
Dhanauri 점토; w=22.2%, ρ_d=1.48 Mg/m^3	20.3	29.0	12.6	Satija (1978)
Dhanauri 점토; w=22.2%, ρ_d=1.58 Mg/m^3	15.5	28.5	22.6	Satija (1978)
Dhanauri 점토; w=22.2%, ρ_d=1.48 Mg/m^3	11.3	29.0	16.5	Satija (1978)
Madrid 회색점토; w=29%	23.7	22.5	16.1	Escario (1980)

(계속)

종 류	c'(kPa)	ϕ'(°)	ϕ^b(°)	Reference
불교란 화강풍화토; 홍콩	28.9	33.4	15.3	Ho and Fredlund (1982a)
불교란 유문암풍화토; 홍콩	7.4	35.3	13.8	Ho and Fredlund (1982a)
Tappen-Notch Hill 실트; w=21.5%, ρ_d=1.59 Mg/m^3	0.0	35.0	16.0	Krahn et al. (1989)
다짐 빙력토; w=12.2%, ρ_d=1.81 Mg/m^3	10	25.3	7-25.5	Gan et al. (1988)

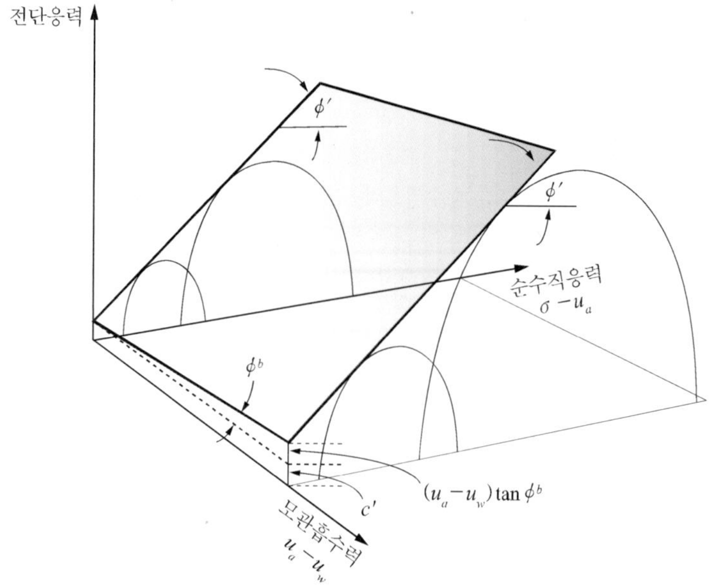

그림 9.16 불포화토의 Mohr-Coulomb 파괴규준

모관흡수력의 수준이 높으면 모관흡수력에 따른 겉보기 점착력이 비선형적인 것으로 알려져 있다. 이러한 경우 ϕ^b는 제한된 모관흡수력 범위 내에서만 일정하게 평가할 수 있다. 전체 모관흡수력 범위에서는 비선형적인 겉보기 점착력을 나타내기 위해서는 식 (6.9)에서 보여준 불포화토의 유효응력 기술방식을 적용할 수 있다.

불포화토의 유효응력에 따라 Mohr-Coulomb 파괴규준을 확장한 불포화토의 전단강도를 식 (9.16)과 같이 나타낼 수 있다(Lu와 Likos, 2004).

$$\tau_{ff} = c' + \sigma_n{}' \tan\phi' \tag{9.16a}$$

$$\tau_{ff} = c' + (\sigma_n - u_a)\tan\phi' + \chi(u_a - u_w)\tan\phi' \tag{9.16b}$$

여기서, χ는 포화도와 관련되는 계수이다(그림 6.6 참조).

식 (9.14)로부터 겉보기 점착력 $\bar{c}$ 또는 ϕ'과 흡수마찰각 ϕ^b와의 관계는 다음과 같다.

$$\bar{c} = c' + (u_a - u_w)\tan\phi^b = c' + \chi(u_a - u_w)\tan\phi' \tag{9.17a}$$

$$\tan\phi^b = \chi\tan\phi' \tag{9.17b}$$

여기서, $\bar{c}$ 및 ϕ^b와 모관흡수력과의 관계는 비선형적이며, 포화도나 체적함수비의 함수로 나타낼 수 있다. 특히 $\chi(u_a - u_w)$는 식 (6.9)에 포함되는 성분으로 모관흡수력이 증가함에 따라 비선형적으로 증가하는 경향을 나타낸다.

그림 9.17은 강우 시 침투로 인해 파괴에 이르는 지반 내 응력경로를 보여준다. 불포화지반 내 한 위치의 전응력으로 표시한 응력은 Mohr 원상의 A점에 존재하고, 유효응력으로 표시하면 모관흡수력 효과로 인하여 발생한 부간극수압만큼 증가하므로 A'점에 위치한다. 강우로 인한 침투가 일어나고 포화도가 증가하여도 전응력은 거의 일정하다. 그러나 불포화토의 유효응력 Mohr 원은 포화도가 증가할수록 불포화층의 모관흡수력이 감소하게 되므로 좌측으로 이동하면서 포락선에 접근하게 된다(A'에서 A''로). 또한 포화도가 증가하면 파괴포락선은 포화 상태에 접근한다. 다시 말하면, 강우 시에는 불포화토에 침투가 일어나면서 유효응력에 의한 Mohr 원과 파괴포락선은 함께 근접하게 되어 파괴에 도달하게 된다.

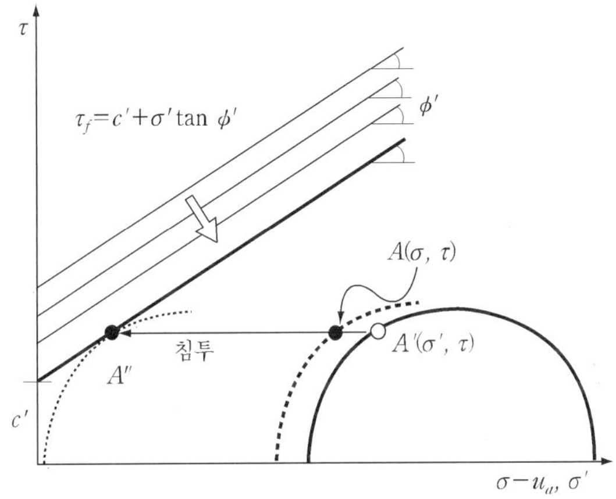

그림 9.17 강우 시 침투로 인한 전단강도 및 유효응력의 변화

9.5.2 불포화토에 대한 전단강도 측정

그림 9.18은 불포화토의 3축압축시험을 수행하는 개요도를 보여준다. 그림 9.18(a)에 보인 바와 같이 하부 좌대(base pedestal) 위에는 적절한 공기함입치(2~5 bar)를 가지는 세라믹 디스크를 올려두고, 시료 위에 두는 상부 캡은 기존의 다공판을 이용한다. 그러면 시료의 상부에서는 다공판을 통하여 공기압이 가해지고, 시료의 하부에서는 세라믹 디스크를 통하여 불포화 시료 내부에 간극수압을 가하거나 이것을 측정할 수 있다.

시험 시에는 포화토 시료에 대한 시험과 마찬가지로 구속압력 σ_3로 압밀시킨 후 축차응력 $\Delta\sigma$를 가하여 파괴에 도달시킨다[그림 9.18(b) 참조]. 불포화시험에서는 시료 내에 간극 수압과 간극공기압을 임의로 가할 수 있으므로 모관흡수력 $(u_a - u_w)$이 결정된다. 간극공기압을 일정하게 가해두면 횡방향 순수직응력 $(\sigma_3 - u_a)$이 일정한 상태에서 축방향 순수직응력 $(\sigma_1 - u_a)$이 증가

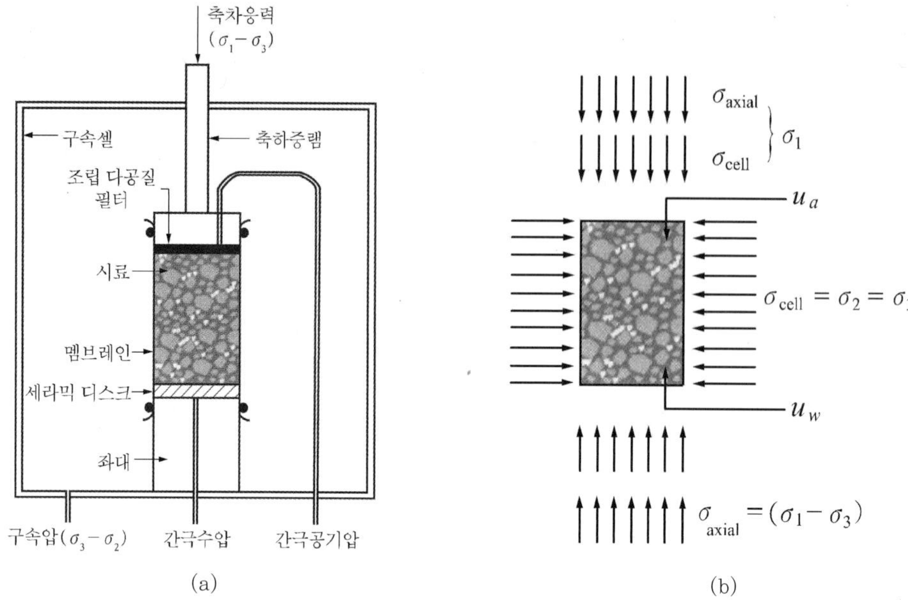

그림 9.18 모관흡수력을 조절하는 불포화토의 3축압축시험

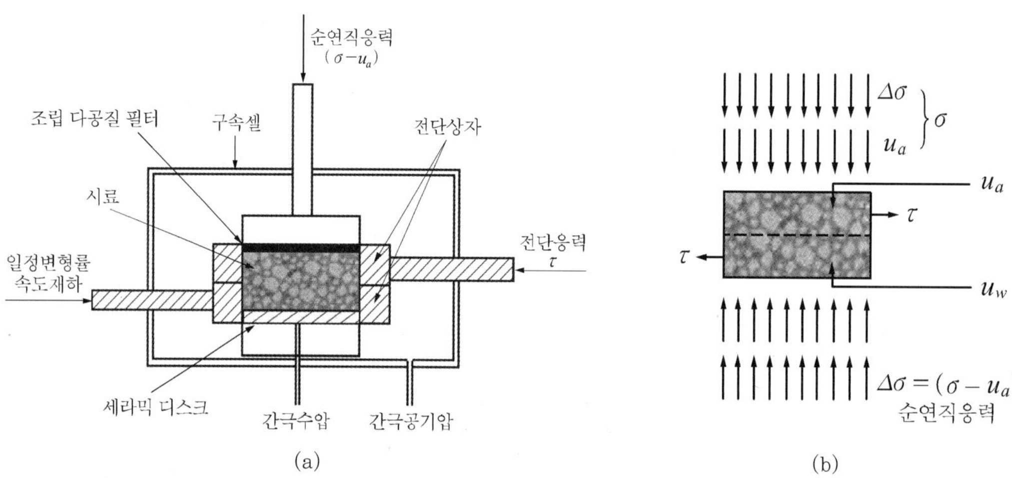

그림 9.19 모관흡수력을 조절하는 불포화토의 직접 전단시험

하게 된다.

그림 9.19(a)에서는 불포화토의 직접 전단시험을 보여주고 있다. 3축압축시험과 마찬가지로 시료의 상부에서는 공기압이 가해지고 시료의 하부에는 세라믹 디스크를 설치하여 간극수압을 가하거나 측정할 수 있도록 한다. 이 시험에서 공기압은 전단상자를 둘러싼 구속 셀을 통해 외부로부터 가해지므로, 시료 내부뿐만 아니라 시료 외부에도 공기압이 작용한다.

그림 9.19(b)는 연직응력을 가하여 흙을 전단시키는 방법을 보여준다. 공기압을 가한 후 추가

로 연직응력 $\Delta\sigma$를 일정하게 재하한 상태에서 흙을 전단시키면 파괴에 도달하게 된다. 시료 내에 발생하는 간극수압과 간극공기압을 측정하면 모관흡수력 $u_a - u_w$의 값을 알 수 있다. 이 시험에서는 시료의 내 · 외부에 공기압이 동시에 작용하여 상쇄되므로 순연직응력 $\sigma - u_a$는 연직응력 $\Delta\sigma$와 동일하다.

일반적으로 불포화토의 실내시험에서는 수압은 대기압 상태로 둔 채(즉, $u_w = 0$), 공기압을 증가시켜 모관흡수력을 조절한다. 모관흡수력이 평형을 이룬 후, 그 값을 일정하게 유지시켜 압밀과 전단시험을 수행한다. 불포화토의 강도시험에 있어서는 모관흡수력이 평형을 이루는 데 소요되는 시간이 오래 걸리므로 하나의 시료를 여러 모관흡수력 단계에 대하여 반복하여 시험하는 다단계시험을 선호한다.

예제 9.6

경남지역 풍화토 시료에 대해 3축시험으로 측정한 파괴 시 응력을 다음 표에서 보여주고 있다. (a) Mohr 원을 그리고 포화토의 점착력과 내부마찰각을 구하여라. (b) 모관흡수력에 따라 겉보기 점착력을 구하고 흡수마찰각 ϕ^b를 구하여라.

모관흡수력 (kPa)	σ_{3f} (kPa)	u_a (kPa)	$\sigma_{1f} - \sigma_{3f}$ (kPa)
0	68 154	0 0	200 347
20	93 240	20 20	212 468
50	112 185 262	50 50 50	248 403 540
80	142 368	80 80	304 687

| 풀이 | (a) 파괴 시 최대주응력과 최소주응력은 다음과 같이 계산된다.

모관흡수력 (kPa)	σ_{3f} (kPa)	σ_{1f} (kPa)	$\sigma_{3f} - u_a$ (kPa)	$\sigma_{1f} - u_a$ (kPa)	겉보기 점착력 (kPa)
0	68 154	268 501	68 154	268 501	21.5
20	93 240	305 708	73 220	285 688	31.0
50	112 185 262	360 588 802	62 135 212	310 538 752	45.4
80	142 368	446 1055	62 288	366 975	60.0

이때 순응력으로 나타난 최대 및 최소주응력을 Mohr 원으로 나타내면 그림 9.15(a)와 같다(편의상 모관흡수력이 20 kPa인 경우는 제외하였다). 그리고 포화 시 Mohr 원의 접선을 구하면 $c'=21.5$ kPa, $\phi'=27.7°$로 나타난다.

(b) 포화 시 마찰각 27.7°를 이용하여 동일한 각으로 접선을 구하면 각 모관흡수력에 대한 파괴포락선을 구할 수 있다. 전단응력 축에서 수직응력이 0일 때의 절편으로 겉보기 점착력을 위 표와 같이 구해진다.

그림 9.15(b)에서는 모관흡수력에 따른 겉보기 점착력을 보여주고 있으며, $\phi^b=25.5°$이다. 그림 9.20에서는 3차원 응력장에서의 파괴규준을 보여주고 있다.

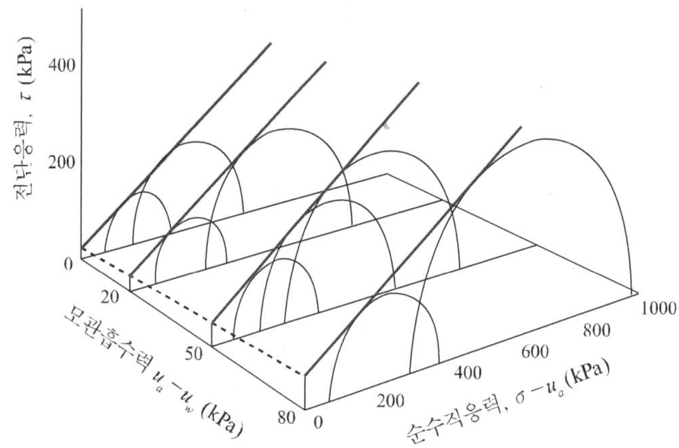

그림 9.20 파괴 시 주응력에 따른 파괴포락선

예제 9.7

불포화토에 대한 직접 전단시험을 수행하여 다음과 같은 결과를 얻었다. 불포화토의 파괴규준에 필요한 계수들을 구하여라.

모관흡수력 (kPa)	$(\sigma-u_a)_f$ (kPa)	r_f (kPa)
0	110 300	65 160
400	110 300	185 285

| 풀이 | 그림 9.21(a)에 직접 전단시험 결과에 따른 순수직응력-전단강도의 관계를 보여주고 있다. 포화 시에 얻은 강도정수는 $c'=10.0$ kPa, $\phi'=26.6°$이다. 모관흡수력이 400 kPa일 때의 순수직응력과 전단강도를 식 (9.15)에 대입하면 다음과 같이 겉보기 점착력을 구할 수 있다.

$$185 = \bar{c} + (110)\tan 26.6°, \quad \bar{c} = 129.3 \text{ kPa}$$
$$285 = \bar{c} + (300)\tan 26.6°, \quad \bar{c} = 134.8 \text{ kPa}$$

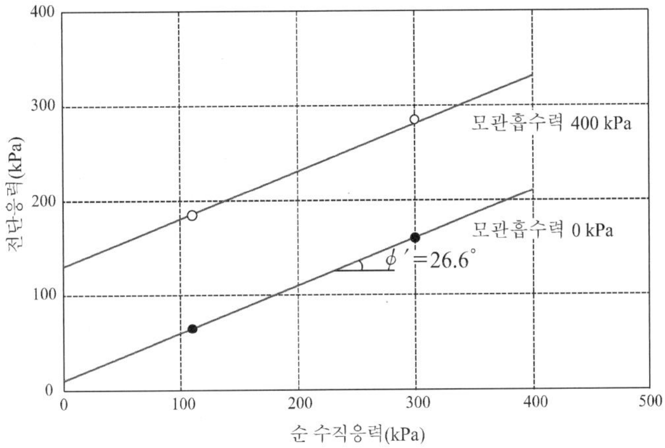

(a)

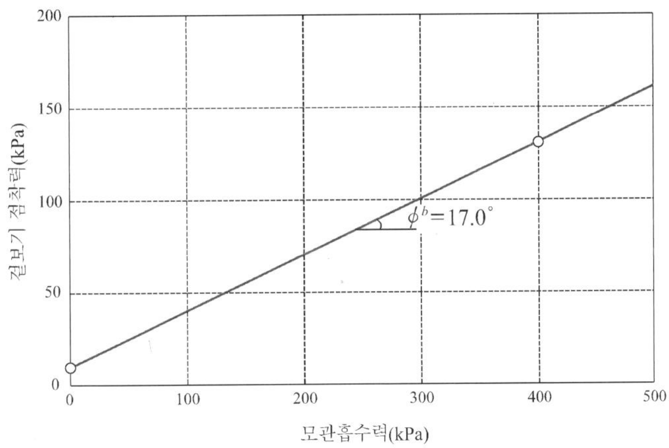

(b)

그림 9.21 예제 9.7의 풀이

따라서 겉보기 점착력의 평균값은 132.3 kPa이다. 모관흡수력에 따른 겉보기 점착력의 관계를 구하면, 그림 9.21(b)에서 보인 바와 같이 $\phi^b -17.0°$임을 알 수 있다.

예제 9.8

충남지역 풍화토 시료에 대한 3축압축시험을 수행하여 파괴 시 응력을 구하였다. 포화 시료에 대한 강도정수는 $c'=20.4$ kPa, $\phi'=36.8°$였다.

동일한 시료에 대하여 다단계시험을 수행하였다. 다단계시험에서 간극수압은 20 kPa을 가하였고, (σ_3-u_a)는 100 kPa이 되도록 구속압력과 간극공기압을 조절하였다. 각 단계에서는 모관흡수력 (u_a-u_w)이 평형을 이룬 후, 축차응력을 가하여 파괴 시의 축차응력을 구하였다. 그리고 가해진 축차응력을 제거하고 다음 단계의 모관흡수력을 조절한다.

모관흡수력에 따른 겉보기 점착력과 모관흡수력 200 kPa 이하 수준에서의 ϕ^b를 구하여라.

모관흡수력 (kPa)	u_a (kPa)	u_w (kPa)	σ_{3f} (kPa)	$\sigma_{1f}-\sigma_{3f}$ (kPa)
25	45	20	145	446.0
50	70	20	170	511.3
100	120	20	220	606.0
150	170	20	270	729.4
200	220	20	320	820.0
300	320	20	420	917.2
400	420	20	520	943.7

| 풀이 | 각 모관흡수력에 따른 파괴 시 순응력으로 나타낸 최대 및 최소주응력은 다음과 같다.

모관흡수력 (kPa)	$\sigma_{3f}-u_a$ (kPa)	$\sigma_{1f}-u_a$ (kPa)	겉보기 점착력 (kPa)
25	100	546.0	36.9
50	100	611.3	53.3
100	100	706.0	77.0
150	100	829.4	107.9
200	100	920.0	130.6
300	100	1017.2	155.0
400	100	1043.7	161.6

그림 9.22(a)에 보인 바와 같이 모관흡수력에 따라 구한 각 Mohr 원들에 대해 $\phi'=36.8°$의 접선을 그으면 겉보기 점착력을 구할 수 있고, 그 결과는 위 표와 같다. 그리고 모관흡수력에 따른 겉보기 점착력을 그래프로 나타내면 그림 9.22(b)와 같이 된다. 여기서, 모관흡수력 200 kPa 이하 수준에서는 $\phi^b=27.3°$임을 알 수 있다.

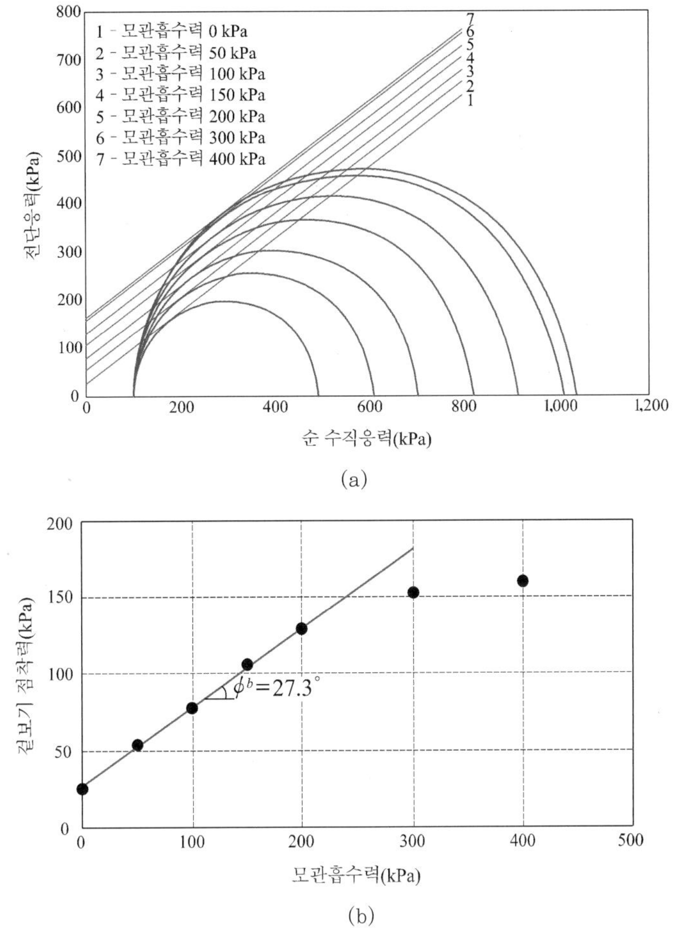

그림 9.22 예제 9.8의 풀이

그림 9.22(b)에 보인 바와 같이 모관흡수력의 수준이 높으면, 모관흡수력에 따른 겉보기 점착력이 비선형적으로 나타난다. 위의 예제에서도 이러한 비선형성이 나타나서, 모관흡수력이 200 kPa 이상의 수준에서는 ϕ^b가 일정하지 않다는 것을 알 수 있다.

9.6 현장에서의 전단강도 측정

지금까지는 주로 실내 시험을 통해 흙의 전단강도를 측정하는 것에 대해 언급하였지만, 현장에서도 직접 또는 간접적인 방법으로 흙의 강도를 결정할 수 있다. 현장에서 가장 많이 쓰이는 방법은 샘플러나 원추체(cone)를 땅속에 관입하여 흙의 전단강도를 간접적으로 측정하는 관입시험과 십자형의 날개를 시추공 구멍 속에 박고 회전시켜 점착 저항을 측정하는 베인(vane) 시험 등이다.

9.6.1 표준관입시험

이 시험은 스플릿 스푼(split spoon, 그림 9.23 참조)이라고 하는 샘플러를 로드(rod) 끝에 부착하여 시추공 속에 넣고, 63.5 kg의 중추를 750 mm 높이에서 낙하시켜 300 mm 관입에 요구되는 타격횟수를 측정하는 시험이다. 실제 시험에서는 시추공 상부의 교란된 부분을 배제하기 위해 처음 150 mm의 타격수는 제외하고, 그 다음 300 mm 관입에 요구되는 타격수를 표준관입시험값(N값)으로 정한다. 시험 후 샘플러를 올려 반으로 가르면 그 안에 시료가 채취되어 있으므로 이것을 시험실로 운반하여 물리시험용으로 사용한다. 표준관입시험의 자세한 시험방법은 KS F 2318에 규정되어 있다.

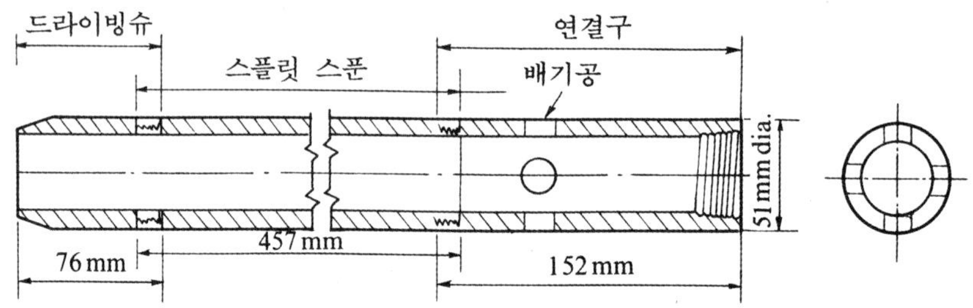

그림 9.23 표준 스플릿 스푼 샘플러

시험방법은 간단하지만 적절한 시험값을 얻기 위해서는 에너지 손실 외에도 여러 가지 보정할 사항이 많다. 보정방법은 다음과 같이 자세히 설명된다.

(1) N값의 보정

현장에서 측정한 N값은 흙의 종류, 구속압력 및 흙의 밀도의 함수일 뿐만 아니라 시험장비와 방법에도 많은 영향을 받는다. Skempton(1986)은 현장에서 측정된 N값에 해머 효율, 로드 길이, 샘플러의 종류 및 시추공 지름 등에 의한 영향을 보정하는 방법을 추천하였다. Das(2007)가 정리한 보정공식은 다음과 같다. 이 공식에서는 에너지 효율 60%를 기준하였다는 것을 유념해야 한다.

$$\mathrm{N}_{60} = \mathrm{N}\left(\frac{C_E}{60}\right) C_B\ C_S\ C_R \tag{9.18}$$

여기서, N_{60}: 보정된 N값

N: 표준관입시험 측정값

$C_E/60$: 해머의 에너지 효율 보정계수

C_B: 시추공 지름에 대한 보정계수

C_S: 샘플러 종류에 대한 보정계수

C_R: 로드 길이에 대한 보정계수

(a) 해머의 에너지 효율

해머의 에너지 효율은 해머의 종류와 낙하방식에 따라 다르게 나타나므로 현장에서 시험 시 사용하는 장비의 에너지 효율을 직접 측정해야 하며, 실험결과 보고서상에 에너지 효율을 반드시 기입하여야 한다. 대표적인 해머의 에너지 효율은 표 9.2와 같다.

표 9.2 해머의 에너지 효율(C_E, Skempton, 1986)

국가	해머 종류	낙하방법	C_E(%)
일본	도넛	자유낙하	78~85
	도넛	로프와 도르레	65~67
미국	안전	로프와 도르레	55~60
	도넛	로프와 도르레	45

(b) 기타 보정계수

Skempton(1986)이 제안한 로드 길이, 시추공 지름 및 샘플러의 종류에 따른 보정계수들은 표 9.3과 같다.

표 9.3 기타 보정계수

보정항목	조 건	보정계수값
로드 길이(C_R)	≥10 m	1.00
	6~10 m	0.95
	4~6 m	0.85
	0~4 m	0.75
시추공 지름(C_B)	60~115 mm	1.00
	150 mm	1.05
	200 mm	1.15
샘플러(C_S)	• 라이너가 있는 표준샘플러	1.00
	• 라이너가 없는 샘플러	1.20

(2) 사질토에서의 유효연직응력에 대한 N값의 보정

사질토 지반에서 수행한 표준관입시험의 N값은 유효연직응력의 영향을 많이 받기 때문에 이에 대한 보정을 추가로 실시하여야 한다. 즉, 같은 지반이라도 시험 깊이가 깊을수록 N값이 크게 나오기 때문에 유효연직응력이 1기압(101.3kPa) 이하에서는 1보다 크고 그 이상에서는 1보다 작게 보정한다. 표 9.2와 표 9.3에 따라 보정한 N_{60}에 대하여 사질토 지반에서 유효연직응력에 대하여 추가로 보정한 N값은 $(N_1)_{60}$으로 표시하며, 그 결과는 식 (9.19)와 같이 쓸 수 있다.

$$(N_1)_{60} = C_N N_{60} \tag{9.19}$$

여기서, N_{60}: 해머의 에너지 효율, 로드 길이, 샘플러의 종류 및 시추공 지름에 대하여 보정한 N값이다. C_N은 유효연직응력에 대한 보정계수이며, 여러 연구자들이 제안한 공식은 다음과 같다.

1. Peck 등(1974)의 식 :

$$C_N = 0.77 \log\left[\frac{20}{\sigma_{vo}'/p_a}\right] \tag{9.20}$$

2. Liao와 Whitman(1986) 식 :

$$C_N = \left[\frac{p_a}{\sigma_{vo}'}\right]^{0.5} \leqq 2.0 \tag{9.21}$$

3. Skempton(1986)의 식 :

- 중간 정도의 세립질 모래 $C_N = \dfrac{2}{1 + (\sigma_{vo}'/p_a)}$ (9.22a)
- 조밀한 조립질 모래 $C_N = \dfrac{3}{2 + (\sigma_{vo}'/p_a)}$ (9.22b)
- 과압밀된 세립질 모래 $C_N = \dfrac{1.72}{0.7 + (\sigma_{vo}'/p_a)}$ (9.22c)

위의 식들에서 σ_{vo}'은 시험 깊이에서의 유효연직응력이고, p_a는 대기압으로 101.3 kPa을 대입하면 된다.

(3) N값과 지반정수의 경험적 상관관계

표준관입시험으로 측정한 시험값은 모래지반의 상대밀도 및 강도정수를 추정하거나 점토질 흙에서의 컨시스텐시와 비배수강도를 추정하는 데 많이 이용된다. 현재 많이 적용되고 있는 경험식들은 다음과 같다. 점토층에서의 표준관입시험 결과는 그 신뢰성이 매우 떨어지므로 연약한 점토층에 대해서는 N값을 이용하여 비배수강도를 추정하는 데 신중을 기해야 한다.

(a) 내부마찰각의 추정

표준관입시험값으로부터 설계에서 요구되는 내부마찰각을 추정하는 방법은 여러 연구자에 의해 다음과 같이 제안되었다.

1. Peck 등(1974)과 Wolff(1989)

$$\phi'(\text{deg}) = 27.1 + 0.3N_{60} - 0.00054\,[N_{60}]^2 \tag{9.23}$$

2. Schmertmann(1975)과 Kulhawy and Mayne(1990)

$$\phi'(\text{deg}) = \tan^{-1}\left[\frac{N_{60}}{12.2 + 20.3\,(\sigma_{vo}'/p_a)}\right]^{0.34} \tag{9.24}$$

3. Hatanaka and Uchida(1996)

$$\phi' = \sqrt{20(N_1)_{60}} + 20 \tag{9.25}$$

(b) 상대밀도와 컨시스턴시(연경도)

Terzaghi 등(1996)은 N_{60}값과 모래의 상대밀도, 점토의 연경도 및 일축압축강도와의 상관관계를 표 9.4 및 표 9.5와 같이 제시하였다.

표 9.4 N_{60}과 모래의 상대밀도 관계(Terzaghi 등, 1996)

N_{60}	상대밀도	(%)
0～4	대단히 느슨	(15)
4～10	느슨	(15～35)
10～30	중간	(35～65)
30～50	촘촘	(65～85)
50 이상	대단히 촘촘	(85～100)

표 9.5 N_{60}과 점토의 컨시스턴시, 일축압축강도의 관계(Terzaghi 등, 1996)

컨시스턴시	N_{60}	1축압축강도, q_u(kPa)
대단히 연약	＜2	＜25
연약	2～4	25～50
중간	4～8	50～100
견고	8～15	100～200
대단히 견고	15～30	200～400
고결	＞30	＞400

9.6.2 콘(Cone) 관입시험

(1) 정적 콘 관입시험

콘 관입 시험기는 강봉의 신단에 원추체(콘)를 달고 이것을 땅속에 관입시키면서 저항을 측정하는 기구이다. 콘을 관입시킬 때 정하중을 사용하면 이것을 정적 콘, 드롭 해머와 같은 동하중을 사용하면 동적 콘이라고 한다. 콘 관입 시험기는 이것을 땅속으로 관입시키면서 연속적으로 지반의 저항을 측정할 수 있으며, 사질토와 점성토에 모두 적용할 수 있다. 반면, 샘플러가 없으므로 시료 채취는 불가능하다.

콘 관입 시험기는 여러 가지 종류가 있는데, 네덜란드에서 개발된 **더치 콘**(dutch cone)이 이 시초이다. 이 콘의 지름은 36 mm, 바닥의 단면적은 1,000 mm^2이고 이것이 안쪽 강봉에 끼워져 있다. 어떤 주어진 깊이에서 시험을 할 때에는 바깥쪽 튜브는 그대로 두고 안쪽 강봉을 눌러서 콘을 보통 50 mm 관입시키고, 콘이 관입되는 데 필요한 저항값을 로드 셀(load cell)이나 프루빙 링으로 측정한다. 이것을 **콘 관입 저항값**, q_c라고 한다.

더치 콘은 그후에 마찰저항도 측정할 수 있도록 개량되었다. 콘 위에는 콘과 분리되는 슬리브(sleeve)가 있어서 콘 저항을 측정한 다음에 이것을 관입시켜 마찰저항을 측정한다. 그림 9.24는 더치 콘과 이것으로 측정한 시험 결과를 나타낸 것이다.

Meyerhof(1957)는 콘 관입시험 결과를 가지고 말뚝의 지지력을 직접 계산할 수 있는 방법을 제시하였다.

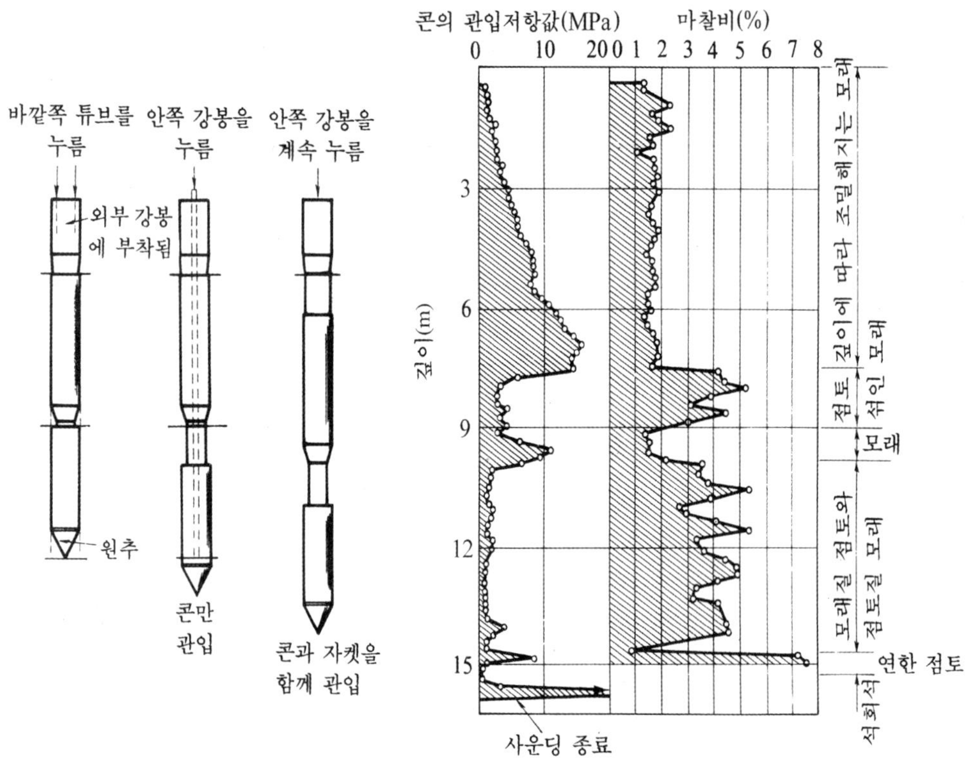

(a) 더치 콘

(b) 더치 콘으로 얻은 시험 결과

그림 9.24 더치 콘 시험

(2) 전자식 콘(피조콘) 시험

피조콘(piezocone)은 간극수압을 측정할 수 있는 콘 관입시험기를 말하며, CPTU(cone penetration test with pore pressure measurement)라고도 한다. 간극수압은 콘이 관입할 때 콘의 첨단과 중간 또는 상단에 부착되어 있는 필터를 통해 전달된 압력으로 측정된다. 그림 9.25(a)는 일반적으로 사용되는 100~200 kN 용량의 피조콘의 한 단면을 보이고 있다. 이 콘의 첨단부 각은 60°이고 단면적은 1,000 mm^{2}이다. 콘의 뒷면에는 5 mm 두께의 얇은 필터가 붙어 있어서

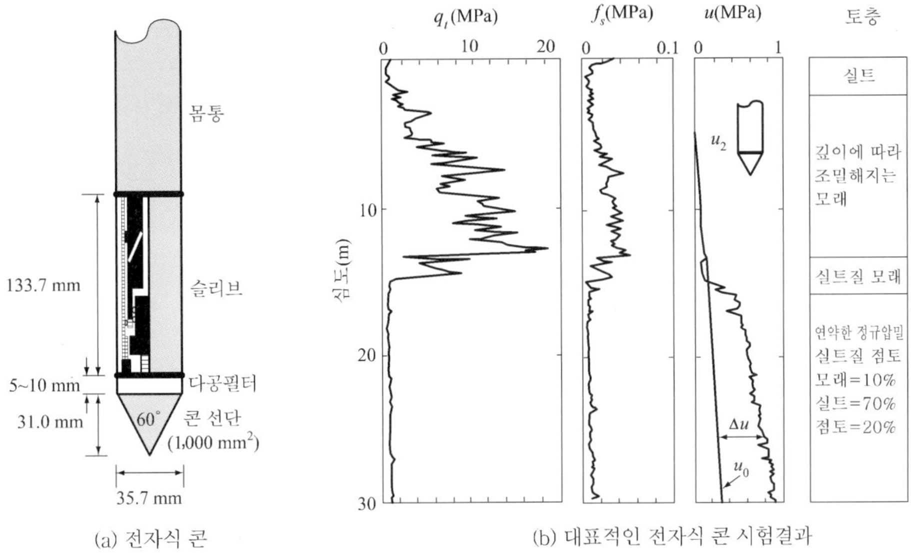

그림 9.25 전자식 콘 단면도와 대표적 시험결과

압력 트랜스듀서를 통해 필터로 전달된 간극수압(u_2)을 측정한다. **콘 저항값**(cone resistance)은 콘 관입에 요구되는 반력 Q_c를 콘의 내측면적 A_i로 나누어 구한다$\left(즉,\ q_c = Q_c/A_i\right)$. 그런데 콘 저항과 u_2 저항은 압력의 작용면적이 다르므로 실제 선단저항값은 다음과 같이 수정 선단저항값(q_t)을 사용하여야 한다.

$$q_t = q_c + u_2(1-a) \tag{9.26}$$

여기서, a는 로드의 단면적을 원추저면적으로 나눈 값이며, 일반적으로 0.15~0.30 정도의 값을 갖는다. 단 필터가 없는 일반 콘의 경우 a가 1이므로 q_t는 측정값 q_c와 같다.

피조콘은 수압을 이용하여 20 mm/s의 속도로 관입하고 콘 저항값 q_c와 주면마찰(sleeve friction) f_s 및 간극수압 u_2를 최소 50 mm 깊이마다 연속해서 측정한다. 그러나 1 m 길이의 로드(rod)를 연결할 때에는 1분 정도 관입을 중단하게 된다. 그리고 간극수압 소산시험(dissipation test)을 할 때에도 로드의 관입이 중단되므로 시간에 따른 간극수압의 감소를 가져온다. 간극수압 소산시험은 횡방향 투수계수 또는 수평방향 압밀계수(c_{vh})를 측정하기 위한 것이다. 그림 9.25(b)는 전자식 콘의 선단부와 CPTU 시험을 통해 측정한 토층별 선단지지력, 주면마찰력 및 간극수압의 변화를 대표적으로 보이고 있다.

(3) 콘 시험결과를 이용한 경험식

피조콘 시험으로부터 다음의 경험식을 이용하여 점토의 비배수강도를 간접적으로 구할 수 있다.

$$s_u = (q_t - \sigma_{vo}')/N_{kt} \tag{9.27}$$

여기서, N_{kt}는 콘의 특성에 따라 다르게 나타나는 계수로서, 대략 8~20의 값들을 가진다(Schmertmann, 1978; 한국지반공학회, 2009).

또한 콘 관입시험 결과를 이용하여 사질토의 내부마찰각을 추정하는 경험식이 Robertson and Campanella(1983)에 의하여 식 (9.28)과 같이 제안되었다.

$$\phi'(\text{deg}) = \tan^{-1}\left[0.1 + 0.38\log\left(\frac{q_t}{\sigma_{vo}'}\right)\right] \tag{9.28}$$

9.6.3 베인 전단시험

이 시험은 최소의 교란으로 시추공 바닥에 있는 점토의 비배수강도를 측정하는 데 적절하다. 베인은 그림 9.26에 보인 바와 같이 4개의 날개로 구성되어 있으며, 시험 시에는 이것을 로드의 하단에 연결하고 시추공 아래로 내려 회전시킨다. 흙은 베인의 바닥과 날개의 회전주면을 따라 전단되므로 전단 시의 우력(torque)으로부터 비배수강도는 다음과 같이 유도될 수 있다.

$$\begin{aligned} T &= c_{uv}\frac{\pi D^2 H}{2} + 2\int_0^{D/2}\{c_{uv}(2\pi r\,dr)r\} = c_{uv}\frac{\pi D^2 H}{2} + \left[c_{uv}\frac{4\pi r^3}{3}\right]_0^{D/2} \\ &= c_{uv}\left[\frac{\pi D^2 H}{2} + \frac{\pi D^3}{6}\right] \\ \therefore\ c_{uv} &= \frac{T}{\dfrac{\pi D^2 H}{2} + \dfrac{\pi D^3}{6}} \end{aligned} \tag{9.29}$$

여기서, T: 우력(kN·m)

H: 베인의 높이(m)

D: 베인의 지름(m)

c_{uv}: 베인 시험으로 얻은 비배수강도(kPa)

베인 전단시험에서는 베인 바닥과 베인 주면에서 강제로 전단되므로 실내 시험의 전단방식과는 다르다. 결과적으로 베인시험으로 얻은 비배수강도는 3축압축시험이나 1축압축시험으로 얻은 값보다는 훨씬 커서 이 값을 다음 식으로 수정하여 사용하지 않으면 안 된다.

$$s_{uv} = \mu c_{uv} \tag{9.30}$$

Bjerrum(1972)과 Ladd(1974) 등이 제안한 수정계수 μ는 소성지수의 함수로 최댓값이 1이며, 그림 9.27을 이용하여 구할 수 있다.

베인 시험은 현장에서 점토층의 비배수강도를 간단히 측정할 수 있는 시험이며, 실내시험에서 문제되는 시료교란이 없으므로 측정값에 대한 신뢰성이 높다. 다만, 조개를 포함하는 점토층이나 모래층에서는 실제보다 현저히 높게 측정된다는 것을 유의해야 한다.

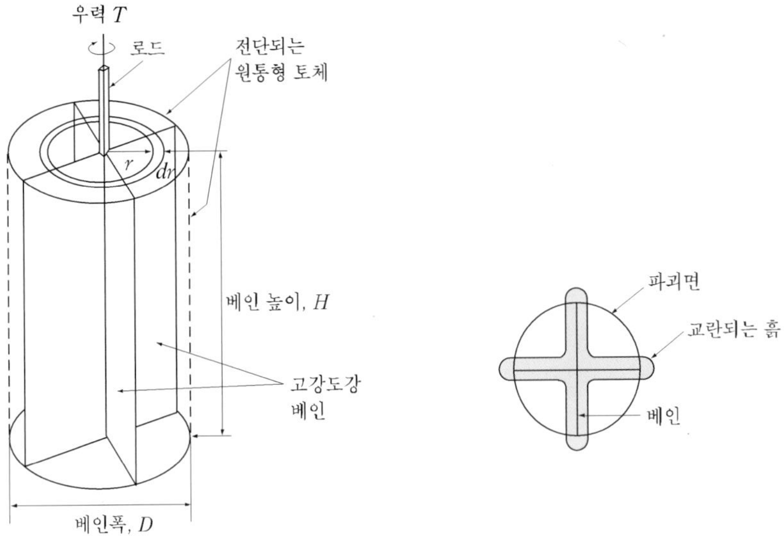

(a) 베인 시험기 (b) 베인 단면

그림 9.26 베인 전단시험기

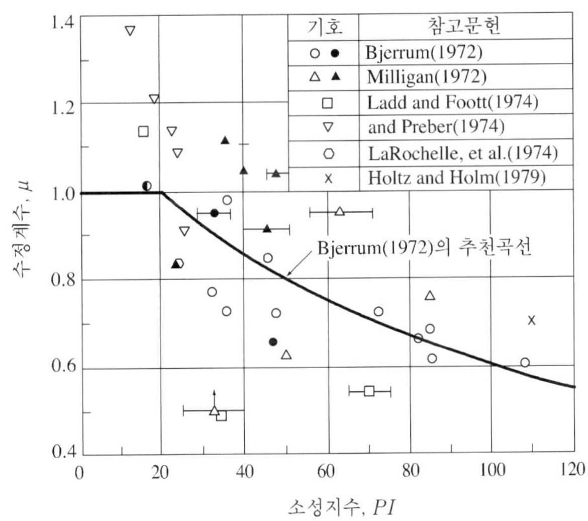

그림 9.27 현장 베인 시험에 대한 수정계수

흙을 전단시킨 다음 다시 빠른 속도로 베인을 몇 번 회전시키면 흙은 교란된다. 교란된 흙에 대한 베인 시험을 실시하여 앞서 설명한 방법으로 비배수강도를 구하면 흙의 예민비를 결정할 수 있다. 그러나 베인으로 교란시키면 시험실에서 손으로 흙을 이길 때보다 덜 교란되므로 예민비가 더 작게 얻어진다.

9.6.4 프레셔미터(pressuremeter)

프레셔미터는 그림 9.28(b)에서 보는 바와 같이 시추공 내에서 재하시험을 하여 현장 상태의 횡방향 변형계수, 횡방향 지반반력계수, 비배수강도, 정지토압계수 등의 토질 정수를 얻을 수 있는 현장 측정기구이다. 종류에는 메나드형(Menard,1975), 자체 천공 프레셔미터(self-boring pressuremeter) 등이 있는데, 전자는 모든 종류의 흙에 대해 적용할 수 있으며, 후자는 현장 지반의 교란을 최대한 억제할 수 있도록 개발된 것이다.

메나드형은 시추공 속에 프로브(probe)를 넣어 안으로 압력을 가하고, 이 압력에 의하여 공벽이 방사선 방향으로 팽창되도록 되어 있으며, 이 시험을 통하여 압력과 공벽 주위에 있는 흙의 체적 변화와의 관계를 구할 수 있다. 시추공 안에 넣는 프로브는 중앙에 있는 측정 셀(measuring

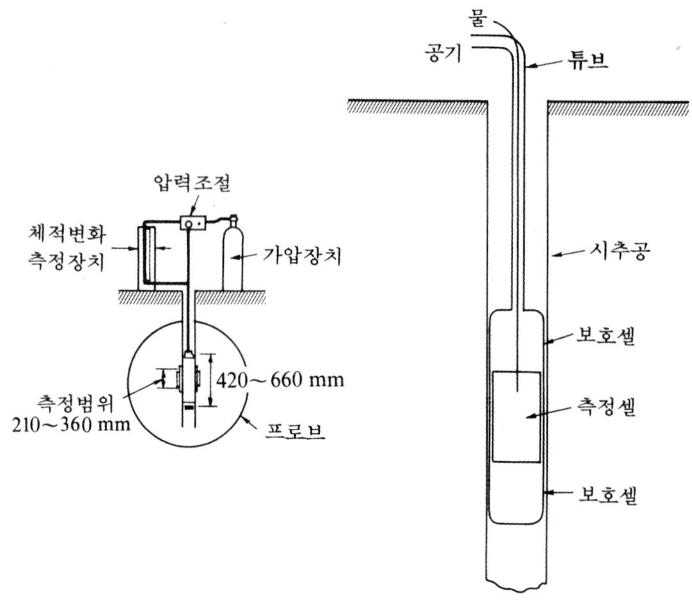

(a) 측정계통 (b) 프로브

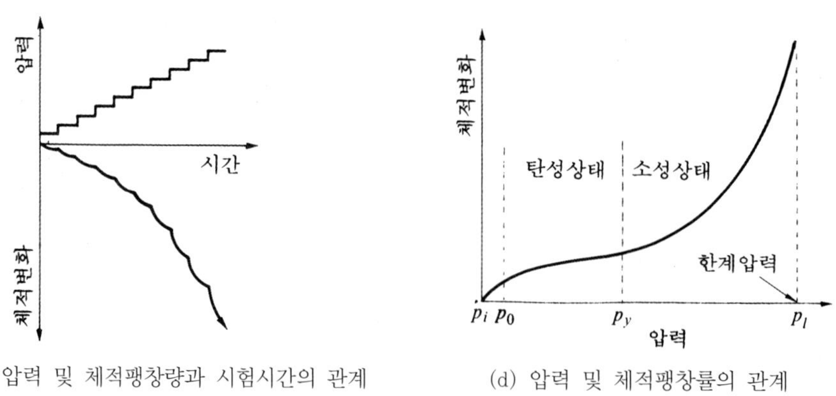

(c) 압력 및 체적팽창량과 시험시간의 관계 (d) 압력 및 체적팽창률의 관계

그림 9.28 프레셔미터

cell)과 상하 양쪽에 있는 보호 셀(guard cell)로 구성된다.

보호 셀은 측정 셀이 팽창할 때 양단의 영향을 최소화하기 위한 것이며 공기로 채워지나, 측정 셀은 물로 채워진다. 전자는 압력을 후자보다 더 낮게 유지시키며, 공벽의 팽창량은 체적계로 측정된다.

공벽이 파괴될 때까지 압력을 가하여 압력과 체적 변화의 관계를 그리면 그림 9.28(d)와 같은 그림이 얻어진다. 이 그림에서 압력 p_i에서 p_0까지의 변형곡선은 시추공 굴진 시 발생된 변형이 원상태로 회복될 때까지의 경로를 보여준다. 따라서 p_0는 정지토압(5장 참조)이 된다. 이 곡선이 강성 영역 $p_y - p_0$를 지나서 한계압력(limit pressure) p_l에 이르면 지반은 파괴 상태가 된다. p_l과 p_y 사이의 구간을 소성 영역이라고 한다.

지반의 횡방향 변형계수 E는 탄성 영역 내 체적과 압력의 관계에서 평균 경사가 되므로, 이것을 다음 식으로 계산할 수 있다.

$$E = 2(1+\mu)(V_0 + V_m)(\Delta p/\Delta V) \tag{9.31}$$

여기서, μ: 푸아송비

Δp: $p_y - p_0$

ΔV: $V_y - V_0$

V_m: $(V_y + V_0)/2$

V_y, V_0: 각각 p_y, p_0에 대응하는 측정 셀의 체적

9.7 포장 설계에 적용되는 토질시험

9.7.1 CBR

도로나 비행장의 포장 두께를 결정하기 위해서는 포장을 지지하는 노상토의 강도, 압축성, 팽창, 수축과 같은 특성을 알 필요가 있다. California 도로국에서 가요성 포장을 설계할 목적으로 개발되어 전 세계적으로 사용되어 오고 있는 것이 **캘리포니아 지지력비** 또는 CBR(California Bearing

표 9.6 표준하중강도

관입깊이[mm(in)]	표준하중강도[MPa(psi)]
2.5(0.10)	7.0(1000)
5.0(0.10)	10.5(1500)
7.5(0.10)	13.4(1900)
10.0(0.40)	16.2(2300)
12.5(0.50)	18.3(2600)

Ratio)라고 하는 반경험적인 지수이다. CBR을 결정하는 자세한 시험방법은 KS F2320과 KS F2321을 참고하기 바란다.

CBR 시험은 실내에서 수행할 수도 있고 현장에서도 수행할 수 있다. 실내에서는 최적 함수비로 흙을 다진 다음, 이것을 물에 담그어 현장에서의 최악의 조건과 일치하도록 공시체를 만든다. 이 공시체에 지름 50 mm의 피스톤을 관입시켜 관입량에 따른 시험하중강도(단위면적당 시험하중)의 값을 기록한다. CBR은 다음 식으로 구한다.

$$\text{CBR}(\%) = \frac{\text{시험하중강도}}{\text{표준하중강도}} \times 100 \tag{9.32}$$

표준하중강도 및 시험하중강도는 관입량 2.5 mm, 때로는 5.0 mm에 있어서의 값을 취한다. 표준하중강도는 표준 쇄석에 대해 이미 시험되어 있는 값이므로(표 9.6 참조), 시험하중강도의 값만 구하면 간단히 그 흙의 CBR 값을 구할 수 있다. 현장에서는 현장 흙에 피스톤을 관입시킬 수 있도록 하중계와 잭이 붙은 기구를 장치하여 실내에서와 같은 요령으로 시험을 행한다.

통일분류법으로 분류한 각 토군의 CBR의 대표값을 표 3.2에 나타내었다. CBR의 포장 설계 적용방법은 Yoder(1959)의 서적을 참고하기 바란다.

9.7.2 지반반력계수

얕은 기초나 노상토의 설계를 위해서는 현장에서 평판재하시험을 행한다. 이 평판을 지면에 놓고 중량물을 올려서 정해진 속도로 하중을 가하여 연직 하중과 침하량을 기록한다. 이 관계의 기울기를 구하고 이것으로부터 **지반반력계수**(coefficient of subgrade reaction)는 다음 식으로 구한다.

$$k_s = \frac{\sigma}{s} \tag{9.33}$$

여기서, k_s: 지반반력계수(kN/m^3)

σ: 연직하중강도(kPa)

s: 침하량(m)

연습문제-9장

9.1 그림 9.29와 같은 응력 상태에 대하여 B-B면에 작용하는 수직응력을 구하여라.

9.2 그림 9.30과 같은 응력 상태에 대하여 주응력의 크기와 방향을 구하여라.

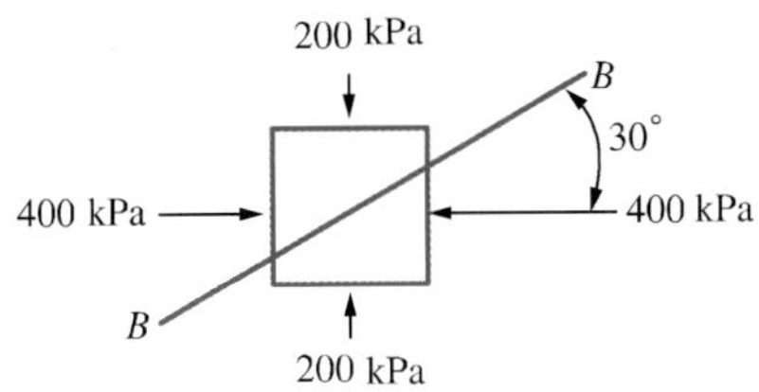

그림 9.29 연습문제 9.1의 응력 상태

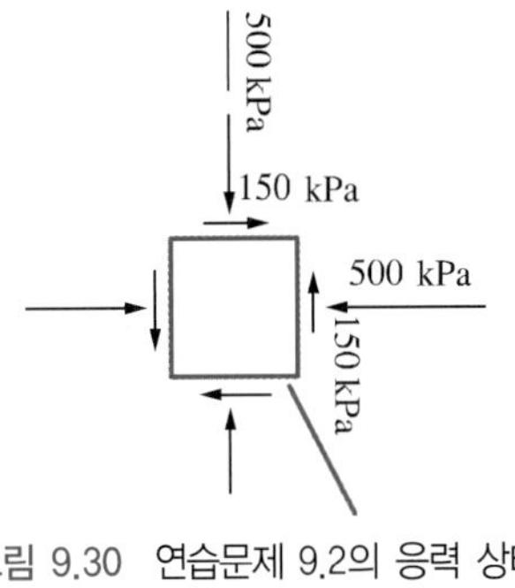

그림 9.30 연습문제 9.2의 응력 상태

9.3 흙 요소 평면에 작용하는 최대주응력과 최소주응력이 각각 120 kPa, 60 kPa이다.

(a) 최대주응력면과 20°를 이루는 경사면의 수직응력과 전단응력을 계산하여라.

(b) 수직응력과 전단응력으로 표시되는 Mohr 원의 방정식을 유도 설명하여라.

(c) 최대 및 최소 주응력 산정식을 유도하여라.

9.4 흙 요소의 평면에 작용하는 $\sigma_y = 50\ \text{kPa}$, $\sigma_x = 20\ \text{kPa}$ 및 $\tau_{xy} = 15\ \text{kPa}$일 경우, 다음을 계산하여라.

(a) 최대 및 최소주응력의 크기

(b) Mohr 응력원 반경의 크기

9.5 한 요소의 응력 상태를 조사하였더니 $\sigma_v = 28\ \text{kPa}$, $\sigma_h = 14\ \text{kPa}$, 수평면상의 전단응력은 4 kPa이었다.

(a) 최대 및 최소 주응력의 방향과 크기를 구하여라.

(b) 만일 이 흙이 느슨한 모래라고 한다면, 이 응력상태가 파괴에 이르렀는지 분명히 밝혀라. 단, 느슨한 모래의 전단저항각은 30°로 가정하여라.

9.6 모래에 대한 직접 전단시험을 하였는데 수직응력을 300 kPa로 두고 시료가 파괴되었을 때의 전단응력은 200 kPa이었다.

(a) 전단면에서 응력이 골고루 분포된다고 가정하고, 파괴 시 최대 및 최소 주응력의 크기와 방향을 결정하여라.

(b) 파괴 시의 전단응력보다 더 낮은 전단응력을 알았다고 하더라도 이것으로 주응력을 왜 결정할 수 없는지 이유를 설명하여라.

9.7 동일한 간극비를 가진 건조한 모래에 대해 각각 압밀 배수 3축압축시험을 행하였다. 시료 A에 대해서는 구속압력 100 kPa, 시료 B에 대해서는 400 kPa을 가하고, 시료가 파괴에 이를 때까지 축응력을 증가시켰다. 파괴 시의 축차응력은 각각 400 kPa과 1,700 kPa이었다.

(a) 각 시료에 대한 파괴 시의 Mohr 원을 그려라.
(b) $c=0$으로 가정하고 전단저항각을 구하여라.
(c) 각 시료에 대하여 파괴 시 파괴면에서의 전단응력은 얼마인가?
(d) 각 시료에 대하여 전단파괴면의 방향을 결정하여라.
(e) 최대 전단응력이 생기는 면의 방향을 결정하여라.

9.8 포화된 점토에 대해 1축압축시험을 하여 다음과 같은 결과를 얻었다.
(a) 응력－변형률 곡선을 그려라.
(b) 점착력 c를 구하여라.
(c) 파괴응력의 40%에 대한 탄성계수는 얼마인가?

응력(kPa)	변형률
0	0
100	0.0035
200	0.0080
300	0.0170
350	0.0270
400	0.0650

9.9 동일한 에너지로 잘 다져진 두 가지 모래질 시료가 있다. 시료 A는 입도분포가 균등하고 둥근입자로 되어 있고, 시료 B는 모난 입자이며 입도분포가 양호하다.
(a) 어느 시료의 간극비가 더 큰가?
(b) 어느 시료의 전단저항각이 더 큰가?

참고문헌

Bishop, A. W. and Henkel, D. J. (1962). *The measurement of soil properties in the triaxial test.* 2nd Edition. London: Edward Arnold Ltd.

Bjerrum, L. (1972). Embankments on soft ground. *Proc. of the ASCE Specialty Conf. Performance of Earth and Earth-Supported Structures*, Purdue University **11**, 1–54.

Das, B. M. (2007). *Principles of foundation engineering.* 6th ed. Canada: Cengage Learning.

Fredlund, D. G., Mogensten, N. R. and Widger, R. A. (1978). The shear strength of unsaturated soils. *Can. Geotech. J.* **15**, 313–321.

Fredlund, D. G. and Rahardjo, H. (1993), Soil mechanics for unsaturated soils. New York: John Wiley & Sons, Inc. 217–296.

Gibbs, H. J. and Holtz, W. G. (1957). Research on determining the density of sands by spoon penetration testing. *Proc. 4th Inter. Conf. SMFE*, London, **1**.

Hatanaka, M. and Uchida, A. (1996). Empirical correlation between penetration resistance and internal friction angle of sandy soils. *Soils and Foundations* **36**, No. 4, 1-10.

Henkel, D. J. (1959). The relationship between the strength, pore water pressure and volume change characteristics of saturated soils. *Geotechnique* **9**, 119.

Kulhawy, F. H., and Mayne, P. W. (1990). *Manual on estimating soil properties for foundation design*. Palo Alto, California: Electric Power Research Institute.

Ladd, C. C., Foote, R., Ishihara, K., Schlosser, F., and Poulos, H. G. (1977). Stress-deformation and strength characteristics. State-of-the-Art Report, *Proc. 9th Int. Conf. SMFE*. Tokyo, **2**, 421-494.

Lambe, T. W. and Whitman, R. V. (1969). *Soil mechanics*. New York: John Wiley & Sons.

Liao, S. S. C. and R. V. Whitman (1986). Overburden correction factors for SPT in sand. *J. Geotech. Eng.*, ASCE, **112**, No. 3, 373-377.

Lu, N., and Likos, W. J. (2004). *Unsaturated soil mechanics*. New York: Wiley.

Menard, L. (1975). The menard pressuremeter. *Les Editions Sols-soils*, No. 26, 7-43.

Mesri, G. (1975). New design procedure for stability of soft clays, Discussion. *J. Geotech. Eng.*, ASCE, **101**, No. 4, 409-412.

Meyerhof, G. G. (1957). The bearing capacity of a pile determined by a cone penetration test. *Proc. 4th Int. Conf. Soil Mech. and Found. Eng.* **2**, London, 72-75.

Newmark, N. M. (1960). Failure hypotheses for soils. *ASCE Research Conference on Shear Strength of Cohesive Soils*, Boulder, Colorado, 17.

Peck, R. B., Hanson, W. E. and Thornburn, T. H. (1974). *Foundation Engineering*. New York: John Wiley & Sons.

Robertson, P. K. and Campanella, R. G. (1983). Interpretation of cone penetration tests, Part I: Sand. *Can. Geotech. J.* **20**, No. 4, 718-733.

Schmertmann, J. H. (1975). Measurement of in situ shear strength, *Proc., Specialty Conference on In Situ Measurement of Soil Properties,* ASCE, **2**, 57-138.

Schmertmann, J. H. (1978). *Guidelines for using CPT, CPTU and Marchetti DMT for geotechnical design*, U. S. Depertment of Transportation, Federal Highway Administration, Office of Research and Special Studies, Report No. FHWA-PA-87- 023+24, **3-4**.

Skempton, A.W., (1986). Standard penetration test procedures and the effects in sands of overburden pressure, relative density, particle size, aging and overconsolidation. *Geotechnique* **36**, No. 3, 425-447.

Terzaghi, K., Peck, R. B. and Mesri, G. (1996). *Soil mechanics in engineering practice*. 3rd Edition. New York: John Wiley & Sons.

Wolff, T. F. (1989). Pile capacity prediction using parameter functions. *ASCE Geotechnical Special Publication*. No. 23, 96-106.

Yoder, E. J. (1959). *Principles of pavement design*. New York: John Wiley & Sons.

한국지반공학회(2009). 구조물기초 설계기준 해설, 국토해양부. 144.

CHAPTER 10

모래와 점성토의 전단 특성, 간극수압계수 및 응력경로

10.1 개 설

앞 장에서는 흙의 파괴규준을 언급하고, 전단강도를 실내 또는 현장에서 측정하는 방법에 대해 기술하였다. 앞 장에 이어 이 장에서는 모래와 점성토의 전단거동과 특성에 대해 자세히 기술한다.

모래는 기본적으로 전단 시의 거동과 특성이 점성토와 다르다. 하중을 받으면 전자는 쉽게 배수되면서 마찰력으로 저항하지만, 후자는 비배수 상태에서 점착성분으로 저항하므로 비배수강도가 매우 중요하다. 또 느슨한 모래는 진동을 받으면 강도가 현저히 저하한다. 점성토는 전단 시의 배수조건에 따라 강도정수가 현저히 달라진다는 것도 유념해야 한다. 흙의 전단강도는 구조물의 기초, 토질구조물, 비탈면 등의 안정해석에 관련되는 중요한 인자이므로 현장조건과 일치하는 전단강도를 선택할 수 있는 능력을 배양하도록 노력해야 한다.

한편, 지반이 전단파괴에 이르는 과정, 즉 응력경로는 통상적으로 수행하는 실내시험이나 현장시험에서처럼 일정하지 않다는 것도 유념해야 한다. 예컨대, 동일한 지반이라 하더라도 주동토압으로 파괴에 이르는 옹벽과 수동토압으로 파괴되는 벽체는 파괴면의 전단양상이 달라서 동일한 응력경로를 따라가지 않는다. 어떤 응력경로를 따르느냐에 따라 전단강도의 크기도 조금씩 달라진다. 이 장에서는 이런 문제들이 자세히 기술된다.

10.2 점성이 없는 흙의 전단강도

10.2.1 점성이 없는 흙의 전단 특성

모래나 자갈과 같은 점성이 없는 흙의 전단강도는 활동마찰(sliding friction) 및 회전마찰(rolling friction)로 생기는 마찰저항과 엇물림(interlocking)으로 인한 구조적 저항의 두 성분으로 이루어진다(그림 10.1 참조). 모래가 느슨하게 엉켜 있는 경우에는 이것이 전단을 받을 때, 입자끼리 서로 활동하며(활동저항), 이때 활동면은 대략 동일한 평면에 놓인다. 모래가 촘촘히 다져져 있다면, 입자가 전단면을 따라 활동하는 경우뿐만 아니라 서로 상하로 움직이거나 회전하는 경우도 있을 수 있다(회전마찰). 촘촘한 모래는 엇물림의 경향이 대단히 크다. 이러한 마찰저항이나 구조적 저항은 유효수직응력에 크게 영향을 받는다.

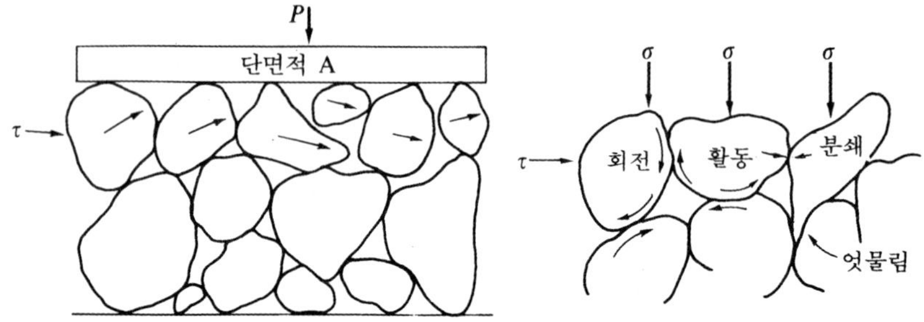

그림 10.1 입상토가 전단될 때의 거동

10.2.2 전단 시 모래의 거동

그림 10.2(a)는 동일한 구속응력하에서 상대밀도를 달리 하여 전단시험으로 얻은 전단응력과 변형률의 관계를 나타낸 것이다. 느슨한 모래는 변위가 증가하는 동안 전단응력은 일정한 값이 될 때까지 계속해서 증가한다. 반면, 촘촘한 모래는 전단응력이 전자에 비하여 훨씬 더 빠른 속도로 증가하여 최댓값을 보인 다음, 더 이상 변위가 증가하면 오히려 감소하고 결국은 느슨한 모래의 전단응력과 거의 일정한 값이 된다. 촘촘한 모래는 엇물림의 영향 때문에 초기에 더 큰 전단응력을 보인다. 여기서, 동일한 구속응력의 극한 전단응력은 흙의 다져진 상태가 느슨하든 또는 촘촘하든 거의 일정한 값이 된다는 것을 알 수 있다.

그림 10.2(b)는 위의 두 가지 모래에 대하여 변위에 따른 간극비의 변화를 나타낸 것이다. 간극비가 상대적으로 큰 느슨한 모래는 변형이 일어나면서 간극비가 감소되나, 촘촘한 모래는 처음에는 약간 감소하였다가 전단이 진행됨에 따라 점차로 증가한다. 변형률이 상당히 커질 때, 상대밀도가 다른 두 모래의 간극비는 어떤 일정한 간극비로 수렴한다. 이때의 간극비를 **한계간극비**(critical void ratio)라고 한다. 간극비는 체적과 관련되므로, 느슨한 모래는 전단될 때 체적이 감

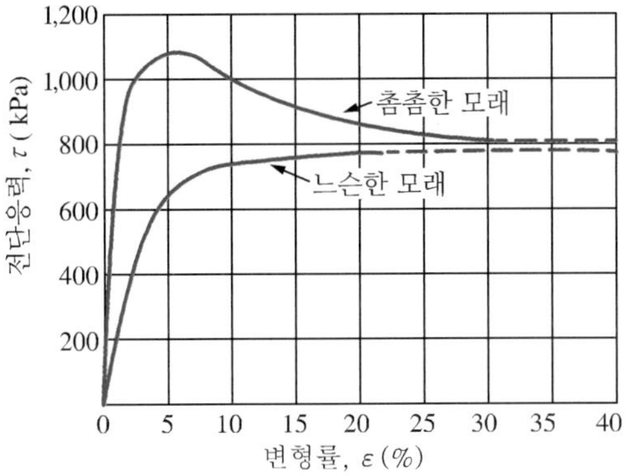

(a) 전단응력과 변형률의 관계

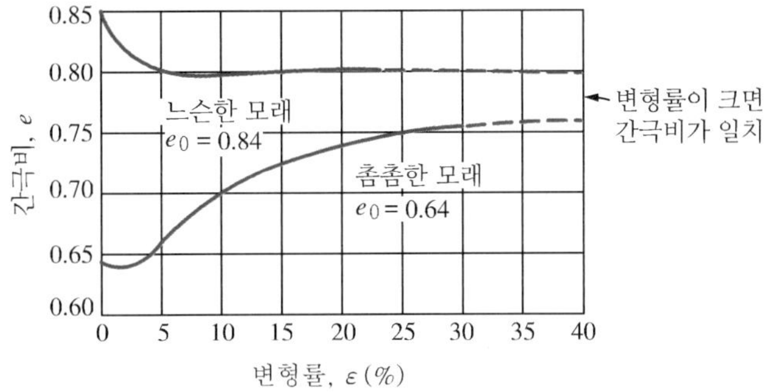

(b) 간극비와 변형률의 관계

그림 10.2 모래에 대한 전단시험

소하고, 촘촘한 모래는 체적이 증가하며, 마지막에는 일정해진다는 것을 이 그림을 보고 알 수 있다.

위의 두 가지 모래에 대해 수직응력을 세 번 정도 바꾸어서 배수를 허용하면서 전단시험을 하고, 최대 전단응력과 수직응력의 관계를 구하면 그림 10.3에 나타낸 바와 같이 거의 직선이 되어 원점을 통과한다. 따라서 $c=0$이 되므로 전단저항각 ϕ만 얻어진다. 이 그림을 보면 촘촘한 모래의 전단저항각이 느슨한 모래에 비하여 훨씬 크다는 사실을 알 수 있다.

불포화 상태의 가는 모래를 시험하면, 모관작용으로 인해 약간의 점착력을 가질 수 있으므로 Mohr-Coulomb선은 원점을 통과하지 않는다. 또한 완전히 포화된 모래에 대해 비압밀 비배수 3축압축시험을 행했다면, 포락선이 수평선이 되어 $\phi=0$이고 c값밖에 얻어지지 않는다(Lambe, 1969). 그러나 자연 상태에 있는 흙의 강도정수는 배수조건에 따라 현저히 달라지므로 시험 시의 배수조건은 항상 실제와 부합되어야 한다는 것이 중요하다.

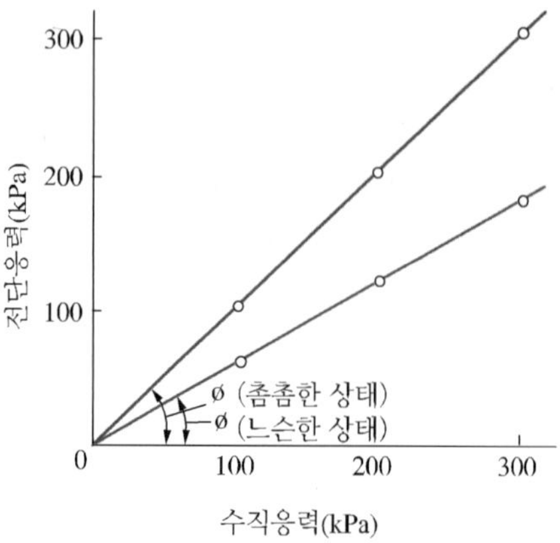

그림 10.3 느슨한 모래와 촘촘한 모래의 전단저항각

예제 10.1

건조한 모래를 다져 직접 전단시험을 수행하여 다음과 같은 결과를 얻었다.

	1	2	3
수직력 (N)	100.0	200.0	300.0
최대전단력 (N)	102.0	204.0	306.0
극한전단력 (N)	62.0	127.0	191.0

전단상자의 단면적이 0.001 m^2라고 할 때, 이 모래의 (a) 촘촘한 상태와 (b) 느슨한 상태에 대한 전단저항각을 결정하여라.

| 풀이 | 이 모래가 전단될 때에는 파괴가 일어날 때에 최대전단력에 도달하고, 더 이상 변형이 일어나면 흙이 느슨해져서 전단력이 감소하여 결국 극한전단력에 도달한다. 따라서 촘촘한 상태에 대한 전단저항각은 최대전단력을 기준으로 하여 결정하고 느슨한 상태에 대한 전단저항각은 극한전단력을 기준으로 결정하면 된다.

전단상자의 단면적이 0.001 m^2이므로 이 값을 나누면 다음 표와 같다.

	1	2	3
수직응력 (kPa)	100.0	200.0	300.0
최대전단응력 (kPa)	102.0	204.0	306.0
극한전단응력 (kPa)	62.0	127.0	191.0

수직응력은 가로축으로 잡고 전단응력은 세로축으로 잡아 점들을 연결하면 그림 10.3과 같이 두 개의 직선이 그려지고 이 직선의 각도를 재면 전단저항각이 구해진다. 따라서,

(a) 촘촘한 상태: $\phi = 46°$

(b) 느슨한 상태: $\phi = 32.5°$

예제 10.2

모래를 완전히 포화시키고 비배수조건으로 3축압축시험을 행하였다. 구속압력은 150.0 kPa, 파괴 시 축차응력은 216.0 kPa이고, 이때 측정된 간극수압은 70.0 kPa이었다. 전응력과 유효응력으로 전단저항각을 구하여라.

| 풀이 | 전응력의 경우: $\sigma_{3f} = 150.0$ kPa

$$\sigma_{1f} = \sigma_{3f} + (\sigma_{1f} - \sigma_{3f}) = 150.0 + 216.0 = 366.0 \text{ kPa}$$

σ_{3f}와 σ_{1f}를 점 찍고 그림 10.4와 같이 Mohr 원을 그려 원점에서 이 원에 접하는 선을 긋는다. 이 각도를 재어 전응력으로 전단저항각을 표시하면 $\phi_u = 25°$가 얻어진다.

유효응력의 경우: $u = 70.0$ kPa

$$\sigma'_{1f} = \sigma_{1f} - u = 366.0 - 70.0 = 296.0 \text{ kPa}$$
$$\sigma'_{3f} = \sigma_{3f} - u = 150.0 - 70.0 = 80.0 \text{ kPa}$$

위와 같은 방법으로 하면 유효응력으로 표시한 전단저항각은 $\phi' = 35°$가 된다.

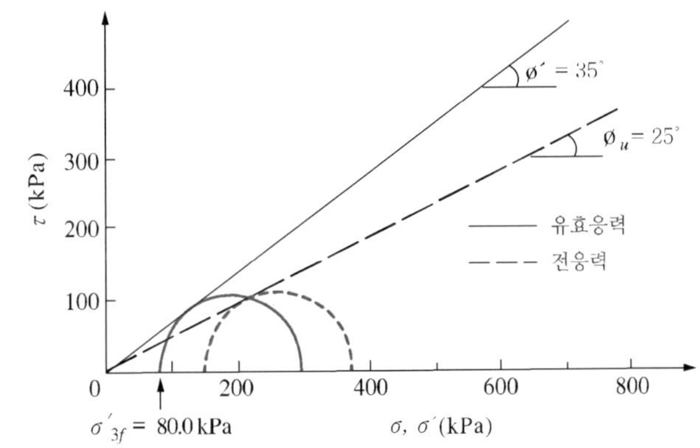

그림 10.4 예제 10.2의 풀이

10.2.3 모래의 전단강도에 영향을 끼치는 요소

모래의 전단강도는 입자 간의 마찰저항과 엇물림으로 이루어지며, 크기는 전단저항각의 함수로 표시된다. 따라서 전단저항각이 큰 흙은 큰 전단강도를 나타낸다. 모래의 전단저항각에 영향을 끼치는 요소는 다음과 같다.

(1) 상대밀도

상대밀도는 모래의 전단강도에 영향을 미치는 가장 중요한 요소이다. 상대밀도가 크거나 간극비가 작으면 전단저항각은 커진다. 표 10.1은 Sacramento강 모래에 대해 상대밀도를 달리하여 배수 3축압축시험을 한 결과를 나타낸 것인데(Lee와 Seed, 1967), 상대밀도가 클수록 전단저항각이 커진다는 것을 알 수 있다. 이와 같은 경향은 이미 예제 10.1에서도 설명하였다.

표 10.1 상대밀도의 영향(Sacramento강 모래)

상대밀도(%)	간극비	전단저항각(°)
38	0.87	34
60	0.78	37
78	0.71	39
100	0.61	41

(2) 입자의 형상과 입도분포

일반적으로 말하면 입자가 모날수록 전단저항각은 커진다. 모난 입자는 둥근 입자에 비하여 마찰저항이 크기 때문이다. 또한 입도분포가 좋은 흙은 입경이 균등한 흙보다도 더 큰 전단저항각을 가진다. 표 10.2(Holtz와 Gibbs, 1956)는 입자의 형상과 입도분포에 따라 전단저항각이 달라지는 경향을 보이고 있다.

표 10.2 입상토의 개략적인 전단저항각의 크기

입자의 크기	다져진 상태	ϕ, deg	
		둥근 입자 입도분포 균등	모난 입자 입도분포 양호
중간 모래	대단히 느슨	28~30	32~34
	중간 정도 촘촘	32~34	36~40
	대단히 촘촘	38~38	44~46
모래(S) 및 자갈(G)			
65%G-35%S	느슨	-	39
65%G-35%S	중간 정도 촘촘	37	41
80%G-20%S	촘촘	-	45
80%G-20%S	느슨	34	-
암편		40~50	

(3) 입자의 크기

간극비가 일정하다면 입자의 크기는 별로 영향을 끼치지 않는다. 따라서 동일한 간극비라면 가는 모래와 굵은 모래의 전단저항각은 대략 동일하다.

(4) 포화도의 영향

포화토와 불포화토는 파괴규준이 상이하다. 포화도가 낮아지면 전단강도가 증가한다. 이때 전단저항각은 포화 시 마찰각과 유사하지만 겉보기 점착력 성분이 증가한다.

(5) 중간 주응력의 영향

이 장에서는 $\sigma_2 = \sigma_3$로 보고 중간 주응력을 고려하지 않고 있다. 중간 주응력을 고려하여 전단강도를 연구한 결과에 의하면(Ladd, et al., 1977), 평면변형률 전단시험(plane strain shear test)으로 시험한 ϕ값은 표준 3축압축시험으로 얻은 ϕ값에 비하여 촘촘한 모래에 대해서는 4~9°만큼 크고, 느슨한 모래에 대해서는 2~3°만큼 크다고 보고하고 있다. 여기서, **평면변형률 전단시험**이란 σ_2가 작용하는 면의 변형률이 전단되는 동안 항상 0인 응력 상태를 말한다. 예컨대, 긴 제방이나 옹벽 구조물 등의 뒤채움은 실제로 이와 같은 응력 상태에 놓여 있다.

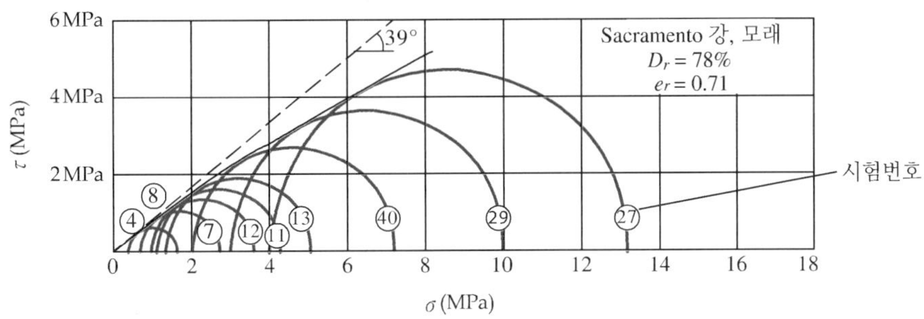

그림 10.5 모래의 전단저항각에 대한 구속압력의 영향(Lee와 Seed, 1967)

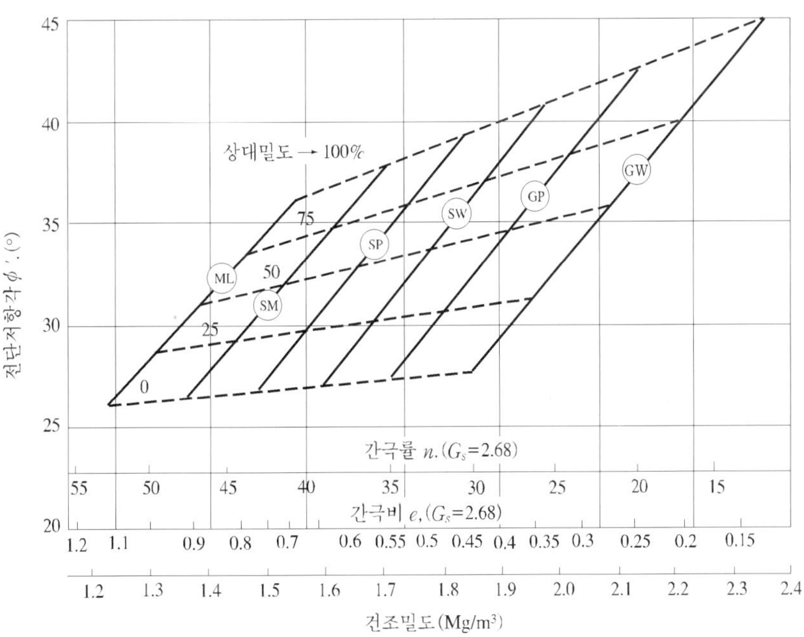

그림 10.6 사질토에 대한 건조밀도, 간극비, 간극률과 전단저항각의 관계(NAVFAC, 1971)

(6) 구속압력의 영향

모래를 가지고 구속압력을 증가시키면서 3축압축시험을 했다면 Mohr 원은 그림 10.5와 같이 그려진다. 즉, Mohr 원에 접하는 포락선은 구속압력이 작을 때에는 직선이지만 이것이 증가되면 아래로 처진다. 따라서 구속압력이 커지면 전단저항각은 일정하지 않고 점점 작아진다.

그림 10.6은 통일분류법으로 분류한 사질토에 대하여 건조밀도, 간극비 또는 간극률을 알고 전단저항각을 추정할 수 있는 도표이다. 이 그림은 예비 설계 시 또는 소규모 프로젝트에서 전단저항각을 추정하여 안정성을 계산하는 데 대단히 유용하게 이용되고 있다.

10.2.4 모래지반의 액상화

지진이 발생하면 느슨하고 포화된 모래지반에 위치한 구조물에 가장 극심한 피해를 주는 것 중 하나가 지반의 **액상화**(liquefaction)이다. 액상화는 보일링 현상, 지표면에서 가는 흙 입자의 분출, 지반의 갈라진 틈을 통한 물의 침투 또는 넓은 면적에 걸친 분사현상(quick sand) 등의 형태로 나타난다. 액상화는 비배수조건의 포화된 모래지반의 항복강도가 실제적인 한계 상태의 강도보다 더 작은 값으로 급격하게 저하되는 현상으로 정의될 수 있다. 그림 10.7에 보인 바와 같이, 느슨하게 쌓인 포화된 가는 모래에 갑자기 충격을 가하면 모래의 입자들은 약간 수축되면서 재배열된다. 이때 수축으로 말미암아 양의 과잉 간극수압이 유발되면 유효응력이 감소되고, 이에 따라 전단강도가 감소하므로 모래 위에 있는 하중은 상당한 깊이까지 빠질 수 있다. 액상화가 발생하여 실제 구조물에 피해를 주는 사례로는 건물이 땅속으로 가라앉거나 과도하게 기울어지게 되고, 경량의 구조물은 지반 위로 떠오르기도 하며, 구조물 기초에 상당히 큰 횡방향 변위가 발생하는 것 등이 있다.

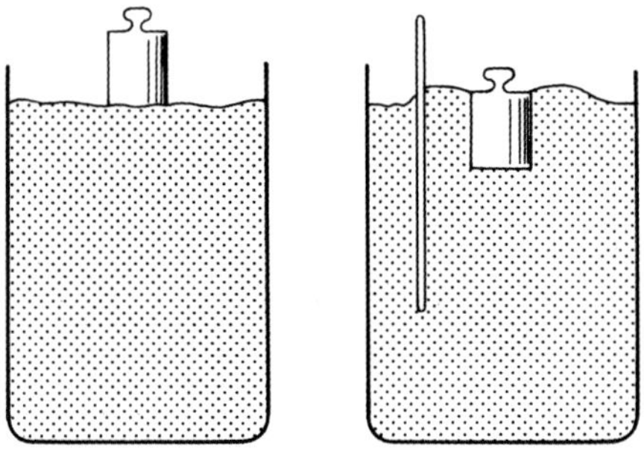

그림 10.7 액상화 현상

(1) 액상화 검토를 위한 시험

느슨하고 포화된 모래 시료에 대하여 진동단순전단시험(cyclic simple shear test)을 수행하면 주어진 시료에 대한 액상화를 검토할 수 있다. 이의 전형적인 시험 결과는 그림 10.8에 나타나 있다(Seed와 Idriss, 1982). 진동응력 재하 초기 단계에서는 과잉간극수압은 약간씩 증가하지만

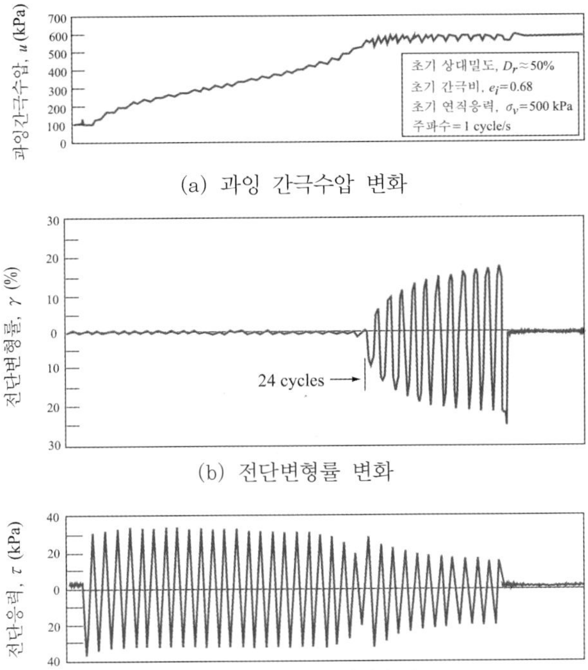

그림 10.8 진동 단순 전단시험에 의한 느슨한 모래시료의 대표적인 시험 기록(Seed와 Idriss, 1982)

심각한 변형은 발생하지 않는다. 그러나 하중의 반복횟수가 증가함에 따라 과잉간극수압은 초기 연직응력과 같은 크기만큼 급격하게 증가하고, 이에 따라 유효응력이 0으로 감소함과 동시에 시료에는 매우 큰 변형이 발생한다. 이 시점이 액상화의 시발점이 된다. 시료가 액상화되기까지의 진동응력횟수(N_c)는 시료에 가해지는 전단응력과 초기 연직응력의 크기에 따라 달라진다. 그림 10.9는 초기간극비가 0.61~0.87 범위의 Sacramento강 모래에 대한 진동 3축압축시험을

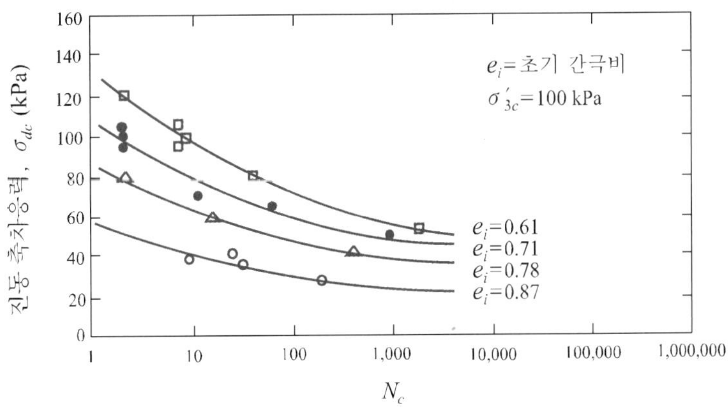

그림 10.9 초기 액상화 및 20% 축변형률이 발생하는 데 요구되는 진동축차응력(Seed와 Lee, 1966)

통하여 액상화 초기에서의 진동축차응력과 진동응력횟수의 관계를 보여준다(Seed와 Lee, 1966). 이 그림에서 특정의 설계지진에 대하여 액상화가 발생되는 진동응력횟수에 대응하는 진동축차응력을 찾아낼 수 있다.

(2) 액상화 검토방법

지진에 의한 액상화 발생 가능성은 지진에 의해 발생되는 진동전단응력비에 대한 대상현장에서 액상화를 유발시키는 전단저항응력비의 비율로 평가된다. 다음에서는 진동전단응력비와 전단저항응력비를 산정하는 방법을 설명한다.

(a) 지진 시의 진동전단응력비와 액상화까지의 진동응력횟수(N_c)의 산정

그림 10.10은 1964년에 규모가 7.3이고 진앙(epicentral distance)이 56 km 떨어진 Niigata지진에 대하여 이 지역에서 측정한 지진응답해석 결과 얻어진 수평전단응력의 시간이력 스펙트럼이다(Seed와 Idriss, 1967). Seed와 Idriss(1971)는 지표면이 평지에 가깝고 심도가 15 m 이내에서의 지진 시의 전단응력, τ(seismic)와 액상화 발생까지의 진동응력횟수(N_c)를 산정하는 간단한 방법을 제안하였다. 여러 개의 지진에 의한 전단응력의 시간이력을 분석한 결과, 평균 등가균등전단응력(average equivalent uniform shear stress)은 최대 전단응력의 65% 정도임을 알게 되었다. 또한 Seed(1979)는 규모가 다른 여러 개의 지진응답해석 결과, 매우 강한 지진의 전형적인 진동시간은 5~40초이고, 그중에서 의미 있는 전단응력 사이클 수는 5~30회 범위에 있는 것을 발견하였는데, 이는 규모가 다른 여러 지진에서의 진동응력횟수를 산정하는 근거가 될 수 있다. 깊이 z에서의 **진동전단응력비**와 **감소계수**는 각각 식 (10.1) 및 (10.2)와 같다.

$$\frac{\tau(\mathrm{seismic})}{\sigma_{vo}{}'} = 0.65\frac{\alpha_{\max}}{g}\frac{\sigma_{vo}}{\sigma_{vo}{}'}\mathrm{r}_d \tag{10.1}$$

여기서, $\alpha_{\max}$은 최대 지표면 가속도, σ_{vo}는 연직응력, $\sigma_{vo}{}'$은 유효연직응력, r_d는 흙의 변형에 따른 감소계수로서 식 (10.2)와 같이 나타낼 수 있다(Iwasaki 등, 1978).

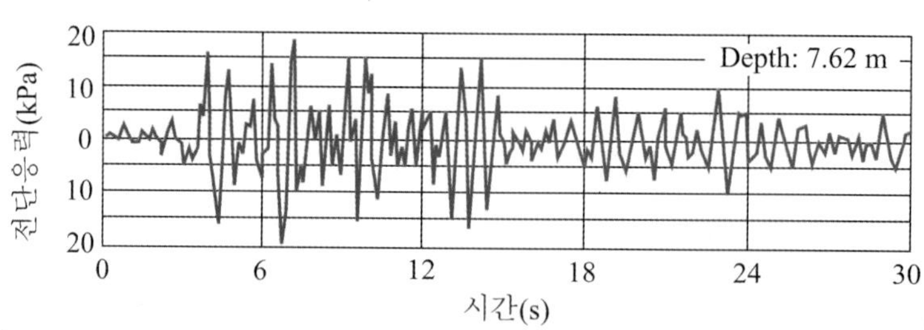

그림 10.10 응답스펙트럼 해석에 의한 수평전단응력의 시간이력(Seed와 Idriss, 1967)

$$r_d = 1 - 0.01z \tag{10.2}$$

여기서, z(m)는 지표로부터의 깊이를 의미하며, 지진의 규모별 대표적인 액상화까지의 진동응력 횟수는 다음 표와 같다.

표 10.3 지진규모에 따른 대표적인 진동응력횟수(Seed와 Idriss, 1982)

지진규모(M)	액상화 발생 시의 진동응력횟수(N_c)
$5\frac{1}{4}$	2~3
6	5
$6\frac{3}{4}$	10
$7\frac{1}{2}$	15
$8\frac{1}{2}$	26

(b) 전단저항응력비의 산정

전단저항응력비(τ_l / σ_{vo}')는 유효연직응력에 대한 항복전단강도(τ_l)의 비로 정의되고, 이를 산정하는 방법으로는 실험실 시험 결과를 이용하는 방법과 현장에서 원위치 시험 결과를 이용하는 방법이 있다. 실험실 시험 방법으로는 진동직접단순전단시험(cyclic direct simple shear test)과 비배수조건에서의 진동3축시험(cyclic triaxial test)이 주로 많이 사용되고(Yoshimi와 Oka,1975; Ishihara와 Koga, 1981), 표준관입시험 결과에 의한 전단저항응력비의 산정방법도 제안되었다.

- 실험실 시험에 의한 방법 : Yoshimi와 Oka(1975)는 일본의 Bandaijima sand에 대한 진동직접단순전단시험을 수행하여 N_c에 따른 전단저항응력비를 산정할 수 있는 시험 결과를 그림 10.11과 같이 나타내었고, Ishihara와 Koga(1981)는 Niigata지역에서 채취한 불교란시료에 대한 진동3축시험을 실시하여 그림 10.12와 같이 전단저항응력비를 산정하였다.

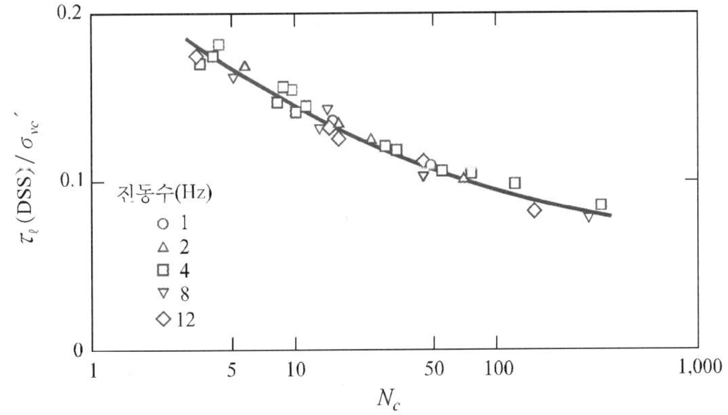

그림 10.11 진동단순전단시험에 의한 Bandaijima sand의 전단저항응력비와 N_c의 관계(Yoshimi와 Oka, 1975)

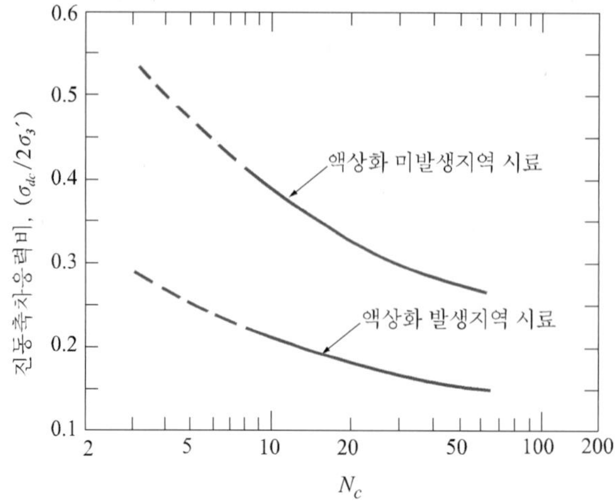

그림 10.12 불교란시료에 대한 진동3축시험 결과(Ishihara와 Koga, 1981)

• **표준관입시험에 의한 방법**: Terzaghi 등(1996)은 Seed 등(1984, 1985)의 자료를 분석한 결과로부터 토층하중과 타격에너지 효율(60% 기준) 등에 대하여 보정을 실시한 표준관입시험값 $[(N_1)_{60}]$과 지진규모 7.5에서 전단저항응력비와의 관계를 식 (10.3)과 같이 제시하였다(그림 10.13 참조).

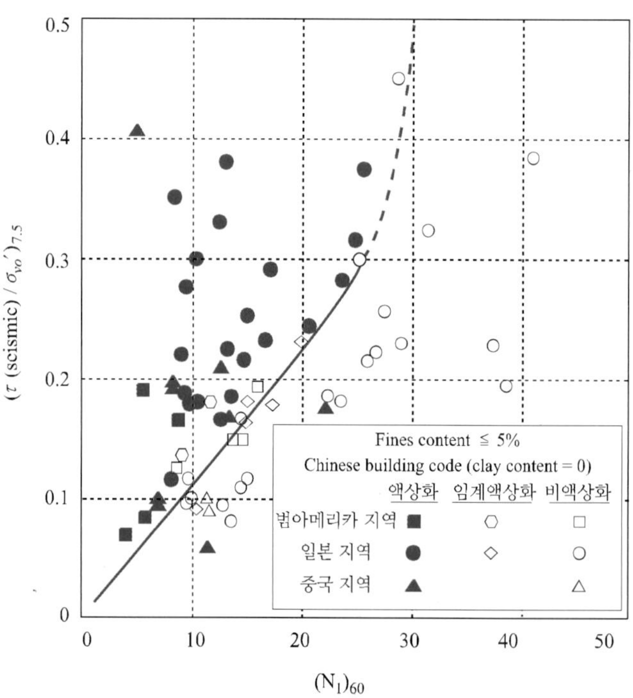

그림 10.13 진동전단응력비(M = 7.5)와 $(N_1)_{60}$의 관계(Seed 등, 1985)

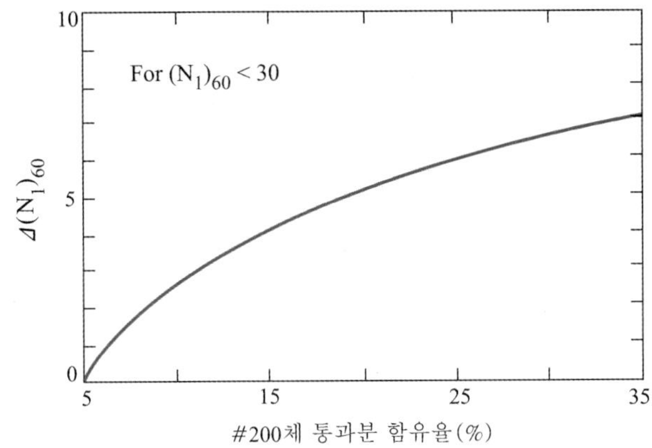

그림 10.14 전단저항응력비 산정 시 세립분에 의한 $(N_1)_{60}$의 보정(Seed 등, 1985)

$$\left(\frac{\tau_l}{\sigma_{vo'}}\right)_{7.5} = 0.011(N_1)_{60} \tag{10.3}$$

위 식은 $(N_1)_{60} \le 20$, 대상 지진 규모는 7.5, #200체 통과율 5% 이하의 조건에 적용되고, #200체 통과율 ≥ 5%인 실트질 모래에 대한 시료는 세립분의 영향을 보정한 식 (10.4)를 적용한다.

$$\left(\frac{\tau_l}{\sigma_{vo'}}\right)_{7.5} = 0.011[(N_1)_{60} + \Delta(N_1)_{60}] \tag{10.4}$$

여기서, $\Delta(N_1)_{60}$은 세립분 함유율에 따른 $(N_1)_{60}$의 보정값으로서 그림 10.14에 나타나 있다.

(3) 액상화 안전율

지진에 의해서 부과되는 진동전단응력비와 모래의 액상화 전단저항응력비를 알게 되면 액상화 발생 가능성을 평가할 수 있다. 액상화 안전율(F)은 식 (10.5)로 정의되며, 일반적으로 안전율이 1.5 이상이면 액상화에 대하여 안전한 것으로 평가한다(한국지반공학회, 2009).

$$F = \frac{\text{전단저항응력비}}{\text{진동전단응력비}} \tag{10.5}$$

액상화를 방지하려면 모래의 자연간극비가 한계간극비(critical void ratio)보다 더 작도록 하는 것이 중요하고, 모래의 입도도 상당히 중요한데, 그림 10.15는 액상화에 가장 취약한 입도범위와 액상화 발생 가능 입도범위를 보이고 있다(Tsuchida,1970). 다른 시험 결과에 의하면 액상화가 일어날 수 있는 시료는 입자가 둥글고 실트 크기의 입자를 약간 포함하고, 유효지름이 0.1 mm보다 작고 균등계수가 5보다 작으며, 간극률은 최소 44% 이상이어야 한다.

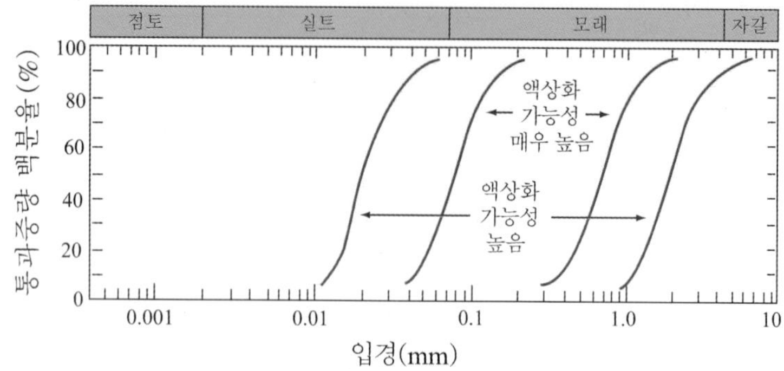

그림 10.15 액상화 가능성이 있는 입도분포곡선의 범위(Tsuchida, 1970)

10.3 점성토의 전단강도

앞에서 설명한 바와 같이 자연 지반에 있는 사질토는 투수계수가 크므로 하중이 작용하면 쉽게 배수된다. 따라서 사질 지반에 대한 안정 계산은 배수조건에서 얻은 전단저항각을 적용하는 것이 실제와 부합한다. 그러나 점성토 지반에서는 하중이 작용하면 배수가 잘 안 되면서 과잉 간극수압이 유발되고, 시간이 지남에 따라 유발된 과잉간극수압은 소멸되어 간다. 이 과정은 오랫동안 지속되면서 지반의 변형을 가져오게 되므로, 지반의 강도 특성도 많이 달라질 수 있다. 이에 부합하는 안정계산을 할 때에는 압밀과 전단 시의 배수조건을 바꾼 시험에서 얻는 강도정수를 적용해야 한다. 배수조건에 따른 시험방법은 9.4.2절에서 설명하였다.

10.3.1 UU 시험에서 얻은 강도정수

그림 10.16은 비압밀 비배수 3축압축시험을 행하는 각 단계에서의 전응력, 간극수압 및 유효응력의 변화를 그림으로 요약하여 나타낸 것이다. 현장에서 시료를 채취하여 실험실로 운반하고, 이것을 시편으로 다듬어 3축실에 앉히면 시료 내에는 **잔류 간극수압** $-u_r$이 존재한다. 이것은 시료를 채취할 때 지반응력의 제거로 인해 유발된 음의 간극수압이다. 시료에 구속압력을 가할 때 시료가 완전히 포화되어 있다면 구속압력과 동일한 과잉간극수압이 유발되므로 이때의 간극수압은 $-u_r + \Delta u_c$가 된다. 유효응력은 구속압력에서 이것을 뺀 값이므로 그림에서와 같이 u_r만 남는다. 이 단계에서 축압력을 가하면, 시료 내에서는 이로 인해 새로이 간극수압이 유발되면서 시료는 파괴된다.

비압밀 비배수 시험에서는 간극수압을 측정하지는 않고 시료가 전응력으로 파괴될 때의 σ_{1f}와 σ_{3f}를 가지고 Mohr 원을 그린다. 만일 완전히 포화된 시료에 대하여 시험을 했다면 구속압력을 바꾸어도 그림에서와 같이 동일한 원이 그려진다. 이는 UU 시험에서는 압밀을 하지 않으므로, 만일 간극비와 함수비가 동일한 포화된 시료라면 구속압력의 증가량만큼 간극수압이 증가하기

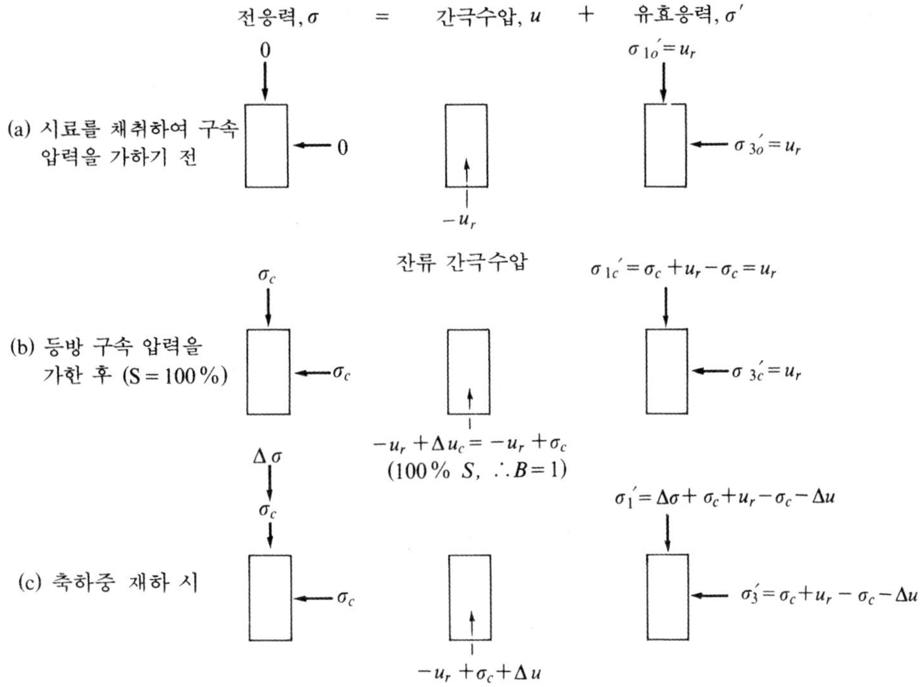

그림 10.16 UU 3축압축시험의 여러 단계에서의 전응력, 간극수압 및 유효응력

때문이다(그림 10.16 참조). 따라서 이 원의 포락선은 수평선이 되므로 $\phi = 0$이고 $c_u = s_u = (\sigma_1 - \sigma_3)_f/2$가 된다.

그러나 간극수압을 측정하여 유효응력으로 Mohr 원을 그렸다면 그림 10.17(a)의 점선으로 나타낸 것처럼 Mohr 원은 모든 원에 대하여 공통으로 하나밖에 그려지지 않는다. 왜냐하면 구속압력의 크기에 관계없이 항상 $\sigma_1{}' = (\Delta\sigma + \sigma_c) - (-u_r + \sigma_c + \Delta u) = \Delta\sigma + u_r - \Delta u$이고, $\sigma_3{}' = \sigma_c - (-u_r + \sigma_c + \Delta u) = u_r - \Delta u$이기 때문이다.

만일 불포화토에 대하여 UU 시험을 행하였다면 파괴 때의 축차응력은 최소 주응력이 증가함에 따라 증가하므로 포화된 점토에서처럼 수평선이 되지 않는다[그림 10.17(b) 참조]. 왜냐하면 구속응력을 증가시킬수록 공기 때문에 흙이 압축되며, 흙 속에 들어 있는 공기는 감소하기 때문이다. 그러나 구속응력을 상당히 크게 하면 흙 속에 있는 공기는 모두 용해되어 포화점토와 동일해지므로, Mohr 포락선은 수평선이 된다. 따라서 낮은 응력에서는 포락선이 그림 10.17(b)와 같은 곡선이 되므로, 일정한 값의 전단저항각이 존재하지 않는다.

UU 시험을 할 때 특히 유의해야 할 것은, 현장에서는 완전히 포화되었던 시료라고 하더라도 실험실에서 실제로 시험을 할 때 수분의 증발로 인해 포화도가 떨어진다면 불포화토의 거동을 보인다는 것이다. 시험실에서 시료를 처음부터 100% 포화시키려면 시료 속으로 수압을 가해야 한다. 이것을 **백 프레셔**(back pressure)라고 하며, 이 압력을 가하면 안에 있는 공기가 용해되므로

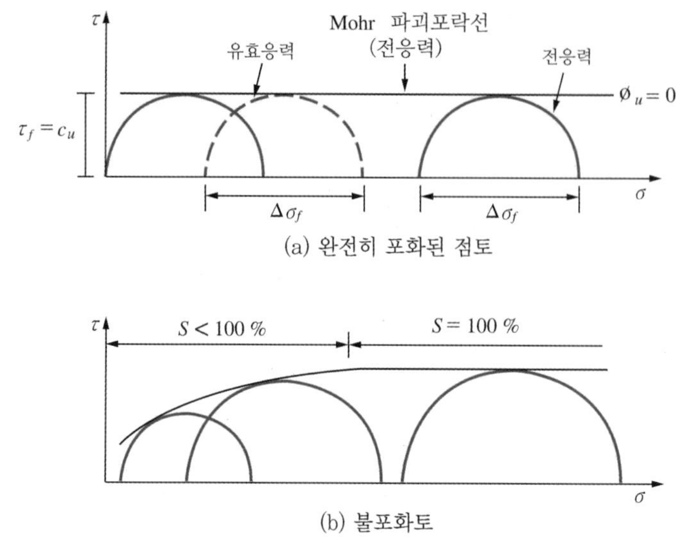

그림 10.17 UU 시험으로 얻은 Mohr 포락선

시료를 완전히 포화시킬 수 있다. 백 프레셔는 구속압력과 동시에 가해야 하며, 만일 이것이 구속압력보다 더 커지면 시료가 교란되므로 주의하여야 한다.

UU 시험에서 얻은 비배수강도는 시공 직후의 안정해석, 다시 말하면 구조물의 시공속도가 과잉 간극수압이 소멸되는 속도보다 더 빠를 때의 안정계산에 적용한다. 이것을 특히 포화지반에 적용할 때에는 $\phi = 0$ 해석(Skempton, 1948)이라고 한다.

10.3.2 CU 시험에서 얻는 강도정수

CU 시험에서는 시험 단계가 압밀과 전단으로 분명히 구별된다. 그림 10.18은 각 단계에서의 전응력, 간극수압 및 유효응력을 나타낸 것이다. 시료를 3축실에 앉힐 때에는 UU 시험에서와 동일하나, 배수 상태로 두고 주어진 압밀압력(구속압력)으로 시료를 완전히 압밀시키면 구속압력은 유효응력이 된다.

압밀이 완료된 다음, 비배수 상태에서 축응력을 가하여 시료를 전단시키면 시료 내에는 과잉 간극수압이 유발되며, 시료가 파괴될 때까지의 변형률과 축차응력 및 간극수압의 변화를 그림 10.19와 같이 각각 그릴 수 있다. 그림 10.19(a)에서 보는 바와 같이 축차응력과 변형률의 관계에서는 과압밀점토는 마치 촘촘한 모래에 대한 것처럼 작은 변형률에서 정점을 보이나, 동일한 간극비에서 정규압밀 점토는 느슨한 모래에 대한 것처럼 시료가 파괴될 때까지 큰 변형이 생긴다. 그림 10.19(b)를 보면 과압밀점토는 변형이 일어나면서 간극수압이 다소 증가하다가 초기값 이하로 떨어지나, 정규압밀토에서는 변형이 증가하는 동안 계속해서 증가한다.

파괴 시의 최대 주응력과 최소 주응력을 가지고 Mohr 원을 그리면 포락선은 그림 10.20과 같이 그려진다. 정규압밀점토에서는 포락선이 원점을 통과하므로 $c = c' = 0$이고, 전단저항각

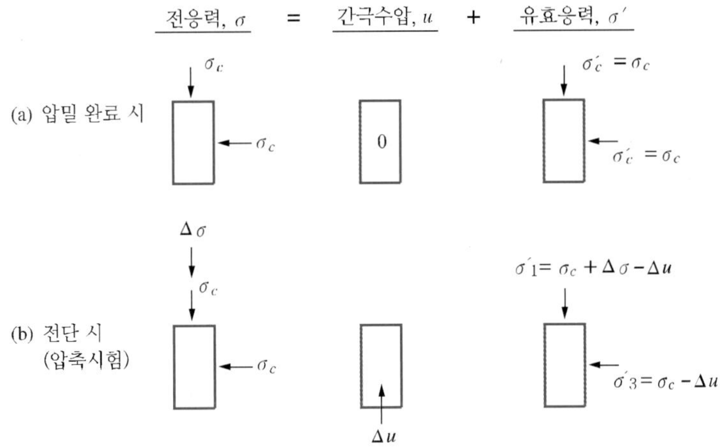

그림 10.18 CU 시험에서 압밀 단계와 전단 단계에서의 전응력, 간극수압 및 유효응력

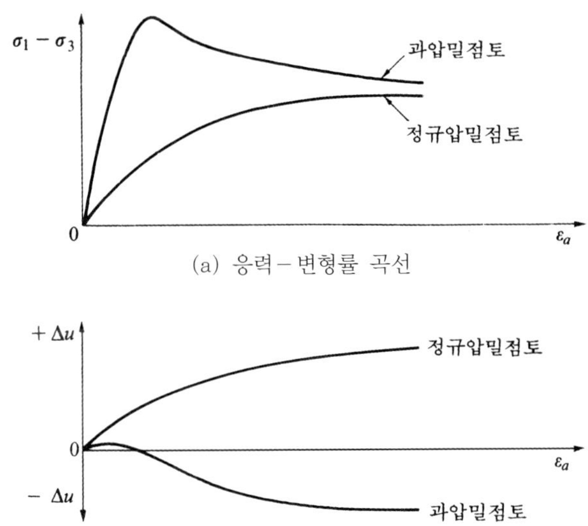

(a) 응력-변형률 곡선

(b) 간극수압-변형률 곡선

그림 10.19 CU 시험으로 얻은 대표적인 실험 곡선

은 전응력과 유효응력으로 각각 구할 수 있다. 과압밀점토는 포락선이 세로축과 교차하므로 점착력과 전단저항각이 모두 얻어진다[그림 10.20(b) 참조]. 또한 과압밀점토가 전단될 때에는 음의 간극수압이 나타나므로, 전응력으로 표시한 Mohr 원이 왼쪽에 그려진다는 것을 유의하여야 한다. 과압밀점토를 시험할 때 압밀압력을 선행압밀압력 이상으로 가하여 CU 시험을 했다면, Mohr 포락선은 마치 정규압밀점토에 대한 시험과 같게 그려진다. 이에 대한 시험 결과는 그림 10.21에 나타나 있다.

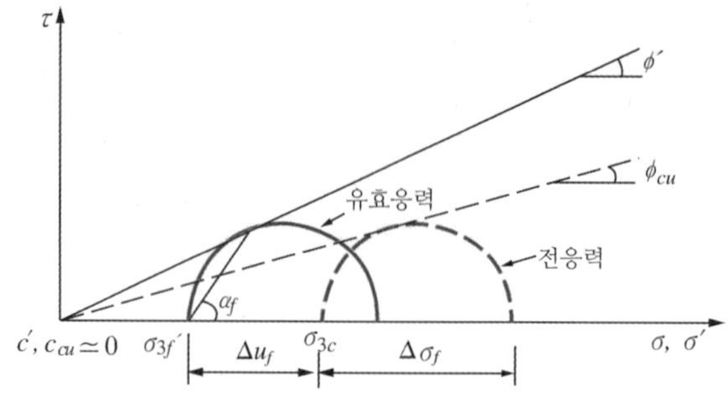

(a) 정규압밀점토

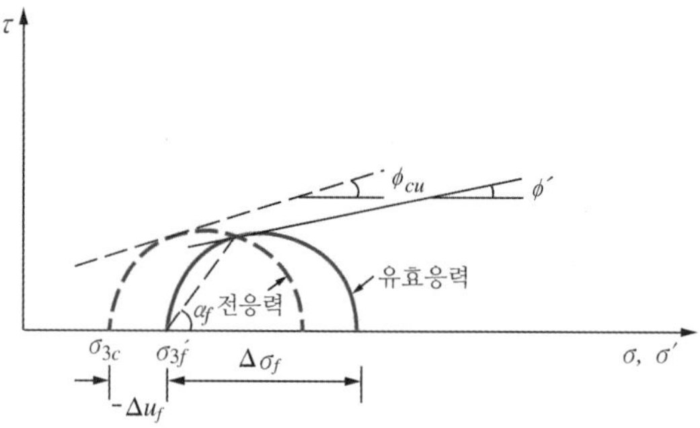

(b) 과압밀점토

그림 10.20 CU 시험으로 구한 Mohr 포락선

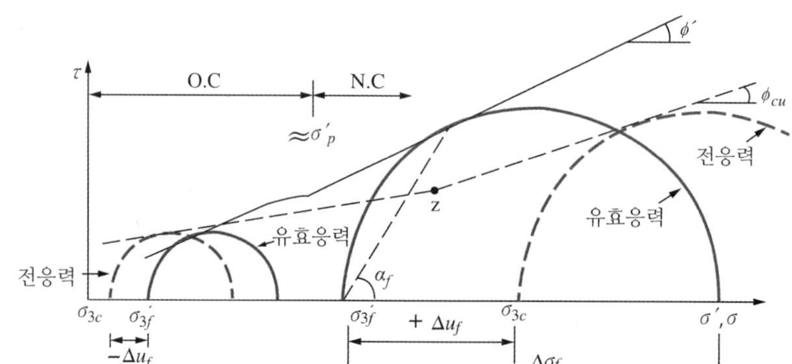

그림 10.21 과압밀점토를 선행압밀압력 이상 압밀시켜 전단시험을 하였을 때의 Mohr 포락선

CU 시험으로 구한 강도정수는 지반이 완전히 압밀되어 평형을 유지하고 있다가 외력이 추가로 작용할 때의 안정계산에 쓰인다. 예를 들면, 흙댐의 심벽이나 연약지반 위에 오랫동안 놓였던 제방에 수위의 급강하로 인하여 과잉간극수압이 작용하게 되는 경우, 또는 연약지반 위에 놓였던 안정된 제방 위에 다시 제방을 쌓는 경우 등이다. 유효응력으로 구한 강도정수는 다음에 설명하는 CD 시험으로 구한 강도정수와 실제로 동일하며, 간극수압과 상관없이 유효응력으로 안정해석을 하는 데 쓰인다. 이것을 **유효응력해석**(effective stress analysis)이라고 한다.

10.3.3 CD 시험에서 얻는 강도정수

CD 시험은 현장의 응력조건과 같은 압력을 가하여 시료를 압밀시킨 다음, 배수 상태에서 점차 응력을 천천히 가하여 시료를 전단시킨다. 전단시키는 동안에는 과잉간극수압의 발생을 허용하지 않으므로 시험이 완료되는 데 오랜 시간이 걸린다.

그림 10.22는 압밀로부터 전단에 이르는 단계에서의 응력 상태를 표시한 것이다. 이 그림에서 보는 바와 같이 압밀과 전단단계에서 간극수압은 항상 0이므로 전응력은 유효응력과 동일하다.

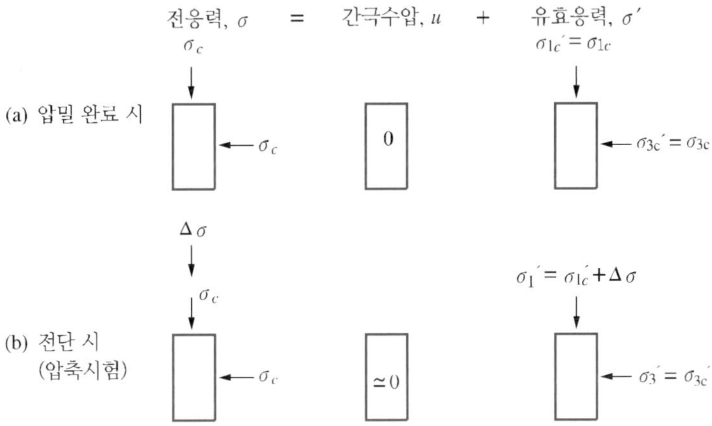

그림 10.22 CD 시험의 각 응력 상태에서의 전응력, 간극수압 및 유효응력

그림 10.23은 전단 시 흙의 변형에 대한 축차응력과 체적 변화의 관계를 나타낸 것이다. 이 그림에서 보이는 것처럼 구속압력이 동일한 경우 과압밀점토는 정규압밀점토보다 더 큰 강도를 보이고, 전자는 체적이 증가하는 대신 후자는 체적이 감소한다. 앞에서도 지적했던 것처럼 이것은 촘촘한 모래와 느슨한 모래에 대한 전단거동과 비슷하다.

CD 시험에서 파괴 시 응력 상태를 표시하는 Mohr 원은 유효응력으로만 표시된다. 이론적으로 보면, CD 시험에서 얻는 강도정수는 CU 시험에서 유효응력으로 얻는 강도정수와 동일하다. 그림 10.24는 과압밀점토와 정규압밀점토의 강도정수의 차이를 분명하게 알기 위하여 정규압축

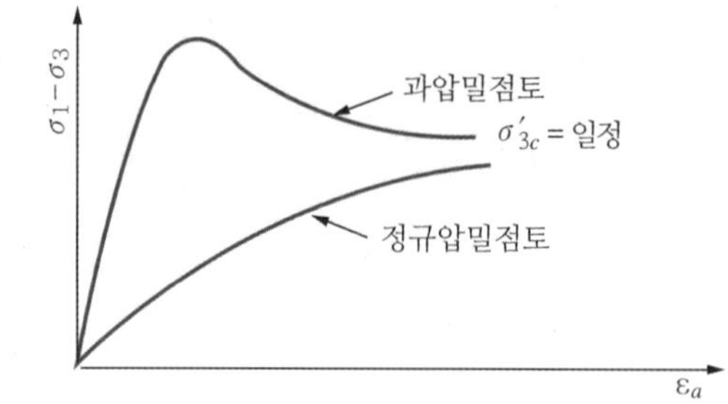

(a) 응력-변형률 곡선

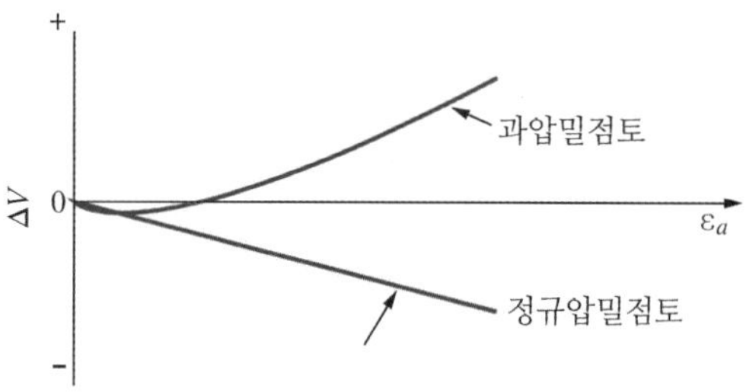

(b) 체적 변화-변형률 곡선

그림 10.23 CD 시험 결과

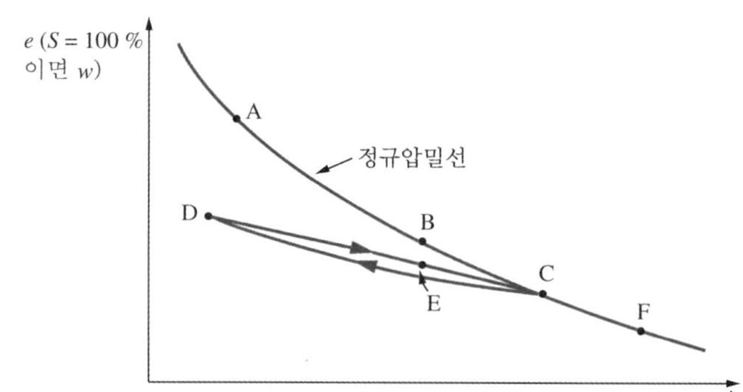

(a) 압밀곡선

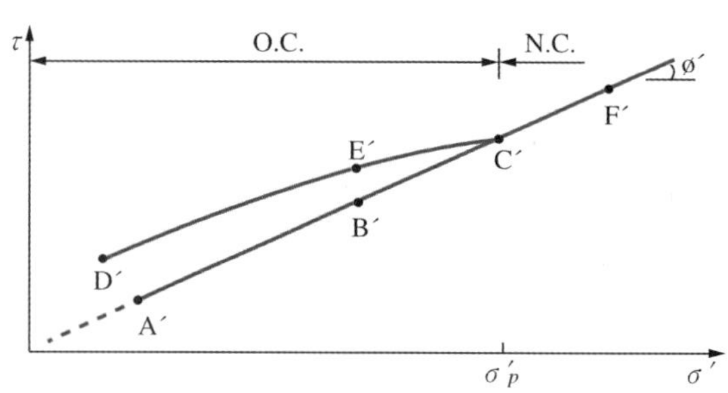

(b) 정규압밀점토와 과압밀점토에 대한 Mohr 포락선

그림 10.24 압밀압력과 전단강도의 관계

과 재압축으로 압밀시킨 시료의 전단강도의 차이를 대비시켜 본 것이다. 즉, 정규압밀선의 A점에 있는 흙시료를 전단시켰다면, 그 흙의 전단강도는 A′점이 된다. 정규압밀선상의 다른 점, 즉 B, C, F점에 대응하는 Mohr 포락선상의 점들은 B′, C′, F′이 되고, 이 선의 연장선은 원점을 통과한다. 만일 압밀곡선상의 C점에서 하중을 제거하였다가 재압축시켜 D와 E 시료를 전단시켰다면, 이에 대응하는 전단강도는 D′과 E′이 되고 이들을 연결하면 이 선이 과압밀토에 대한 Mohr 포락선이 된다. 이 포락선은 그림 10.21의 유효응력으로 얻은 포락선과 동일한 경향을 나타낸다.

CD 시험은 시료를 전단하는 동안 간극수압의 발생이 전혀 없어야 하므로, 전단시험을 하는 데 며칠 또는 몇 주일이 걸릴 수 있다. 따라서 이와 같이 오랜 시간에 걸친 시험은 실용적이 아니므로, 이 시험은 간극수압을 측정하는 CU 시험으로 대신하는 것이 보통이다. 앞에서 설명한 CU 시험에서 유효응력으로 Mohr-Coulomb 포락선을 그렸다면 실제로 거의 동일한 결과를 얻기 때문이다.

예제 10.3

포화된 점토를 지름 40 mm, 길이 75 mm로 시료를 다듬고, (a) UU 시험과 (b) CD 시험을 행하여 다음과 같은 결과를 얻었다. 강도정수를 구하여라.

| 풀이 | 파괴 시의 주응력차는 축응력을 파괴 시의 단면적으로 나누어 구한다. 파괴 시의 단면적은 식 (9.10)을 사용하면 $A_o = \pi \times 40^2/4 = 1,257$ mm², $V_o = 1,257 \times 75 = 94,275$ mm³ 이므로 수정 단면적은

$$A_c = A_o \frac{1 - \Delta V / V_o}{1 - \Delta l / l_o} = 1,257 \times \frac{1 - \Delta V / 94,275}{1 - \Delta l / 75}$$

로 계산된다.

시험 종류	구속압력 (kPa)	축하중 (N)	축변형 (mm)	체적 변화 (mL)
UU	200	220	9.82	-
	400	219	10.01	-
	600	223	10.23	-
CD	200	483	10.97	6.7
	400	891	12.24	8.1
	600	1325	13.99	9.8

계산 결과를 요약하면 다음 표와 같다.

시험 종류	σ_3 (kPa)	$\dfrac{\Delta l}{l_o}$	$\dfrac{\Delta V}{V_o}$	A_c (mm^2)	$\sigma_1 - \sigma_3$ (kPa)	σ_1 (kPa)
UU	200	0.131	–	1,446	152	352
	400	0.133	–	1,449	151	551
	600	0.136	–	1,454	153	753
CD	200	0.146	0.071	1,367	353	553
	400	0.163	0.086	1,373	649	1,049
	600	0.187	0.104	1,385	957	1,557

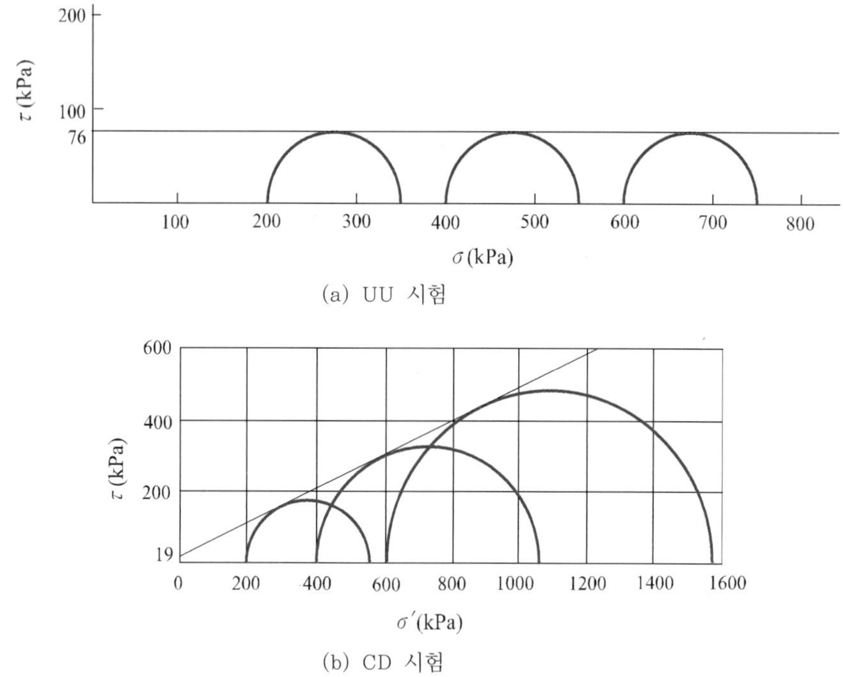

그림 10.25 예제 10.3에 대한 Mohr 원의 표시

위의 계산 결과를 이용하여 Mohr 원을 그리면 그림 10.25와 같고 이 그림으로부터

(a) UU 시험에서는 $c_u = 76$ kPa, $\phi_u = 0$

(b) CD 시험에서는 $c' = 15.5$ kPa, $\phi' = 25.5°$

를 얻는다.

예제 10.4

흙을 압밀 비배수 상태로 3축압축시험을 행하여 다음과 같은 결과를 얻었다.

시험 구분	I	II
구속압력 σ_3 (kPa)	100.0	500.0
전수직응력 σ_1 (kPa)	435.0	1280.0
간극수압 u (kPa)	−40.0	135.0

(a) 전응력과 (b) 유효응력으로 강도정수를 결정하여라.

| 풀이 | (a) σ_1과 σ_3가 주어졌으므로 이 값을 이용하여 Mohr 원을 그리면 그림 10.26의 A 및 B와 같다. 이 두 원에 접하는 선을 그어 절편과 이 선의 각도를 재면, $c_{cu} = 80$ kPa, $\phi_{cu} = 21°$를 얻는다.

(b) 유효응력은 $\sigma' = \sigma - u$이므로

$$\sigma_{1\,\text{I}}' = 435.0 + 40.0 = 475.0 \text{ kPa}$$
$$\sigma_{1\,\text{II}}' = 1280.0 - 135.0 = 1145.0 \text{ kPa}$$
$$\sigma_{3\,\text{I}}' = 100.0 + 40.0 = 140.0 \text{ kPa}$$
$$\sigma_{3\,\text{II}}' = 500.0 - 135.0 = 365.0 \text{ kPa}$$

이 값으로 Mohr 원을 그리면 C와 D의 원을 얻는다. 이 두 원의 접선으로부터,

$$c' = 16.8 \text{ kPa}$$
$$\phi' = 29.8°$$

를 얻는다. 이 그림에서 원 A와 C 및 원 B와 D는 각각 똑같은 지름의 원이라는 점을 유의하여야 한다.

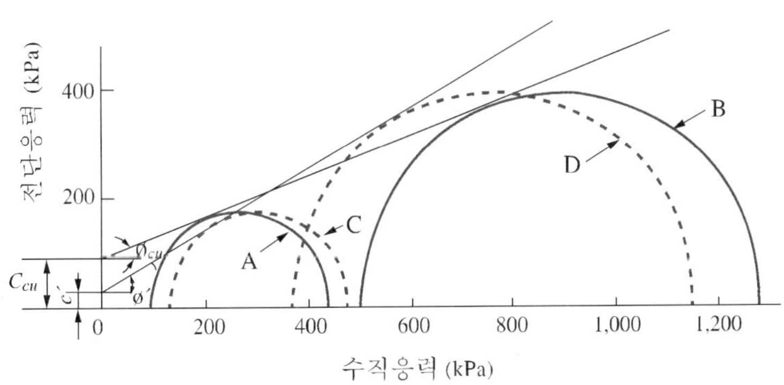

그림 10.26 예제 10.4의 그림

10.3.4 비배수강도와 강도증가비

비배수강도는 UU시험이나 1축압축시험에서처럼 비배수조건에서 시험하여 얻어지는 강도를 말한다. CU시험은 구속압력으로 압밀이 완료된 시료에 대한 시험이므로 이 시험에서도 비배수강도를 얻는다. 점토층에 놓이는 실제 구조물은 비배수조건으로 파괴되는 경우가 많다. 예컨대, 점토지반에 축조되는 기초, 점토지반 위에 건설되는 제방이나 점토심벽의 흙댐 등은 모두 비배수강도를 사용하여 안정계산을 해야 한다. 실제로 점토지반에서는 하중이 가해지면 지반이 압축을 받아 과잉간극수압이 유발된다. 과잉간극수압의 소산은 지반의 투수계수와 관련되므로 투수계수가 낮은 점성토는 수개월간의 시공기간 중에도 비배수 상태로 남아 있다. 설사 약간의 배수가 있다 하더라도 비배수조건으로 해석하면 안전 측이 된다.

흙이 균질하다면 점토의 비배수강도는 지표면 아래 깊이가 깊을수록 증가한다. 여러 깊이에 대한 비배수강도는 각 깊이에서 시료를 채취하여 시험을 해야 하지만 미리 점토층의 깊이에 따른 비배수강도의 증가를 알고 있으면 대단히 유용할 것이다. 점토층의 유효연직응력에 대한 비배수강도의 증가비율을 강도증가비 s_u/σ_{vo}'이라고 한다. 여기서, s_u는 비배수강도이고 σ_{vo}'은 유효연직응력이다.

자연적으로 퇴적된 점토지반의 강도증가비를 구하는 경험식은 여러 연구자들에 의하여 제안되었다. Skempton(1957)은 여러 시험 결과를 이용하여 강도증가비가 소성지수에 따라 약간씩 증가한다는 경험식을 다음과 같이 제안하였다.

$$s_u/\sigma_{vo}' = 0.11 + 0.0037\text{PI}(\%) \tag{10.6}$$

그런데 자연적으로 퇴적된 정규압밀점토라 하더라도 해성점토(marine clay)처럼 퇴적연대가 일천한 점토층도 있고 또 오래된 점토층도 있을 것이다. Bjerrum(1972)은 전자를 청년기(young) 점토, 후자를 노년기(aged) 점토로 구분하고 강도증가비는 노년기 점토일수록 커진다는 것을 그림으로 나타내었다[그림 10.27(a) 참조]. 노년기 점토는 정규압밀점토이지만 과압밀비는 1보다 크며, 이 값[이 그림에서는 (σ_p'/σ_{vo}')로 표시]은 그림 10.27(b)에 보인 바와 같이 소정지수로 추정할 수 있다. 노년기 점토는 퇴적상으로는 정규압밀점토이지만 경과압밀점토(lightly over-consolidated clay)로 분류된다.

한편, 강도증가비는 유효연직응력 σ_{vo}' 대신 선행압밀압력 σ_p'으로 대체할 수 있다. Mesri (1975)는 이와 같이 대체한 강도증가비와 그림 10.27(a)와 (b)를 적용하여 그림 10.27(d)와 같은 $s_u/\sigma_p' - PI$ 관계곡선을 얻었다. 이 그림을 보면 강도증가비는 소성지수가 커짐에 따라 증가한다는 사실을 알 수 있다. 이미 9장에서 설명한 바와 같이, 베인시험에서 얻은 전단강도의 수정계수는 소성지수의 증가에 따라 감소하고[그림 10.27(c) 참조], 위에서 보인 강도증가비는 소성지수가 커짐에 따라 증가하므로 이것을 결합하면 그림 10.27(e)와 같이 된다는 것을 알 수 있다. 이것을 식으로 쓰면 다음과 같다.

$$\mu s_{uv}/\sigma'_p = 0.22 \tag{10.7}$$

이 식을 쓰면 베인시험으로 얻은 비배수강도의 수정이 식에 포함되어 있으므로 현장 베인시험값으로 직접 강도증가비를 간단히 구할 수 있다. 응력이력(stress history)이 다른 정규압밀 또는 경과압밀 상태의 비유기질 점성토에도 이 식의 적용이 가능한 것으로 제안되었다.

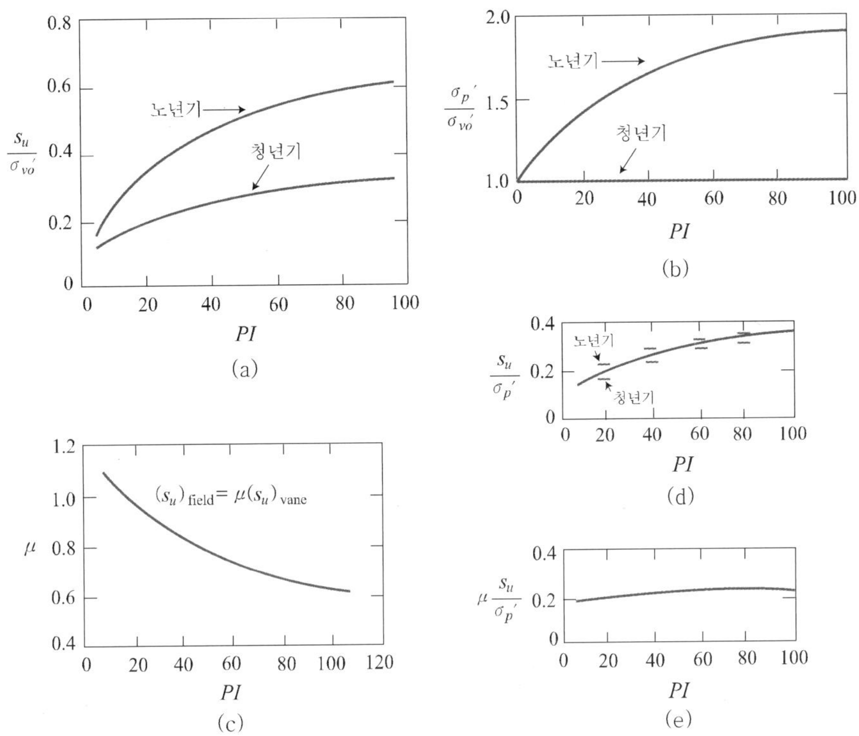

그림 10.27 정규압밀 빙하점토에 대한 소성지수와 (a) s_u/σ_{vo}', (b) σ_p'/σ_{vo}' (이상 Bjerrum, 1972), (c) Bjerrum(1972)의 베인 수정계수 μ, (d) s_u/σ_p', (e) $\mu(s_u/\sigma_p')$의 관계(이상 Mesri, 1975)

10.4 간극수압계수

점토에 응력이 가해지면 과잉간극수압이 발생한다. 전응력의 증가량에 대한 간극수압의 변화량의 비, 즉 $\Delta u/\Delta\sigma$를 **간극수압계수**(pore pressure parameter)라고 한다.

자연 상태에 있는 흙은 주응력이 각각 다른 축하중을 받고 있기 때문에 우리가 필요로 하는 것은 3축압축시험 때의 간극수압계수이다. 3축압축은 등방압축(isotropic compression)과 1축압축이 겹친 것으로 생각할 수 있기 때문에(그림 10.29 참조), 각 경우에 대한 간극수압계수를 순서적으로 언급해 보기로 한다.

10.4.1 등방압축으로 생기는 간극수압

먼저 흙의 한 요소에 $\Delta\sigma_3$의 구속응력을 가하였을 때 간극수압이 어떻게 변화하는가를 살펴보기로 한다. $\Delta\sigma_3$의 응력증가로 인한 유효응력 $\sigma_3{}'$의 증가량은,

$$\Delta\sigma_3{}' = \Delta\sigma_3 - \Delta u$$

이다. 이 흙요소의 체적 변화는,

$$\Delta V_v = m_v V_0(\Delta\sigma_3 - \Delta u) \tag{10.8}$$

로 표시할 수 있다. 여기서, m_v는 체적변화계수인데, 이것을 식으로 쓰면,

$$m_v = \frac{\Delta V_v}{V_0}\frac{1}{\Delta\sigma'} \tag{10.9}$$

이다. 이 식의 V_0는 최초의 체적을 의미한다.

간극 속에 있는 물과 공기의 체적변화계수를 m_f로 표시하면,

$$m_f = \frac{\Delta V_f}{nV_0}\frac{1}{\Delta u} \tag{10.10}$$

로 나타낼 수 있으며, 공기를 포함한 간극수의 체적변화량은,

$$\Delta V_f = m_f n V_0 \Delta u \tag{10.11}$$

이다.

흙 입자 자체의 압축은 무시하고, 물과 공기가 간극으로부터 빠져나가는 것이 방지되어 있다면, ΔV_v와 ΔV_f는 같아야 한다. 식 (10.8)과 (10.11)을 등식으로 놓고 풀면 다음과 같이 유도된다.

$$\Delta u = \frac{m_v}{m_v + nm_f}\Delta\sigma_3 = \frac{1}{1+n\dfrac{m_f}{m_v}}\Delta\sigma_3 = B\Delta\sigma_3$$

$$B = \frac{1}{1+n\dfrac{m_f}{m_v}} = \frac{\Delta u}{\Delta\sigma_3} \tag{10.12}$$

여기서, B를 **등방압축 때의 간극수압계수** 또는 **B계수**(pore pressure parameter B)라고 한다. 흙이 완전히 포화되었다면 간극을 채우고 있는 물의 체적변화계수 m_f는 거의 0에 가까우므로 $B=1$이다. 즉, 이것은 $\Delta\sigma_3$가 완전히 포화된 흙에 가해졌다면, 과잉간극수압은 $\Delta\sigma_3$와 동일하다는 것을 의미한다. 반대로 흙이 완전히 건조되었다면 m_f/m_v는 상당히 큰 값이 되므로 $B=0$이고, 불포화토의 간극수압계수 B는 0과 1 사이의 어떤 값을 가진다. 포화도와 간극수압계수 B와의 관계를 그림 10.28에서 나타낸다.

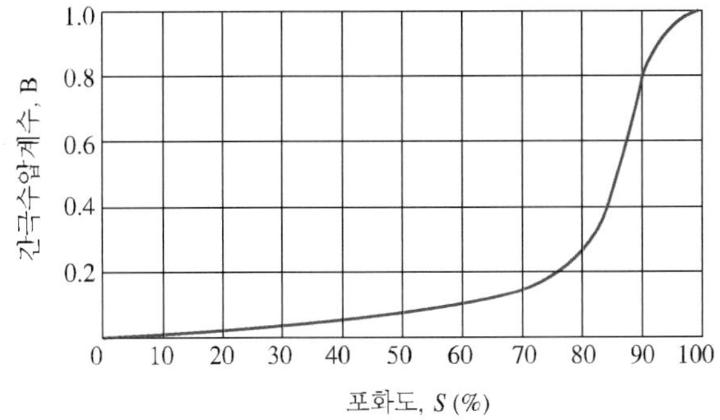

그림 10.28 포화도와 간극수압계수 B의 관계

10.4.2 1축압축 시의 간극수압

흙 시료에 $\Delta\sigma_1$의 축응력만이 가해진다면 횡방향은 구속압력이 없어서 팽창하므로 음의 간극수압이 발생한다. 따라서 횡방향의 유효응력은

$$\sigma'_2 = -\Delta u$$
$$\sigma'_3 = -\Delta u$$

가 된다. 그러면,

$$\Delta V_v = m_v V_0(\Delta\sigma_1 - \Delta u) + 2m_e V_0(-\Delta u) \tag{10.13}$$

$$\Delta V_f = n V_0 m_f \Delta u \tag{10.14}$$

여기서, m_e는 체적팽창계수이다. 흙 입자의 압축을 무시하면, $\Delta V_v = \Delta V_f$이므로,

$$m_v(\Delta\sigma_1 - \Delta u) + 2m_e(-\Delta u) = n\, m_f \Delta u$$

$$\Delta u = \frac{m_v}{m_v + 2m_e + n m_f}(\Delta\sigma_1)$$

$$= \frac{1}{1 + 2\dfrac{m_e}{m_v} + n\dfrac{m_f}{m_v}}(\Delta\sigma_1)$$

$$= D(\Delta\sigma_1) \tag{10.15}$$

이 된다. 여기서, D는 1축압축 시의 간극수압계수이다.

10.4.3 3축압축 시의 간극수압

그림 10.29에서 나타낸 바와 같이 3축압축 때의 하중 상태는 등방압축과 1축압축을 합친 것이므로 3축압축 시 간극수압의 변화는 각 경우에 대한 간극수압의 변화를 합쳐서 계산할 수 있다. 다만, 앞에서 언급한 1축압축 시의 $\Delta\sigma_1$은 $(\Delta\sigma_1 - \Delta\sigma_3)$로 대치되어야 할 것이다. 따라서

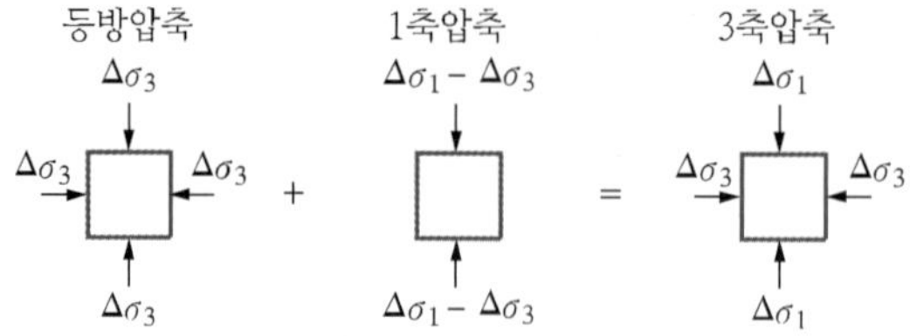

그림 10.29 3축압축 시의 응력 상태

식 (10.12)와 (10.15)를 합치면,

$$\Delta u = B\Delta\sigma_3 + D(\Delta\sigma_1 - \Delta\sigma_3)$$

이것을 Skempton(1948)이 제안한 식으로 고치면,

$$\Delta u = B\left[\Delta\sigma_3 + A(\Delta\sigma_1 - \Delta\sigma_3)\right] \tag{10.16}$$

가 된다. 따라서 $A = D/B$이다. 여기서, A를 **3축압축 시의 간극수압계수**라고 한다. 포화된 흙에서는 $B=1$이므로 위의 식은,

$$\Delta u = \Delta\sigma_3 + A[\Delta\sigma_1 - \Delta\sigma_3] \tag{10.17}$$

가 된다. 간극수압계수 A의 값은 표준 3축압축시험에서 구할 수 있다. 즉, 구속응력을 일정하게 두고 간극수압을 측정했다면 식 (10.17)로부터,

$$A = \frac{\Delta u - \Delta\sigma_3}{\Delta\sigma_1 - \Delta\sigma_3} = \frac{\Delta u}{\Delta\sigma_1} \tag{10.18}$$

가 되므로, 축차응력과 간극수압을 측정하면 A를 쉽게 계산할 수 있다. 간극수압계수 A는 응력이력이나 체적 변화에 따라 음의 값으로부터 1 이상의 값까지 넓게 변화한다. 표 10.4는 흙의 종류에 따른 파괴 시의 A_f의 값을 나타낸 것이다.

표 10.4 A_f 계수의 대푯값

흙의 종류(S=100%)	A_f의 대푯값(파괴 시)
매우 느슨한 고운 모래	2 ~ 3
예민한 점토	1.5 ~ 2.5
정규압밀점토	0.7 ~ 1.3
약간 과압밀된 점토	0.3 ~ 0.7
매우 과압밀된 점토	−0.5 ~ 0

예제 10.5

정규압밀점토 시료에 구속압력 150 kPa을 가하여 압밀비배수전단시험(CU)을 수행하였고, 시료 파괴 시 측정된 $(\sigma_1 - \sigma_3)_f = 100$ kPa이었다. 만약 동일한 시료의 압밀배수전단시험(CD)에서 $\phi' = 27°$를 얻었다면 CU시험에서 파괴 시의 간극수압(Δu)과 A_f계수값을 계산하여라.

| 풀이 |

$$\phi' = \sin^{-1}\left(\frac{\sigma'_1 - \sigma'_3}{\sigma'_1 + \sigma'_3}\right) = \sin^{-1}\left(\frac{100}{400 - 2\Delta u}\right) = 27°$$

$$\sin 27° = 0.454 = \frac{100}{400 - 2\Delta u}$$

$$\therefore \Delta u = 89.9 \text{ kPa}, \ A_f = \frac{\Delta u}{\Delta \sigma_1} = \frac{89.9}{100} = 0.90$$

10.5 응력경로

10.5.1 응력경로의 기본 개념

흙의 한 요소가 받는 응력 상태는 이미 언급한 바와 같이 Mohr 원으로 표시할 수 있다. 그림 10.30(a)의 A 점은 최대 전단응력을 나타내는 Mohr 원의 한 점이며, 이 좌표는 $[(\sigma_1 + \sigma_3)/2, (\sigma_1 - \sigma_3)/2]$ 이다. 이 점을 더 간단히 나타내기 위하여 다음과 같은 기호를 도입한다.

$$p = \frac{\sigma_1 + \sigma_3}{2} \tag{10.19}$$

$$q = \frac{\sigma_1 - \sigma_3}{2} \tag{10.20}$$

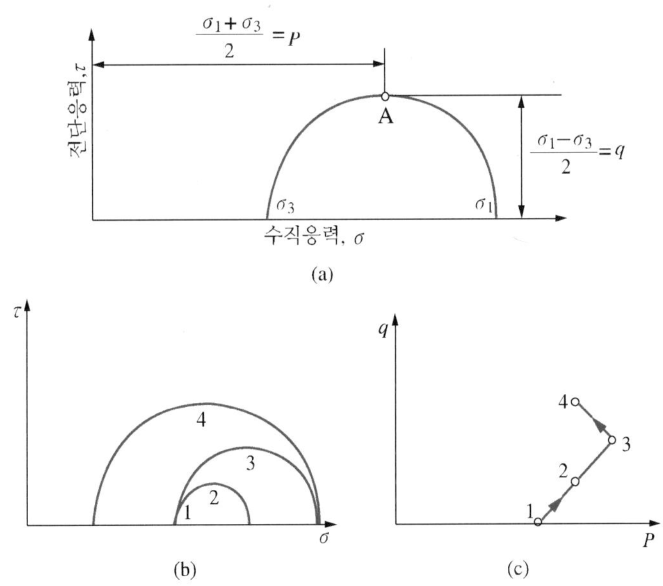

그림 10.30 응력 상태를 표시하는 데 있어서 Mohr 원과 응력경로의 비교

응력이 변화하는 동안 각 응력 상태에 대한 Mohr 원의 (p, q)점을 연결하는 선을 그어서 응력 변화의 이력을 연속적으로 표시할 수 있다. 예를 들면, 그림 10.30(b)에서 1점은 $\sigma_1 = \sigma_3$인 응력 상태를 표시하며, σ_3를 일정하게 두고 σ_1을 증가시키면 Mohr 원은 1에서 2를 거쳐 3으로 변화한다. 다음에는 σ_1을 일정하게 두고 σ_3를 감소시키면 원 4로 변화할 것이다. 따라서 1점부터 원 4까지 응력이 변화하는 데 있어서 무수히 많은 Mohr 원이 있을 수 있다. 이를 단순화하기 위하여 Mohr 원을 대표하는 응력변수가 필요하다. 그림 10.30(c)는 Mohr 원 대신 각 원의 (p, q)점을 연결하여 그린 선분인데, 이것을 **응력경로**(stress path)라고 한다. 응력경로는 전응력으로 표시할 수도 있고 유효응력으로 표시할 수도 있다. 전자를 **전응력경로**(total stress path), 후자를 **유효응력경로**(effective stress path)라고 한다.

유효응력경로는 p'을 다음과 같이 유효응력으로 표시하여 그리면 된다(q는 동일함).

$$p' = \frac{1}{2}[(\sigma_1 - u) + (\sigma_3 - u)] \tag{10.21}$$

구속압력을 달리하여 시험한 결과를 가지고 Mohr 원을 그린 다음 최대 전단응력점(p_f, q_f)을 연결하면 한 직선이 얻어진다. 이 선을 K_f선이라고 하며, $p-q$ 축에 나타낸 Mohr-Coulomb 파괴포락선이다. 그림 10.31은 이 두 선을 같은 그림에 표시한 것인데, 각각의 방정식은 다음과 같다.

$$\text{Mohr-Coulomb 포락선}: \tau = c + \sigma \tan\phi \tag{10.22}$$

$$K_f\text{선}: q_f = \alpha + p_f \tan\varphi \tag{10.23}$$

여기서, α : q축과의 절편

$p_f = \dfrac{\sigma_{1f} + \sigma_{3f}}{2}$, $q_f = \dfrac{\sigma_{1f} - \sigma_{3f}}{2}$

φ : K_f선의 경사각

그림 10.31에서 K_f선과 Mohr-Coulomb선의 기하학적 관계로부터 다음과 같은 상관관계를 얻을 수 있다.

$$\sin\phi = \tan\varphi \tag{10.24}$$

$$c = \alpha \tan\phi / \tan\varphi$$

$$= \alpha \tan\phi / \sin\phi = \alpha / \cos\phi \tag{10.25}$$

따라서 $p-q$도에서도 K_f선의 절편과 경사각을 알면 점착력과 전단저항각을 쉽게 계산할 수 있다.

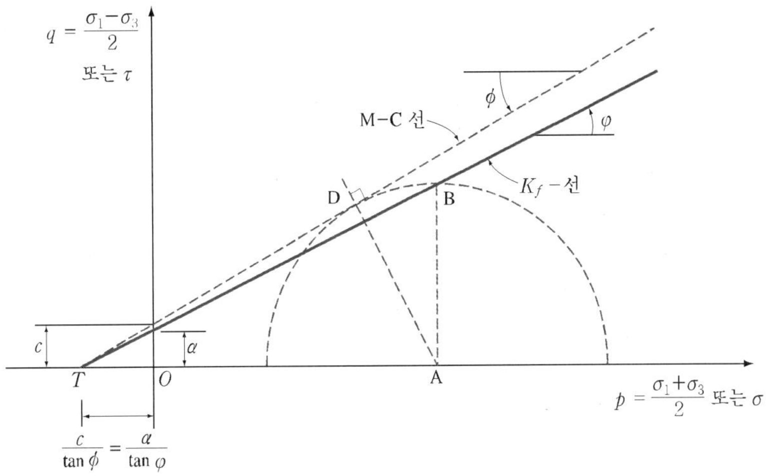

그림 10.31 Mohr–Coulomb의 파괴포락선과 K_f선

예제 10.6

다음 표는 포화점토시료에 대한 압밀비배수시험에서 파괴 시에 얻은 자료이다. Mohr–Coulomb 파괴포락선 및 K_f선을 이용하여 유효응력에 대한 강도정수를 구하여라.

구속압력(kPa)	축차응력(kPa)	간극수압(kPa)
150	210	71
300	346	153
450	504	224

| 풀이 |

σ_3	σ_1	σ_3'	σ_1'	$\frac{1}{2}(\sigma_1 - \sigma_3)$	$\frac{1}{2}(\sigma_1' + \sigma_3')$
150	360	79	289	105	184
300	646	147	493	173	320
450	954	226	730	252	478

유효응력으로 Mohr 원을 그려서 파괴포락선을 구하면 그림 10.32와 같으며, 강도정수는 다음과 같다.

$$c' = 15.0\text{kPa}, \ \phi' = 30°$$

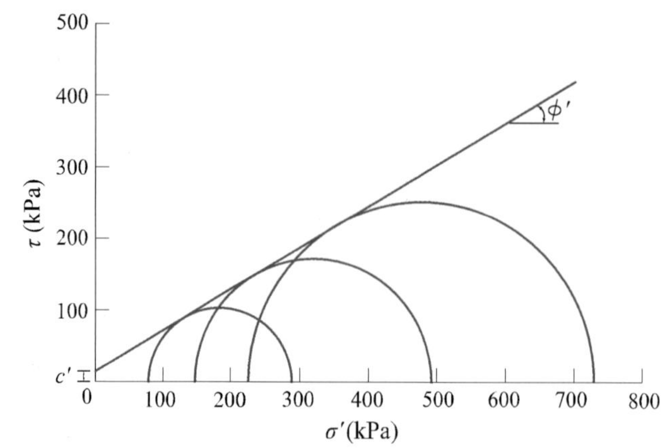

그림 10.32 예제 10.6의 그림

또한 유효응력으로 응력경로를 그려서 K_f선을 그리면 그림 10.33과 같으며, 여기서 다음의 값을 얻을 수 있다.

$$\alpha' = 13.0\text{kPa}, \ \varphi' = 26.6°$$

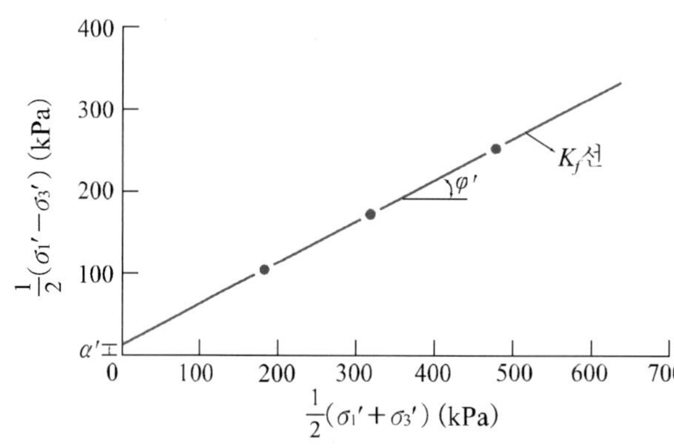

그림 10.33 예제 10.6의 K_f선

그림 10.33의 결과로부터 식 (10.24)와 식 (10.25)를 이용하여 강도정수를 계산하면 다음과 같다.

$$\phi' = \sin^{-1}(\tan 26.6°) = 30.0°$$

$$c' = \frac{\alpha}{\cos\phi'} = \frac{13.0}{\cos 30°} = 15.0 \ \text{kPa}$$

10.5.2 배수 및 비배수 3축압축시험에 대한 응력경로

점토를 등방응력으로 압밀시킨 다음 비배수조건으로 전단시킬 때에는(CU 시험), 압밀이 완료될 때의 $p=p'=1/2(\sigma_1'+\sigma_3')$이고 $q=1/2(\sigma_1-\sigma_3)=0$이므로 응력경로의 시작점은 그림 10.34의 p-q원의 가로축 선상에 있다. 식 (10.19)와 (10.20)을 이용하여 축응력이 증가할 때의 $(p,\ q)$를 계산하고 점을 찍으면 그림 10.34에서 보는 바와 같이 수평선과 45°를 이루는 직선이 되며, 표준 3축압축시험에 대한 전응력경로(TSP)이다.

CU 시험을 할 때에는 전응력이 증가하면 간극수압이 발생한다. 식 (10.21)을 이용하여 p'값을 구하고 $(p',\ q')$점을 찍을 수 있다. 그림 10.34(a)는 이와 같이 그린 정규압밀점토에 대한 전응력 및 유효응력경로(ESP)이고, 그림 10.34(b)는 과압밀점토에 대한 것이다. 전응력경로는 모두 오른쪽으로 그려지고 동일한 직선이지만, 정규압밀점토에 있어서는 유효응력경로가 왼쪽 상향으로 휘어지나 과압밀점토는 오른쪽 상향으로 휘어진다는 것을 유의하기 바란다.

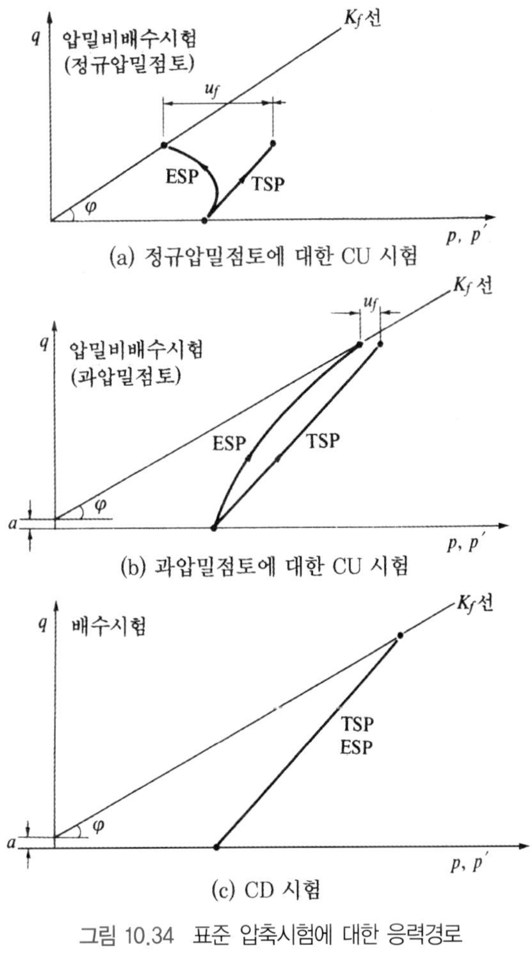

그림 10.34 표준 압축시험에 대한 응력경로

점토를 CD 시험으로 전단시켰다면 간극수압은 항상 0이므로 전응력경로와 유효응력경로는 일치하며 그림 10.34(c)와 같이 그려진다.

예제 10.7

다음 표의 시험 결과는 구속압력을 300 kPa로 두고 압밀비배수 3축시험으로 얻은 것이다. 전응력 및 유효응력경로와 시료 변형에 따른 A 계수의 변화를 그림으로 보여라.

$\Delta l/l_0$	0	0.01	0.02	0.04	0.08	0.12
$\sigma_1-\sigma_3$	0	138	240	312	368	410
u	0	54	79	89	91	86

| 풀이 | 식 (10.19)와 식 (10.20)에 의해 p, q를 계산하면 결과는 아래 표와 같고, 이 결과로부터 그림 10.35(a)에 나타낸 바와 같은 응력경로를 그릴 수 있다. 여기서, $p'=\dfrac{1}{2}[(\sigma_1-u)+(\sigma_3-u)]$로 계산되었다는 것을 주의하라.

$\Delta l/l_0$	0	0.01	0.02	0.04	0.08	0.12
p	300	369	420	456	484	505
p'	300	315	341	367	393	419
q	0	69	120	156	184	205
A		0.39	0.33	0.29	0.25	0.21

$\dfrac{\Delta l}{l_0}=0.01$일 때, 식 (10.18)에 의해

$$A=\frac{\Delta u}{\Delta\sigma_1}=\frac{54}{138}=0.39$$

$\dfrac{\Delta l}{l_0}=0.02$일 때,

$$A=\frac{79}{240}=0.33$$

이와 같은 방법으로 계산하면 그림 10.35(b)와 같은 곡선이 얻어진다.

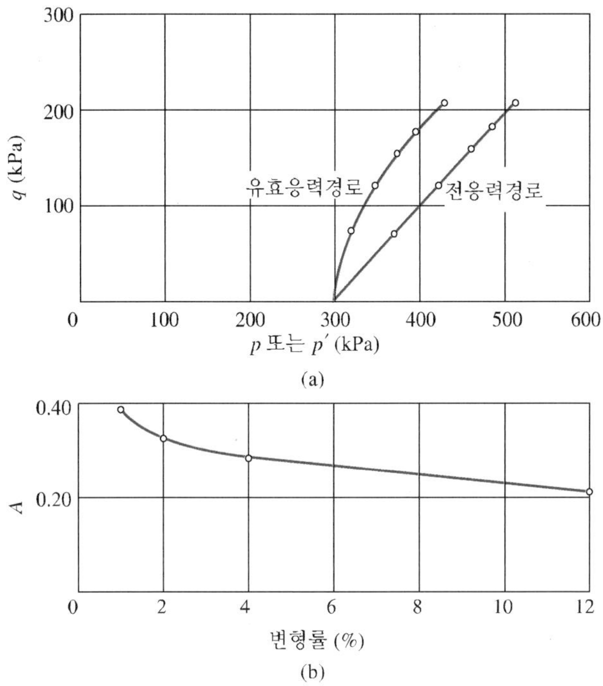

그림 10.35 예제 10.7의 그림

10.5.3 등방 및 비등방 3축압축시험에 대한 응력경로

그림 10.36과 같이 등방압축시험에서는 초기에 가해진 구속압력이 동일하므로(즉, $\sigma_{v0} = \sigma_{h0}$) 응력경로의 시점은 횡축상에 놓인다. 그 후 하중이 가해지는 조건에 따라 다양한 응력경로를 따르게 된다.

$$\Delta p = \frac{\Delta\sigma_v + \Delta\sigma_h}{2}, \qquad \Delta q = \frac{\Delta\sigma_v - \Delta\sigma_h}{2}$$

만일 연직응력의 증가가 수평응력의 증가와 같거나 더 크다면($\Delta\sigma_v \geq \Delta\sigma_h$) 응력경로는 오른쪽으로 향한다(응력경로 A, B, 및 C, $\Delta p > 0$). 연직응력의 증가와 수평응력의 증가가 동일하면 응력경로 A를 따르므로 이것은 등방압축에 대한 것이다. 응력경로 D($\Delta p = 0$, $\Delta q > 0$)는 연직응력의 증가와 수평응력의 감소가 동일한 경우이다. 연직응력을 일정하게 두고 수평응력을 감소시킨다면 응력경로는 왼쪽 위로 향한다(응력경로 E, $\Delta q > 0$). 만일 수평응력이 연직응력보다 더 크게 증가한다면 응력경로는 횡축 아래로 내려간다(응력경로 F, $\Delta q < 0$).

그림 10.37은 초기조건이 비등방인 경우($\sigma_{v0} > \sigma_{h0}$)에 대한 응력경로를 보여준다. 이 그림에서 응력경로 A와 B는 비등방 3축압축시험(triaxial compression, TC)에 대한 것인데, 경로 A는 연직응력($\Delta\sigma_v$)을 증가시키면서 시험한 것이고, 경로 B는 수평응력($\Delta\sigma_h$)을 감소시키면서 시험

한 것이다. 응력경로 C와 D는 3축 인장시험(triaxial extension, TE)에 대한 것이다. 연직응력($\Delta\sigma_v$)을 감소키면서 시험을 하면 응력경로는 C가 되고 수평응력($\Delta\sigma_h$)을 증가시키면서 시험을 하면 응력경로는 D가 된다.

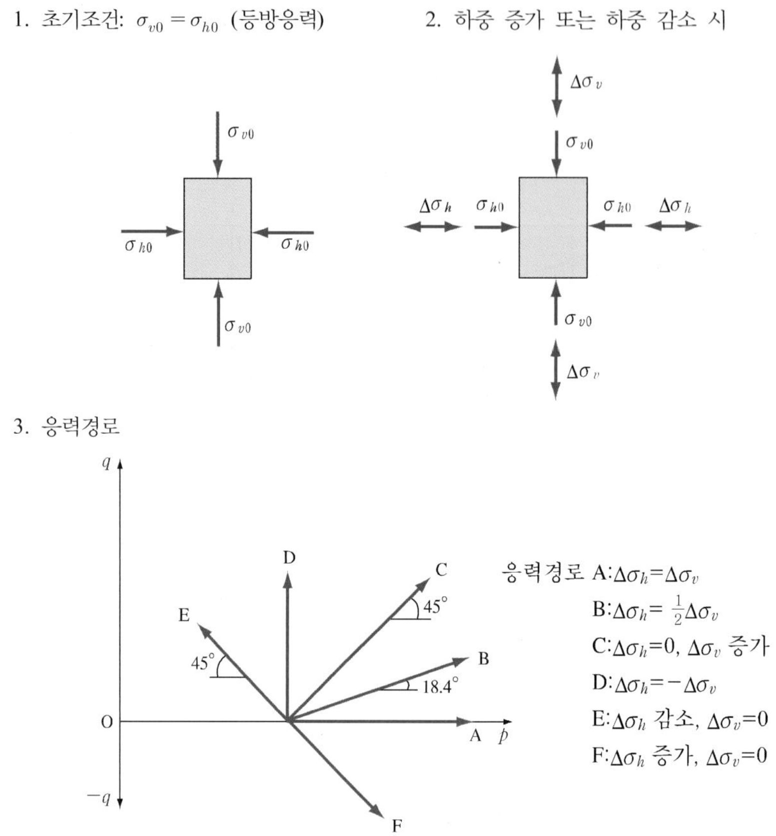

그림 10.36 등방 초기응력조건에서 얻게 되는 여러 가지 응력경로(Lambe과 Whitman, 1969)

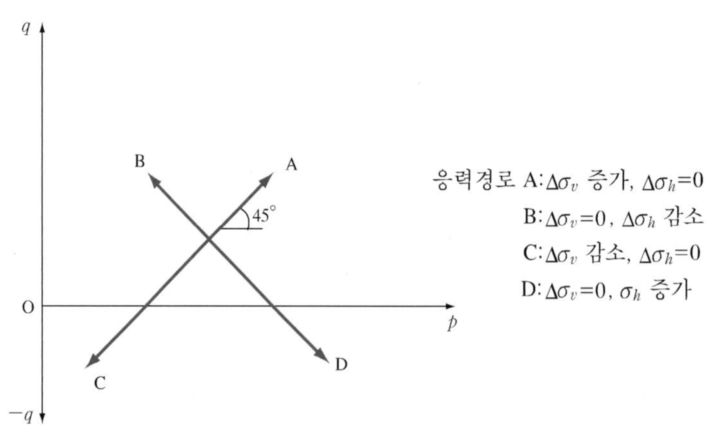

그림 10.37 비등방 초기응력조건에서 시험한 3축압축 및 3축인장시험에 대한 응력경로(Lambe과 Whitman, 1969)

10.5.4 현장의 실제 재하조건에 대한 응력경로

지금까지는 3축압축시험을 통해 하중조건을 여러 가지로 바꾸어 이에 따라 응력경로가 어떻게 달라지는가를 알아보았다. 다음은 실제 현장에서는 어떤 응력경로를 따라 지반의 전단파괴가 발생하는가를 살펴보기로 한다.

그림 10.38은 실제로 지반에 응력이 가해질 때 파괴면을 따라 발생하는 전단 양상을 보여준다. 그림 10.38(a)에 보인 바와 같이 옹벽배면의 흙이 수동토압을 받는다면 전단파괴면을 따라 발생하는 전단 양상은 단순전단시험과 3축인장시험으로 나타낼 수 있다. 후자의 응력경로는 그림 10.39의 ② ($\Delta p > 0, \Delta q < 0$)처럼 된다. 한편, 지반굴착을 할 때에는[그림 10.38(b) 참조] 지반굴착의 진행에 따른 굴착바닥면의 흙의 전단파괴 양상은 비등방 3축인장시험과 동일하므로 이 때의 응력경로는 그림 10.39의 ④ ($\Delta p < 0, \Delta q < 0$)가 된다. 그림 10.38(c)와 (d)에 보인 바와 같이, 피어기초나 확대기초 바로 아래 지반의 파괴양상은 연직응력의 증가에 따른 파괴가 되므로 이의 응력경로는 그림 10.39의 ① ($\Delta p > 0, \Delta q > 0$)로 나타낼 수 있다. 이 그림의 응력경로 ③ ($\Delta p < 0, \Delta q > 0$)은 옹벽이 주동토압을 받는 경우에 대한 것이다.

이 그림에 보인 바와 같이 동일한 흙이라 하더라도 하중이 가해지는 조건에 따라 K_f선에 도달하는 경로는 다르다는 것을 알 수 있다. 따라서 어떤 응력경로를 거쳐 지반이 파괴되느냐에 따라 전단강도의 크기는 달라진다. 경로가 길수록 파괴에 이르기까지의 변형이 증가한다는 것도 유념해야 한다.

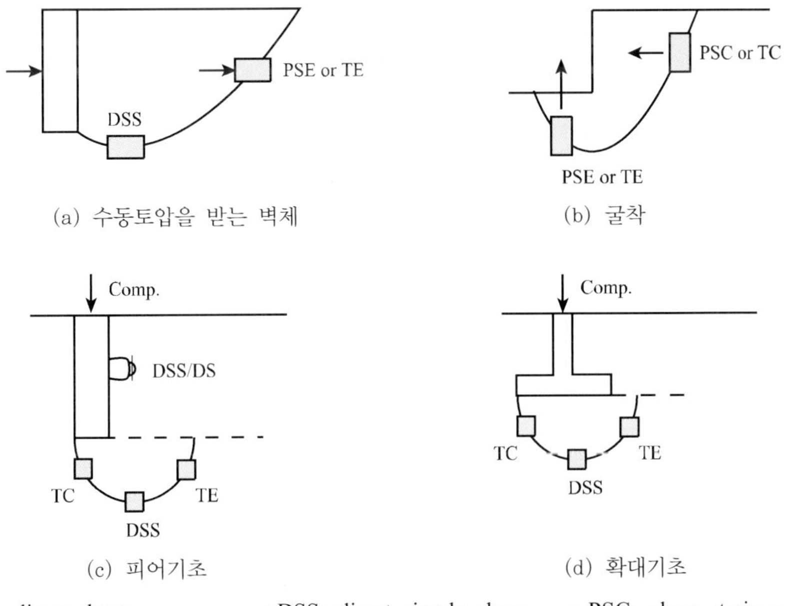

(a) 수동토압을 받는 벽체　(b) 굴착　(c) 피어기초　(d) 확대기초

- DS: direct shear
- DSS: direct simple shear
- PSC: plane strain compression
- PSE: plane strain extension
- TE: triaxial extention
- TC: triaxial compression

그림 10.38 여러 구조물의 배면 및 기초지반의 전단파괴 양상

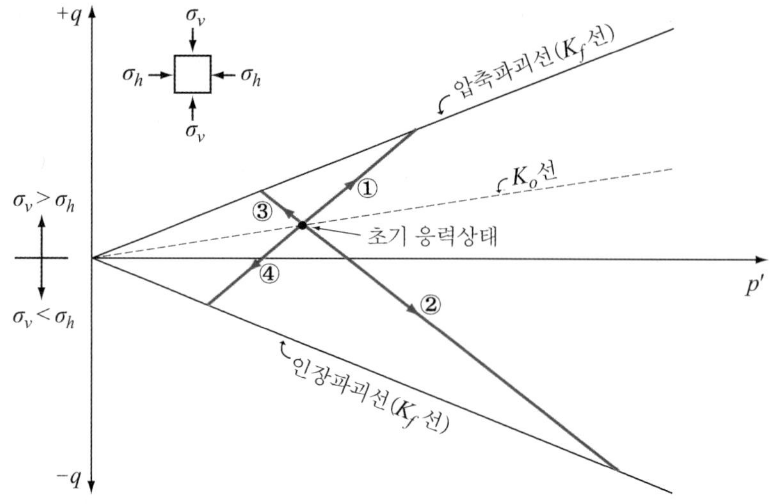

구분	연직압축 ($\sigma_v > \sigma_h$)	연직확장 ($\sigma_v < \sigma_h$)
하중 증가 (Loading)	① σ_v 증가 기초하중	② σ_h 증가 수동토압상태
하중 감소 (Unloading)	③ σ_h 감소 주동토압상태	④ σ_v 감소 지반 굴착

그림 10.39 자연 상태에서 파괴에 도달하는 여러 가지 응력경로

10.5.5 정규압밀점토 지반상의 성토에 따른 응력경로

정규압밀점토 지반상에 성토를 할 경우에 대한 응력경로에서는 두 종류의 간극수압, 즉 지하수위에 의한 초기간극수압(u_o)과 성토하중에 의하여 발생되는 과잉간극수압(Δu)을 고려해야 한다. 따라서 그림 10.40과 같이 두 개의 전응력경로, ($T-u_o$)SP와 TSP가 그려진다. 여기서, TSP는 지하수위에 의한 초기간극수압(u_o)과 성토하중에 의한 과잉간극수압(Δu)을 포함한 전 응력경로이고, ($T-u_o$)SP는 TSP에서 u_o를 뺀 전응력경로이다. 이때 지하수위면이 일정하다면 u_0는 ESP와 파괴면의 응력상태에 영향을 끼치지 않을 것이다.

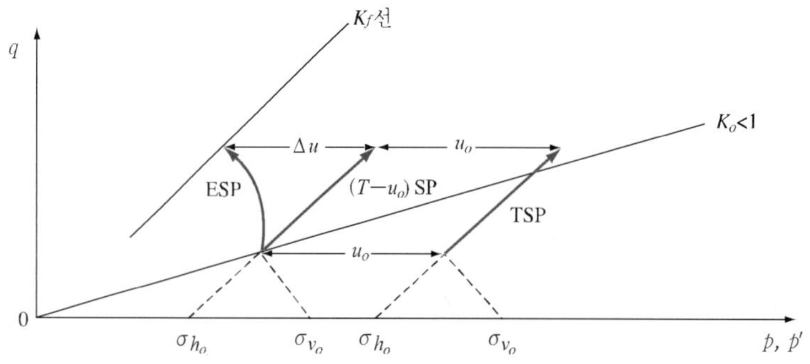

그림 10.40 정규압밀점토 지반상의 성토에 따른 응력경로

예제 10.8

유기질 성분의 연약한 실트질 점토층에 그림 10.41과 같이 길이가 매우 긴 제방을 축조하였는데 그 높이가 2.75 m에 이르렀을 때 파괴가 발생하였다. 토층단면과 단위중량 등은 그림에 표시되어 있으며, $K_o = 0.6$, 파괴 시의 $A_f = 0.7$일 때, 제방 중심 5 m 아래 요소 A점의 전응력경로[TSP 및 $(T-u_o)$SP]와 유효응력경로(ESP)를 결정하여라. 여기서, 성토하중에 의한 횡응력 증가량은 연직응력 증가량의 1/3로 가정한다.

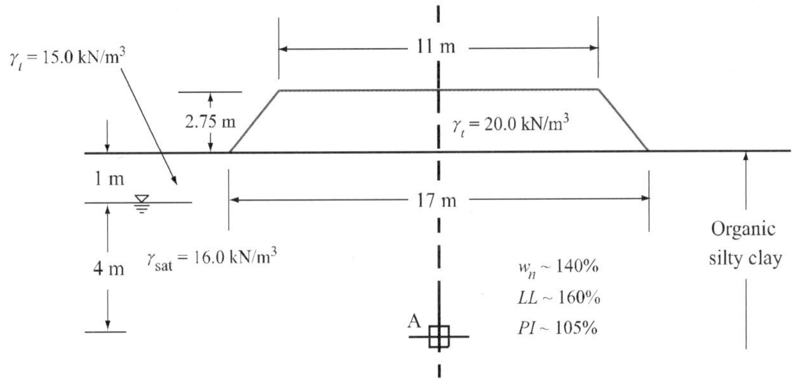

그림 10.41 예제 10.8의 문제

| 풀이 | (a) 초기응력의 계산

$$\sigma_{vo} = 15.0 \times 1.0 + 16.0 \times 4.0 = 79.0 \text{ kPa}$$
$$u_o = 9.8 \times 4.0 = 39.2 \text{ kPa}$$
$$\sigma_{vo}' = \sigma_{vo} - u_o = 79.0 - 39.2 = 39.8 \text{ kPa}$$
$$\sigma_{ho}' = K_o \sigma_{vo}' = 0.6 \times 39.8 = 23.9 \text{ kPa}$$
$$\sigma_{ho} = \sigma_{ho}' + u_o = 23.9 + 39.2 = 63.1 \text{ kPa}$$

(b) 성토하중에 의한 5 m 깊이(A점)에서의 응력 증가량 계산

성토하중: $20.0 \times 2.75 = 55.0$ kPa

그림 5.14에서 심도 −5 m에서의 영향계수 $I = 0.45 \times 2 = 0.9$

따라서 연직응력 증가량, $\Delta\sigma_v = 0.9 \times 55.0 = 49.5$ kPa

횡응력 증가량, $\Delta\sigma_h = 49.5 \times 1/3 = 16.5$ kPa

파괴 시의 과잉간극수압은 식 (10.15)로부터

$$\Delta u = 16.5 + 0.7(49.5 - 16.5) = 39.6 \text{ kPa}$$

(c) q, p 및 p'의 계산

초기조건: $q_o = \dfrac{(\sigma_{vo} - \sigma_{ho})}{2} = (39.8 - 23.9)/2 = 8.0\ \text{kPa}$

$$p_o = \frac{(\sigma_{vo} + \sigma_{ho})}{2} = \frac{(79.0 + 63.1)}{2} = 71.1\ \text{kPa}$$

$$p_o{}' = \frac{(\sigma_{vo}{}' + \sigma_{ho}{}')}{2} = (39.8 + 23.9)/2 = 31.9\ \text{kPa}$$

파괴 시:

(i) TSP 계산

$$\sigma_{vf} = \sigma_{vo} + \Delta\sigma_v = 79.0 + 49.5 = 128.5\ \text{kPa}$$

$$\sigma_{hf} = \sigma_{ho} + \Delta\sigma_h = 63.1 + 16.5 = 79.6\ \text{kPa}$$

$$p_f = \frac{(\sigma_{vf} + \sigma_{hf})}{2} = \frac{(128.5 + 79.6)}{2} = 104.1\ \text{kPa}$$

$$q_f = \frac{(\sigma_{vf} - \sigma_{hf})}{2} = \frac{(128.5 - 79.6)}{2} = 24.5\ \text{kPa}$$

(ii) $(T - u_o)$SP 계산

$$(\sigma_{vf})_{u_o} = \sigma_{vf} - u_o = 128.5 - 39.2 = 89.3\ \text{kPa}$$

$$(\sigma_{hf})_{u_o} = \sigma_{hf} - u_o = 79.6 - 39.2 = 40.4\ \text{kPa}$$

$$(p_f)_{u_o} = \frac{(\sigma_{vf})_{u_o} + (\sigma_{hf})_{u_o}}{2} = \frac{(89.3 + 40.4)}{2} = 64.9\ \text{kPa}$$

$$(q_f)_{u_o} = \frac{(\sigma_{vf})_{u_o} - (\sigma_{hf})_{u_o}}{2} = \frac{(89.3 - 40.4)}{2} = 24.5\ \text{kPa}$$

(iii) ESP 계산

$$p_f{}' = (p_f)_{u_o} - \Delta u = 64.9 - 39.6 = 25.3\ \text{kPa}$$

$$q_f{}' = (q_f)_{u_o} = 24.5\ \text{kPa}$$

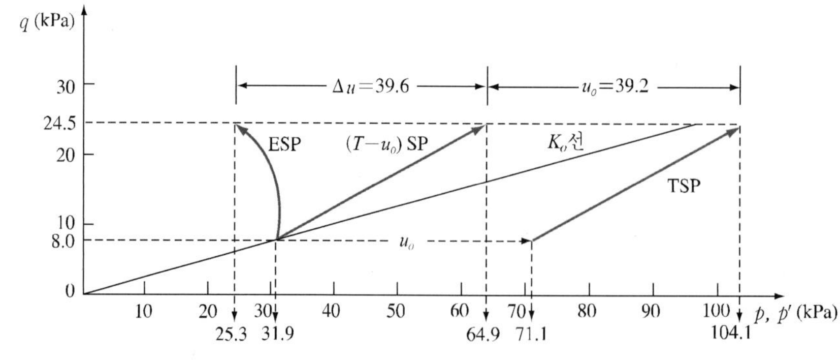

그림 10.42 예제 10.8의 풀이

10.1 연약한 점토층 위에 $\gamma_t = 15\ \mathrm{kN/m^3}$인 흙으로 5 m 높이로 매립을 하려고 한다. 지하수위면은 점토층 표면과 일치한다. 점토의 간극수압계수 $A = 0.85$이고, $B = 1.0$이다. 매립을 완료한 후 점토층 표면 아래 2 m 깊이에서의 과잉간극수압은 얼마인가? 점토의 단위중량은 $14.5\ \mathrm{kN/m^3}$이고 횡방향 토압은 연직토압의 1/2로 가정한다.

10.2 포화된 점토에 대해 압밀비배수 3축시험을 하여 다음과 같은 결과를 얻었다. 구속응력은 400 kPa이었다. 응력경로를 그리고 파괴 시의 간극수압계수 A를 구하여라.

$\sigma_1 - \sigma_3$(kPa)	u(kPa)
0	0
80	29
158	77
214	118
279	188
319	233

10.3 200 kPa의 구속응력을 가하여 시료를 완전히 압밀시킨 다음 비배수 상태로 구속응력을 150 kPa로 증가시켰더니 간극수압이 144 kPa이었다. 다음에 축응력을 가하여 비배수 상태로 전단시켜 다음의 결과를 얻었다. 간극수압계수 B를 구하고 시료 변형에 따른 간극수압계수 A의 변화를 그림으로 보여라.

축변형률(%)	축차응력(kPa)	간극수압(kPa)
0	0	144
2	201	244
4	252	240
6	275	222
8	282	212
10	283	209

10.4 한 시료가 50 kPa의 구속응력을 받고 있다. 다음의 재하조건에 대한 응력경로를 그려라.

(a) σ_v는 일정, σ_h는 100 kPa로 증가

(b) σ_h는 일정, σ_v는 100 kPa로 증가

(c) σ_v와 σ_h가 모두 100 kPa로 증가

(d) σ_v는 250 kPa만큼 증가하고, 동시에 σ_h는 250 kPa만큼 감소

10.5 완전히 포화된 점토시료에 대하여 다음과 같은 자료를 얻었다.

(a) 이 시료의 선행압밀압력은 200 kPa이다.

(b) 600 kPa의 수직응력을 가하여 배수 상태로 직접 전단시험을 행하였다. 이때 파괴 시의 전단응력은 350 kPa이다.

(c) 600 kPa로 처음에 압밀시킨 후 비배수 상태로 실험하였더니 전단응력이 176 kPa에서 파괴가 일어났다.

배수조건과 비배수조건에서 얻은 전단저항각을 각각 구하여라. 그리고 이 점토에 대해 구속응력을 바꾸어 여러 번 시험을 하였다고 할 때, 예상되는 Mohr 원과 포락선을 그려라.

10.6 포화된 점토에 대하여 CU시험을 수행한 결과 파괴 시 다음과 같은 값을 얻었다.

구속압력(kPa)	축차응력(kPa)	간극수압(kPa)
350	142	324
400	207	353
500	310	416

(a) σ'_{1f}과 σ'_{3f}을 구하여라.

(b) Mohr 원을 그리고 강도정수를 구하여라.

(c) 응력경로를 그리고 K_f 선의 절편과 경사각을 구하여라.

10.7 다음과 같은 경우에 대하여 어떤 실내 또는 현장시험을 하여 전단강도정수를 구할 것인지 결정하고 그 이유를 밝혀라.

(a) 점토를 다져 축조한 흙의 장기적인 안정 검토

(b) 점토를 다져 축조한 흙댐의 시공 직후의 안정 검토

(c) 연약한 정규압밀 점토상에 놓이는 제방 설계

(d) 느슨하고 건조한 모래 지반 위에 놓이는 건물 기초의 설계

(e) 연약한 점토 지반을 굴토할 때의 시공 직후 안정

10.8 초기 지름이 38 mm, 높이가 76 mm인 포화점토에 대한 3축압축시험 결과가 다음 표와 같을 때, 빈칸의 값들을 계산하여라.

배수조건	σ_3 (kPa)	축하중 (N)	축변위 (mm)	부피 변화 (mL)
UU	200	232	9.90	0
CD	200	476	10.90	6.8

배수조건	σ_3 (kPa)	축변형률	체적변형률	평균(수정) 단면적	$(\sigma_1 - \sigma_3)_f$ (kPa)	σ'_{3f} (kPa)	σ'_{1f} (kPa)
UU							
CD							

10.9 정규압밀 상태의 모래시료(점착력 $c=0$)에 대하여 구속압력이 300 kPa인 상태에서 압밀배수조건의 3축시험(CD)을 수행하였다. 파괴 시의 축차응력 $(\sigma_1-\sigma_3)_f$가 350 kPa로 측정되었을 경우 다음을 구하여라.

(1) 모래의 내부마찰각 ϕ

(2) 응력경로 작도 및 K_f선의 경사각(α)

(3) 파괴 시의 Mohr 원 및 파괴포락선

10.10 지름 50 mm, 높이 100 mm의 점성토 시료에 150 kPa의 구속압력을 가하여 수행한 CU시험 결과는 다음과 같다. 필요한 값들을 계산하여 응력경로(TSP, ESP)를 그려라.

축변위(mm)	0.00	0.34	0.67	1.33	2.02	3.72	5.47	8.20
축하중(N)	0.0	76.0	131.0	177.0	208.0	222.0	225.0	226.0
간극수압(kPa)	0.0	12.0	28.0	50.0	68.0	76.0	80.0	84.0

참고문헌

Bjerrum, L. (1972). Embankments on soft ground. *Proc. of the ASCE Specialty Conference on Performance of Earth and Earth-Supported Structures*, Purdue University **11**, 1-54.

Holtz, W. G. and Gibbs, H. J. (1956). Triaxial shear tests on pervious gravelly soils. *J. Soil Mech. and Found. Div.*, ASCE, **82**, No. SM1, 867.

Ishihara, K. and Koga, K. (1981). Case studies of liquefaction in the 1964 Niigata earthquqke, Stability of natural deposits during earthquakes. *Soils and Foundations* **21**, No. 3, 35-52.

Iwasaki, T., F. Tatsuoka, K. Tokida and S. Yasuda (1978), A practical method for assessing soil liquefaction potential based on case studies at various sites in Japan. *Proc. 2nd Conf. on Microzonation for Safer Constuction; Research and Application* **2**, 885-896.

Ladd, C. C., Foote, R., Ishihara, K., Schlosser, F., and Poulos, H. G. (1977). Stress- deformation and strength characteristics. State-of-the-Art Report, *Proc. of the 9th Int. Conf. on SMFE*, Tokyo **2**, 421-494.

Lambe, T. W. and Whitman, R. V. (1969), *Soil mechanics*, New York: John Wiley and Sons.

Lee, K. L., and Seed, H. B. (1967). Drained strength characteristics of sands. *J. Soil Mech. and Found. Div.*, ASCE, **93**, No. SM6, 117-141.

Mesri, G. (1975). New design procedure for stability of soft clays, Discussion, *J. Geotech. Eng.*, ASCE, **101**, No. 4, 409-412.

NAVFAC (1971). *Soil Mechanics, Foundations, and Earth Structures*. NAVFAC Design Manual DM-7, Washington D.C.

Seed, H. B, and Lee, K. L. (1966). Liquefaction of Saturated sands during cyclic loading. *J. Soil Mechanics and Foundation Div.,* ASCE, **92**, No. SM6, 105-134.

Seed, H. B. and Idriss, I. M. (1967). Analysis of soil liquefaction: Niigata Earthquake. *J. Soil Mech. and Found. Div.,* ASCE, **93**, SM3, 83-108.

Seed, H. B. and Idriss, I. M. (1971). Simplified procedure for evaluating soil liquefaction potential. *J. Soil Mech. and Found. Div.,* ASCE, **97**, SM9, 1249-1273.

Seed, H. B. (1979). Soil liquefaction and cyclic mobility evaluation for level ground during earthquqkes. *J. Geotech. Eng.,* ASCE, **105**: GT2, 201-255.

Seed, H. B. and Idriss, I. M. (1982). *Ground motions and soil liquefaction during earthquakes.* Earthquake Engineering Research Institute. 76-79.

Seed, H. B., K. Tokimatsu, L. F. Harder, and R. M. Chung (1984). *The influences of SPT procedures in evaluating soil liquefaction resistance.* Earthquake Engineering Research Center, Report No. UCB/EERC-84/15, Univ. of California at Berkeley.

Seed, H. B., K. Tokimatsu, L. F. Harder, and R. M. Chung (1985). Influences of SPT procedures in soil liquefaction resistance evaluations. *J. Geotech. Eng.,* ASCE, **111**: GT12, 1425-1445.

Skempton, A. W. (1948). The $\phi=0$ Analysis for stability and its theoretical basis. *Proc. 2nd Inter. Conf. Soil Mech. and Found. Eng.,* Rotterdam **1**, 72.

Skempton, A. W. (1957). Discussion: the planning and design of new Hong Kong Airport. *Proc. Institute of Civil Engineering*, London **7**, 305-307.

Terzaghi, K., Peck, R. B. and Mesri, G. (1996) *Soil mechanics in engineering practice*. 3rd Edition. New York: John Wiley & Sons, Inc.

Tsuchida H. (1970). Prediction and countermeasures against the liquefaction in sand deposits. *Abstract of the Seminar in the Port and Harbor Research Institute, Japan.*

Yoshimi, Y. and Oka, H. (1975). Influence of degree of shear stress reversal on the liquefaction potential of saturated sand. *Soils and Foundations* **23**. No. 3, 105-111.

한국지반공학회(2009). 구조물기초 설계기준 해설, 국토해양부 제정, 807.

CHAPTER 11

한계상태이론

11.1 개 설

한계상태 토질역학(critical state soil mechanics)은 포화 점토의 유효응력경로를 간극비 변화와 관련시켜 응력-변형률 관계와 전단강도 특성을 함께 설명한 이론이다. 한계상태이론에서는 흙의 탄성변형과 소성변형이 일어나는 조건을 개념적으로 구분하며, 전단과정에서 유효응력경로가 최종적으로 한계상태 파괴에 도달한다. 이를 토대로 흙의 비선형적인 응력-변형률 관계를 정량화할 수 있다.

또 흙의 구속압력, 초기 간극비 및 과압밀비 상태가 응력-변형률 관계와 강도에 미치는 효과를 설명할 수 있다. 모래의 거동도 중과압밀 상태(heavily overconsolidated state)에 있는 점토의 거동과 공통점이 있으므로, 한계상태이론에 의하여 정성적으로 설명할 수 있다. 이 이론은 등방 3축압축시험을 근거로 하고 있지만, 현장 지반에서 다양한 초기조건, 응력 상태나 응력경로에 따라 나타나는 거동을 정성적으로 설명할 수 있다.

한계상태 토질역학에서는 Mohr-Coulomb 파괴규준과는 상이한 파괴 개념을 가진다. 그리고 기존의 토질역학에서 중요하게 다루는 과압밀비와 선행압밀압력은 1차원 압축시험의 결과로 결정되지만, 한계토질역학에서는 등방 3축압축시험을 통해 얻어지므로 개념상 차이가 있다. 그러나 한계상태 토질역학 이론을 토대로, 기존의 토질역학 이론이나 공학적인 문제를 이해하는 것이 가능하다. 이 장의 기술 내용은 Atkinson과 Bransby(1978)의 저서를 인용한 부분이 많다는 것을 밝혀 둔다.

11.2 흙의 등방 3축압축시험 시의 거동

11.2.1 체적응력과 축차응력

그림 11.1(a)에서는 포화토의 한 요소에 작용하는 일반적인 유효응력 상태를 보여주고 있다. 유효응력은 수직응력 성분만 전응력과 차이를 나타내며, 전단응력 성분은 간극수압과 관련이 없다.

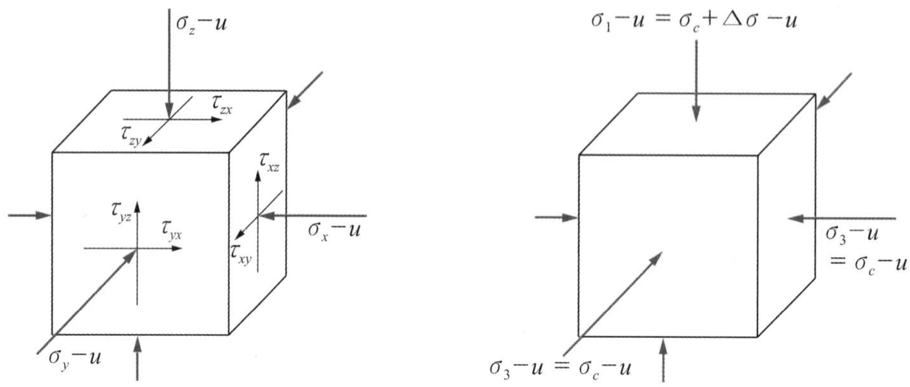

(a) 일반적인 응력 상태 (b) 3축압축시험 시 응력 상태

그림 11.1 흙의 한 요소에 작용하는 유효응력 성분

그림 11.1(b)에 보인 바와 같이 3축압축시험 시에는 전단응력 성분은 모두 0이므로 최대주응력과 최소주응력만이 작용한다. 3축압축시험 시 등방압밀과정에서는 구속압력 σ_c가 가해지므로 $\sigma_1 = \sigma_3 = \sigma_c$이며, 전단과정에서는 주응력차 $\Delta\sigma$가 축방향으로 추가되어 $\sigma_1 = \sigma_c + \Delta\sigma$가 된다. 이러한 응력 상태에서 횡방향과 축방향에서 작용하는 유효응력은 다음과 같다.

$$\sigma'_3 = \sigma_c - u, \quad \sigma'_1 = \sigma_c + \Delta\sigma - u \tag{11.1}$$

응력은 작용면에 따라 성분이 변하기 때문에 **불변량**(invariant)으로 적절하게 표현할 필요가 있다. 한계상태 토질역학에서는 **체적응력**(volumetric stress)과 **축차응력**(deviatoric stress)으로 거동을 기술한다. 유효체적응력 p'은 체적변형을 일으키는 성분이며, 축차응력 q는 전단변형을 일으키는 성분이다. 이러한 p', q는 3축시험 시 시료에 가해지는 주응력을 가지고 다음과 같이 정의된다.

$$p' = \frac{\sigma'_1 + 2\sigma'_3}{3}, \quad q = \sigma_1 - \sigma_3 \tag{11.2}$$

여기서, p'은 3개의 유효수직응력 성분의 평균을 의미하며, **평균 유효응력**이라고도 한다. q는 최대 주응력과 최소 주응력의 차가 되며, 전응력으로 표시하거나 유효응력으로 표시하거나 동일하다. 식 (11.2)에서는 편의상 10장과 동일한 기호를 사용하였지만, 한계상태이론에서 p', q는 10

장의 정의와 다르다는 것을 유의해야 한다.

3축압축시험 시 등방 압밀과정의 유효체적응력과 축차응력은 다음과 같다.

$$p' = \sigma_c, \quad q = 0 \tag{11.3}$$

따라서 $p' - q$축상에서 등방압밀의 경로는 p'축을 따라간다.

압밀배수(CD) 3축압축시험(이하 '배수시험'으로 약칭) 시 전단과정의 응력경로는 다음 식으로 표시할 수 있다.

$$p' = \sigma_c + \frac{1}{3}\Delta\sigma, \quad q = \Delta\sigma \tag{11.4}$$

따라서 전단 시 p'과 q의 경로는 1 : 3의 기울기를 갖게 된다. 압밀 비배수(CU) 3축압축시험(이하 '비배수시험'으로 약칭) 시 전단과정에서, p'은 다음 식으로 표시한 바와 같이 간극수압만큼 p에서 감소시켜야 한다.

$$p' = \left(\sigma_c + \frac{1}{3}\Delta\sigma\right) - u = p - u, \quad q = \Delta\sigma \tag{11.5}$$

11.2.2 탄성변형률과 소성변형률

흙의 응력-변형률 관계는 매우 비선형적이다. 이러한 비선형성은 흙의 비탄성적인 거동에서 비롯된다. 한계상태이론에서는 흙의 변형을 소성론에 의거하여 **탄성변형률**과 **소성변형률**로 구분한다.

그림 11.2(a)에서 나타난 축차응력-변형률 곡선의 한 점 A에서 응력 Δq를 가하면 점 B에 도달한다. 이때 발생한 전체 변형률은 $\Delta\varepsilon$이다. 점 B에서 같은 크기의 응력 Δq를 제거하면, 점 C로 향하게 된다. 점 C에서는 점 A에 대하여 $\Delta\varepsilon^p$만큼의 변형률이 영구적으로 잔류한다. 이를 소성변형률이라고 한다. 이와 같이 응력을 가하고 제거하는 과정에서 탄성변형률 $\Delta\varepsilon^e$만큼의 변형률이 회복되었다. 따라서 점 A에서 B까지의 경로에서 나타난 전체 변형률은 탄성변형률과 소성변형률의 합으로 다음과 같이 나타낼 수 있다.

$$\Delta\varepsilon = \Delta\varepsilon^e + \Delta\varepsilon^p \tag{11.6}$$

점 C에서 응력을 증가시키면 점 B에서 항복이 일어난다. 점 B에 도달한 이후에는 다시 소성변형이 발생하며 탄성변형도 수반할 수 있다.

흙은 소성적인 체적 변화가 나타나는 고유한 특성을 가지고 있다. 입자와 간극을 포함하고 있는 미세구조로 인하여 체적에서 영구변형이 발생한다. 이러한 체적응력-변형률 관계는 그림 11.2(b)에 보인 압축곡선과 팽창곡선을 이용하여 설명된다. 점 A에서 $\Delta p'$을 가하면 점 B에 도달하며, 간극비 변화는 Δe가 발생한다. 점 B에서 $\Delta p'$을 제거하면, 팽창곡선상의 한 점 C에 이르게 된다. 이때 Δe^p만큼의 소성적인 체적 변화가 발생하여 잔류하였고 Δe^e만큼의 탄성적인 체적변형이 회복되었다.

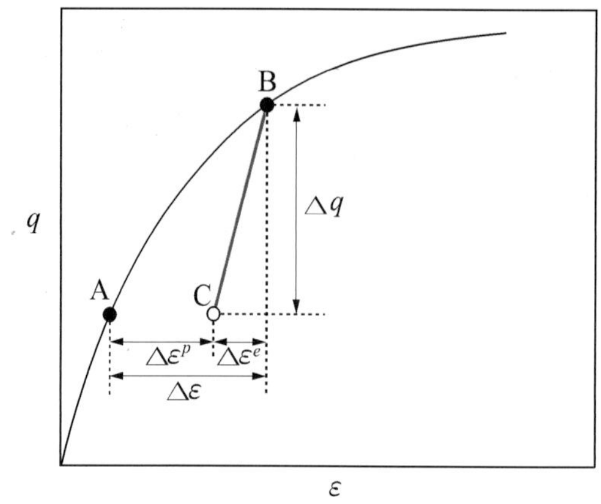

(a) 축차응력-변형률 곡선

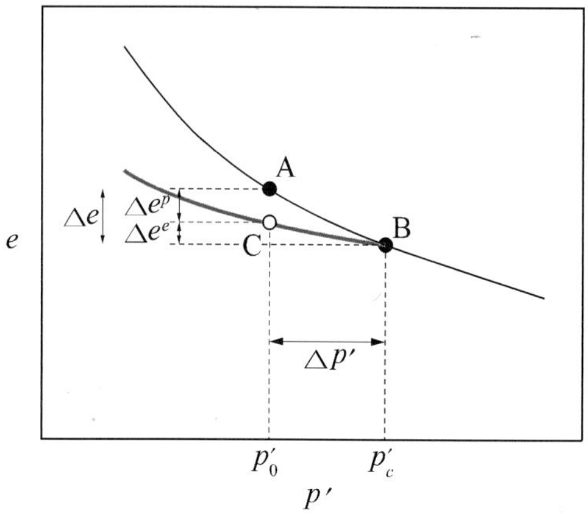

(b) 체적응력-간극비 곡선

그림 11.2 흙의 탄소성 응력변형률 관계

점 C의 구속압력은 점 B의 선행압밀압력보다 낮으므로 이 시료는 과압밀 상태에 있다. 동일한 p'을 가진 정규압밀 상태 B에 대하여, 과압밀 상태 C에서는 체적의 압축과 팽창을 겪은 후 Δe^p 만큼 간극비가 작아졌다. 따라서 과압밀 상태가 되면, 동일한 구속압력하에서 정규압밀 상태보다 견고한 조직을 갖고 있다.

압축과 팽창 시 발생한 간극비 변화를 가지고 다음 식과 같이 **체적변형률**로 환산할 수 있다.

$$\Delta\varepsilon_v = -\frac{\Delta e}{1+e} \tag{11.7}$$

비선형적인 응력-변형률 관계를 수학적으로 표현하기 위해서는 증분형태의 변형률을 사용하는 것이 필요하다. 3축시험조건에서 체적변형률 증분($d\varepsilon_v$)과 **축차변형률** 증분($d\varepsilon_d$)은 각각 체적응력과 축차응력의 정의에 맞게 다음과 같이 정의된다.

$$d\varepsilon_v = d\varepsilon_1 + 2d\varepsilon_3, \quad d\varepsilon_d = \frac{2}{3}\left(d\varepsilon_1 - d\varepsilon_3\right) \tag{11.8}$$

11.2.3 정규압밀점토의 거동

정규압밀점토에 대한 배수시험 및 비배수시험 시 얻어지는 통상적인 유효응력경로가 그림 11.3(a)에 나타나 있다. 배수시험 시의 경로는 압밀과정에서는 축차응력이 0이므로 p'축을 따르며, 이후 전단과정에서 선형적인 경로를 갖게 된다. 비배수시험 시에는 간극수압이 양의 값으로 나타나므로, 유효체적응력 p'은 전응력 p에 비하여 전단 시 발생된 간극수압만큼 감소하게 된다. 앞서 설명한 바와 같이 q는 간극수압의 영향을 받지 않으므로 전응력경로나 유효응력경로에서 동일하다. 따라서 유효응력경로는 왼쪽으로 휘어진다. 비배수시험에서는 배수시험에 비하여 더 낮은 축차응력에서 파괴가 일어난다.

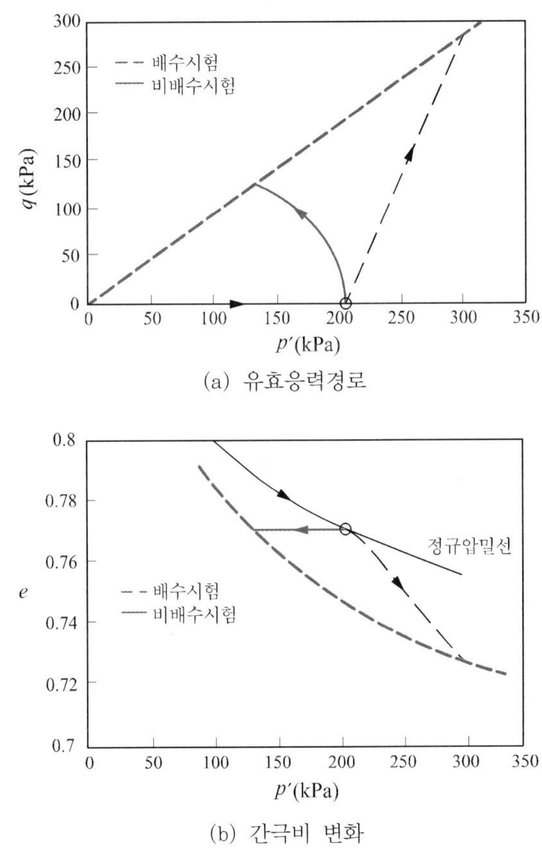

그림 11.3 3축시험 시 유효응력경로 및 간극비 변화

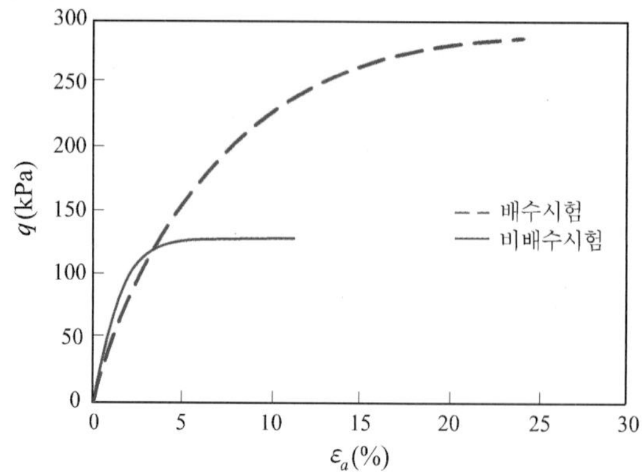

그림 11.4 배수시험과 비배수시험에 대한 응력-변형률 관계

그림 11.3(b)에서 위에 나타난 실선은 등방 압밀시험 시에 얻어지는 압밀곡선이다. 이것을 정규압밀선(normal consolidation line)이라고 한다. 8장에서 설명한 바와 같이 정규압밀점토에 대해 1차원 압밀시험을 하면 이와 비슷한 곡선이 얻어진다. 그런데 후자는 비등방 압밀시험(K_0 압밀시험)에 대한 것이므로 전자와 구별된다.

그림 11.3(b)에 보인 비배수시험의 경우에는 포화시료에서 간극수가 빠져나가지 못하므로 간극비가 일정한 상태를 유지하면서 유효체적응력이 감소하여 파괴에 도달한다는 것을 보이고 있다. 반면에 배수시험의 경우에는 체적이 감소하면서 p'이 증가하므로 훨씬 더 큰 축차응력에서 파괴에 도달한다.

응력-변형률 관계 곡선에서도 배수시험과 비배수시험은 차이가 있다. 그림 11.4를 보면 비배수시험 시 정규압밀점토의 최대 축차응력은 배수시험 시의 결과보다 훨씬 작다는 것을 알 수 있다. 반면 낮은 응력 수준에서는 비배수시험 시에 변형계수가 오히려 크게 나타난다.

정규압밀점토의 여러 시료들을 상이한 구속압력으로 압밀시키고 비배수조건으로 전단시키면 그림 11.5(a)에 보인 응력경로를 얻을 수 있다. 구속압력이 증가하면 입자 간에 구속효과가 증가하여 강도가 증가하는 효과가 나타난다. 따라서 유효응력경로에서는 구속압력이 클수록 p'과 q가 커진다. 그리고 응력-변형률 관계에서는 구속압력이 증가할수록 동일한 변형률에 대하여 축차응력이 더 크게 나타난다[그림 11.5(b) 참조].

그림 11.6(a)는 그림 11.5(a)의 유효응력경로를 구속압력으로 나눈 곡선이고, 그림 11.6(b)는 그림 11.5(b)의 q를 구속압력으로 나눈 곡선이다. 이와 같이 구속압력으로 **정규화**하면 정규압밀점토의 경우에는 여러 유효응력경로와 응력-변형률 곡선은 거의 한 곡선처럼 나타난다.

이러한 결과는 구속압력이 상이하더라도 곡선의 형태가 유사하고 파괴 시 축차응력이 구속압력에 비례하고 있음을 보여준다. 배수시험의 경우에도 유사한 특성이 나타나는 것으로 알려졌다.

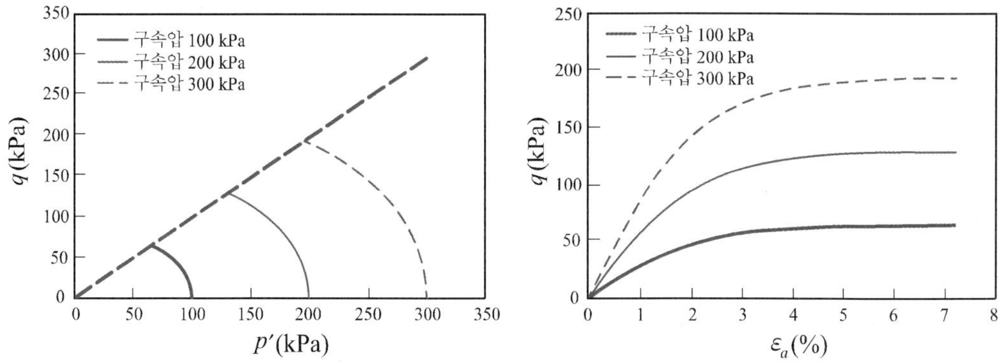

(a) 구속압력에 따른 유효응력경로 (b) 구속압력에 따른 응력-변형률 곡선

그림 11.5 구속압력에 따른 유효응력경로와 응력-변형률 관계

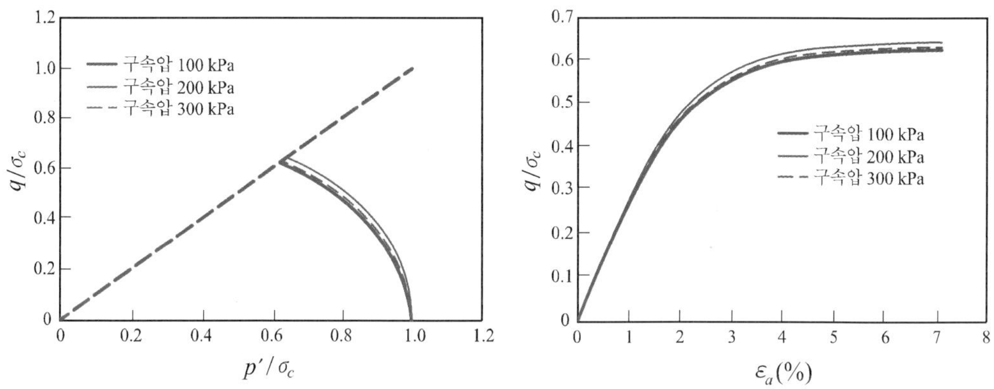

(a) $q/\sigma_c - p'/\sigma_c$ 관계 (b) $q/\sigma_c - \varepsilon$ 관계

그림 11.6 구속압력으로 정규화한 응력-변형률 관계와 유효응력경로

11.2.4 과압밀 점토와 모래의 거동

등방압밀 3축시험 시 압밀단계에서 구속압력(여기서는 체적응력)을 증가시키면 정규압밀선을 따라 압축이 일어난다. 이후 구속압력을 감소시키면 팽창곡선을 따라 간극비가 증가하면서 과압밀 상태가 된다. 과압밀비는 선행압밀 체적응력 p_c'을 유효체적응력 p_0'으로 나눈 값이다. 즉, p_c'/p_0'이 된다[그림 11.2(b) 참조]. 과압밀 상태가 되면 동일한 구속압력하에서는 정규압밀 상태에 비하여 간극비가 더 작아진다.

그림 11.7(a)에서는 과압밀비가 24이고 구속압력이 34.5 kPa인 경우의 과압밀 점토에 대한 배수시험 시 응력-변형률 관계를 보여주고 있다(Henkel, 1956). 과압밀점토는 축차응력이 최댓값에 도달한 후에도 변형이 계속되어 잔류 강도에 접근한다. 이러한 응력-변형률 관계의 현상을 **연화**(softening)라고 한다. 또한 체적 변형률은 처음에는 압축을 보이지만 응력이 증가함에 따라 **팽창변형**(dilatancy)을 나타낸다[그림 11.7(b) 참조].

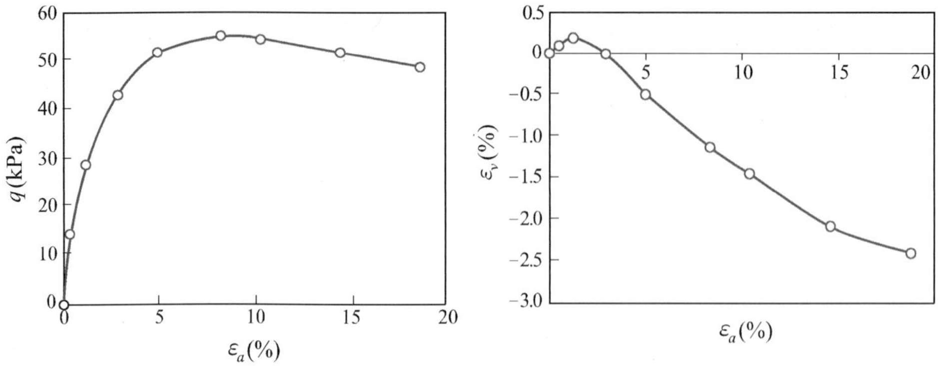

(a) 축차응력-변형률 곡선 (b) 체적변형률-축변형률 곡선

그림 11.7 Weald 과압밀점토의 거동

한편, 상대밀도가 큰 모래에서도 연화적인 응력-변형률 관계가 뚜렷하게 나타난다. Lee와 Seed(1967)는 그림 11.8에 보인 바와 같이 배수 3축압축시험 시 압밀과정에서 등방압축곡선을 구하였다. 시료는 매우 느슨한 상태(초기 간극비=0.87)에서 매우 조밀한 상태(초기 간극비=0.61)로 다양하게 성형하였다.

각 시료는 매우 큰 구속압까지 등방압밀시험을 수행하였다. 그림 11.8의 시험결과를 보면, 구속압력을 수십 MPa 수준까지 압축시켰을 경우에는 모든 시료들이 점토의 정규압밀선과 같이 유일한 곡선으로 수렴하는 경향을 나타낸다. 그런데 실제 지반에 작용하는 응력수준은 수백 kPa 정도이다. 모래에 정규압밀선이 존재하는 경우에, 가상적인 선행압밀압력에 비하여 실제 구속압력의 수준은 매우 작다는 것을 알 수 있다. 즉, 실제 수준의 구속압력에서 나타나는 간극비의 변화는 점토의 팽창곡선에서 일어나는 수준에 지나지 않는다. 따라서 모래의 구속압력과 간극비의 관계는 과압밀비가 매우 큰 점성토와 유사하다. 특히 상대밀도가 클수록 과압밀비가 더욱

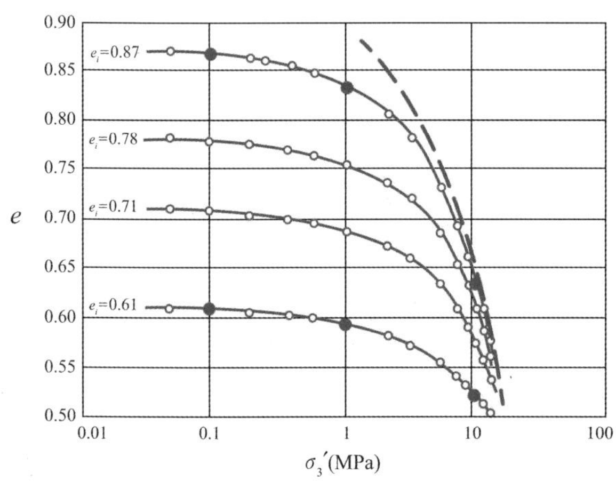

그림 11.8 모래의 압축 특성(Lee와 Seed, 1967)

큰 점토의 상태와 동등하게 볼 수 있다.

그림 11.9와 11.10은 느슨한 모래(초기 간극비=0.87)와 조밀한 모래(초기 간극비=0.61) 시료의 응력-변형률 곡선을 보여준다. 그림 11.9(a)에서 보인 느슨한 모래의 응력-변형률 곡선은 구속압력이 낮은 경우($\sigma_3{}' = 0.1$ MPa)에는 대체로 **연화적**인 관계를 나타낸다.

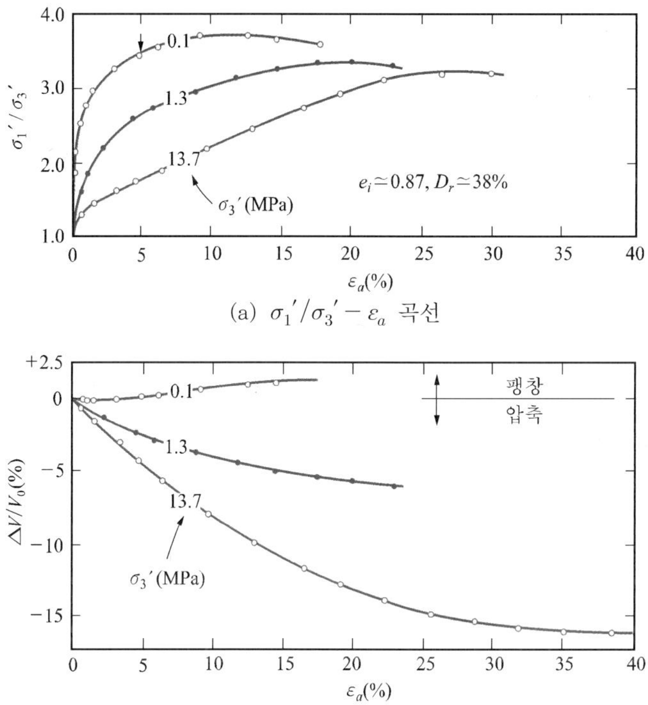

(a) $\sigma_1{}'/\sigma_3{}' - \varepsilon_a$ 곡선

(b) 체적변형률-축변형률 곡선

그림 11.9 느슨한 모래의 거동(Lee와 Seed, 1967)

구속압력이 1.3 MPa과 13.7 MPa로 증가할수록, 더욱 큰 변형률에서 최대응력이 발생하고 파괴가 일어난다. 이러한 응력-변형률 관계에서는 변형률에 따라 응력이 증가하는 **경화**(hardening)가 일어난다. 연화적인 응력-변형률 관계에서는 파괴 이후 변형이 파괴면에 집중하는 반면, 경화적인 관계에서는 시료 전체에 균등하게 분포한다.

이 그림에서 응력축의 초기값은 σ_1/σ_3=1부터 시작한다. 그리고 최소 주응력(구속압력) σ_3는 일정하다. 그림 11.9(b)에서는 축변형률에 따른 체적변형률을 보여준다. 구속압력이 0.1 MPa인 경우에는 체적이 팽창하며, 구속압력이 높을수록 체적변형률이 더 크게 압축된다.

그림 11.10(a)에서 보인 조밀한 모래의 응력-변형률 곡선은 구속압력이 증가할수록 연화적인 특성($\sigma_3{}' = 0.1$, 1.0 MPa)이 경화적($\sigma_3{}' = 13.7$ MPa)으로 전이함을 보여준다. 그림 11.10(b)에서는 구속압력이 높을수록 체적변형률이 팽창에서 압축으로 변화된다. 특히 구속압력이 매우 큰 13.7 MPa의 경우에서만 체적이 압축된다.

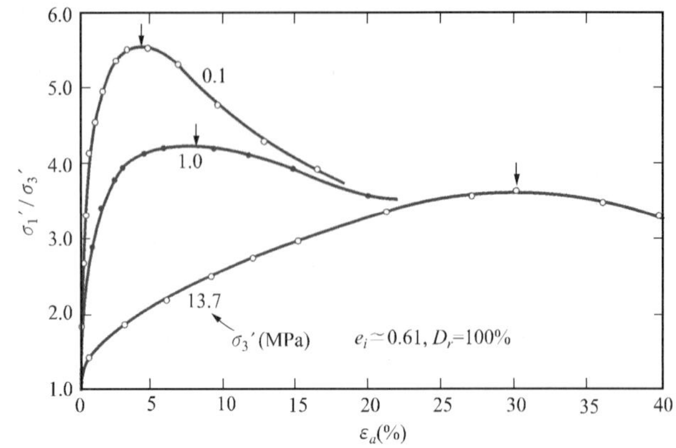

(a) $\sigma_1'/\sigma_3' - \varepsilon_a$ 곡선

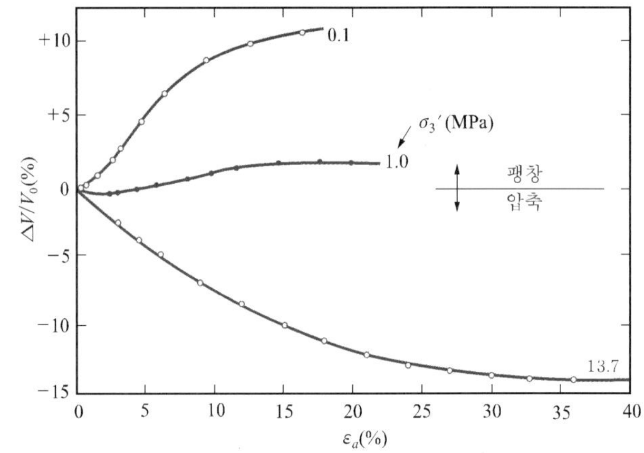

(b) 체적변형률-축변형률 곡선

그림 11.10 조밀한 모래의 거동(Lee와 Seed, 1967)

이와 같은 경향은 느슨한 경우나 조밀한 경우에 모두 유사하지만, 조밀한 시료의 경우에 연화에서 경화로 전이되는 데 필요한 구속압력이 매우 크다는 것을 알 수 있다. 또한 동일한 구속압력하에서는, 조밀할수록 연화가 뚜렷하게 나타나고 첨두 강도와 잔류 강도의 차이가 크게 나타난다. 조밀할수록, 중과압밀 점토의 과압밀비가 증가한 상태에 해당하며, 응력-변형률 관계가 더욱 연화적인 특성을 보인다.

흙의 응력-변형률 관계는 구속압 및 과압밀비(또는 상대밀도)의 영향을 받는다. 동일한 간극비에서 구속압이 클수록 경화적인 응력-변형률 관계를 나타내고, 동일한 구속압력하에서 과압밀비가 클수록 연화적 응력-변형률 관계를 나타낸다. 동시에 파괴 시 축차응력이 증가한다. 또한 경화적인 응력-변형률 관계에서는 전단 시에 체적이 압축으로 변하고 연화적인 경우에는 팽창적인 변화가 일어난다. 동일한 흙에서 응력-변형률 관계는 구속압 및 과압밀비 조건에 따라 경화와 연화가 전이될 수 있다.

11.3 한계상태선과 상태경계면

11.3.1 한계상태 강도

정규압밀점토의 응력-변형률 관계에서는 축차응력이 증가하면서 전단변형이 발생하고, 변형률이 크게 증가한 이후 축차응력이 더 이상 증가하지 않는 상태에서 최댓값에 이르게 된다. 동시에 체적의 변화 없이 전단변형이 증가하면서 파괴가 일어난다. 이를 한계상태 파괴라고 하며 한계상태 파괴 시의 축차응력을 한계상태 강도로 정의한다. 한계상태 강도는 잔류 강도와 달리 체적 변형률이 일정한 상태에서 파괴가 발생하는 특징이 있다.

그림 11.11에서는 Weald 정규압밀점토에 대해 등방압밀 3축압축시험으로 배수 및 비배수시험을 수행한 결과를 보여주고 있다. 구속압력이 다양한 상태에서 파괴 시 응력을 $p'-q$ 평면에

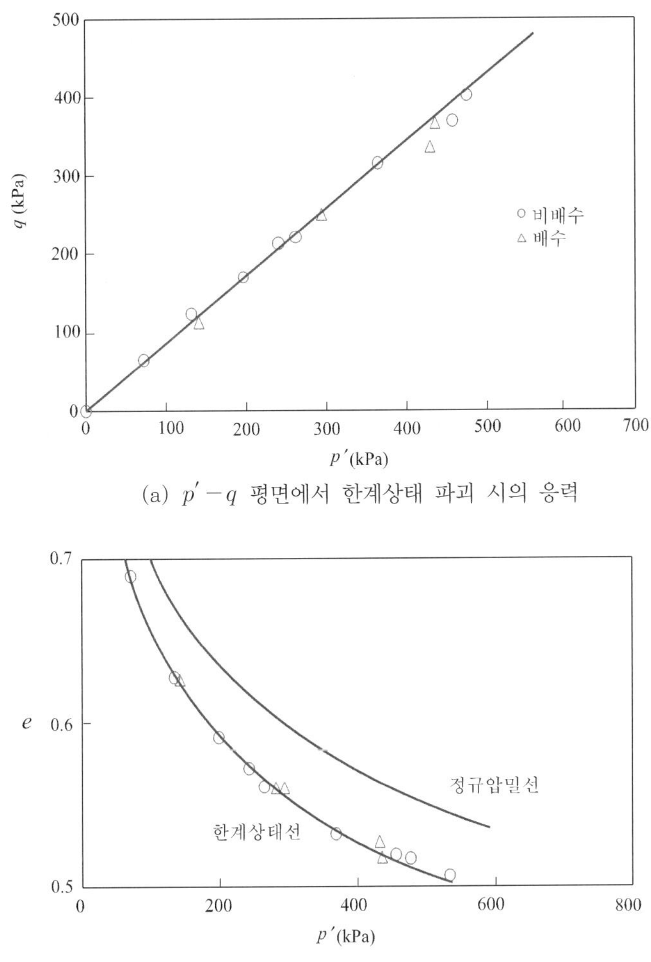

(a) $p'-q$ 평면에서 한계상태 파괴 시의 응력

(b) $p'-e$ 평면상에서 한계상태 파괴 시의 간극비

그림 11.11 Weald 정규압밀점토 시료의 한계상태선

표시하면 그림 11.11(a)에 보인 바와 같이 배수시험과 비배수시험 모두 원점을 통과하는 한 직선 상에 놓인다. 이것을 **한계상태선**(critical state line)이라고 하며, 임의의 점토에 대하여 유일하게 정의되는 곡선이다. 한계상태선은 M의 경사를 가진 직선이므로 다음 식으로 표시된다.

$$q = Mp' \tag{11.9}$$

한계상태선은 간극비(e)와 유효체적응력(p') 간의 관계로 표시할 수도 있다[그림 11.11(b) 참조].

$$e = e_c - \lambda \ln p' \tag{11.10}$$

이 식에서 e_c는 p'의 단위값($=1$)에 대응하는 한계상태선의 간극비이며, 단위에 따라 변화될 수 있다. λ는 p'의 자연 대수축상에서 나타나는 직선의 경사이며, 정규압밀선의 압축지수 C_c의 1/2.303과 같다. 이 곡선은 등방압밀 시 정규압밀선이나 1차원 압밀시험에서 얻어지는 정규압밀선과 형태가 유사하다.

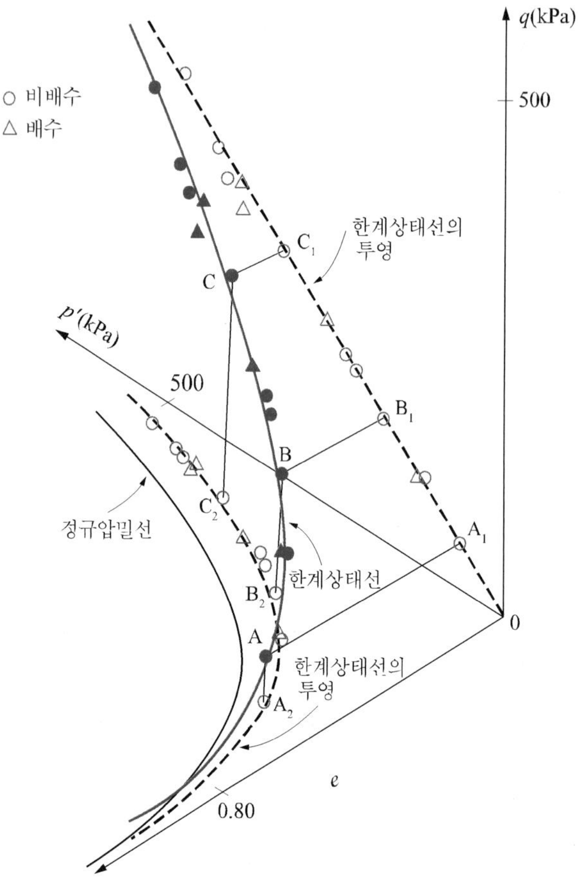

그림 11.12 $p-q-e$ 공간에서 나타난 한계상태선

한계상태선은 그림 11.12에 보인 바와 같이 $p'-q-e$의 3차원 공간에 나타낼 수 있다. 한계상태선은 정규압밀선과 마찬가지로 임의의 점토에 대하여 유일하게 정의되는 곡선이다. 그림 11.12의 3차원 공간에서 나타나는 한계상태선을 $p'-q$ 평면과 $p'-e$ 평면에 투영하면 그림 11.11과 동일하다는 것을 알 수 있다.

예제 11.1

점토시료에 대하여 구속압력을 각각 50, 100, 150 kPa로 압밀시켜 압밀비배수(CU) 3축시험을 수행하였다. 이때 시험 결과 나타난 축변형률에 따른 축차응력(q)과 간극수압(u)이 다음 표와 같이 나타났다. 이를 그래프로 나타내면 그림 11.13과 같다. 실험 결과에 대하여 $p'-q$ 평면에 유효응력경로를 그리고 한계상태 강도정수 M을 구하여라.

시료 1 (σ_3 = 50 kPa)			시료 2 (σ_3 = 100 kPa)			시료 3 (σ_3 = 150 kPa)		
ε_a (%)	q (kPa)	u (kPa)	ε_a (%)	q (kPa)	u (kPa)	ε_a (%)	q (kPa)	u (kPa)
0.0	0.0	0.0	0.00	0.0	0.0	0.0	0.0	0.0
0.34	20.0	7.0	0.29	34.0	11.0	0.34	39.0	12.0
0.68	28.0	11.0	0.65	46.0	19.0	0.67	67.0	28.0
1.34	37.0	16.0	1.38	57.0	31.0	1.33	90.0	50.0
2.45	44.0	22.0	2.35	68.0	42.0	2.42	106.0	68.0
3.77	47.0	25.0	3.61	74.0	54.0	3.72	113.0	76.0
6.59	48.0	28.0	8.42	76.0	61.0	5.47	117.0	80.0
8.71	47.0	28.0	10.84	75.0	62.0	8.20	117.0	84.0

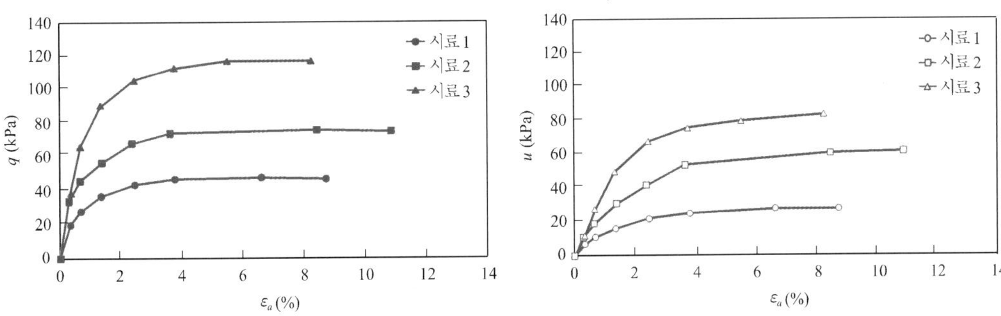

(a) $q-\varepsilon_a$ 곡선 (b) $u-\varepsilon_a$ 곡선

그림 11.13 예제 11.1의 응력-변형률 관계

| 풀이 | 시험 결과로부터 유효체적응력(p')을 계산하면 다음 표와 같다. 축차응력은 변형률이 6% 이상인 경우에 거의 일정하게 나타나며, 최종 상태 부근에서 한계상태 파괴가 일어난 것으로 볼 수 있다.

시료 1 (σ_3 = 50 kPa)			시료 2 (σ_3 = 100 kPa)			시료 3 (σ_3 = 150kPa)		
ε_a (%)	p' (kPa)	q (kPa)	ε_a (%)	p' (kPa)	q' (kPa)	ε_a (%)	p' (kPa)	q (kPa)
0.0	50.00	0.0	0.0	100.0	0.0	0.0	150.0	0.0
0.34	49.67	20.0	0.29	100.33	34.0	0.34	151.0	39.0
0.68	48.33	28.0	0.65	96.33	46.0	0.67	144.3	67.0
1.34	46.33	37.0	1.38	88.0	57.0	1.33	130.0	90.0
2.45	42.67	44.0	2.35	80.67	68.0	2.42	117.33	106.0
3.77	40.67	47.0	3.61	70.67	74.0	3.72	111.67	113.0
6.59	38.00	48.0	8.42	64.33	76.0	5.47	109.0	117.0
8.71	37.67	47.0	10.84	63.0	75.0	8.20	105.0	117.0

p'과 q의 관계를 그래프로 나타내면 그림 11.14와 같다. 최종 상태응력을 원점을 지나는 직선으로 회귀분석하면 $M=1.14$를 얻을 수 있다.

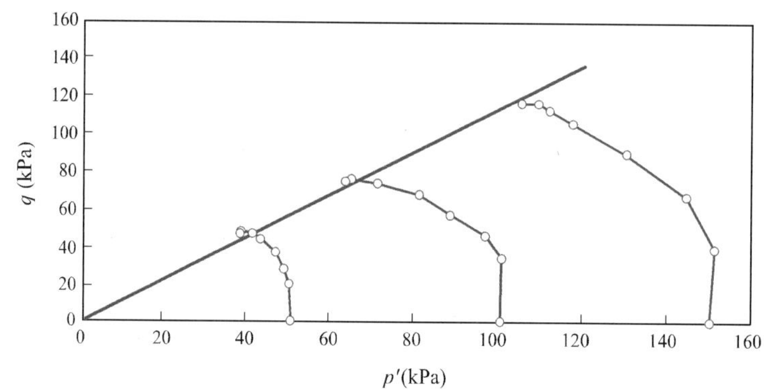

그림 11.14 예제 11.1의 풀이

11.3.2 상태경계면

포화시료의 비배수시험(등방압밀 비배수전단 3축압축시험)은 체적이 일정한 채로 수행하는 시험이다. 그림 11.15(a)에서 보인 바와 같이, 정규압밀 점토의 비배수시험에서는 $p'-q$ 평면에서 p'이 감소하면서 축차응력이 증가하는 경로를 나타낸다($A_1 \rightarrow B_1$). 또한 $p'-e$ 평면에서는 정규압밀선상의 점 A에서 B_2로 가는 경로를 보인다. 따라서 $p'-q-e$ 공간에서 간극비가 일정한 평면 내에 경로가 존재하며 정규압밀선상의 A점에서 시작하여 한계상태선 위의 B점에서 파괴에 이르는 경로를 갖게 된다. 이와 같이 $p'-q-e$ 공간에서 응력경로를 추적해보면, 흙의 거동에서 나타나는 응력경로와 체적 변화를 동시에 관찰할 수 있다.

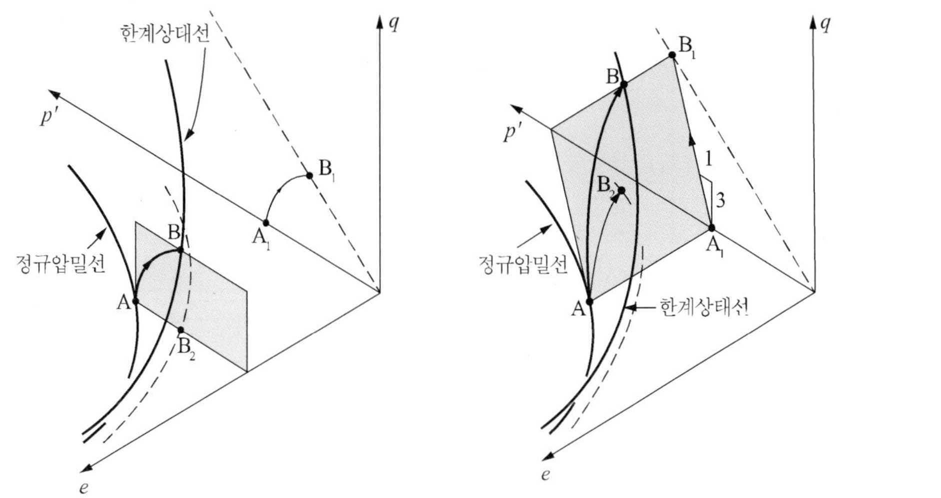

(a) 비배수시험 (b) 배수시험

그림 11.15 정규압밀점토의 3축압축시험 시 유효응력경로

그림 11.15(b)에서는 배수시험(등방압밀 배수전단 3축시험) 시의 경로를 나타낸다. $p'-q$축상에서 응력경로는 1 : 3의 기울기를 가지는 평면 내에 존재한다($A_1 \rightarrow B_1$). 정규압밀 점토의 경우에는 정규압밀선상의 A점에서 시작하여 한계상태선 위의 B점에서 파괴에 이르는 경로를 따르며, 간극비가 감소하는 양상을 보인다($A \rightarrow B_2$).

여러 실험적인 검증을 통하여 정규압밀점토는 그림 11.15의 배수 및 비배수시험 시 경로들은 하나의 곡면을 구성하고, 이러한 곡면상에서 경로들이 존재하고 있음을 알게 되었다. 이를 **Roscoe면**이라고 한다.

과압밀점토의 특정한 간극비에 대한 정규압밀선상의 체적응력을 등가체적응력 p_e'으로 정의하면, 간극비 효과를 고려하여 정규화할 수 있다. 즉, 과압밀비가 상이한 유효응력경로를 p_e'이 동일한 상태로 정규화하면, 간극비가 동일한 상태로 맞추어 분석할 수 있다.

그림 11.16에서는 p_e'으로 정규화한 비배수시험 시 유효응력경로를 보여준다. 정규압밀 상태(과입밀비 = 1)를 포함한 다양한 과압밀비에서 경로가 나타나고, 한계상태선과 정규압밀선은 한 점으로 보인다. 정규압밀 상태의 비배수 유효응력경로는 Roscoe면을 표현한다. 과압밀비가 2.5 미만인 경과 압밀점토의 경우에는 경로들이 대체로 Roscoe면에 수렴하고, 최종적으로 한계상태에 도달한다.

만일 과압밀비 2.5 이상의 중과압밀점토에 대하여 유효응력경로를 p_e'으로 정규화한다면 최대축차응력은 그림 11.16과 같은 새로운 선 또는 면에 접근하게 된다. 이 면을 **Hvorslev면**이라고 한다. Hvorslev면에 도달한 이후에는 Hvorslev면을 따라 한계상태선으로 향하게 된다.

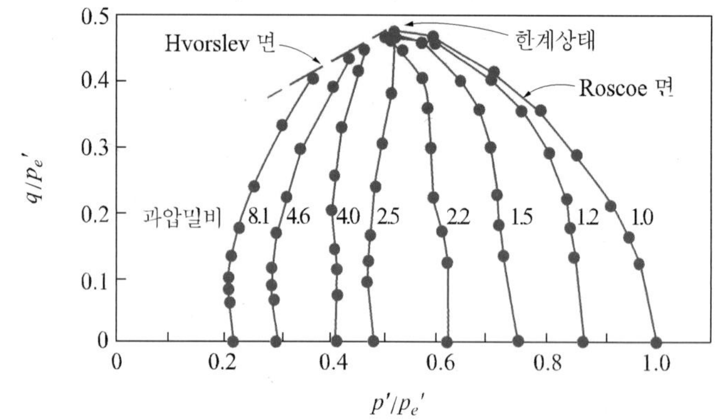

그림 11.16 다양한 과압밀비의 점토에 대해 p_e'으로 정규화한 유효응력경로(Loudon and Wroth, 1967)

그림 11.17은 중과압밀상태 A점에서 나타난 배수시험 및 비배수시험을 분리하여 유효응력경로를 3차원 공간에 표시한 것이다. 비배수시험 시에는 $p'-q-e$ 공간에서 간극비가 일정한 평면 내에 경로가 존재하며 팽창곡선상의 A점에서 시작하여 Hvorslev 면상의 M점을 거쳐 한계상태선 위의 B점에서 파괴에 이르는 경로를 갖게 된다. 이때 A에서 M까지의 경로에서 p'은 거의 일정한 채로(그림 11.17 참조) q가 증가한다. M에서 B로 가는 경로는 Hvorslev면을 따라가면서 축차변형이 크게 발생한다.

그림 11.17(b)에서는 중과압밀 점토에 대한 배수시험 경로를 나타내며, $p'-q$ 평면상에서 응력경로는 정규압밀점토와 마찬가지로 1 : 3의 기울기를 가진다. 과압밀상태의 A점에서 시작하여 M점까지의 경로에서는 축차응력이 증가하면서 간극비가 감소하는 양상을 보인다. 이때 M에서

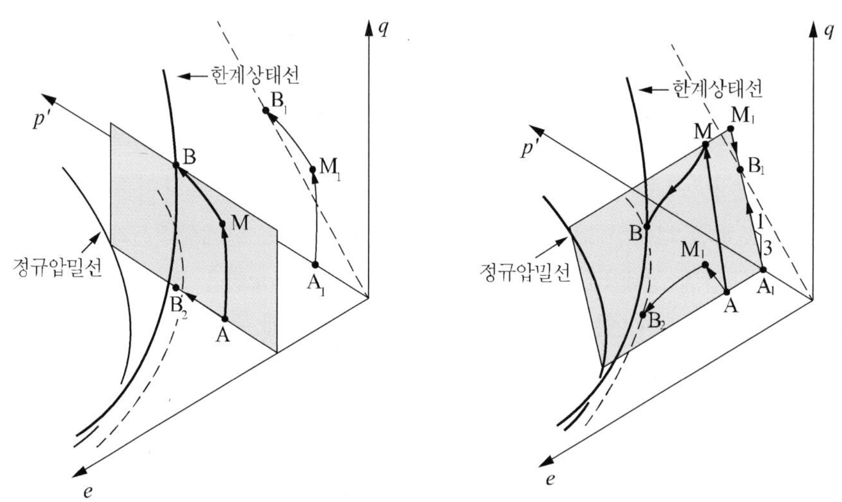

(a) 비배수시험 (b) 배수시험

그림 11.17 과압밀점토의 3축압축시험 시 유효응력경로

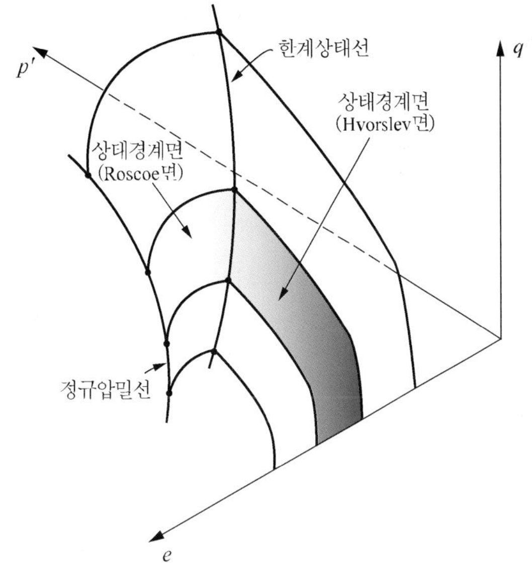

그림 11.18 상태경계면

최대 축차응력이 나타나며 Hvorslev면에 접하게 된다. M점에서는 Hvorslev면을 따라 B점을 향하여 한계상태선에 도달한다. M점에서 B점까지의 경로에서는 축차응력이 감소하면서 체적은 팽창하므로 간극비가 증가한다. 이 과정에서 축차변형과 체적변형이 크게 발생한다.

배수조건과 비배수조건의 응력경로들을 종합해보면 과압밀 상태에서도 M에서 B로 가는 경로들이 하나의 곡면을 구성한다. 이러한 곡면상에서 나타난 경로에서 큰 변형이 발생하고 곡면 밖의 응력 상태는 존재하지 않는다(Atkinson and Bransby, 1978). 정규압밀 상태의 Roscoe면과 과압밀 상태의 Hvorslev면을 합쳐서 **상태경계면**(state boundary surface)이라고 한다(그림 11.18 참조).

상태경계면은 흙의 상태가 존재하는 경계를 나타낸다. $p'-q-e$ 공간에서 상태경계면의 내부와 면 위의 점에까지 응력 상태와 간극비가 존재할 수 있고 그 외부에는 존재할 수 없다.

11.3.3 탄성벽

흙은 축차성분뿐만 아니라 체적성분에 있어서도 소성변형이 발생한다. 특히, 연약한 점토는 소성변형이 시배적이어서 매우 비선형적인 응력-변형률 관계를 보인다. 실제 거동에서는 상태경계면 부근이나 면상에서 대부분의 소성변형이 관찰된다.

한계상태이론에서는 소성론에 근거하여 상태경계면을 소성거동이 일어나는 면으로 설정한다. 즉, 상태경계면은 탄성거동과 소성거동을 구분한다. 상태경계면상의 응력상태에서는 탄성변형과 소성변형이 동시에 유발되며, 상태경계면 내부의 영역에서는 탄성적인 거동만 일어난다. 따라서 상태경계면은 흙의 상태가 존재할 수 있는 한계인 동시에 소성거동이 일어나는 영역(즉, 항복면이 존재하는 곡면)으로 정의된다.

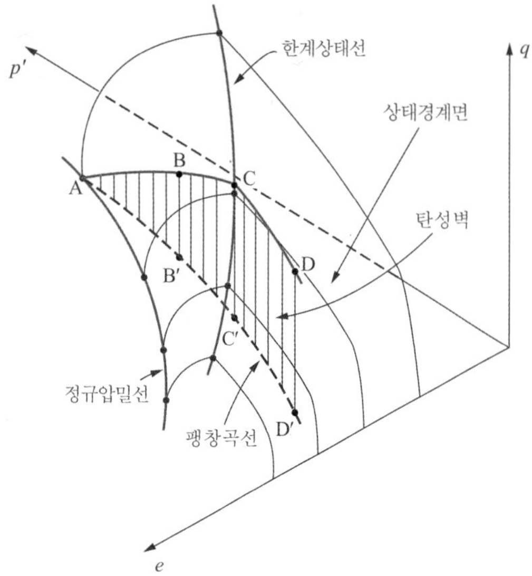

그림 11.19 탄성벽

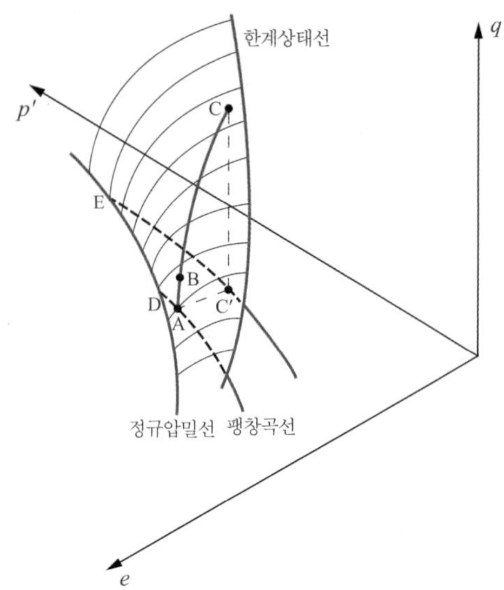

그림 11.20 탄성벽과 상태경계면에서의 응력경로

소성론에 의거하여 탄성변형과 소성변형을 구분하기 위해서는 항복면을 정의해야 한다. 이를 한계상태 개념에서는 **탄성벽**(elastic wall)으로 정의한다. 탄성벽은 $p-e$ 평면에 수직하며, 바닥은 팽창곡선으로, 천장은 상태경계면으로 이루어진 면이다(그림 11.19 참조).

탄성벽은 탄성거동이 일어나는 영역(즉, 하나의 항복면 내부)인 동시에 상태경계면 내부에서 응력경로가 존재할 수 있는 면(또는 응력경로의 길)이다. 상태경계면 내부의 응력경로는 탄성벽을 따라서만 일어난다.

그림 11.20에서 보인 바와 같이 상태경계면 내 상이한 탄성벽에 위치한 두 점 A에서 C′으로 가는 길은 탄성벽을 가로질러 나타날 수 없다. 점 A에서 C′으로 가는 동안 탄성벽을 따라 상태경계면에 도달한 후, 상태경계면을 따라 B에서 C로 이동한다. C는 C′에 상응하는 탄성벽의 경계에 위치하고 있다. 그리고 동일한 탄성벽을 따라 C에서 C′으로 경로가 이동한다. A에서 B, C에서 C′으로 이동하는 동안은 탄성적인 거동이 발생하고, B에서 C로의 경로에서 (탄성거동을 수반한) 소성거동이 일어난다.

11.4 Cam-clay 모델

11.4.1 기본 개념

Cam-clay 모델은 한계상태이론에 근거하여 개발된 응력-변형률 이론이다. 한계상태이론에서는 탄성벽과 상태경계면과의 교차선을 항복면으로 개념화하였고, Cam-clay 모델에서는 항복곡선을 수식화하였다. 이러한 항복면 수식화의 대표적인 사례가 원 Cam-clay 모델(Schofield와

Wroth, 1968)과 수정 Cam-clay 모델(Roscoe와 Burland, 1968)이다. 전자의 항복곡선은 대수나 선형이고, 후자는 타원형이지만 기본 개념은 동일하다.

전통적인 소성론에서는 재료의 응력-변형률 관계에서 나타나는 소성변형률을 수학적으로 정식화한다. 소성론은 기본적으로 세 가지 개념, (1) **항복면**(yield surface), (2) **유동규칙**(flow rule), (3) **경화규칙**(hardening law)으로 구성된다(Atkinson, 1993 참조).

응력-변형률 관계에서 탄성변형의 경계에 나타나는 항복응력은 응력장에서는 항복면으로 나타낼 수 있다. 항복면 위에 응력이 존재하면 소성변형률이 발생하지만, 항복면 내부의 경로에서는 탄성적인 변형만 발생한다.

항복면상에서 소성변형이 일어났을 때, 소성변형률 변화량의 방향을 정해야 한다. 이것을 유동규칙이라고 한다. 편의상, 항복면에 수직한 방향으로 소성변형률 변화량의 방향을 정하는데, 이를 관련유동규칙이라고 칭한다.

마지막으로 항복응력에 따라 발생하는 소성변형률의 크기를 정의하여야 한다. 이것을 경화규칙이라고 한다. 소성변형이 발생하면서 항복응력이 변화하면, 항복면의 크기나 위치가 변화할 수 있다. 경화규칙은 항복면의 내부변수(통상적으로 항복면의 크기)를 소성변형률 변화량의 크기(소성 축차변형률 또는 소성 체적변형률 변화량의 크기)의 함수로 나타난다(이를 등방경화규칙이라고 칭한다).

11.4.2 Cam-clay 모델의 수식화

흙의 항복면은 그림 11.21과 같이 원 Cam-clay 모델의 물방울이나 수정 Cam-clay 모델의 타원 형태를 띠고 있다. 그리고 선행압밀압력 p_c'이나 항복면의 중심응력 p_{cr}'은 항복면의 크기를 나타내는 변수이다. p_c'이나 p_{cr}'이 커지면 항복면의 크기가 증가한다.

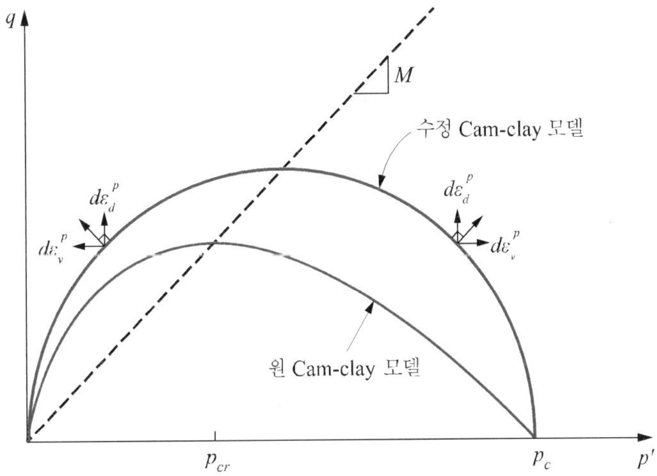

그림 11.21 항복면

Cam-clay 모델의 항복면은 다음과 같은 수식으로 표시된다.

• 원 Cam-clay 모델:

$$f = q/Mp' + \ln(p'/p'_{cr}) - 1 = 0 \tag{11.11a}$$

• 수정 Cam-clay 모델:

$$f = q^2/M^2 + p'(p' - p'_c) = 0 \tag{11.11b}$$

항복면이 한계상태선과 만나는 점에서는 항복면의 법선 기울기가 q축 방향으로 올라간다. 이를 기준으로 p'이 한계상태응력보다 큰 경우에는 항복면의 법선 방향이 우측을 향하고 작은 경우에는 항복면의 법선 방향이 좌측을 향한다. 원 Cam-clay 모델과 수정 Cam-clay 모델에 대한 법선벡터의 성분은 다음과 같다.

• 원 Cam-clay 모델:

$$\frac{\partial f}{\partial p'} = -q/(Mp'^2) + 1/p', \quad \frac{\partial f}{\partial q} = 1/Mp' \tag{11.12a}$$

• 수정 Cam-clay 모델:

$$\frac{\partial f}{\partial p'} = 2p' - p'_c, \quad \frac{\partial f}{\partial q} = 2q/M^2 \tag{11.12b}$$

여기서, $\partial f/\partial p'$은 법선 방향의 p'축 성분, $\partial f/\partial q$는 q축 성분을 나타낸다.

유동규칙에 따라 $\partial f/\partial p'$은 소성체적변형률의 방향을 나타낸다. 따라서 p'이 한계상태응력보다 큰 경우에는 $\partial f/\partial p'$이 양의 값을 가지며($\partial f/\partial p' > 0$), 압축적인 소성 체적변형률이 발생한다. 반면, p'이 한계상태응력보다 큰 경우에는 $\partial f/\partial p'$이 음의 값을 가지며($\partial f/\partial p' < 0$), 팽창적인 소성 체적변형률이 발생한다.

그림 11.22에서 보인 바와 같이 정규압밀선은 다음과 같이 정의할 수 있다.

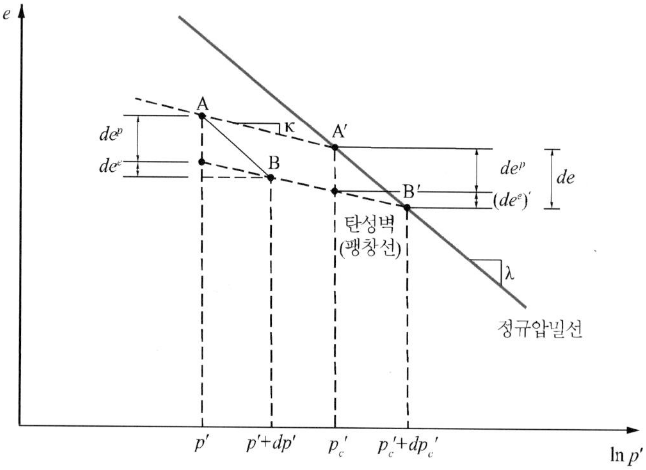

그림 11.22 경화함수

$$e = e_a - \lambda \ln p_c' \tag{11.13}$$

여기서, e_a는 정규압밀선의 $p' = 1$일 때의 간극비이며, λ는 정규압밀선의 자연대수축 기울기이다.

임의의 두 점 A와 B 사이에 발생하는 간극비의 변화로부터 소성량과 탄성량을 구하려고 한다. A와 B를 포함하는 두 팽창곡선은 p'의 대수축에서 평행하므로 그림 11.22에 보인 소성간극비 변화 de^p는 A′B′ 사이에서 발생하는 de^p와 같다. 따라서 근접한 두 점 A와 B 사이의 소성적인 간극비의 변화는 A′B′ 간의 선행압밀압력 차를 이용하여 구할 수 있다. A′과 B′ 사이에 나타난 간극비 변화 de는 다음과 같다.

$$de = -\lambda \ln\left(\frac{p'_c + dp'_c}{p'_c}\right) \cong -\lambda \frac{dp'_c}{p'_c} \tag{11.14}$$

이때 A′과 B′ 간에 발생한 탄성적인 간극비 변화는 탄성벽의 바닥을 나타내는 팽창곡선을 따라 다음과 같이 구할 수 있다.

$$(de^e)' = -\kappa \ln\left(\frac{p'_c + dp'_c}{p'_c}\right) \cong -\kappa \frac{dp'_c}{p'_c} \tag{11.15}$$

소성적인 체적 변화는 위 식 (11.14)와 (11.15)의 차이로 구할 수 있다.

$$de^p = -(\lambda - \kappa)\frac{dp'_c}{p'_c} \tag{11.16}$$

따라서 A와 B 사이에 나타난 소성 체적변형률은 다음과 같이 구해진다.

$$d\varepsilon_v^p = -\frac{de^p}{1+e} = \frac{\lambda - \kappa}{1+e}\frac{dp'_c}{p'_c} \tag{11.17}$$

선행압밀압력은 탄성벽 혹은 항복면의 크기를 나타낸다. 따라서 식 (11.17)은 항복면이 커지면서 소성 체적변화율이 발생하는 관계를 증분 형태로 나타내고 있다. 이는 Cam-clay 모델의 경화함수이다.

A와 B 사이에 나타난 탄성 체적변형률은 식 (11.15)와 상이하며 다음 식으로 구할 수 있다.

$$d\varepsilon_v^e = -\frac{de^e}{1+e} = \frac{\kappa}{1+e}\frac{dp'}{p'} \tag{11.18}$$

임의의 응력에서 Cam-clay 모델의 항복면 크기를 나타내는 p'_c와 변화량은 항복면 함수 (11.11)로부터 다음과 같이 얻을 수 있다.

- 원 Cam-clay 모델 :

$$p'_c = \frac{p'}{0.368}\exp\left(q/Mp' - 1\right), \tag{11.19a}$$

$$dp'_c = \frac{\exp\left(q/Mp' - 1\right)}{0.368}\{(1 - q/Mp'^2)dp' + dq/M\} \tag{11.19b}$$

• 수정 Cam-clay 모델:

$$p'_c = p' + q^2/M^2p', \tag{11.20a}$$

$$dp'_c = (1 - q^2/Mp'^2)dp' + (2q/M^2p')dq \tag{11.20b}$$

항복면의 법선 기울기를 이용하면, 유동규칙에 따라 소성변형률 변화량의 비율을 구할 수 있다.

$$\psi(p', q) = \frac{d\varepsilon_d^p}{d\varepsilon_v^p} = \frac{\partial f/\partial q}{\partial f/\partial p'} \tag{11.21}$$

따라서 소성축차변형률은 다음과 같이 산정된다.

$$d\varepsilon_d^p = \psi d\varepsilon_v^p \tag{11.22}$$

탄성변형률을 계산하면, 전체 변형률의 계산이 완료된다. 등방성 재료의 탄성변형률 증분은 다음과 같이 계산할 수 있다.

$$d\varepsilon_v^e = \frac{1}{K}dp', \quad d\varepsilon_d^e = \frac{1}{3G}dq \tag{11.23}$$

여기서, K는 체적계수이며, G는 전단계수이다. K와 G는 체적응력에 따라 선형적으로 비례하는 것으로 가정하여 다음과 같은 관계를 적용하면 관련된 탄성적인 체적변형률 및 축차변형률을 구할 수 있다.

$$K = \frac{1+e}{\kappa}p', \quad G = \frac{3K(1-2\nu)}{2(1+\nu)} \tag{11.24}$$

여기서, 푸아송비 ν는 일정하다고 가정한다.

체적변형률과 축차변형률은 탄성량과 소성량의 합이 된다.

$$d\varepsilon_v = d\varepsilon_v^e + d\varepsilon_v^p, \quad d\varepsilon_d = d\varepsilon_d^e + d\varepsilon_d^p \tag{11.25}$$

식 (11.17)과 (11.22), (11.23)를 식 (11.25)에 대입하면, 체적변형률 및 축차변형률의 증분은 응력 변화 dp' 및 dq에 대하여 다음과 같은 식으로 표시된다.

• 원 Cam-clay 모델:

$$d\varepsilon_v = \left(\frac{\kappa}{1+e}\frac{1}{p'} + \frac{\lambda-\kappa}{1+e}\frac{1-q/Mp'^2}{p'}\right)dp' + \left(\frac{\lambda-\kappa}{1+e}\frac{1}{Mp'}\right)dq \tag{11.26a}$$

$$d\varepsilon_d = \left(\frac{\lambda-\kappa}{1+e}\frac{1-q/Mp'^2}{-q+Mp'}\right)dp' + \left\{\frac{\kappa}{1+e}\frac{2(1+\nu)}{3(1-2\nu)}\frac{1}{p'} + \frac{\lambda-\kappa}{1+e}\frac{1}{M(-q+Mp')}\right\}dq \tag{11.26b}$$

• 수정 Cam-clay 모델:

$$d\varepsilon_v = \left(\frac{\kappa}{1+e}\frac{1}{p'} + \frac{\lambda-\kappa}{1+e}\frac{1-q^2/Mp'^2}{p'+q^2/M^2p'}\right)dp' + \left(\frac{\lambda-\kappa}{1+e}\frac{2q/M^2p'}{p'+q^2/M^2p'}\right)dq \tag{11.27a}$$

$$d\varepsilon_d = \left(\frac{\lambda-\kappa}{1+e}\frac{2q/M^2}{p'^2+q^2/M^2}\right)dp' + \left\{\frac{\kappa}{1+e}\frac{2(1+\nu)}{3(1-2\nu)}\frac{1}{p'} + \frac{\lambda-\kappa}{1+e}\frac{\left(2q/M^2\right)^2 p'}{p'^2-\left(q^2/M^2p'\right)^2}\right\}dq \tag{11.27b}$$

배수 3축압축시험은 $dq - 3dp' = 0$을 만족하도록 하여 계산할 수 있다. 비배수시험 시 응력-변형률 관계는 $d\varepsilon_v = 0$이라는 조건을 적용함으로써 구할 수 있다. 증분 형태의 변형률은 적합한 구속조건과 함께 축차응력 증분 dq를 조절하여 외연적인 적분(explicit integration)으로 풀 수 있다.

예제 11.2

정규압밀점토의 소성변형률을 계산하려고 한다. 계수들은 다음과 같다(M =0.95, λ=0.093, κ= 0.035, ν=0.25). 압밀 후 체적응력은 p' =206.8 kPa이고, 이때 간극비 e_0 =0.771일 때 배수시험 및 비배수시험 시 응력-변형률 관계를 구하여라.

| 풀이 | dq=5 kPa일 때 배수시험 시 수정 Cam-clay 모델에 의한 소성변형률은 다음 표와 같다. 이 표에서 유효체적응력의 변화량은 다음과 같다.

$$dp' = \frac{1}{3}dq \tag{11.28}$$

(1) 단계	(2) q (kPa)	(3) p' (kPa)	(4) p'_c (kPa)	(5) ψ	(6) $d\varepsilon_v^p$	(7) $d\varepsilon_d^p$	(8) $d\varepsilon_v^e$	(9) $d\varepsilon_d^e$	(10) ε_a (%)
1	0	206.8	206.8						0.00
2	5	208.5	208.6	0.00	2.85E-04	0.00E+00	1.59E-04	7.96E-04	0.09
3	10	210.2	210.7	0.05	3.24E-04	1.72E-05	1.58E-04	7.90E-04	0.19
4	15	211.8	213.0	0.11	3.60E-04	3.81E-05	1.57E-04	7.84E-04	0.29
5	20	213.5	215.6	0.16	3.95E-04	6.23E-05	1.56E-04	7.78E-04	0.39
					(중략)				
21	100	240.2	286.3	1.07	4.58E-04	7.40E-04	1.39E-04	6.96E-04	2.57
22	105	241.8	292.4	1.14	4.86E-04	7.96E-04	1.38E-04	6.91E-04	2.75
23	110	243.5	298.6	1.22	5.12E-04	8.53E-04	1.37E-04	6.87E-04	2.93
24	115	245.2	304.9	1.29	5.36E-04	9.12E-04	1.36E-04	6.82E-04	3.12
25	120	246.8	311.5	1.37	5.59E-04	9.74E-04	1.36E-04	6.78E-04	3.31
					(중략)				
51	250	290.2	528.8	9.36	5.98E-04	5.91E-03	1.17E-04	5.83E-04	12.29
52	255	291.8	538.7	10.75	6.15E-04	6.73E-03	1.16E-04	5.80E-04	13.04
53	260	293.5	548.7	12.57	6.30E-04	7.80E-03	1.15E-04	5.77E-04	13.91
54	265	295.2	558.8	15.04	6.43E-04	9.25E-03	1.15E-04	5.74E-04	14.91
55	270	296.8	569.0	18.61	6.56E-04	1.13E-02	1.14E-04	5.71E-04	16.13

비배수시험 시에는 $d\varepsilon_v^p = -d\varepsilon_v^e$이므로 식 (11.17)과 (11.18)로부터 dp'을 구할 수 있다.

$$\kappa\frac{dp'}{p'} = -(\lambda-\kappa)\frac{dp_c'}{p_c'}, \quad dp' = \frac{(\lambda-\kappa)p'}{\kappa p_c'}dp'_c \tag{11.29}$$

비배수시험 시 수정 Cam-clay 모델에 의한 소성변형률은 다음 표와 같다($dq = 2.25$ kPa 이며, 후반부는 곡선의 형태를 구하기 위하여 0.75 kPa로 줄였다).

(1) 단계	(2) q (kPa)	(3) p' (kPa)	(4) p'_c (kPa)	(5) ψ	(6) $d\varepsilon_v^p$	(7) $d\varepsilon_d^p$	(8) $d\varepsilon_v^e$	(9) $d\varepsilon_d^e$	(10) ε_a (%)
1	0.00	206.8	206.8						0.00
2	2.25	206.8	206.9	0.00	4.29E−06	0.00E+00	0.00E+00	3.58E−04	0.04
3	4.50	206.8	206.9	0.02	7.53E−06	1.81E−07	−3.23E−06	3.58E−04	0.07
4	6.75	206.7	207.0	0.05	1.08E−05	5.19E−07	−6.47E−06	3.58E−04	0.11
5	9.00	206.6	207.1	0.07	1.40E−05	1.02E−06	−9.71E−06	3.58E−04	0.14
					(중략)				
21	45.00	200.3	211.5	0.50	7.08E−05	3.51E−05	−6.59E−05	3.69E−04	0.75
22	47.25	199.6	212.0	0.53	7.49E−05	3.95E−05	−6.99E−05	3.70E−04	0.79
23	49.50	198.8	212.5	0.56	7.91E−05	4.43E−05	−7.40E−05	3.71E−04	0.83
24	51.75	198.0	213.0	0.59	8.34E−05	4.94E−05	−7.83E−05	3.73E−04	0.88
25	54.00	197.2	213.6	0.63	8.79E−05	5.51E−05	−8.26E−05	3.74E−04	0.92
					(중략)				
56	123.75	142.7	261.6	7.97	4.57E−04	3.64E−03	−4.33E−04	5.08E−04	4.16
57	126.00	139.3	265.6	11.52	4.97E−04	5.73E−03	−4.70E−04	5.19E−04	4.78
58	126.75	138.1	267.0	21.43	1.75E−04	3.75E−03	−1.71E−04	1.77E−04	5.18
59	127.50	136.9	268.5	30.54	1.81E−04	5.51E−03	−1.77E−04	1.79E−04	5.74
60	128.25	135.6	270.0	53.81	1.87E−04	1.00E−02	−1.83E−04	1.81E−04	6.77

계산과정에서 dq의 크기에 따라 수치적인 오차를 포함하므로 충분히 작은 값으로 구하는 것이 필요하다. 또한 응력 상태와 관련된 변수들은 전 단계의 값을 사용한다.

그림 11.23(a)에서는 배수시험 시 계산 결과를 실험값과 비교하고 있다. 원 Cam-clay 모델은 실험값에 비하여 큰 변형률을 나타내었고, 수정 Cam-clay 모델은 유사하거나 작게 계산되었다. 두 모델 모두 실험값보다 큰 최대 축차응력을 보이고 있다. 그림 11.23(b)

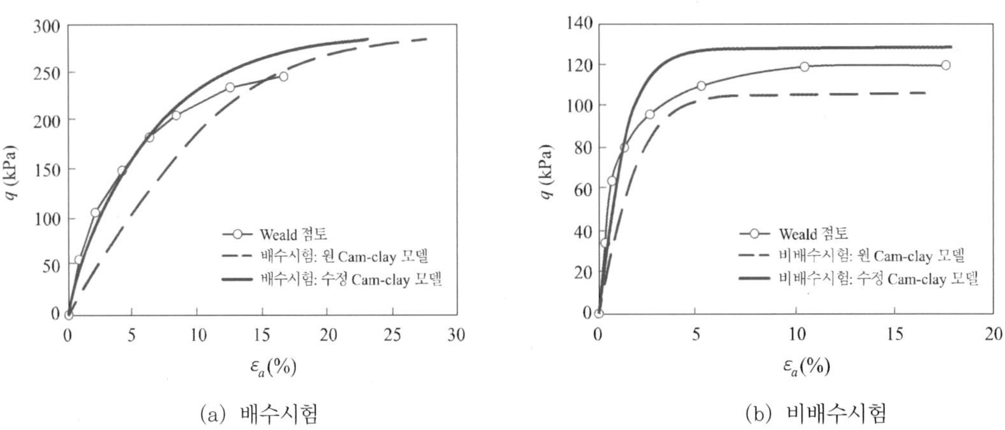

그림 11.23 예제 11.2의 풀이

에는 비배수시험 실제 응력-변형률 관계가 원 Cam-clay 모델과 수정 Cam-clay 모델 사이에 존재하고 있음을 보여준다. 이 예제에서는 원 Cam-clay 모델은 비배수시험 시의 강도를 낮게 평가하고, 수정 Cam-clay 모델은 크게 평가하고 있다는 것을 보이고 있다.

예제 11.3

수치해석에 적용하기 위해서는 증분 형태의 응력-변형률 관계에 대한 수학적 정식화가 필요하다. 응력 증분 dp' 및 dq를 전체 변형률 증분 $d\varepsilon_v$ 및 $d\varepsilon_d$의 함수로 정식화하여라.

| 풀이 | 정규압밀 점토에 적용되는 Cam-clay 모델의 경화함수는 식 (11.17)로부터 다음 식으로 표현된다.

$$dp_c' = \frac{1+e}{\lambda-\kappa} p_c d\varepsilon_v^p \tag{11.30}$$

소성변형률은 항복면상의 응력상태에서 발생하며, 항복면의 크기가 변화하여도 항상 $f(p', q, p_c')=0$이 성립한다. 이를 수학적으로 표현하면, 일관조건(consistency condition)이라고 하며, 다음 식이 성립한다.

$$df = \frac{\partial f}{\partial p'}dp' + \frac{\partial f}{\partial q}dq + \frac{\partial f}{\partial p_c'}dp_c' = 0 \tag{11.31}$$

소성변형률 증분은 식 (11.31)과 유동규칙으로부터 다음과 같이 구해진다.

$$d\varepsilon_v^p = \frac{dL}{H}\frac{\partial f}{\partial p'}, \quad d\varepsilon_d^p = \frac{dL}{H}\frac{\partial f}{\partial q} \tag{11.32}$$

여기서,

$$H = -\frac{\partial f}{\partial p'_c}\frac{\partial p'_c}{\partial \varepsilon_v^p}\frac{\partial f}{\partial p'} = -\frac{1+e}{\lambda-\kappa}p'_c\frac{\partial f}{\partial p'_c}\frac{\partial f}{\partial p'} \tag{11.33a}$$

$$dL = \frac{\partial f}{\partial p'}dp' + \frac{\partial f}{\partial q}dq \tag{11.33b}$$

응력증분은 식 (11.23)과 (11.25)에 의하여 다음과 같다.

$$dp' = K(d\varepsilon_v - d\varepsilon_v^p), \quad dq = 3G(d\varepsilon_d - d\varepsilon_d^p) \tag{11.34}$$

식 (11.32)를 (11.34)에 대입하고, (11.34)에 각각 $\partial f/\partial p'$, $\partial f/\partial q$를 곱한 후 더하면 다음 식을 유도할 수 있다.

$$dL = \frac{\partial f}{\partial p'}dp' + \frac{\partial f}{\partial q}dq = \frac{K\frac{\partial f}{\partial p'}d\varepsilon_v + 3G\frac{\partial f}{\partial q}d\varepsilon_d}{H + K\left(\frac{\partial f}{\partial p'}\right)^2 + 3G\left(\frac{\partial f}{\partial q}\right)^2}H \tag{11.35}$$

식 (11.32)와 (11.35)를 식 (11.34)에 대입하면 정규압밀 점토의 응력-변형률 관계는 다음 식으로 유도될 수 있다.

$$\begin{pmatrix} dp' \\ dq \end{pmatrix} = \begin{bmatrix} K(1-K(\partial f/\partial p')^2/\overline{H}) & -3KG(\partial f/\partial p')(\partial f/\partial q)/\overline{H} \\ -3KG(\partial f/\partial p')(\partial f/\partial q)/\overline{H} & 3G(1-3G(\partial f/\partial q)^2/\overline{H}) \end{bmatrix} \begin{pmatrix} d\varepsilon_v \\ d\varepsilon_d \end{pmatrix} \quad (11.36)$$

여기서,

$$\overline{H} = H + K\left(\frac{\partial f}{\partial p'}\right)^2 + 3G\left(\frac{\partial f}{\partial q}\right)^2 \quad (11.37)$$

11.5 한계상태이론에 따른 흙의 거동

11.5.1 3축압축시험 시 흙의 거동

그림 11.24는 경과압밀점토에 대해 배수시험을 수행하였을 경우 Cam-clay 모델의 해석을 보여 주고 있다. 이 시료는 정규압밀상태 V에서 점 A까지 구속압력을 제거하여 경과압밀점토로

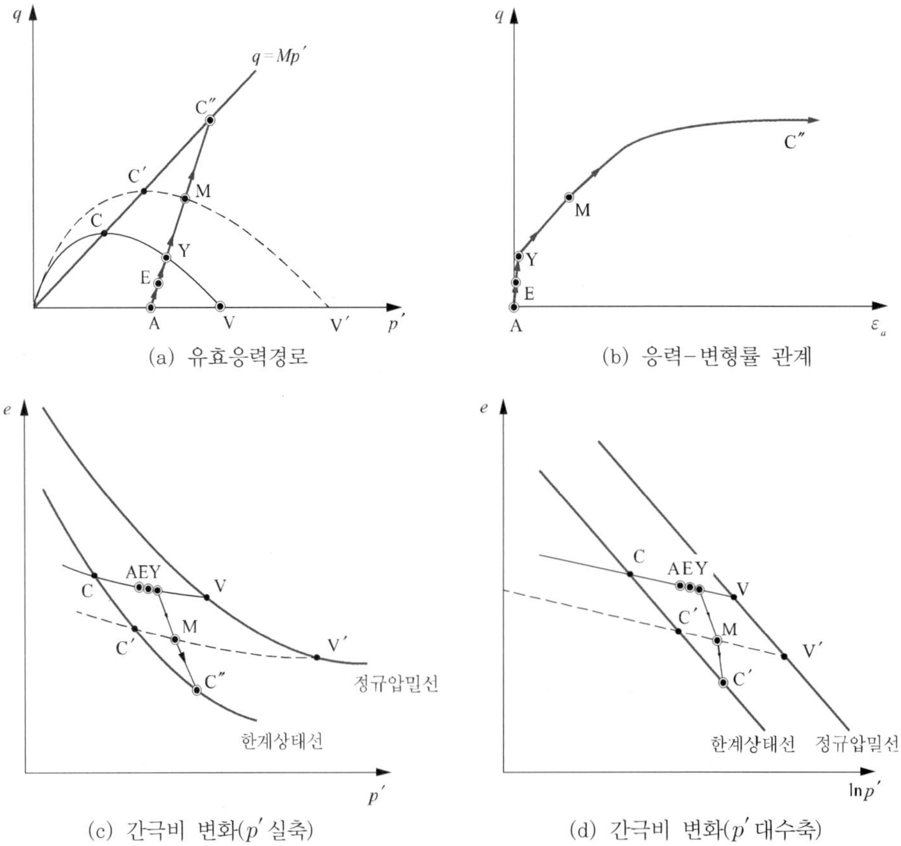

그림 11.24 경과압밀상태 점토의 배수시험 시 거동

만들었다. 그림 11.24(a)를 보면, A에서 Y로 가는 경로는 항복면 내(탄성벽)에 존재하므로, 그림 11.24(b)에서 보여지듯이 탄성거동을 하게 된다. 그림 11.24(c)에 보인 바와 같이, 이 경로는 탄성벽을 구성하는 팽창곡선상에 존재하므로 작은 양의 탄성압축이 발생한다. 점 E는 A와 Y 사이에서 탄성거동을 보이는 임의의 상태를 표시한다.

점 Y에서 상태경계면 C″까지 가는 경로에서 항복면은 확장된다. M은 Y에서 C″까지 가는 경로 사이에 나타나는 항복면 중 하나를 표시한 것이다. 이 경로를 거치는 동안에는 소성변형이 발생하므로 큰 변형이 일어난다[그림 11.24(b)]. 동시에 간극비도 소성적인 체적압축이 발생하여 크게 감소한다[그림 11.24(c)]. 그리고 한계상태 C″까지 도달하면 축차응력은 일정하게 되며, 소성 축차변형은 무한히 증가하지만 간극비는 일정한 값을 유지한다. 그림 11.24(d)는 p' 대수축에서 나타나는 간극비 변화를 보여준다.

그림 11.25는 그림 11.24와 동일한 경과압밀점토의 비배수시험을 수행한 것이다. 그림 11.25(a)를 보면, 점 A의 초기 상태는 선행압밀압력 V로 표시되는 초기 항복면 내에 위치한다. A에서 Y로 가는 경로는 항복면 내(탄성벽)에 존재하며, 탄성거동을 하게 된다. 따라서 그림 11.25(b)에 보인 바와 같이 탄성변형이 발생한다. 그림 11.25(c)와 (d)에 보인 바와 같이 이 경로에서는

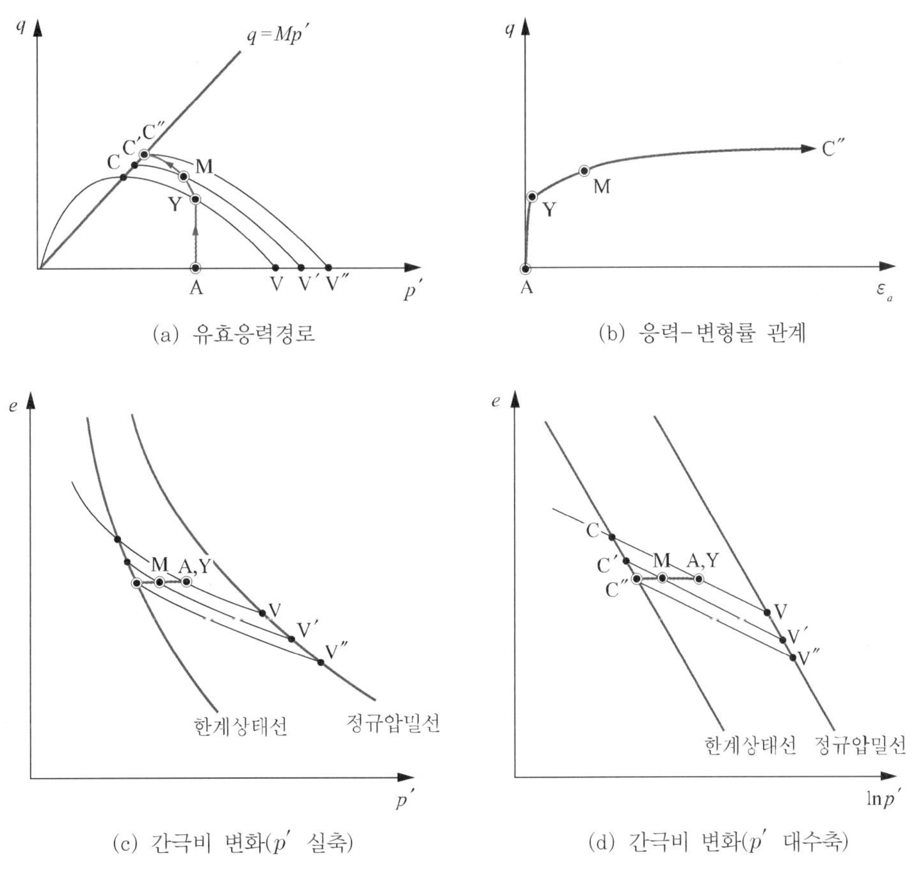

그림 11.25 경과압밀상태 점토의 비배수시험 시 거동

체적 변화는 없고, Y는 탄성벽을 구성하는 팽창곡선상에 존재한다.

점 Y에서 상태경계면에 도달하면, 점 M을 거치는 경로에서 항복면은 확장되며 큰 소성변형률이 발생한다. 이때 과잉간극수압이 발생하고 유효응력이 감소하여 응력경로가 왼쪽으로 향하게 된다[그림 11.25(a)]. 한계상태 C″에 도달하면 응력 상태는 일정하게 유지되며 소성 축차변형률은 무한히 증가하고 간극비는 일정한 값을 유지한다. 그림 11.24의 배수 시 거동과 유사하지만, 항복면의 크기 변화가 덜 일어나고 한계상태 시 축차응력이 배수시험에 비해 작다.

그림 11.26은 경과압밀점토(첨자 1로 표시)와 중과압밀점토(첨자 2로 표시)의 두 시료에 대하여 배수시험 및 비배수시험을 수행한 경우를 비교한 것이다. 그림 11.26(c)에 보인 바와 같이 두 경우의 초기 응력조건은 동일한 선행압밀압력을 가지는 팽창곡선상에 놓이지만, 중과압밀점토의 배수시험에 대한 초기조건 A_2점은 한계상태선의 왼쪽에 위치한다.

중과압밀점토의 점 A_2에서 Y_2로 가는 경로는 초기항복면 내에 존재하며 탄성거동을 하게 된다[그림 11.26(a)]. 그림 11.26(c)에 보인 바와 같이 체적 변화도 팽창곡선상 내에 존재하므로

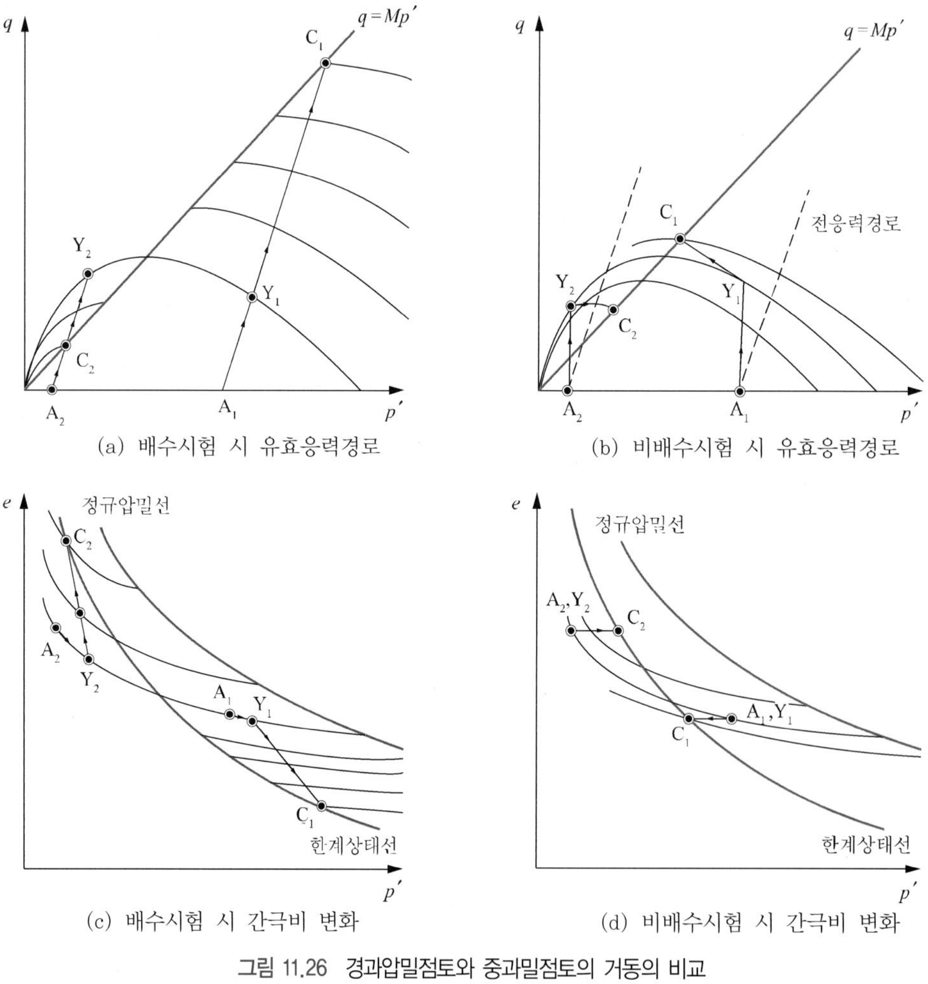

그림 11.26 경과압밀점토와 중과밀점토의 거동의 비교

작은 양의 탄성압축만이 발생한다. Y_2로부터 한계상태 C_2에 도달하면, 소성 체적변형이 팽창하며 경화함수에 의하여 항복면이 축소된다. 이 과정은 항복면 내부로 가는 것이 아니라 새로운 항복면을 따라가는 경로이기 때문에 소성변형이 발생한다. 그리고 간극비도 소성적인 체적팽창이 발생하여 크게 증가한다[그림 11.26(c)]. 한계상태 C_2에 도달하면 응력상태는 일정하게 유지되며 소성축차변형은 무한히 증가하고 간극비는 일정한 값을 유지한다. 경과압밀점토 A_1과 비교하면 소성변형이 발생하는 동안 체적(간극비)이 Y_1-C_1만큼 감소한 데 비해, 중과압밀점토는 Y_2-C_2만큼 팽창하였고 연화적인 응력-변형률 관계를 보인다.

중과압밀점토의 비배수시험에 대한 거동을 비교하기 위하여 그림 11.26(b)를 보면, A_2의 초기 상태는 A_1과 동일한 초기 항복면 내에 위치한다. A_2에서 Y_2로 가는 경로는 항복면 내에 존재하므로 탄성거동을 하게 된다. 따라서 이 구간에서는 탄성변형이 발생한다.

점 Y_2에서 상태경계면에 도달하면, 소성 체적변형률이 팽창적으로 발생하며 경화함수에 따라 항복면은 축소된다. 그리고 한계상태 C_2에 도달하면, 응력상태는 일정하게 유지되며 소성 축차변형률은 무한히 증가하고 간극비는 일정한 값을 유지한다.

비배수조건에서 간극비의 변화량은 탄성량과 소성량이 크기는 동일하게 방향이 반대로 나타나서 총 간극비 변화는 없다[그림 11.26(d)]. 경과압밀상태 A_1과 비교하여 부의 간극수압이 발생하며 유효응력경로가 오른쪽으로 향한다.

11.5.2 한계상태이론에 근거한 전단강도

연화적인 응력-변형률 관계를 나타내는 경우에는 통상적으로 최대 응력에서 파괴를 정의한다. 이러한 경우에는 첨두강도(peak strength)를 구하게 된다. 반면 최종 응력에서 파괴를 정의하면 잔류강도를 구할 수 있다. 그림 11.27은 첨두강도에 대한 Mohr-Coulomb 파괴규준을 표시한 것이다.

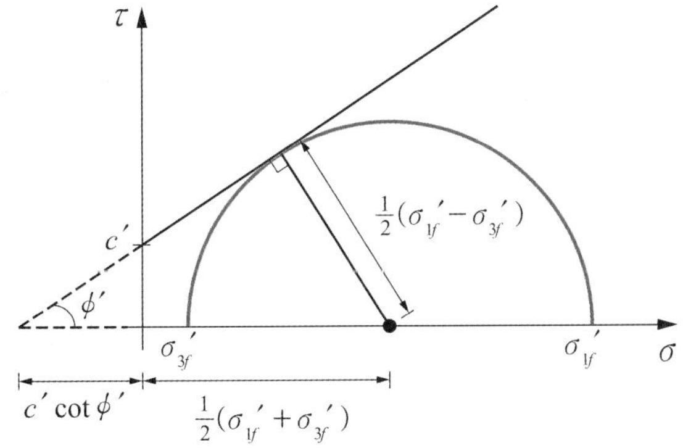

그림 11.27 Mohr-Coulomb 파괴규준

이 그림으로부터 다음과 같은 관계식을 얻는다.

$$\sin\phi' = \frac{\sigma_{1f} - \sigma_{3f}}{\sigma_{1f} + \sigma_{3f} + 2c'\cot\phi'} \tag{11.38}$$

여기서, $s_1 = \sigma_1 + c'\cot\phi'$, $s_2 = \sigma_3 + c'\cot\phi'$으로 정의하면, 식 (11.38)로부터

$$s_1/s_2 = \frac{1+\sin\phi'}{1-\sin\phi'} \tag{11.39}$$

가 된다.

Mohr-Coulomb 파괴규준을 매개변수 s_1, s_2를 이용하여 p', q에 대하여 나타내면 다음과 같다.

$$\frac{q_f}{p'_f + 3c'\cot\phi'} = \frac{3(s_1/s_2 - 1)}{s_1/s_2 + 2} = \frac{6\sin\phi'}{3-\sin\phi'} \tag{11.40a}$$

$$q_f = \frac{6\sin\phi'}{3-\sin\phi'}(p'_f + 3c'\cot\phi') \tag{11.40b}$$

여기서, q_f: 파괴 시 축차응력

p'_f: 파괴 시 유효체적응력

식 (11.40b)를 다음과 같이 정리할 수 있다.

$$q_f = d + mp_f' \tag{11.41}$$

여기서, m: 파괴규준 기울기

d: p'이 0일 때의 q축 절편

3축압축시험 시 마찰각과 관련된 파괴규준의 기울기, m은 다음과 같다.

$$\sin\phi' = \frac{3m}{6+m}, \quad m = \frac{6\sin\phi'}{3-\sin\phi'} \tag{11.42}$$

따라서 식 (11.41)의 관계를 실험적으로 획득한 후, ϕ'은 식 (11.42)로부터 구할 수 있다. 또한 c'은 다음 식 (11.43)으로 구할 수 있다.

$$c' = \frac{d}{m\cot\phi'} = \frac{d}{m}\tan\phi', \quad d = mc'\cot\phi' \tag{11.43}$$

첨두 마찰각 ϕ'이 일정하면 Mohr-Coulomb 파괴규준은 $p'-q$축에서 유일한 직선으로 나타난다. 하지만 실제로 ϕ'은 초기 간극비나 과압밀비에 의존한다. 예를 들어, 상대밀도가 조밀한 모래는 느슨한 경우에 비하여 ϕ'이 크다. 따라서 첨두강도에 의한 파괴규준은 주어진 초기조건에 국한하여 유일하게 정의할 수 있다.

한계상태이론에서 첨두강도는 상태경계면(즉, Hvorslev 면)에 도달한 시점에서 발생한다. 그런데 한계상태이론은 상태경계면의 함수를 정의하지 않고 항복면 함수에 의존하여 상태경계면이 나타난다. 따라서 초기 간극비나 경로에 따라 상이한 ϕ'이 나타난다.

반면, 한계상태 강도는 초기조건과 무관하게 유일하게 정의할 수 있다. 즉, 한계상태 마찰각을 ϕ'_{cr} 라고 할 때 ϕ'_{cr} 은 초기조건과 상관없이 일정한 값을 가진다. 그리고 식 (11.42)에 의하여 한계상태 강도정수 M을 구할 수 있고, 식 (11.41)에서 $m=M$, $d=0$이다.

11.5.3 K_0 압축

횡방향 변위가 억제되고 축방향 변위만 발생하는 1차원의 압축을 K_0 압축이라고 한다. 정규압밀상태에서는 K_0값이 일정한 값으로 나타나는 것으로 알려져 있다. K_0 압축 시 p'에 대한 q의 비는 다음과 같이 유도된다.

$$\frac{q}{p'}=\frac{3(\sigma_v-\sigma_h)}{\sigma_v+2\sigma_h}=\frac{3(1-K_0)}{1+2K_0}=\eta_0 \tag{11.44}$$

이 식으로부터 K_0 압축과정의 응력경로를 $p'-q$ 평면상에 표시하면 η_0의 경사를 가진 직선이 된다는 것을 알 수 있다.

그림 11.28에서 보인 바와 같이, K_0 압축경로는 $p'-q$평면에서 η_0의 경사를 가지고 상태경계면상에서 정규압밀선과 한계상태선 사이에 있는 직선이다. K_0선상의 점 A와 B는 상태경계면

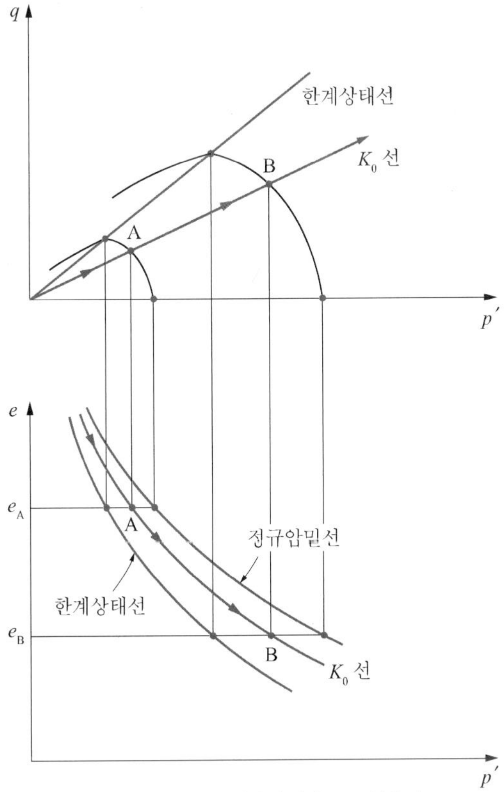

그림 11.28 정규압밀상태의 K_0 압축경로

상에 위치하고 상응하는 간극비 e_A와 e_B를 가지고 있다. 이 점들을 $e-p'$ 평면에 표시하면 정규압밀선과 한계상태선 사이에 위치한다. 그리고 세 곡선의 형태가 유사하게 관찰되며, $e-\log p'$ 평면에서는 기울기가 동일하게 나타나는 직선이 된다.

11.5.4 굴착과 성토

정지상태(K_0 상태)의 지층에 기초를 축조하거나 사면을 굴착하는 경우에 한계상태이론에 따라 지반의 정성적인 거동을 분석할 수 있다. 그림 11.29(a)의 기초의 직하부에서는 기초 하중이 증가함으로써 연직 방향으로 최대 주응력이 증가하게 된다. 반면, 사면 굴착 시에는 그림 11.29(b)에서 보인 바와 같이 최대 주응력은 일정하지만, 사면에 대략 수직한 방향으로 작용하는 최소 주응력은 감소하게 된다.

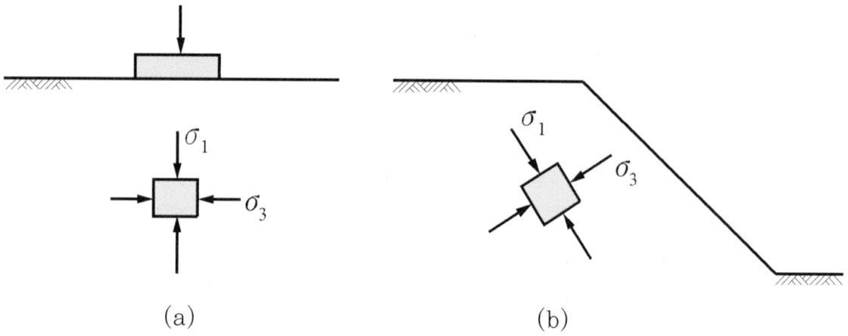

그림 11.29 기초 및 굴착 시 응력상태

그림 11.30(a)와 (b)는 각 경우에 대한 응력경로를 나타낸 것이다. 경과압밀상태이고 배수조건이면, 기초 직하부에서는 배수 3축압축시험과 유사한 경로를 따라갈 것이다. 그러나 굴착 사면에서는 p'이 감소하는 경로를 따라가므로, 응력경로가 왼쪽으로 향하면서 첨두강도를 거쳐 한계상태에 도달하게 된다. 여기서, 응력경로는 K_0선에서 시작한다.

그림 11.30(c)와 (d)는 기초 직하부와 굴착사면부의 간극비 변화를 보여준다. 기초를 축조하는 경우에는 간극비가 감소하면서 압축이 일어나고[그림 11.30(c)], 굴착 시에는 간극비가 증가하면서 팽창이 일어난다[그림 11.30(d)].

위에 보인 바와 같이 동일한 초기 응력조건에서 기초를 축조하거나 사면을 굴착할 경우에 서로 상이한 경로로 인하여 응력-변형률 관계와 강도가 다르게 나타나게 된다. 즉, 배수조건에서 굴착 시에는 파괴 시의 축차응력이 기초 직하부에 비하여 낮을 수 있다.

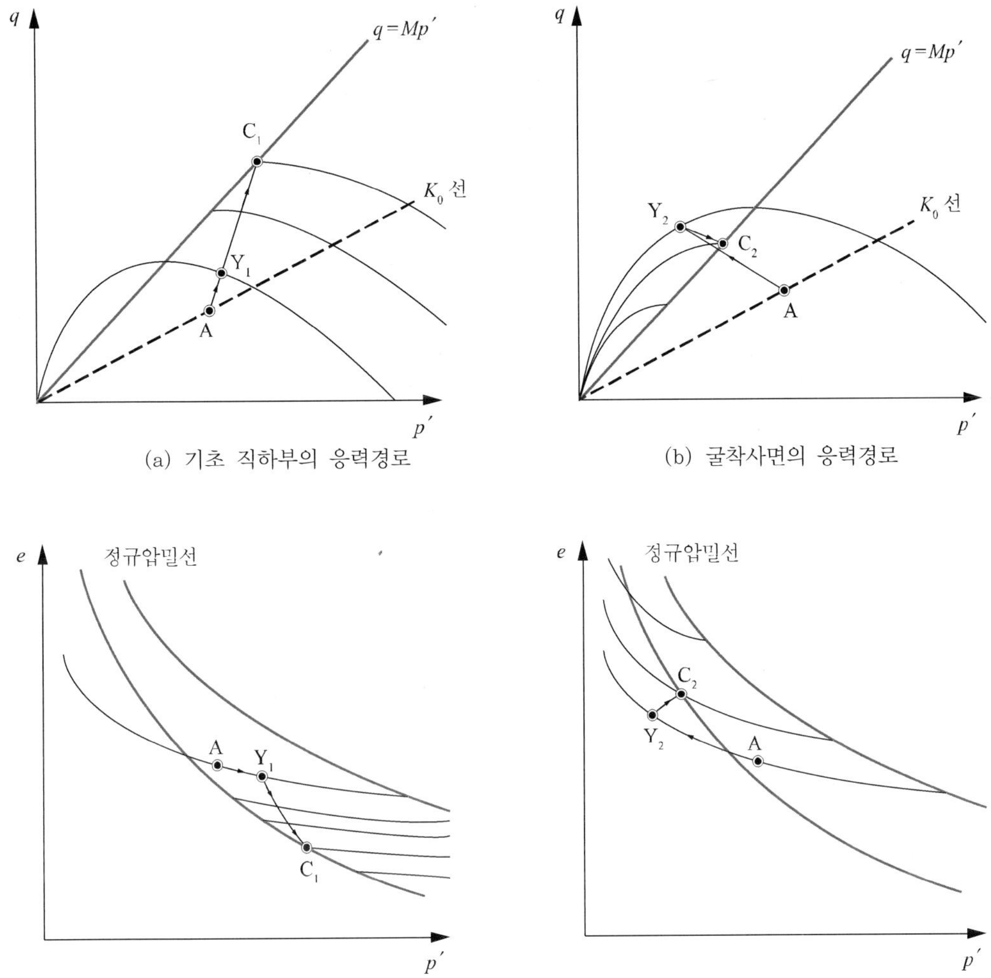

(a) 기초 직하부의 응력경로 (b) 굴착사면의 응력경로

(c) 기초 직하부의 간극비 변화 (d) 굴착사면의 간극비 변화

그림 11.30 기초 및 굴착 시 배수조건에 대한 응력경로 및 간극비 변화

연습문제-11장

11.1 상태경계면과 탄성벽의 의미를 설명하여라. 항복면은 이들과 어떤 연관이 있는지 설명하여라.

11.2 K_0 압밀점토가 정규압밀상태에 3축압축시험 시 배수 조건하에서 전단을 시켰을 때 $p-q-e$ 공간에서 경로 및 응력 변형률 관계를 설명하여라.

11.3 그림 11.25에 나타난 경로들에 대하여 그림 11.24(b)처럼 축차응력-변형률 관계를 설명하여라.

11.4 그림 11.29에 나타난 경로에 대하여 그림 11.24(b)처럼 축차응력-변형률 관계를 설명하여라.

11.5 그림 11.30에 나타난 경로에 대하여 비배수조건 시 응력경로 및 간극비 변화를 설명하여라.

참고문헌

Atkinson, J. H. and Bransby, P. L. (1978). *The mechanics of soils: an introduction to critical state soil mechanics*. New York: McGraw-Hill.

Henkel, D. J. (1956). The effects of overconsolidation on the behavior of clays during shear. *Geotechnique* **6**, 139-150.

Lee, K. L. and Seed, H. B. (1967). Drained strength characteristics of sands. *J. of Soil Mech. and Found. Div.*, ASCE, **93**, SM6, 117-141.

Loudon, P. A. and Wroth, C. P. (1967), The correlation of strains within a family of triaxial tests on overconsolidated samples of kaolin. *Proc. of the Geotechnical Conference on Shear Properties of Natural Soils and Rocks*. NGI, Oslo, Norway, 159-167.

Roscoe, K. H. and Burland, J. B. (1968). On the generalized stress-strain behavior of wet clay, in *Engineering plasticity*. Edited by Heyman and Leckie Cambridge Univ. Press, Cambridge, 535-609.

Schofield, A. N. and Wroth, C. P. (1968). *Critical state soil mechanics*. New York: McGraw-Hill.

CHAPTER 12

흙막이 구조물에 작용하는 토압

12.1 개 설

자연 상태의 지형을 연직으로 깎아 도로와 철도 부설을 위한 공간을 확보하거나, 또는 건물의 지하실을 설치하기 위해서는 횡방향에서 오는 흙의 압력에 저항하기 위해 구조물을 설치하여야 한다. 이 구조물은 옹벽, 지하 연속벽, 가설 흙막이벽, 널말뚝 등 여러 가지가 있으며, 통틀어 **흙막이 구조물**(earth retaining structure)이라고 한다. 흙막이 구조물을 설계할 때에는 구조물에 작용하는 힘을 정하여야 한다. 이 힘은 흙에 의해 횡방향으로 작용되며 일반적으로 **토압**이라고 한다. 그러나 사실은 수압도 함께 작용할 수 있으며 때로는 이것이 그 힘의 중요한 부분이 된다는 사실을 유의하여야 한다. 또한 5장에서 설명한 바와 같이 연직 방향의 지반 응력과 구별할 필요가 있을 때에는 흙막이 구조물에 작용하는 토압은 **횡방향 토압**(lateral earth pressure)이라고 할 수 있다.

구조물에 작용하는 토압의 분포는 구조물과 흙의 상대적인 변위에 따라 달라진다. 예를 들면, 그림 12.1(a)에 나타낸 연직옹벽은 앞부리(toe)를 중심으로 회전할 수 있으므로 흙은 연직 및 수평 방향으로 변위될 수 있다. 이때의 토압 분포 모양은 삼각형이 된다. 그러나 그림 12.1(b)에서 보는 바와 같이 버팀대로 받친 벽체는 수평 방향으로 변위를 일으키며, 그림 12.1(c)의 교대는 상단을 중심으로 회전한다. 이 두 경우에 대한 토압 분포는 대략 포물선 모양을 보인다. 그림 12.1(d)에 나타낸 앵커 달린 널말뚝(anchored bulkhead)에 작용하는 토압 분포는 더욱 복잡하다.

이 장에서는 먼저 토압이론을 소개하고 주로 흙막이 구조물로서 많이 사용되는 옹벽에 작용하는 토압에 대해 설명하려고 한다. 토질역학적 관점에서 토압은 간극수압과 함께 작용한다. 간극수압이 작용할 경우, 벽체에 작용하는 유효수평응력에 의하여 토압은 독립적으로 발생한다. 지하수위 상부에서는 포화도에 따른 토압의 변동이 발생할 수 있다. 후술하는 바와 같이, 토압의 크기는 옹벽 배면을 채우고 있는 흙의 강도정수와 관련이 깊다. 이 장에서는 포화 시 강도정수를 대푯값으로 보고 유효응력으로 표시한 c', ϕ'값을 사용한다.

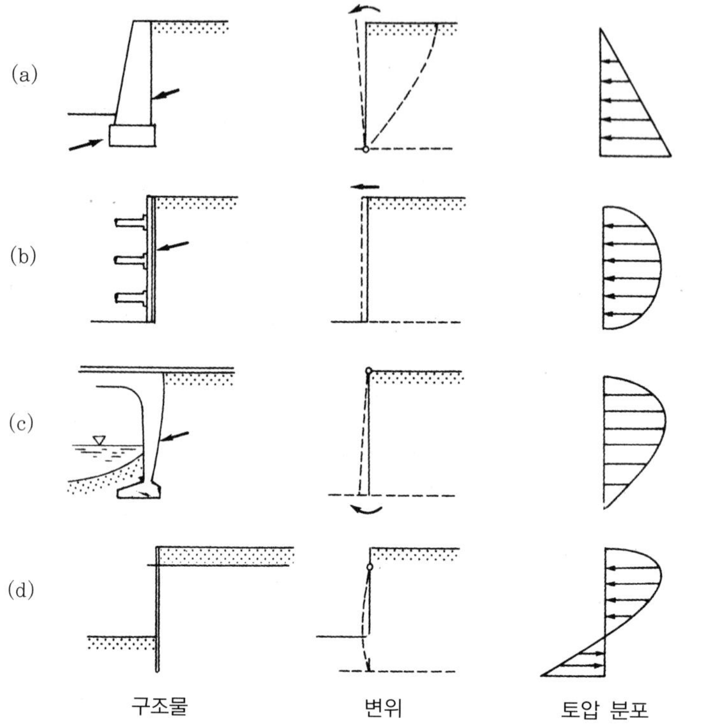

그림 12.1 여러 가지 흙막이 구조물의 변위에 따른 토압 분포

12.2 변위에 따른 토압의 종류

12.2.1 정지토압

지표면이 수평이고 흙이 균질한 자연 상태에 있는 지반 내 응력을 조사해 보기로 하자. 그림 12.2는 이러한 지반 내 한 요소에 작용하는 응력을 나타낸 것이며, 이들은 수평면과 연직면에 작용하

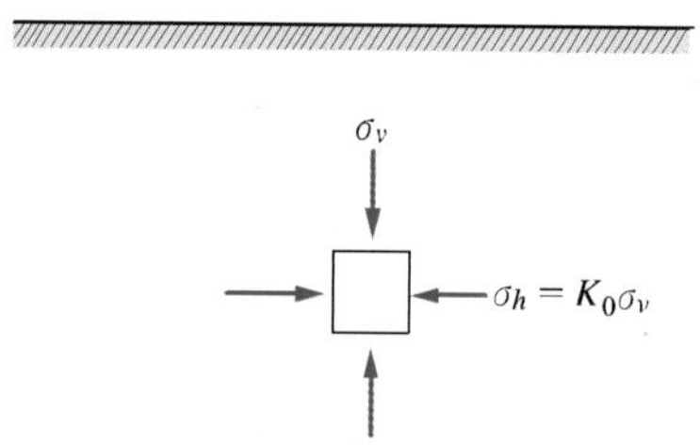

그림 12.2 지반 내 한 요소에 작용하는 응력

므로 모두 주응력이다. 이 요소가 수평 방향으로 전혀 변위가 없을 때의 횡방향 토압을 결정하기 위하여 탄성론을 적용해 보기로 한다.

한 탄성체에 z축 방향으로 힘이 작용한다면 이 탄성체는 Hooke의 법칙을 따라 변형하므로, 다음과 같이 나타낼 수 있다.

$$\varepsilon_z = \frac{\sigma_z}{E} \tag{12.1}$$

$$\varepsilon_x = \varepsilon_y = -\mu\varepsilon_z \tag{12.2}$$

여기서, ε_x, ε_y, ε_z: x, y 및 z방향의 변형률

E: 탄성계수

μ: 푸아송비

만일, 이 탄성체에 모든 방향에서 힘이 작용한다면 중첩의 원리에 의하여,

$$\varepsilon_x = \frac{1}{E}[\sigma_x - \mu(\sigma_y + \sigma_z)] \tag{12.3}$$

$$\varepsilon_y = \frac{1}{E}[\sigma_y - \mu(\sigma_z + \sigma_x)] \tag{12.4}$$

$$\varepsilon_z = \frac{1}{E}[\sigma_z - \mu(\sigma_x + \sigma_y)] \tag{12.5}$$

가 된다. y방향과 x방향으로 변위가 전혀 없다면 식 (12.4)에서 $\varepsilon_y = 0$으로 둘 수 있으므로

$$\sigma_y = \mu(\sigma_x + \sigma_z) \tag{12.6}$$

가 된다. 또한 식 (12.3)에서 $\varepsilon_x = 0$으로 두고 식 (12.6)을 대입하여 정리하면,

$$\sigma_x = \frac{\mu}{1-\mu}\sigma_z = K_0\gamma z \tag{12.7}$$

이 식에서 $\sigma_x = \sigma_h$이고 $\sigma_z = \sigma_v$이므로 이것을 다시 쓰면,

$$\sigma_h = K_0\gamma z = K_0\sigma_v \tag{12.8}$$

$$K_0 = \frac{\sigma_h}{\sigma_v} = \frac{\mu}{1-\mu} \tag{12.9}$$

여기서, σ_h는 수평 방향으로 변위가 없을 때의 토압이므로, 이것을 **정지토압**(lateral earth pressure at rest)이라고 하고, K_0는 **정지토압계수**라고 하며, 탄성지반에서는 푸아송비의 함수로 표시될 수 있다.

위에서 탄성론을 적용하였지만, 흙의 응력-변형률 곡선은 대체로 탄성적으로 나타나지 않는다. 그러나 많은 실험 결과에 의하면(예: Terzaghi, 1934) K_0의 값은 흙이 균질할 때에는 거의 일정한 값을 보인다는 것을 알게 되었다. 따라서 지층이 균질하다면 정지토압은 지층의 깊이에

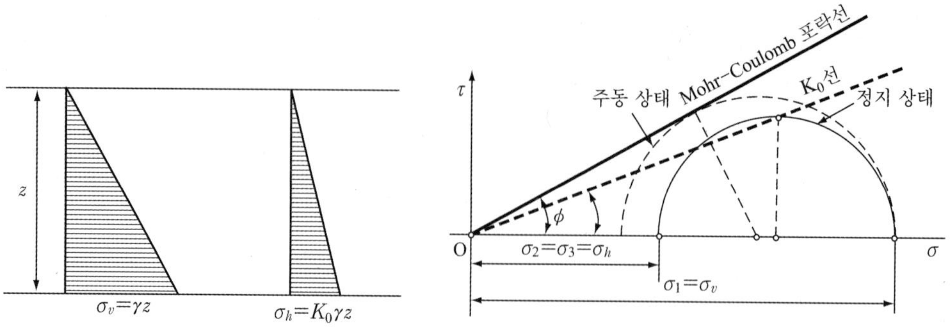

(a) 연직응력 및 수평응력의 분포 (b) 정지 상태를 나타내는 Mohr 원

그림 12.3 정지토압

따라 직선적으로 증가한다[그림 12.3(a) 참조].

정지 상태에 있는 응력은 그림 12.3(b)에서 보는 바와 같이 Mohr 원으로 표시할 수 있다. 이 그림을 보면 이 원은 Mohr-Coulomb 포락선의 아래에 그려지므로, 지반 응력이 정지 상태에 있다면 안정하다는 것이 분명하다. 정지 상태를 표시하는 Mohr 원의 최대 전단응력점을 연결한 선을 K_0 선으로 정의할 수 있다. K_0의 값은 3축압축시험에서 수평 방향의 변위를 0으로 조절하면서 결정할 수 있다. 대표적인 흙의 K_0의 값을 표 12.1에 나타낸다.

표 12.1 여러 가지 흙의 정지토압계수

구 분	w_l	w_p	PI	활성도	K_0
포화된 느슨한 모래	–	–	–	–	0.46
포화된 촘촘한 모래	–	–	–	–	0.36
다져진 잔적점토 (1)	–	–	9.3	0.44	0.42
다져진 잔적점토 (2)	–	–	31	1.55	0.66
불교란된 유기질 실트질 점토	74	28.6	45.4	1.2	0.57
교란된 카올린	61	38	23	0.32	0.66
불교란된 해성점토(Oslo)	37	21	16	0.21	0.48
Quick clay	34	24	10	0.18	0.52

여러 학자들의 실험 결과에 의하면 K_0는 전단저항각과 어떤 일정한 관계가 있다고 하며, Jaky의 공식과 잘 일치한다는 것이 증명되었다.

$$K_0 = 1 - \sin\phi' \tag{12.10}$$

여기서, ϕ'은 유효응력으로 표시한 전단저항각이다. 대략적으로 K_0값을 구하고자 할 때에는 식 (12.10)을 많이 이용한다.

과압밀된 점토의 K_0는 과압밀비의 증가에 따라 증가하는 것으로 알려져 있다. 이 경우에는 다음 식으로 이 값을 추정할 수 있다.

$$K_0 = (1 - \sin\phi')(\mathrm{OCR})^{0.5} \tag{12.11}$$

정지토압계수는 지표면이 수평인 자연 지반의 수평토압을 계산하는 데 이용된다. 지하실의 벽체, 지하 배수구 또는 도로 제방 아래를 통과하는 박스 컬버트(box culvert)와 같이 벽체의 변위가 거의 허용되지 않는다면 이 경우의 토압은 정지토압이 된다.

간극수압이 존재하는 경우, 토압은 유효수평응력으로 정의된다. 그리고 토압계수는 유효수평응력과 유효연직응력의 비로 정의된다. 만일 지하수위 아래 지반의 정지토압을 구하려면 유효응력만으로 구하고, 수압은 따로 작용한다. 정지토압의 계산 예는 다음 예제에서 설명한다.

예제 12.1

그림 12.4에서 보는 바와 같은 박스 컬버트를 지중에 매설하려고 한다. 계산에 필요한 모든 제원은 이 그림에 나타나 있다. (a) 이 박스에 작용하는 연직 응력 및 횡토압 분포도를 그려라. (b) 만일 지하수위가 지표면 아래 1.5 m의 깊이에 존재한다면 박스에 작용하는 응력은 어떻게 변화하는가?

| 풀이 |

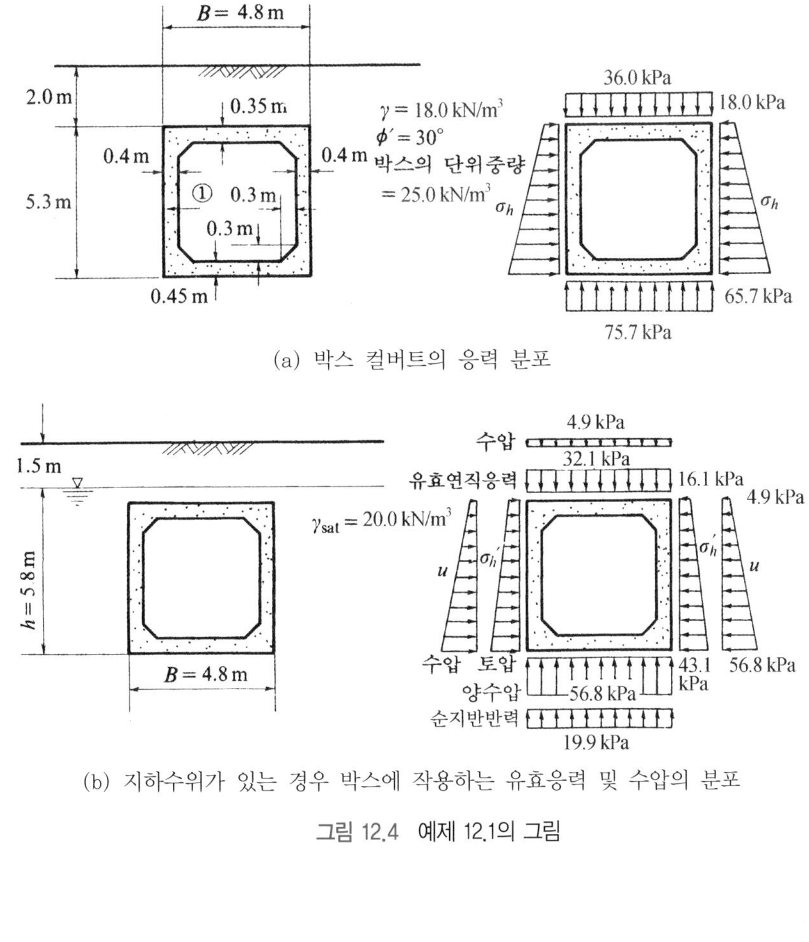

(b) 지하수위가 있는 경우 박스에 작용하는 유효응력 및 수압의 분포

그림 12.4 예제 12.1의 그림

(a) 지하수위가 없을 때

GL. −2.0 m에서 $\sigma_v = \gamma z = 18.0 \times 2.0 = 36.0$ kPa

$$K_0 = 1 - \sin\phi' = 1 - \sin 30° = 0.5$$
$$\sigma_h = K_0 \sigma_v = 0.5 \times 36.0 = 18.0 \text{ kPa}$$

박스 자중 $= 25.0 \times (5.3 \times 4.8 - 4.0 \times 4.5 + 0.3^2 \times 2) = 190.5$ kN/m

여기서, 박스 자중은 저판에서 등분포된다고 가정한다. 그러면 지반반력,

$$\sigma_v = 36.0 + 190.5/4.8 = 36.0 + 39.7 = 75.7 \text{ kPa 상향}$$
$$\sigma_h = K_0 \gamma z = 0.5 \times 18.0 \times 7.3 = 65.7 \text{ kPa}$$

응력의 분포도를 그리면 그림 12.4(a)의 오른쪽 그림과 같다.

(b) 지하수위가 있을 때

지하수위가 박스 상판 위로 0.5 m, 저판 바닥 위로 5.8 m의 위치에 있다. 각 위치에서 유효응력과 수압을 분리하여 계산하면,

GL. −2.0 m에서

유효연직응력 $\sigma_v' = 1.5 \times 18.0 + 0.5 \times (20.0 - 9.8) = 32.1$ kPa
유효수평응력 $\sigma_h' = K_0 \sigma_v' = 0.5 \times 32.1 = 16.1$ kPa
수압 $u = 0.5 \times 9.8 = 4.9$ kPa
전수평응력 $\sigma_h = \sigma_h' + u = 16.1 + 4.9 = 21.0$ kPa
전연직응력 $\sigma_v = \sigma_v' + u = 32.1 + 4.9 = 37.0$ kPa

GL. −7.3 m에서

전연직응력 $\sigma_v = 1.5 \times 18.0 + 0.5 \times 20.0 + 190.5/4.8 = 76.7$ kPa (박스 하단에서)
전연직응력 $\sigma_v = 1.5 \times 18.0 + 5.8 \times 20.0 = 143.0$ kPa (원지반에서)
간극수압 $u = \gamma_w h = 9.8 \times 5.8 = 56.8$ kPa
순지반반력 $= 76.7 - 56.8 = 19.9$ kPa 상향
유효연직응력 $\sigma_v' = 143.0 - 56.8 = 86.2$ kPa (원지반에서)
유효수평응력 $\sigma_h' = K_0 \sigma_v' = 0.5 \times 86.2 = 43.1$ kPa
전수평응력 $\sigma_h = 43.1 + 56.8 = 99.9$ kPa

이 경우에 대한 유효응력과 수압의 분포도를 그리면 그림 12.4(b)와 같다. 박스에 작용하는 응력은 유효응력과 수압의 합계라는 것을 유의하여야 한다.

12.2.2 주동토압 및 수동토압

옹벽과 같은 구조물의 배면에 흙이 채워져 있을 때에는 구조물은 흙으로 인한 수평응력 때문에 항상 변위를 수반하므로 뒤채움 내 흙의 한 요소는 정지 상태에 있지 않고 체적 변화가 일어난다.

그림 12.5(a)의 옹벽이 횡방향의 응력으로 인해 반시계 방향으로 회전하거나 왼쪽으로 약간

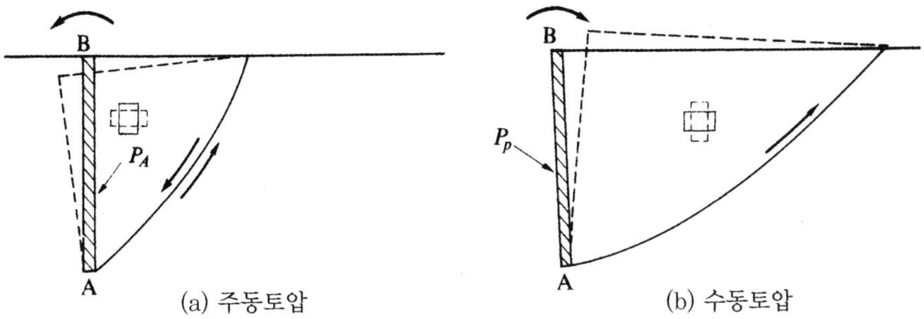

그림 12.5 주동토압과 수동토압의 비교

움직인다면 뒤채움은 횡방향으로 팽창할 것이다. 이러한 팽창이 점점 커지면 드디어 파괴가 일어나는데, 이때의 토압을 **주동토압**(active earth pressure)이라고 한다. 만일, 그림 12.5(b)와 같이 어떤 힘으로 옹벽을 배면 쪽으로 민다면 뒤채움 흙은 횡방향으로 압축을 받을 것이다. 이 압축이 커져서 흙이 파괴될 때의 토압을 **수동토압**(passive earth pressure)이라고 한다.

흙이 주동토압으로 파괴에 이르렀다면 옹벽 배면에 있는 전단 영역 내의 흙은 아래로 가라앉는다. 반면, 수동토압을 받을 때에는 지표면으로 부풀어 오른다(그림 12.5 참조). 중력식 옹벽은 본래 주동토압에 저항하도록 설계되므로 수동토압을 받는 경우는 실제로는 없으나, 옹벽 전면의 지반은 주동토압을 받는 옹벽에 의해 앞으로 밀리게 되므로 수동 상태가 된다.

벽체가 중력식 옹벽이라면 벽체에 작용하는 주동토압과 수동토압은 토층의 깊이가 깊어질수록 비례하여 증가하므로 연직응력에 대한 함수로 표시할 수 있다. 연직응력에 대한 주동토압의 비를 **주동토압계수**, K_A(coefficient of active earth pressure), 연직응력에 대한 수동토압의 비를 **수동토압계수**, K_P(coefficient of passive earth pressure)라고 한다. 토압이 변화할 때 연직응력은 일정하다고 가정한다. 주어진 깊이에서의 토압은 연직응력에 토압계수를 곱하여 간단히 계산할 수 있다.

12.2.3 토압과 변위의 관계

벽체가 움직여서 흙이 횡방향으로 팽창된다면 이것을 주동 상태라고 하고, 압축된다면 수동 상태라고 한다. 위에서 언급한 주동토압과 수동토압은 벽체의 변위가 충분히 커서 정지 상태로부터 주동 또는 수동의 **극한 평형 상태**(limit state of equilibrium)가 되었을 때 각각의 토압을 말한다.

표 12.2 파괴 상태가 되었을 때의 벽체의 회전변위

흙의 종류	회전변위, 주동	y/H^* 수동
촘촘한 사질토	0.001	0.02
느슨한 사질토	0.004	0.06
굳은 점토	0.010	0.02
연한 점토	0.020	0.04

* y: 수평변위, H: 벽체 높이

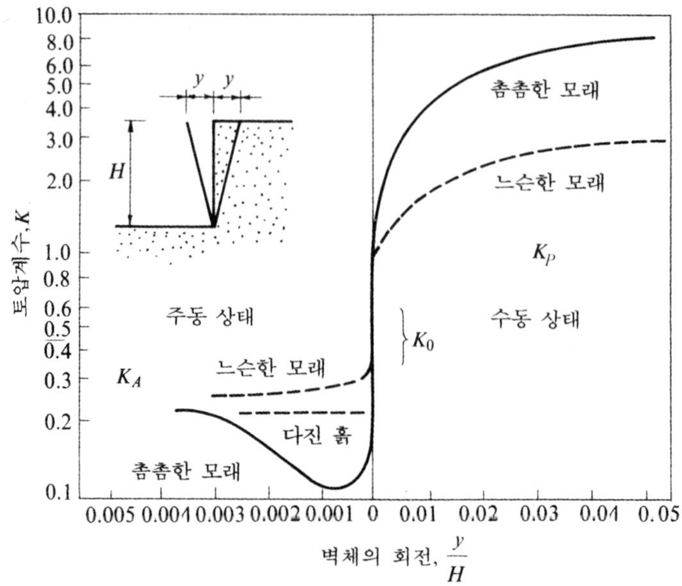

그림 12.6 벽체의 변위와 토압계수의 관계

이 상태가 되어 벽체의 회전으로 파괴에 이르렀다면, 이때 변위의 크기는 표 12.2(Canadian Geotechnical Society, 1985)에 나타내는 바와 같다. 이 표를 보면, 점성토일수록 극한 상태에 이르는 회전변위가 크고, 극한 수동 상태는 주동 상태보다 훨씬 더 큰 변위에서 발생한다는 사실을 알 수 있다.

그림 12.6은 느슨한 모래와 촘촘한 모래에 대해 시험한 변위와 토압계수의 관계를 나타내고 있다. 느슨한 모래는 벽체가 정지 상태로부터 벽체 앞쪽으로 변위되면서 토압계수는 현저히 감소되나, 촘촘한 모래에서는 일단 감소되었다가 다시 증가한다. 촘촘한 모래의 이와 같은 현상은 체적이 팽창되면서 전단강도가 감소하기 때문이다. 벽체가 뒤쪽으로 밀릴 때에는 토압계수는 크게 증가한다. 따라서 수동 상태의 토압계수는 주동 상태에 비해 현저히 크다는 사실을 알 수 있다.

12.3 Rankine의 토압이론

12.3.1 점성이 없는 흙의 주동 및 수동토압

(1) 지표면이 수평인 경우에 대한 토압

정지 상태에 있는 흙이 팽창 또는 수축될 때 응력 상태의 변화를 알아보기로 하자. 정지 상태에 있는 흙의 수평응력은 식 (12.8)을 사용하면 쉽게 구해진다. 만일 이 상태의 응력을 바꾸려고 한다면 수평 방향으로 팽창이나 수축을 시킴으로써 가능하다. 지표면이 수평면이고 흙의 점착력

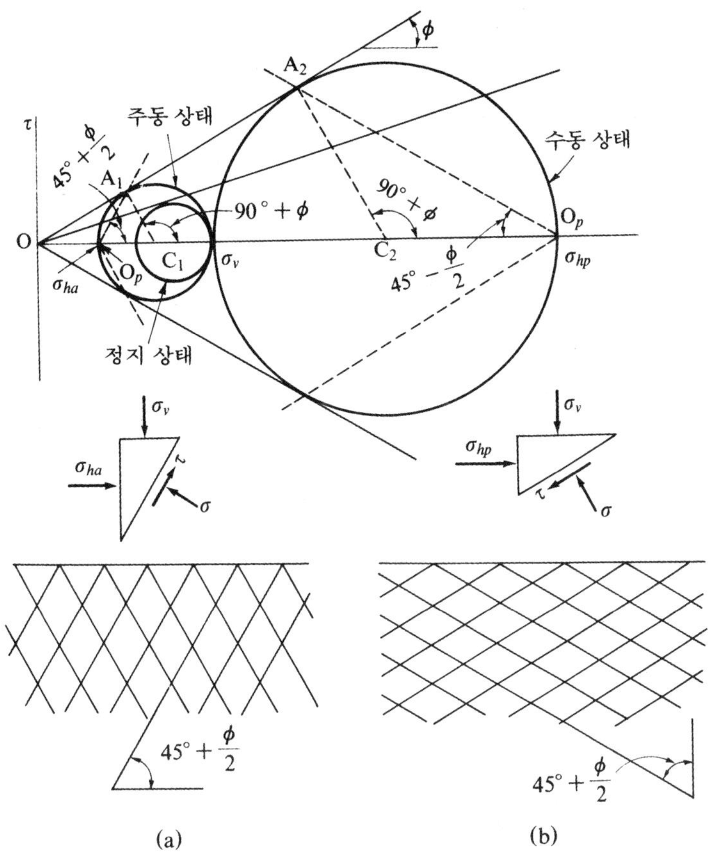

그림 12.7 Rankine의 주동 및 수동 상태

이 0인 경우, 흙이 팽창할 때에는 수평면 위에 있는 흙의 무게는 동일하므로 연직응력은 일정하지만 수평응력은 감소한다. 흙이 팽창하여 파괴에 이르렀을 때의 응력 상태를 Rankine의 주동 상태라고 한다.

정지 상태로부터 주동 상태로의 응력의 변화는 그림 12.7에서와 같이 Mohr 원으로 나타낼 수 있다. 정지 상태인 흙도 Mohr 원으로 나타낼 수 있다. 그러나 이 상태에서는 흙이 파괴 상태에 이르지 않는다는 것에 유의한다. 흙이 팽창을 시작할 때에는 연직응력은 일정하나 수평응력, 즉 σ_h는 점차로 감소하므로 결국 Mohr 원은 Mohr-Coulomb 포락선에 접하게 된다. 이 상태에서는 다음 관계가 성립한다(그림 12.7 참조).

$$\sin\phi = \frac{C_1A_1}{OC_1} = \frac{\frac{1}{2}(\sigma_v - \sigma_{ha})}{\frac{1}{2}(\sigma_v + \sigma_{ha})} \tag{12.12}$$

이 식을 정리하면,

$$\frac{\sigma_{ha}}{\sigma_v} = \frac{1-\sin\phi}{1+\sin\phi} = \tan^2\left(45° - \frac{\phi}{2}\right) = K_A \qquad (12.13)$$

여기서, K_A를 **주동토압계수**(coefficient of active earth pressure)라고 한다. Mohr 원의 성질에서 아는 바와 같이, A_1점의 좌표는 활동면에 작용하는 수직응력과 전단응력을 나타내며, $\sigma_3 = \sigma_{ha}$ 점에서 A_1에 그은 선분은 활동면의 방향을 표시한다. 활동면의 방향은 최대 주응력이 작용하는 면, 즉 수평면과 $45° + \phi/2$의 각을 이룬다는 것을 알 수 있다.

만일, 흙을 수평 방향으로 균등하게 압축시키고자 한다면, 수평응력을 증가시켜야 할 것이다. 이때에는 정지 상태에 있는 Mohr 원은 σ_h의 증가로 인해 점차 줄어들어 $\sigma_h = \sigma_v$까지 되었다가, 이번에는 반대로 수평응력이 연직응력을 초과하여 커져 파괴에 이르면 드디어 Mohr-Coulomb 포락선에 접하는 원이 된다. 이때의 응력은 Rankine의 수동 상태에 도달되었다고 말한다. 그림 12.7로부터,

$$\sin\phi = \frac{C_2A_2}{OC_2} = \frac{\frac{1}{2}(\sigma_{hp} - \sigma_v)}{\frac{1}{2}(\sigma_{hp} + \sigma_v)} \qquad (12.14)$$

위의 식을 정리하면,

$$\frac{\sigma_{hp}}{\sigma_v} = \frac{1+\sin\phi}{1-\sin\phi} = \tan^2\left(45° + \frac{\phi}{2}\right) = K_P = \frac{1}{K_A} \qquad (12.15)$$

이 된다. 여기서, K_P를 **수동토압계수**(coefficient of passive earth pressure)라고 한다. 이번에는 최대 주응력면이 연직면이므로 활동면은 수평면과 $(45° - \phi/2)$만큼 기울어진다. 만일, 옹벽과 흙의 마찰이 전혀 없다면 위에서 설명한 Rankine의 방법으로 토압을 계산할 수 있다. 옹벽이 선단을 중심으로 회전할 때에는 뒤채움에서는 팽창이 균등하게 일어나며, 옹벽의 이동이 충분히 커서 뒤채움이 소성 상태가 되었다면 이때의 수평응력이 주동토압이 된다. 따라서 식 (12.13)으로부터,

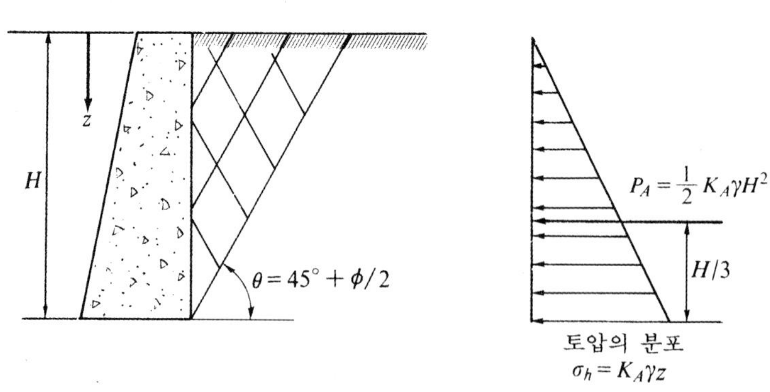

그림 12.8 주동토압의 분포와 합력의 위치

$$\sigma_{ha} = K_A \sigma_v = K_A \gamma z \tag{12.16}$$

이다. 여기서, σ_{ha}는 깊이 z에서의 주동토압이다. 흙이 균질하다면 σ_{ha}는 깊이 z에 비례하므로 σ_{ha}의 분포는 삼각형이 되어 주동토압의 합력 P_A는 토압의 면적을 구하는 것과 같다.

$$P_A = \frac{1}{2} K_A \gamma H^2 \tag{12.17}$$

여기서, H는 옹벽의 전체 높이이다. 이때 토압의 중심은 옹벽의 하단에서 $H/3$ 되는 점에 위치한다(그림 12.8 참조).

같은 방법으로 수동토압은 식 (12.15)에서 다음과 같이 유도될 수 있다.

$$\sigma_{hp} = K_P \sigma_v = K_P \gamma z \tag{12.18}$$

여기서, σ_{hp}는 깊이 z에서의 수동토압이다. 흙이 균질하다면 토압은 삼각형으로 분포되므로 수동토압의 합력은,

$$P_P = \frac{1}{2} K_P \gamma H^2 \tag{12.19}$$

으로 나타나며, 합력의 작용점은 옹벽 하단에서 위로 $H/3$ 되는 점에 있다. Rankine 방법에서는 벽면과 뒤채움과의 마찰을 무시하였으므로 토압의 방향은 지표면의 경사와 일치한다.

실제의 옹벽은 벽체와 배면의 흙 사이에 마찰이 있으므로 실제의 주동토압은 위에서 유도한 Rankine의 토압보다 작다. 따라서 위의 방법으로 계산한 값은 안전 측이라는 사실을 알아야 한다. 이 공식은 계산방법이 간단하여 실제로 많이 사용되고 있으나, 중요한 흙막이 구조물에 대해서는 다음 절에서 설명하는 Coulomb의 방법을 사용하는 것이 좋다.

등분포하중이 지표면에 놓여 있다면 이 하중으로 인해 지반의 연직응력은,

$$\sigma_v = \gamma z + q_s \tag{12.20}$$

가 된다. 여기서, q_s는 상재하중이다. 따라서 주동토압은

$$\sigma_{ha} = K_A \sigma_v = K_A (\gamma z + q_s) = K_A \gamma z + K_A q_s \tag{12.21}$$

가 되므로, 토압은 $K_A q_s$만큼 증가된다. 그러면 전체 토압의 합력은 다음과 같다.

$$P_A = \frac{1}{2} K_A \gamma H^2 + K_A q_s H \tag{12.22}$$

$$P_P = \frac{1}{2} K_P \gamma H^2 + K_P q_s H \tag{12.23}$$

예제 12.2

그림 12.9에 나타낸 옹벽에 작용하는 주동토압을 구하고 파괴면의 경사각을 결정하여라.

| 풀이 | (a) 주동토압계수 $K_A = \dfrac{1-\sin\phi}{1+\sin\phi} = \dfrac{1-\sin 30}{1+\sin 30} = 0.333$

주동토압의 합력 $P_A = \dfrac{1}{2}K_A\gamma H^2 = \dfrac{1}{2}\times 0.333 \times 18.0 \times 6.0^2 = 108.0 \text{ kN/m}$

이 토압은 옹벽의 바닥에서 높이의 1/3 되는 위치에 수평 방향으로 작용한다.

(b) 파괴면의 경사각 $\alpha_f = 45° + \dfrac{\phi}{2} = 45° + \dfrac{30°}{2} = 60°$

파괴면은 수평면과 60°의 경사를 이룬다.

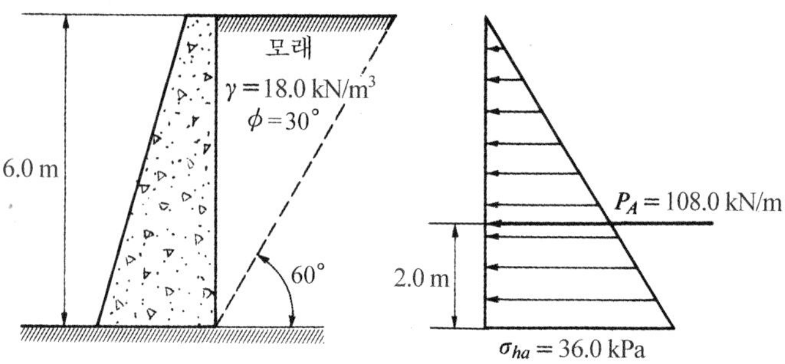

그림 12.9 예제 12.2의 그림

예제 12.3

그림 12.10의 지표면 위에 30.0 kPa의 등분포하중이 놓인다. 주동토압의 합력과 이 힘의 작용점을 구하여라.

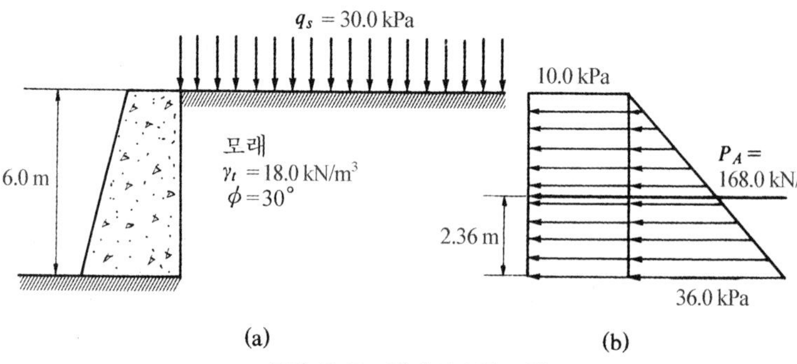

그림 12.10 예제 12.3의 그림

| 풀이 | 상재하중이 없을 때의 토압은 앞의 예제에서 $P_A = 108.0$ kN/m로 계산되었다. 상재하중만에 의한 토압은,

$$P_A = K_A q_s H = 0.333 \times 30.0 \times 6.0 = 60.0 \text{ kN/m}$$

합력 $P_A = 108.0 + 60.0 = 168.0 \text{ kN/m}$

바닥면을 기준으로 하였을 때의 합력의 작용점은,

$$x = \frac{108.0 \times 2 + 60.0 \times 3}{168.0} = 2.36 \text{ m}$$

가 된다. 토압의 분포는 그림 12.10(b)와 같다.

---

(2) 지표면이 경사진 경우에 대한 토압

지표면이 수평면과 i의 각도로 기울어져 있을 때에도 Rankine 이론으로 토압을 구할 수 있다. 이 경우에 주동토압과 수동토압의 작용 방향은 지표면과 평행하다고 가정한다. 그림 12.11(a)에서 보는 바와 같이 두 면은 지표면에 평행하고 다른 두 면은 연직인 마름모꼴에 작용하는 응력을 생각해 보자. 연직응력과 연직면상의 응력은 각각 다른 쪽의 면에 평행하기 때문에 이들은 **공액응력**(conjugate stress)이다. 가정에 의하여 연직면에 작용하는 응력이 주동토압 또는 수동토압이 된다.

지표면에 평행한 면에 작용하는 연직응력 σ_v는 다음과 같이 계산된다. 즉, 그림 12.11(a)에 나타낸 바와 같이 지표면의 길이 방향으로 b 되는 길이에 작용하는 연직력은 $\gamma z b \cos i$이다. 이것을 단면적 $b \times 1$로 나누면,

$$\sigma_v = \gamma z \cos i \tag{12.24}$$

를 얻는다.

그림 12.11(c)에서와 같이 $\sigma_v = \text{OA}$가 되도록 수평면과 i의 기울기로 A점을 찍었다면 $c = 0$인 흙이 주동 상태가 되었을 때를 표시하는 Mohr 원은 A점을 통하고 Mohr-Coulomb의 파괴포락선에 접할 것이다. 그러면 B′점이 O_p점이 되므로 O_p점에서 연직 방향으로 그은 선분이 Mohr 원과 만나는 점 B의 좌표가 연직면에 작용하는 응력을 표시한다. 즉, OB의 길이가 바로 σ_{ha}의 값이 된다. 그림 12.11(c)로부터,

$$K_A = \frac{\sigma_{ha}}{\sigma_v} = \frac{\text{OB}}{\text{OA}} = \frac{\text{OB}'}{\text{OA}} = \frac{\text{OD} - \text{AD}}{\text{OD} + \text{AD}} \tag{12.25}$$

$\text{OD} = \text{OC} \cos i$이고,

$$\text{AD} = \sqrt{\overline{\text{OC}}^2 \sin^2\phi - \overline{\text{OC}}^2 \sin^2 i} = \text{OC}\sqrt{\cos^2 i - \cos^2 \phi}$$

이므로,

$$K_A = \frac{\cos i - \sqrt{\cos^2 i - \cos^2 \phi}}{\cos i + \sqrt{\cos^2 i - \cos^2 \phi}} \tag{12.26}$$

식 (12.24)와 식 (12.25)로부터,

$$\sigma_{ha} = K_A\, \sigma_v = K_A \gamma z \cos i \tag{12.27}$$

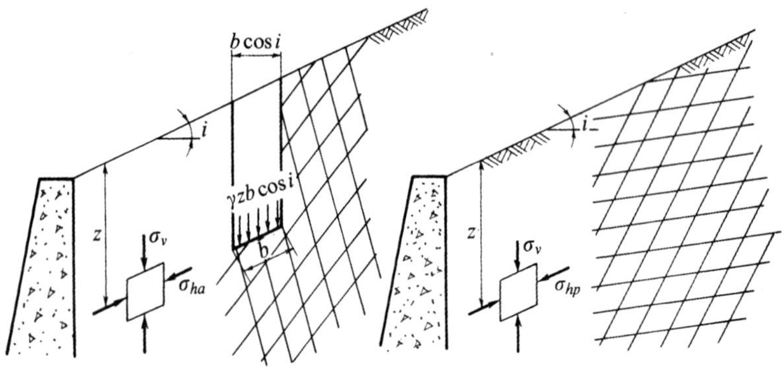

(a) 주동 상태 (b) 수동 상태

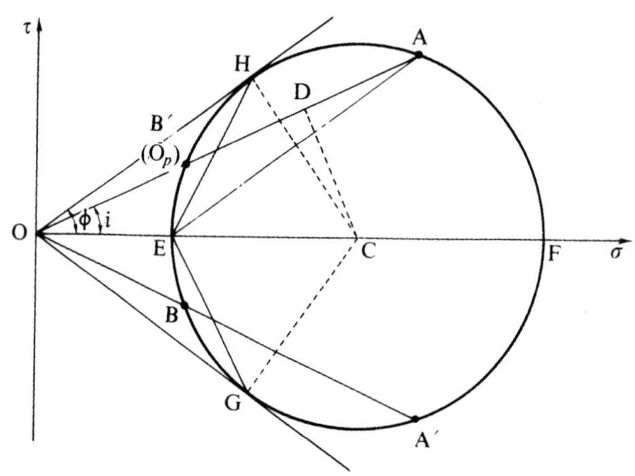

(c) Mohr 원

그림 12.11 지표면이 경사졌을 때 주동 및 수동 상태

주동토압의 합력은 지표면과 평행하게 작용하며 그 크기는,

$$P_A = \frac{1}{2} K_A \gamma H^2 \cos i \tag{12.28}$$

수동 상태인 경우에는 연직응력 σ_v는 그림 12.11(c)의 그림에서 $\mathrm{OB'}$으로 표시되며 $c=0$인

흙이 소성 평행 상태에 도달되었다면 Mohr 원은 B′을 통과한다. 그러면 σ_{hp}는 OA′ = OA가 되므로 수동토압계수는,

$$K_P = \frac{\cos i + \sqrt{\cos^2 i - \cos^2 \phi}}{\cos i - \sqrt{\cos^2 i - \cos^2 \phi}} \tag{12.29}$$

로 표시된다. 그러면 수동토압은,

$$\sigma_{hp} = K_P \gamma z \cos i \tag{12.30}$$

이다. 수동토압의 합력의 작용 방향은 지표면에 평행하며 크기는 다음과 같다.

$$P_P = \frac{1}{2} K_P \gamma H^2 \cos i \tag{12.31}$$

파괴면의 방향은 주응력의 방향과 45°+ $\phi/2$의 각도를 가진다는 사실을 알면 이것을 쉽게 정할 수 있다. 예를 들면, 주동토압인 경우에는 그림 12.11(c)의 Mohr 원에서 B′이 O_p점이므로 최대 주응력의 방향은 B′F이다. 따라서 파괴면은 이 방향과 45°+ $\phi/2$의 각도를 가진다.

12.3.2 점성토의 주동 및 수동토압

뒤채움이 점착력을 가지고 있다면 그 흙이 파괴될 때의 규준은,

$$\tau_{ff} = c + \sigma_{ff} \tan \phi \tag{12.32}$$

라는 것은 9장에서 언급하였다. 이때의 Mohr-Coulomb 포락선은 좌표의 원점을 통과하지 않고 그림 12.12와 같이 그려진다.

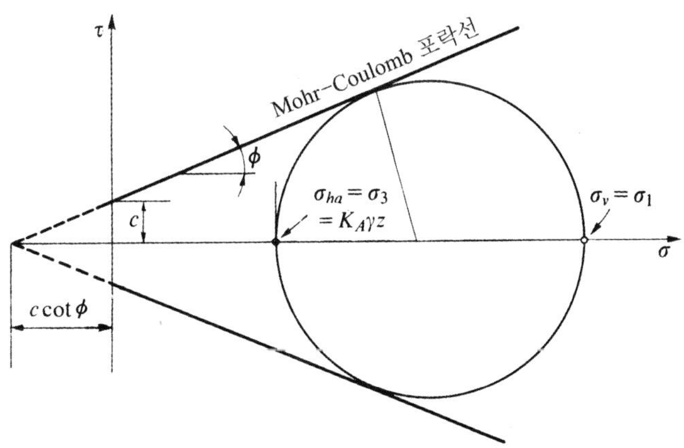

그림 12.12 점착력이 있는 흙의 주동 상태

만일 지표면이 수평이고 벽체와 흙 사이에 마찰이 없을 때 뒤채움이 팽창하여 파괴에 이르렀다고 하면, 연직응력이 최대 주응력이 되고 수평응력은 최소 주응력이 된다. 이 응력 상태는 그

림 12.12에 나타나 있다. 이 그림으로부터,

$$\sin\phi = \frac{\frac{1}{2}(\sigma_v - \sigma_{ha})}{c\cot\phi + \frac{1}{2}(\sigma_v + \sigma_{ha})} \tag{12.33}$$

이 식을 정리하면,

$$\sigma_{ha} = \left(\frac{1-\sin\phi}{1+\sin\phi}\right)\sigma_v - 2c\frac{\cos\phi}{1+\sin\phi}$$
$$= \frac{1-\sin\phi}{1+\sin\phi}\gamma z - 2c\sqrt{\frac{1-\sin\phi}{1+\sin\phi}}$$

즉,

$$\sigma_{ha} = \tan^2\left(45° - \frac{\phi}{2}\right)\gamma z - 2c\tan\left(45° - \frac{\phi}{2}\right)$$
$$= K_A\gamma z - 2c\sqrt{K_A} \tag{12.34}$$

여기서,

$$K_A = \frac{1-\sin\phi}{1+\sin\phi} = \tan^2\left(45° - \frac{\phi}{2}\right) \tag{12.35}$$

이 식에서 K_A는 점착력이 없을 때에는 주동토압계수가 되지만 점착력이 있을 때에는 주동토압계수가 아니라는 것을 주의하여야 한다. 다시 말하면, 이 경우에는 $K_A = \sigma_{ha}/\sigma_v$의 관계가 성립되지 않는다.

식 (12.34)에서 알 수 있듯이 흙이 점착력을 가지고 있으면 점착력이 없는 흙에 비해 토압은 깊이에 관계없이 $2c\tan(45° - \phi/2)$만큼 일정하게 감소한다. 그러므로 주동토압의 분포도를 그리면 그림 12.13과 같다. 따라서,

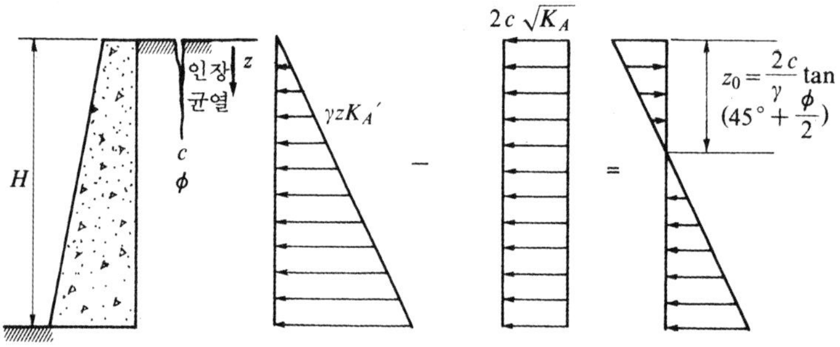

그림 12.13 점착력이 있는 흙의 주동토압

$$P_A = \frac{1}{2}K_A\gamma H^2 - 2cH\sqrt{K_A} \tag{12.36}$$

이 그림을 보면 뒤채움이 점성토일 때에는 지표면에서 어느 깊이까지 음의 토압이 작용한다는 것을 분명히 알 수 있다. 음의 토압이 작용하는 깊이를 z_0라고 하면 식 (12.34)에서,

$$\sigma_{ha} = 0 = K_A \gamma z_0 - 2c\sqrt{K_A}$$

따라서,

$$z_0 = \frac{2c}{\gamma\sqrt{K_A}} = \frac{2c\sqrt{K_P}}{\gamma} = \frac{2c}{\gamma}\tan\left(45° + \frac{\phi}{2}\right) \tag{12.37}$$

이다. 토압은 삼각형으로 분포하므로 $2z_0$의 깊이까지는 음의 토압과 양의 토압이 같아져서 전 토압의 합계는 0이다. 인장응력이 작용하여도 인장강도에 미치지 못하면 인장파괴가 일어나지 않는다. 하지만 인장응력이 인장강도를 초과하면 파괴하는 데 **인장균열**(tension crack)이 발생한다. 인장강도가 0인 경우, 인장균열이 z_0의 깊이까지 발생할 것이다.

점성토로 뒤채움을 할 때에는, 이론적으로 보면 식 (12.36)을 사용해서 토압을 간단히 계산할 수 있지만, 실제의 토압은 이와 많이 다르다. 뒤채움의 지표면에 인장균열이 생겼다면 그 깊이까지 실제에 있어서는 인장력이 작용하지 않으므로 이것이 벽체에 주는 압력을 감소시키는 역할을 하지 않기 때문이다. 그러므로 토압 계산 시에는 인장균열 깊이까지의 음의 토압은 무시하고 그 아래 압축력만 고려한다. 이와 같은 토압 계산방법은 다음 예제에서 상세히 설명한다.

점성토가 뒤채움일 때 토압의 변화는 장기적으로 보면 더욱 복잡하다. 흙의 함수비 변화에 따라 수축과 팽창이 반복되어 강도정수가 달라질 수도 있고, 강우나 침투수로 인해 인장균열 속으로 물이 들어갈 수도 있다. 인장균열 속에 물이 채워진다면 그 깊이까지 수압이 작용하므로 옹벽에 전도와 활동을 일으키는 추가적인 요인이 된다.

점착력이 있는 흙이 뒤채움으로 형성되어 있을 때, 수동토압을 구하는 공식도 주동토압에 대해 행해진 방법과 마찬가지로 유도될 수 있다. 유도과정을 생략하고 그 결과만 적으면,

$$\begin{aligned}\sigma_{hp} &= \tan^2\left(45° + \frac{\phi}{2}\right)\gamma z + 2c\tan\left(45° + \frac{\phi}{2}\right) \\ &= K_P \gamma z + 2c\sqrt{K_P}\end{aligned} \tag{12.38}$$

가 된다. 여기서,

$$K_P = \frac{1+\sin\phi}{1-\sin\phi} = \tan^2\left(45° + \frac{\phi}{2}\right) \tag{12.39}$$

K_P의 값은 점성이 없는 흙에 대해서는 수동토압계수이지만, 점성이 있으면 K_P는 수동토압계수와는 다른 의미가 된다는 것을 유의하여야 한다. 수동토압이 작용할 때에는 수평응력은 항상 압축이므로 인장균열이 생기지 않는다. 수동토압의 합력은 다음 공식으로 산정할 수 있다.

$$P_P = \frac{1}{2}K_P \gamma H^2 + 2cH\sqrt{K_P} \tag{12.40}$$

예제 12.4

그림 12.14에서 뒤채움의 흙은 점성토로 되어 있고, 흙의 강도정수가 $c = 10.0$ kPa이며, $\phi = 25°$라고 할 때, (a) 인장균열의 깊이와 토압을 구하여라. (b) 인장균열의 깊이까지 강우로 인해 물이 채워진다고 할 때 토압과 수압의 합력을 구하여라.

| 풀이 | (a) 인장균열의 깊이

$$z_0 = \frac{2c}{\gamma} \tan\left(45° + \frac{\phi}{2}\right) = \frac{2 \times 10.0}{18.0} \tan\left(45° + \frac{25°}{2}\right) = 1.74 \text{ m}$$

$$K_A = \frac{1 - \sin 25°}{1 + \sin 25°} = 0.406$$

인장균열이 발생한 경우에 토압은 인장균열 깊이 아래에 대한 토압만 고려한다.

$$\begin{aligned} P_A &= 0.5 K_A \gamma (H - z_0)^2 \\ &= 0.5 \times 0.406 \times 18.0 \times (6.0 - 1.74)^2 \\ &= 66.2 \text{ kN/m} \end{aligned}$$

(b) 인장균열의 깊이까지 물이 채워진다면 수압은,

$$U = 0.5 \gamma_w z_0^2 = 0.5 \times 9.8 \times 1.74^2 = 14.8 \text{ kN/m}$$

가 된다. 따라서 토압과 수압의 합력은 $66.2 + 14.8 = 81.0$ kN/m이다.

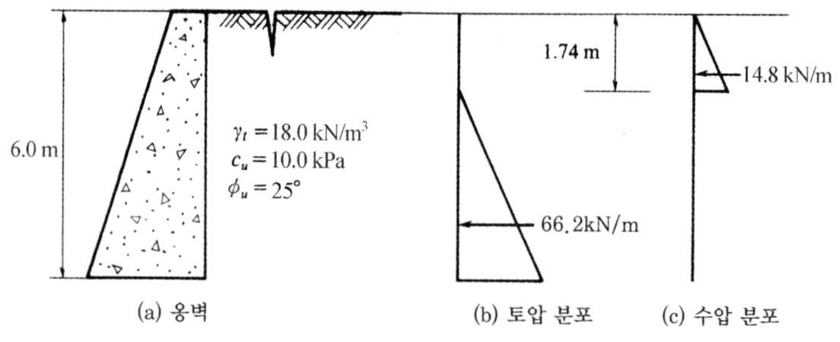

그림 12.14 예제 12.4의 그림

12.3.3 뒤채움이 이질층이거나 지하수위가 있는 경우

단위중량이 다르고 전단저항각이 다른 여러 지층으로 뒤채움이 형성되었을 때에는 다음과 같은 개략적인 방법으로 토압을 계산할 수 있다. 즉, 가장 위층에 있는 흙에 대해서는 먼저 언급한 방법으로 토압을 구하고, 두 번째 층이나 그 아래에 있는 층에 대해서는 생각하는 지층 위에 있는 흙의 무게를 과재하중으로 간주하고 토압을 구하여 합성하는 것이다.

그림 12.15를 보고 알 수 있듯이, 제1층의 무게는 $\gamma_1 z_1$이므로 이 상재하중으로 인해 두 번째 지층에서는 토압이 $K_{A2}\gamma_1 z_1$만큼 깊이에 따라 균등하게 추가된다. 이와 같은 방법으로 계속해서 토압을 계산하면 그림 12.15에서 보는 것처럼 마치 톱니와 같은 모양으로 분포된다.

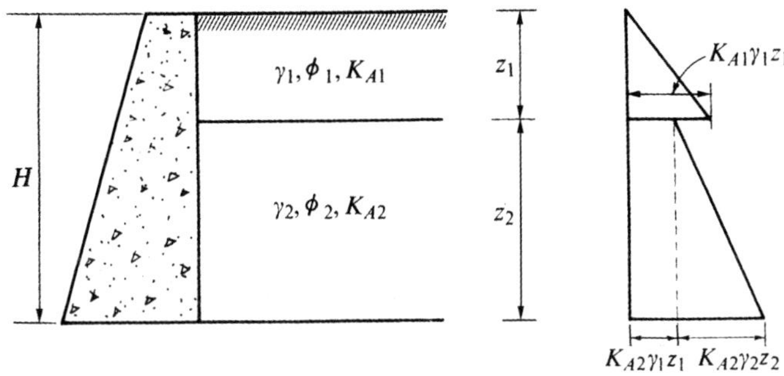

그림 12.15 여러 지층으로 형성되었을 때의 토압 계산방법

지하수위가 있는 경우에도 마찬가지 방법이 적용될 수 있다. 뒤채움이 모래이고 지하수위 상부와 하부에서 전단저항각이 동일한 경우에, 토압계수는 지하수위의 위치에 상관없이 동일하다. 지하수위면 위에서는 앞서 언급한 토압공식에 의해 토압을 계산한다. 간극수압이 작용하는 경우에는 토압계수는 유효수평응력 및 유효연직응력의 비율로 정의하고, 토압은 유효수평응력으로 구한다. 지표면 아래 (z_1+z_2) 깊이에서의 유효응력은,

$$\sigma_v{}' = \gamma_1 z_1 + \gamma_{\rm sub} z_2 \tag{12.41}$$

가 된다. 그러므로,

$$\sigma_{ha}{}' = K_A(\gamma_1 z_1 + \gamma_{\rm sub} z_2) \tag{12.42}$$

이다. 그런데 깊이 (z_1+z_2)에서의 간극수압은,

$$u = \gamma_w z_2 \tag{12.43}$$

이므로, 이 옹벽에 작용하는 전응력은 그림 12.16과 같이 토압과 수압을 합친 값이 된다.

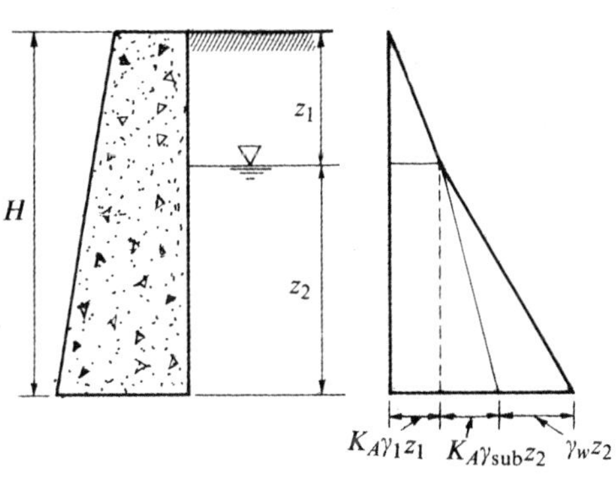

그림 12.16 지하수위가 있을 때의 토압 계산방법

예제 12.5

6 m 높이의 옹벽을 세우려고 한다. 지표면에서 아래로 3 m까지는 $c' = 0$, $\phi' = 28°$의 느슨한 사질토층이고, 그 아래는 $c' = 0$, $\phi' = 38°$인 촘촘한 사질토층으로 구성되어 있다. 주동토압의 분포도를 그리고 합력을 구하여라(그림 12.17 참조).

| 풀이 | 상층 : $K_{A1} = \dfrac{1-\sin 28°}{1+\sin 28°} = 0.361$

하층 : $K_{A2} = \dfrac{1-\sin 38°}{1+\sin 38°} = 0.238$

3 m 깊이(상층) : $\sigma_{ha} = K_{A1}\gamma_1 z_1 = 0.361 \times 18.0 \times 3.0 = 19.5 \text{ kPa}$

3 m 깊이(하층) : $\sigma_{ha} = K_{A2}\gamma_1 z_1 = 0.238 \times 18.0 \times 3.0 = 12.8 \text{ kPa}$

6 m 깊이: $\sigma_{ha} = K_{A2}(\gamma_1 z_1 + \gamma_2 z_2) = 0.238 \times (18 \times 3 + 20 \times 3) = 27.1 \text{ kPa}$

토압분포도를 그리면 그림 12.17과 같다.

합력 $P_A = \dfrac{1}{2} \times 19.5 \times 3.0 + \dfrac{1}{2} \times (12.8 + 27.1) \times 3.0$
$= 89.2 \text{ kN/m}$

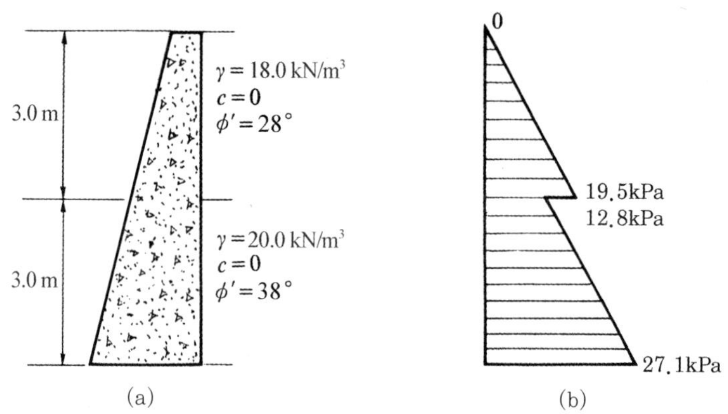

그림 12.17 예제 12.5의 그림

예제 12.6

5 m 높이의 옹벽을 모래로 뒤채움하려고 한다. 지하수위가 지표면 아래 2.0 m의 깊이에 있다고 가정하고 옹벽에 작용하는 횡방향 응력의 합력을 구하여라. 뒤채움 흙의 강도정수는 $c' = 0$, $\phi' = 35°$이고 흙의 전체 단위중량은 17.0 kN/m³, 포화단위중량은 18.0 kN/m³이다.

| 풀이 | $K_A = \dfrac{1-\sin 35°}{1+\sin 35°} = 0.271$

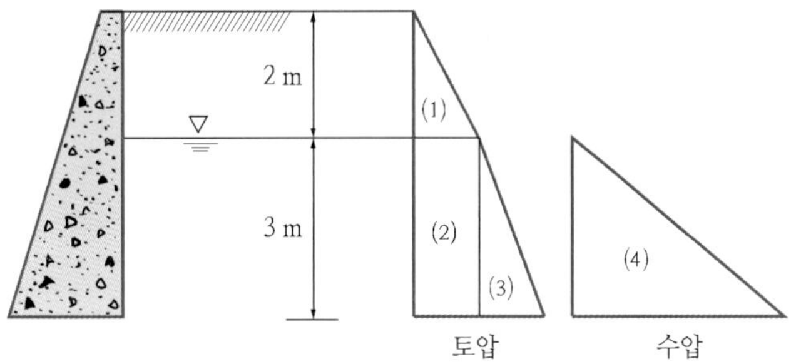

그림 12.18 예제 12.6의 그림

토압과 수압 분포도는 그림 12.18과 같이 되므로 이 그림의 전체 면적이 횡응력의 합력이 된다.

면적	크기
(1)	$1/2 \times 0.271 \times 17.0 \times 2.0^2 = 9.2$ kN/m
(2)	$0.271 \times 17.0 \times 2.0 \times 3.0 = 27.6$ kN/m
(3)	$1/2 \times 0.271 \times (18.0 - 9.8) \times 3.0^2 = 10.1$ kN/m
(4)	$1/2 \times 9.8 \times 3.0^2 = 44.1$ kN/m
합계	91.0 kN/m

12.4 Coulomb의 토압이론

벽마찰각을 고려한 토압에 대한 최초의 이론은 1773년에 Coulomb이 발표하였다. Coulomb은 벽체가 약간 앞으로 기울어질 때 흙쐐기 ABC(그림 12.19 참조)는 평면인 파괴면을 따라 활동하며, 흙쐐기가 하향으로 움직이면 AC를 따르는 반력 F에 의해 저항된다고 가정하였다. 힘 P_A의 극한값은 AB면과 AC면을 따라 생기는 저항력이 전단응력과 동일할 때 생기는데, 이것이 주동토압이다.

흙의 극한 평형 상태를 고려해 보면, AB면에 작용하는 힘 P_A는 흙의 벽마찰각 ϕ_w만큼 하향으로 기울어져 작용하고, 힘 F는 파괴면과 ϕ만큼 기울어져 작용한다. 흙쐐기의 무게 W는 크기와 방향을 알며, 힘 P_A와 F의 방향은 알고 크기는 모르나, 힘의 삼각형을 그리면 이 힘들의 크기도 알 수 있다. 여러 개의 파괴면을 가정하여 P_A를 구하면 최댓값을 주는 P_A가 주동토압이 된다.

주동토압 P_A의 값은 해석적으로도 구할 수 있다. 그림 12.19(b)로부터,

$$P_A = W \frac{\sin(\theta - \phi)}{\sin(\phi + \phi_w + \beta - \theta)} \tag{12.44}$$

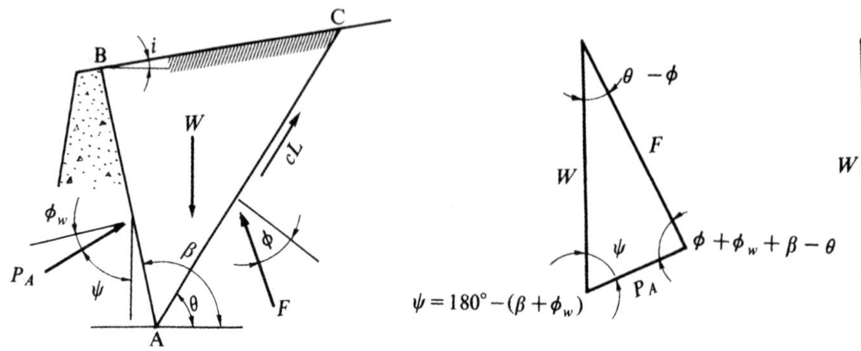

(a) Coulomb 파괴 시 작용력　　(b) 사질토　　(c) 점토

그림 12.19 Coulomb의 토압이론

β, ϕ 및 ϕ_w가 일정하다고 하면 P_A는 θ의 값에 따라 달라지므로, 최댓값을 주는 P_A는 식 (12.44)를 $\partial P_A/\partial\theta=0$으로 놓고 구할 수 있다. 그러면,

$$P_A=\frac{\gamma H^2}{2}\left[\frac{\sin(\beta-\phi)\csc\beta}{\sqrt{\sin(\beta+\phi_w)}+\sqrt{\dfrac{\sin(\phi+\phi_w)\sin(\phi-i)}{\sin(\beta-i)}}}\right]^2=\frac{\gamma H^2}{2}K_A \quad (12.45)$$

가 된다. 여기서,

$$K_A=\left[\frac{\sin(\beta-\phi)\csc\beta}{\sqrt{\sin(\beta+\phi_w)}+\sqrt{\dfrac{\sin(\phi+\phi_w)\sin(\phi-i)}{\sin(\beta-i)}}}\right]^2 \quad (12.46)$$

이다.

옹벽 배면의 흙이 전단저항각과 함께 점착력을 가지고 있는 경우에는 그림 12.19(c)에 보이는 바와 같이 힘의 삼각형에 파괴면과 동일한 방향의 힘 cL을 포함시켜 P_A를 구해야 한다. 여기서, c는 점착력이고 L은 가상 파괴면의 길이이다. 파괴면을 여러 가지로 바꾸어서 P_A를 구하면 이 중 최댓값이 주동토압이 된다.

식 (12.45)에서 알 수 있듯이 주동토압은 벽체와 흙의 마찰각에 크게 영향을 받는다. ϕ_w의 값은 흙의 극한 파괴 상태를 취했을 때 ϕ의 값과 대략 동일하므로, 느슨한 모래의 경우 ϕ_w는 ϕ의 값과 같다고 보며, 촘촘한 모래에 대해서는 ϕ_w는 ϕ보다 작다. $\phi_w=0$이면 Rankine의 주동토압과 동일하게 된다.

벽마찰각의 흙의 성질은 물론 벽체의 종류에도 관련된다. 일반적으로 말하면, 벽체의 면이 매끈할수록 벽마찰각의 값은 줄어든다. 표 12.3은 여러 가지 벽체와 흙의 종류에 따른 벽마찰각의 대푯값을 나타낸 것이다.

표 12.3 벽마찰각의 대푯값(MacCarthy, 1982)

벽체 재료	흙의 종류	벽마찰각(도)
거친 콘크리트	깨끗한 잔모래부터 굵은 모래, 자갈, 잔모래, 실트질 모래, 점토질 모래, 실트, 모래질 실트, 실트-점토, 점토	30 ± 25 ± 20 ±
매끈한 콘크리트	깨끗한 잔모래부터 굵은 모래, 자갈, 잔모래, 중간 모래, 모래-실트-자갈 혼합, 모래-실트, 모래-점토 혼합	25 ± 20 ± 15～18
강널말뚝	깨끗한 굵은 모래, 모래-자갈 혼합, 잔모래, 중간 모래, 모래-실트-자갈 혼합, 실트, 모래-실트, 모래-점토 혼합	22 17 2～14
목재	점성이 없는 흙	15 ±

수동토압의 경우에는 토압의 합력은 흙과 접촉하고 있는 벽면과 수직한 방향에서 위로 ϕ_w만큼 기울어져 작용한다. 또한 반력 F는 활동면의 수직면에서 ϕ만큼 위로 기울어져서 작용하므로, 앞에서 설명한 주동토압의 경우와 같이 힘의 다각형을 그려 도해법 또는 해석적인 방법으로 최소의 압력을 구하면 이것이 수동토압이 된다. 이것을 식으로 나타내면,

$$P_P = \frac{1}{2}\gamma H^2 \left[\frac{\sin(\beta+\phi)\csc\beta}{\sqrt{\sin(\beta-\phi_w)} - \sqrt{\frac{\sin(\phi+\phi_w)\sin(\phi+i)}{\sin(\beta-i)}}} \right]^2 = \frac{\gamma H^2}{2} K_P \quad (12.47)$$

가 된다.

예제 12.7

그림 12.20과 같은 옹벽에 작용하는 주동토압의 합력을 Coulomb의 방법을 이용하여 구하여라.

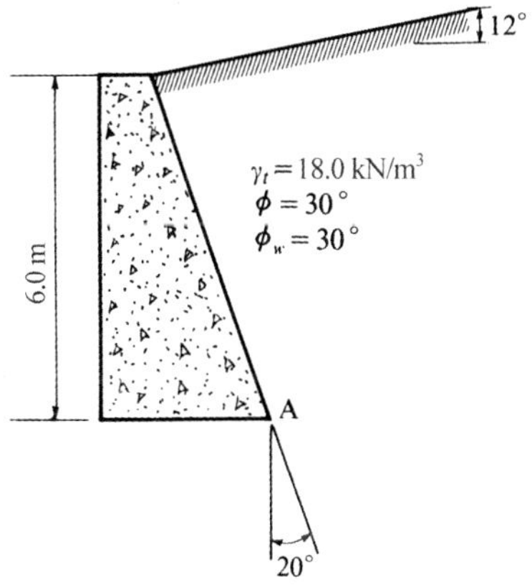

그림 12.20 예제 12.7의 그림

| 풀이 | $i=12°$, $\beta=110°$, $\phi=\phi_w=30°$이므로 이것을 식 (12.45)에 대입하면,

$$P_A=\frac{18.0\times6.0^2}{2}\left[\frac{\sin(110-30)\csc 110}{\sqrt{\sin(110+30)}+\sqrt{\dfrac{\sin(30+30)\sin(30-12)}{\sin(110-12)}}}\right]^2$$

$$=324.0\left[\frac{1.048}{0.802+0.520}\right]^2=324.0\times0.628=203.5\ \mathrm{kN/m}$$

12.5 도해법에 의한 토압의 계산

Coulmob의 이론에 따라 도해법으로 토압을 구하는 방법이 Culmann에 의해 발표되었다. 그림 12.21은 Culmann의 방법으로 토압을 결정하는 방법이다. 먼저 A점에서 수평선과 ϕ를 이루도록 선분 Ag를 긋고 다음에는 A점에서 각 ψ가 되도록 Af선을 긋는다. 여기서, ψ는 합력 P_A와 연직선 사이의 각이다. 주어진 파괴면 AC_1에 대해서는, 흙쐐기 W의 무게를 적절한 축척을 사용하여 거리 Ad_1과 같게끔 Ag선을 따라 점 찍고, d_1에서 Af에 평행하게 d_1e_1을 그리면 e_1점에서 주어진 가상 파괴면과 교차한다. 그러면, d_1e_1이 이 파괴면을 가정했을 때의 주동토압이다.

이 그림에서 각 d_1Af는 그림 12.19(b)의 힘의 다각형과 닮은꼴이라는 것을 쉽게 알 수 있다. 즉, 각 Ad_1e_1은 ψ이고, 각 d_1Ae_1은 $\theta-\phi$이다. 따라서 이 각들은 각각 W와 P_A 및 W와 F 사이의 각과 동일하다.

여러 개의 파괴면을 가정하여 위와 같은 방법으로 작도를 반복하면 e_1, e_2, e_3를 연결하는 선을 그을 수 있다. 이 선은 P_A의 크기와 가상 파괴면의 관계를 나타내며, 이것을 Culmann선이라고 한다. P_A의 최댓값은 선분 Ag에 평행하게 그은 교점을 구함으로써 쉽게 결정될 수 있다. 이 그림에서는 de가 주동토압이 된다.

이와 같이 구한 주동토압의 값은 벽마찰이 없다고 가정한 Rankine 토압과 비교하면 주동토압이 훨씬 감소한다. 그러나 앞에서 언급한 바와 같이 Rankine 토압에서는 파괴면을 직선으로 가정했는데, 실제로는 직선이 아니다. 실제의 파괴면을 따라 토압을 계산한다고 하면, 이 값은 또한 Coulomb 토압과도 차이가 있을 것이다. 그러나 주동토압에 있어서는 이미 설명한 바와 같이 이 차이는 크지 않으므로 공학적 견지에서는 이 방법으로 토압을 계산한다고 해도 만족스럽다고 할 수 있다.

지표면에 등분포하중이 놓여 있을 때에는 Rankine 방법에서는 등분포하중에 토압계수를 곱한 것만큼 증가한다는 것을 이미 언급하였다. Coulomb 방법에서는 극한하중을 흙쐐기의 무게 W에 포함시켜 앞 절에서와 같은 방법으로 토압을 구할 수 있다.

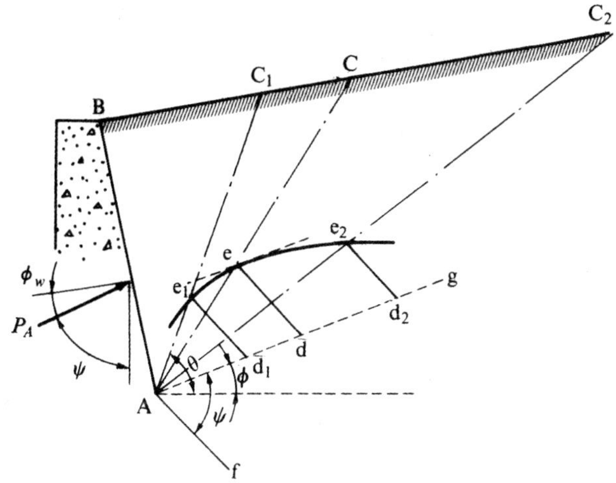

그림 12.21 Culmann의 도해법

그러나 선하중이나 집중하중이 지표면에 작용할 때에는 토압을 정확히 구하기가 대단히 어렵다. 만일, 상재하중이 크지 않다면 활동면에 별로 영향을 끼치지 않으나, 하중이 클 때에는 두 개의 활동면이 합성된 모양이 될 수 있다.

선하중의 경우에는 Rankine 방법으로는 해석이 불가능하나, Coulomb 방법에서는 흙쐐기의 하중에 포함시켜 토압을 계산할 수 있다. 이때에는 Culmann의 도해법으로 푸는 것이 편리하다.

그림 12.22는 뒤채움에 선하중 Q가 작용하고 있는 것을 나타낸 것이다. 만일, 상재하중이 없다고 생각하고 Culmann의 방법으로 토압을 계산하였다면 Culmann선은 e_3e_1f가 될 것이다. 하중 Q가 C_1점에 작용하였다면, AC_1의 왼쪽 편에서는 아무런 변화가 생기지 않는다. 파괴면 AC_1에 대해서는 하중 Q가 흙쐐기 ABC_3의 바깥에 작용하기 때문이다. 따라서 d_3e_3는 선하중 Q가 없는 경우와 마찬가지가 된다. 이제 C_1의 바로 왼쪽에 Q가 작용한다고 생각하면, 힘 Q는 흙쐐기의 무게에 더해져야 한다. 만일 Ad_1이 쐐기의 무게를 나타내고, d_1d_2는 하중 Q의 무게를 나타낸다면 토압은 e_2d_2와 같다. 그러므로 Culmann선은 $e_3e_1e_2e_4$가 되고, e_1에서 곡선의 갑작스런 변화가 생긴다. 토압의 최댓값은 여러 개의 파괴면을 가정하여 구할 수 있으며, 그림 12.22(a)의 경우에는 de가 주동토압이 된다.

Culmann의 작도에 의하면 Q의 위치에 따라 토압이 어떻게 달라지는가를 아는 데 흥미가 있다. 그림 12.22(a)를 보면 Q가 작용함으로써 ef의 양만큼 토압을 증가시킨다는 것을 알 수 있다. 만일 Q가 벽체에 가까이, 즉 C_3점에 있다면 Culmann선 e_2ee_4는 변하지 않는다.

즉, Q가 C의 왼쪽에 존재하는 한, Q의 위치에 관계없이 토압의 크기는 동일하다. 그러나 상재하중이 있을 때의 파괴면은 상재하중이 없는 경우의 파과면과 동일하지 않다는 것을 유의하여야 한다.

Q가 C의 오른쪽에 올 때에는 Q와 C 사이의 거리가 증가할수록 토압은 감소하고, 어떤 거리를 넘어서면 이 하중은 토압에 아무런 영향을 끼치지 않는다[그림 12.22(b) 참조].

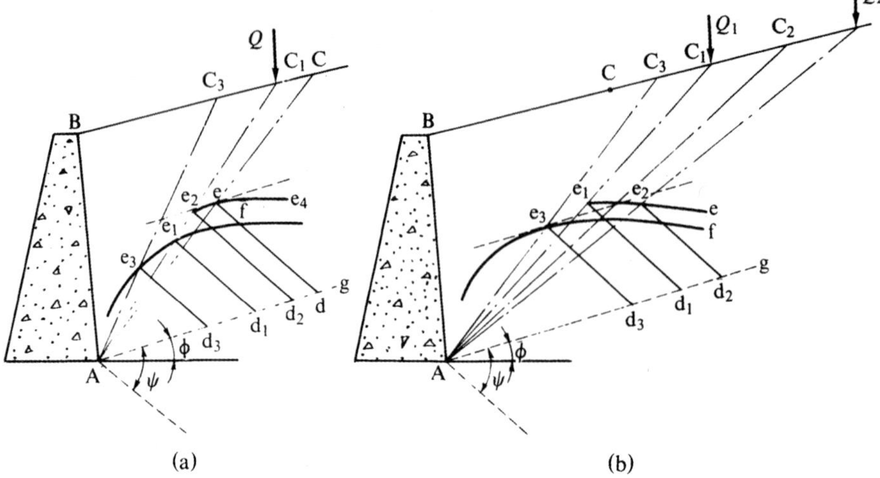

그림 12.22 선하중이 작용할 때 토압을 구하는 방법

12.6 옹벽에 작용하는 동적 토압

지진 또는 진동으로 인해 옹벽에 동적 토압이 작용하는 경우에는 지진계수를 사용하여 등가정적 해석으로 해석하는 것이 편리하다. 동적 토압을 계산하는 데 널리 사용되는 Mononobe-Okabe 방법(Mononobe, 1929; Okabe, 1929)은 Coulomb 이론을 직접적으로 확장한 것으로 Coulomb의 주동 또는 수동 파괴쐐기에 등가정적 가속도를 적용시킨 다음 쐐기에 작용하는 힘들의 평형 방정식으로부터 벽체에 작용하는 동적 토압을 산정한다. 이 방법에 있어서는 Coulomb 방법의 가정에 추가해서 다음의 가정을 포함하고 있다.

① 뒤채움 지반은 사질토이며, 변형이 발생하지 않는 강체로 거동한다.
② 지진 시 뒤채움의 가속도 증폭현상은 고려하지 않으며, 지진에 의한 가속도는 뒤채움에 균등하게 작용하고, 배면 및 기초지반에서 액상화는 발생되지 않는다.

12.6.1 동적 주동토압

사질토 뒤채움의 주동쐐기에 작용하는 힘은 그림 12.23과 같다. 파괴쐐기에 작용하는 정적 작용력 외에 추가적으로 쐐기 질량에 수평 및 연직지진계수(k_h, k_v)를 곱하여 수평 및 연직 방향의 등가 정적 작용력을 구한다. 이때 총작용력 P_{AE}는 식 (12.48)을 이용하여 산정할 수 있다(Das, 1993).

$$P_{AE} = \frac{1}{2}\gamma H^2(1-k_v)K_{AE} \tag{12.48}$$

$$K_{AE} = \frac{\cos^2(\phi-\theta-\beta)}{\cos\theta\cos^2\beta\cos(\phi_w+\beta+\theta)\left[1+\sqrt{\dfrac{\sin(\phi+\phi_w)\sin(\phi-\theta-i)}{\cos(\phi_w+\beta+\theta)\cos(i-\beta)}}\right]^2} \tag{12.49}$$

$$\theta = \tan^{-1}\left(\frac{k_h}{1-k_v}\right) \tag{12.50}$$

여기서, γ: 뒤채움 지반의 단위체적중량(kN/m³)

ϕ: 뒤채움 지반의 내부마찰각(°)

i: 뒤채움 지반의 배면경사각(°)

ϕ_w: 벽면 마찰각(°)

β: 옹벽배면의 연직면에 대한 경사각(°)

H: 기초 지반고에서 옹벽 연직높이

k_v: 연직 방향 지진계수 $= \dfrac{\text{연직 방향 지진가속도}}{g}$

k_h: 수평 방향 지진계수 $= \dfrac{\text{수평 방향 지진가속도}}{g}$

식 (12.49)에서 제곱근 안에 있는 항이 0보다 작아지면 허근이 되어 토압계수를 구할 수 없다. 따라서 Mononobe-Okabe 방법을 이용할 때 뒤채움의 배면경사는 다음의 식 (12.51)을 만족하여야 한다.

$$i \le \phi - \theta \tag{12.51}$$

$i > \phi - \theta$인 경우에는 식 (12.49)에서 제곱근 안에 있는 항을 0으로 하여 식 (12.52)와 같이 토압계수를 산정한다.

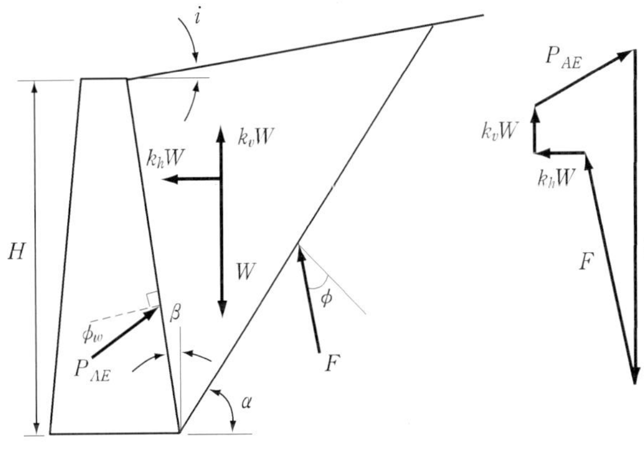

그림 12.23 Mononobe-Okabe 방법에서 주동쐐기에 작용하는 힘

$$K_{AE} = \frac{\cos^2(\phi - \theta - \beta)}{\cos\theta \cos^2\beta \cos(\phi_w + \beta + \theta)} \tag{12.52}$$

주동 상태의 총작용토압 P_{AE}는 식 (12.53)과 같이 정적인 토압 P_A와 동적인 토압 ΔP_{AE}로 나눌 수 있다. 이때 정적인 토압 P_A는 Rankine의 방법이나 Coulomb의 방법으로 구한다.

$$P_{AE} = P_A + \Delta P_{AE} \tag{12.53}$$

정적인 토압 P_A는 옹벽 저판에서 $H/3$의 높이에 작용하고 동적인 토압 ΔP_{AE}는 대략 $0.6H$의 높이(Seed와 Whitman, 1970)에 작용하는 것으로 가정한다. 식 (12.54)를 이용하면 옹벽 저판에서 측정한 전체 토압의 작용 위치 $\bar{z}$를 계산할 수 있다.

$$\bar{z} = \frac{P_A(H/3) + \Delta P_{AE}(0.6H)}{P_{AE}} \tag{12.54}$$

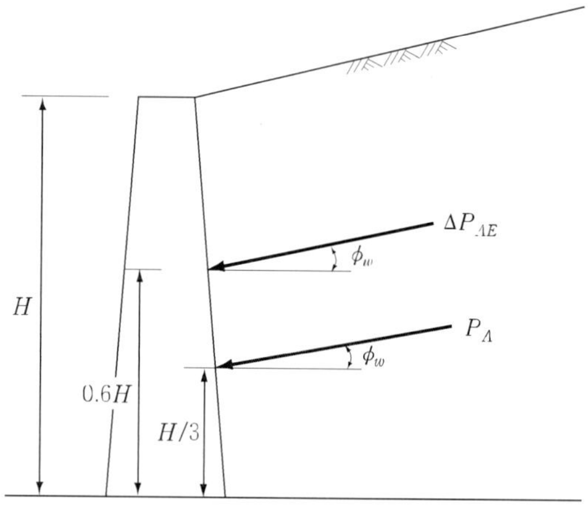

그림 12.24 동적 토압의 작용 위치

12.6.2 동적 수동토압

수동 상태에서 사질토 뒤채움에 작용하는 힘은 그림 12.25와 같으며, 이때 벽에 작용하는 동적 수동토압 P_{PE}는 식 (12.55)를 사용하여 계산한다.

$$P_{PE} = \frac{1}{2}\gamma H^2(1 - k_v)K_{PE} \tag{12.55}$$

$$K_{PE} = \frac{\cos^2(\phi - \theta + \beta)}{\cos\theta \cos^2\beta \cos(\phi_w - \beta + \theta)\left[1 - \sqrt{\dfrac{\sin(\phi - \phi_w)\sin(\phi - \theta + i)}{\cos(\phi_w - \beta + \theta)\cos(i - \beta)}}\right]^2} \tag{12.56}$$

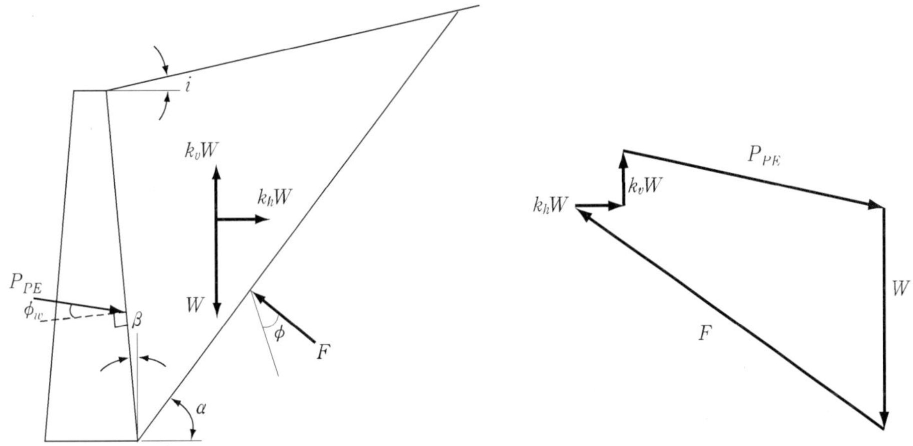

그림 12.25 Mononobe-Okabe 방법에 의한 수동쐐기에 작용하는 힘의 계산

동적 수동토압 P_{PE}는 동적 주동토압에서와 마찬가지로 정적인 토압 P_P와 동적인 토압 ΔP_{PE}로 분리할 수 있다. 동적인 토압 ΔP_{PE}는 정적 요소와 반대 방향으로 작용하여 수동저항력을 감소시키므로 식 (12.57)에 보인 바와 같이 P_{PE}는 P_P보다 작아진다.

$$P_{PE} = P_P - \Delta P_{PE} \tag{12.57}$$

예제 12.8

그림 12.26에서 높이 6.6 m의 옹벽에 작용하는 지진 시의 주동토압 P_{AE}의 크기와 작용점의 위치를 구하여라. 뒤채움재의 $\gamma = 17$ kN/m^3, $\phi = 30°$, $c = 0$, $\phi_w = 20°$이고, 수평 및 연직 지진가속도계수 $k_h = 0.15$, $k_v = 0$이다.

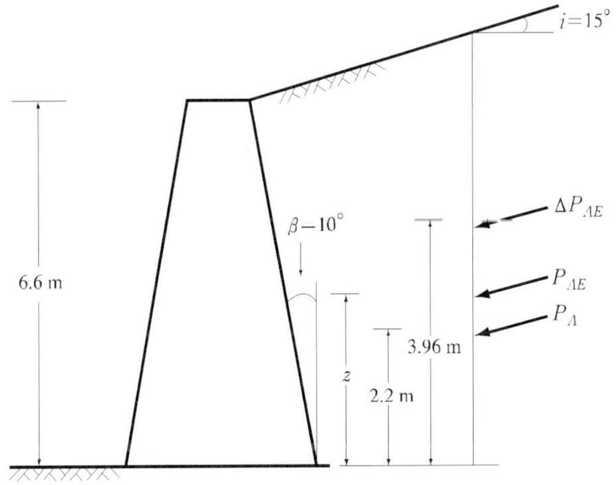

그림 12.26 예제 12.8의 그림

| 풀이 | 정적인 주동토압은 식 (12.45)로부터

$$K_A = \left[\frac{\sin(\beta-\phi)\csc\beta}{\sqrt{\sin(\beta+\phi_w)} + \sqrt{\dfrac{\sin(\phi+\phi_w)\sin(\phi-i)}{\sin(\beta-i)}}} \right]^2$$

$$= \left[\frac{\sin(100-30)\csc 100}{\sqrt{\sin(100+20)} + \sqrt{\dfrac{\sin(30+20)\sin(30-15)}{\sin(100-15)}}} \right]^2$$

$$= 0.48$$

$$P_A = \frac{1}{2}K_A\gamma H^2 = \frac{1}{2}\times 0.48\times 17.0\times 6.6^2 = 177.7 \text{ kN/m}$$

주동토압의 합력의 작용점은 $\bar{z}_a = \dfrac{H}{3} = \dfrac{6.6}{3} = 2.2$ m

또한 지진을 고려한 주동토압의 계산을 위하여 식 (12.49)를 이용하여 K_{AE}를 계산한다.

$$\beta = 10°$$

$$\theta = \tan^{-1}\left(\frac{k_h}{1-k_v}\right) = \tan^{-1}\left(\frac{0.15}{1-0}\right)$$

$$= \tan^{-1}0.15 = 8.5° ≒ 9°$$

$$K_{AE} = \frac{\cos^2(\phi-\theta-\beta)}{\cos\theta\cos^2\beta\cos(\phi_w+\beta+\theta)\left[1+\sqrt{\dfrac{\sin(\phi+\phi_w)\sin(\phi-\theta-i)}{\cos(\phi_w+\beta+\theta)\cos(i-\beta)}}\right]^2}$$

$$= \frac{\cos^2(30-9-10)}{\cos 9\cos^2 10\cos(20+10+9)\left[1+\sqrt{\dfrac{\sin(30+20)\sin(30-9-15)}{\cos(20+10+9)\cos(15-10)}}\right]^2}$$

$$= 0.74$$

식 (12.48)을 이용하여 지진을 고려한 주동토압의 합력을 구하면,

$$P_{AE} = \frac{1}{2}K_{AE}\gamma H^2(1-k_v)$$

$$= \frac{1}{2}\times 0.74\times 17.0\times 6.6^2\times(1-0)$$

$$= 274.0 \text{ kN/m}$$

$$\Delta P_{AE} = P_{AE} - P_A = 274.0 - 177.7 = 96.3 \text{ kN/m}$$

ΔP_{AE}는 $0.6H$ 지점에 작용하므로 지진을 고려한 주동토압의 합력의 작용 위치($\bar{z}$)는

$$\bar{z} = \frac{P_A\dfrac{H}{3} + \Delta P_{AE}(0.6H)}{P_{AE}} = \frac{177.7\left(\dfrac{6.6}{3}\right) + 96.3(3.96)}{274.0} = 2.82 \text{ m}$$

12.7 옹벽의 안정

옹벽은 자연 사면을 가파르게 깎아서 도로나 철도 또는 건물 등을 축조하기 위한 공간을 확보할 목적으로 만들어지는 구조물이다.

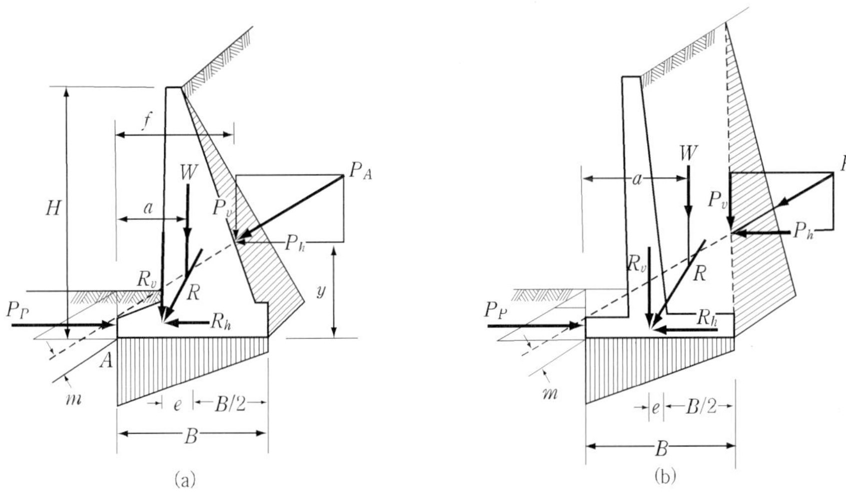

그림 12.27 중력식 옹벽과 캔틸레버식 옹벽

옹벽으로 많이 이용되는 형식은 중력식[그림 12.27(a)]과 캔틸레버식[그림 12.27(b)]이다. 중력식은 자중으로 토압에 저항하도록 설계되므로 재료가 많이 소요된다. 캔틸레버식은 저판 위에 있는 성토가 자중으로 간주될 수 있기 때문에 중력식보다 경제적이다.

12.7.1 안정(stability) 조건

옹벽을 설계하기 위해서는 먼저 토압을 구하고, 이것을 연직 및 수평분력으로 나눈다. 벽체와 저판은 여기에 작용하는 토압에 구조적으로 안정하도록 설계되어야 하고 옹벽 전체의 안정을 위해서는 다음의 기본 요구 조건이 만족되어야 한다(한국지반공학회, 2009). 캔틸레버식 옹벽의 안정을 검토하는 데는 그림 12.27(b)에 나타낸 바와 같이 뒤꿈치의 끝을 지나는 연직선에 작용하는 토압을 사용한다는 것에 유의하여야 한다.

(1) 옹벽은 활동에 대해 안정하여야 한다. 옹벽의 저판과 그 아래에 있는 흙의 마찰각을 ϕ_w라고 하면, 활동에 대한 안전율(factor of safety)은 다음의 조건을 만족해야 한다.

$$F_s = \frac{R_v \tan \phi_w + C_a B}{R_h} \geq 1.5 \qquad (12.58a)$$

또는

$$F_s = \frac{R_v \tan\phi_w + C_a B + P_p}{R_h} \geq 2.0 \tag{12.58b}$$

여기서, R_v: 모든 연직력의 합

R_h: 모든 수평력의 합

ϕ_w: 옹벽 저판과 지반 사이의 마찰각

C_a: 옹벽 저판과 지반 사이의 부착력

B: 옹벽 저판의 폭

P_p: 옹벽 전면의 수동토압 합력

옹벽 앞부리(toe)에 작용하는 수동토압은 무시하는 것이 안전 측이다. 그러나 이것을 고려할 때에는 옹벽 앞부리의 수동토압의 합력을 식 (12.58a)의 분자에 보태어 안전율을 계산하고, 이때의 최소 안전율은 2.0 이상이어야 한다[식 (12.58b) 참조]. 이와 같이 수동토압의 합력을 고려할 경우, 최소 안전율을 2.0 이상으로 하는 이유는 주동토압에 도달되는 변위에서 옹벽 앞부리의 흙은 아직 수동토압에 도달되지 않기 때문이다.

(2) 전도에 대해 안정하여야 한다. 전도에 대한 안전율은 다음 공식으로 계산하고 이것이 2.0보다 더 작아서는 안 된다.

$$F_s = \frac{M_r}{M_0} \geq 2.0 \tag{12.59}$$

여기서, M_r: 저항 모멘트의 합계

M_o: 전도 모멘트의 합계

옹벽의 전도에 대한 안전율을 계산하는 데에는 몇 가지 방법이 있는데, 어느 방법을 사용하느냐에 따라 안전율이 달라진다. 이것을 이해하기 위하여 그림 12.27(a)의 중력식 옹벽을 예로 들기로 한다. 식 (12.59)에 의하면 안전율은 다음과 같다.

$$F_s = \frac{Wa}{P_A m} \tag{12.60}$$

여기서, W: 옹벽의 무게, 캔틸레버식 옹벽일 때에는 저판 위에 있는 흙의 무게까지 포함

P_A: 주동토압의 합력

a: 앞부리에서 W까지의 거리

m: 앞부리에서 P_A까지의 거리

만일 옹벽에 작용하는 토압의 합력이 앞부리의 아래를 통과한다면, 위의 식에서 m의 값은 음이 되고 따라서 안전율도 음이 된다. 이때에는 이 옹벽이 전도에 대해 안정하다는 것을 의미한다.

이번에는 주동토압을 연직 성분과 수평 성분으로 나누고 이 분력으로 전도 모멘트를 계산한다면, 안전율의 계산 공식은 다음과 같다.

$$F_s = \frac{Wa}{P_h y - P_v f} \tag{12.61}$$

여기서, f와 y는 각각 앞부리에서 주동토압의 합력 작용점까지의 수평 및 연직 거리이다. 첨자 v는 연직 성분을, h는 수평 성분을 의미한다. 이 식은 식 (12.60)과 정확히 동일하다.

만일 앞부리의 A점에 대한 모멘트를 취한다면, 주동토압의 합력의 연직분력은 저항 모멘트의 한 성분이 되고 수평분력만이 전도를 일으키는 힘이 되므로, 이 경우에 대한 안전율을 구하는 공식은 다음과 같다.

$$F_s = \frac{Wa + P_v f}{P_h y} \tag{12.62}$$

식 (12.61)과 (12.62)는 동일하지 않다는 것을 한눈에 알 수 있다. 다시 말하면, 옹벽의 전도를 일으키려는 힘은 토압이므로 전자의 공식을 사용하여 연직 성분이 전도 모멘트에 포함되도록 하는 것이 논리상 맞다. 통상적으로 후자의 공식을 이용하여 설계하기도 한다. 두 가지 방법에 대하여 전도의 안정성 여부에 대한 판단은 유사하게 나타난다.

(3) 옹벽 앞부리에서의 연직반력은 허용지지력 이내이어야 한다. 저판 아래의 반력이 직선분포를 하며, 앞부리에 최대 응력이 작용하고 뒤꿈치에 최소 응력이 작용한다(그림 12.27 참조). 저판이 받는 최대 및 최소 응력은 다음 식으로 계산할 수 있다.

$$\sigma = \frac{R_v}{B}\left(1 \pm \frac{6e}{B}\right) \tag{12.63}$$

여기서, B는 저판의 폭이고 e는 편심이다. 저판 바닥의 임의점(주로 앞부리 또는 뒤꿈치)에 대한 모든 외력의 1차 모멘트를 취하면, 합력 R의 위치가 결정되므로 편심 e는 쉽게 구해진다 [$e = B/2 - (Wa + P_v f - P_h y)/R_v$, 그림 12.27(b) 참조]. 옹벽의 중력과 토압의 합력이 저판 길이의 중앙 1/3 내에 있다면($e \le B/6$), 최소 응력이 0보다 크고 연직반력이 압축응력만 작용하게 된다.

예제 12.9

그림 12.28과 같이 중력식 옹벽을 설계하려고 한다. 콘크리트의 단위중량은 24.0 kN/m^3, 성토하는 흙의 단위중량은 18.0 kN/m^3, c'=0, ϕ'=30°이다. 벽체와 흙의 마찰각을 30°라고 할 때 이 옹벽의 안정을 검토하여라. 단, 옹벽 앞부리의 수동토압은 무시한다.

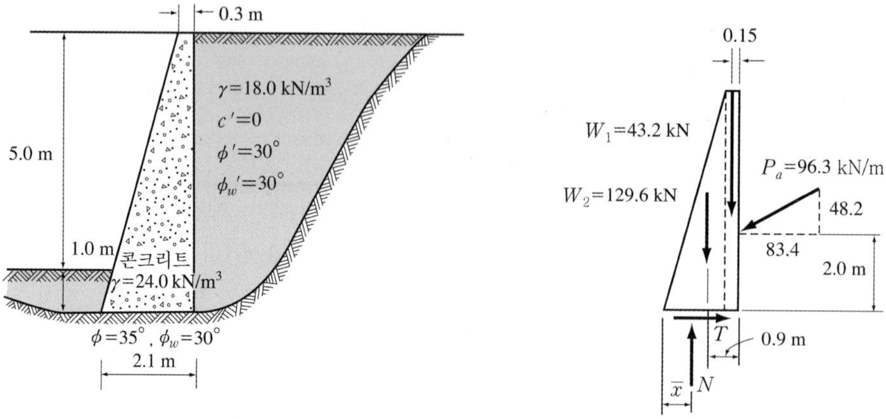

그림 12.28 예제 12.9의 그림

| 풀이 | Coulomb의 공식을 이용하여 토압을 구하기로 한다. $\beta=90°$, $\phi=30°$, $i=0$, $\phi_w=30°$이므로 이것을 식 (12.46)에 대입하면,

$$K_A=\left[\frac{\sin(90°-30°)\csc 90°}{\sqrt{\sin(90°+30°)}+\sqrt{\frac{\sin(30°+30°)\sin 30°}{\sin 90°}}}\right]^2=0.297$$

따라서 주동토압의 합력은,

$$P_A=\frac{1}{2}\times 0.297\times 18.0\times 6.0^2=96.3\ \text{kN/m}$$

가 된다. 이 힘은 옹벽 높이의 아래로부터 $H/3$ 되는 위치에 작용하며 방향은 수평면과 30°를 이룬다. 계산 절차를 도표로 나타내면 다음과 같다.

단위길이당 하중(kN)	앞부리에 대한 팔(m)	모멘트(kN-m)
$96.3\cos 30°=83.4$	2.0	166.8(−)
$R_h=83.4$		
$96.3\sin 30°=48.2$	2.1	101.2
(1) $0.3\times 6.0\times 24.0=43.2$	1.95	84.2
(2) $\frac{1}{2}\times 6.0\times 1.80\times 24.0=129.6$	1.2	155.5
$R_v=221.0$		$M_v=174.1$

(1) 활동에 대한 안전율

앞부리의 수동토압을 무시하면 식 (12.58a)를 이용하여,

$$\therefore\ F_s=\frac{221.0\times\tan 30°}{83.4}=1.53>1.50$$

(2) 전도에 대한 안전율(앞부리의 수동토압은 무시)

$$\text{전도 모멘트: } M_0 = 166.8 - 101.2 = 65.6 \text{ kN-m}$$

$$\text{저항 모멘트: } M_r = 84.2 + 155.5 = 239.7 \text{ kN-m}$$

$$\therefore\ F_s = \frac{239.7}{65.6} = 3.65 > 2.0$$

(3) 지지력

$$e = \frac{2.1}{2} - \frac{174.1}{221.0} = 1.05 - 0.788 = 0.262 < 2.1/6 = 0.35$$

$$\sigma = \frac{R_v}{B}\left(1 \pm \frac{6e}{B}\right) = \frac{221.0}{2.1}\left(1 \pm \frac{6 \times 0.262}{2.1}\right)$$

$$= 105.2(1.0 \pm 0.749) = 184.0 \text{ kPa},\ 26.4 \text{ kPa}$$

최대 지반반력은 184.0 kPa이므로 기초 지반의 허용지지력은 이보다 커야 한다.

예제 12.10

그림 12.29에 나타낸 캔틸레버식 옹벽 저판 아래의 최대 및 최소 응력과 활동에 대한 안전율을 구하여라. 성토의 강도정수는 $c' = 0$, $\phi = 40°$, $\gamma_t = 17.0 \text{ kN/m}^3$이고 지하수위는 저판 훨씬 아래에 있다. 흙과 저판의 마찰각은 30°로 취하고 콘크리트의 단위중량은 24.0 kN/m^{3}로 가정하여라.

| 풀이 | 표 12.4로부터 $\phi = 40°$에 대해 $K_A = 0.22$, 토압분포도는 그림 12.29의 오른쪽에 그려져 있다. 여기서 가상 벽면에 작용하는 토압은 Rankine 토압이 실제와 더 부합된다는 것을 유의하여라.

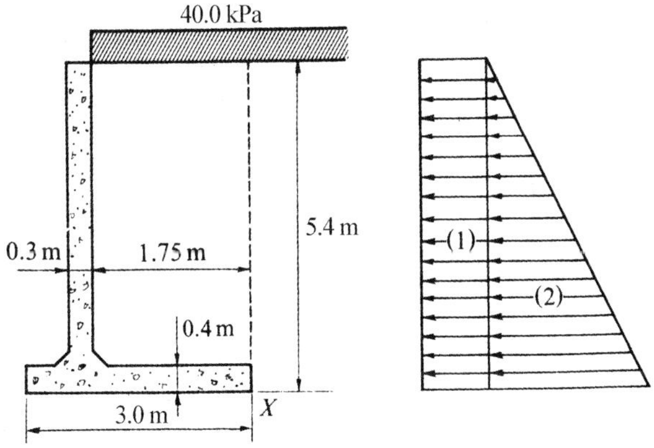

그림 12.29 예제 12.10의 그림

단위 m당 하중(kN)	뒤축에 대한 팔(m)	모멘트(kN-m)
(1) $0.22\times40.0\times5.40=47.5$	2.70	128.2
(2) $\frac{1}{2}\times0.22\times17.0\times5.4^2=54.5$	1.80	98.1
$R_h=102.0$		
(벽체) $5.0\times0.3\times24.0=36.0$	1.90	68.4
(저판) $3.0\times0.4\times24.0=28.8$	1.50	43.2
(흙) $5.0\times1.75\times17.0=148.8$	0.875	130.2
(상재하중) $1.75\times40.0=70.0$	0.875	61.3
$R_v=283.6$ kN		$M=529.4$ kN-m

$$e=\frac{529.4}{283.6}-1.50=0.37<\frac{B}{6}=0.5$$

따라서 합력은 저판 길이의 중앙 1/3 이내에 있다.

$$\sigma=\frac{R_v}{B}\left(1\pm\frac{6e}{B}\right)=\frac{283.6}{3}\left(1\pm\frac{6\times0.37}{3.0}\right)=94.5(1\pm0.74)$$

$$\sigma_{\max}=164.4\ \text{kPa},\quad \sigma_{\min}=24.6\ \text{kPa}$$

활동에 대한 안전율은

$$F_s=\frac{R_v\tan\phi_w}{R_h}=\frac{283.6\times\tan30^\circ}{102.2}=1.6>1.5\quad\text{(OK)}$$

12.7.2 지하수위가 옹벽의 안정에 끼치는 영향

옹벽의 붕괴 원인 대부분은 옹벽 배면에 있는 뒤채움 내 물의 영향 때문이다. 이러한 사실은 많은 경험을 통해 잘 알려져 있다. 다시 말하면, 지하수위를 무시하고 안정을 검토하였거나, 강우 등으로 인해 갑자기 수위가 증가하였을 때 옹벽은 불안정한 상태가 될 수 있다. 만일 옹벽 배면에 지하수위가 존재하고 옹벽을 통해 전혀 배수가 없다면, 수압의 분포는 그림 12.30에 나타낸 것처럼 삼각형으로 분포하며, 이 합력이 옹벽의 활동과 전도를 일으키는 힘으로 작용한다. 또한 저판 바닥에도 수압이 작용하는데, 크기는 뒤꿈치에서 앞부리 쪽으로 직선적으로 감소한다고 가정할 수 있다. 앞부리 부근에서는 옹벽 전면의 지반으로 쉽게 배수될 수 있기 때문에 저판 선단에서의 수압은 0이 되며, 이 저판 바닥의 수압도 옹벽의 안정에 불리한 힘으로 작용한다.

옹벽에 수압이 작용한다면 앞 절에서 설명한 안정조건에 이 영향을 합쳐야 하므로 이를 포함하여 안전율을 계산하여야 한다. 그림 12.30을 참조하면 이에 대한 공식은 다음과 같이 표시될 수 있다.

(1) 활동에 대한 안전율

$$F_s = \frac{R_v \tan\phi_w}{R_h + U_{1h}} > 1.5 \qquad (12.64)$$

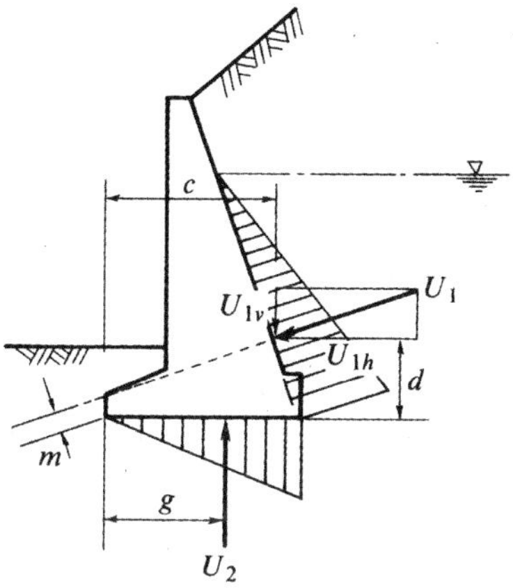

(a) 중력식 옹벽

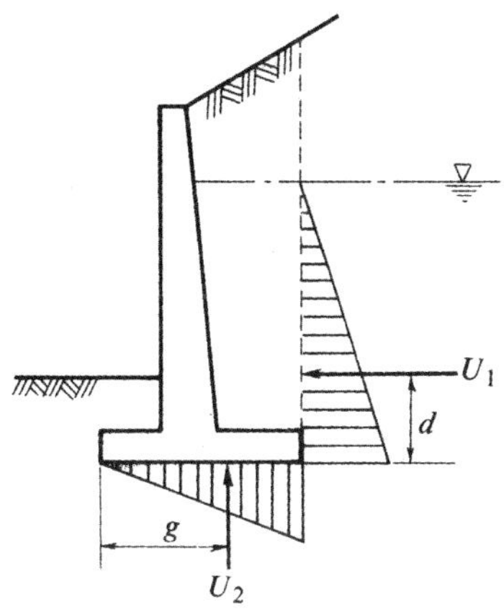

(b) 캔틸레버식 옹벽

그림 12.30 뒤채움 내에 지하수위가 있을 때 수압의 분포

(2) 전도에 대한 안전율

$$F_s = \frac{Wa}{(P_h y - P_v f) + (U_{1h} d - U_{1v} c) + U_2 g} \geq 2.0 \qquad (12.65)$$

여기서, U_1: 벽체에 작용하는 수압의 합력

U_2: 저판에 작용하는 수압의 합력

g: 앞부리에서 U_2까지의 거리

c: 저판 앞부리에서 U_{1v}까지의 수평 거리

d: 저판 바닥에서 U_{1h} 또는 U_1까지의 연직 거리

12.7.3 옹벽 배면의 배수시설

세립토를 뒤채움 재료로 사용한다면, 옹벽에 주는 토압이 사질토에 비해 훨씬 커지므로 가능한 한 사용하지 않는 것이 경제적이다. 가장 이상적인 뒤채움 흙은 세립토나 유기질이 거의 없는 사질토이다. 그러나 토압에 관계없이 어떤 흙을 뒤채움으로 사용하든 뒤채움의 배수에 대해서는 심각하게 고려해야 한다. 왜냐하면 옹벽 배면에 본래 지하수위가 존재하지 않더라도 강우나 기타 침투수에 의해 일시적으로 수압이 작용할 수 있기 때문이다. 앞 절에서 설명한 바와 같이, 옹벽 배면에 지하수위가 있다면 안전율이 현저히 떨어진다. 이와 같이 일시적으로 발생된 수압은 옹벽의 붕괴 사고를 일으키는 원인이 될 수 있으므로, 옹벽의 수명 동안 뒤채움 내에서 수위

가 상승되지 않도록 적절한 배수시설을 마련해 두어야 한다.

옹벽 뒤에 두는 배수시설은 뒤채움 흙의 투수계수와 밀접하게 관련된다. 배수가 잘되는 사질토를 뒤채움으로 사용할 경우에는 그림 12.31(a)에서와 같이 1.5∼4.5 m 간격으로 약 150.0 mm 지름의 물구멍(weep hole)을 벽체를 통해 뚫어 두거나, 구멍이 뚫린 파이프를 옹벽의 연장을 따라 묻어 한쪽 방향으로 배수시켜야 한다. 세립토가 포함된 사질토가 뒤채움일 때에는 위와 같은 배수시설에 추가해서 그림 12.31(c)에 나타낸 바와 같이 연직 방향으로 필터 재료를 둔다. 이 필터는 300.0 mm 평방 정도로 하고 물구멍의 중간마다 하나씩 설치하는 것이 좋을 것이다.

세립토의 경우에는 그림 12.31(d)에서 나타낸 바와 같이 300 mm 두께의 필터를 옹벽 배면을 따라 연직하게 설치하거나 경사지게 설치하여야 한다. 팽창성 점토인 경우에는 이중 블랭킷 배수시설(blanket drain)을 한다.

시간이 오래 지나면 배수시설이 막혀서 기능을 잃을 수 있으므로, 수시로 점검할 필요가 있다.

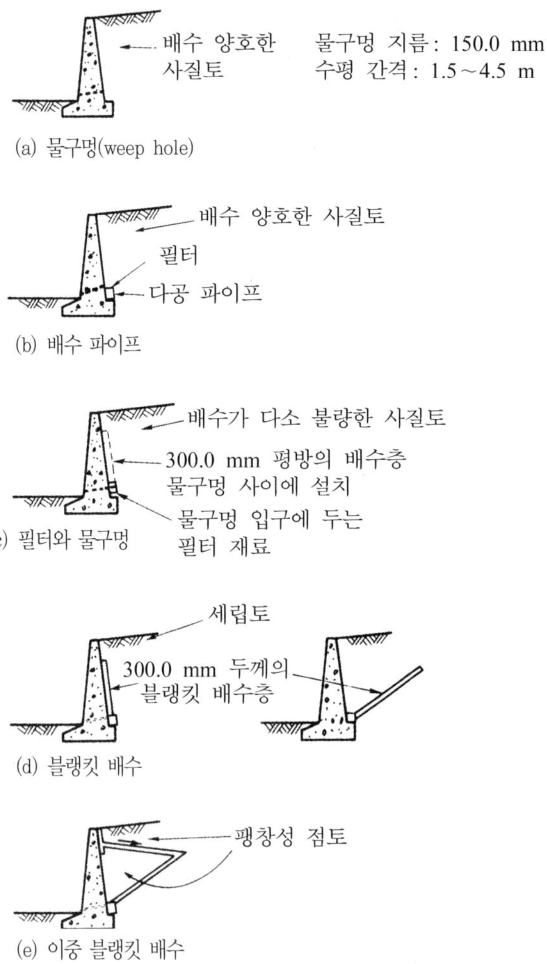

그림 12.31 배수시설의 종류

12.1 옹벽의 높이가 7 m, 뒤채움 상부 토층(지표로부터 3 m 깊이까지) 흙의 $\phi=28°$, $\gamma_t=16$ kN/m^{3}이고, 그 이하 토층 흙의 $\phi=32°$, $\gamma_t=17$ kN/m^{3}이다. 수평인 지표면에 30 kPa의 등분포하중이 작용할 경우에 대하여 다음을 계산하여라. 단, 배면 흙과 벽체와의 마찰은 무시한다.

(a) 주동토압의 크기 및 토압분포도

(b) 주동토압의 합력

(c) 합력의 작용점

12.2 높이가 7.0 m인 옹벽배면의 지표면(수평) 위에 40 kPa의 과재하중이 작용하고, 옹벽배면토사의 강도정수는 $c'=0$, $\phi'=35°$이다. 지하수위가 지표면 아래 2.0 m 깊이에 있을 때, 다음을 계산하여라. 단, $\gamma_t=17$ kN/m^3, $\gamma_{sat}=18$ kN/m^{3}이고, 벽면의 마찰은 무시한다.

(a) 주동토압의 크기(σ_{ha}) 및 토압분포도

(b) 주동토압의 합력 및 평균 작용점(바닥면 기준, 수압은 제외함)

(c) 수압분포도 및 수압의 합력

12.3 연직옹벽의 높이가 6 m이고 뒤채움의 건조단위중량은 17.5 kN/m^3, 포화단위중량은 19.5 kN/m^3, $\phi=39°$, $i=0$이다. Rankine 방법을 사용하여

(a) 뒤채움은 건조 상태라는 가정하에 주동토압의 분포도를 그리고 주동토압의 합력을 구하여라.

(b) 옹벽 상단까지 지하수위가 올라온다고 생각하고 주동토압을 구하여라.

12.4 높이 18 m인 옹벽이 건조한 모래를 지지하고 있다. 이 옹벽은 앞쪽으로 약간 기울어져서 주동 상태가 되었다.

(a) 이 모래는 $\phi=37°$, $i=0$이고 단위중량이 17.0 kN/m^{3}라고 할 때, Rankine 방법으로 주동토압분포도를 그리고 P_A를 계산하여라.

(b) 벽체가 전혀 움직이지 않을 때의 토압은 얼마인가?

12.5 7.5 m 높이의 연직옹벽이 건조단위중량 16.0 kN/m^3, 포화단위중량 18.5 kN/m^{3}인 모래를 지지하고 있다. 지하수위면은 지표면 아래 3 m의 깊이에 있고, 이 모래는 $\phi-38°$, $i-30°$이다. Rankine 방법으로 다음을 구하여라.

(a) 주동토압(수압 포함)의 합력은 얼마인가?

(b) 합력의 위치를 구하여라.

(c) 지하수위가 옹벽 바닥까지 내려온다면 옹벽 바닥에 대한 전도 모멘트의 감소량은 얼마인가?

12.6 문제 12.5에서 $i=0$이고 지표면에 50.0 kPa의 상재하중이 놓여 있다고 했을 때, 주동토압과 합력을 구하여라.

12.7 문제 12.6에서 벽마찰을 고려하여 $\phi_w=30°$라고 했을 때, 주동토압을 구하고 문제 12.6의 결과와 비교하여라.

12.8 점성토($c=18$ kPa, $\phi=25°$, $\gamma_t=16$ kN/m^3)로 뒤채움된 7.0 m 높이의 중력식 옹벽에 대하여 다음을 계산하여라. 단, 지표면은 수평이고 벽마찰은 무시한다.

(a) 인장균열 깊이

(b) 토압분포도(σ_{ha}) 및 주동토압의 합력(P_A)

(c) 인장균열에 작용하는 수압의 합력

12.9 다음 그림과 같은 지하철의 박스 칼버트에 작용하는 연직 및 수평 방향의 모든 토압을 구하여라.

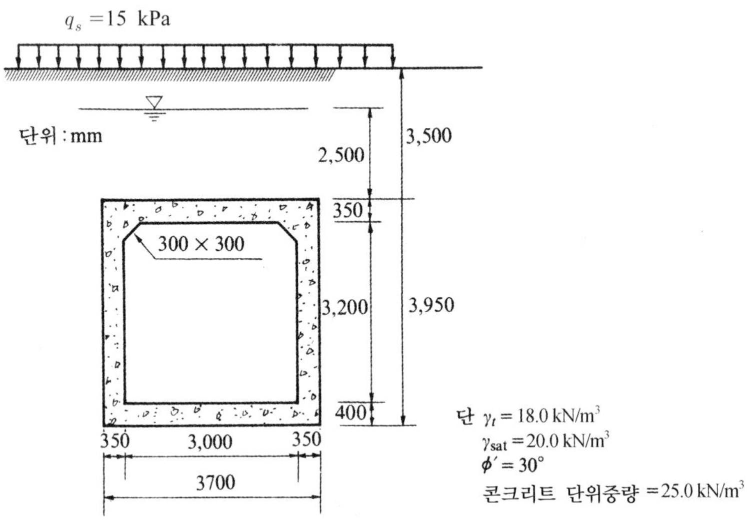

그림 12.32 문제 12.9의 그림

12.10 그림과 같은 6 m 높이의 중력식 옹벽(상단폭: 0.6 m, 하단폭: 3.2 m)에 대하여 다음을 계산하여라. 단, 콘크리트의 단위중량은 23 kN/m^{3}이고 Rankine 토압이론을 적용하여라.

(a) 전도에 대한 안전율

(b) 활동에 대한 안전율

(c) 지반반력 분포(최대 및 최소 지반반력)

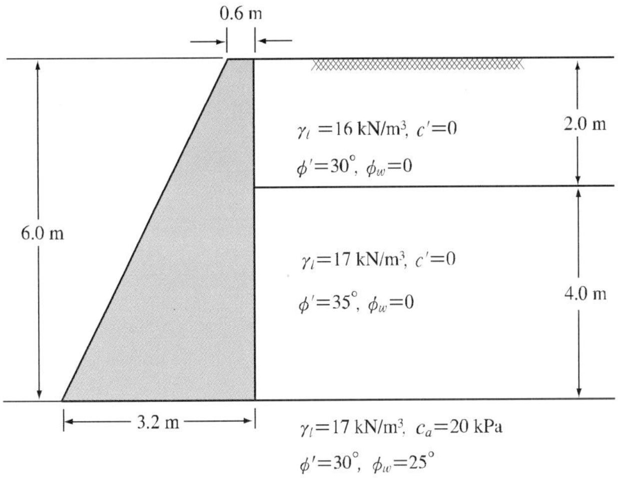

그림 12.33 문제 12.10의 그림

참고문헌

Canadian Geotechnical Society (1985). *Foundation Engineering Manual.* 2nd ed., Canadian Geotechnical Society, p. 376.

Caquot, A. and Kerisel J. (1949). *Traite de mechanique des sols*. Paris: Gauthier-Villars.

Das, B. M. (1993). *Principles of soil dynamics*. PWS-KENT Publighing Co., 328–366.

Harr, M. E. (1966). *Foundations of theoretical soil mechanics.* New York: McGraw-Hill.

Lambe, T. W. and Whitman, R. V. (1969). *Soil mechanics.* New York: John Wiley & Sons.

MeCarthy, D. F. (1982). *Essentials for soil mechanics and foundations*. 2nd ed., Reston, Virginia: Reston Publishing Company, Inc.

Mononobe, N. (1929). Earthquake-proof construction of masonry dams. *Proc. World Engineering Conference* **9**, 274–280.

Okabe, S. (1926). General theory of earth pressure. *J. the Japanese Society of Civil Engineers* **12**, No. 1.

Peck, R. B., Hanson, W. E. and Thornburn, T. H. (1974). *Foundation engineering.* 2nd ed., New York: John Wiley & Sons.

Seed, H. B. and Whitman, R. V. (1970). Design of earth retaining structures for dynamic loads. *Proc. Specialty Conference on Lateral Stresses in the Ground and Design of Earth Retaining Structures*, ASCE, 103–147.

Sokolovski, V. V. (1965). *Statics of granular media.* London: Pergaman Press.

Terzaghi, K. (1934). *Large retaining wall test*. Engineering News Record.

Terzaghi, K. (1943). *Theoretical soil mechanics*. New York: John Wiley & Sons.

Teng, W. C. (1962). *Foundation design.* Prentice-Hall, Inc., 333.

한국지반공학회(2009). 구조물 기초 설계 기준 해설. 대한토질공학회. 481-486.

CHAPTER 13

비탈의 안정

13.1 개 설

자연을 편리하게 이용하고자 하는 인간의 욕구는 자연적인 지형을 끊임없이 변경하기도 하고 때로는 인공적인 비탈을 만들어 인간의 이익을 위하여 이용하기도 한다. 이와 같이 새로이 만들어진 비탈은 주로 중력의 작용을 받아 아래로 움직여 내려오려고 한다. 만일 비탈이 불안정한 상태가 되어 활동이 일어난다면 엄청난 재난을 가져올 수 있으므로, 어떤 조건에서도 안정 상태에 있도록 해야 한다. 비탈 불안정의 원인은 지형의 기하학적 변경, 수위 강하 등 여러 가지가 있지만, 우리나라에서는 강우가 직접적인 원인인 경우가 대부분이다.

비탈은 인공사면과 자연사면으로 분류할 수 있다. 전자는 선택된 재료를 가지고 요구되는 단면으로 축조되므로, 재료의 구분이 분명하고 각 재료의 공학적 성질이 잘 밝혀질 수 있다. 반면, 후자는 비탈이 자연적으로 이루어져 있거나 자연사면을 깎아서 만든 것이므로 흙과 암석이 불규칙하게 뒤섞이거나 층을 이루기도 한다. 때로는 암석이 풍화되었거나 단층, 절리 등이 발달되어 있어서 지반이 균질한 경우가 드물다. 따라서 자연사면에 대한 안정 문제의 해결은 토질공학적인 접근과 더불어 지질학적, 지형학적 및 암석공학적인 지식의 도움이 요구된다.

인공 또는 자연사면이 본래의 형대를 유지하지 못하고 아래로 미끄러져 내려오는 것을 **비탈의 변위**(slope movement) 또는 **비탈의 붕괴**라고 말한다. 비탈은 여러 형태로 붕괴되는데, 붕괴 형태는 안정해석 방법을 선택하는 데 중요한 영향을 끼친다. 붕괴 형태의 분류방법은 목적에 따라 여러 가지가 있을 수 있지만, 토사로 이루어진 비탈의 변위는 기본적으로 **붕락**(fall), **활동**(slides), **유동**(flow)으로 대별할 수 있다(Skempton and Hutchinson, 1969). 붕락[그림 13.1(a) 참조]이란 연직으로 깎은 비탈의 일부가 떨어져 나와 공중에서 낙하하거나 굴러서 아래로 떨어지는 현상을 말한다. 이때 떨어지는 물체와 비탈 사이에는 전단변위가 거의 없으며 낙하속도는 대단히 빠르다.

활동으로 인한 사면 붕괴는 활동물질과 활동면 사이에 전단변형이 발생하는 특징이 있다. 활동[그림 13.1(b), (c), (d) 참조]은 형상에 따라 **회전활동**(rotational slides)과 **병진활동**(translation slides)으로 나뉜다. 물론 이 둘의 복합적인 활동(compound slides)도 있을 수 있다. 회전활동의 형상은 원호, 대수나선 또는 불규칙한 곡선의 모양을 취한다. 활동 형상은 주로 비탈을 이루는 재료의 균질성에 좌우되는데, 인공사면과 같이 상당한 깊이까지 흙이 균질하다면 원호 또는 이에 가까운 활동면이 생기고, 연약한 층이 아래에 존재한다면 곡선과 직선의 복합곡선이 생긴다. 병진활동은 자연사면과 같이 비탈 아래로 내려갈수록 강도가 커지는 지반에서 일어난다. 유동[그림 13.1(e) 참조]이란 활동 깊이에 비해서 활동되는 길이가 대단히 길며, 전단저항력의 부족으로 인한 활동이라기보다는 소성적인 활동이 지배적인 경우이다. 따라서 유동은 활동되는 토사가 대부분 비탈면 아래로 흘러내리는 특징이 있다.

토사로 이루어진 사면과는 달리, 암석 사면의 활동은 불연속면(discontinuity)이나 절리(joint)를 따라 일어나기 때문에 위에서 언급한 활동 형태와는 형상이 다르다. 이에 대해서는 Hoek and Bray(1977)의 저서를 참고하기 바란다.

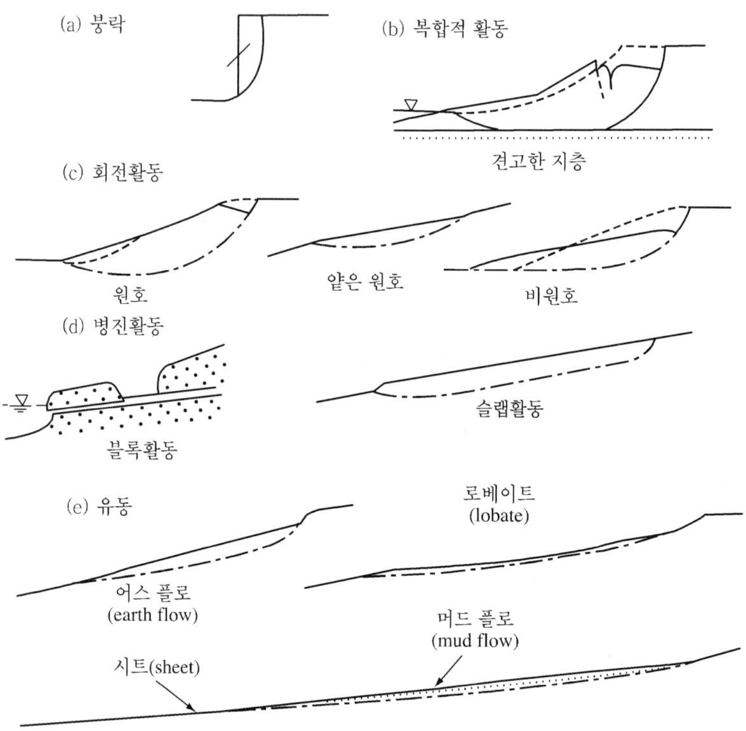

그림 13.1 여러 가지 활동 형상(Skempton and Hutchinson, 1969)

13.2 무한사면의 안정

해석방법을 정하기 위한 목적으로 비탈은 **무한사면**(infinite slope)과 **유한사면**(finite slope)으로 나눌 수 있다. 무한사면은 활동하는 흙덩이의 깊이가 비교적 얕은 것을 말하고, 유한사면은 비교적 깊은 것을 말한다. 무한사면에서는 병진활동을 하는 것으로 가정하여 안정해석을 하며, 또한 활동면이 비교적 길다면 활동면의 시점과 종점에서의 양단의 영향은 무시할 수 있으므로, 해석방법이 비교적 단순하다.

그림 13.2에 나타낸 무한사면에서 지하수위면은 지표면과 평행하고 활동면(깊이 z) 위로 mz 되는 위치에 있으며, 비탈에 평행한 방향으로 정상 침투가 일어난다고 가정하자. 단위길이의 폭을 가지는 한 절편을 고려하고 이 절편의 연직면에 작용하는 횡방향력을 무시하면,

$$N = W\cos i = [(1-m)\gamma_t + m\gamma_{sat}]\, z\cos i$$

$$\sigma = \frac{N}{\sec i} = [(1-m)\gamma_t + m\gamma_{sat}]\, z\cos^2 i \tag{13.1}$$

$$T = W\sin i = [(1-m)\gamma_t + m\gamma_{sat}]\, z\sin i$$

$$\tau = \frac{T}{\sec i} = [(1-m)\gamma_t + m\,\gamma_{sat}]\, z\sin i\cos i \tag{13.2}$$

그런데 유선망으로부터,

$$u = mz\gamma_w\cos^2 i \tag{13.3}$$

Mohr-Coulomb 식은

$$s = c' + (\sigma - u)\tan\phi'$$

이므로 전단강도에 대한 안전율은

$$F_s = \frac{s}{\tau} = \frac{c' + (\sigma - u)\tan\phi'}{\tau} \tag{13.4a}$$

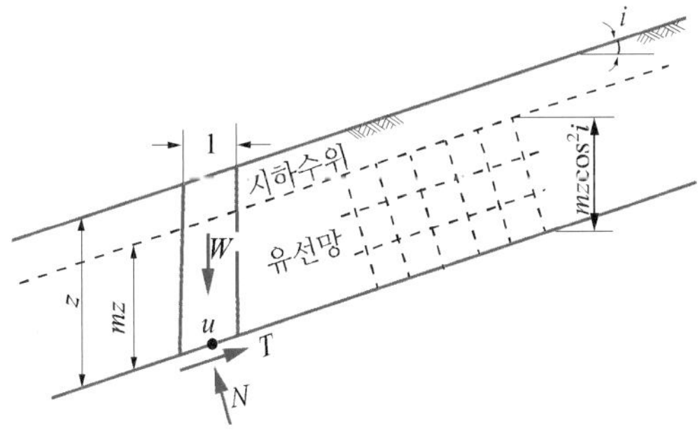

그림 13.2 무한사면의 활동

$$F_s = \frac{c' + \left(\left[(1-m)\gamma_t + m\gamma_{\text{sat}}\right] - m\gamma_w\right) z \cos^2 i \tan\phi'}{\left[(1-m)\gamma_t + m\gamma_{\text{sat}}\right] z \sin i \cos i} \tag{13.4b}$$

이 된다. 식 (13.1), (13.2), (13.3)에서 구한 σ, τ, u를 식 (13.4)에 대입하면, 무한사면의 활동에 대한 안전율을 계산할 수 있다. 만일 $c' = 0$이고 지하수위가 활동 파괴면 아래에 있다면 $m = 0$, $u = 0$이므로 위의 식은 다음과 같이 간단해진다.

$$F_s = \frac{\tan\phi'}{\tan i} \tag{13.5}$$

이 식을 보면, 지하수위가 지표면에서 상당히 깊게 있는 사질토의 무한사면에서는 ϕ'이 i보다 크면 비탈의 안정이 유지된다는 것을 알 수 있다. 또한 $c' = 0$일 때에는 안전율은 파괴면의 깊이 z와 무관하다는 것을 유의할 수 있다.

만일 지하수위가 지표면과 일치하고(즉, $m = 1$) $c' = 0$이라면 이 경우에 대한 안전율은,

$$F_s = \frac{(m\gamma_{\text{sat}} z \cos^2 i - m\gamma_w z \cos^2 i)\tan\phi'}{m\gamma_{\text{sat}} z \sin i \cos i} = \frac{\gamma_{\text{sub}}}{\gamma_{\text{sat}}} \frac{\tan\phi'}{\tan i} \tag{13.6}$$

이 된다. 식 (13.5)와 식 (13.6)을 비교해 보면, 지하수위가 지표면과 일치할 때에는 지하수위가 파괴면 내에 없을 때보다 안전율은 대략 반으로 감소한다는 것이 분명하다. 왜냐하면 식 (13.6)의 $\gamma_{\text{sub}}/\gamma_{\text{sat}}$는 대략 1/2이기 때문이다. 따라서 이 경우에 비탈이 안정할 수 있는 경사각은 침투가 없을 때에 비해 약 1/2밖에 되지 않는다. $c' > 0$일 때에는 안전율은 활동면까지의 깊이 z에 의존하며 비탈의 경사각 i가 ϕ'보다 큰 경우라고 하더라도 안정을 유지할 수 있다.

예제 13.1

한 자연사면의 경사가 12°로 측정되었다. 지하수위면은 지표면과 일치하고 사면에 침투가 일어난다. 지표면에서 5 m에 암반층이 있다. 이 비탈의 흙을 채취하여 토질시험을 한 결과는 다음과 같다.

$$c' = 10 \text{ kPa} \qquad \phi' = 28° \qquad \gamma_{\text{sat}} = 19.0 \text{ kN/m}^3$$

이 비탈의 안전율은 얼마인가?

| 풀이 |

$$\sigma = \gamma_{\text{sat}} z \cos^2 i = 19 \times 5 \times \cos^2 12° = 90.9 \text{ kPa}$$
$$\tau = \gamma_{\text{sat}} z \sin i \cos i = 19 \times 5 \times \sin 12° \cos 12° = 19.3 \text{ kPa}$$
$$u = \gamma_w z \cos^2 i = 9.8 \times 5 \times \cos^2 12° = 46.9 \text{ kPa}$$
$$s = c' + (\sigma - u)\tan\phi' = 10 + (90.9 - 46.9)\tan 28°$$
$$= 10 + 23.4 = 33.4 \text{ kPa}$$

따라서, $F_s = \dfrac{33.4}{19.3} = 1.73$

식 (13.4)에 의하여 깊이에 따른 안전율을 계산하면 다음 그래프와 같이 나타난다. 이와 같이 무한사면의 안전율은 깊이에 따라 감소한다. 무한사면의 붕괴는 1~2 m 이내의 깊이에서 얕은 파괴 양상으로 일어나므로, 이 예제에서는 얕은 파괴에 대하여 안전율이 2.5 이상으로 매우 크다. 대상 지층은 경사가 완만하고 점착력이 상당하므로 무한사면에 대하여 안정한 상태라고 볼 수 있다.

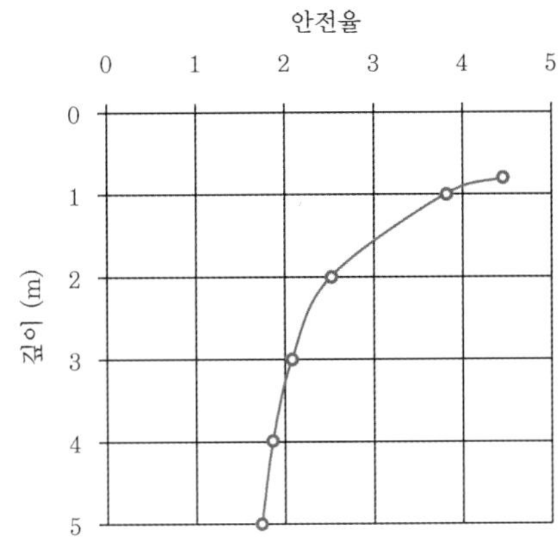

13.3 절편법

비탈은 실제로 이질의 지층으로 형성되고, 단면의 형상이 복잡하다. 이러한 경우에는 절편법으로 해석하는 방법을 많이 사용한다.

절편법(slice method)에 있어서는 예상 파괴 활동면이 중심 O와 반지름 r인 원호라고 가정하며, 원호 안에 있는 흙덩이를 그림 13.3에 나타낸 바와 같이 폭 b를 가지는 n개의 절편으로 나누고 각 절편의 바닥은 직선으로 가정한다.

어떤 한 절편에 작용하는 힘은 다음과 같다(그림 13.3 참조).

(1) 절편의 전체 중량 $W=\gamma bh$

여기서, h는 절편의 중심을 따르는 높이이다.

(2) 절편 바닥에 작용하는 전수직력 N

일반적으로 이것은 유효수직력 $N'(=\sigma' l)$과 경계면을 따르는 전간극수압 $U(=ul)$로 나눌 수 있다. 여기서, u는 단위간극수압이고 l은 절편 저변을 따르는 길이이다.

(3) 저변을 따르는 전단력 $T=\tau l$

여기서, τ는 전단응력이다. 즉, $\tau=\dfrac{s}{F_s}$

(4) 양측면상의 수직력 E_1 및 E_2

(5) 양측면상의 전단력 X_1 및 X_2

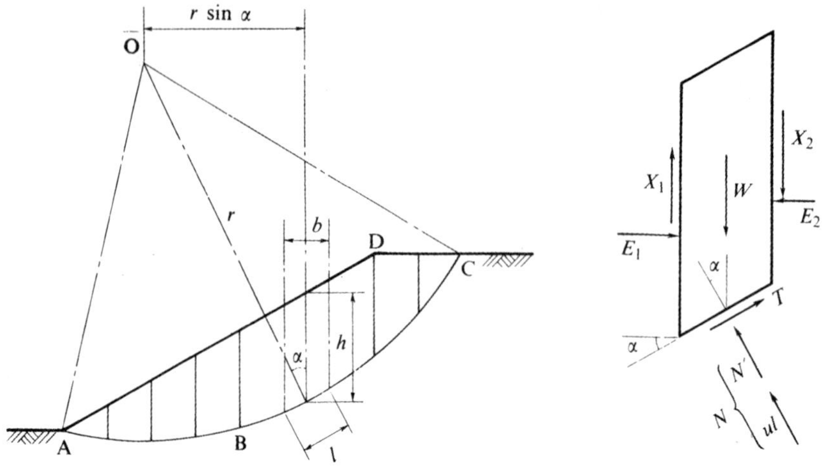

(a) (b)

그림 13.3 절편법

그런데 이 값들은 그림 13.3(b)에 나타낸 바와 같이 이용할 수 있는 평형방정식의 수보다 미지수가 더 많으므로, 이에 대한 풀이는 정역학적으로는 불가능하다[즉, (2n−2)차 부정정, Whitman and Baily, 1967 참조]. 따라서 정역학적으로 해석하기 위해서는 부정정 차수만큼 가정을 설정해야 한다.

그림 13.3(a)의 활동원의 중심에 대한 모멘트의 평형을 고려해서 안전율을 다음과 같이 정의해 보자.

$$F_s = \frac{M_R}{M_D} \tag{13.7}$$

절편의 무게는 W이고 모멘트의 팔은 $r\sin\alpha$이며, 절편의 측면에 작용하는 외력은 상쇄된다는 것을 유의하면,

$$M_D = \Sigma Wr\sin\alpha \tag{13.8}$$

가 됨을 쉽게 알 수 있다. 여기서, α는 절편의 저변이 수평면과 이루는 각이다.

한편, 저항 모멘트는

$$M_R = r\Sigma(c' + \sigma'\tan\phi')l \tag{13.9}$$

이 된다. 식 (13.8)과 (13.9)를 식 (13.10)에 대입하고 정리하면,

$$F_s = \frac{\Sigma c' l + \tan\phi' \Sigma N'}{\Sigma W \sin\alpha} \tag{13.10}$$

이 된다. 위의 식 자체로서 구하는 F_s는 완전한 풀이지만, N'의 값을 정할 때에 다음에 설명하는 바와 같이, 가정 없이는 정역학적 조건을 만족시킬 수가 없다. 따라서 절편법으로서는 정해를

찾기 힘들다는 것을 이해해야 한다.

13.3.1 Fellenius 방법(혹은 스웨덴 방법)

이 방법에서는 절편의 양쪽에 작용하는 힘의 합력은 0이라고 가정한다. 즉,

$$X_1 - X_2 = 0, \quad E_1 - E_2 = 0$$

절편의 저변에 수직한 방향의 합력만을 고려하여 N'을 구하면,

$$N' = W\cos\alpha - ul \tag{13.11}$$

위 식을 식 (13.10)에 대입하면,

$$F_s = \frac{\Sigma c'l + \tan\phi' \Sigma(W\cos\alpha - ul)}{\Sigma W\sin\alpha} \tag{13.12}$$

이 된다.

어떤 주어진 활동원에 대한 안전율은 식 (13.12)를 사용하여 결정될 수 있다. 한 비탈에 대한 최소 안전율을 얻기 위해서는 여러 개의 활동원을 가정하여 계산을 되풀이한다.

이 방법으로 구한 안전율은 이 공식을 유도하는 데 있어서 전제가 된 가정 때문에 오차를 내포하고 있다는 것을 유의하여야 한다. 이 오차의 범위는 정해에 비해 5~20%가량 된다고 하나, 다행히 안전 측일 뿐더러 다음에 설명할 Bishop 방법보다 계산이 훨씬 간편하다.

전응력으로 얻은 강도정수를 사용하여 안정해석을 할 때에는 위 공식의 c', ϕ' 대신 c, ϕ를 사용한다. 이때에는 간극수압을 고려하지 않으므로 $u = 0$이다.

특히 $\phi = 0$이고 전체 비탈에 걸쳐서 비배수강도가 동일하면 식 (13.12)는

$$F_s = \frac{c_u L_a}{\Sigma W\sin\alpha} \tag{13.13}$$

가 된다. 여기서, L_a는 활동 원호의 길이이다. 위의 공식은 N을 포함하고 있지 않으므로 이 식을 사용하여 구한 F_s의 값은 정해이다.

13.3.2 Bishop의 간편법(Bishop's Simplified Method)

이 방법에서는 절편 양측에 작용하는 연직 방향의 합력은 0이라고 가정한다. 즉, $X_1 - X_2 = 0$. 각 절편의 저변에 작용하는 진단응력은 진단강도를 안전율로 나눈 값이므로,

$$T = \frac{1}{F_s}(c'l + N'\tan\phi') \tag{13.14}$$

연직 방향의 합력은

$$W = N'\cos\alpha + ul\cos\alpha + T\sin\alpha$$
$$= N'\cos\alpha + ul\cos\alpha + \frac{c'l}{F_s}\sin\alpha + \frac{N'}{F_s}\tan\phi'\sin\alpha \tag{13.15}$$

위 식을 정리하여 N'을 구하면,

$$N' = \frac{W - \dfrac{c'l}{F_s}\sin\alpha - ul\cos\alpha}{\cos\alpha + \dfrac{\tan\phi'\sin\alpha}{F_s}} \tag{13.16}$$

그런데,

$$l = b\sec\alpha \tag{13.17}$$

이므로 이 식을 식 (13.16)에 대입하고 N'을 식 (13.10)에 대입하여 정리하면,

$$F_s = \frac{1}{\sum W\sin\alpha}\sum[c'b + (W - ub)\tan\phi']\left[\frac{\sec\alpha}{1 + \dfrac{\tan\alpha\tan\phi'}{F_s}}\right]$$
$$= \frac{1}{\sum W\sin\alpha}\sum[c'b + (W - ub)\tan\phi']\frac{1}{M(\alpha)} \tag{13.18}$$

여기서,

$$M(\alpha) = \cos\alpha\left(1 + \frac{\tan\alpha\tan\phi'}{F_s}\right) \tag{13.19}$$

식 (13.18)은 Fellenius 방법보다 복잡하며 안전율 F_s가 이 식의 양변에 있으므로 시행착오법을 써서 수치해석을 통하여 결정하여야 한다. 그림 13.4에서는 계산과정에서 나타나는 $M(\alpha)$를 보여준다. Bishop의 방법도 정역학적으로 풀이를 얻기 위하여 설정한 가정이므로, 물론 정해가 될 수 없다. 그러나 이 방법으로 결정한 안전율은 합리적인 값으로 볼 수 있다.

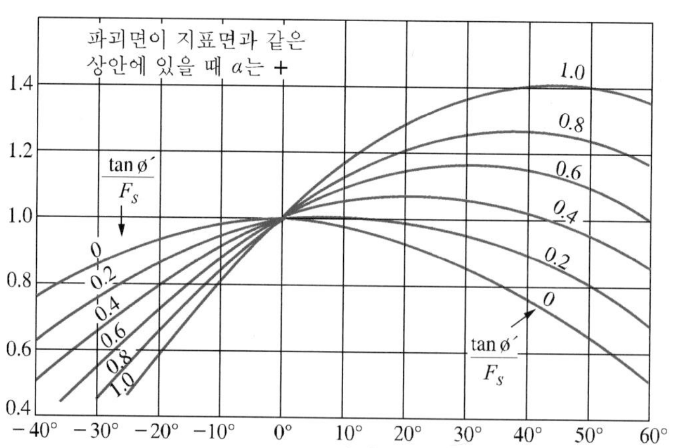

그림 13.4 $M(\alpha)$를 구하는 도표

13.3.3 Janbu의 간편법

Bishop의 간편법과 마찬가지로 절편 양측 전단력의 합은 0으로 가정하여 $(X_1 - X_2 = 0)$ 절편 저변에 작용하는 힘의 성분을 구한다. 그리고 절편 저변에 작용하는 전단력 T는 식 (13.14)와 같이 정의된다. 절편의 연직 방향 힘의 평형으로부터 절편 저변에 작용하는 유효수직력 N'은 식 (13.16)과 동일하다.

절편의 저변에 평행한 방향에 대하여 힘의 평형조건을 수식화하면 다음과 같다.

$$T + (E_1 - E_2)\cos\alpha = W\sin\alpha \tag{13.20}$$

보정하기 이전의 안전율을 F_0라고 정의하고, 위 식에 식 (13.14)를 대입하면 다음과 같다.

$$E_1 - E_2 = W\tan\alpha - \frac{1}{F_0}(c'l + N'\tan\phi')\sec\alpha \tag{13.21}$$

모든 절편의 측면에 작용하는 수직력의 합을 구하면 0이 된다.

$$\Sigma(E_1 - E_2) = \Sigma W\tan\alpha - \frac{1}{F_0}\Sigma(c'l + N'\tan\phi')\sec\alpha = 0 \tag{13.22}$$

따라서 안전율은 다음과 같이 유도된다.

$$F_0 = \frac{\Sigma(c'l + N'\tan\phi')\sec\alpha}{\Sigma W\tan\alpha} \tag{13.23}$$

위 식 (13.23)의 N'에 식 (13.16)을 대입하여 정리하면 다음 식을 얻게 된다.

$$F_0 = \frac{1}{\Sigma W\tan\alpha}\Sigma\left[\{c'b + (W - ub)\tan\phi'\}\frac{\sec\alpha}{M_\alpha}\right] \tag{13.24}$$

여기서, M_α는 식 (13.19)와 동일하다. 식 (13.24)를 Bishop 간편법 식 (13.18)과 비교해 보면 식 (13.24)는 활동에 저항하는 힘의 성분에 $\sec\alpha$를 곱한 값만큼 수정되었다는 것을 알 수 있다.

절편 간 전단력 성분의 영향을 고려하기 위하여 Janbu(1973)는 보정계수 f_0(그림 13.5)를 도입하여 보정 안전율을 다음과 같이 구하였으며, 여기서 f_0는 활동원의 깊이비(d/L)와 흙의 종류에 따라 달라진다(그림 13.5 참조).

$$F_s = f_0 F_0 \tag{13.25}$$

$$f_0 = 1 + b_1\left[\frac{d}{L} - 1.4\left(\frac{d}{L}\right)^2\right] \tag{13.26}$$

여기서, b_1의 값은 $\phi = 0$인 점성토에 대해서는 0.69, $c = 0$인 사질토에서는 0.31, $c - \phi$ 흙에 대해서는 0.50을 사용한다.

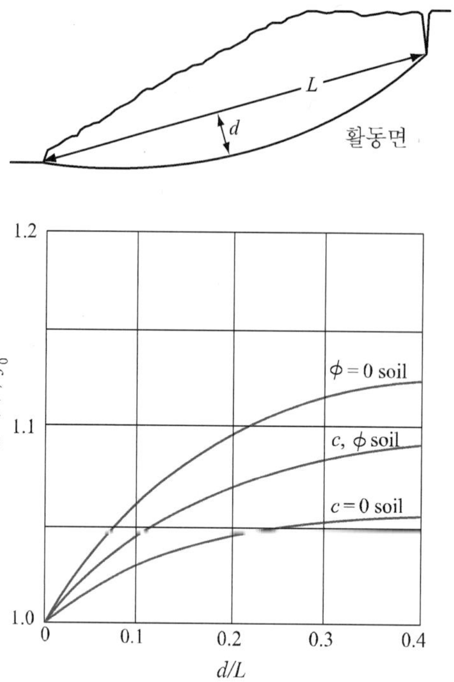

그림 13.5 Janbu 간편법의 보정계수

예제 13.2

Fellenius 방법, Bishop의 간편법 및 Janbu의 간편법을 사용하여 그림 13.6에 나타낸 비탈의 한 활동원에 대한 안전율을 구하여라. 각 절편의 저변에 작용하는 간극수압은 각 절편마다 표시되어 있고 이 흙의 전체 단위중량은 19.6 kN/m^3, $c' = 9.8$ kPa, $\phi' = 29°$이다.

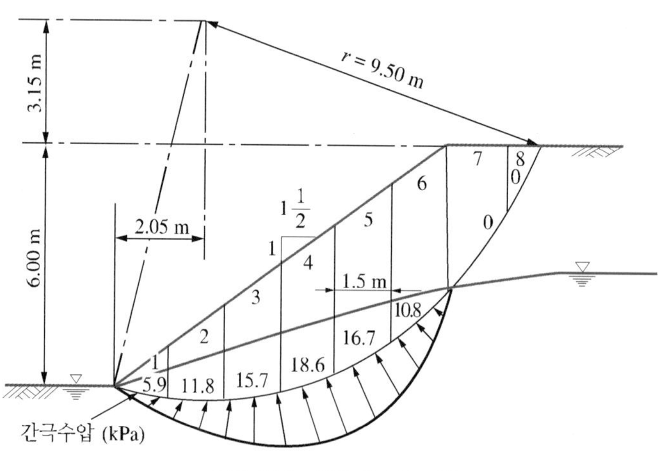

그림 13.6 예제 13.2의 그림

| 풀이 | (1) Fellenius 방법

(1) 절편	(2) W (kN)	(3) α (도)	(4) $\sin\alpha$	(5) $W\sin\alpha$ (kN)	(6) $\cos\alpha$	(7) $W\cos\alpha$ (kN)	(8) u (kPa)	(9) l (m)	(10) U (kN)
1	19.1	-11.68	-0.20	-3.9	0.98	18.7	5.9	1.53	9.0
2	55.9	-1.53	-0.03	-1.5	1.00	55.8	11.8	1.50	17.6
3	79.4	7.97	0.14	11.0	0.99	78.6	15.7	1.51	23.7
4	100.0	17.40	0.30	29.9	0.95	95.4	18.6	1.57	29.3
5	111.7	25.33	0.43	47.8	0.90	101.0	16.7	1.66	27.6
6	114.7	37.49	0.61	69.8	0.79	91.0	10.8	1.89	20.4
7	88.2	49.88	0.76	67.4	0.64	56.8	0.0	2.33	0.0
8	19.6	63.77	0.90	17.6	0.44	8.7	0.0	2.26	0.0
Σ				238.1		506.0		14.26	127.7

$$F_s = \frac{9.8 \times 14.26 + (506 - 127.7)\tan 29°}{238.10} = \frac{139.75 + 209.70}{238.10} = 1.47$$

(2) Bishop 방법

(1) 절편	(2) b (m)	(3) cb (kN)	(4) ub (kN)	(5) $W-ub$ (kN)	(6) (5)× $\tan\phi$ (kN)	(7) (3)+(6) (kN)	(8) M(α) F_s =1.50	F_s =1.70	(9) (7)/(8) F_s =1.50	F_s =1.70
1	1.50	14.7	8.8	10.3	5.7	20.4	0.90	0.91	22.56	22.34
2	1.50	14.7	17.6	38.2	21.2	35.9	0.99	0.99	36.26	36.21
3	1.50	14.7	23.5	55.9	31.0	45.7	1.04	1.04	43.84	44.10
4	1.50	14.7	27.9	72.0	39.9	54.6	1.06	1.05	51.31	51.94
5	1.50	14.7	25.0	86.7	48.1	62.8	1.06	1.04	59.11	60.17
6	1.50	14.7	16.2	98.5	54.6	69.3	1.02	0.99	68.04	69.86
7	1.50	14.7	0.0	88.2	48.9	63.6	0.93	0.89	68.60	71.15
8	1.00	9.8	0.0	19.6	10.9	20.7	0.77	0.73	26.72	28.14
Σ									376.43	383.90

$F_s = 1.50$으로 가정하였을 때 $F_s = \dfrac{376.43}{238.10} = 1.58$

$F_s = 1.70$으로 가정하였을 때 $F_s = \dfrac{383.90}{238.10} = 1.61$

$F_s = 1.60$으로 가정하여 계산을 되풀이하면 $F_s = 1.60$

(3) Janbu 방법

절편	(1)	(2) $c'b$ (kN)	(3) $W-ub$ (kN)	(4) (3)× $\tan\phi'$ (kN)	(5) (2)+(4) (kN)	(6) M(α) F_s= 1.50	F_s= 1.47	(7) $\sec\alpha$	(8) (5)×(7)	(9) $W\tan\alpha$	(10) (8)/(6) F_s= 1.50	F_s= 1.47
	1	14.7	10.3	5.7	20.4	0.90	0.90	1.02	20.84	-3.95	23.04	23.07
	2	14.7	38.2	21.2	35.9	0.99	0.99	1.00	35.90	-1.49	36.27	36.28
	3	14.7	55.9	31.0	45.7	1.04	1.04	1.01	46.11	11.11	44.27	44.22
	4	14.7	72.0	39.9	54.6	1.06	1.07	1.05	57.25	31.33	53.77	53.65
	5	14.7	86.7	48.1	62.8	1.06	1.07	1.11	69.45	52.88	65.40	65.20
	6	14.7	98.5	54.6	69.3	1.02	1.02	1.26	87.33	87.95	85.76	85.37
	7	14.7	88.2	48.9	63.6	0.93	0.93	1.55	98.68	104.67	106.46	105.80
	8	9.8	19.6	10.9	20.7	0.77	0.78	2.26	46.75	39.78	60.45	59.92
Σ										322.27	475.40	473.52

$F_s = 1.50$으로 가정하였을 때 $F_0 = \dfrac{475.40}{322.27} = 1.48$

여러 값의 F_0를 가정하여 계산을 되풀이하면

$F_s = 1.47$로 가정하였을 때 $F_0 = \dfrac{473.52}{322.27} = 1.47$

그림 13.5에서, $d/L = 0.19$일 때 $f_0 = 1.07$이다.

따라서 보정된 안전율 $F_s = f_0 \times F_0 = 1.07 \times 1.47 = 1.57$

13.4 흙구조물의 시간에 따른 안전율의 변화

13.4.1 연약점토지반상의 성토

연약한 점토층에 비교적 낮은 높이의 성토를 할 경우, 성토사면 자체는 매우 안정적일지라도 기초지반에서 활동파괴가 발생할 수 있다. 그림 13.7은 이 경우에 대해 예상 파괴면상의 한 점 P에 작용하는 전단응력, 과잉간극수압 및 안전율의 시간에 따른 변화를 보이고 있다.

성토하중에 의해 P점에서 발생하는 전단응력은 제방의 시공 기간 동안 선형적으로 증가하다가 시공이 완료되면 일정한 값을 보인다. 과잉간극수압은 시공 기간 동안 급격히 증가하여 성토 완료 시 최댓값을 보인 후 시간의 경과에 따라 서서히 감소하여 최종적으로는 지하수위에 의한 정수압과 같아진다. 한편, 사면활동에 대한 안전율은 성토 중에 급격히 감소하여 시공 완료 시 최솟값을 보이고, 그 이후에는 과잉간극수압이 소산됨에 따라 안전율이 점진적으로 증가하여 최종적으로는 일정한 값에 수렴된다. 따라서 연약지반상의 급속 성토 시 활동에 대한 파괴 가능성이 가장 높은 시점은 성토 완료 시가 된다. 이 시점에서의 안정해석은 $\phi=0$ 해석이 편리하다.

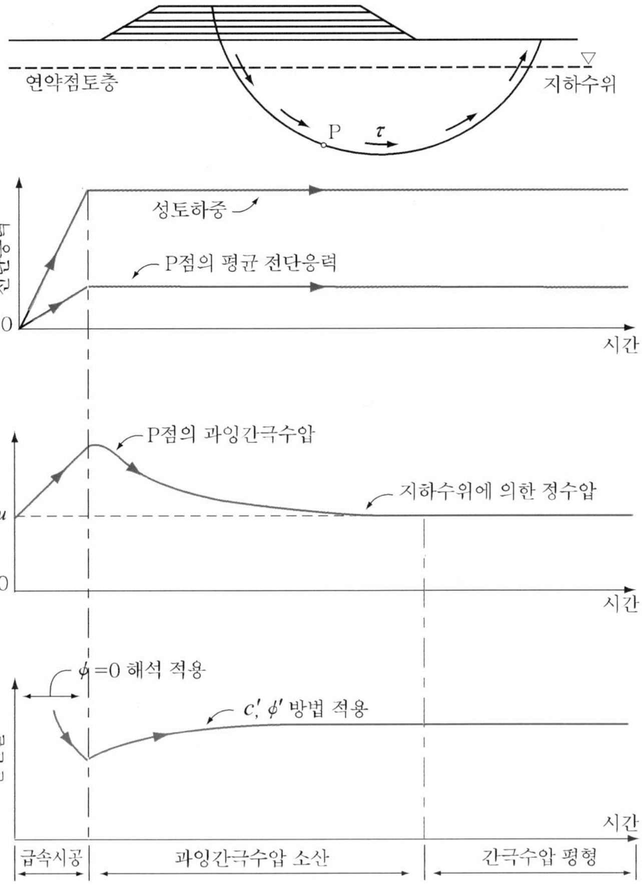

그림 13.7 연약지반 성토 시 전단응력, 간극수압 및 안전율의 경시 변화(Bishop과 Bjerrum, 1960)

13.4.2 점토지반의 굴토

점토지반을 굴토하여 비탈을 만들 때에는 정상 침투 때에 상류 측의 안전율이 가장 작아질 수 있다. 10장에서 이미 언급한 바와 같이 간극수압의 변화는,

$$\Delta u = B[\Delta\sigma_3 + A(\Delta\sigma_1 - \Delta\sigma_3)] \tag{13.27}$$

이다. 점토가 완전히 포화되었다면 $B=1$이므로 위의 식은 다음과 같이 나타낼 수 있다.

$$\Delta u = \frac{1}{2}(\Delta\sigma_1 + \Delta\sigma_3) + \left(A - \frac{1}{2}\right)(\Delta\sigma_1 - \Delta\sigma_3) \tag{13.28}$$

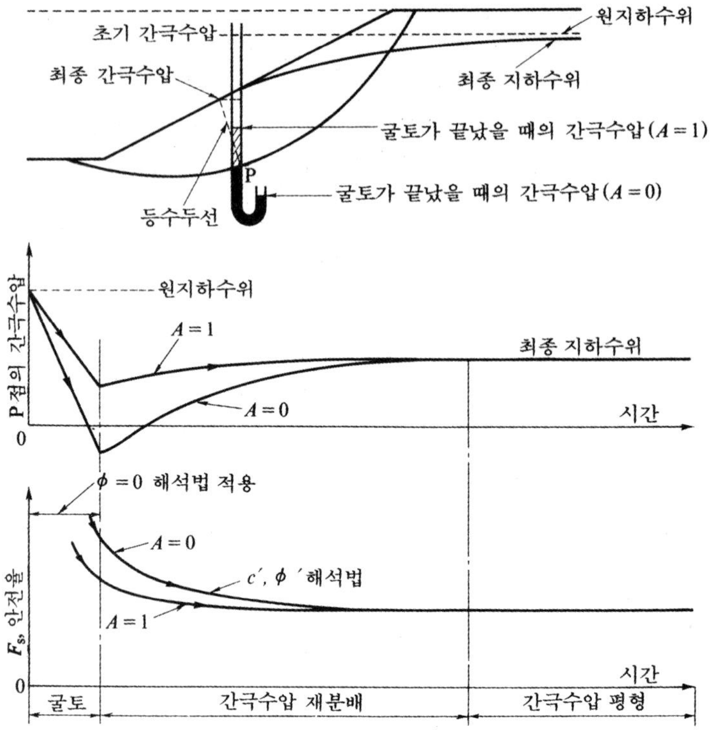

그림 13.8 점토지반을 굴토할 때 시간에 따른 안전율의 변화

그림 13.8의 P에 대해 생각해 보면, 굴토를 진행함에 따라 $\Delta\sigma_3$와 $\Delta\sigma_1$은 음이 되므로 식(13.28)의 제1항은 음이다. 또한 $A < 1/2$이면 제2항도 음이 되므로, 시공 직후의 간극수압의 변화 Δu는 음의 값을 가진다. 그러나 시간이 지남에 따라 음의 Δu는 점차 양의 값이 되므로 성토하여 댐을 축조하는 경우와 달리 시공이 끝난 다음에도 안전율은 계속 작아져 정상 침투(steady seepage)가 된 다음에 최소가 된다.

13.4.3 흙댐

그림 13.9는 흙댐을 축조하기 시작한 후 사용 기간 동안 댐 내의 전단응력, 간극수압 및 안전율의 변화를 나타내고 있다. 시공 기간 중에는 흙 하중이 계속해서 증가하므로, 가상 활동면상의 전단응력과 간극수압도 댐이 완공될 때까지 증가한다. 흙댐을 완공한 후에는 과잉간극수압이 소실되기 시작하며, 완공 후 물을 채우기 시작하면 수압 때문에 간극수압은 또다시 증가한다. 이때 상류 측의 제체는 부력 작용으로 전단응력이 감소하지만, 하류 측에서의 평균 전단응력은 거의 일정하거나 약간 증가할 뿐이다.

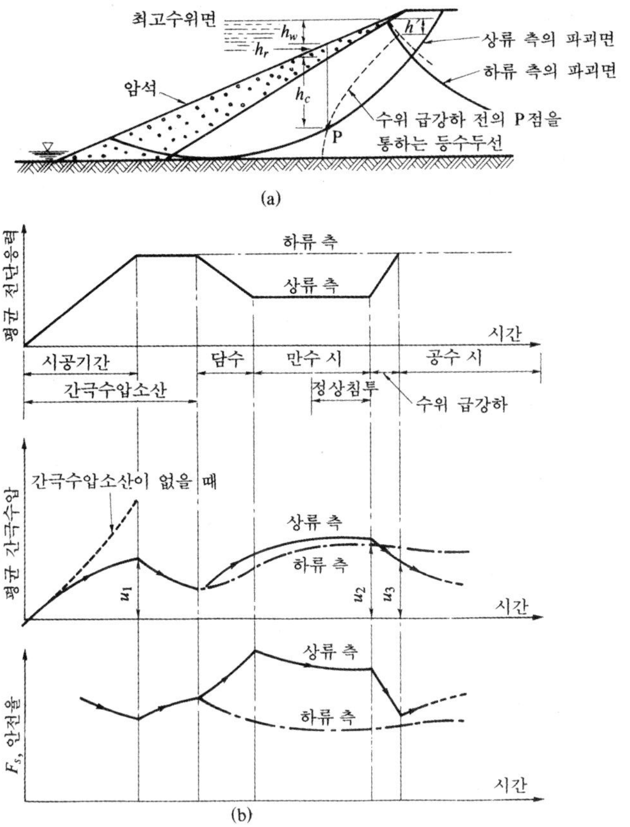

그림 13.9 흙댐의 시공 중 및 시공 후의 응력, 간극수압 및 안전율의 변화

댐이 만수되고 난 다음에는 정상 침투 상태가 된다. 그러나 만수 때 수위가 갑자기 강하되었다면, 제체 내에서는 응력 변화가 일어나므로 가상 활동면의 어느 한 점 P에서 전단응력이 증가한다. 이로 인해 댐의 안전율은 저하할 수 있다. 이와 같이, 댐의 수명 동안 전단응력이나 간극수압은 몇 번씩 증감할 수 있다.

그림 13.9의 시간-안전율 계수 곡선에서 보는 바와 같이, 상류 측이 가장 위험해지는 경우는 시공 직후와 수위 급강하 때이고, 하류 측이 가장 위험해지는 경우는 시공 직후와 만수 시 정상 침투 상태일 때이다.

13.5 전응력해석과 유효응력해석에서의 입력 자료 처리

13.5.1 전응력해석과 유효응력해석

자연사면이나 인공사면의 안정해석은 전응력해석과 유효응력해석으로 나누어 생각할 수 있다.

전자는 비배수강도 시험에서 얻은 강도정수, c와 ϕ를 이용해서 해석하는 방법이며, 간극수압은 고려하지 아니한다. 특별히 비배수강도만으로 안정해석을 한다면 이것을 $\phi = 0$ **해석**이라고 한다. 유효응력해석에서는 유효응력으로 얻은 강도정수 c' 및 ϕ'과 간극수압을 이용하여 안정해석을 한다.

어느 방법을 적용하든 동일한 비탈에 대한 안전율은 논리상으로 보면 결과는 일치한다. 그러나 강도정수, 간극수압, 단위중량 등을 각 방법에 적용하는 데 있어서 명확하게 구별하여 정확히 입력하지 못한다면 다른 결과를 얻는다. 강도정수를 전응력과 유효응력으로 얻는 시험과 방법에 대해서는 10장에서 자세히 설명하였으므로, 여기서는 여러 가지 조건에 대하여 각 방법에 적용할 때 입력되는 단위중량과 간극수압의 결정에 대해서 논의하고자 한다.

13.5.2 부분 수중 상태에 대한 입력의 처리

여기서 부분 수중 상태라고 하는 것은 비탈의 내부 또는 외부에 정수위가 존재하고, 활동원의 일부가 내외부 수면 또는 지하수위면 아래를 통과하는 경우를 말한다[그림 13.10(a), (c) 참조]. 예컨대, 하천 제방은 제체 내수위와 외수위의 상대적인 위치에 따라 제체 내 또는 제체 외로 침투가 발생하나, 만일 침윤선이 완만하다면 외수면과 동일한 수평면에 있는 지하수위로 가정하여 그림 13.10(a)와 같은 부분 수중 상태로 간주할 수 있다. 제체 내 침투가 있는 경우에 대해서는 다음 절에서 설명한다.

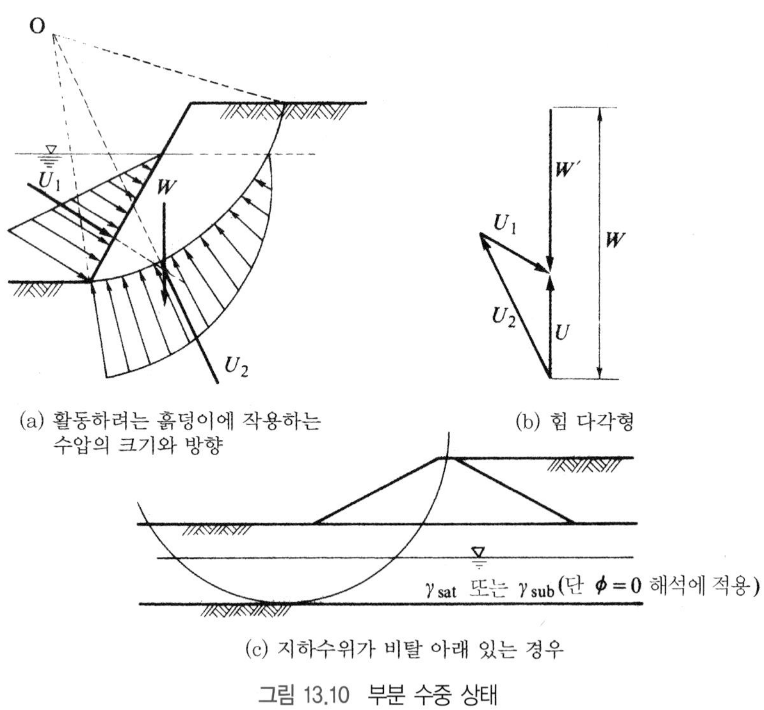

그림 13.10 부분 수중 상태

(1) 수위면 아래 수압을 무시하고 물속에 잠긴 부분의 흙은 수중단위중량으로 계산

부분 수중 상태에서 고려하는 수압은 정수압이므로 하나의 활동면에 작용하는 수압의 분포를 그리면 그림 13.10(b)와 같다. 즉, 활동하는 흙덩이의 바깥에는 U_1이 작용하고 안쪽에는 U_2가 작용하므로 이들을 합성하면 그림 13.10(b)에서와 같이 그 합력은 연직 방향으로 작용하는 양압력 U만 남는다. 따라서 수면 위에 있는 흙의 무게는 γ_t를 사용하여 계산하고, 물속에 잠긴 흙의 무게는 γ_{sub}를 사용하여 계산하면 된다. 그러나 이 방법은 그림 13.10(a)와 (c)의 경우에 대해 $\phi=0$ 해석과 유효응력해석 시 적용할 수 있지만, 전응력해석에 적용해서는 안 된다. 그 이유는 $\phi>0$인 흙이라면 그림 13.11(b)에 나타낸 바와 같이 전응력을 기준하였을 때의 전단강도와 유효응력을 기준하였을 때의 전단강도가 다르기 때문이다. 다시 말하면, 전응력을 기준하였을 때의 전단강도는 s_A가 되나 유효응력을 기준하였을 때의 전단강도는 s_B가 된다. 그러나 $\phi=0$ 해석에서는 수직응력이 다르더라도 전단강도는 변하지 않는다[그림 13.11(a) 참조].

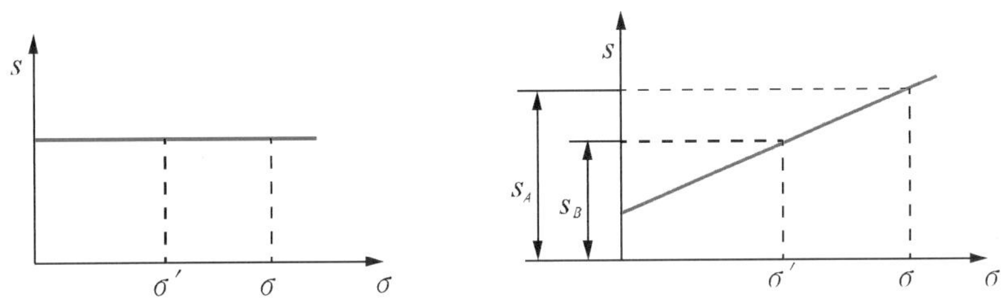

그림 13.11 단위중량의 정확한 사용법

(2) 수압을 고려하고 물속에 잠긴 부분의 흙은 포화단위중량으로 계산

이때에는 활동하려는 흙덩이의 경계면에 작용하는 수압을 고려하고 제체 내 수위면 위에서는 γ_t, 그 아래는 γ_{sat}를 사용한다. 외수위가 있으면 전응력해석이든, 유효응력해석이든 이것을 고려하여야 한다. 모멘트로 안전율을 구한다면 그림 13.10의 U_2는 활동원의 중심을 통과하므로 활동 모멘트를 계산하는 데 전혀 기여하지 못하나, U_1은 활동에 저항하는 모멘트가 된다.

절편법으로 안정해석을 하는 경우 외수위에 대해서는 그림 13.12에서와 같이 세 가지 방법으로 수압을 고려할 수 있다. 첫째는 활동원이 외수위에도 통과한다고 가정하고 절편 a, b에 대해서 무게는 $\gamma_t=\gamma_w$, $c=0$, $\phi=0$인 흙으로 간주한다[그림 13.12(a) 참조]. 절편에 흙과 물이 함께 있으면 물의 무게는 절편의 무게에 포함되어야 한다. 두 번째 방법은 그림 13.12(b)의 BG를 따라 수압이 삼각형으로 분포된다고 가정하는 것이다. 이 수압은 저항 모멘트에 기여한다. 세 번째 방법은 비탈면을 따라 수압이 그림 13.12(c)에 나타낸 바와 같이 분포하는 것으로 계산하는 것이다. 위의 세 가지 중 어느 방법으로 해석하든 결과는 동일하다.

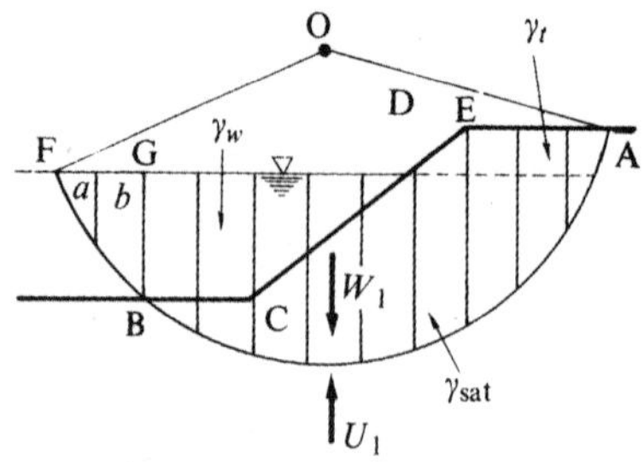

(a) 외수위를 절편으로 나눔

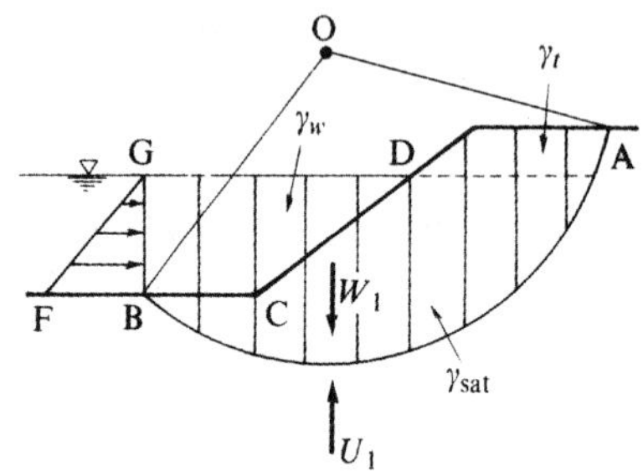

(b) BG에 작용하는 수압

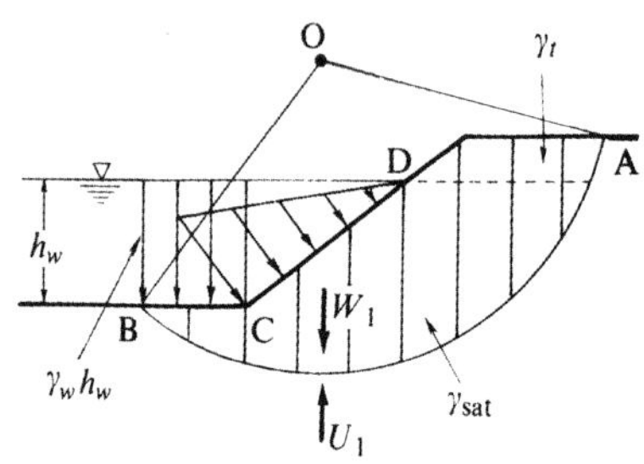

(c) 비탈 경계면에 작용하는 수압

그림 13.12 외수위에 대한 처리방법

13.5.3 정상 침투 시 간극수압의 결정

정상 침투의 경우에는 도해법, 수치해석, 실험 등에 의해 유선망을 작성할 수 있으므로 이로부터 간극수압을 결정할 수 있다. 예로서 한 제체에 유선망이 그림 13.13에 나타낸 바와 같이 그려졌다면 활동면 AB상의 한 점 C에서는 압력수두가 등수두선 CD까지의 높이 h가 되므로, 이 점에서의 간극수압은 $\gamma_w h$가 된다. 이와 같은 방법으로 활동면을 따라 간극수압을 결정하면 그 분포는 이 그림에 보인 바와 같이 도넛 모양으로 그려진다. 이 방법은 유효응력해석에 적용되므로 강도정수는 c', ϕ'을 쓰고, 침윤선 위에서는 전체 단위중량, 침윤선 아래에서는 포화단위중량을 사용하여야 한다.

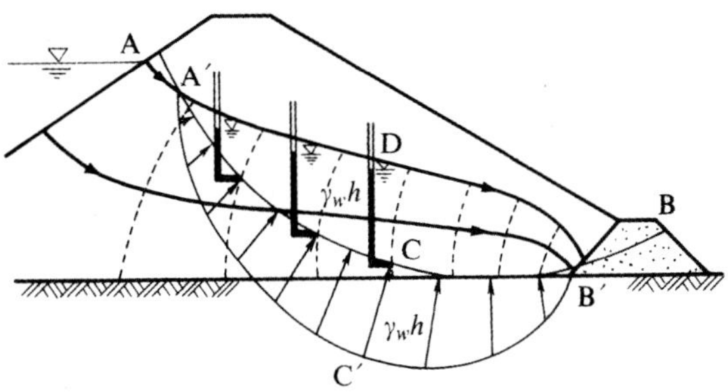

그림 13.13 정상 침투 시의 유선망과 활동면을 따르는 간극수압의 분포

13.5.4 수위 급강하

그림 13.10(a)의 부분 수중 상태로부터 외수위가 급강하한다면 U_1이 소실되므로, 활동에 저항하는 모멘트는 갑작스럽게 감소한다. 이때 제체 내 간극수압 U_2가 그대로 유지된다고 가정하면, 이 경우에 대한 활동에 대한 안전율은 최소가 된다. 그러나 수위 급강하 직후 잔류하는 간극수압은 시간에 따라 변화하므로 본래의 U_2보다는 훨씬 감소한다.

그림 13.14는 균질한 흙댐에 대해 외수위가 완전히 강하한 경우와 반쯤 강하한 경우의 수위 강하 직후 유선망을 나타낸 것이다. 이와 같이 유선망이 그려진다면, 임의의 활동면을 따라 작용하는 간극수압의 분포는 앞 절에서 설명한 방법에 따라 결정할 수 있고, 이것을 사용하여 안정해석을 할 수 있다. 이 방법은 대규모의 흙 구조물에 대해서는 계산의 정확도를 높이기 위하여 이렇게 하는 것이 합리적이지만, 실용적인 관점에서 보면 다음에 설명하는 바와 같이 근사적인 방법을 사용해도 공학적으로 크게 문제가 되지는 않는다.

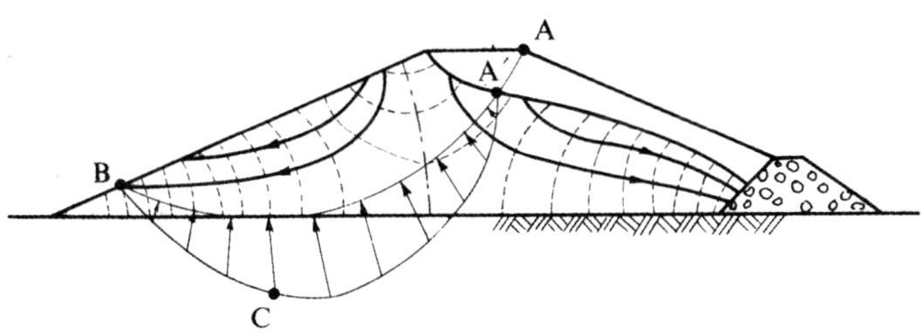

(a) 완전 강하

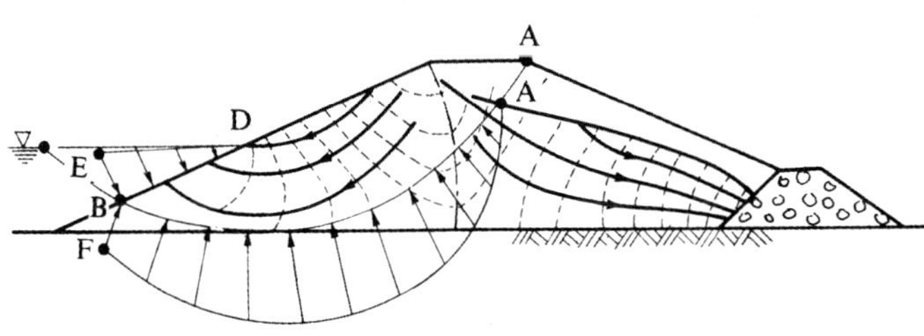

(b) 부분 강하

그림 13.14 수위 급강하 시 유선망과 간극수압의 분포

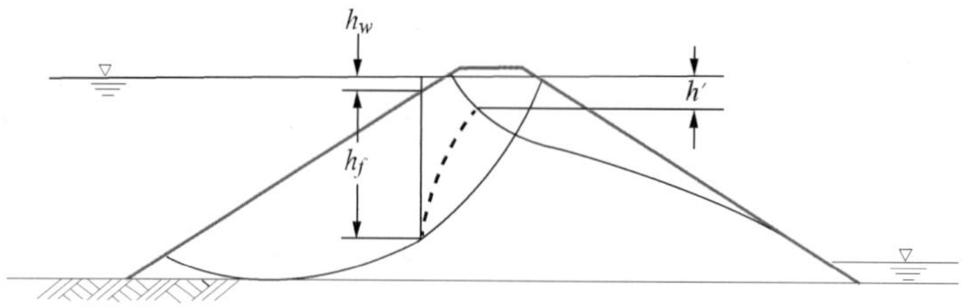

그림 13.15 수위 급강하 전의 상류 측 제체의 간극수압

그림 13.15를 보고 수위 급강하 전후의 간극수압의 변화를 살펴보기로 하자. 수위 강하 이전, 상류 측 사면의 한 점에서의 간극수압을 u_0라고 하면,

$$u_0 = \gamma_w (h_f + h_w - h') \tag{13.29}$$

이 된다. 이 식의 각 기호는 그림 13.15에 나타나 있다.

수위 급강하 후에는 간극수압의 변화가 있으므로 이때의 간극수압을 u라고 하면,

$$u = u_0 + \Delta u \tag{13.30}$$

그러면,

$$\overline{B} = \frac{\Delta u}{\Delta \sigma_1} \tag{13.31}$$

라고 하자. 여기서, $\overline{B}$를 **간극수압비**(pore pressure ratio)라고 한다. 고려 중인 점의 최대 주응력은 그 점 위 재료의 무게와 같다고 가정하면,

$$\Delta \sigma_1 = -\gamma_w h_w \tag{13.32}$$

그러면,

$$\Delta u = \overline{B} \Delta \sigma_1 = -\overline{B} \gamma_w h_w \tag{13.33}$$

가 된다. 위의 식을 식 (13.30)에 대입하면 수위 급강하 후의 잔류 간극수압은,

$$u = u_0 + \Delta u = \gamma_w [h_f + h_w (1 - \overline{B}) - h'] \tag{13.34}$$

이 된다. 이 식을 보면 u는 간극수압비 $\overline{B}$에 의존한다는 것을 알 수 있다. 식 (13.33)에 의하여 간극수압의 변화를 알면 $\overline{B}$의 값을 결정할 수 있다. Bishop(1954)은 $\overline{B} = 1$로 취하고 수위 급강하 후의 간극수압을 계산하여도 안전 측일 뿐더러, 실제 결과와 잘 일치한다는 것을 보이고 있다. $\overline{B} = 1$로 가정하고 $h' = 0$으로 취하면 식 (13.34)는,

$$u = \gamma_w h_f \tag{13.35}$$

가 된다. 따라서 수위 급강하 때의 안전율을 계산할 때에는 가상 활동면을 따르는 간극수압은 통상 식 (13.35)로 계산한 u를 이용한다.

위에서는 수위 급강하 시 간극수압을 유선망으로 결정하거나 개략적으로 추정하는 방법을 설명하였다. 이 방법은 유효응력으로 수위 급강하 시의 안정해석을 하는 데 적용한다. 물론 이때

강도정수는 c'과 ϕ'을 사용하고, 침윤선 위에서는 γ_t, 그 아래에서는 γ_{sat}를 적용하여야 한다.

수위 급강하 시 제체의 안정을 전응력으로 해석하는 방법은 여러 가지가 있지만 실제 간극수압과 실내시험 시 간극수압이 동등해야 한다. 가장 손쉽게 할 수 있는 방법은 압밀 비배수 전단시험으로 얻은 강도정수를 사용하는 것이다. 다시 말하면, 전응력으로 구한 점착력은 c, 전단저항각은 ϕ를 쓰고 간극수압은 고려하지 않는다.

13.5.5 시공 직후

시공 직후 비탈의 안정을 해석할 때에는 $\phi=0$ 해석에 있어서는 s_u값만을 강도정수로 사용하고 간극수압은 고려하지 아니한다. 유효응력으로 안정해석을 할 때에는 다음에 설명하는 방법으로 간극수압을 정한다.

성토의 시공이 급속하여 간극수압의 소산을 거의 무시할 수 있다고 하면, 이때의 과잉간극수압은 이미 10장에서 설명한 바와 같이 Skempton의 식으로 계산할 수 있다. 즉, 성토 하중으로 인해 주어진 위치에서의 주응력을 각각 $\Delta\sigma_1$과 $\Delta\sigma_3$라고 하면, 과잉간극수압은 다음 식으로 계산된다.

$$\Delta u = B[\Delta\sigma_3 + A(\Delta\sigma_1 - \Delta\sigma_3)]$$

이것을 변형하면,

$$\Delta u = B\left[1-(1-A)\left(1-\frac{\Delta\sigma_3}{\Delta\sigma_1}\right)\right]\Delta\sigma_1 = \overline{B}\Delta\sigma_1 \tag{13.36}$$

이 된다.

성토 시에는 흙이 포화되지 않으므로 $\overline{B}<1$이고, 또한 통상 $A<1$이므로 $\overline{B}$는 1보다 작다. 성토하는 불포화토를 가지고 3축압축시험을 한다면 이 흙에 대한 간극수압계수를 얻을 수 있고, 식 (13.36)을 이용하면 간극수압비 $\overline{B}$를 결정할 수 있다.

식 (13.36)으로 구하는 과잉간극수압은 시공 중 배수가 전혀 없다고 가정한 것이지만, 만일 간극수압이 소산된다면 이 경우의 과잉간극수압은 다음과 같이 압밀도 U를 고려하여 계산하여야 한다.

$$\Delta u = \overline{B}\,\Delta\sigma_1(1-U) \tag{13.37}$$

실제의 안정 계산에서 $\Delta\sigma_1$은 연직응력과 같다고 보고, 활동면을 따라 간극수압비가 일정하다고 가정하여 계산한다. 이렇게 가정하여 계산기를 이용할 때에는 계산 절차가 대단히 간편해진다. 이 경우에 대해서는 특별히 간극수압비의 기호를 r_u로 바꾸고 식 (13.36)을 다음과 같이 표시한다.

$$\Delta u = r_u\gamma_t h$$

$$r_u = \frac{\Delta u}{\gamma_t h} \tag{13.38}$$

표 13.1 여러 가지 해석 조건에 대한 전응력해석법과 유효응력해석법의 요약

해석조건	해석방법	사용강도식	간극수압	비 고
부분 수중 상태	$\phi=0$ 전응력 유효응력	$s=s_u$ $s=c+\sigma \tan\phi$ $s=c'+(\sigma-u)\tan\phi'$	사용하지 않음 적용하지 않음 정수압을 적용	전응력해석 시 수중 단위중량을 사용해서는 안 됨
정상 침투	유효응력	$s=c'+(\sigma-u)\tan\phi'$	유선망에서 구함	
수위 급강하	전응력 유효응력	$s=c+\sigma \tan\phi$ $s=c'+(\sigma-u)\tan\phi'$	적용하지 않음 유선망에서 구함	
시공 직후	$\phi=0$ 전응력 유효응력	$s=s_u$ $s=c+\sigma \tan\phi$ $s=c'+(\sigma-u)\tan\phi'$	적용하지 않음 적용하지 않음 r_u 또는 측정값 사용	

표 13.1은 지금까지 설명한 내용을 요약하여 나타낸 것이다. 주어진 해석조건에 대해서 해석방법 중 어느 것을 선택하는가는 전적으로 기술자의 판단에 달려 있다. 예를 들면, 흙구조물의 시공 직후의 안정 해석은 비배수 강도를 사용하여 전응력해석을 할 수도 있고, 또는 c'과 ϕ'을 사용하고 시공 직후의 간극수압을 추정하여 유효응력해석을 할 수도 있다. 그러나 이 경우에는 전자가 편리하므로 많은 기술자들은 이 방법을 선택한다. 정상 침투와 같이 간극수압을 실제와 맞게 가정할 수 있다면, 유효응력해석이 더 실제와 일치하는 결과를 얻는다.

13.5.6 인장균열의 영향

인장균열은 점토지반에서 발생할 수 있으며, 이것이 활동면 내에 존재하면 비탈의 안정에 영향을 끼칠 수 있다. 인장균열을 고려하여 해석을 할 때에는 가상 활동면과 접하는 깊이까지는 전단강도가 없으므로 활동은 이 점에서 시작하는 것으로 간주한다. 만일 인장균열 내에 물이 채워진다면, 그림 13.16에 나타낸 바와 같이 그 깊이까지 정수압이 존재하며, 이 힘은 활동을 일으키는 모멘트로 작용한다. 인장균열이 비탈의 안전율 계산에 미치는 영향은 미소하지만, 균열을 통해 물이 침투함으로써 지반의 전단강도가 약화될 수 있다는 것을 고려할 필요가 있다.

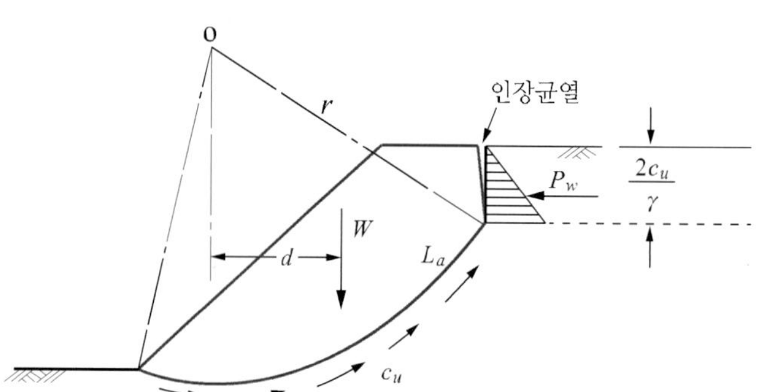

그림 13.16 인장균열의 영향

13.1 그림 13.17에 나타난 제방의 최소 안전율은 얼마인가? 이 제방은 두 층의 다른 토질로 이루어졌으며, 각 토층의 강도정수와 단위중량은 그림에 표시되어 있는 바와 같다.

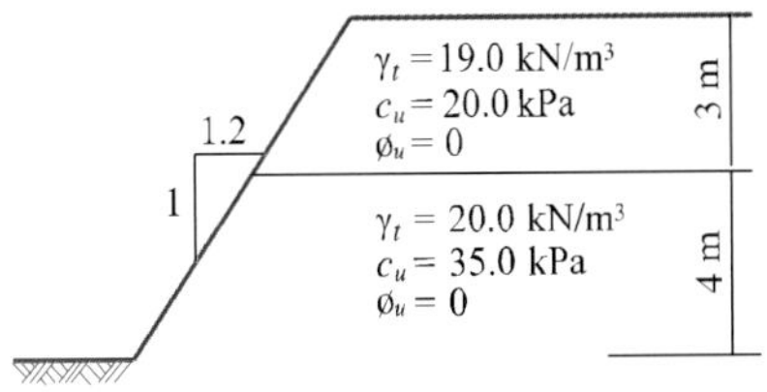

그림 13.17 문제 13.1의 그림

13.2 단위중량이 20.0 kN/m³인 지반을 굴토하여 수평면과 이루는 경사각이 34°이고, 깊이가 8 m인 비탈을 만들었다. 파괴 원호는 선단을 통하여 비탈 상단의 배면으로 7.5 m의 거리에서 지표면과 교차한다. 이 원호의 반지름은 13.6 m이다. Fellenius의 방법으로 이 비탈의 안전율을 결정하여라. 토질시험 결과는 다음과 같다. c_u =20.0 kPa, ϕ_u =14°

13.3 그림 13.18에 나타낸 제방의 주어진 활동원호에 대한 안전율을 Fellenius 방법과 Bishop 방법으로 결정하여라. c', ϕ', γ_t의 값은 그림에 표시되어 있고, u는 유선망으로부터 결정하여라.

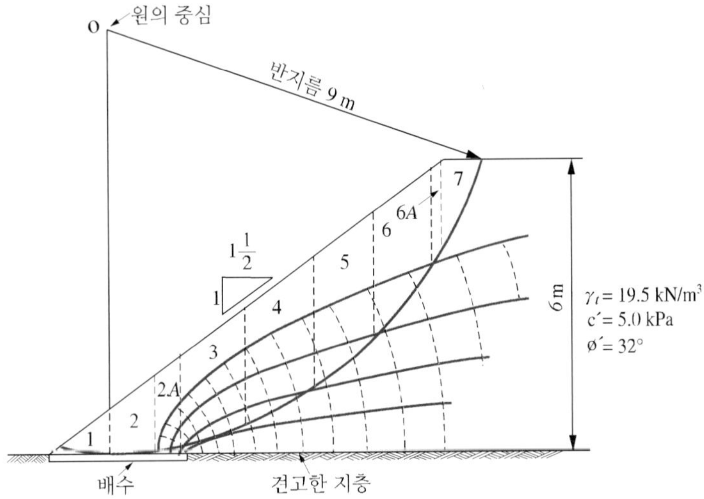

그림 13.18 문제 13.3의 그림

13.4 그림 13.18의 제방의 고수위면이 제방 상단과 일치한다고 가정하고, 이것이 바닥까지 갑자기 하강하였을 때 Fellenius 방법으로 안전율을 계산하여라.

13.5 $c'=0$, $\phi=36°$인 지반에 한 비탈을 만들려고 한다. 지하수위가 비탈의 표면까지 도달하여

침투가 비탈과 평행하게 일어난다고 가정하고, $F_s = 1.5$에 대한 최대 경사각을 결정하여라. 만일 지하수위가 지표면의 훨씬 아래에 있다고 하면, 안전율은 얼마로 증가하는가? 이 흙의 단위중량은 19.0 kN/m^{3}이다.

13.6 $i = 28°$ 되는 무한사면이 있다. 이 흙의 단위중량은 17.5 kN/m^3, $\phi' = 30°$, 간극비는 0.52이다. 강우 때 이 흙은 포화되었고, 연직 방향으로 침투가 일어났으며, 동수경사는 1이었다. 강우 때에도 안정될 수 있는 이 비탈의 경사는 얼마인가?

13.7 그림 13.19와 같이 균질한 점토지반을 절토하려고 한다. 지하수위는 다음 그림에서와 같이 겨울에는 비탈의 훨씬 아래에 있으나, 여름이 되면 지표면까지 올라온다.

(a) 각 경우별 활동에 대한 안전율을 구하여라.

(b) 어느 경우가 안전율이 더 작은지 지적하고 이유를 설명하여라.

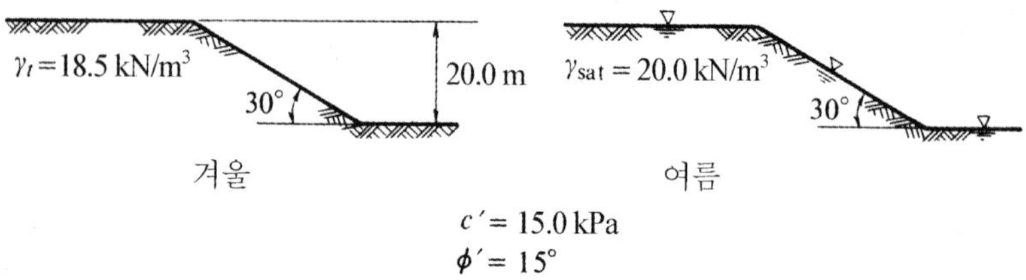

그림 13.19 문제 13.7의 그림

13.8 모래질 지반의 무한사면이 수평면에 대해 15° 기울어져 있다. 활동은 깊이 4 m에서 지표면에 평행하게 발생하며, 지표면에 평행하게 침투하는 지하수위는 지표면과 일치한다. 모래의 포화단위중량은 20.0 kN/m^3, $\phi = 30°$, $c = 0$이다. 이때 활동면에 대해 다음 항목을 계산하여라.

(a) 활동면에 작용하는 수직응력

(b) 활동면에 작용하는 전단응력 및 간극수압

(c) 활동면에 대한 안전율

참고문헌

Bishop, A. W. (1954). The Use of pressure coefficient in practice. *Geotechnique* **4**, 148-152.

Bishop, A. W. and L. Bjerrum (1960). The relevance of the triacial test to the solution of stability problems. *Proc., ASCE Research Conf. on Shear Strength of Cohesive Soils*, Boulder, Col., 437-501

Hoek, E. and Bray, J. (1977). *Rock slope engineering*. London: The Institute of Mining and

Metallurgy.

Janbu, N. (1973). *Slope stability computations in embankment dam engineering*(eds: Hirshfield and Poulos). Casagrande Memorial Volume. New York: John Wiley and Sons. 47-86.

Skempton, A. W. (1948). The ϕ=0 analysis for stability and its theoretical basis. *Proc. 2nd Inter. Conf. SMFE*(Rotterdam) **1**, 72.

Skempton, A. W. and Hutchinson, J. N. (1969). Stability of natural slopes and embankment foundations. State-of-the Art Report, *Proc. 7th Int, Conf. SMFE*, Mexico City **2**, 291-335.

Taylor, D. W. (1937). Stability for earth slopes. *J. Boston Society of Civil Engineers* **24**, No. 3.

Taylor, D. W. (1948). *Fundamentals of soil mechanics.* New York: John Wiley & Sons.

Whitman, R. V. and Bailey, W. A. (1967). Use of computers for slope stability analysis. *Journal of SMFE,* ASCE, **93**, No. SM4, 485-498.

CHAPTER 14

얕은 기초의 지지력과 침하

14.1 개 설

구조물을 지지하는 기초에는 얕은 기초와 깊은 기초가 있다. 얕은 기초(shallow foundation)라고 하면, 상부 구조물의 하중을 직접 지반으로 전달시키기 위하여 지반 위에 놓이는 기초 구조를 말한다. 이를테면, 연속기초(띠기초), 확대기초(footing), 전면기초 등이 이에 속한다. 다음 장에서 설명하는 깊은 기초는 말뚝이나 케이슨 등을 통해서 상부 하중이 지중으로 전달되게 하는 기초 구조이다. 얕은 기초가 놓이는 지반이 큰 하중을 받아 파괴될 때에는 그림 14.1에서 보는 바와 같이 곡선의 어떤 면을 따라 전단파괴가 일어나고, 이 전단면은 지표면까지 뻗친다. 그러나 깊은 기초에서는 전단파괴면이 지표면까지 이르지 못한다.

기초를 설계할 때에는 두 가지를 고려하여야 한다. 첫째는 기초 하부의 지반이 상부 하중을 지지할 수 있는 능력, 즉 지지력(bearing capacity)이 충분히 커야 한다. 지지력은 주로 흙의 강도정수, c와 ϕ에 의존한다. 만일 설계하려는 기초 단면에 대하여 지반의 지지력이 부족할 때에는 말뚝이나 케이슨(caisson)과 같은 깊은 기초로 설계하거나, 아니면 흙의 성질을 개선하여야 한다. 두 번째로 고려할 사항은 기초의 침하량이 허용치 이내에 있어야 한다. 침하량이 지나치게 크면 상부 구조물이 기울어지거나 또는 균열이 생기는 일이 있기 때문이다. 이 장에서는 이러한 두 가지 문제를 중심으로 언급하기로 한다.

14.2 확대기초 아래에 있는 흙의 거동

그림 14.1은 확대기초 아래에 있는 흙이 파괴될 때의 거동을 모형 실험으로 나타낸 것이다.

그림 14.1 확대기초 아래에 있는 흙의 거동

이 그림을 보면 확대기초 위에 작용하는 하중으로 인해 기초 아래에 있는 흙은 아래로 가라앉고, 주위에 있는 흙은 옆으로 밀려서 부풀어오른다는 것을 알 수 있다. 흙의 이러한 파괴 형태는 기초의 지지력 공식을 유도하는 기본 개념을 제시해 준다.

그림 14.2는 상대밀도가 다른 모래에 대해 모형 실험한 파괴 형태와 연직하중–침하량 곡선을 나타낸 것이다. 그림 14.2(a)는 매우 촘촘한 모래에 대한 하중–침하량 곡선이다. 이 곡선을 보고 알 수 있는 바와 같이 하중이 커짐에 따라 침하량은 거의 직선적으로 증가하다가 흙 속에서 국부적으로 전단파괴가 일어나면 침하량이 급격히 증가하는 곡선을 보인다. 하중은 전단파괴가 완전히 일어난 후에는 더 이상 증가하지 않는다. 하중을 받을 때 흙 속에서 국부적으로 전단파괴가 생기는 것을 **국부전단파괴**(local shear failure)라고 하고, 흙 전체가 전단파괴되는 것을 **전반전단파괴**(general shear failure)라고 한다. 매우 촘촘한 모래에서는 국부전단과 전반전단파괴를 일으키는 하중의 차이가 크지 않다.

일반적으로 흙의 하중–침하량 곡선은 그림 14.2(b)의 모양을 따른다. 이 그림에서 보는 바와 같이 전반전단파괴 이후에도 하중이 증가하는 것은 기초가 흙 속으로 유입됨에 따라 생기는 연직응력의 증가 때문이다. 그림 14.2(c)는 매우 느슨한 모래에 대한 파괴 형태를 나타낸 것인데, 이것은 위의 다른 두 그림과는 달리 기초 아래에 있는 흙이 가라앉기만 하고 부풀어오르는 현상은 나타나지 않는다. 이와 같은 흙의 파괴를 **관입전단파괴**(punching shear failure)라고 한다.

흙은 국부전단파괴에 이르면 침하량이 커지기 시작하며, 증가량은 예측하기 어렵다. 따라서 국부전단파괴가 일어날 때의 하중을 지지력으로 삼는 것이 보통이다. 전반전단파괴는 지지력의 극한 상태를 의미하며, 이때의 하중을 **극한지지력**(ultimate bearing capacity)이라고 한다. **허용지지력**(allowable bearing capacity)이란 극한지지력을 적절한 안전율(보통 3)로 나눈 것이다.

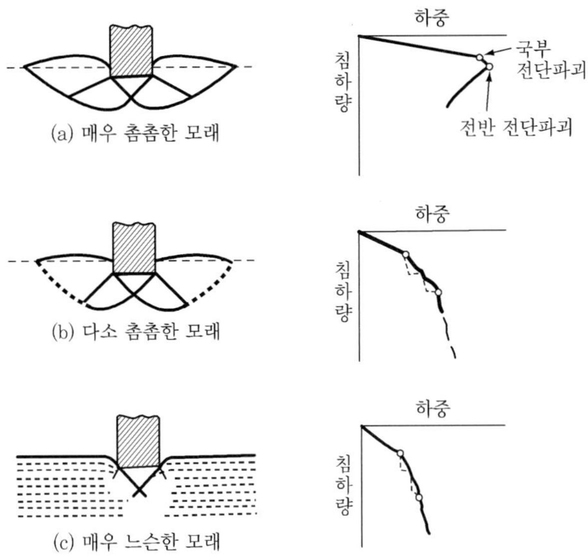

그림 14.2 전단파괴 영역과 하중-침하량 곡선

14.3 지지력 공식

14.3.1 Bell의 지지력 공식

폭에 비해 길이가 긴 연속기초는 2차원으로 해석하여 지지력 공식을 유도할 수 있다. 옹벽 아래 기초나 벽체 기초 등은 이러한 연속기초에 속한다. 연속기초의 극한지지력을 산정하는 방법은 여러 가지 있지만, 지지력 공식의 유도 과정을 이해하기 위하여 우선 간단한 Bell의 공식부터 설명하기로 한다.

Bell은 기초 지반의 파괴 영역은 두 부분으로 구성되어 있다고 가정하였다(그림 14.3 참조). 첫째 부분은 Rankine의 주동영역(그림 14.3의 I부분)이고, 다른 부분은 Rankine의 수동 영역(그림 14.3의 II부분)이다. 기초에 하중이 놓이면 주동 영역은 아래 방향과 횡방향으로 밀리고, 수동 영역은 횡방향과 상방향으로 밀린다. 주동 영역에서의 파괴면은 연직면과 $45° - \phi/2$의 각도를 가지며, 수동 영역에서는 $45° + \phi/2$의 각도를 가진다. 따라서 이 두 개의 직선으로 연결한 파괴면이 기초의 활동 파괴면이 되므로, 실제로는 그림 14.1에 나타낸 바와 같은 파괴 형태와는 많이 어긋난다. 그림 14.3으로부터 영역 II에서 파괴될 때의 P는 수동토압이므로,

$$\begin{aligned} P &= q_s H \tan^2\left(45° + \frac{\phi}{2}\right) + \frac{1}{2}\gamma H^2 \tan^2\left(45° + \frac{\phi}{2}\right) + 2cH\tan\left(45° + \frac{\phi}{2}\right) \\ &= q_s H K_p + \frac{1}{2}\gamma H^2 K_p + 2cH\sqrt{K_p} \end{aligned} \tag{14.1a}$$

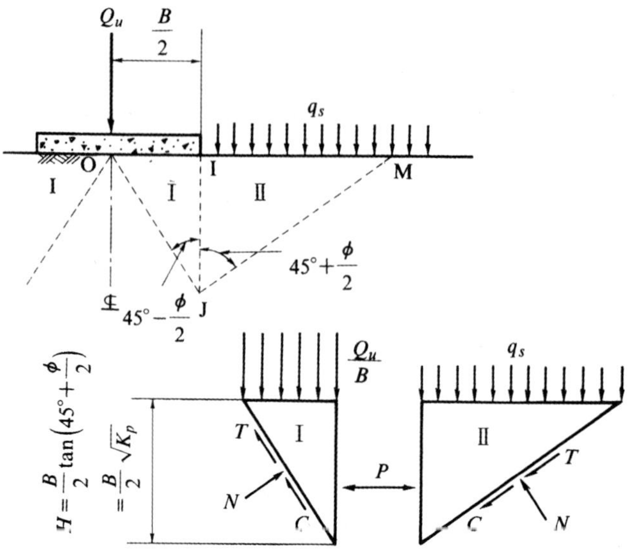

그림 14.3 Bell이 가정한 기초의 파괴 형태

그런데,

$$H = \frac{B}{2}\tan\left(45° + \frac{\phi}{2}\right) = \frac{B}{2}\sqrt{K_p} \tag{14.1b}$$

식 (14.2)를 식 (14.1)에 대입하면,

$$P = \frac{B}{2}q_s(K_p)^{\frac{3}{2}} + \frac{1}{8}\gamma B^2 K_p{}^2 + cBK_p \tag{14.2}$$

영역 I 에서,

$$P = \frac{Q_u}{B}H\tan^2\left(45° - \frac{\phi}{2}\right) + \frac{1}{2}\gamma H^2\tan^2\left(45° - \frac{\phi}{2}\right) - 2cH\tan\left(45° - \frac{\phi}{2}\right)$$

$$= \frac{Q_u}{B}HK_A + \frac{1}{2}\gamma H^2 K_A - 2cH\sqrt{K_A} \tag{14.3}$$

$$\frac{Q_u}{B} = \frac{P}{HK_A} - \frac{\gamma H^2 K_A}{2HK_A} + \frac{2cH\sqrt{K_A}}{HK_A} = \frac{P}{HK_A} - \frac{\gamma H}{2} + \frac{2c}{\sqrt{K_A}} \tag{14.4}$$

식 (14.2)를 식 (14.4)에 대입하면,

$$\frac{Q_u}{B} = \frac{2P}{B\sqrt{K_p}K_A} - \frac{\gamma B}{4}\sqrt{K_p} + \frac{2c}{\sqrt{K_A}}$$

$$= \frac{2P}{B}\sqrt{K_p} - \frac{\gamma B}{4}\sqrt{K_p} + 2c\sqrt{K_p} \tag{14.5}$$

식 (14.1a)를 식 (14.5)에 대입하면,

$$\frac{Q_u}{B} = q_{\text{ult}} = \frac{2\sqrt{K_p}}{B}\left(\frac{B}{2}q_s K_p^{\frac{3}{2}} + \frac{1}{8}\gamma B^2 K_p^{\ 2} + cBK_p\right) - \frac{\gamma B}{4}\sqrt{K_p} + 2c\sqrt{K_p}$$

$$= c\left(2K_p^{\frac{3}{2}} + 2K_p^{\frac{1}{2}}\right) + \frac{\gamma B}{2}\left(\frac{1}{2}K_p^{\frac{5}{2}} - \frac{1}{2}K_p^{\frac{1}{2}}\right) + q_s K_p^{\ 2} \tag{14.6}$$

여기서, 상재하중 q_s는 기초 저면이 지표면 아래에 위치한다면 흙의 무게 γD_f와 같다. 식 (14.6)을 간단한 형식으로 고치면,

$$\frac{Q_u}{B} = q_{\text{ult}} = cN_c + \frac{\gamma B}{2}N_\gamma + \gamma D_f N_q \tag{14.7}$$

여기서, Q_u: 전 극한지지력

q_{ult}: 단위 극한지지력

γ: 흙의 단위중량

D_f: 지표면에서 기초 바닥까지의 깊이

c: 점착력

B: 기초의 폭

$$N_c = 2[K_p^{\frac{3}{2}} + K_p^{\frac{1}{2}}] \tag{14.7a}$$

$$N_\gamma = \frac{1}{2}[K_p^{\frac{5}{2}} - K_p^{\frac{1}{2}}] \tag{14.7b}$$

$$N_q = K_p^{\ 2} \tag{14.7c}$$

N_c, N_γ, N_q는 전단저항각에만 의존하고 차원이 없는 값이며, 이들을 **지지력계수**(bearing capacity factor)라고 한다. 식 (14.7)에서는 제2항과 제3항의 단위중량을 구별하지 않고 있지만, 전자는 기초 바닥 아래에 대한 것이고 후자는 기초 바닥 위에 대한 것이다.

이 식에 의하면 기초 바닥까지의 깊이와 기초의 폭이 증가함에 따라 극한지지력이 증가한다는 사실을 알 수 있다.

14.3.2 Terzaghi의 지지력 공식

앞에서 언급한 Bell의 지지력 공식에는 두 가지 결함이 있다. 첫 번째는 실제 파괴면은 두 개의 직선으로 표시되지 않고 곡선이라는 것이다. 두 번째는 그림 14.3의 IJ면, 즉 주동 영역과 수동 영역 사이에 작용하는 전단응력이 무시되어 있다. 이 두 가지 결함 때문에 이 공식으로 극한지지력을 계산하면 실제 값보다 더 작은 값이 얻어진다. 이러한 결함을 보완하기 위하여 많은 학자들이 파괴면을 직선과 곡선 또는 나선의 조합으로 가정하여 만족스러운 해답을 얻고자 노력하였다.

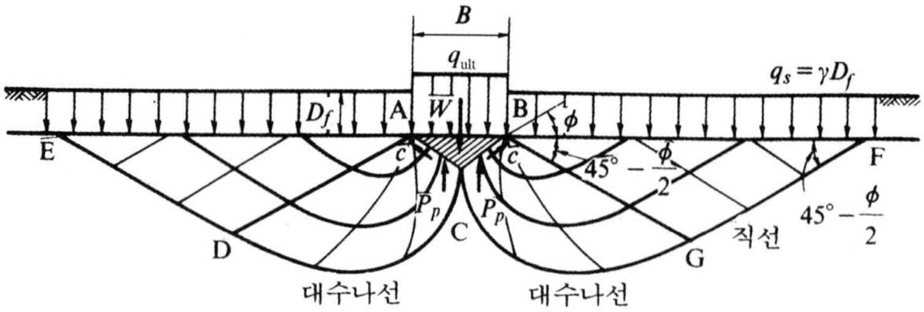

그림 14.4 Terzaghi가 가정한 기초의 파괴 형태

Terzaghi(1943)는 확대기초 바닥 위에 있는 흙은 단지 상재 하중으로만 생각하고 흙의 전단강도는 무시하여, 연속기초의 극한지지력을 산정할 수 있는 공식을 유도하였다. 확대기초의 바닥이 거칠 때에는 그림 14.4에서 사선으로 보이는 것과 같은 모양의 흙쐐기가 기초의 일부분처럼 작용한다. 흙쐐기에 작용하는 하중은 AC와 BC면을 따라 생기는 수동토압으로 저항한다. 활동 파괴면은 그림 14.4의 CDE와 CGF와 같이 대수나선과 직선의 조합으로 이루어지며, AC와 BC는 벽체면이라 생각하고 이 면을 따라 생기는 벽마찰각과 접착력(adhesion)은 각각 흙의 ϕ 및 c와 같다고 가정한다.

이와 같은 가정을 근거로 하여 쐐기 ABC의 평형을 고려하면 다음과 같다.

$$Bq_{\text{ult}} = 2P_p + 2c\sin\phi - W \tag{14.8}$$

여기서, W: 흙쐐기의 무게

c : 벽면을 따라 생기는 전 점착력

이 식을 정리하면 다음과 같다.

$$q_{\text{ult}} = cN_c + \frac{\gamma B}{2}N_\gamma + \gamma D_f N_q \tag{14.9}$$

여기서,

$$N_c = \cot\phi\left[\frac{e^{2(3\pi/4-\phi/2)\tan\phi}}{2\cos^2(\pi/4+\phi/2)} - 1\right] \tag{14.9a}$$

$$N_\gamma = \frac{1}{2}\left[\frac{K_p}{\cos^2\phi} - 1\right]\tan\phi \tag{14.9b}$$

$$N_q = \frac{e^{2(3\pi/4-\phi/2)\tan\phi}}{2\cos^2(\pi/4+\phi/2)} \tag{14.9c}$$

식 (14.9)는 형식이 식 (14.7)과 동일하나 지지력계수 N_c, N_γ, N_q의 값은 다르다는 것을 유의하여야 한다. 그림 14.5는 Terzaghi 이론에 의한 지지력계수를 구하는 도표이다.

그림 14.5의 지지력계수를 사용하여 구한 극한지지력은 전반전단으로 파괴될 때의 응력을 의미한다는 것을 유의하여야 한다. 그림 14.2에서와 같이 상대밀도가 큰 흙에서는 국부전단파괴와

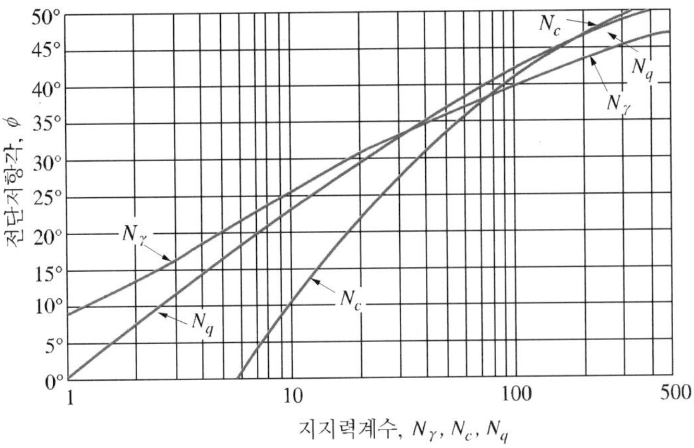

그림 14.5 Terzaghi 이론에 의한 지지력계수를 구하는 도표

전반전단파괴가 거의 동시에 일어나지만, 상대밀도가 작은 흙에서는 국부전단이 전단파괴보다 훨씬 앞서서 일어난다. 따라서 느슨한 흙에 대해서는 국부전단으로 파괴될 때의 지지력이 중요하다.

Terzaghi는 국부전단으로 파괴될 때의 극한지지력을 구하는 경험적인 방법을 다음과 같이 제안하였다. 즉, 점착력을 2/3만 취하고 전단저항각은 $\tan\phi$의 2/3만 취한다. 이것을 공식으로 나타내면,

$$c_l = \frac{2}{3}c \tag{14.10}$$

$$\phi_l = \tan^{-1}\left(\frac{2}{3}\tan\phi\right) \tag{14.11}$$

가 된다. 여기서, c_l과 ϕ_l은 각각 국부전단으로 파괴될 때의 극한지지력을 구하는 데 이용되는 점착력과 전단저항각이다. 그러나 실제로는 전반전단과 국부전단을 명백히 구분짓지 못하는 경우가 많다.

길이가 무한한 연속기초는 위에서 언급한 바와 같이 2차원으로 해석하여 지지력 공식을 유도할 수 있었다. 그러나 원형, 정사각형 또는 직사각형의 기초 형태와 같이 길이가 유한하면, 파괴 형상은 3차원이 되므로 앞서 설명한 공식을 적용할 수가 없다. 따라서 이에 대한 이론적인 해석은 대단히 어려우므로 연속기초에 대한 공식을 기본으로 경험적인 요소를 포함하여 여러 가지 기초 형태에 대한 지지력 공식이 제안되었다. Terzaghi가 제안한 지지력 공식은 다음과 같다.

- 정사각형 기초 :

$$q_{\text{ult}} = 1.3cN_c + 0.4\gamma BN_\gamma + \gamma D_f N_q \tag{14.12}$$

- 원형 기초 :

$$q_{\text{ult}} = 1.3cN_c + 0.3\gamma BN_\gamma + \gamma D_f N_q \tag{14.13}$$

원형 기초에서 B는 원의 지름이다.

예제 14.1

Terzaghi의 공식을 이용하여 그림 14.6과 같은 연속기초에 대한 극한지지력을 구하여라.

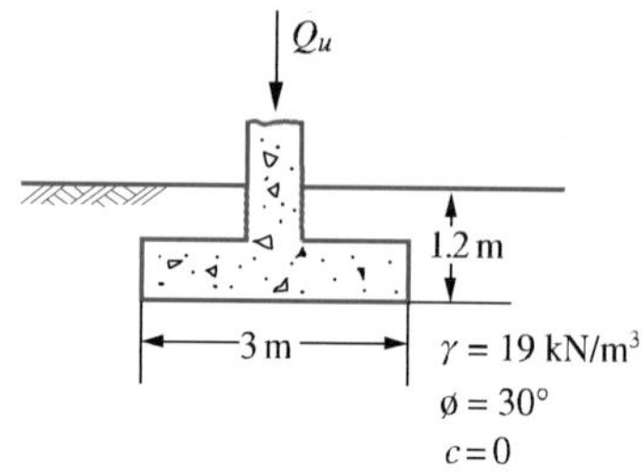

그림 14.6 예제 14.1의 그림

| 풀이 | $$q_{ult} = cN_c + \frac{1}{2}\gamma BN_\gamma + \gamma D_f N_q$$

그림 14.5에서 $\phi = 30°$에 대해 $N_\gamma = 20$, $N_q = 22$

$$q_{ult} = \frac{1}{2} \times 19 \times 3 \times 20 + 19 \times 1.2 \times 22$$
$$= 570 + 501.6 = 1071.6 \text{ kPa}$$

예제 14.2

지표면 아래 1.2 m 깊이에 놓이는 벽체 기초를 설계하려고 한다. 기초에 작용하는 하중은 단위길이당 500 kN이다. 안전율을 3으로 하여 벽체의 폭을 결정하여라.

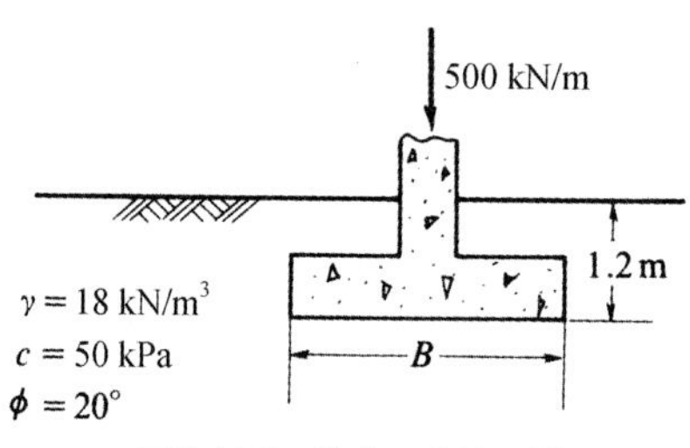

그림 14.7 예제 14.2의 그림

| 풀이 | $\phi = 20°$에 대해 그림 14.5로부터 $N_c = 17.7$, $N_\gamma = 5.0$, $N_q = 7.4$를 얻는다. 그러면

$$q_{ult} = cN_c + \frac{1}{2}\gamma BN_\gamma + \gamma D_f N_q = 50 \times 17.7 + \frac{1}{2} \times 18B \times 5 + 18 \times 1.2 \times 7.4$$
$$= 885 + 45B + 159.8$$

$q_a = q_{ult}/3$이므로

$$\frac{(885+45B+159.8)}{3} = \frac{500}{B}$$

$$45B^2 + 1044.8B - 1500 = 0$$

$B = 1.36$ m $\quad\quad \therefore\ B = 1.4$ m로 정함

예제 14.3

Terzaghi의 지지력 공식을 사용하여 그림 14.8의 정사각형 기초의 허용하중을 구하여라. 안전율은 3을 적용한다.

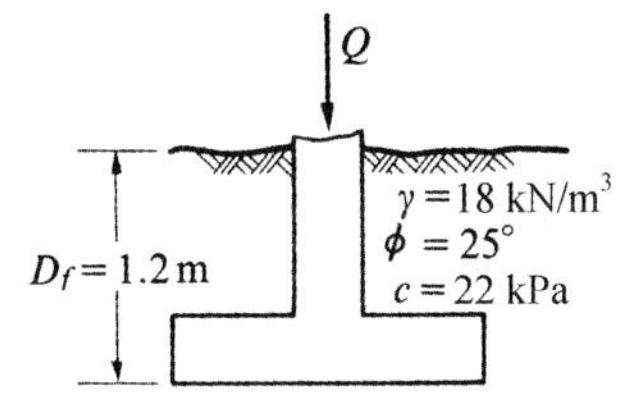

그림 14.8 예제 14.3의 그림

| 풀이 | $\phi = 25°$에 대한 $N_c = 25.1$, $N_\gamma = 9.7$, $N_q = 12.7$

식 (14.12)에 대입하면,

$$q_{ult} = 1.3 \times 22 \times 25.1 + 0.4 \times 18 \times 2.5 \times 9.7 + 18 \times 1.2 \times 12.7$$
$$= 717.9 + 174.6 + 274.3 = 1166.8 \text{ kPa}$$

$$q_a = q_{ult}/3 = 1166.8/3 = 388.9 \text{ kPa}$$
$$Q_a = 388.9 \times 2.5 \times 2.5 = 2430.6 \text{ kN}$$

14.3.3 Meyerhof의 지지력 공식

Terzaghi는 기초 바닥 위에 있는 흙은 상재 하중으로 가정하였지만, Meyerhof는 그림 14.9에 나타낸 바와 같이 파괴면이 대수나선과 직선으로 지표면까지 연장된다고 가정하였다. 이 그림에서 β는 ϕ와 $45° + \frac{\phi}{2}$ 사이의 어떤 각도를 가지며, BC와 BC′은 대수나선이고, CD와 C′D′은 직선이다. 이와 같이 가정하여 연속기초에 대해 해석한 지지력 공식은 Terzaghi의 공식과 동일한 형태, 즉

$$q_{ult} = cN_c + \frac{1}{2}\gamma B N_\gamma + \gamma D_f N_q \tag{14.14}$$

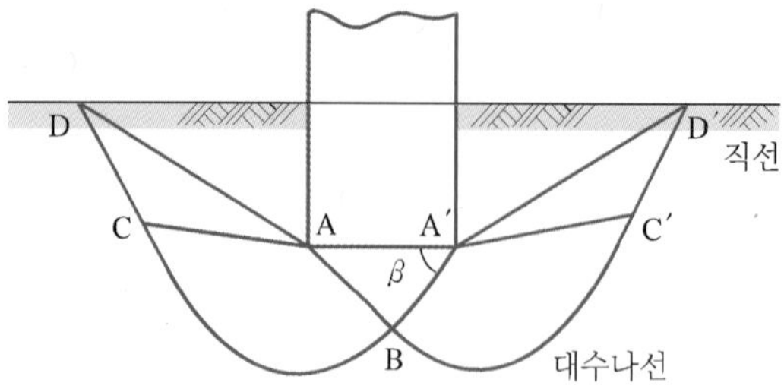

그림 14.9 얕은 기초에 대한 Meyerhof의 해석방법

로 나타낼 수 있다. 여기서, 지지력계수는 다음과 같이 유도되었다.

$$N_q = e^{\pi \tan\phi} \tan^2\left(45° + \frac{\phi}{2}\right) \tag{14.14a}$$

$$N_c = (N_q - 1)\cot\phi \tag{14.14b}$$

$$N_\gamma = (N_q - 1)\tan(1.4\phi) \tag{14.14c}$$

Meyerhof의 지지력계수는 표 14.1에 제시되어 있다.

표 14.1 Terzaghi와 Meyerhof의 지지력계수

ϕ	Terzaghi			Meyerhof		
	N_c	N_γ	N_q	N_c	N_γ	N_q
0	5.7	0	1.0	5.14	0	1.0
5	7.3	0.5	1.6	6.5	0.1	1.6
10	9.6	1.2	2.7	8.3	0.4	2.5
15	12.9	2.5	4.4	11.0	1.1	3.9
20	17.7	5.0	7.4	14.8	2.9	6.4
25	25.1	9.7	12.7	20.7	6.8	10.7
30	37.2	19.7	22.5	30.1	15.7	18.4
35	57.8	42.4	41.4	46.1	37.1	33.3
40	95.7	100.4	81.3	75.3	93.7	64.2
45	172.3	297.5	173.3	133.9	262.7	134.9
48	258.3	780.1	287.9			
50	347.5	1153.2	415.1	266.9	873.7	319.0

위에서 설명한 공식은 연속기초에 대한 것이므로, 기초의 형상이 원형이거나 직사각형일 때에는 이것을 그대로 사용할 수 없다. 또한 기초 바닥의 깊이에 대한 영향도 고려되지 않았다. 더욱이, 기초에 하중이 기울여져 작용될 때 이에 대한 보정도 필요하다. Meyerhof(1963)는 이와 같은 요소를 모두 고려하여 다음과 같은 일반 지지력 공식을 제안하였다.

$$q_{\text{ult}} = cN_c s_c d_c i_c + \frac{1}{2}\gamma B N_\gamma s_\gamma d_\gamma i_\gamma + q' N_q s_q d_q i_q \tag{14.15}$$

여기서, q': 기초 바닥 위의 유효연직응력

s_c, s_γ, s_q: 형상계수

d_c, d_γ, d_q: 깊이계수

i_c, i_γ, i_q: 경사계수

위의 여러 계수들은 경험적인 자료를 근거로 해서 결정되었는데, 이것은 다음과 같이 구할 수 있다.

(1) 형상계수

형상계수는 다음과 같이 제안되었다.

$$s_c = 1 + 0.2K_p(B/L) \tag{14.15a}$$

$$s_\gamma = s_q = 1.0 \quad (\phi = 0°)$$

$$s_\gamma = s_q = 1 + 0.1K_p(B/L) \quad (\phi \geq 10°) \tag{14.15b}$$

여기서,

$$K_p = \tan^2(45° + \phi/2)$$

(2) 깊이계수

깊이계수는 다음과 같이 제안되었다.

$$d_c = 1 + 0.2K_p^{\frac{1}{2}}(D_f/B) \tag{14.15c}$$

$$d_\gamma = d_q = 1.0 \quad (\phi = 0°)$$

$$d_\gamma = d_q = 1 + 0.1K_p^{\frac{1}{2}}(D_f/B) \quad (\phi \geq 10°) \tag{14.15d}$$

(3) 경사계수

경사계수는 다음과 같다.

$$i_c = i_q = (1 - \alpha/90°)^2 \tag{14.15e}$$

$$i_\gamma = (1 - \alpha/\phi)^2 \tag{14.15f}$$

여기서, α: 작용하중의 방향이 연직면과 이루는 각도

예제 14.4

그림 14.10에 나타낸 2 m × 2 m 정사각형 기초가 지지할 수 있는 허용하중(안전율 : 3.0)을 구하여라. 이 기초의 바닥은 지표면 아래 0.8 m에 놓이고, 하중은 연직면과 20°의 각도로 기울어서 작용한다.

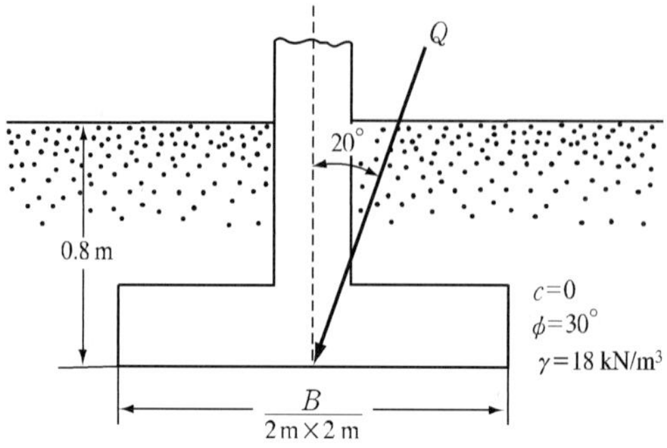

그림 14.10 예제 14.4의 그림

| 풀이 | $c=0$이므로 식 (14.15)의 제1항은 고려할 필요가 없다. 따라서,

$$q_{\mathrm{ult}} = \frac{1}{2}\gamma B N_\gamma s_\gamma d_\gamma i_\gamma + q' N_q s_q d_q i_q$$

$$q' = 0.8 \times 18 = 14.4 \text{ kPa}$$

표 14.1로부터 $\phi = 30°$에 대하여,

$$N_\gamma = 15.7$$

$$N_q = 18.4$$

$$s_\gamma = s_q = 1 + 0.1 K_p\left(\frac{B}{L}\right) = 1 + 0.1\tan^2\left(45° + \frac{30°}{2}\right) = 1 + 0.1 \times 3 = 1.3$$

$$d_\gamma = d_q = 1 + 0.1(K_p)^{\frac{1}{2}}\left(\frac{D_f}{B}\right) = 1 + 0.1 \times (3)^{\frac{1}{2}} \times \frac{0.8}{2}$$

$$= 1 + 0.1 \times 1.73 \times 0.4 = 1.07$$

$$i_\gamma = (1 - \alpha/\phi)^2 = \left(1 - \frac{20}{30}\right)^2 = 0.11$$

$$i_q = (1 - \alpha/90)^2 = \left(1 - \frac{20}{90}\right)^2 = 0.605$$

이것을 대입하면,

$$q_{\mathrm{ult}} = 1/2 \times 18 \times 2 \times 15.7 \times 1.3 \times 1.07 \times 0.11 + 14.4 \times 18.4 \times 1.3 \times 1.07 \times 0.605$$

$$= 43.2 + 223.0 = 266.2 \text{ kPa}$$

$$Q_u = 266.2 \times 2 \times 2 = 1064.8 \text{ kN}$$

$$Q_a = \frac{1064.8}{3} = 354.9 \text{ kN}$$

14.3.4 비배수조건에 대한 극한지지력

앞에서 설명한 지지력 공식들은 배수조건과 비배수조건으로 분리하여 설명을 하지 않았지만, 현장의 배수 상태와 일치되도록 극한지지력을 계산할 수 있다. 배수조건에서는 배수 전단시험으로 얻은 강도정수 c'과 ϕ'을 사용하고, 비배수조건에서는 비배수강도 $s_u(\phi=0$ 개념)를 사용하면 된다.

배수조건과 비배수조건의 판별은 하중이 재하되는 속도와 기초 지반의 배수되는 속도를 비교하여 결정할 수 있다. 흙의 압밀시간이 재하시간보다 훨씬 작다면 배수조건이 되고, 압밀시간이 재하시간보다 훨씬 크다면 비배수조건이 된다. 배수조건과 비배수조건 사이에는 부분적인 배수조건이 얼마든지 있을 수 있다.

일반적으로 모래의 투수성은 매우 양호하기 때문에 배수조건으로 취급될 수 있다. 한편, 점토의 투수계수는 매우 작아서 비배수조건으로 간주되어야 한다. 실트의 투수계수는 모래와 점토 사이에 있으므로 명백히 조건을 구별하기가 힘들다.

앞에서 설명한 지지력 공식에 의하면, $\phi=0$일 때의 비배수조건에서는 $N_\gamma=0$, $N_q=1$이므로 식 (14.9)는 다음과 같이 간단해진다.

$$q_{\text{ult}}=cN_c+\gamma_t D_f \tag{14.16}$$

이 식을 보면, 점착력을 고려할 때에는 기초의 폭은 극한지지력과 관계가 없다는 것을 알 수 있고, 또한 이때에는 전응력해석이 되므로 단위중량은 γ_t를 사용한다.

Skempton(1951)은 $\phi=0$인 흙에 대해 기초의 형상, 기초의 폭 및 깊이의 영향을 모두 포함하여 N_c를 구할 수 있는 도표를 그림 14.11과 같이 제시하였다. 이 그림에서 N_c를 구하여 식 (14.16)에 대입하면 점성토 지반의 지지력을 쉽게 계산할 수 있다.

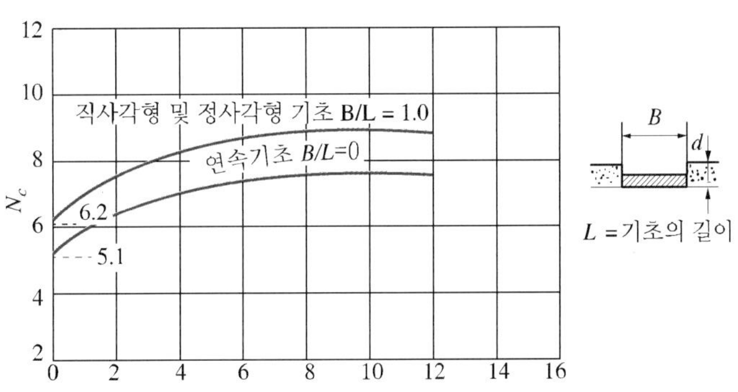

그림 14.11 Skempton의 지지력계수를 구하는 도표(Skempton, 1951)

점성토 지반에 기초가 놓일 때, 전단파괴면이 원호라고 가정하여 극한지지력을 해석적으로 구할 수 있다. 그림 14.12에 나타낸 지반에 기초폭 B에 걸쳐서 등분포하중 q가 작용한다면 파괴는 그림에서와 같이 원호를 따라 일어난다고 가정한다. 그러면 활동에 대한 안전율은 다음과 같다.

$$F_s = \frac{M_R}{M_D} \tag{14.17}$$

여기서, M_R: 점토의 전단강도에 의해 저항하는 모멘트

M_D: 기초 하중으로 활동하려는 모멘트

극한지지력은 위의 식에서 안전율이 1일 때의 하중 강도가 된다. 이 방법은 흙의 비배수강도가 깊이에 따라 변할 때 극한지지력을 계산하는 데 적절하다.

예제 14.5

그림 14.12의 점토 지반에 놓인 기초의 극한지지력을 구하여라.

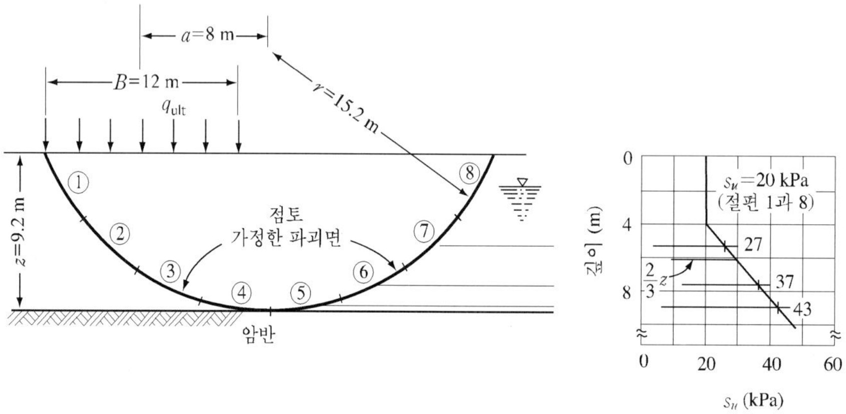

그림 14.12 예제 14.5의 그림

| 풀이 | 원의 반지름 $r = 15.2$ m, 원호를 8등분한 길이 $L = 4.6$ m

$$\sum s_u = 2(20 + 27 + 37 + 43) \times 4.6 = 1168.4 \text{ kN/m}$$

$$\frac{1168.4 \times 15.2}{12 q_{ult} \times 8} = 1$$

$$q_{ult} = \frac{1168.4 \times 15.2}{12 \times 8} = 185 \text{ kPa}$$

14.3.5 각 공식에서 구한 지지력과 실제와의 일치성

지금까지 몇 가지 지지력 공식에 대해 언급하였지만, 이외에도 De Beer(1970), Hansen(1970)의 공식도 제안되어 사용되고 있다. 여기서, Bell의 공식은 지지력의 개념을 쉽게 이해할 수 있도록

소개된 것이지만, 실제로는 사용되지 않는다. 그러나 여러 가지 공식 중 어떤 공식이 실제와 잘 맞는가 하는 것은 이용자가 항상 겪게 되는 고민이다.

Terzaghi의 공식은 비교적 일찍 제안되었고 또 대단히 안전 측이기 때문에 지금까지 널리 사용되어 왔다. Meyerhof 공식은 기초의 형상, 기초 깊이의 영향, 경사 하중을 고려하고 있기 때문에 최근에 널리 사용되고 있다. 이러한 공식과 실제 지지력을 비교하기 위하여 여러 기관에서 수많은 현장 시험을 행하였는데, 그 결과에 의하면 Meyerhof와 Hansen의 공식이 가장 좋은 일치성을 보인다고 한다. 그러나 비점성토에 대해서 **평면변형률조건**(plane strain condition, σ_2 방향의 변형이 없는 응력 상태)의 강도정수를 쓰면, 마찰각이 더 크고 덜 안전 측이다. 본래 Meyerhof의 공식은 이 조건에 대해 유도되었으므로 3축시험으로 구한 마찰각을 평면변형률조건에 맞추어 다음 식으로 보정할 수 있다.

$$\phi_{pl} = (1.1 - 0.1\ B/L)\phi_{\text{triax}} \tag{14.18}$$

여기서, ϕ_{pl}: 평면변형률조건에서 얻은 전단저항각

ϕ_{triax}: 3축압축시험에서 얻은 전단저항각

표 14.2 Terzaghi의 지지력계수와 실험값의 비교(Lambe과 Whitman, 1969)

지지력계수	값의 출처	$\phi = 30°$	$\phi = 40°$
N_q	Terzaghi	22	80
	실험값	23	400
N_γ	Terzaghi	20	130
	실험값	33	170-210

표 14.2는 연속기초에 대한 소규모 모형 시험에서 얻어진 지지력계수의 평균값과 Terzaghi 이론으로 구한 지지력계수를 비교한 것이다. 이 결과를 보면 이론으로 구한 값이 작으므로 안전 측이라는 것을 알 수 있고, 특히 전단저항각이 클 때에는($\phi = 40°$), 상당한 차이를 보인다. 이 표에서는 재래식의 3축압축시험에서 얻어진 ϕ값을 사용하였으므로, 만일 이것을 평면 변형률조건으로 수정하였다면 차이는 훨씬 줄어들 것으로 추정된다.

14.4 편심하중을 받는 기초의 지지력

옹벽과 같은 기초는 연직하중에 추가해서 모멘트를 받는다. 이와 같은 경우에는 접촉 압력의 분포가 균등하지 않으며, 최대 및 최소 응력은 다음 공식을 사용하여 계산할 수 있다.

$$q_{\max} = \frac{V}{BL} + \frac{6M}{B^2L} \tag{14.19}$$

$$q_{\min} = \frac{V}{BL} - \frac{6M}{B^2 L} \tag{14.20}$$

여기서, V : 연직하중

M : 모멘트

만일, 그림 14.13에서와 같이 직사각형 기초에 x와 y방향으로 각각 모멘트가 작용하였다면 각 방향의 편심은 다음과 같이 계산된다.

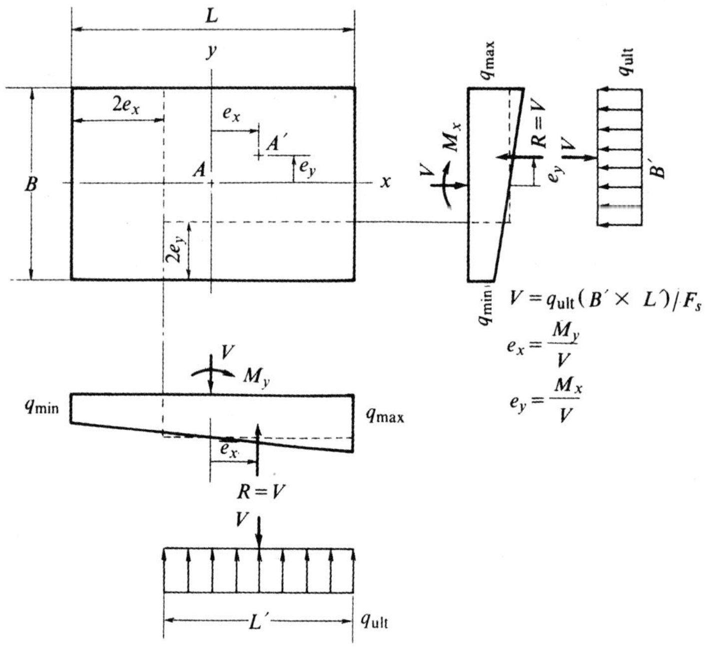

그림 14.13 확대기초가 편심하중을 받을 때의 유효치수

$$e_x = \frac{M_y}{V} \tag{14.21}$$

$$e_y = \frac{M_x}{V} \tag{14.22}$$

Meyerhof는 본래의 기초폭을 다음과 같이 감소시켜 지지력을 계산할 것을 제안하였다.

$$L' = L - 2e_x \tag{14.23}$$

$$B' = B - 2e_y \tag{14.24}$$

편심하중을 받을 때에는 이와 같이 감소된 단면적에 접촉 압력이 균등하게 분포하는 것과 동일하게 간주할 수 있으므로, 모든 지지력 공식에서 B와 L 대신 위의 B'과 L'을 사용하여 계산하면 된다.

14.5 지하수위의 영향

지지력 공식에 사용되는 흙의 단위중량은 유효단위중량이므로 기초 부근에 지하수위가 존재한다면 지지력에 크게 영향을 끼친다. 만일 지하수위가 지표면과 일치한다면, 지지력 공식의 제2항과 제3항의 단위중량은 수중단위중량을 사용하여야 하므로 지지력은 거의 반감된다. 지하수위가 지지력에 영향을 끼치지 않는 위치는 기초 바닥 아래 기초폭과 같은 깊이에 있을 때라고 가정한다. 이보다 위에 위치할 때에는 다음과 같은 방법으로 단위중량을 수정한다.

(1) 지하수위가 기초 바닥 위에 있는 경우에는 식 (14.9), (14.14) 또는 (14.15)의 제2항의 단위중량은 수중단위중량을 사용하고 유효연직응력은,

$$q' = \gamma_t D_1 + (\gamma_{\text{sat}} - \gamma_w) D_2 \tag{14.25}$$

로 계산한다(그림 14.14 참조).

(2) 지하수위가 기초 바닥 아래에 있는 경우에는 식 (14.9), (14.14) 또는 (14.15)의 제2항의 단위중량은 다음 공식으로 평균 단위중량을 구하여 대치한다.

$$\bar{\gamma} = \gamma_{\text{sub}} + \frac{d}{B}(\gamma_t - \gamma_{\text{sub}}) \quad (d \le B) \tag{14.26}$$

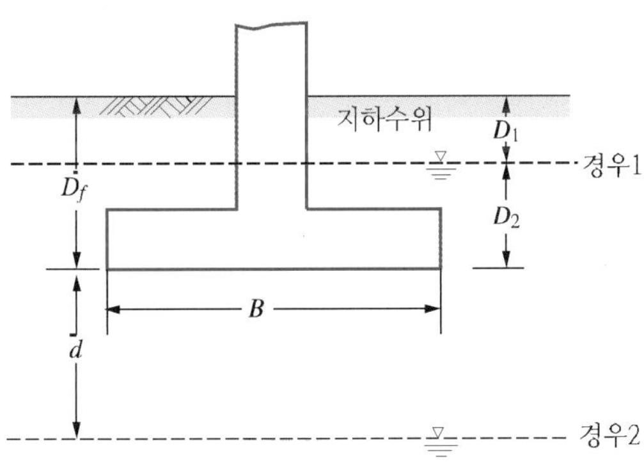

그림 14.14 지하수위가 있을 때 단위중량의 수정

예제 14.6

2.5 m × 2.5 m의 확대기초가 c = 15 kPa, ϕ = 20°, γ_t = 18 kN/m^{3}인 지반 위에 놓여 있다. 기초의 깊이는 지표면 아래 1.2 m에 있고 지하수위는 기초 바닥 아래 1.0 m에 있다고 가정하여 Terzaghi의 공식으로 극한지지력과 허용지지력($F_s = 3$)을 구하여라. 지하수위 아래에 있는 흙의 포화단위중량은 18.5 kN/m^{3}이다.

| 풀이 | $$q_{ult} = 1.3cN_c + 0.4\gamma BN_\gamma + \gamma D_f N_q$$

$\phi = 20°$에 대한 지지력계수: $N_c = 17.7$, $N_\gamma = 5$, $N_q = 7.4$

기초 바닥 아래 평균 단위중량

$$\begin{aligned}\bar{\gamma} &= \gamma_{sub} + \frac{d}{B}(\gamma_t - \gamma_{sub}) \\ &= (18.5 - 9.8) + 1.0/2.5(18.0 - 8.7) = 12.4\ \text{kN/m}^3 \\ q_{ult} &= 1.3 \times 15 \times 17.7 + 0.4 \times 12.4 \times 2.5 \times 5 + 18 \times 1.2 \times 7.4 \\ &= 345.2 + 62 + 159.8 = 567.0\ \text{kPa} \\ Q_u &= 567 \times 2.5 \times 2.5 = 3543.8\ \text{kN}\end{aligned}$$

안전율을 3으로 하면 허용지지력은

$$Q_a = 3543.8/3 = 1181.3\ \text{kN}$$

이 된다.

14.6 표준관입시험에 의한 지지력의 추정

표준관입시험에서 얻은 N값으로 지반의 지지력을 직접 추정할 수 있다. N값과 지지력의 관계는 Terzaghi and Peck(1948)가 처음으로 도표로 제시하여 널리 사용되어 왔으나, 지나치게 안전 측일 뿐더러 기초 깊이에 대한 영향이 고려되어 있지 않다. 그후 Meyerhof(1974)는 침하량 25 mm를 기준으로 허용지지력을 구할 수 있는 이와 비슷한 도표를 발표하였다. 현장에서의 누적된 실측 결과에 의하면, 이 도표 또한 안전 측이라는 것이 판명되었다. Bowles(1982)는 N값으로 추정한 Meyerhof의 허용지지력이 대략 50% 증가되도록 수정 제의하고 N값과 허용지지력의 관계를 다음 식으로 나타내었다.

$$q_a = 20N\,(\text{kPa}) \quad (B \le 1.2\ \text{m}) \tag{14.27}$$

$$q_a = 12.5\,N\left(\frac{B+0.3}{B}\right)(\text{kPa}) \quad (B > 1.2\ \text{m}) \tag{14.28}$$

기초 바닥이 지표면 아래에 있다면, 깊이계수 K_d를 다음 식으로 계산하여 위에서 계산한 허용지지력에 이를 곱한다.

$$K_d = \left(1 + 0.33\frac{D_f}{B}\right) \quad (D_f < B) \tag{14.29}$$

이 식에서 N 값은 기초 바닥 위로 $0.5B$와 아래로 $2B$ 까지의 평균값으로 한다. 그림 14.15는 위의 식을 도표화한 것이다.

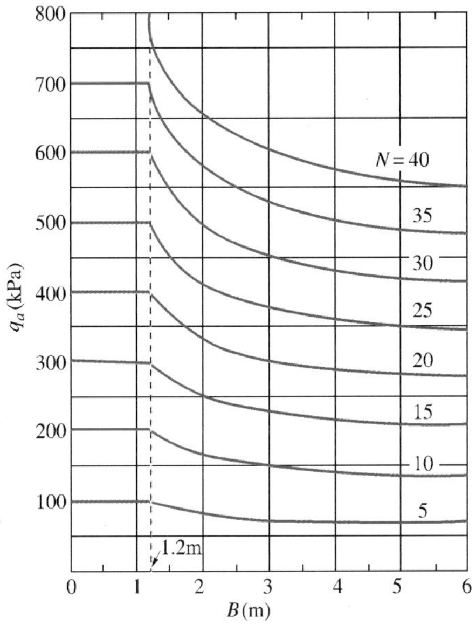

그림 14.15 침하량 25 mm를 기준할 때 지표면에 놓인 기초의 허용지지력(Bowles, 1982)

그림 14.15를 보면 기초폭 B는 허용지지력을 결정하는 데 크게 영향을 끼친다는 것을 알 수 있다. 지지력 공식에 의하면, 사질토인 경우 지지력은 기초폭의 함수이고 폭이 커짐에 따라 증가한다는 것이 분명하다. 그러나 기초 바닥에 놓인 하중은 기초폭이 증가할수록 지중으로 응력이 전달되는 깊이가 커지므로 결과적으로 기초폭이 크면 오히려 지지력이 감소할 수도 있다.

만일 사질토 지반의 경우 침하량의 기준이 25 mm가 아닐 때에는, 허용지지력은 침하량에 비례한다고 가정하여 다음과 같이 수정하여야 한다.

$$q_{ak} = \frac{s_k}{25} q_a \tag{14.30}$$

여기서, s_k: 기준하고자 하는 임의의 침하량(mm)

q_{ak}: s_k를 기준하였을 때의 허용지지력

14.7 구조물의 침하

지반에 하중이 놓이면 하중으로 인해 지반은 침하된다. 지반의 침하량의 크기는 하중 강도와 지반의 공학적 성질에 의존한다. 기초를 설계하는 데 있어서 지지력에 추가해서 기초에 작용하는 하중으로 인해 발생하는 침하량을 산정하여야 한다. 이 침하량은 상부 구조물의 기능에 따라 달라지는 허용침하량보다 작아야 함은 물론이다.

흙이 탄성적이고 균질하며 또 등방성이라면, 지표면에 작용하는 하중으로 인해 생기는 침하량

은 탄성론에 의하여 쉽게 결정할 수 있다. 그러나 실제의 흙은 균질하지도 않고 등방성도 아닐 뿐더러 흙의 탄성계수도 지표면에서의 깊이가 증가함에 따라 커지기 때문에 흙의 거동과 일치하도록 침하량을 예측하는 일은 대단히 어렵다.

지반의 전 침하량은 계산의 편의상 다음과 같이 나눌 수 있다.

$$s_t = s_i + s_c + s_s \tag{14.31}$$

여기서, s_t: 전 침하량

s_i: 즉시침하량 또는 탄성침하량

s_c: 압밀침하량

s_s: 2차 압밀침하량

즉시침하(immmediate or elastic settlement)는 지반에 하중이 가해짐과 거의 동시에 일어나는 침하이므로, 흙의 실제 거동과는 다소 차이가 있지만 탄성론에 의거하여 이를 추정한다. 사질토와 같이 투수계수가 큰 흙이나 포화도가 90% 이하인 세립토는 즉시침하가 중요하다. 압밀침하는 흙 속에 있는 간극수가 천천히 빠지면서 발생되는 침하이므로 침하량은 시간에 의존한다. 2차 압밀침하는 과잉간극수압이 소멸된 후에도 장기간에 걸쳐 발생되는 침하이다. 투수가 잘 안 되는 포화된 점토 지반은 압밀침하가 탄성침하에 비하여 대단히 크고 중요하다. 이에 대해서는 이미 8장에서 자세히 언급하였으므로 여기서는 즉시침하에 대해서만 기술하기로 한다.

14.7.1 강성 기초와 유연성 기초의 접촉압력과 침하량의 분포

즉시침하에 대해 언급하기에 앞서 먼저 **강성 기초**(rigid foundation)와 **유연성 기초**(flexible foundation)의 기초 바닥면에 작용하는 접촉압력(contact pressure)과 즉시침하량의 분포를 이해하는 것이 중요하다.

기초 바닥과 지반 사이에 작용하는 반력을 **접촉압력**이라고 한다. 기초 설계를 하는 데에는 기초 바닥에 작용하는 모멘트와 전단력을 산정하여야 하기 때문에 접촉압력의 분포를 알 필요가 있다.

포화된 점토와 같이 균질하고 탄성적인 등방성 지반에 등분포하중이 작용하면 그림 14.16(a)에서 보는 바와 같은 즉시침하가 생긴다. 즉, 침하 형상이 접시처럼 오목하여 재하 면적의 바깥까지도 침하가 일어난다. 그러나 모래 지반에서는 기초 자체의 구속 효과 때문에 모래의 탄성계수는 재하 중심에서 더 크고 양단에서는 더 작아서, 침하 형상은 점토와는 반대로 양단이 중심부보다 더 크다. 그런데 이와 같은 침하 형상을 보이는 것은 기초가 유연성인 경우이므로 접촉압력은 전 기초 바닥에 걸쳐 균등하다.

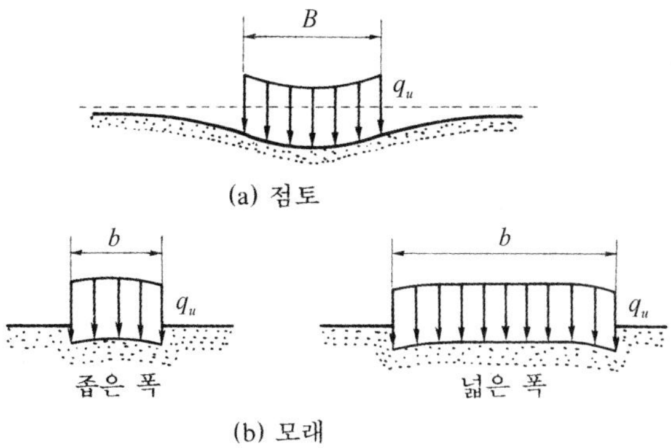

그림 14.16 유연성 재하판(flexible footing)에 등분포하중이 작용할 때의 즉시침하량 분포

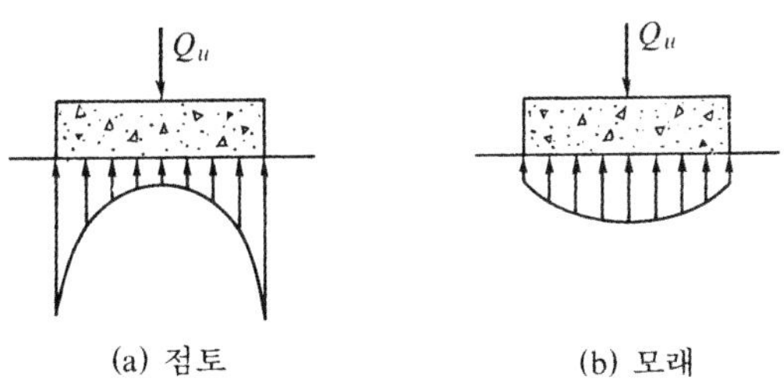

그림 14.17 강성 기초의 바닥면에 작용하는 접촉압력의 분포

만약 유연성 기초 대신 콘크리트와 같은 강성 기초가 등분포하중을 받는다면, 침하량은 기초의 전 면적에 걸쳐 일정하지만 반력의 분포는 균등하지 않다. 즉, 균등한 침하가 일어나기 위해서는 유연성 기초가 작게 침하하는 점에서는 응력을 많이 받고, 많이 침하하는 점에서는 반력을 작게 받는다. 따라서 포화된 점성 지반에 원형 강성 기초가 놓인다면, 그림 14.17(a)에 보이는 바와 같이 접촉압력의 분포 형상은 양단이 크고 중심부가 작으며, 중심의 반력은 평균 반력의 반밖에 되지 않는다. 모래나 자갈과 같은 사질 지반에 강성 기초가 놓인다면 접촉압력은 중심에서 최대이고, 양단으로 갈수록 감소한다[그림 14.17(b) 참조]. 그러나 기초가 지표면 아래로 내려갈수록 균질해지는 경향이 있다.

기초를 설계할 때에는 기초 바닥에 작용하는 접촉압력은 직선으로 분포한다고 가정하는 것이 일반적이다. 일정한 단위중량을 가진 모래 지반에서는 이것이 안전 측이지만 점토와 같은 토질에서는 불안전 측일 수 있다. 그러나 기초를 설계할 때에는 안전율에 여유가 있기 때문에 크게 문제되지는 않는다. 다만 전면 기초와 같이 면적이 넓은 기초에서는 과다 설계나 과소 설계가 되지 않도록 불균질성을 고려하여야 한다.

14.7.2 즉시침하량의 산정

지반에 놓인 기초가 하중을 받은 직후의 침하량을 구하는 공식은 탄성론을 근거로 유도할 수 있다. 흙이 탄성 거동을 보인다면 다른 탄성체와 마찬가지로 변형률은,

$$\varepsilon = \frac{\Delta\sigma}{E_s} \tag{14.32}$$

로 나타낼 수 있다. 지표면 아래 임의의 깊이에서의 변형률을 3차원으로 표시하면, 연직 방향의 변형률은 다음과 같다.

$$\varepsilon_z = \frac{1}{E_s}[\Delta\sigma_z - \mu(\Delta\sigma_x + \Delta\sigma_y)] \tag{14.33}$$

여기서, ε_z: z방향의 변형률

E_s: 흙의 탄성계수

μ: 푸아송비

또한 $\Delta\sigma_z = \Delta\sigma_v$, $\Delta\sigma_x = \Delta\sigma_y = \Delta\sigma_h$ 라고 하면, 위의 식은 다음과 같이 간단해진다.

$$\varepsilon_v = \frac{1}{E_s}(\Delta\sigma_v - 2\mu\,\Delta\sigma_h) \tag{14.34}$$

지표면에서의 침하량은 지표면 아래 모든 깊이의 변형률을 적분하여 구할 수 있으므로 다음과 같은 수식으로 계산할 수 있다.

$$s_i = \int_0^Z \varepsilon_v\,dz = \int_0^Z \frac{1}{E_s}(\Delta\sigma_v - 2\mu\Delta\sigma_h)\,dz \tag{14.35}$$

여기서, s_i: 즉시침하량

ε_v: 연직 방향의 변형률

z: 지표면에서 측정한 깊이

Z: 각 점에서의 변형률이 합쳐지는 전 깊이

위 식은 사용하기 불편하므로 편리한 일반식으로 다음과 같이 나타낼 수 있다.

$$s_i = \frac{q_0 B}{E_s}(1-\mu^2)I_w \tag{14.36}$$

여기서, q_0: 기초에 놓이는 순하중

I_w: 영향계수

그림 14.18은 흙의 탄성계수(변형계수라고도 함)가 E_s이고 푸아송비가 μ인 지반에 놓인 단위 면적당 하중 q_0를 받고 있는 직사각형 기초를 나타낸 것이다. 이 기초는 유연성이냐 또는 강성이냐에 따라, 침하량의 분포는 그림 14.18처럼 될 것이다. Harr(1966)는 $D_f = 0$이고 $H = \infty$인 경우에 대해 즉시침하량의 산정 공식을 다음과 같이 유도하였다.

유연성 기초의 모서리

$$s_i = q_0 B \frac{1-\mu^2}{E_s} \frac{\alpha}{2} \tag{14.37}$$

유연성 기초의 중심

$$s_i = \frac{q_0 B}{E_s}(1-\mu^2)\alpha \tag{14.38}$$

유연성 기초의 평균

$$s_i = \frac{q_0 B}{E_s}(1-\mu^2)\alpha_{av} \tag{14.39}$$

여기서, α: L/B에 따라 변하는 계수

B: 기초의 폭

L: 기초의 길이

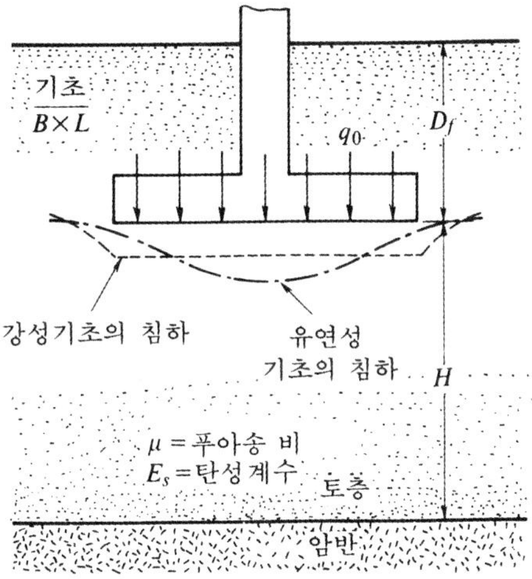

그림 14.18 강성 기초와 유연성 기초의 즉시침하

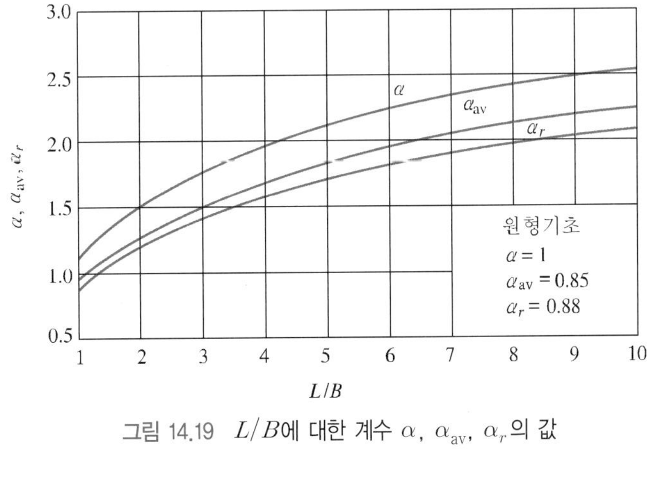

그림 14.19 L/B에 대한 계수 α, α_{av}, α_r의 값

만일 기초가 강성이라면 기초 바닥의 침하는 균등하며, 즉시침하량은 다음 식으로 산정할 수 있다.

$$s_i = \frac{q_0 B}{E_s}(1-\mu^2)\alpha_r \tag{14.40}$$

L/B에 대한 계수 α, α_{av}, α_r의 값은 그림 14.19에 나와 있다.

위의 공식들은 모래, 실트질 흙, 기타 배수가 잘 되는 사질토에 적용할 수 있다. 포화된 점토에 적용할 수 있는 공식은 다음 절에서 설명된다. 이 공식에 사용되는 탄성계수와 푸아송비는 흙시료를 채취해서 직접 실험하여 결정할 수 있다. 탄성계수는 응력-변형률의 관계를 나타내는 직선의 경사로부터 구하고, 푸아송비는 횡방향와 종방향의 변형률 비율을 측정하여 구한다. 그러나 실제로 실험에 의한 계수 결정은 쉬운 일이 아니므로 경험적인 자료에 의존하여 추정하는 경우가 많다. 표 14.3은 여러 가지 흙에 대한 개략적인 탄성계수와 푸아송비를 제시한 것이다.

위의 식에서 구한 즉시침하량은 균질한 흙이 기초 바닥 아래 무한한 깊이까지 존재한다고 가정하고 깊이에 따른 변형을 적분하여 얻은 것이다. 만일 기초의 어느 깊이에 암반층이 존재한다면, 이때의 침하량은 위 공식으로 계산한 값보다는 훨씬 작을 수 있다. 그러나 기초 바닥으로부터 아래로 $2B$ 내지 $3B$까지만 균질하다면, 그 아래에서는 기초에 놓인 하중으로 유발되는 응력이 작기 때문에 실제의 침하량은 큰 차이가 없을 것이다. 또한 기초의 매설 깊이가 깊으면 순하중 q_0가 감소하므로 즉시침하량도 감소한다.

표 14.3 여러 가지 흙에 대한 탄성계수와 푸아송비의 범위(Das, 1984)

흙의 종류	탄성계수(kPa)	푸아송비
느슨한 모래	10,000-24,000	0.20-0.40
중간 정도 촘촘한 모래	17,000-28,000	0.25-0.40
촘촘한 모래	35,000-55,000	0.30-0.45
실트질 모래	10,000-17,000	0.20-0.40
모래 및 자갈	69,000-172,000	0.15-0.35
연약한 점토	2,000-5,000	
중간 점토	5,000-10,000	0.20-0.50
견고한 점토	10,000-24,000	

14.7.3 포화된 점토 지반에 놓인 기초의 즉시침하

넓은 범위에 걸쳐 있는 탄성체가 국부적으로 하중을 받는다면, 국부적인 변형이 일어날 것이다. 동일한 원리로서 점토 지반에 하중이 놓이면 압밀이 일어나기 전에 비배수 상태에서 침하가 발생한다. Janbu(1956) 등은 포화된 점토 지반에 기초가 놓일 때 $\mu=0.5$로 가정하여 등분포하중에 의한 유연성 기초의 평균 즉시침하량을 구하는 방법을 도표로 제시하였다. 이 도표는 그림 14.20에 나와 있으며, 이것은 연속기초, 직사각형 기초, 원형 기초에 모두 적용할 수 있다. 이 그림에서 기초의 형상, 기초의 깊이 D_f, 점토층의 H에 따라 계수를 구하면 다음 공식으로 즉시침하량을 구할 수 있다.

$$s_i = \mu_1 \mu_0 \frac{Bq_0}{E_u} \tag{14.41}$$

여기서, μ_1: H/B의 함수인 계수[그림 14.20(a)]

μ_0: D_f/B의 함수인 계수[그림 14.20(b)]

이 식의 E_u는 비배수조건으로 얻은 탄성계수이다. 이 계수는 비압밀 비배수 3축압축시험을 하여 결정할 수 있다. 이 값을 비배수강도로부터 추정할 수 있는 관계식이 많이 제안되었지만 제안자에 따라 많은 차이가 있다(Simons and Menzies, 1957). 이 중에서 Bjerrum(1972)이 제안한 관계식은 다음과 같다.

$$E_s = 500s_u \sim 1,000s_u \tag{14.42}$$

이 식을 이용할 때에는 정규압밀 점토에 대해서는 작은 값을, 과압밀 점토에 대해서는 큰 값을 적용하는 것이 바람직하다.

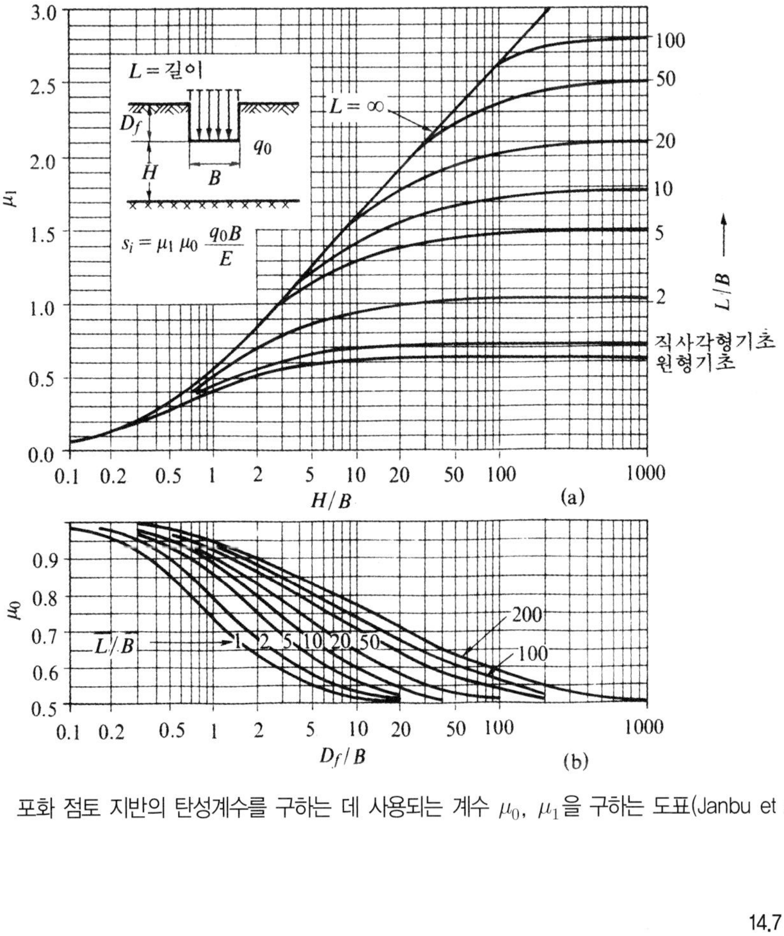

그림 14.20 포화 점토 지반의 탄성계수를 구하는 데 사용되는 계수 μ_0, μ_1을 구하는 도표(Janbu et al., 1956)

실제로 자연적으로 퇴적된 점토 지반은 아래로 내려갈수록 더 견고하므로 E_s의 값도 깊이에 따라 증가한다. 이 경우에는 겹침의 원리를 사용하여 그림 14.20을 이용해서 즉시침하량을 구할 수 있다. 이에 대해서는 다음 예제에서 설명된다.

예제 14.7

그림 14.21에 나타낸 10 m × 40 m의 직사각형 기초에 50 kPa의 등분포하중이 작용하고 있다. 점토 지반은 세 개의 다른 층으로 구성되고 각 층의 변형계수값은 이 그림에 표시되어 있다. 즉시침하량을 구하여라.

| 풀이 | 겹침의 원리를 적용하여 먼저 각 지층의 즉시침하량을 다음과 같이 따로 구한다.

(1) 제1층의 침하량은 1층의 바닥에 견고한 층이 존재한다고 가정하여 계산한다. 그러면 제1층에서는,

$$L/B = 40/10 = 4,\ H/B = 10/10 = 1\ ;\ \mu_1 = 0.55[\text{그림 14.20(a)}]$$
$$D_f/B = 3/10 = 0.3\ ;\ \mu_0 = 0.96[\text{그림 14.20(b)}],\ (\text{이하 동일})$$
$$s_{i1} = 0.55 \times 0.96 \times \frac{50 \times 10}{20000} = 0.013\ \text{m}$$

(2) 제2층의 침하량은 1, 2층 모두 E_u =30,000 kPa인 균질한 토층이라고 가정하여 2층까지의 침하량을 구한 다음 1층의 침하량을 뺀다.
(1층+2층)에 대해서는

$$H/B = 15/10 = 1.5\ ;\ \mu_1 = 0.67$$

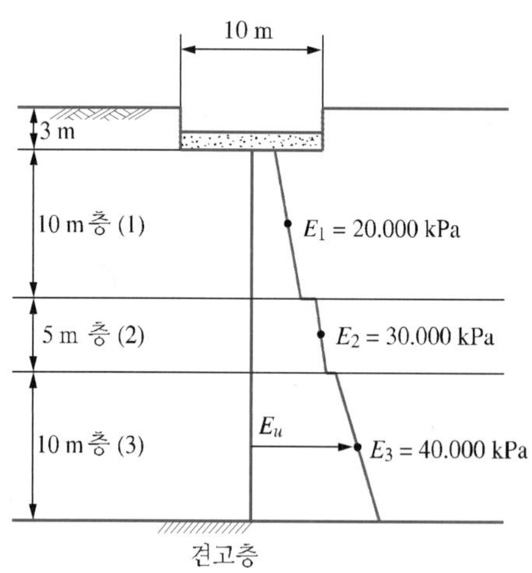

그림 14.21 예제 14.7의 그림

$$s_{i2} = 0.67 \times 0.96 \times \frac{50 \times 10}{30000} - 0.55 \times 0.96 \frac{50 \times 10}{30000}$$
$$= 0.011 - 0.009 = 0.002 \text{ m}$$

(3) 제3층의 침하량은 1, 2, 3층 모두 E_u =40,000 kPa인 균질한 토층이라고 가정하여 전체 침하량을 구한 다음 (1층+2층)의 침하량은 뺀다.
(1층+2층+3층)에 대해서는

$$H/B = 25/10 = 2.5\ ;\ \mu_1 = 0.88$$
$$s_{i3} = 0.88 \times 0.96 \times \frac{50 \times 10}{40000} - 0.67 \times 0.96 \frac{50 \times 10}{40000}$$
$$= 0.011 - 0.008 = 0.003 \text{ m}$$

이것을 모두 합치면

$$s_i = s_{i1} + s_{i2} + s_{i3} = 0.013 + 0.002 + 0.003 = 0.018 \text{ m} = 18 \text{ mm}$$

14.8 구조물의 허용침하량

구조물의 침하로 인해 파괴까지는 이르지 않더라도 구조물의 기능 또는 외관에 문제가 생길 수 있다. 침하가 일어나면 벽체에 균열이 생기거나 천장에 붙인 석고가 떨어지기도 하고, 수도관이나 하수관이 파괴되기도 한다.

침하는 균등침하(uniform settlement), 전도(tilting) 및 부등침하(differential settlement)로 나누어 생각할 수 있다. 강성이 매우 큰 구조물은 구조물 아래에 놓이는 지반이 연약하다면 균등침하가 일어난다. 굴뚝이나 탑이 양단의 침하가 같지 아니하여 한쪽으로 기울어진다면 전도로 파괴될 수 있다. 이탈리아에 있는 피사의 사탑은 전도의 한 좋은 예이다. 균등침하는 상부 구조물이 벽돌구조와 같이 비교적 연성일 때 자주 일어난다.

실제 구조물에서 허용침하량을 얼마로 정할 것이냐 하는 것은 구조물의 기능과 구조물의 축조재료에 달려 있다. 표 14.4는 Sower(1962)가 제시한 여러 가지 구조물에 대한 허용침하량을 나타낸 것이다.

그림 14.22는 Bjerrum(1963)이 이론적인 해석과 광범위한 대규모 시험을 통해 결정한 여러 가지 구조물의 각변위의 한계를 제시한 것이다. 이 그림에서 최대 기울기 δ/l는 두 인접 기둥 사이의 거리에 대한 부등침하량보다 일반적으로 크지만, 실제 계산에서는 그림 14.22에서 구한 최대 부등침하량 값을 허용 최대 침하량으로 본다.

표 14.4 여러 가지 구조물의 최대 허용침하량(Sowers, 1962)

침하 형태	구조물의 종류	최대 침하량
균등침하	배수시설 출입구 부등침하의 가능성 석적 및 벽돌구조 뼈대구조 굴뚝, 사일로, 매트	150～300 mm 700～600 mm 25～50 mm 50～100 mm 75～300 mm
전도	탑, 굴뚝 물품적재 크레인 레일	0.004S 0.01S 0.003S
부등침하	빌딩의 벽돌 벽체 철근콘크리트 뼈대 구조 강 뼈대 구조(연속) 강 뼈대 구조(단순)	0.0005～0.002S 0.003S 0.002S 0.005S

*S: 기둥 사이의 간격 또는 임의의 두 점 사이의 거리

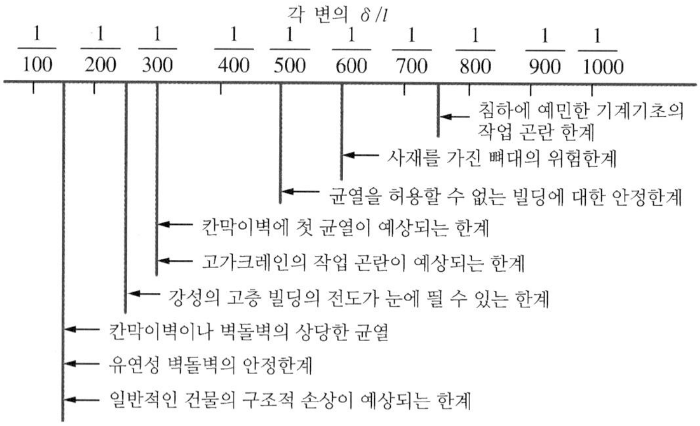

그림 14.22 여러 가지 구조물에 대한 각 변위의 한계(Bjerrum, 1963)

14.9 보상기초

건물을 지을 때에는 지하실을 이용할 목적으로 그림 14.23에 보인 바와 같이 건물을 지표면 아래로 내려 짓는 경우가 많다. 그러면 지표면에서 깊이 D_f만큼 흙을 굴토해야 하고 이 흙은 다시 원상태로 메우게 되지 않으므로 이 깊이에서 연직응력은 γD_f만큼 감소된다. 여기서, γ는 흙의 단위중량이다. 그러면 이 건물의 바닥에서 지반으로 전달되는 하중은 다음과 같이 된다.

$$q = q_0 - \gamma D_f \tag{14.43}$$

여기서, q: 굴착면에서 작용하는 건물의 단위하중

q_0: 지표면에서 작용하는 건물의 단위하중

이 식을 보면 건물을 지표면 아래로 내릴수록 지반으로 전달되는 건물하중이 경감된다는 사실을 알 수 있다. 이와 같은 간단한 원리를 이용한 기초를 **뜬 기초**(floating foundation), 또는 **보상기초**(compensated foundation)라고 한다. 건물의 하중이 가벼우면 굴토깊이를 깊게 하여 굴토하중이 건물하중과 동일하게 할 수도 있다. 이러한 경우를 완전 보상기초라고 한다.

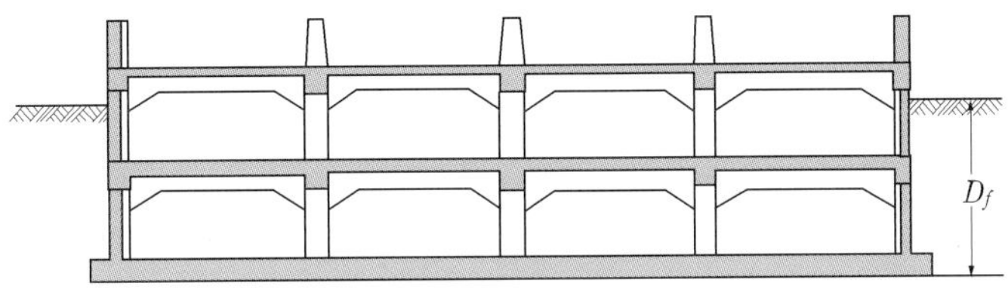

그림 14.23 보상기초

예제 14.8

연약지반에 지하 1층, 지상 4층의 건물을 세우려고 한다. 이 건물의 층당 평균 단위하중은 14 kPa이다. 지표면을 굴착하여 이 건물의 기초바닥을 2 m 아래 설치하려고 계획하였다. 굴착깊이에서 지중으로 가해지는 단위하중을 계산하여라. 흙의 단위중량 $\gamma = 14.7\ \text{kN/m}^3$로 가정한다.

| 풀이 |

$$q = 5 \times 14 = 70\ \text{kPa}$$
$$\gamma D_f = 14.7 \times 2 = 29.4\ \text{kPa}$$
$$q_0 = 70 - 29.4 = 40.6\ \text{kPa}$$

이 예제에서는 건물을 지표면에서 2 m 내림으로써 기초바닥에서 그 아래 지층으로 가해지는 단위하중은 42% 감소되었다는 것을 알 수 있다.

14.10 현장 재하시험

현장에서 가끔 **재하시험**(load test)을 하여 기초의 지지력을 추정할 때가 있다. 재하시험을 실제 크기의 기초 위에서 행한다면 가장 신뢰할 수 있는 지지력을 결정할 수 있다. 그러나 이렇게 하는 것은 대단히 큰 중량물이 요구될 뿐만 아니라, 재하시험을 하는 시간이 많이 소요되므로 일반적으로 300 mm 내지 600 mm 정도의 소규모의 재하판을 사용하여 시험을 행한다. 그림 14.24는 재하시험을 행하는 장치와 재하시험 결과로부터 얻은 하중–침하량 곡선을 나타낸 것이다. 하중은 몇 단계로 나누어 증가시켜 각 하중 단계마다 침하량을 기록한다. 한 단계의 하중을 올린 다음에는 침하가 거의 정지할 때까지 충분한 시간을 기다렸다가 다음 단계의 하중을 가해야 한다.

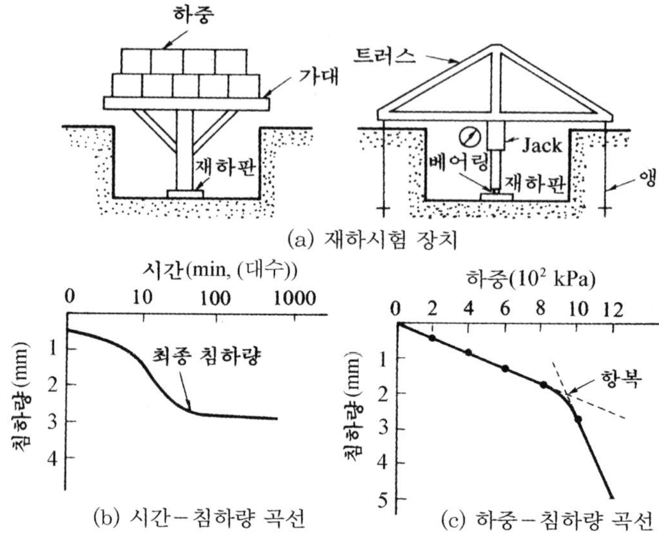

그림 14.24 현장 재하시험

이와 같이 재하시험을 한 결과는 그림 14.24(c)에서와 같은 하중–침하량 곡선으로 나타낼 수 있다. 이 곡선의 처음 부분은 약간의 기울기를 가진 직선을 보이다가 어느 하중에 이르러 갑자기 기울기가 가팔라진다. 이 곡선에서 구한 극한지지력은 재하판의 폭 B에 비례하여 증가하므로 실제 기초폭의 극한지지력 q_{ult}는 다음과 같이 수정되어야 한다.

$$q_{\text{ult}} = q_{u0}\frac{B_f}{B_0} \tag{14.44}$$

여기서, B_0: 재하판의 폭

B_f: 실제 기초의 폭

q_{u0}: 재하시험 결과로부터 얻은 한계지지력

그러나 포화된 점성토의 극한지지력은 재하판의 폭과 관련이 없다. 따라서 극한지지력은,

$$q_{\text{ult}} = q_{u0}$$

로 나타낼 수 있다.

재하폭이 크면 클수록 지중으로 미치는 반력의 범위가 커지기 때문에, 재하폭은 침하량과 밀접한 관계가 있다. Terzaghi와 Peck(1967)이 제시한 사질토에 대한 재하폭과 침하량의 관계는 다음과 같다.

$$\frac{s}{s_0} = \frac{4}{(1 + B_0/B)^2} \tag{14.45}$$

여기서, s: 실제 기초의 침하량

s_0: 재하판의 침하량

B: 실제 기초의 최소폭

B_0: 재하판의 최소폭

점성토에 대해서는 다음과 같이 수정한다.

$$s = s_0 \frac{B}{B_0} \tag{14.46}$$

재하시험으로부터 가장 신뢰할 수 있는 결과를 얻기 위해서는, 재하판 아래에 있는 흙이 최소한도 실제 기초의 폭과 같은 깊이까지는 균질하여야 한다는 사실이다. 그림 14.25에서 보는 바와 같이, 만일 성질이 다른 두 가지의 흙으로 지층이 형성되었다면, 재하판에 대해서는 z_1층에 있는 흙이 지배적인 역할을 하지만, 실제 기초의 경우에서는 반대로 z_2층에 있는 흙이 지배적인 역할을 한다. 특히 흙 B가 흙 A에 비해 상당히 연약할 때에는 재하판으로부터 구한 지지력을 사용한다면 위험한 결과를 초래할 수 있다는 것을 명심하여야 한다.

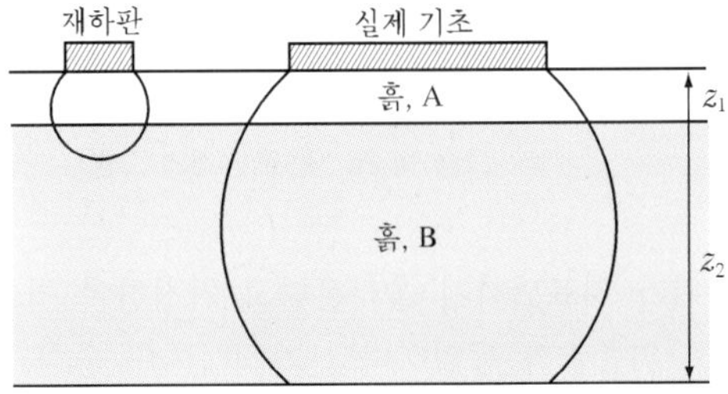

그림 14.25 성질이 다른 두 지층으로 구성되었을 때의 재하판과 실제 기초의 거동

연습문제-14장

14.1 전단저항각이 36°인 모래 지반에 2 m 깊이 아래 2.5 m × 2.5 m의 기초가 놓여 있다. (a) Terzaghi와 (b) Meyerhof의 공식을 사용하여 극한지지력을 구하여라. 이 모래의 단위중량은 17.5 kN/m^{3}이다.

14.2 폭 1 m의 연속기초가 지표면 아래 0.7 m에 놓여 있다. 이 지반은 전체 단위중량 17.5 kN/m^3, 비배수강도 c_u = 15 kPa이라고 하고, 안전율 3을 적용할 때 허용지지력은 얼마인가? (Meyerhof 공식 사용)

14.3 한 기둥에 걸리는 하중이 1000 kN이다. 이 기둥을 지지하는 지반은 단위중량이 18 kN/m³인 모래이며, 이 모래의 전단저항각은 40°이다. 안전율은 2.5를 사용하고, Terzaghi의 방법으로,

(a) 이 기둥이 지표면에 놓일 때 정사각형 기초의 크기를 결정하여라.

(b) 지표면 아래 1 m에 놓일 때 정사각형 기초의 크기를 결정하여라.

(c) (b)의 경우 지하수위가 지표면까지 올라온다고 가정하고, 정사각형 기초의 크기를 결정하여라. 이 모래가 포화될 때의 단위중량은 19 kN/m³로 가정한다.

14.4 증기 터빈의 단면이 6 m × 3.5 m이고 중량은 1,200 kN이다. 이 터빈은 $c = 15$ kPa인 점토 지반에 놓여 있다. 안전율을 3으로 하였을 때 기초가 지표면 아래 1.0 m에 놓인다고 가정하고, Skempton의 도표를 이용하여 기초의 크기를 결정하여라(단, $\gamma_t = 16$ kN/m³).

14.5 (a) Terzaghi와 (b) Meyerhof의 공식을 사용하여 그림 14.26에 나타낸 정사각형 기초의 폭을 결정하여라. 계산에 필요한 지반의 강도정수는 그림에 주어져 있으며, 안전율은 3을 사용하여라.

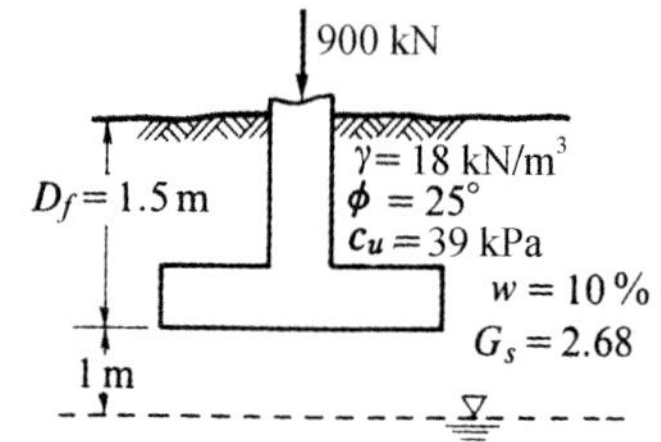

그림 14.26 문제 14.5의 그림

14.6 문제 14.5에서 지하수위가 지표면까지 올라온다고 가정하여 기초의 폭을 결정하여라. 흙의 포화단위중량은 전체 단위중량과 동일하다고 가정하여도 좋다.

14.7 그림 14.27에 나타낸 기초는 연직하중과 경사하중을 받고 있다. 안전율을 3으로 가정하고 Meyerhof의 공식을 사용하여 기초의 폭을 결정하여라.

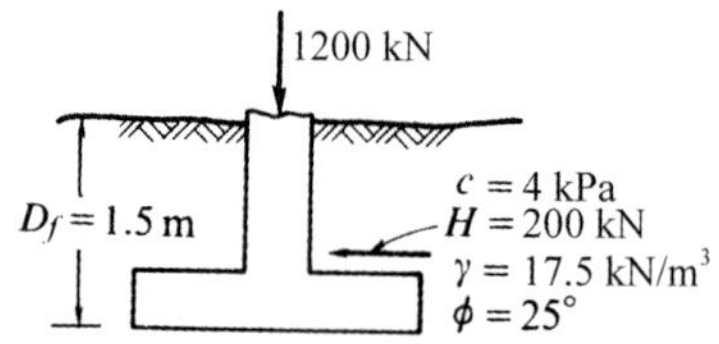

그림 14.27 문제 14.7의 그림

14.8 300 mm의 정방형 재하판을 사용하여 상당한 깊이까지 균질한 모래 지반에 대해 재하시험을 행하였다. 이 지반의 흙의 전체 단위중량은 19.5 kN/m^{3}인 모래이며, 시험 결과는 다음과 같다.

하중(kN)	침하량(mm)
75.0	3.0
150.0	6.0
225.0	12.0
300.0	24.0
375.0	75.0(파괴)

(a) 응력-침하량 곡선을 그리고 극한지지력을 결정하여라.

(b) 국부전단이 일어날 때의 침하량은 얼마인가?

14.9 문제 14.8에서 2.5 m × 2.5 m의 확대기초를 설치하려고 할 때, 허용지지력은 얼마인가? (안전율은 3으로 가정). 또 이때 예상되는 침하량은 얼마인가?

14.10 15 m × 30 m의 기초가 $E_s = 70{,}000$ kPa인 지반 위에 놓여 있다. 평균 작용응력은 600 kPa이다. 기초 모서리의 중심에서의 즉시침하량을 구하여라(단, 흙의 $\mu = 0.3$이다).

참고문헌

Bjerrum, L. (1972). Embankment on soft ground. *ASCE Specialty Conference on Performance of Earth and Earth Supported Structures*. Purdue University, 2, Lafayette, Indiana, 1-54.

Bowels, J. E. (1982). *Foundation analysis and design*. New York: McGraw-Hill Book Company.

Das, B. M. (1984). *Principles of foundation engineering*. Monterey, California: Brooks/Cole Engineering Division.

De Beer, E. E. (1970). Experimental determination of the shape factors and the bearing capacity factors of sand. *Geotechnique* **20**, No. 4, 378-411.

Hansen, J. B. (1970). A revised and extended formula for bearing capacity. *Danish Geotechnical Institute Bulletin*. No. 28, Copenhagen, 21.

Harr, M. E. (1966). *Fundamentals of theoretical soil mechanics*. New York: McGraw-Hill.

Janbu, N. Bjerrum, L., and Kjaernsli, B. (1956). Veiledning ved losning av fun-damentering-soppagaver. *N.G.I. Publication*. No. 16, 93.

Lambe, T. W. and Whitman, R. V. (1969). *Soil mechanics*. New York: John Wiley & Sons.

Meyerhof, G. G. (1963). Some recent research on the bearing capacity of foundations. *Canadian Geotechnical J.* **1**, 16-26.

Meyerhof, G. G. (1974). Ultimate bearing capacity of footings on sand layer overlying clay. *Can. Geotech. J.* **11**, No. 2, 223-229.

Skempton, A. W. (1951). *The bearing capacity of clays*. England: Building Research Congress.

Sowers, G. F. (1962). *Shallow foundations, foundation engineering*. edited by G. A. Leonards. New York: McGraw-Hill. 525.

Terzaghi, K. (1943). *Theoretical soil mechanics*. New York: John Wiley & Sons.

Terzaghi, K. and Peck, R. B. (1948). *Soil mechanics in engineering practice*. New York: John Wiley & Sons.

CHAPTER 15

깊은 기초의 지지력

15.1 개 설

구조물 바로 아래에 있는 흙이 연약하여 상부 구조물에서 오는 하중을 지지할 수 없을 때에는 깊은 기초를 사용하여야 한다. 일반적으로 사용하는 깊은 기초는 말뚝(pile)과 피어(pier)이다.

말뚝은 재료에 따라 나무 말뚝, 콘크리트 말뚝, 강 말뚝(steel pile)으로 나눈다. 나무 말뚝은 다른 말뚝에 비하여 요구되는 길이로 쉽게 자를 수 있을 뿐만 아니라 취급하기 쉬운 장점이 있다. 그러나 지하수위 위에 있는 부분, 특히 수위가 변동되는 부분은 부식되기 쉽다. 콘크리트 말뚝은 가장 널리 사용되는 깊은 기초이다. 이것은 공장제품으로 만들어 현장까지 운반하여

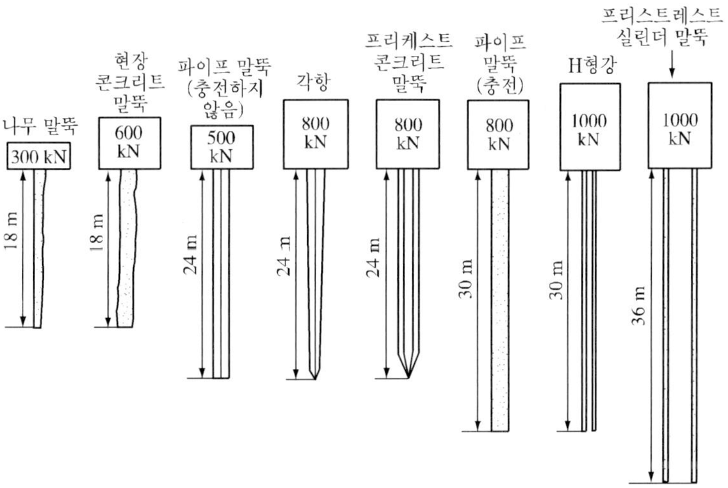

그림 15.1 여러 가지 말뚝의 개략적인 최대 설계 하중

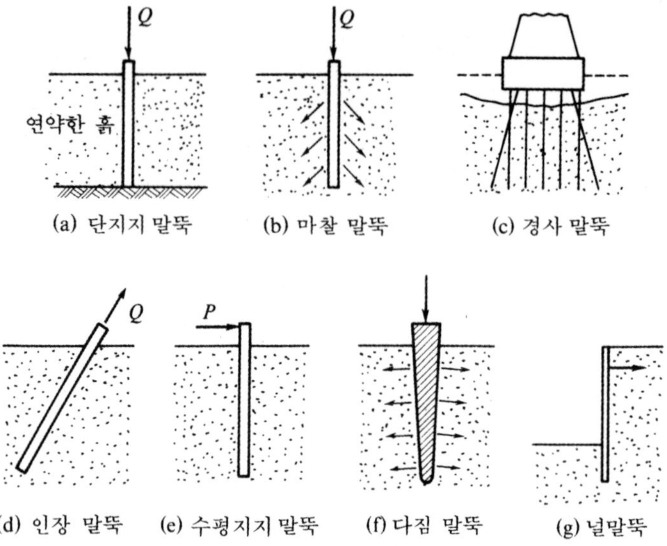

그림 15.2 용도에 따른 말뚝의 종류

박기도 하고(타입 말뚝, driven pile), 현장에서 만들어 타설하기도 한다(현장 말뚝, cast-in-place pile). 말뚝을 공장에서 만들 때에는 프리스트레스를 가하는 경우도 있고 그렇지 않은 경우도 있다. 프리스트레스는 콘크리트 말뚝의 운반 도중 또는 말뚝을 타입하는 동안에 휨으로 인한 균열을 방지하는 데 효과적이다. 강 말뚝은 앞에서 설명한 말뚝보다 훨씬 더 큰 하중을 지지할 수 있으며, 주로 선단지지 말뚝(end-bearing pile)으로 사용된다. 널리 사용되는 단면은 강관과 H형강이다. 보통 강관 말뚝에서는 타입 후 안을 콘크리트로 채운다. 그림 15.1은 여러 가지 말뚝에 대한 개략적인 최대 허용하중을 나타낸 것이다.

말뚝은 그림 15.2에 나타낸 바와 같이 여러 가지 목적으로 사용된다. 상부 구조물에서 오는 하중을 연약한 지반을 통하여 견고한 지층으로 전달시키는 기능을 가진 말뚝을 선단지지 말뚝이라고 한다[그림 15.2(a) 참조]. 말뚝의 끝이 견고한 지층까지 도달되지 않을 때에는 말뚝과 흙 사이의 마찰력으로 상부 하중을 지지할 수 있다. 이러한 말뚝을 마찰 말뚝(friction pile)이라고 한다[그림 15.2(b) 참조]. 그러나 실제로 말뚝은 이와 같이 명확하게 구분되지 않으며, 그 끝에서의 지지력뿐만 아니라 흙과의 마찰에 의해서 하중이 지지된다.

어떤 말뚝은 상향력에 저항하도록 박힌 것도 있다. 예를 들면, 지하수위 아래에 있는 구조물이 양압력에 저항하도록 한 것이나, 현수교의 텐돈의 장력에 저항하도록 한 것 등이다. 이러한 기능을 가진 말뚝을 **인장 말뚝**(tension pile)이라고 한다[그림 15.2(d) 참조].

횡방향에서 오는 하중을 지지하기 위하여 박힌 말뚝도 있다. 옹벽과 같이 횡하중이 비교적 클 때에는 말뚝을 어떤 각도로 경사지게 박아서 이러한 힘들에 저항하게 한다. 이러한 말뚝을 **경사 말뚝**(batter pile)이라고 한다. 경사 말뚝은 일반적으로 그림 15.2(c)와 같이 연직 말뚝과 함께 사용된다. 어떤 말뚝은 느슨한 모래와 같은 흙을 다질 목적으로 사용되거나(다짐 말뚝), **널말뚝**(sheet pile)과 같이 흙과 물막이를 목적으로 사용되는 경우도 있다[그림 15.2(f) 및 (g) 참조].

15.2 말뚝 박기와 말뚝을 박을 때의 거동

15.2.1 말뚝 박기 장비

재래식 말뚝 박기는 무거운 돌이나 나무를 이용하여 인력으로 땅 속에 박았다. 그러나 오늘날에 와서 가장 많이 사용되는 장비는 무한 궤도식 크레인이다(그림 15.3 참조). 크레인의 붐(boom)에는 유도가(lead)가 부착되어 있는데, 해머는 이것을 따라 낙하하므로 지주(支柱, stay)를 조정함으로써 임의의 각도로 말뚝을 쉽게 박을 수 있다.

말뚝 박기 장비는 무한궤도차에 올려놓은 것 외에도 고무 타이어식 또는 바지(barge)에 올려놓은 것 등이 있다. 전자는 도로작업에 많이 사용되며, 후자는 해상에서 사용된다. 말뚝 박기 장비는 말뚝을 정확한 위치와 각도로 유도할 수 있느냐 하는 것이 무엇보다 중요하다. 그러기 위해서는 바람의 작용이나 지하 장애물, 또는 말뚝 해머의 요동이 있더라도 지장을 받지 않도록 충분한 강성을 가지고 있어야 한다.

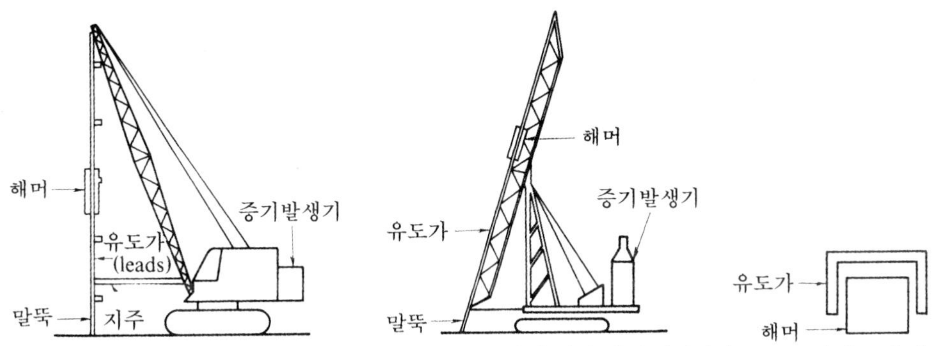

(a) 무한궤도차 탑재 크레인 (b) 무한궤도차 탑재 경사 말뚝 항타장치 (c) 유도가 단면

그림 15.3 말뚝 박기 장비

15.2.2 말뚝 해머

가장 간단한 형식의 해머는 **드롭 해머**(drop hammer)이다. 이것은 무게가 2.5~10 kN 정도 되는 주철 뭉치로 만들어진 것인데, 보통 말뚝 위로 1.5~3.0 m 올려서 낙하시킨다. 이 해머는 작업속도가 느려서 능률적이지 않으므로, 소규모 공사에서만 이용한다.

단동 증기 해머(single-acting steam hammer)는 램(ram)이라고 하는 무거운 주철 뭉치, 피스톤 및 실린더로 구성되어 있다(그림 15.4 참조). 증기나 압축공기가 실린더 내로 들어 가면 램을 600 mm 내지 900 mm 올리고 곧 이어 압력이 빠짐과 동시에 램이 말뚝 머리에 떨어진다. 증기압력이 약간 변하는 경우가 있더라도 말뚝에 비교적 일정한 에너지가 가해진다. **복동 해머**(double-acting hammer)는 램을 올릴 때뿐만 아니라, 램이 낙하할 때에도 이것을 가속시키기 위하여 증기압력이나 공기압을 램 위에서 가한다. 또한 단위시간당 타격횟수는 단동 해머보다

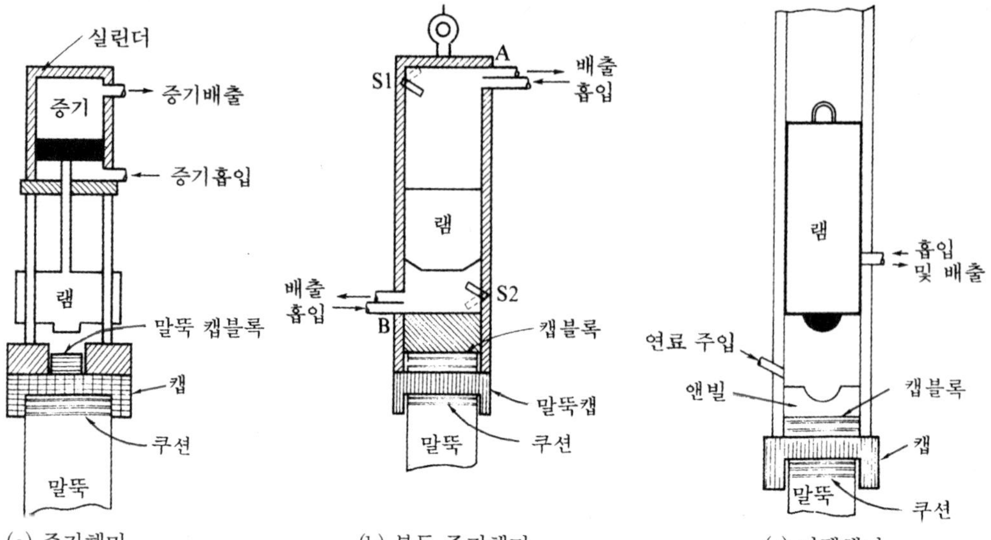

그림 15.4 해머의 종류

훨씬 빨라 분당 95~240회에 이른다. 매 타격 때에 공급되는 에너지양은 증기압력이나 공기압에 따라 크게 변화하므로, 일정한 양의 에너지가 공급되기 위해서는 해머의 작동을 주의 깊게 검사할 필요가 있다. 증기 해머는 증기나 압축공기에 의해서 작동된다. 일반적으로 증기가 더 효과적이지만 해머를 물속에서 사용할 때에는 압축공기가 요구된다.

디젤 해머는 치수가 큰 말뚝을 박는 데 많이 이용된다. 이것은 실린더와 램으로 구성되는데, 처음에는 램을 기계적으로 올려서 떨어뜨리게 한다. 해머가 떨어질 때 연료가 실린더 안으로 주입되며, 이것은 램의 충격으로 압축된 공기의 열에 의해 점화된다. 연료의 폭발로 말뚝은 내려가고 램은 올라가며, 이러한 과정이 자동적으로 반복된다. 디젤 해머의 장점은 취급이 용이하고 경제적이라는 것이다. 중간 정도 무게의 램이 고속으로 타격할 때에는 해머 타격당 에너지는 높다. 이 해머의 단점은 해머 타격당 에너지가 말뚝이 박히는 지반의 저항에 따라 변화하므로 현장에서는 이 양을 측정하기가 대단히 어렵다는 것이다. 어떤 종류의 디젤 해머에서는 램 스트로크의 길이를 눈으로 보고 잴 수 있어서 스트로크와 해머 무게를 곱하여 대략적으로 에너지를 계산할 수 있다. 에너지가 불규칙하기 때문에 디젤 해머는 에너지 측정이 중요하지 않거나, 또는 필요한 시간에 이것을 추정할 수 있는 상황에서 채택하는 것이 좋다.

가벼운 해머의 낙하거리를 크게 하여 그 에너지를 낙하거리가 짧은 무거운 해머의 에너지와 같게 할 수 있다. 그러나 두 해머의 에너지는 같다고 하더라도 타격 순간에 램의 낙하속도가 크게 다르기 때문에 타격 효과는 동일하지 않다. 무거운 해머가 효과적이라는 것은 못을 박을 때에 쉽게 느낄 수 있다. 경험에 의하면 램의 중량은 말뚝 무게의 1/4배 내지 1배이어야 효과적인 것으로 알려지고 있다(Bowles, 1982).

대부분의 말뚝은 해머에 의한 말뚝 머리의 손실을 방지하고 타격력을 분포시키기 위하여 헬멧 또는 캡(cap)을 씌운다. 캡은 주철로 만들며 나무나 파이버, 금속판, 플라스틱 쿠션 등을 그 아래에 넣기도 한다.

15.2.3 말뚝을 박을 때 말뚝의 거동

매우 연약한 지반에 말뚝을 박는다면 첫 타격으로 말뚝은 수백 mm까지 박힌다. 그러나 단단한 지반에서는 각 타격마다 말뚝과 지반의 변위를 수반하므로 결과적으로 에너지가 손실된다. 이때 말뚝 머리의 연직변위와 시간의 관계는 그림 15.5에 나타난 바와 같다. 말뚝을 타격하면 처음에는 하향으로 내려가지만, 곧 부분적으로 튀어 오른다. 이것은 말뚝과 그 주위에 있는 흙에 순간적으로 강성 압축이 일어나서 곧 회복되기 때문이다. 최대 관입량과 리바운드(rebound)의 차이가 실제 관입량이 된다. 타격당 실제 평균 관입량은 주어진 거리를 관입하는 데 타격한 횟수로 나누어 구할 수 있다.

말뚝이 매우 길고 말뚝 박기가 힘들 때 말뚝의 거동은 대단히 복잡하다. 충격 순간 말뚝 상부는 하향으로 움직이고 말뚝 바로 아래 단면은 강성 압축이 일어나지만, 그 순간에 말뚝 앞 끝은 순간적으로 고정되어 있다. 즉, 압축 영역은 최초 충격이 있은 후 몇 분의 1초가 지난 다음에 말뚝 끝에 도달한다. 이와 같은 압축파의 전달 결과로 말뚝 전체가 한꺼번에 아래로 움직이는 것이 아니고, 조금씩 연쇄적으로 내려간다.

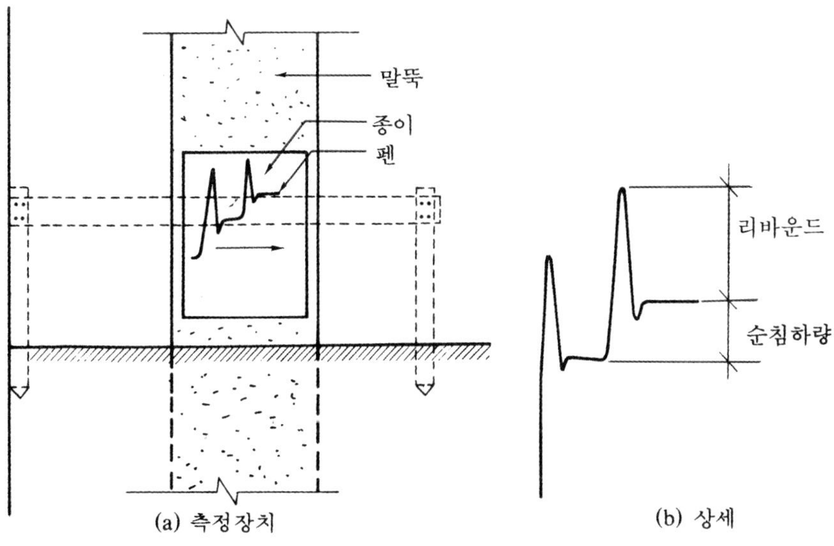

그림 15.5 말뚝 머리의 변위

15.2.4 말뚝의 시공방법에 따른 흙의 영향

말뚝은 피어처럼 천공을 하여 만들어지기도 하고 박아서 설치되기도 하는데, 어떤 경우이든 말뚝은 흙의 변위를 가져온다[그림 15.6(a) 및 (b) 참조].

천공을 하면 응력 상태가 바뀌므로 흙은 교란된다. 즉, 그림 15.6(a)에서와 같이 흙은 구멍 쪽으로 팽창하므로 흙의 단위중량이 감소하며, 특히 점토의 경우에는 구조가 파괴된다. 구멍 속으로 말뚝을 박거나 콘크리트를 채워 넣으면 흙은 부분적으로 원상태로 복귀하지만 교란을 피할 수는 없다.

말뚝을 박을 때에는 더 큰 교란이 생긴다. 말뚝의 끝은 마치 작은 기초처럼 작용하고 계속적으로 전단파괴를 일으키면서 내려가 박히며, 말뚝 둘레에는 B 내지 $2B$의 폭을 가진 교란된 흙의 영역이 생긴다. 제팅(jetting)을 하거나 먼저 작은 구멍을 파서 말뚝을 박으면 흙의 교란은 감소되며, 교란된 범위 내에서는 포화된 점토의 강도가 저하된다. 대부분의 비점성토는 단위중량이나 전단저항각이 증가하지만 매우 촘촘한 흙은 말뚝의 바로 옆에서는 전단 때문에 단위중량이 감소하며 전단저항각이 국부적으로 감소한다.

지반에 말뚝이 박힘으로써 두 가지 영향이 있을 수 있다. 첫째는 포화된 점토 지반과 촘촘한 사질 지반에서는 땅이 부풀어 오른다. 이러한 융기로 인해 이미 박힌 말뚝을 300~600 mm 정도 횡방향으로 변위시킬 때도 있고, 말뚝의 박힌 체적만큼 지반이 올라오는 경우도 있다. 둘째, 말뚝이 박힌 지반 내에서는 높은 횡압이 생긴다. Vesic(1967)에 의하면 포화된 점토 지반에서는 전횡압이 전연직하중의 두 배나 될 수 있다고 하며, 모래 지반에서는 유효수평응력이 유효연직응력의 1/2배 내지 4배나 된다고 한다.

포화된 점토 지반에서의 횡압력의 증가는 주로 간극수압의 증가 때문이다. 이것은 시간과 더불어 주위에 있는 흙 속으로 소실되므로 결국 횡압이 본래의 값으로 떨어진다. 간극수압이 감소하면 점토의 강도는 회복된다. 해머로 말뚝을 박으면 인접 구조물에 진동과 충격을 준다. 이것이

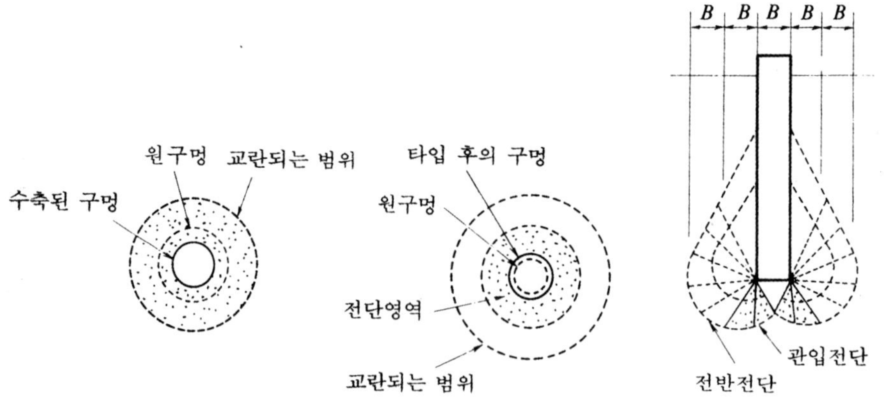

(a) 천공 말뚝 (b) 타입 말뚝 (c) 말뚝 선단에서의 전단 형태

그림 15.6 말뚝이 박힐 때의 흙의 거동

심하면 물리적인 피해를 줄 수 있다. 매우 느슨하고 포화된 모래 지반이라면 액화 현상이 일어나서 지지력이 감소되어 피해가 심각할 수 있다. 더욱이 느슨한 모래 지반에서의 말뚝의 진동은 지반의 함몰을 가져올 수 있다.

이것은 말뚝 길이와 타격의 강도에 따라 달라지며, 인접 구조물에 침하와 손상을 주기도 한다.

15.3 말뚝의 정적 지지력

말뚝에 작용하는 하중은 그림 15.7에 나타낸 바와 같이 두 가지 방법으로 흙 속에 전달된다. 첫째는 선단에서의 압축력, 즉 **선단지지**(end bearing)에 의한 것이고, 둘째는 말뚝 표면을 따라 발생하는 전단력, 즉 **주면마찰력**(skin friction)에 의한 것이다. 연약한 지층을 통해 단단한 지층까지 도달되어 있는 말뚝은 대부분의 하중을 선단지지로서 부담하는데, 이것을 **선단지지 말뚝**(end bearing pile)이라고 한다. 상당한 깊이까지 균질한 흙은 주로 마찰력에 의하여 하중을 부담하며, 이런 것을 **마찰 말뚝**(friction pile)이라고 한다. 그러나 실제로 거의 모든 말뚝은 양자의 기능을 함께 지니고 있다. 따라서 말뚝의 극한지지력은 선단지지와 주면마찰력의 합으로 생각할 수 있다.

$$Q_u = Q_{up} + Q_{us} \tag{15.1}$$

여기서, Q_u: 말뚝의 극한지지력

Q_{up}: 선단지지에 의한 말뚝의 지지력

Q_{us}: 주면마찰에 의한 말뚝의 지지력

Q_{up}와 Q_{us}의 값은 따로 분리해서 해석할 수 있다.

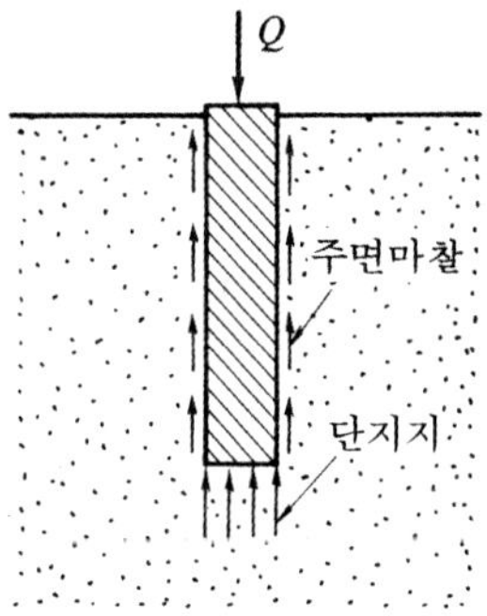

그림 15.7 선단지지와 주면마찰에 의한 말뚝 하중의 부담

15.3.1 말뚝의 선단지지력

깊은 기초의 파괴 양상은 얕은 기초의 경우와는 많이 다르다. 여러 학자들은 그림 15.8에 나타난 바와 같이 파괴 양상을 여러 가지로 가정하여 말뚝의 극한지지력을 구할 수 있는 공식을 유도하

였다. 이것을 일반적으로 지지력 공식의 형태로 표시하면 다음과 같이 나타낼 수 있다.

$$Q_{up} = A_p q_{\text{ult}} = A_p\left(cN_c + \frac{1}{2}\gamma B N_\gamma + \gamma l N_q\right) \tag{15.2}$$

여기서, A_p: 말뚝의 단면적

N_c, N_γ, N_q: 지지력계수

c : 점착력

γ : 흙의 단위중량

l : 말뚝의 깊이

B : 말뚝의 지름 또는 폭

위의 식에서 말뚝의 폭은 길이에 비하여 대단히 작으므로 제2항은 무시할 수 있고, 또 γl은 유효연직응력 q'이므로 이것을 다시 쓰면,

$$Q_{up} = A_p q_{\text{ult}} = A_p(cN_c + q'N_q) \tag{15.3}$$

가 된다. 이 식에서 말뚝 선단의 단면적 A_p는 강관인 경우에는 강관 내 흙의 면적까지 포함하고, H형강인 경우에는 흙까지 포함된 플랜지로 둘러싼 면적이다. 지지력계수는 기술자의 파괴 양상의 가정에 따라 넓은 범위의 변화를 보인다. 이 중에서도 점성이 없는 사질토에 대해서는 Berezantzev 등(1961)과 Meyerhof(1976)의 지지력계수를 많이 사용하고 있다.

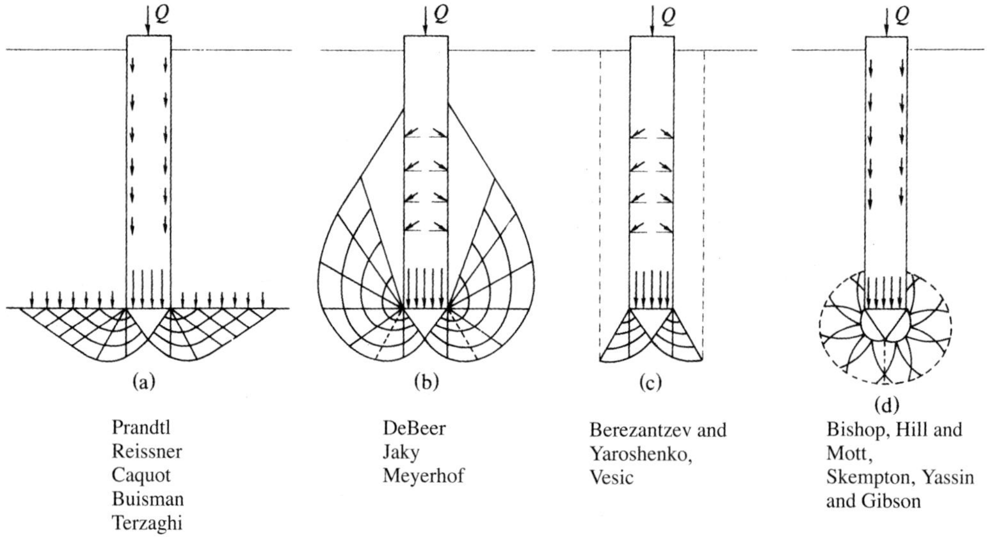

그림 15.8 깊은 기초의 파괴 양상(Vesic, 1967)

(1) Berezantzev의 방법

만일 점착력이 없다면 식 (15.3)은 다음과 같이 간단히 나타낼 수 있다.

$$Q_{up} = A_p(q'N_q) \tag{15.4}$$

Berezantzev(1961) 등이 제안한 지지력계수 N_q는 전단저항각을 사용하여 그림 15.9에서 구할 수 있다. 그런데 말뚝을 설치하게 되면, 이것을 설치하기 전과 설치 후의 전단저항각이 변화한다. 다시 말하면, 타입 말뚝인 경우에 모래는 본래보다 더 촘촘해지고 천공 말뚝인 경우에는 더 느슨해진다. 따라서 이 그림에서 지지력계수를 구할 때에는 전단저항각을 다음과 같이 수정하여야 한다.

- 타입 말뚝인 경우 :

$$\phi = (\phi_0' + 40°)/2 \tag{15.5}$$

- 천공 말뚝인 경우 :

$$\phi = \phi_0' - 3° \tag{15.6}$$

여기서, ϕ_0'은 말뚝을 설치하기 전의 전단저항각이다.

식 (15.4)를 보면 극한 선단지지력은 말뚝의 관입 길이가 증가함에 따라 정비례해서 증가한다. 그러나 실험 결과에 의하면 모래의 상대밀도에 따라 차이는 있으나, 말뚝 길이가 어느 한계를 넘으면 선단지지력은 그림 15.10(a)에 보이는 바와 같이 더 이상 증가하지 않고 거의 일정해진다 (Vesic, 1967). 말뚝의 이와 같은 거동은 주면마찰에 대해서도 동일하다[그림 15.10(b) 참조]. 따라서, q'을 계산할 때 어느 한계깊이 이상에서는 동일하다고 가정하는 것이 실제와 근접한다.

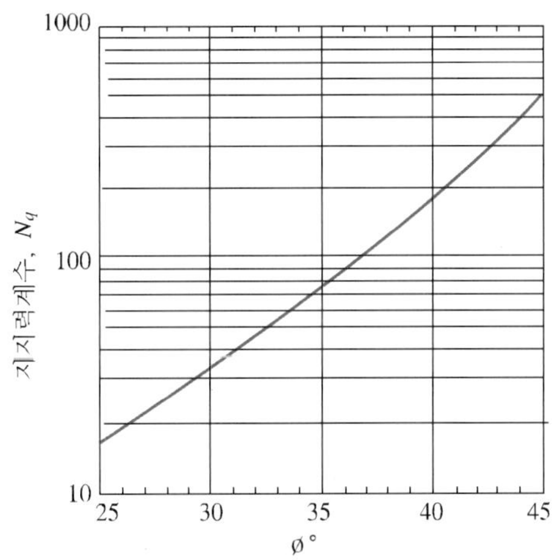

그림 15.9 깊은 기초에 대한 지지력계수(Berezantzeb et al., 1961)

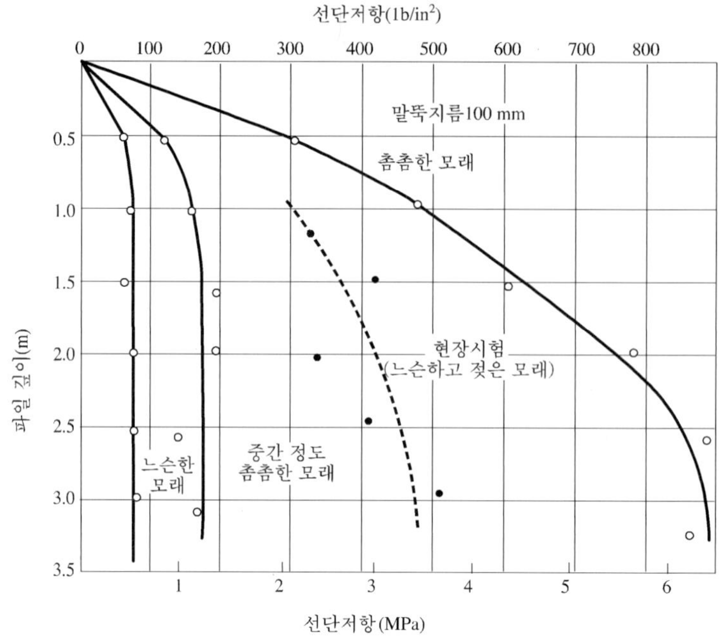

(a) 선단지지력

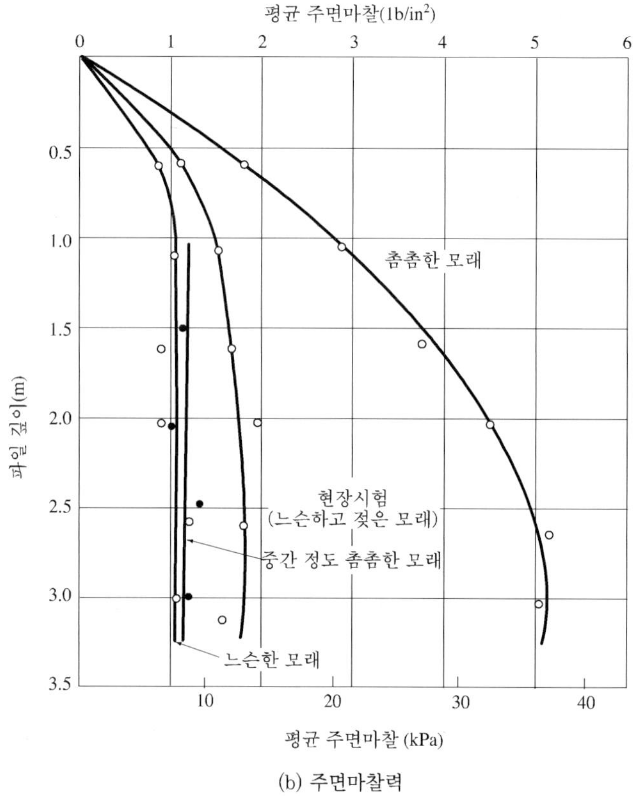

(b) 주면마찰력

그림 15.10 균질한 모래에 대해 깊이에 따른 지지력의 변화(Vesic, 1967)

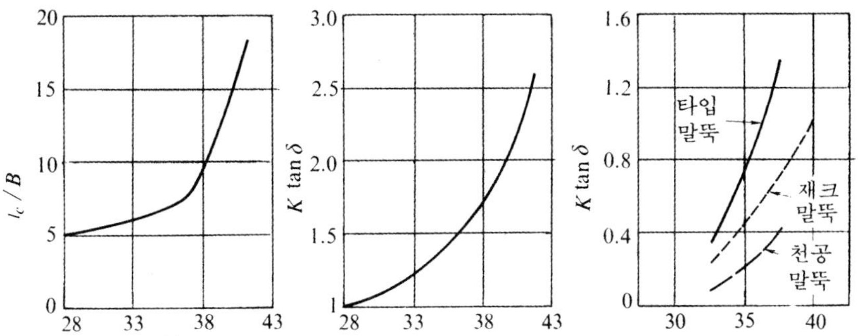

(a) l_c/B 대 ϕ (b) $K\tan\delta$ 대 ϕ (타입 말뚝) (c) $K\tan\delta$ 대 ϕ (Meyerhof, 1976)

주: · 타입 말뚝
$\phi = 0.75\phi_0' + 10$ [그림 15.11(a), (b)]
· 천공 말뚝
$\phi = \phi_0' - 3$ [그림 15.11(a)]
$\phi = \phi_0'$ [그림 15.11(c)]

그림 15.11 전단저항각에 대한 한계깊이와 주면마찰력(Poulos and Davis, 1980)

ϕ에 대응하는 말뚝 폭 B에 대한 한계깊이 l_c의 값은 Poulos and Davis(1980)가 제시한 그림 15.11(a)에서 구할 수 있다. 이 그림에서 이것을 구할 때에는 전단저항각을 다음과 같이 수정한다.

• 타입 말뚝인 경우:

$$\phi = 0.75\phi_0' + 10° \tag{15.7}$$

(2) Meyerhof의 방법

Meyerhof(1976)가 제안한 지지력계수 N_c, N_γ, N_q를 구하는 도표는 그림 15.12에 나와 있다. 이 그림에서 한계깊이에 대한 수정은 지지력계수에 대해 적용하도록 되어 있으며, 전단저항각의 변화에 따른 한계깊이비 l_c/B는 이 그림의 아랫부분에서 구할 수 있다. l_c/B, l/B 및 전단저항각을 알면 극한지지력은 다음과 같이 구한다. 여기서, B는 말뚝의 폭 또는 지름이고 l은 말뚝의 길이이다.

1. $l/B \le l_c/B$이고 $c=0$인 사질토의 경우:

$$Q_{up} = A_p q' N_q \tag{15.8}$$

2. $l/B > l_c/B$이고 $c=0$인 경우: 식 (15.8)에서 구하되 그 값은 다음 값보다 커서는 안 된다.

$$Q_{up} = A_p(50N_q)\tan\phi \ \text{(kN)} \tag{15.9}$$

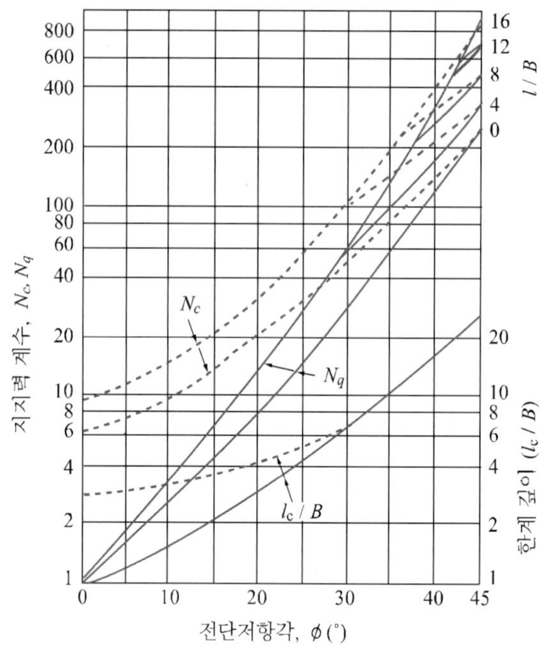

그림 15.12 Meyerhof의 지지력계수

Meyerhof 방법으로 식 (15.8), (15.9)의 N_q를 구하는 방법은 다음과 같다.

1. 전단저항각 ϕ를 결정한다.
2. l/B을 계산한다.
3. 그림 15.12에서 주어진 전단저항각을 가지고 l_c/B를 결정한다.
4. $l/B > (l_c/B)/2$이고 $\phi < 30°$이면, 그림의 지지력 곡선의 상한선의 값으로 지지력계수를 확정한다.
5. $l/B < (l_c/B)/2$이고 $\phi < 30°$이면, 보간법으로 지지력계수를 정한다. 즉,

$$N_q = N_q(\text{하한값}) + [N_q(\text{상한값}) - N_q(\text{하한값})]\frac{l/B}{(l_c/B)/2} \tag{15.10}$$

6. $\phi > 30°$이면 상한곡선과 하한곡선 사이에 있는 l/B의 곡선을 이용하여 보간법으로 지지력계수를 결정한다. 여기서, $l/B > (l_c/B)/2$이면 상한값을 사용한다.

흙이 점착력과 전단저항각을 함께 가지고 있다면, N_q를 구하는 방법과 동일한 요령으로 N_c를 구하고, 식 (15.3)에 대입하여 극한 선단지지력을 구한다.

$\phi = 0$인 점토에 대해서는 식 (15.3)에서 $N_q = 1$이므로 극한 선단지지력 공식은 다음과 같다.

$$Q_{up} = A_p(c_u N_c + q') \tag{15.11}$$

여기서, c_u는 비배수 강도이며 1축압축시험, 비배수 3축압축시험, 또는 베인 시험으로 결정할

수 있다. 한계깊이 아래 N_c의 값은 점토의 예민비와 특성에 따라 약 5(예민한 정규압밀점토)에서 10(과압밀점토)까지 변하지만, 보통 9를 사용한다. 말뚝을 박을 때에는 점토가 교란되므로 비배수 강도는 처음에 사용한 값보다 통상 더 작으나, 시공이 끝난 다음에는 흙이 압밀되거나 틱소트로피의 영향으로 이 값보다 더 커질 수 있다.

$c \neq 0$, $\phi \neq 0$인 흙에 대해서 N_c값과 N_q값은 그림 15.12에서 구하고, 이것을 식 (15.3)에 대입하여 극한 선단지지력을 계산한다.

15.3.2 말뚝의 주면마찰력

말뚝의 주면마찰력은 말뚝과 흙 사이의 마찰로 기인되는 저항력이므로 모든 경우에 다음 공식을 사용하여 계산할 수 있다.

$$Q_{us} = \sum P_s f_s \Delta l \qquad (15.12)$$

여기서, Q_{us}: 전 주면마찰력

P_s: 말뚝의 둘레

f_s: 주어진 깊이에서의 단위 마찰저항

Δl: 마찰저항이 동일한 말뚝의 길이

(1) 모래의 주면마찰저항 – Poulos and Davis의 방법

모래 지반에 대하여 단위 주면마찰저항은 다음과 같이 결정할 수 있다.

$$f_s = q' K \tan \delta \qquad (15.13)$$

여기서, q': 주어진 깊이에서의 유효연직응력

K: 마찰저항 계산을 위한 토압계수

δ : 흙과 말뚝 재료의 마찰각

식 (15.13)을 보면 단위 마찰저항은 지표면으로부터 깊이가 증가함에 따라 증가하지만, 선단지지력과 마찬가지로 어느 깊이에 이르면 더 이상 증가하지 않고 일정해진다. 이 깊이는 Poulos and Davis(1980)가 제시한 그림 15.11(a)에서 구할 수 있으며, 이 식의 q'의 계산에서는 한계깊이보다 더 큰 값을 써서는 안 된다. Poulos and Davis는 $\delta = \phi$로 가정하여 ϕ와 $K \tan \delta$와의 관계를 그림 15.11(b) 및 (c)와 함께 도시하였다. 이 표를 사용하는 데 있어서 타입 말뚝에는 그림 15.11(b)를 적용하되, 여기에 사용되는 ϕ값은 $\phi = 0.75\phi_0' + 10°$로 수정하여야 한다. 여기서, ϕ_0'은 본래의 전단저항각이다. 이와 같이 수정하는 이유는 말뚝이 타입되는 동안 모래는 더 촘촘해지기 때문이다. 그러나 천공 말뚝에 대해서 한계깊이를 정할 때에는, $\phi = \phi_0' - 3°$를 쓰고 마찰저항은 $\phi = \phi_0'$을 써서 그림 15.11(c)에서 구한다. 3,000 kN 이상 지지할 수 있는 대구경 말뚝에 대해서는 타입 말뚝에 대해 Meyerhof가 유도한 그림 15.11(c)를 이용하도록 Poulos and Davis는 제안하고 있다.

(2) 점토의 주면마찰저항

점토에 대한 마찰저항을 구하는 방법은 다음 세 가지로 나눈다.

① α 방법

전응력으로 마찰저항을 구할 수 있는 방법이며, 구하는 공식은 다음과 같다.

$$f_s = \alpha c_u \tag{15.14}$$

여기서, α는 말뚝과 흙 사이의 **접착계수**(adhesion factor)인데, 연약한 점토인 경우에는 1 또는 그 이상이 되나 점착력이 클수록 줄어든다. 이 값은 그림 15.13에서 보는 바와 같이 조사자에 따라 많은 차이를 나타내지만, 길이가 비교적 짧은 타입 말뚝에 대해서는 이 그림에서 Woodward가 제안한 곡선을 적용하는 것이 좋을 것이다. 굳은 점토나 모래층 아래에 있는 점토 등 다른 조건의 점토에 대한 α의 값은 Tomlinson(1970) 또는 Hunt(1986)의 문헌을 참조하여 구할 수 있다.

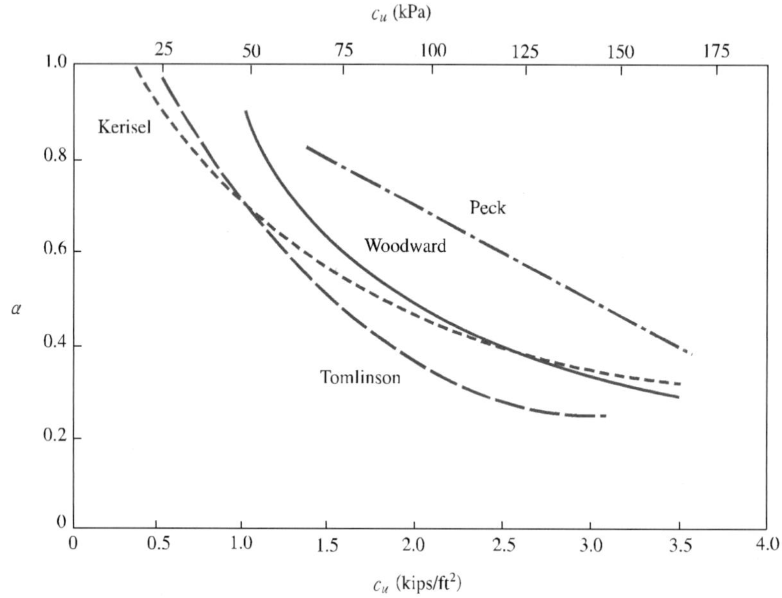

그림 15.13 점토 지반에 박힌 타입 말뚝에 대한 접착계수의 값(McClelland, 1974)

② β 방법

유효응력으로 얻은 강도정수를 가지고 마찰저항각을 계산할 수 있는 방법이다. 식으로 나타내면,

$$f_s = K \tan\phi' q' = \beta q' \tag{15.15}$$

여기서, ϕ': 유효응력으로 표시한 전단저항각

q' : 각 지층의 유효연직응력

K : 토압계수

여기서, 토압계수는 일반적으로 정지토압계수 K_0를 쓰며, 정규압밀점토와 과압밀점토에 대한 정지토압계수는 다음과 같이 결정한다.

• 정규압밀 점토 :

$$K_0 = 1 - \sin\phi' \tag{15.16}$$

• 과압밀 점토 :

$$K_0 = (1 - \sin\phi')(\mathrm{OCR})^{1/2} \tag{15.17}$$

여기서, OCR: 과압밀비

단단한 점토(stiff clay)에 대한 전단저항각 ϕ'은 교란된 흙에 대한 것을 쓴다.

③ λ 방법

Vijayvergiya and Focht(1972)이 제안한 방법으로, 전응력과 유효응력을 조합하여 마찰저항을 구한다. 공식은 다음과 같다.

$$f_s = \lambda(q' + 2s_u) \tag{15.18}$$

여기서, λ: 그림 15.14에서 결정되는 계수
s_u: 비배수 강도

지층이 불균질할 때에는 q'과 s_u는 평균값을 사용한다. 평균값을 구하는 방법은 다음 예제에서 설명한다.

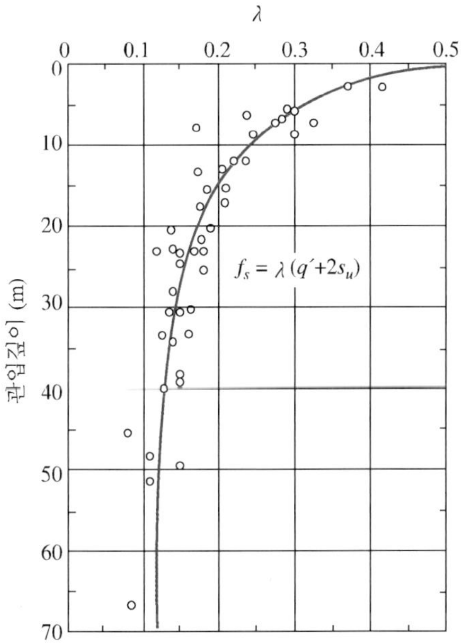

그림 15.14 λ 계수를 구하는 도표(Vijayvergiya and Focht, 1972)

예제 15.1

길이 12 m의 기성 콘크리트 말뚝이 균질한 모래 지반에 박힌다. 말뚝의 지름은 0.3 m이고 흙의 단위중량 $\gamma = 18$ kN/m^3, $\phi = 35^\circ$이다. (a) Berezantzev의 방법과 (b) Meyerhof의 방법으로 극한지지력을 구하여라. 단, 주면마찰력은 Poulos and Davis의 방법을 적용한다.

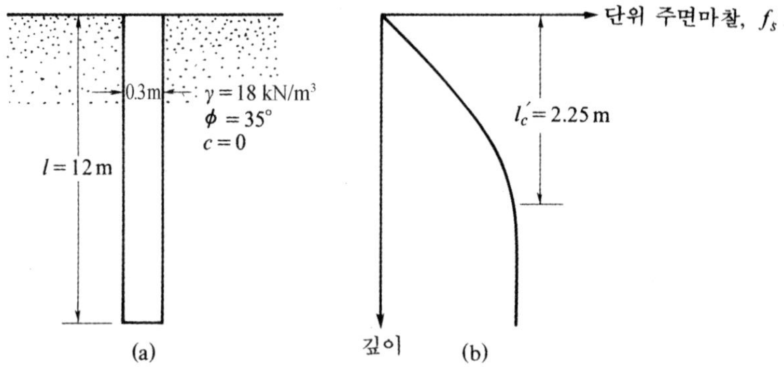

그림 15.15 예제 15.1의 그림

| 풀이 | (a) Berezantzev의 방법

극한 선단지지력 : N_q를 구하기 위하여 전단저항각을 다음과 같이 수정한다.

$$\phi = (35 + 40)/2 = 37.5^\circ$$

그림 15.9로부터 $\phi = 37.5^\circ$에 대한 $N_q = 110$

그림 15.11(a)에서 한계깊이를 구하기 위하여 전단저항각을 다음과 같이 수정한다.

$$\phi = 0.75 \times 35 + 10 = 36.25^\circ$$

이 그림으로부터 $\phi = 36.25^\circ$에 대한 $l_c/B = 7.5$를 얻는다. 그러면

$l_c = 0.3 \times 7.5 = 2.25$ m. 이것을 식 (15.3)에 대입하면,

$$Q_{up} = \frac{(\pi \times 0.3^2)}{4} \times (18 \times 2.25 \times 110) = 314.9 \text{ kN}$$

주면마찰력 :

$$Q_{us} = \sum P_s (q' K \tan \delta) \Delta l$$

그림 15.11(b)로부터 $\phi = 36.25^\circ$에 대한 $K \tan \delta = 1.5$

단위 주면마찰은 그림 15.15(b)에서 보는 바와 같이 한계깊이까지는 깊이가 깊어짐에 따라 증가하나 그 이상에서는 일정하다고 가정한다. 그러면,

$$Q_{us} = \pi \times 0.3 \times \left[18 \times \frac{2.25}{2} \times 1.5 \times 2.25 + 18 \times 2.25 \times (12 - 2.25) \times 1.5\right]$$
$$= \pi \times 0.3 \times (68.3 + 592.3) = 622.6 \text{ kN}$$

이 된다.

$$Q_u = Q_{up} + Q_{us} = 314.9 + 622.6 = 937.5 \text{ kN}$$

(b) Meyerhof의 방법

$$l/B = 12/0.3 = 40$$

그림 15.12로부터 $\phi = 35°$에 대한 $l_c/B = 7.5 < 40$

이 그림으로부터 l/B와 $\phi = 35°$에 대한 $N_q = 120$

$$Q_{up1} = \frac{(\pi \times 0.3^2)}{4} \times 18 \times 12 \times 120 = 1832.2 \text{ kN}$$

$$Q_{up2} = \frac{(\pi \times 0.3^2)}{4} \times 50 \times 120 \times \tan 35°$$

$$= 0.07 \times 4201 = 294.1 \text{ kN} < 1832.2 \text{ kN}$$

따라서 이 말뚝의 극한 선단지지력은 294.1 kN이다.

$$Q_u = Q_{up} + Q_{us} = 294.1 + 622.6 = 916.7 \text{ kN}$$

예제 15.2

길이 18 m, 지름 0.4 m의 말뚝이 그림 15.16에서 나타낸 2층 점토지반에 박힌다. 극한지지력을 구하여라.

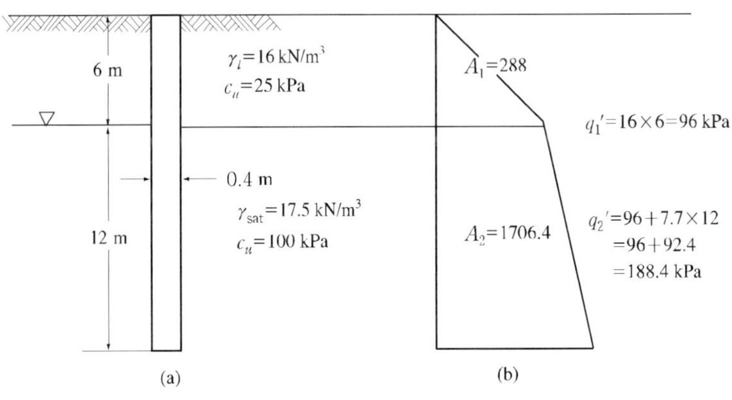

그림 15.16 예제 15.2의 그림

| 풀이 | 극한 선단지지력 :

$$Q_{up} = A_p c_u N_c = \frac{\pi \times 0.4^2}{4} \times 100 \times 9 = 113.1 \text{ kN}$$

주면마찰력 :

(a) α 방법

그림 15.13에서 Woodward의 곡선을 이용하면,

$$c_u = 25 \text{ kPa일 때 } \alpha = 1.0$$

$$c_u = 100 \text{ kPa일 때 } \alpha = 0.5$$

$$Q_{us} = \sum P_s \, \alpha \, c_u \, \Delta l = 0.4\pi(1.0 \times 25 \times 6.0 + 0.5 \times 100 \times 12)$$
$$= 0.4\pi(150 + 600)$$
$$= 942.5 \text{ kN}$$

$$Q_u = Q_{up} + Q_{us} = 113.1 + 942.5 = 1055.6 \text{ kN}$$

(b) λ 방법

그림 15.16(b)로부터

$$A_1 = (96 \times 6)/2 = 288$$
$$A_2 = (96 \times 12) + (92.4 \times 12)/2 = 1706.4$$

평균 $$q' = \frac{288 + 1706.4}{18} = 110.8 \text{ kPa}$$

그림 15.14로부터 $\lambda = 0.18$

$$S_u = \frac{25 \times 6 + 100 \times 12}{18} = \frac{150 + 1200}{18} = 75 \text{ kPa}$$
$$f_s = \lambda(q' + 2S_u) = 0.18(110.8 + 2 \times 75) = 46.9 \text{ kN/m}^2\text{/m}$$
$$Q_{us} = \sum P_s f_s \Delta l = \pi \times 0.4 \times 18 \times 46.9 = 1060.9 \text{ kN}$$
$$Q_u = Q_{up} + Q_{us} = 113.1 + 1060.9 = 1174 \text{ kN}$$

15.3.3 현장시험에 의한 지지력의 추정

$c = 0$인 사질토는 실내 시험으로 강도정수를 구하는 것이 대단히 어려우므로, 표준관입시험 또는 콘 관입시험으로부터 직접 말뚝의 극한 선단지지력을 추정할 수 있는 방법이 제안되었다. Meyerhof(1976)에 의하면,

$$Q_{up} = A_p(40N)\frac{l_b}{B} \le A_p(400N) \tag{15.19}$$

여기서, N: 말뚝 선단 위로 약 $8B$와 아래로 $3B$ 내의 표준관입시험의 평균값

l_b: 흙이 균질하다면 말뚝의 전 관입 깊이를 취하고, 만일 말뚝이 느슨한 지층을 통해서 촘촘한 지층까지 박힌다면, 촘촘한 층의 깊이만 취한다. 여기서, Q_{up}의 단위는 kN으로 표시된다.

Meyerhof는 또한 표준관입시험으로 주면마찰저항을 계산하는 경험식을 다음과 같이 제안하였다.

$$f_s = (1 \sim 2)\, N \tag{15.20}$$

이 식에서 N은 말뚝길이에 따른 표준관입시험값이며, 체적변위가 크게 일어나는 타입 말뚝에는 $2N$을 사용하고 체적변위가 작은 말뚝에는 $1N$을 사용한다. 여기서, f_s의 단위는 kPa이다.

콘 관입시험의 경우에는, 모래 지반에 대한 말뚝의 모형시험이라고 생각할 수 있으므로 콘 관입 시험값을 가지고 다음과 같이 직접 극한 선단지지력을 구할 수 있다.

$$Q_{up} = A_p\, q_c \tag{15.21}$$

여기서, q_c: 말뚝 선단 위로 $8B$와 아래로 $3B$ 내의 콘 선단 저항의 평균값

마찰저항은 다음 식으로 계산한다.

$$f_s = 0.05 q_c \tag{15.22}$$

만일, 콘 관입시험으로 주면마찰을 측정했다면,

$$f_s = q_{cs}(\text{체적변위가 작은 말뚝}) \tag{15.23}$$

$$f_s = 1.5 q_{cs} \sim 2.0 q_{cs}(\text{체적변위가 큰 말뚝}) \tag{15.24}$$

여기서, q_{cs}는 콘 관입시험으로 측정한 주면마찰이다.

예제 15.3

예제 15.1에서 N=28/30이라고 할 때 Meyerhof의 방법으로 극한지지력을 구하여라.

| 풀이 |

$$Q_{up} = A_p\left(40N\frac{l_b}{B}\right) = \frac{(\pi \times 0.3^2)}{4} \times 40 \times 28 \times \frac{12}{0.3} = 3166.7\ \mathrm{kN}$$

$$Q_{upc} = A_p(400N) = \frac{(\pi \times 0.3^2)}{4} \times 400 \times 28 = 791.7\ \mathrm{kN} < 3166.7\ \mathrm{kN}$$

$$Q_{us} = P_s(2N)l_b = (\pi \times 0.3) \times 2 \times 28 \times 12 = 633.3\ \mathrm{kN}$$

$$Q_u = Q_{up} + Q_{us} = 791.7 + 633.3 = 1425\ \mathrm{kN}$$

15.3.4 허용지지력

말뚝의 허용지지력은 위에서 계산한 극한지지력을 안전율로 나누어 구한다. 즉,

$$Q_a = \frac{Q_u}{F_s} \tag{15.25}$$

안전율은 말뚝의 종류와 설계사의 불확실성에 의존하여 2~4로 한다. 가능하다면, 계산으로 결정한 극한지지력은 현장에서 재하시험을 하여 이것을 확인하는 것이 좋다. 현장 재하시험을 하였다면 안전율은 2 또는 2.5로 낮게 정한다. 재하시험 자체는 많은 비용이 들지만 이것으로 지지력이 확인됨으로써 안전율이 감소되었다면, 오히려 더 경제적이 될 수 있다. 극한지지력 Q_u는 선단지지력과 주면마찰력의 합계로 계산되지만, 각 성분이 최댓값에 도달되는 변위는 서로 다르다는 것을 유의하여야 한다. 마찰력은 말뚝과 흙 사이의 약간의 변위로 최댓값이 발생될 뿐만 아니라, 또한 그 변위는 말뚝의 길이를 따라 일정하지 않고 상부에서는 크나 아래로 갈수록

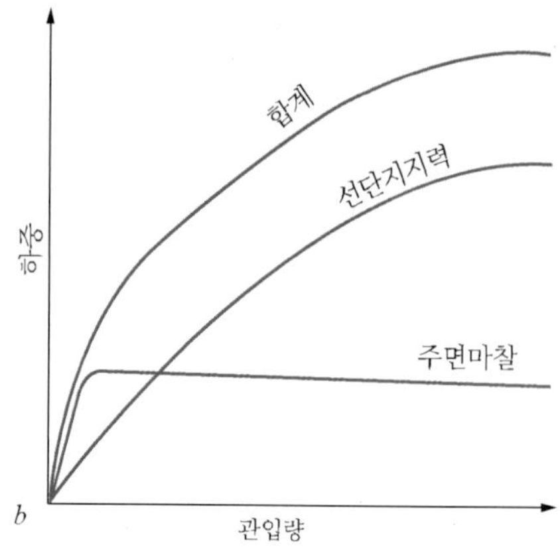

그림 15.17 런던 점토의 현장 말뚝에 대한 하중-관입량 관계(Burland & Crooke, 1974)

줄어든다. 최대 주면마찰력은 5~10 mm의 변위에서 발생하며 흙의 강도정수와는 관계되지만, 말뚝의 길이 및 지름과는 거의 관계가 없는 것으로 알려져 있다. 그러나 선단지지력의 최댓값이 발생되는 말뚝과 흙의 상대적 변위는 최대 주면마찰력이 발생되는 변위보다 훨씬 더 크다. 선단지지력이 최대가 되는 말뚝의 변위는 타입 말뚝에서는 말뚝 지름의 10% 정도, 천공 말뚝에서는 30%까지 이른다.

그림 15.17은 런던 점토지반에 설치한 천공 말뚝의 한 예를 나타낸 것인데, 선단지지력은 말뚝의 관입에 따라 계속해서 증가하나 주면마찰력은 약간의 관입으로 극한값에 이른다는 것을 명확히 나타내고 있다. 만일 안전율을 균일하게 3으로 잡았다면 실제의 작용하중하에서는 주면마찰은 극한 상태에 도달될 수도 있지만 선단지지력은 일부밖에 동원되지 않을 수도 있을 것이다. 이와 같은 이유 때문에 어떤 학자들은 선단지지력과 주면마찰력에 대해 안전율을 각각 분리해서 정하고 있다. 이것을 식으로 나타내면,

$$Q_a = \frac{Q_{up}}{F_{s1}} + \frac{Q_{us}}{F_{s2}} \tag{15.26}$$

여기서, F_{s1}: 선단지지력에 대한 안전율

F_{s2}: 주면마찰에 대한 안전율

이와 같이 안전율을 분리하였을 때, 말뚝의 허용지지력은 동일한 침하에 대한 것이어야 하므로, F_{s1}은 크게 잡고 F_{s2}는 작게 잡아야 한다(예: $F_{s1} = 3$, $Fs_2 = 1.5$).

15.3.5 부마찰력

(1) 부마찰력과 중립면

지금까지 논의해 온 것은 주면마찰력이 상향으로 작용하는 경우를 전제로 하였지만, 하향으로 작용하는 경우도 있다. 이러한 조건은 말뚝 주위의 지반이 말뚝보다 더 많이 침하할 때 생긴다.

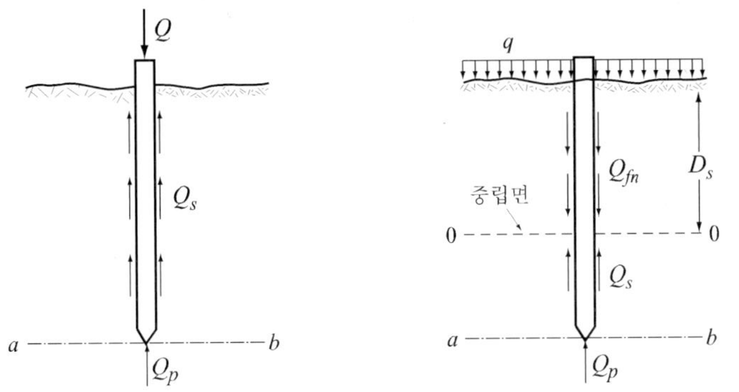

(a) 점토지반에 박힌 말뚝에 작용하는 마찰력 (b) 지반에 하중이 작용할 때 부마찰력의 발생

그림 15.18 말뚝지지력의 구성과 부마찰력의 발생 메커니즘

이와 같은 하향의 마찰을 부마찰(negative skin friction), 말뚝 주면을 따라 발생하는 하향력을 부마찰력(downdrag, drag force)이라고 한다.

말뚝에 하중이 작용하지만 그 주위의 지반이 침하하지 않으면 부마찰이 발생하지 않는다[그림 15.18(a)]. 그러나 지반에 성토하중이 놓이거나 지하수위의 하강으로 인하여 지반의 유효응력이 증가할 때, 또는 말뚝 타입 후 과잉간극수압이 소산할 때에는 압밀침하가 발생하므로 부마찰력이 유발된다[그림 15.18(b)]. 이와 같이 지반 내에는 마찰력의 방향이 반대되는 경계가 있으며, 이것을 중립면(neutral plane)이라고 한다. 부마찰력이 발생하는 깊이는 말뚝과 지반의 상대 변위가 0이 되는 위치이며, 말뚝 주위 지반의 침하가 말뚝의 침하량보다 조금이라도 더 크면 부마찰력이 발생한다.

중립면은 두 가지 방법으로 결정할 수 있다. 첫째, 그림 15.19(b)에 보인 바와 같이 사하중이 작용할 때 깊이에 따른 말뚝의 침하량과 지반의 깊이별 침하량을 구하면 두 곡선의 교점이 중립

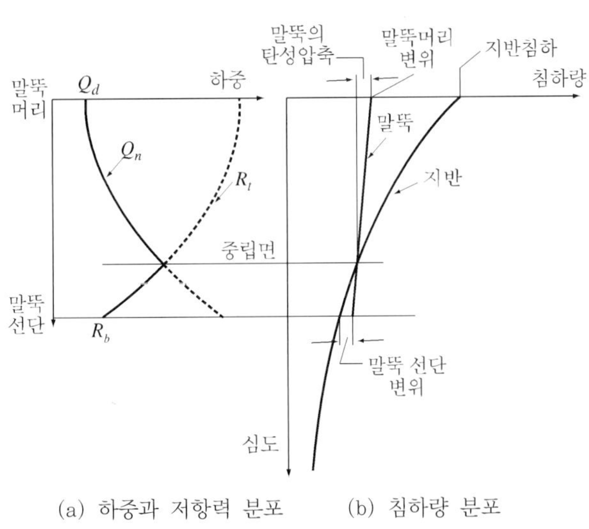

(a) 하중과 저항력 분포 (b) 침하량 분포

그림 15.19 중립면의 결정방법(CGS, 1985)

면의 위치가 된다. 둘째, 부마찰력이 말뚝 전체 깊이를 따라 작용한다고 가정하고 [사하중+부마찰력, Q_n]의 하중곡선을 그린다. 다음에는 마찰력이 말뚝 전체 깊이를 따라 작용한다고 가정하고 [극한선단지지력+마찰력, R_t]의 저항곡선을 그린다. 그러면 두 곡선의 교점이 중립면의 위치가 된다[그림 15.19(a) 참조]. 이 방법의 기본원리는 중립면에 작용하는 하중과 부마찰력은 그 아래 상향의 마찰력과 선단지지력으로 힘의 평형을 이룬다는 것이다. 이 그림의 실선은 부마찰력이 작용할 때 말뚝의 길이를 따라 작용하는 축하중이며, 그 값은 중립면의 위치에서 최대가 된다는 것을 알 수 있다. 여기서, 부마찰력은 말뚝에 작용하는 하중으로 고려한다는 것을 유의해야 한다.

이와 같이 결정된 중립면은 말뚝 선단의 지지력과 부마찰력을 최대로 반영하는 가장 불리한 경우에 대한 것이다. 극한지지력은 말뚝 선단이 상당한 침하(타입말뚝은 말뚝 지름의 1~2%, 현장 말뚝은 5~10%)가 발생하였을 때 얻어지므로 실제 작용하중은 이보다 훨씬 작기 때문에 중립면은 이보다 더 위에 놓인다. 또 활하중이 작용하면 말뚝의 침하가 더 커져서 중립면이 올라가므로 이 하중은 중립면을 결정하는 데 고려할 필요가 없다. 중립면은 다음에 설명하는 바와 같이 지반의 침하량 크기에 따라 변동한다. 이와 같이 중립면은 그 면에서 힘의 평형을 이루면서 수시로 변동할 수 있다는 것도 알아두어야 한다.

(2) 부마찰력의 크기

부마찰력의 크기 Q_{fn}은 다음 식으로 계산된다.

$$Q_{fn} = \alpha s_u \pi d D_s \tag{15.27}$$

여기서, d: 말뚝의 지름

D_s: 말뚝 머리에서 중립면까지의 깊이

α: 계수

s_u: 비배수강도

위의 식을 보면 부마찰력은 방향만 다를 뿐, 기본적으로 먼저 언급한 α방법으로 말뚝의 마찰력을 구하는 공식 (15.12)와 동일하다는 것을 알 수 있다.

(3) 지지력에 대한 두 가지 개념

부마찰력이 말뚝의 지지력에 어떤 영향을 끼치는가에 대해서는 두 가지 상반된 개념이 존재한다. 첫째는 부마찰력이 상향의 마찰저항력과 반대 방향으로 작용하므로 말뚝의 지지능력이 그 값만큼 감소된다는 것이다(Tomlinson, 1969). 이 개념은 오랫동안 실무에 적용하여 왔으며, 이 개념을 적용하면 허용지지력이 현저히 감소된다. 둘째는 부마찰력은 말뚝의 축력을 증가시키는 하중으로 작용하므로 말뚝의 지지능력과 관계가 없다는 것이다(CGS, 1985; Fellenius, 1991). 다시 말하면, 부마찰력은 말뚝에 작용하는 하중과 함께 중립면에서 그 아래 상향의 마찰력과 말뚝 선단의 지지력(저항력)으로 평형을 이루게 되므로 논리상 둘째 개념이 합리적이다. 앞서 보인 중립면의 결정방법도 둘째 개념에 근거한 것이다.

부마찰력은 하중으로 작용하고 그 크기는 식 (15.27)로 계산할 수 있지만 중립면을 지나면 정마찰로 인해 그 값이 일부분 상쇄되기 때문에 말뚝 선단에서는 그 크기만큼 증가되지 않는다. 또한 말뚝 선단에서 작용하는 하중은 말뚝 머리의 하중보다 작기 때문에 부마찰로 인해 증가된 하중을 보탠다 하더라도 말뚝 머리에 작용하는 [활하중+사하중]과 크게 다르지는 않을 것이다.

이러한 논리를 근거로 해서 캐나다 지반공학회(CGS, 1985)에서는 부마찰력이 작용하는 경우에도 부마찰력이 없는 경우와 마찬가지로 말뚝의 허용지지력 Q_a는 다음 공식을 사용하여 산정한다.

$$Q_a = \frac{1}{F}(Q_p + Q_s) > Q_d + Q_l \tag{15.28}$$

여기서, F: 안전율

Q_p: 선단지지력

Q_s: 마찰력

Q_d: 말뚝 머리에 작용하는 사하중

Q_l: 말뚝 머리에 작용하는 활하중

그런데 이미 설명한 바와 같이 부마찰력은 중립면에서 최대가 되므로 부마찰력은 말뚝 구조체의 압축강도에 영향을 끼친다. 따라서 말뚝의 압축강도는 다음 식을 만족해야 한다.

$$\sigma_c A_c > (Q_d + Q_{fn})F \tag{15.29}$$

여기서, σ_c: 콘크리트의 압축강도

A_c: 말뚝의 단면적

Q_{fn}: 부마찰력[식 (15.27)]

식 (15.29)에서 $F = 1.0 \sim 1.2$를 적용한다.

(4) 부마찰력이 말뚝의 침하량에 끼치는 영향

부마찰력의 크기는 침하량에 영향을 끼친다. 그림 15.20은 지반의 침하량 크기가 말뚝의 거동에 어떤 영향을 끼치는가를 잘 보여주는 실측자료이다(Fellenius, 2008). 말뚝에 4,000 kN의 사하중이 가해진 상태에서 부마찰력의 발생으로 인한 말뚝의 장기거동을 관찰하였다. 180 mm의 지반침하가 발생하였을 때에는 중립축은 10.2 m의 깊이에 있었고, 말뚝 선단으로 전이된 하중은 4,200 kN으로 증가하였다. 이로 인해 발생한 말뚝 머리와 선단의 침하량은 각각 60 mm와 55 mm가 되었다(NP_I). 그러나 지반침하가 약 40 mm 발생했을 때 중립 축은 훨씬 위에서 나타났고(NP_{II}), 말뚝 선단에 전이된 하중은 2,300 kN, 선단의 침하량은 16 mm에 지나지 않았다. 그림 15.20을 보면 지반의 침하량이 클수록 말뚝 선단으로 전이되는 하중이 증가하고, 말뚝의 침하량도 커진다는 것을 알 수 있다.

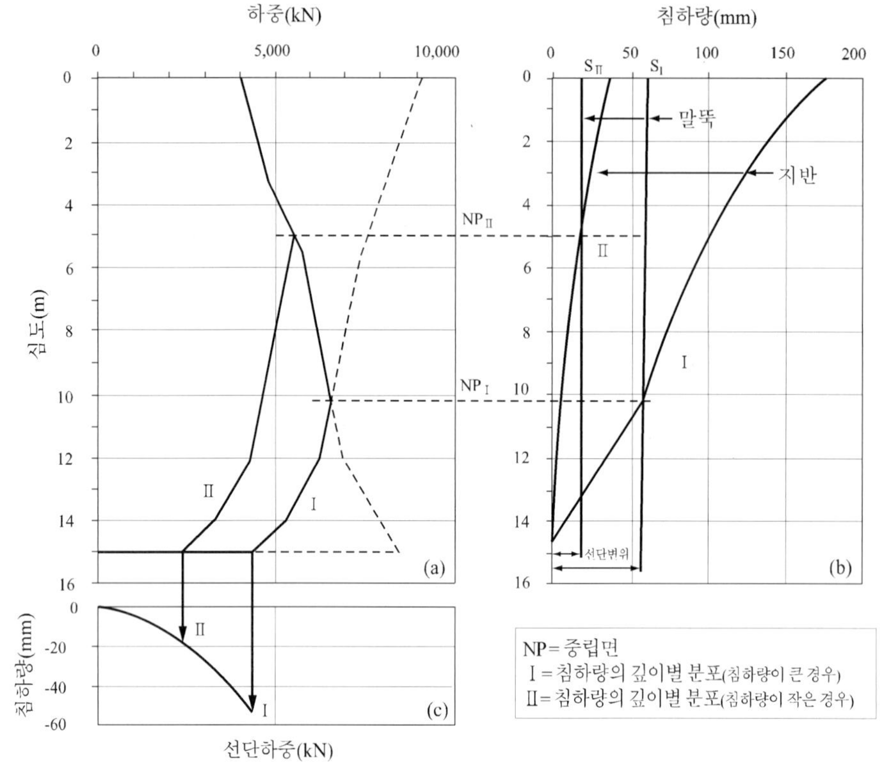

그림 15.20 지반침하의 크기에 따른 말뚝의 깊이별 하중분포와 침하량(Fellenius, 2008)

(5) 무리 말뚝의 부마찰력

위에서 설명한 바와 같이 부마찰력이 작용하면 단일 말뚝의 지지능력은 침하량에 의해 지배된다는 것을 알 수 있다. 실제의 말뚝기초는 여러 개의 말뚝을 박아 무리로 하중을 지지하므로 무리 말뚝에 작용하는 부마찰력은 침하량에 어떤 영향을 끼치는가를 생각해 볼 필요가 있다.

Poulos(1980)의 연구에 의하면 무리 말뚝의 부마찰력의 크기는 말뚝 간의 간격에 크게 의존한다. 다시 말하면, 말뚝 간격이 좁을수록 말뚝 사이의 지반의 침하는 주위의 말뚝에 의해 억제되므로 부마찰력은 줄어든다. 따라서 무리 말뚝의 안쪽에 박힌 말뚝은 바깥쪽보다도 부마찰력이 훨씬 작다.

15.3.6 말뚝 재하시험

말뚝의 지지력을 결정할 수 있는 가장 믿을 수 있는 방법은 말뚝의 재하시험이다. 이것은 한 개의 말뚝이나 말뚝 무리의 극한 파괴 하중을 결정하거나, 또는 과도한 침하를 일으키지 않고 하중을 지지할 수 있는 능력을 결정하기 위해 행한다.

암반에 박힌 말뚝을 제외하고는, 모든 말뚝의 지지력은 상당한 시간이 지난 후까지도 극한에 이르지 않는다. 그러므로 말뚝의 지지력을 결정하는 데 있어서는 시간의 영향을 고려하여야 한다. 말뚝이 투수성이 좋은 모래 지반에 박힌다면, 2~3일 만에 말뚝의 능력을 알 수 있지만, 실트나 점토로 둘러싸인 말뚝은 한 달이나 그 이상이 될 수도 있다. 말뚝 재하시험은 그림 15.21(a)와 같이 재하장치 위에 철강이나 콘크리트 블록과 같은 사하중을 올려놓아 행할 수도 있고, 그림 15.21(b)와 같이 시험 말뚝 옆에 인장 말뚝을 박고 강보로 연결하여 유압 잭으로 하중을 가해 행할 수도 있다. 후자의 방법이 더 안전하고 하중 조절이 더 용이하다. 침하량은 다이얼 게이지를 독립적으로 설치하여 결정할 수 있다.

하중은 파괴에 이르거나 또는 설계하중의 2배에 도달될 때까지 설계하중의 1/5 또는 1/4씩 증가시킨다. 각 단계의 하중은 일정하게 유지하고 침하속도가 시간당 0.25 mm 이하가 될 때까지 적절한 시간 간격으로 침하량을 측정한다. 그러면 하중-침하량 곡선, 하중-시간 곡선, 침하량-시간 곡선 등을 그릴 수 있다.

실제 사용하중(service load)을 어느 값으로 결정하느냐 하는 것은 여러 가지 기준이 있을 수 있다. 사용하중은 얕은 기초에서와 마찬가지로 지지력과 침하량에 안전하여야 한다. 지지력은 적절한 안전율로 나누어 결정하고, 침하량은 최대 허용값 이내여야 한다.

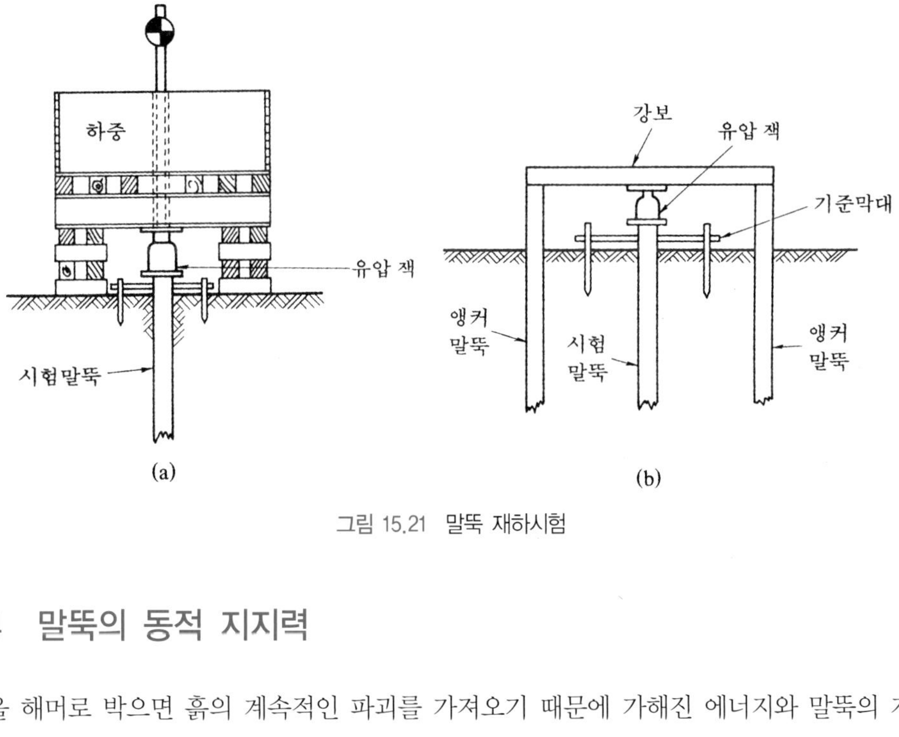

그림 15.21 말뚝 재하시험

15.4 말뚝의 동적 지지력

말뚝을 해머로 박으면 흙의 계속적인 파괴를 가져오기 때문에 가해진 에너지와 말뚝의 저항력 사이에는 어떠한 관계가 있다. 이와 같은 관계로부터 말뚝의 지지력을 결정하는 방법을 동적 공식(dynamic formula)이라고 하며, 이 방법에 의한 지지력의 결정은 오래전부터 사용되어 왔다. 그러나 이 방법이 어떤 경우에는 정확하게 말뚝의 지지력을 추정할 수 있었지만, 과잉 설계가 되었거나 파괴를 가져오는 일도 있었다.

해머로 말뚝을 박을 때 말뚝의 재하와 흙의 파괴는 순간적인 반면, 말뚝을 박고 난 다음 실제 구조물에서는 하중이 몇 시간에서 몇 년에 이르는 장기간에 걸쳐 가해진다. 그러므로 전단이 재하속도와 관계가 없는 흙에서만 동적인 지지력과 장기간에 걸친 말뚝의 지지력이 일치될 수 있다. 따라서 건조한 사질토와 상대밀도가 중간 정도이고 입자가 굵은 젖은 사질토에서는 이 관계가 잘 맞는다. 그러나 점토나 대단히 느슨하고 포화된 비점성토는 강도가 전단속도에 의존하므로 동적인 공식은 신빙성이 별로 없다.

표 15.1 해머의 기계효율, e (Chellis, 1961)

구분	해머의 종류	e
드롭 해머	방아쇠 시동장치	1.00
	드럼 윈치	0.75
단동 해머	McKiernan-Terry	0.85
	Warrington-Vulcan	0.75
복동 해머	McKiernan-Terry	0.85
	National	0.85
	Union	0.85
차동 해머		0.75
디젤 해머		1.00

15.4.1 Hiley 공식

모든 동적 공식은 말뚝 해머의 낙하로 인한 운동 에너지와 말뚝에 행한 일은 같다는 것을 기본으로 하고 있다. 말뚝에 가해지는 에너지는 모두 일로 바뀌는 것이 아니고, 해머의 기계적 마찰, 충격, 말뚝과 흙의 일시적인 압축 등으로 그 에너지의 일부분이 손실된다. 이러한 손실량의 나머지가 일을 하게 되는 것이다. 이것을 식으로 나타내면,

$$W_r \times h \times (\text{효율}) = (R_0 \times s) + \text{손실량} \tag{15.30}$$

여기서, W_r: 말뚝 해머의 무게

R_0: 말뚝의 저항력

h: 해머의 낙하고

s: 한 타격으로 인한 말뚝의 침하량

위의 식 (15.30)을 이용하는 데 가장 어려운 문제는 효율과 에너지 손실률을 정하는 일이다. Chellis(1961)에 의하면 기계효율은 종류에 따라 다르며, 0.75에서 1까지 변한다.

충격 후에 해머로부터 이용할 수 있는 에너지는 충격방법과 운동량으로부터 추정할 수 있다. 이것은 **반발계수**(coefficient of restitution)로 나타내는데, 이 값은 표 15.2에 나와 있다. 여기에 추가해서 해머의 무게와 말뚝의 무게도 효율에 관계된다. 그러므로 전 효율은 기계효율 e에 다음의 값을 곱한 값이다.

표 15.2 반발계수 n의 값(Simons & Menzis, 1977)

말뚝의 종류	두부조건	단동, 드롭 또는 디젤 해머	복동 해머
콘크리트	• 말뚝 머리를 패킹하고 플라스틱 돌리 또는 Greenheart 돌리를 씌운 헬멧	0.4	0.5
	• 말뚝 머리를 패킹한 목재 돌리의 헬멧	0.25	0.4
강	• 패드만 말뚝 머리 위에 놓인 해머	-	0.5
	• 콤포지트 플라스틱 또는 Greenheart 돌리를 가진 캡	0.5	0.5
	• 목재 돌리를 가진 캡	0.3	0.3
	• 말뚝 머리에 직접 타격	-	0.5
나무	• 말뚝 머리에 직접 타격	0.25	0.4

$$\eta = \frac{W_r + n^2 W_p}{W_r + W_p} \tag{15.31}$$

여기서, η: 타격효율

W_p: 말뚝의 무게

n: 반발계수

캡, 말뚝 및 지반의 탄성 압축에 의한 손실 에너지는 다음 식으로 나타낸다.

$$\text{손실 에너지} = \frac{R_0 C_1}{2} + \frac{R_0 C_2}{2} + \frac{R_0 C_3}{2} \tag{15.32}$$

여기서, C_1, C_2 및 C_3는 각각 캡, 말뚝 및 흙의 일시적인 탄성 압축량이다. $(C_2 + C_3)$값은 말뚝을 박을 때의 리바운드 양이므로, 앞 절에서 기술한 바와 같이 말뚝 박기를 하는 동안 측정될 수 있다.

위에서 언급한 효율과 에너지 손실량을 식 (15.30)에 대입하면,

$$W_r h e \left(\frac{W_r + n^2 W_p}{W_r + W_p} \right) = R_0 s + R_0 \left(\frac{C_1}{2} + \frac{C_2}{2} + \frac{C_3}{2} \right) \tag{15.33}$$

이것을 정리하면,

$$Q_u = R_0 = \frac{W_r h e \eta}{s + \frac{1}{2}(C_1 + C_2 + C_3)} = \frac{W_r h e \eta}{s + C} \tag{15.34}$$

$$C = \frac{1}{2}(C_1 + C_2 + C_3) \tag{15.34a}$$

이다.

n과 W_p / W_r을 알면 타격효율 η값은 그림 15.22에서 구할 수 있다.

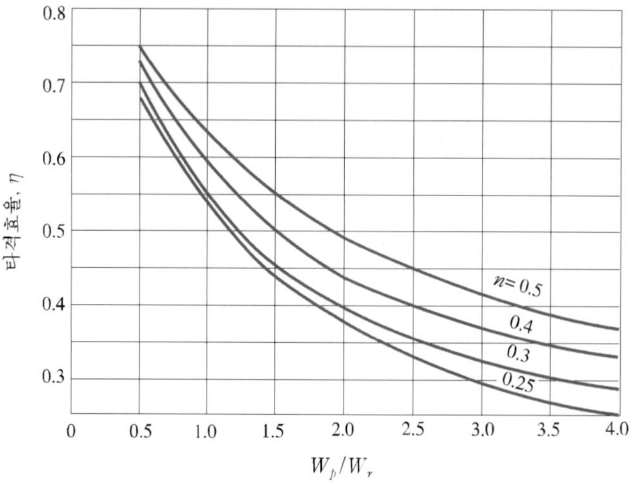

그림 15.22 타격효율 η를 구하는 도표(Simons and Menzies, 1977)

Hiley 공식은 사질토에 박힌 말뚝의 지지력을 결정하는 데 있어서 상당히 정확하다고 하며, 안전하중을 얻기 위해서는 이 공식에서 구한 극한 하중을 안전율 2~2.5로 나누어 구한다. 긴 말뚝이나 강성이 매우 큰 말뚝에 Hiley 공식을 적용하면 지나치게 과소 설계가 된다고 한다. 이 공식의 적용을 위한 말뚝의 적절한 길이는 단위길이당 말뚝의 무게와 강성에 의존한다. 기성 콘크리트 말뚝이라면 이 길이는 9~15 m이다.

말뚝을 박기 전에는 일시적인 강성 압축량 C를 알 수 없으므로 이 값은 그림 15.23~15.26의 도표를 이용하여 추정할 수 있다. 이 그림들의 이용방법에 대해서는 예제에서 더 자세히 설명한다.

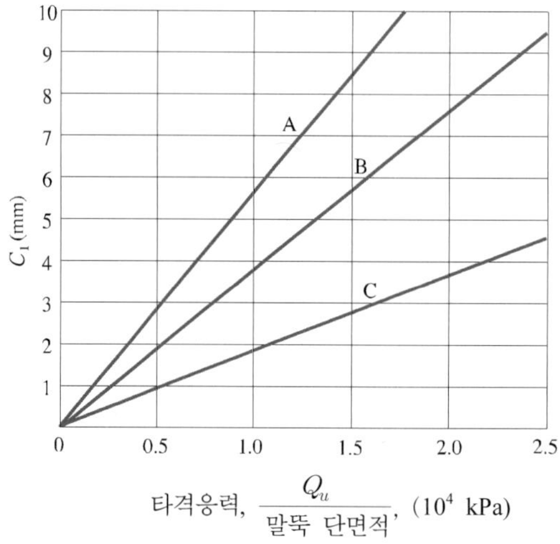

A: 헬멧 아래 75 mm 두께의 패킹을 한 콘크리트 말뚝
B: 돌리가 있는 헬멧의 콘크리트 또는 강 말뚝
C: 25 mm의 패드만 있는 철근 콘크리트 말뚝

그림 15.23 C_1을 구하는 도표(Simons and Menzies, 1977)

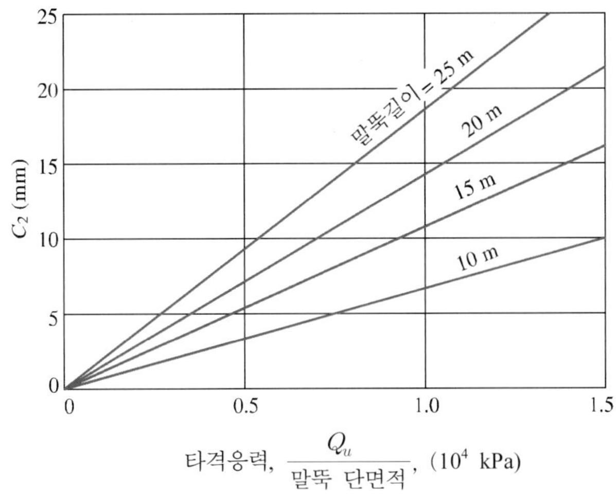

그림 15.24 콘크리트 말뚝에 대해 C_2를 구하는 도표(Simons and Menzies, 1977)

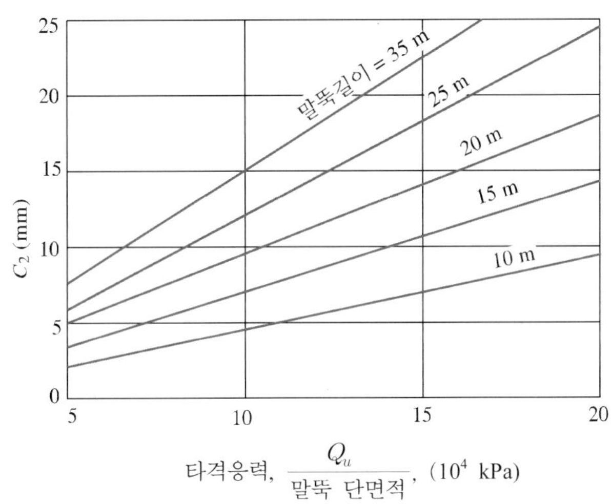

그림 15.25 강 말뚝에 대해 C_2를 구하는 도표(Simons and Menzies, 1977)

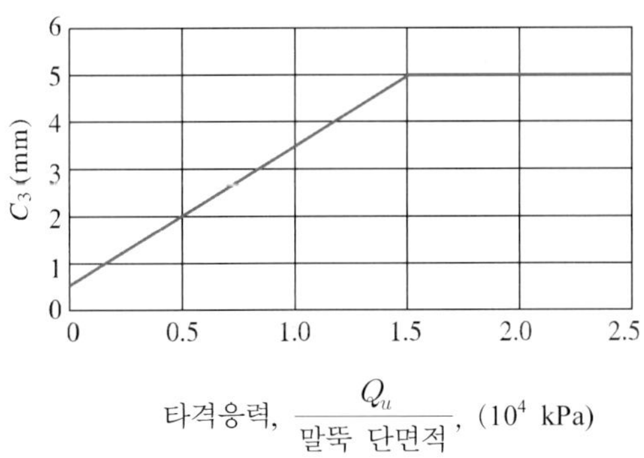

그림 15.26 C_3를 구하는 도표(Simons and Menzies, 1977)

15.4.2 엔지니어링 뉴스 공식

위의 식 (15.34)는 적용이 복잡하므로 적절한 상수를 가정하여 공식을 간단하게 만들 수 있다. $(C_1 + C_2 + C_3)$의 값을 50 mm로 하고 해머의 기계효율과 타격효율을 각각 1로 잡으면 식 (15.34)는 다음과 같다.

$$Q_u = \frac{W_r h}{s + 25} \tag{15.35}$$

이것을 **엔지니어링 뉴스 공식**(Engineering News formula)이라고 하며, 상수를 임의로 정하였기 때문에 여기서 생기는 불확실성을 고려하여 안전율은 6을 사용한다. 이것은 자유 낙하하는 드롭 해머로 모래 지반에서 나무 말뚝을 박을 때 잘 맞는다.

증기 해머에 대해서는 위의 식에서 25 대신 2.5를 넣도록 수정되었다. 그러면 위의 공식은,

$$Q_u = \frac{W_r h}{s + 2.5} \tag{15.36}$$

가 된다.

수많은 시험 결과를 종합해 보면, 이 공식을 적용할 때의 실제 안전율은 2/3에서 20까지 변한다고 한다. 그러므로 드롭 해머로 박은 나무 말뚝이나 증기 해머로 박는 경중량의 짧은 말뚝을 제외하고는 실제 지지력을 추정하는 데 큰 차이가 있을 수 있다는 것을 유의하여야 한다.

예제 15.4

지름 0.4 m, 길이 15 m의 콘크리트 말뚝이 느슨한 모래를 통해서 촘촘한 자갈층까지 박힌다. 말뚝은 30 kN의 단동 증기 해머를 사용하여 1.5 m의 스트로크로 타입하였고 최종 타격 시의 관입량은 3 mm였다. 말뚝 머리에는 0.5 m 두께의 패킹을 하고 플라스틱 돌리 헬멧을 씌웠다. 말뚝의 무게는 74 kN, 헬멧과 돌리의 무게는 4 kN이다. 이 말뚝의 극한지지력을 구하여라.

| 풀이 |

$$\frac{W_p}{W_r} = \frac{(74 + 4)}{30} = 2.6$$

그림 15.22로부터 $n = 0.4$에 대하여 $\eta = 0.39$, 표 15.1로부터 MKT인 경우 $e = 0.85$이다. 극한 지지력을 미리 1200 kN으로 가정해 본다.

$$\text{평균 응력} = \frac{1200}{(\pi/4) \times 0.4^2} = 9549.3\ \text{kPa}$$

그림 15.23의 A 및 B 곡선으로부터,

$$C_1 = 5.5 \times 2/3 + 3.6 = 7.27\ \text{mm}$$

그림 15.24로부터,

$$C_2 = 10.5\ \text{mm}$$

그림 15.26으로부터,

$$C_3 = 3.3 \text{ mm}$$
$$C = C_1 + C_2 + C_3 = 21.07 \text{ mm}$$
$$Q_u = \frac{W_r h e \eta}{s + C} = \frac{30 \times 1500 \times 0.85 \times 0.39}{3 + \frac{1}{2}(21.07)} = 1102.1 \text{ kN}$$

가정과 맞지 않으므로 $Q_u = 1150$ kN으로 다시 가정하여 계산을 되풀이한다.

$$\text{평균 응력} = \frac{1150}{(\pi/4) \times 0.4^2} = 9151.4 \text{ kPa}$$

그림 15.23으로부터

$$C_1 = 5.3 \times 2/3 + 3.5 = 7.03 \text{ mm}$$

그림 15.24로부터

$$C_2 = 10.0 \text{ mm}$$

그림 15.26으로부터

$$C_3 = 3.3 \text{ mm}$$
$$C = 7.03 + 10 + 3.3 = 20.33 \text{ mm}$$
$$Q_u = \frac{30 \times 1500 \times 0.85 \times 0.39}{3 + \frac{1}{2}(20.33)} = 1133.1 \text{ kN}$$

가정한 값과 거의 비슷하므로 더 이상 계산을 되풀이하지 않고 $Q_u = 1140$ kN으로 정한다. 이 경우에 안전율을 3으로 잡으면 허용지지력은

$$Q_a = \frac{1140}{3} = 380 \text{ kN}$$

이 된다.

예제 15.5

예제 15.4의 문제에 대해 엔지니어링 뉴스 공식으로 허용지지력을 계산하여라.

| 풀이 | $$Q_a = \frac{W_r h}{6(s + 2.5)} = \frac{30 \times 1500}{6 \times 5.5} = 1363.6 \text{ kN}$$

예제 15.4의 결과와 비교해 보면 엔지니어링 뉴스 공식에 의한 허용지지력이 훨씬 크다는 사실을 알 수 있다.

15.5 무리 말뚝

지금까지는 하나의 말뚝에 대한 지지력에 대해 설명하였지만, 실제로 하중을 지지하는 말뚝은 대구경의 천공 말뚝이 아닌 한, 하나만으로 구조물을 지지하는 경우는 거의 없다. 비교적 가벼운 하중을 지지한다고 하더라도, 단일 말뚝을 사용한다면 상부 하중의 중심과 일치되도록 말뚝을 타입하기가 어렵기 때문이다. 중심이 일치하지 않으면 편심 하중을 받으므로 말뚝의 지지력은 현저히 떨어진다. 이러한 이유 때문에 타입 말뚝은 하나의 상부 하중에 대해 최소 세 개 이상 박아서 하중을 지지한다. 말뚝은 지지되는 하중의 크기와 단일 말뚝의 지지력에 따라 그림 15.27에 나타난 바와 같이 배열한다.

각 말뚝은 무리로 작용할 수 있도록 캡(cap)으로 묶고, 기둥 또는 벽체 하중은 이것을 통해서 말뚝으로 전달하게 한다. 말뚝 캡은 철근 콘크리트 판으로 만들어 말뚝 머리와 기둥이 일체가 될 수 있도록 해야 한다(그림 15.28 참조). 무리로 배열되는 말뚝의 중심 간격은 보통 말뚝 지름의 2.5～4배로 한다. 간격을 너무 좁게 하면 말뚝 박기가 어렵고, 너무 넓게 하면 캡의 단면적이 커진다. 표 15.3은 최소 말뚝 간격에 대한 노르웨이의 법규이다.

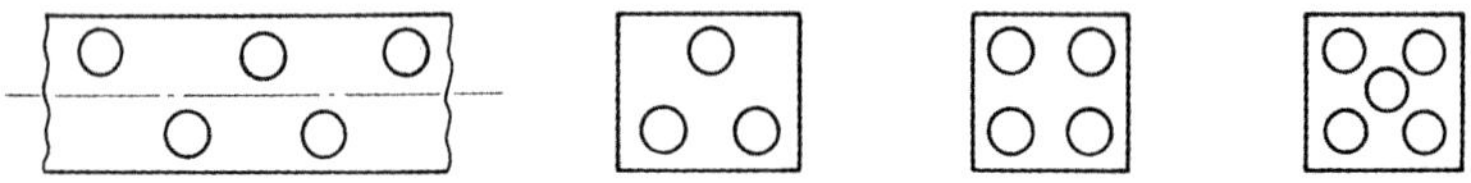

(a) 벽체 (b) 3개 말뚝 (c) 4개 말뚝 (d) 5개 말뚝

그림 15.27 무리 말뚝의 배열

표 15.3 최소 말뚝 간격에 대한 노르웨이의 법규(Deb Norke Pelekomite, 1973)

말뚝 길이(m)	모래지반의 마찰 말뚝	점토지반의 마찰 말뚝	선단지지 말뚝
12	$3B$	$4B$	$3B$
12～24	$4B$	$5B$	$4B$
24	$5B$	$6B$	$5B$

주: 1. B는 말뚝의 지름 또는 최대폭
2. 말뚝 간격은 말뚝의 절단 위치에서 측정함. 경사 말뚝인 경우에는 절단 위치 아래 3 m에서 측정함

15.5.1 무리 말뚝의 지지력

무리 말뚝의 지지력은 단일 말뚝의 지지력에 말뚝 수를 곱한 값과 꼭 같지는 않다. 말뚝을 박으면 흙이 교란되고 그 영향이 인접한 말뚝에 미치기 때문에, 무리 말뚝의 지지력이 단일 말뚝의 경우보다 떨어진다. 반면, 말뚝을 박는 동안 주위의 흙이 더 조밀해진다면 무리 말뚝은 단일 말뚝의 지지력의 합계보다 지지력이 더 증가할 것이다. 말뚝을 촘촘히 박으면 말뚝 사이에 있는 흙이 사이에 끼어 마치 하나의 거대한 피어(pier)처럼 작용할 수도 있다.

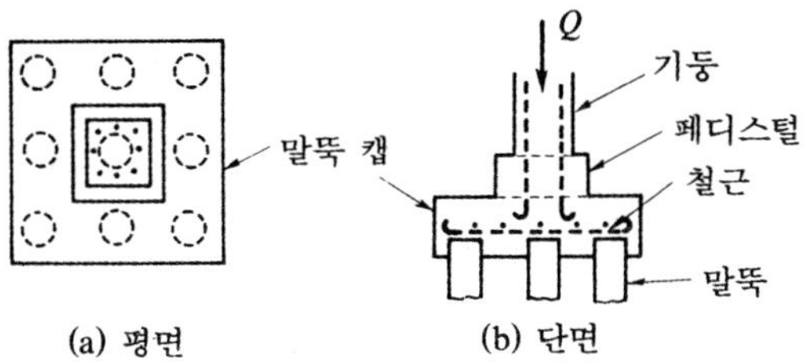

그림 15.28 말뚝 캡에 의한 기둥과 말뚝의 연결

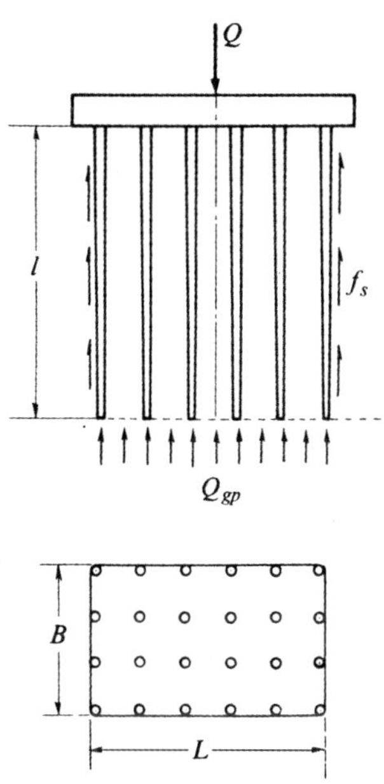

그림 15.29 무리 말뚝의 지지력

무리 말뚝의 지지력을 정하기 위해서는, 단일 말뚝의 지지력의 합계와 말뚝 무리 전체를 하나의 거대한 말뚝으로 간주하여 계산한 지지력을 비교하고, 그중 작은 값을 지지력으로 결정한다. 무리 말뚝의 선단지지력은 말뚝으로 둘러싸인 전체 면적에 하중이 작용한다고 생각하여 구하고, 주면마찰은 말뚝으로 둘러싸인 둘레의 표면적에 작용하는 주면마찰의 합으로 계산한다. 말뚝을 직사각형으로 배치하였다면 점성토 지반에서의 무리 말뚝의 극한지지력은 다음과 같다(그림 15.29 참조).

$$Q_g = \left(cN_c + \frac{1}{2}\gamma BN_r + q' N_q\right)(B \times L) + 2l(B+L)f_s \tag{15.37}$$

허용지지력은 극한지지력을 안전율(보통 3)로 나누어 정한다.

예제 15.6

지름 0.3 m의 콘크리트 말뚝 9개가 기둥 하중을 지지하기 위하여 그림 15.30과 같이 배열되어 이층(異層)의 점토 지반에 박혀 있다. 말뚝의 배열 중심 간격은 0.75 m이고 길이는 15 m이다.

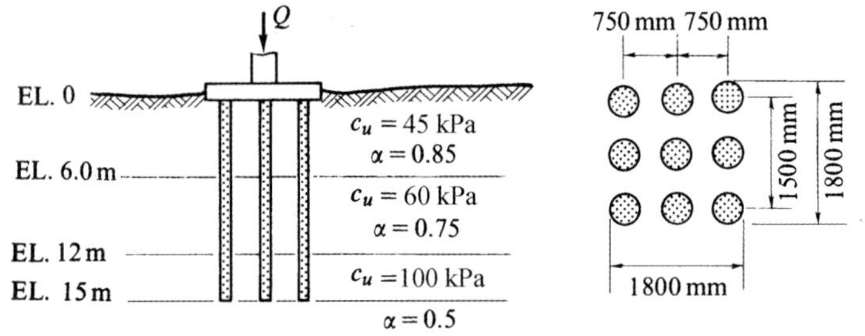

그림 15.30 예제 15.6의 그림

무리 말뚝으로 작용할 때의 극한지지력을 구하여라(단, α방법을 적용할 것).

| 풀이 | (a) 단일 말뚝으로 작용할 때의 지지력

$$Q_{up} = 9c_u A_p = 9 \times 100 \times \frac{\pi \times 0.3^2}{4} = 63.6 \text{ kN}$$

$$Q_{us} = (0.85 \times 45)(\pi \times 0.3 \times 6) + (0.75 \times 60)(\pi \times 0.3 \times 6) + (0.5 \times 100)(\pi \times 0.3 \times 3) = 216.2 + 254.3 + 141.3 = 611.8 \text{ kN}$$

$$Q_u = 63.6 + 611.8 = 675.4 \text{ kN}$$

(b) 무리 말뚝

$$Q_{gp} = 9c_u A_p = 9 \times 100 \times 1.8 \times 1.8 = 2{,}916.0 \text{ kN}$$

$$Q_{gs} = (4 \times 1.8)[(0.85 \times 45 \times 6) + (0.75 \times 60 \times 6) + (0.5 \times 100 \times 3)]$$

$$= 7.2(229.5 + 270 + 150) = 7.2 \times 649.5 = 4{,}676.4 \text{ kN}$$

$$Q_g = 2{,}916.0 + 4{,}676.4 = 7{,}592.4 \text{ kN} > 9 \times 675.4 = 6{,}078.6 \text{ kN}$$

따라서 6,078.6 kN이 말뚝 전체의 극한하중이 되고 안전율을 3으로 취하면 허용하중은

$$Q_a = \frac{6078.6}{3} = 2{,}026.2 \text{ kN}$$

이다.

15.5.2 무리 말뚝의 침하량

말뚝이 모래 지반이나 암반층까지 박혔다면, 말뚝의 침하량은 대단히 작을 뿐만 아니라 재하와 동시에 침하는 거의 완료된다. 무리 말뚝의 침하량은 단일 말뚝의 침하량과 동일하다고 가정하

고, 단일 말뚝에 대한 재하시험 또는 이론적인 방법으로 결정할 수 있다. 점토 지반에 박힌 말뚝은 장기적 침하가 계속된다. 이 침하량은 점토 지반에 놓인 기초의 압밀 침하량을 구하는 방법과 같은 방법을 사용하여 추정할 수 있다. 이때 기초의 바닥은 말뚝 머리로부터 길이의 2/3 되는 위치에 놓이고 지중응력은 2 : 1로 분포된다고 가정하여 이것을 구한다[그림 15.31(a) 참조]. 만일 지반이 2층으로 구성되어 있고 아래 지반이 더 견고하다면 그림 15.31(b)에서 보는 바와 같이, 말뚝 길이를 견고한 층에만 박힌 것으로 간주하여 동일한 방법으로 기초 바닥의 위치를 결정한다. 이와 같은 가상 기초에 작용하는 하중은 등분포된다고 가정하고, 무리 말뚝에 작용하는 전체 하중을 말뚝으로 둘러싸인 단면적으로 나누어 작용응력을 계산한다.

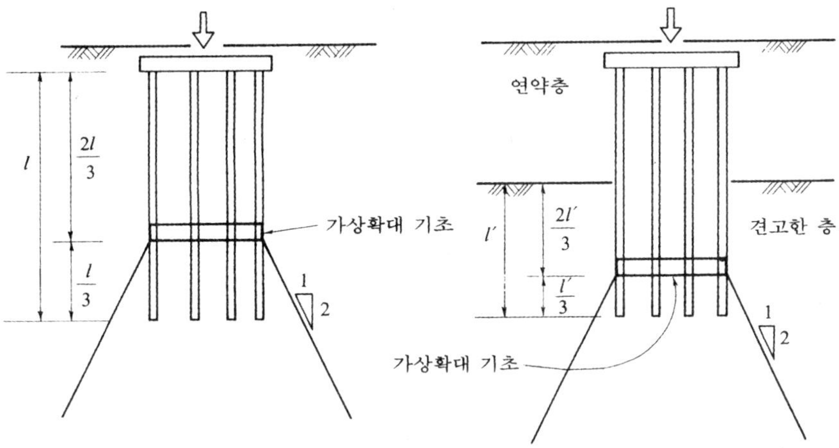

(a) 균질한 토층　　(b) 연약층 아래 견고한 층이 있는 경우

그림 15.31 무리 말뚝의 침하량 계산을 위한 가상 기초의 위치

15.6 피어 및 케이슨 기초

천공 피어 기초(drilled pier, 일반적으로 피어 기초라고 함)는 구조물 하중을 연약한 토층을 지나 견고한 지지층에 전달시키기 위하여 지반을 천공한 후, 구멍 속으로 콘크리트를 채워 설치하는 깊은 기초를 말한다. 이와 같은 시공방법은 현장치기 말뚝과 동일하지만, 사람이 들어가서 지층을 확인할 수 있도록 구멍의 최소 지름이 0.75 m 이상이면, 이것을 일반적으로 피어라고 한다(그림 15.32 참조). 피어는 선단지지력을 크게 하기 위해서 바닥을 더 깊게 파거나 또는 더 넓게 파서 벨 모양의 기초를 만들 수 있다(그림 15.32 참조). 케이슨은 중공 대형의 철근 콘크리트 구조물을 제자리에 설치하고 바닥의 흙을 굴착하면서 지지층까지 침하시킨 후, 바닥 콘크리트를 쳐서 설치하는 기초 형식을 말한다. 이 구조물은 현장에서도 제작하지만, 일반적으로 현장과 가까운 육상에서 제작하여 설치 장소까지 운반한다. 주로 중량 구조물의 하중을 수면 아래에 있는 연약 지반을 통해 견고한 지층에 도달하게 하는 데 사용되고, 시공 중 이것을 침하시킬 때에는

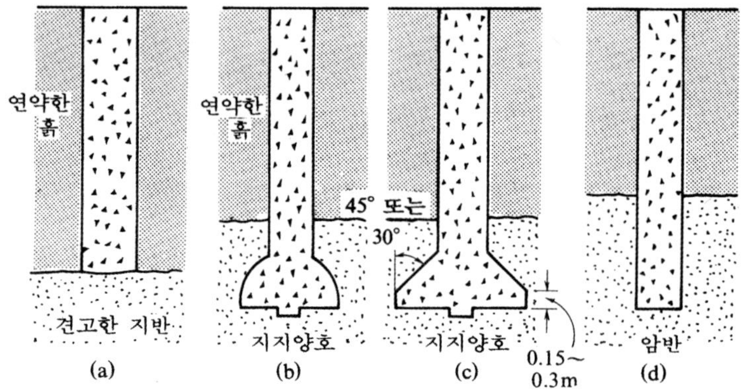

그림 15.32 피어 기초의 종류

자중 또는 별도의 하중을 이용한다.

피어와 케이슨은 하천, 강 또는 바다에 놓이는 교량의 교각기초로 널리 사용된다. 또한 부두, 안벽, 도크와 같은 해안 구조물의 기초로도 널리 사용된다. 그러나 이 기초 형식은 작업조건에 제약이 많고 고가이다.

15.6.1 피어의 지지력

피어의 지지력은 말뚝 기초와 마찬가지로 선단지지력 Q_{up}와 마찰저항 Q_{us}에 의하여 지지된다. 피어의 바닥을 원형이라고 생각한다면, 선단지지력은 다음 식으로 계산할 수 있다.

$$Q_{up} = A_p(cN_c + 0.3\gamma BN_\gamma + q'N_q) \qquad (15.38)$$

이 식에서 사용되는 지지력계수는 Berezantzev, Meyerhof 등의 방법을 이용해서 결정할 수 있고, 강도정수는 바닥 위로는 몸통 지름의 1배, 아래로는 2.5배 깊이에 대한 평균값을 취한다. 이 식의 두 번째 항은 피어의 길이가 같다면 무시할 수 있다. 피어 바닥에서의 지지력은 굴토한 흙의 무게를 뺀 값이므로, 이것을 순지지력이라고 하면,

$$Q_{up(n)} = A_p(cN_c + q'N_q - q') = A_p[cN_c + q'(N_q - 1)] \qquad (15.39)$$

로 쓸 수 있다. 주면 마찰저항은 말뚝에 대해서와 마찬가지로,

$$Q_{us} = \sum P_s f_s \Delta l \qquad (15.40)$$

로 구해진다.

여기서, P_s: 샤프트의 둘레

f_s: 단위 마찰저항

(1) 모래 지반에 놓인 피어

모래 지반에서는 $c=0$이므로 식 (15.39)를 다시 나타내면,

$$Q_{up(n)} = A_p q' (N_q - 1) \tag{15.41}$$

이다. 주면마찰력은 식 (15.40)로 구할 수 있고, 이 식의 단위 마찰저항은 다음 식으로 정한다.

$$f_s = K_0 q' \tan \delta \tag{15.42}$$

여기서, K_0는 정지토압계수, q'은 유효연직응력, δ는 샤프트와 흙의 마찰각이다. f_s는 샤프트 지름의 15배의 깊이까지 증가하고, 이후에는 일정하다고 간주한다. 허용지지력은 극한 선단지지력과 극한 마찰저항의 합계를 적절한 안전율로 나누어 구한다.

(2) 점토 지반에 놓인 피어

$\phi = 0$인 점토에 대한 극한 선단지지력은 다음 식으로 구한다.

$$Q_{up} = A_p c_u N_c \tag{15.43}$$

Whitaker and Cooke(1966)의 시험 결과에 의하면, 최대 선단지지력은 점토 지반에 설치된 확공 피어(belled pier)에 대해서는 샤프트가 그 폭의 10~15% 침하될 때 얻어진다. 이때에는 N_c가 9가 된다고 한다. 따라서 $N_c = 9$를 쓰면 선단지지력의 최댓값을 얻을 수 있다. 피어의 마찰저항은 다음 식으로 계산한다.

$$Q_{us} = \sum P_s \alpha c_u \Delta l \tag{15.44}$$

마찰저항의 최댓값은 샤프트의 침하가 그 폭의 5% 가까이 되었을 때 도달된다. 그 이상 침하하면 약간 감소하다가 거의 일정한 값에 이르며, 이때 α의 값은 0.35~0.40이 된다. α의 값은 0.15에서 0.75까지 넓게 변한다고 알려져 있으므로 이에 대한 일치된 견해는 없지만, 위의 값을 쓰면 안전 측이라고 할 수 있다.

15.6.2 케이슨

케이슨은 오픈 케이슨(open caisson), 박스 케이슨 및 공기 케이슨(pneumatic caisson)의 세 종류로 나누어진다. 오픈 케이슨은 시공 도중에는 바닥과 상부가 열려 있고 바닥의 연단에는 예리한 절단날(cutting edge)이 붙어 있는 콘크리트 구조물이다(그림 15.33 참조). 오픈 케이슨은 물에 잠기는 교각에서 많이 사용된다. 소하천인 경우에는 물막이를 하여 현장에서 직접 축조하지만, 대하천인 경우에는 육상에서 제작하여 설치 장소까지 운반하고 정확한 위치에 가라앉힌다. 케이슨 내부에 있는 흙은 굴착장비를 이용하여 지지층에 도달될 때까지 굴착하여 퍼올린다. 케이슨이 제자리에 정치된 다음에는 콘크리트를 부어넣어 바닥을 막는다. 오픈 케이슨은 수중에서 상당한 깊이까지 설치가 가능하고 비교적 경제적이지만, 바닥을 밀착시키는 콘크리트의 질을 보장할 수 없다는 단점이 있다.

박스 케이슨(그림 15.34)은 처음부터 바닥이 막히게 제작되므로 이러한 단점을 보완할 수 있다. 이것은 설치 전 미리 지지층까지 굴착하고 수평으로 땅을 고른 다음, 육상에서 제작한 케이슨을 제자리에 운반하여 가라앉힌다. 이것을 가라앉힐 때에는 모래, 돌, 콘크리트 등을 안에 넣는다.

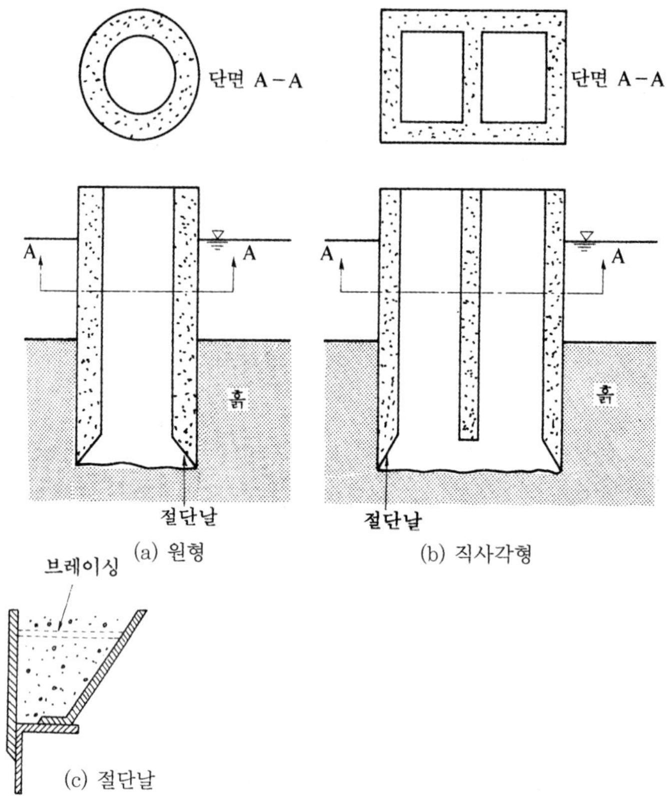

그림 15.33 오픈 케이슨

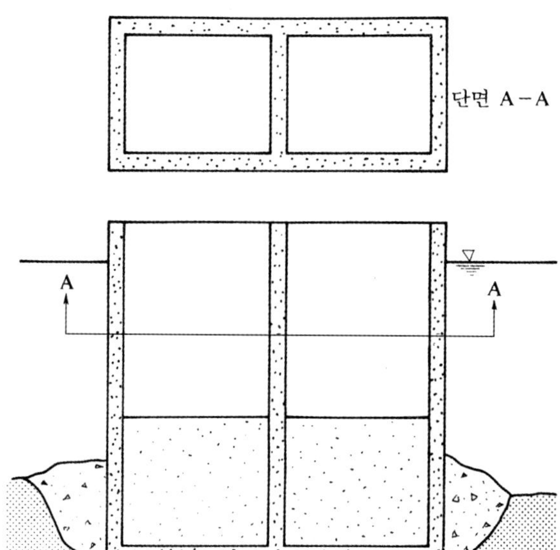

그림 15.34 박스 케이슨

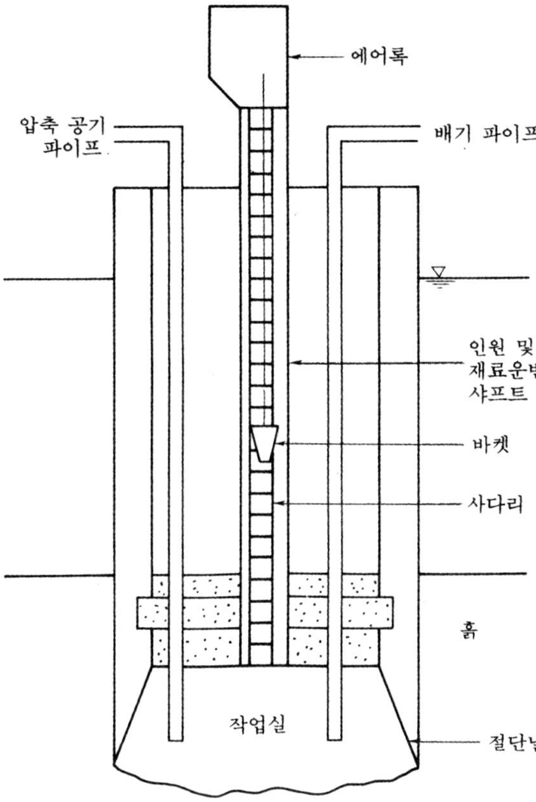

그림 15.35 공기 케이슨

박스 케이슨을 물에 띄워 운반하는 동안에는 안정에 대해 특별히 고려하여야 한다. 운반과 수중 작업에서는 파압, 바람 하중, 조류의 작용 등에 의해 끊임없이 횡압을 받으므로 작업 중 기울어지거나 전도 위험이 있기 때문이다.

수압 때문에 요구되는 지지층까지 케이슨이 도달되지 않을 때에는 공기 케이슨을 사용하여야 한다. 이것은 축조 단가가 높으므로 지지할 하중이 대단히 클 때에만 타산이 맞는다. 그림 15.35에 나타난 바와 같이 공기 케이슨은 바닥이 열려 있고 천장은 밀폐되어 있으며, 그 안에는 물이나 흙이 들어오는 것을 방지하기 위하여 압축공기가 채워져 있다. 굴토작업은 이 속에서 수행되며 이것을 작업실이라고 한다. 작업실 위에는 에어록(air lock)이 있는데, 이것은 작업실에서 공기압의 손실 없이 인부나 흙이 바깥으로 나올 수 있게 해준다. 공기 케이슨 공법은 케이슨의 침하를 조절할 수 있고, 큰돌이나 나무토막과 같은 장애물을 쉽게 제거할 수 있는 장점이 있다. 또한 지지층을 눈으로 직접 확인할 수도 있다.

작업 인부는 주위의 수압이나 토압에 평형되도록 충분히 가한 공기압 속에서 일하지 않으면 안 된다. 이 압력으로 인해 케이슨의 침하 깊이는 제한을 받지만, 일반적으로 40 m의 깊이까지는 가능하다. 작업실의 공기압이 100 kPa 정도이면 작업실 내의 인부는 별로 불편을 느끼지 않는다. 이 압력을 넘으면, 인부가 작업실을 떠날 때에는 감압하는 동안 대기 시간이 요구된다.

작업실의 게이지 압력이 300 kPa을 넘으면 인부는 1.5~2시간 이상 작업실에 있어서는 안 된다. 공기압이 증가하거나 감소하면 작업 인부의 생명이 위태로울 수 있으므로 시공 시 세심한 주의가 필요하다.

연습문제–15장

15.1 지름 0.4 m, 길이 15 m의 콘크리트 말뚝이 모래 지반에 박힌다. 모래의 전체 단위중량은 17 kN/m^3, 전단저항각은 32°로 추정된다.

(a) Berezantzev의 방법으로 극한 선단지지력을 구하여라.

(b) 주면마찰력을 구하여라.

(c) 안전율을 2.5로 가정하여 허용지지력을 구하여라.

15.2 지름 0.4 m의 강관 말뚝이 $\phi = 34°$인 사질토 지반에 박혀 있다. 이 흙의 전체 단위중량은 17.5 kN/m^3, 수중단위중량은 8 kN/m^{3}이다. 지하수위는 지표면 아래 3 m의 깊이에 있다. 말뚝길이가 12 m라고 할 때,

(a) Berezantzev와 Meyerhof의 방법으로 말뚝의 극한 선단지지력을 구하여라.

(b) 주면마찰력을 구하여라.

(c) 안전율을 3으로 가정하여 허용지지력을 구하여라.

15.3 0.4 m × 0.4 m의 단면을 가진 길이 10 m의 콘크리트 말뚝이 $c_u = 45$ kPa인 포화된 균질한 점토 지반에 박힌다. 이 흙의 단위중량은 15 kN/m^{3}이다. (a) α 방법과 (b) λ 방법을 사용하여 극한지지력을 구하여라.

15.4 그림 15.36에 나타낸 지반에 지름 400 mm인 말뚝이 박힌다. 다음의 방법을 사용하여 주면마찰력을 구하여라. 이 흙의 전단저항각은 25°이다.

(a) α 방법

(b) λ 방법

(c) β 방법

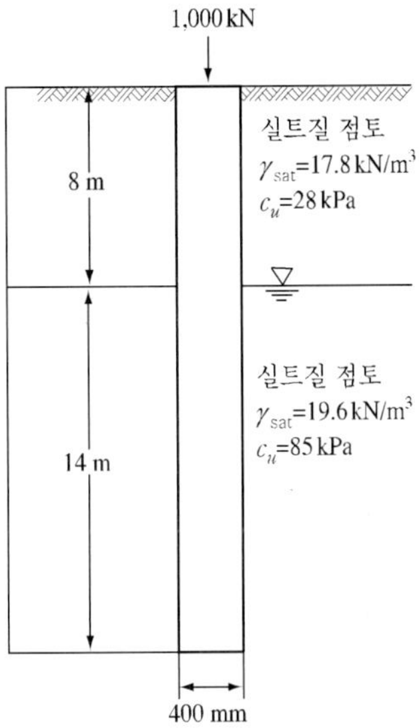

그림 15.36 문제 15.4의 그림

15.5 모래에 박힌 무리 말뚝이 그림 15.37과 같이 배치되어 있다. 말뚝의 지름은 0.3 m이고, 지표면에서 15 m의 깊이까지 박힌다. 이 지반의 흙은 $\gamma_t = 18$ kN/m^3, $\phi = 35°$이다. 이 무리 말뚝의 지지력을 구하여라. 주면마찰력의 계산은 Poulos and Davis의 방법을 적용하여라.

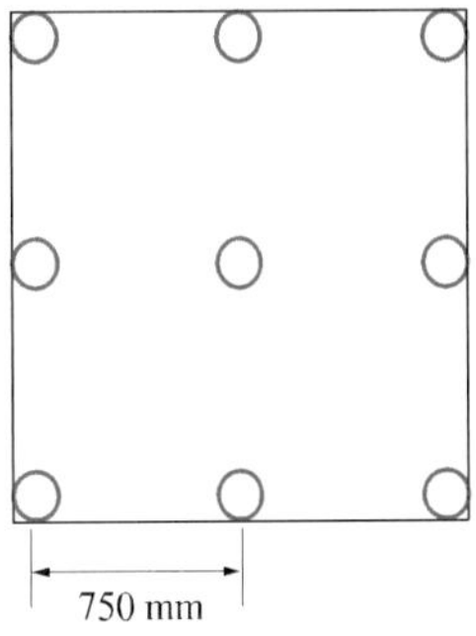

그림 15.37 문제 15.5의 그림

15.6 문제 15.5에서 말뚝이 박히는 지반은 $c_u = 62$ kPa의 균질한 점토라고 할 때 무리 말뚝의 극한지지력을 구하여라.

15.7 바깥지름이 0.35 m이고 길이가 45 m인 파이프 파일을 깊은 점토층에 박으려고 한다. 점토층은 다음과 같은 성질을 가지고 있으며, 지하수위는 지표면과 일치한다.

깊이(m)	점착력, c_u (kPa)	단위중량, γ_t (kN/m^3)
0~12	80	19.5
12~33	20	16.2
33~42	45	17.5
42~54	102	20

(a) 지지력은 얼마인가?

(b) 이 말뚝 25개를 군으로 박는다고 할 때, 각 말뚝의 지지력의 합계와 무리 말뚝의 지지력이 같을 때 말뚝의 간격은 얼마인가?

15.8 무게가 15 kN이고 낙하거리가 0.7 m 되는 증기 해머로 폭 0.3 m, 길이 12 m인 정사각형 콘크리트 말뚝을 박았다. 리바운드량은 타격당 7.5 mm이며, 25 mm 관입에 4회의 타격이 요구되었다. 반발계수를 0.40, $c_1 = 5$ mm라고 할 때

(a) Hiley 공식으로 안전율 2를 사용하여 허용지지력을 구하여라.

(b) 엔지니어링 뉴스 공식으로 허용지지력을 구하여라.

(c) (a)와 (b)에서 구한 지지력이 왜 다르다고 생각하는지 이유를 들어라.

15.9 낙하고가 0.9 m이고 무게가 5 kN인 증기 해머로 나무 말뚝을 박는다. 최종 관입량이 10 mm라고 할 때, 엔지니어링 뉴스 공식을 사용하여 말뚝의 지지력을 구하여라.

15.10 그림 15.38에 나타낸 피어에 대하여

(a) 극한 선단지지력을 구하여라.

(b) 주면마찰력을 구하여라.

(c) 허용지지력을 구하여라.

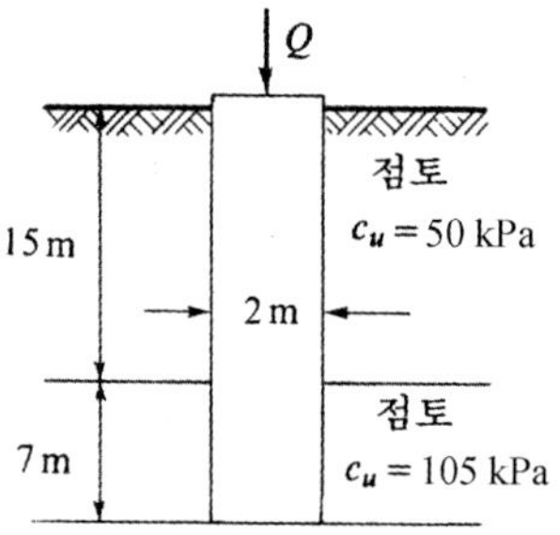

그림 15.38 문제 15.10의 그림

15.11 그림 15.39에서 나타낸 확공 피어에 대하여 허용지지력을 구하여라.

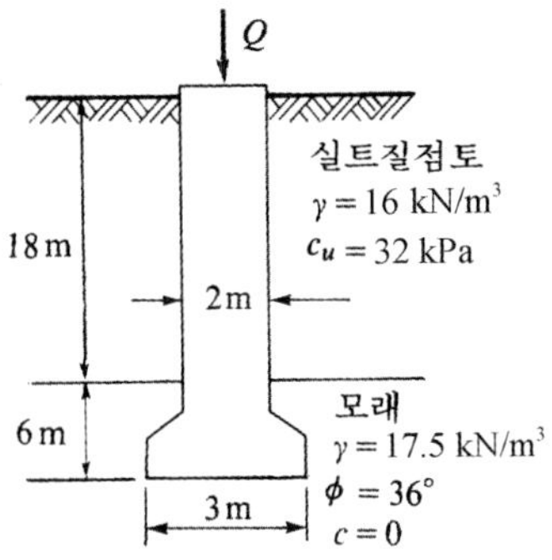

그림 15.39 문제 15.11의 그림

참고문헌

Berenzantzev, V. G. and Golubkob, V. N. (1961). Load bearing capacity and deformation of piled foundations. *Proc. 5th Int. Conf. Soil Mech. Found. Eng.* Paris, 11.

Bowle s, J. E. (1982). *Foundation analysis and design*. New York: McGraw-Hill.

Burland J. B. and Cooke, R. W. (1974). The design of bored piles in stiff clays. *Ground Engineering* **7**, No. 4, 28–35.

Chellis. R. D. (1961). *Pile foundations*. 2nd ed. New York: McGraw-Hill.

Coyle, H. M. and Reese, L. C. (1966). Load transfer for axially loaded piles in clays. *J. SMFD,* ASCE, **92**, SM2, 1–26.

CGS (1985). *Foundation Engineering Manual*. 2nd ed., Can. Geot. Society.

Deb Norske Pelekomite (1973). Veilending ved pelefundamentering. Norwegian Geotechnical Institute, *Veilending*, No. 1.

Fellenius, B. H. (1991). *Foundation engineering handbook*. 2nd ed., Edited by H-Y Fang, 511–536.

Fellenius, B. H. (2008). Foundation design approach of past, present, and future. *Geo-Strata*, 14–17.

Hunt, R. E. (1986). *Geotechnical engineering analysis and evaluation*. New York: McGraw-Hill.

NAVFAC (1982). Soil mechanics, foundations, and earth structures. *NAVFAC Design Manual DM-7*, Washington D.C.

Poulos, H. G. and Davis, E. H. (1980). *Pile foundation analysis and design*. New York: John Wiley & Sons.

Simons, N. E. and Menzies, B. K. (1977). *A short course in foundation engineering*. London: Butterworths.

Tomlinson, M. J. (1970). Some effects of pile driving on skin friction. *Proc. Conf. Behavior of Piles,* Institution of Civil Engineers, London, 59–66.

Vesic, A. S. (1967). Ultimate loads and settlements of deep foundations in sand. *Symp. on Bearing Capacity and Settlement of Foundations*. Duke University, Durham, North Carolina, 53.

Vijayvergiya, V. N. and Focht, J. A. Jr. (1972). A new way to predict the capacity of piles in clay. Proc. *4th Annual Offshore Technical Conf.* Houston, **2**, 865–874.

Whitaker, T. and Cooke, R. W. (1966). An investigation of the shaft and base resistance of large bored piles in London clays. Proc. Conf. *On Large Bored Piles*. Institution of Civil Engineers, London, 7–49.

CHAPTER 16

흙의 다짐

16.1 개 설

자연 상태에 있는 흙을 채취하여 건설 재료로 사용하고자 하는 경우에는 흙이 너무 느슨하므로 요구되는 강도나 허용침하량을 충족시키지 못한다. 또한 구조물을 세우고자 하는 지반이 연약할 때에는 아무런 처리 없이 그대로 그 흙을 기초 지반으로 이용할 수도 없다. 이러한 때에는 기계적 방법 또는 화학적 방법을 이용해서 흙의 물리적 및 역학적 성질을 개선해야 한다. 옛날부터 많이 사용되고 있는 방법은 사람이나 동물이 흙을 밟거나, 무거운 추를 사용하여 사람의 힘으로 다지는 것이었다. 느슨한 흙을 다진다면 흙의 건조밀도가 증가하고 전단강도가 증가하며, 또한 투수계수와 압축성이 감소함으로써 흙의 공학적 성질은 크게 개선된다.

흙을 다지면 간극 속의 공기가 쉽게 배출될 수 있으므로 흙의 체적은 순간적으로 감소된다. 간극이 크면 물도 빨리 배출될 수 있으나 다져진 흙 입자 사이에는 거의 항상 공기와 물이 존재한다. 다짐은 이런 점에서 간극 속에서 물이 천천히 배출되는 압밀과 구별된다는 것을 유의할 필요가 있다.

오래전부터 다짐의 효과를 이해하고 적절한 다짐장비를 사용해서 흙을 다져 댐과 같은 거대한 토질 구조물을 만들어 왔지만, 다짐에 대한 시험방법이 체계적으로 정리된 것은 최근의 일이다. 1928년과 1929년에 캘리포니아 도로국의 Proctor는 도로건설에 있어서 다짐시험방법을 처음으로 개발하였다. 1933년에는 미국의 엔지니어 Proctor가 흙댐의 건설에 있어서 주어진 에너지로 흙을 다질 때 흙의 함수비와 건조밀도의 관계를 결정하는 시험방법을 제시하였는데, 이것을 Proctor 방법이라고 하며 실내에서의 표준다짐방법으로 널리 알려져 있다.

다짐은 흙댐과 사력댐의 건설, 도로제방과 포장의 건설 등에 널리 활용되고 있다. 다짐의 효과를 증진시키기 위하여 새로운 대형 장비가 많이 개발되었다. 최근에도 동다짐공법(dynamic compaction)이라고 하여, 초중량의 추를 수십 m의 높이에서 낙하시켜 지반을 다지는 방법이 개발되었다.

16.2 실내 다짐

16.2.1 다짐 에너지

실내에서 충격을 가하는 방법으로 다짐시험을 할 때에는, 주어진 몰드에 흙을 3 내지 5개 층으로 나누어 흙을 깔고 각 층마다 추를 낙하시킨다. 그러면 에너지가 가해져서 흙이 다져지게 된다. 다짐 에너지란 단위체적당 흙에 가해지는 에너지를 말한다. 다짐 에너지 E_c는 다음과 같이 식으로 표시할 수 있다.

$$E_c = \frac{Mghn_l n_b}{V} \tag{16.1}$$

여기서, M : 추의 질량
g : 중력가속도
V : 몰드의 용적
h : 추의 낙하고
n_l : 다짐 층수
n_b : 각 층당 다짐횟수

실내 시험에서 다짐 에너지의 크기에 따라 다짐방법은 **표준다짐시험**(standard Proctor test, standard AASHTO test)과 **수정다짐시험**(modified Proctor test, modified AASHTO test)으로 분류된다. 표준다짐시험은 Proctor가 제안한 방법으로 안지름 100 mm, 높이 127 mm의 몰드에 흙을 3층으로 나누어 넣고, 각 층마다 2.5 kg의 래머(rammer)로 300 mm의 높이에서 25회씩 다진다. 수정다짐은 제2차 세계대전 중 중량의 항공기를 지지할 비행장 다짐에 요구되는 다짐에 대응하기 위하여 개발된 것인데, 이것은 안지름 150 mm, 높이 125 mm의 몰드에서 흙을 5층으로 나누어 넣고 4.5 kg의 래머로 450 mm의 높이에서 각 층마다 55회씩 다진다. 후자의 다짐방법을 이용하면 전자보다 약 4배의 에너지가 더 소요된다. 물론 안지름 100 mm의 몰드를 이용하여 4.5 kg의 래머를 사용해서 5층으로 25회씩 나누어 다지더라도, 식 (16.1)을 사용하여 다짐 에너지를 계산하면 수정다짐과 동일한 에너지를 얻을 수 있다. 한국공업규격(KS F2312-1991)에 의하면 몰드의 크기와 래머 무게의 조합에 따라 표 16.1에 나타낸 바와 같이 다짐방법을 A, B, C, D 및 E의 다섯 가지 방법으로 나눈다. 여기서 A와 B 방법은 표준다짐이고 C, D 및 E 방법은 수정다짐이다.

표 16.1 한국공업규격에 의한 실내 다짐방법의 종류

방법	래머 질량 (kg)	낙하 높이 (mm)	매 층당 타격횟수	층 수	몰드 치수 (mm)	허용최대입경 (mm)
A	2.5	300	25	3	100	19.0
B	2.5	300	55	3	150	37.5
C	4.5	450	25	5	100	19.0
D	4.5	450	55	5	150	19.0
E	4.5	450	92	3	150	37.5

예제 16.1

표준다짐과 수정다짐의 다짐 에너지를 각각 계산하여라.

| 풀이 | 식 (16.1)에 의하여,

(a) 표준다짐 에너지

$$E_c = \frac{3(층)\times 25(회/층)\times 2.5(\mathrm{kg})\times 9.8(\mathrm{m/s^2})\times 0.30(\mathrm{m})}{\pi/4\times 0.100^2\times 0.127(\mathrm{m^3})}$$
$$= 552{,}909\ \mathrm{N\cdot m/m^3}$$
$$= 552.9\ \mathrm{kN\cdot m/m^3}$$

(b) 수정다짐 에너지

$$E_c = \frac{5\times 55\times 4.5\times 9.8\times 0.45}{\pi/4\times 0.150^2\times 0.125} = \frac{5{,}457.4}{2.208\times 10^{-3}}$$
$$= 2{,}471{,}649\ \mathrm{N\cdot m/m^3}$$
$$= 2{,}471.6\ \mathrm{kN\cdot m/m^3}$$

16.2.2 건조밀도와 함수비의 관계

흙의 함수비를 여러 가지로 바꾸어가면서 주어진 에너지로 흙을 다진다면, 함수비에 따라 다져진 흙의 건조밀도는 동일하지 않다. 다짐시험을 하여 흙의 함수비와 다져진 흙의 건조밀도와의 관계곡선을 그릴 수 있는데, 이것을 **다짐곡선**(compaction curve)이라고 한다. 그림 16.1은 점성토에 대한 대표적인 다짐곡선이다. 이 곡선을 보면 주어진 에너지로 흙을 다질 때 함수비를 증가시키면 건조밀도도 증가하고, 일정한 함수비에 이르면 건조밀도는 최대가 되지만, 그 이상 함수비가 증가하면 오히려 건조밀도는 감소한다는 사실을 알 수 있다. 다시 말하면 흙이 가장 잘 다져지는 어떤 함수비가 존재하는데, 이것을 **최적 함수비**(optimum moisture content, OMC)라고 하며, 최대 건조밀도는 최적 함수비에서 얻어진다. 최적 함수비를 중심으로 해서 함수비가 감소되는 쪽을 건조 측, 증가하는 쪽을 습윤 측이라고 한다. 2장에서 설명한 바와 같이 식 (2.10)과

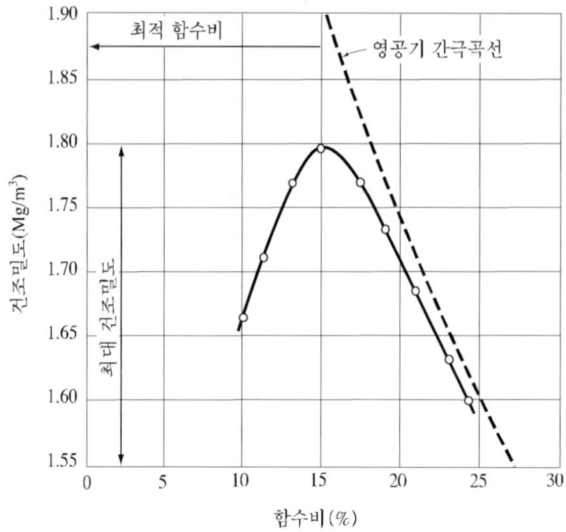

그림 16.1 점성토에 대한 다짐곡선

(2.12)를 조합하면 다진 흙의 건조밀도는 포화도의 함수비로서 다음과 같이 표시할 수 있다.

$$\rho_d = \frac{G_s}{1+e}\rho_w = \frac{G_s}{1+(G_s w/S)}\rho_w \tag{16.2}$$

만일 포화도가 100%라면 $S=1$로 두고, 위의 식을 이용하여 함수비와 건조밀도의 관계를 구할 수 있다. 그림 16.1의 점선은 이것을 나타낸 곡선이며, **영공기 간극곡선**(zero-air void curve) 또는 **포화곡선**(saturation curve)이라고 한다. 흙을 아무리 잘 다진다고 하더라도 공기를 완전히 배출시킬 수 없으므로 다짐곡선은 반드시 이 곡선의 왼쪽에 그려진다는 것을 유의하여야 한다.

포화도가 60% 또는 80%일 때의 곡선도 함께 그려두면 최대 건조밀도가 얻어질 때의 포화도를 짐작할 수 있다.

다짐 에너지를 달리하면 다짐곡선이 다르게 그려진다. 그림 16.2는 동일한 흙에 대하여 표준다짐과 수정다짐으로 얻은 다짐곡선을 같은 그림에 나타낸 것인데, 수정다짐으로 다진 곡선은 표준다짐의 것보다 상부–좌측 방향에 놓인다는 것을 알 수 있다. 다시 말하면, 다짐 에너지를 크게 할수록 최대 건조밀도는 커지고 최적 함수비는 줄어든다. 또한 각 다짐곡선의 꼭지점을 연결하면 영공기 간극곡선과 대략 평행한 곡선이 얻어지는데, 이것을 **최적 함수비선**(line of optimums)이라고 한다. 만일 표준다짐과 수정다짐의 중간 에너지를 사용하여 다짐곡선을 얻었다면, 그 꼭지점은 대략 최적 함수비곡선상에 나타난다. 그림 16.3은 여러 종류의 흙에 대해 표준다짐으로 시험하여 그린 다짐곡선이다. 이 그림의 가장 위에 있는 곡선(곡선 ①, SW)은 입도분포가 양호한 모래에 대한 것이고, 가장 밑에 있는 곡선(곡선 ⑧, SP)은 입경이 고른 모래에 대한 것이다. 동일한 에너지로 다짐을 할 때, 조립이고 입도분포가 양호할수록 최대 건조밀도는 크고 최적 함수비는 작다. 점성토에서는 소성이 증가할수록 최대 건조밀도는 감소하고 최적 함수비는 증가한다.

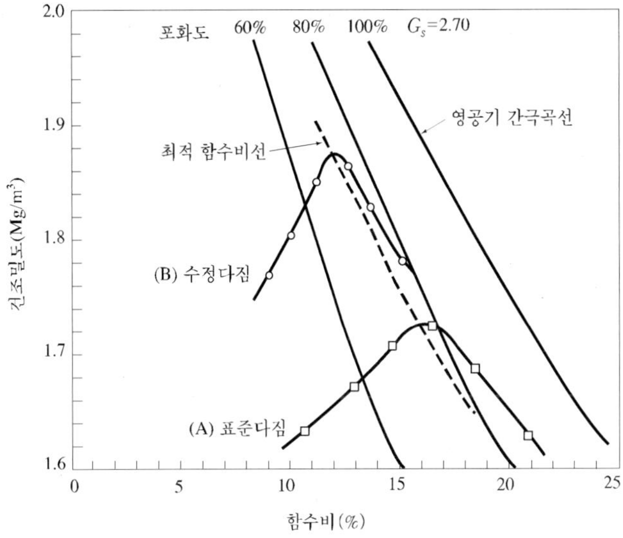

그림 16.2 표준다짐과 수정다짐으로 얻어진 다짐곡선

흙의 종류

기호	분류	모래(%)	실트(%)	점토(%)	w_l	PI
①	입도분포가 양호한 모래 SW-SM	88	10	2	16	–
②	입도분포가 양호한 실트질 모래 SM	72	15	13	16	–
③	점토질 모래 SC	73	9	18	22	4
④	모래질 점토 CL	32	33	35	28	9
⑤	실트질 점토 CL	5	64	31	36	15
⑥	뢰스질 실트 ML	5	85	10	26	2
⑦	소성이 높은 점토 CH	6	22	72	67	40
⑧	입도분포가 불량한 모래 SP	94	6	–	–	–

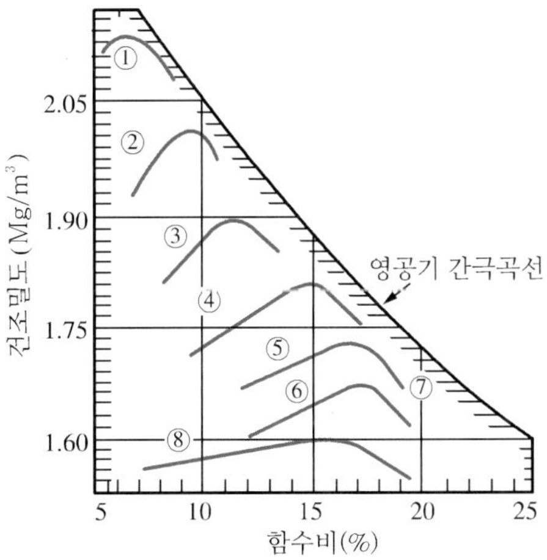

그림 16.3 표준다짐시험으로 다진 여러 종류의 흙에 대한 다짐곡선(Johnson and Sallberg, 1960)

점성이 없는 깨끗한 모래에 대해 다짐시험을 하였다면, 다짐곡선의 모양은 점성토와는 달리 그림 16.4와 같이 그려진다. 다짐을 하는 동안 충분히 배수가 잘 되어서 과잉 간극수압이 생기지 않는 사질토라면 다짐곡선은 대략 이와 같은 모양을 보인다. 함수비가 매우 적을 때에는 다짐이 행해지는 동안 흙 입자의 이동은 입자의 마찰에 의해 저항을 받으나, 물을 약간 가하면 모관장력이 생겨서 저항력이 더 증가한다. 따라서 이때에는 그림에서와 같이 건조밀도가 공기 건조 때보다 더 떨어진다. 이러한 현상을 **벌킹**(bulking)이라고 한다. 그러나 물을 더 증가시키면 모관장력이 없어지므로 처음의 밀도와 거의 비슷하거나 약간 더 커진다. 최적 함수비는 완전 포화 시의 함수비와 거의 같으며, 그 이상 물을 가하면 여분의 물은 간극을 통해 쉽게 배수되어 버린다.

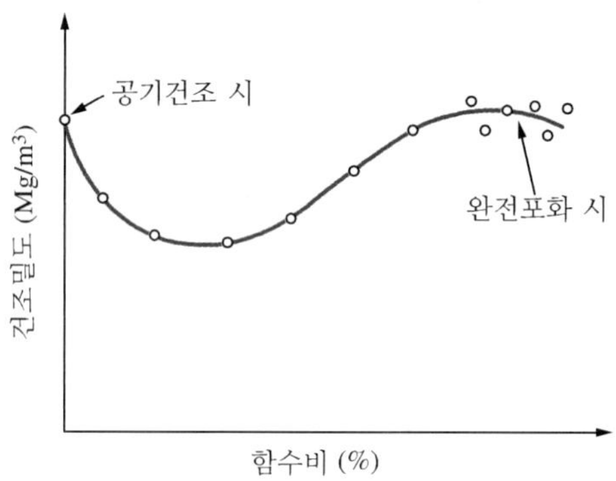

그림 16.4 점성이 없는 모래와 모래질 자갈에 대한 대표적인 다짐곡선(Foster, 1962)

예제 16.2

시험실에서 수행한 수정다짐시험 결과가 아래와 같다. 단, 비중 G_s는 2.7, 몰드부피는 2209×10^3 mm^{3}이다.

몰드 내 흙의 질량, M(kg)	함수비, w(%)
4.21	9.2
4.42	11.3
4.59	13.4
4.68	15.5
4.61	17.3
4.40	19.1

(a) 다짐곡선을 그려라.
(b) 최적 함수비 및 최대 건조밀도를 결정하여라.
(c) 포화도 100%, 80%, 60%에서의 함수비-건조밀도 관계곡선을 그려라.

| 풀이 | (a) 전체 (습윤)밀도 $= \rho_t = \dfrac{M}{V}$

건조밀도 $= \rho_d = \dfrac{\rho_t}{1+\dfrac{w}{100}}$

몰드 내 흙의 질량 M(kg)	전체 밀도 ρ_t(Mg/m^3)	함수비 (%)	건조밀도 ρ_d(Mg/m^3)
4.21	1.91	9.2	1.75
4.42	2.00	11.3	1.80
4.59	2.08	13.4	1.83
4.68	2.12	15.5	1.84
4.61	2.09	17.3	1.78
4.40	1.99	19.1	1.67

위에서 얻은 함수비와 건조밀도를 이용하여 다음과 같이 다짐곡선을 그릴 수 있다.

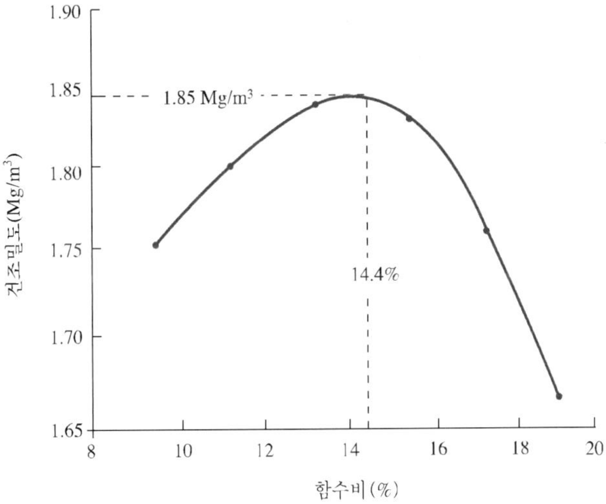

그림 16.5 예제 16.2의 건조밀도-함수비 곡선

(b) 다짐곡선으로부터 최대 건조밀도, 최적 함수비를 구할 수 있다.

최대 건조밀도$=$1.85 Mg/m^3

최적 함수비$=$14.4%

(c) 흙의 비중 G_s는 2.7, 물의 밀도 $\rho_w = 1.0$ Mg/m^3

건조밀도$= \rho_d = \dfrac{G_s \times \rho_w}{1+(G_s \times w/S)}$

따라서 포화도 100%, 80%, 60%일 때의 건조밀도-함수비 관계를 구하면 다음과 같다.

함수비 (%)	건조밀도(S = 100%) (Mg/m^3)	건조밀도(S = 80%) (Mg/m^3)	건조밀도(S = 60%) (Mg/m^3)
9.2	2.16	2.06	1.91
11.3	2.07	1.95	1.79
13.4	1.98	1.86	1.68
15.5	1.90	1.77	1.59
17.3	1.84	1.70	1.52
19.1	1.78	1.64	1.45

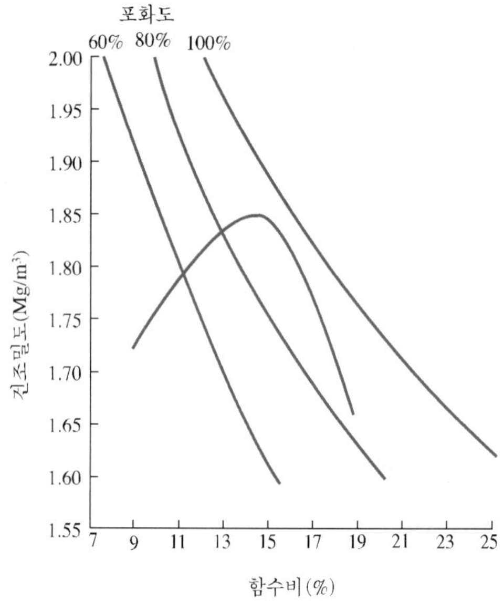

그림 16.6 예제 16.2의 포화도-건조밀도-함수비 곡선

16.2.3 다진 점성토의 구조와 성질

점성토를 다지면 함수비의 증가에 따라 입자의 배열이 달라진다. 그림 16.7에 나타낸 바와 같이 최적 함수비의 건조 측에서 다지면 입자가 엉성하게 엉키고(면모구조, 綿毛構造), 습윤 측에서는 입자가 서로 평행한 배열을 한다. 이러한 경향은 다짐 에너지가 클수록 더 명백하게 나타난다. 이와 같은 구조의 차이 때문에 흙을 최적 함수비의 건조 측에서 다지느냐 또는 습윤 측에서 다지느냐에 따라 다진 흙의 투수계수, 압축성, 전단강도 등은 현저한 차이를 보인다.

흙을 다진 다음 물을 흡수할 수 있도록 허용한다면, 흙의 함수비는 처음과 많이 달라지리라는 것을 충분히 짐작할 수 있다. 그림 16.8은 팽창을 억제하고 물을 충분히 흡수하도록 하였을 때와 팽창을 허용하였을 때에 대하여 함수비의 변화를 그림으로 나타낸 것이다.

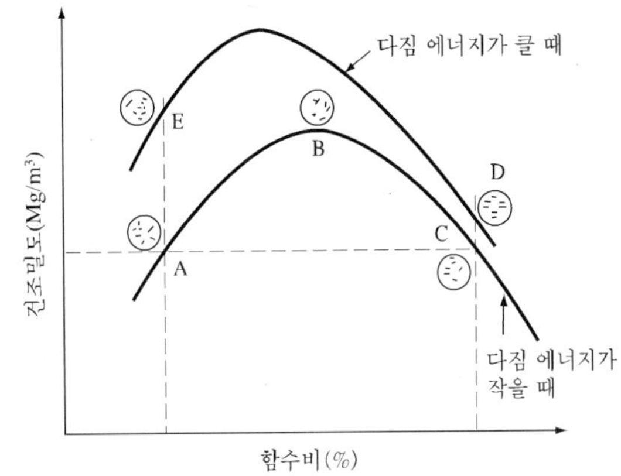

그림 16.7 흙의 구조에 대한 다짐의 영향(Lambe, 1958a)

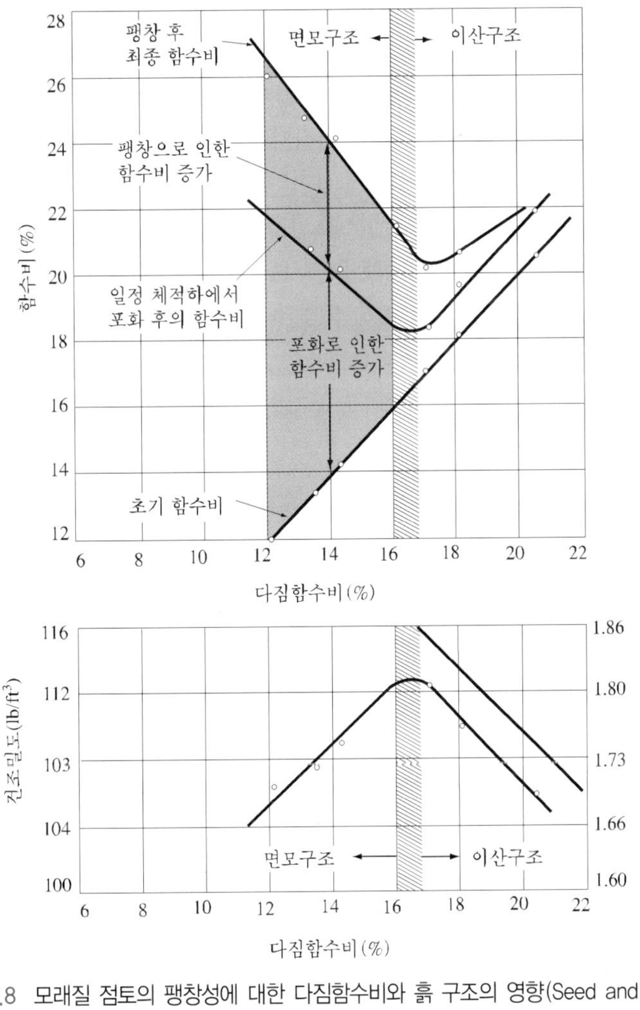

그림 16.8 모래질 점토의 팽창성에 대한 다짐함수비와 흙 구조의 영향(Seed and Chan, 1959)

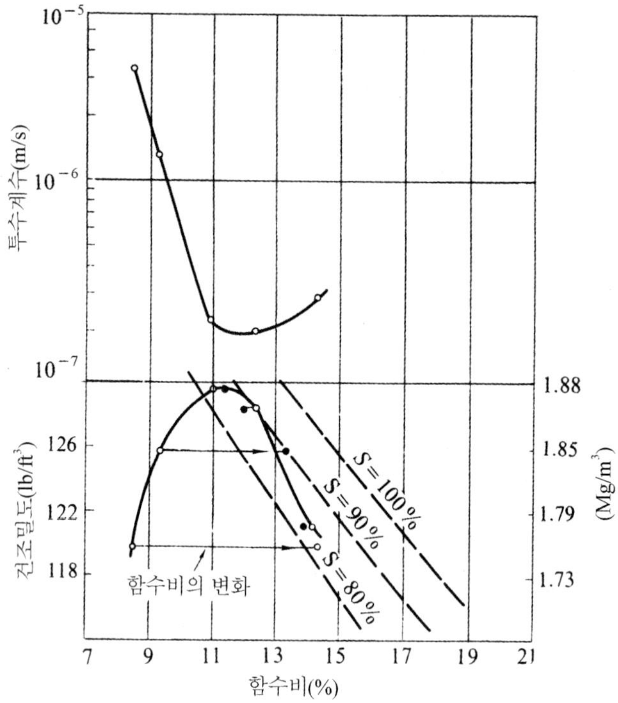

그림 16.9 함수비에 따른 투수성의 변화(Lambe, 1958b)

건조 측은 팽창을 억제한 경우에도 습윤 측에 비하여 간극이 크고 포화도가 낮기 때문에 물을 많이 빨아들이며, 팽창을 허용한다면 간극비가 더 커지므로 더욱 물을 많이 빨아들인다. 그러나 이러한 경향은 최적 함수비에 가까워지면서 급격히 줄어들고 그 이상의 함수비에서는 건조 측에 비하여 함수비가 크게 증가되지는 않는다. 팽창을 억제하든 허용하든 최종 함수비는 최적 함수비 부근에서 가장 적다. 따라서 다진 흙이 물을 충분히 흡수할 수 있는 환경에 놓여 있을 때, 건조 측에서 흙을 다지면 팽창성이 크고 최적 함수비에서 다질 때 흙은 최소로 팽창된다는 것을 알 수 있다.

그림 16.9는 다짐함수비의 변화에 따른 투수계수의 변화를 나타낸 것이다. 일정한 다짐 에너지를 가하여 최적 함수비의 건조 측에서 다진다면 함수비가 증가함에 따라 투수계수는 현저히 감소되어 최적 함수비에서 최솟값이 되고, 습윤 측에서 다져진 시료의 투수계수는 약간 증가한다. 또한 다짐 에너지를 증가시키면 건조밀도가 증가하고, 그에 따라 물의 흐름이 가능한 간극이 감소하여 투수성이 낮아진다.

그림 16.10에서 볼 수 있듯이, 한 시료는 최적 함수비의 건조 측에서 다지고 다른 시료는 습윤 측에서 다져 완전히 포화시킨 후 압밀시험을 하였을 때, 압축성이 어떻게 변화하는가를 알 수 있다. 낮은 압력에서는 건조 측에서 다진 흙의 압축성이 훨씬 작고 더 빨리 압축되나, 가해진 압력이 입자를 재배열시킬 만큼 충분히 클 때에는 오히려 건조 측에서 다진 흙의 압축이 더 커진다. 압밀압력을 충분히 크게 하면 두 시료의 간극비는 대략 동일해진다.

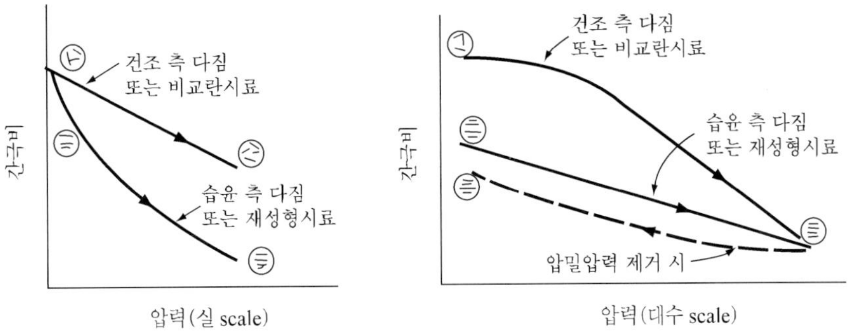

(a) 낮은 압밀압력 (b) 높은 압밀압력

그림 16.10 함수비의 변화에 따른 압축성의 변화(Lambe, 1958b)

그림 16.11은 Boston의 청점토(blue clay)에 대해 여러 가지 함수비에서 다진 흙의 비배수 강도의 콘 지수(cone index)로 표시하여 그림으로 나타낸 것이다. 이 그림을 보면 건조 측에서는 다짐 에너지가 증가할수록 강도는 증가하나, 습윤 측에서는 다짐 에너지의 크기에 따른 강도의 증감은 거의 무시할 수 있으며, 때로는 큰 에너지로 다진 경우의 강도가 오히려 더 작을 수도 있다는 사실을 알 수 있다.

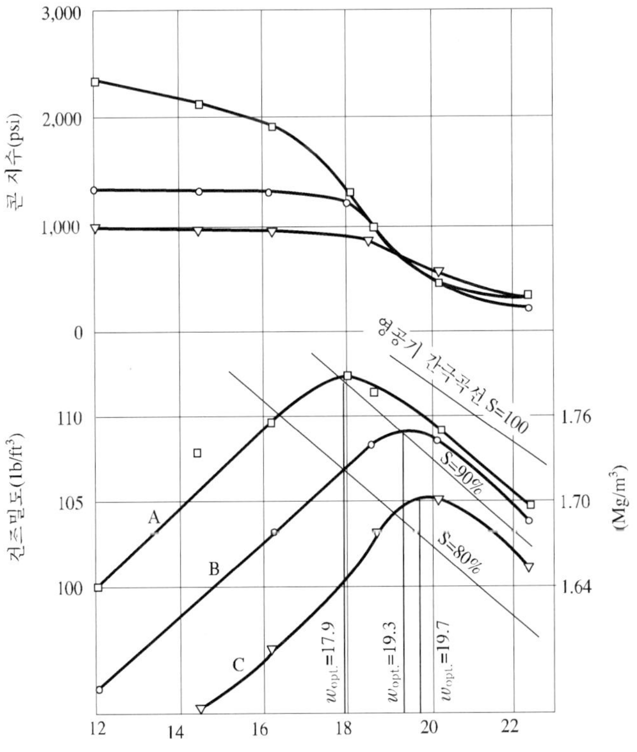

그림 16.11 다짐 에너지와 함수비의 변화에 따른 강도의 변화(Lambe, 1962)

또한 동일한 다짐 에너지에 대해서는 건조 측이 습윤 측보다 훨씬 더 큰 강도를 보인다. 이 그림은 다질 때의 함수비가 그대로 유지된다고 가정하였을 때의 관계곡선이지만, 만일 다짐시험 후 포화를 시켰다면 건조 측과 습윤 측의 강도 차이가 이와 같이 뚜렷하게 나타나지는 않는다. 포화 시 팽창이 방지되었다면 건조 측이 약간 클 뿐이고, 팽창을 허용했다면 오히려 습윤 측이 더 큰 강도를 보일 수도 있다.

16.3 현장에서의 다짐

16.3.1 다짐장비

현장에서 다짐을 할 때에는 토취장을 정하고, 그곳에서 흙을 채취하여 차량으로 작업현장까지 운반한 다음, 적질한 두께로 깔고 다짐장비를 사용하여 다진다. 다짐장비에 의하여 에너지를 가하는 방법은 압력, 진동, 짓이김(kneading)으로 나눌 수 있다. 어떤 종류의 다짐장비를 선택하느냐 하는 것은 다지는 흙의 종류, 초기 함수비, 공사의 종류 등 여러 가지 요소에 의해서 좌우된다. 통일분류법으로 분류한 흙의 종류에 따라 어떤 장비가 효과적이냐 하는 것은 표 3.2에 제시하였다. 다짐장비의 종류는 다음과 같다.

(1) 강륜 롤러(smooth-wheel roller)

강륜 롤러에는 두 가지 형태가 있다. 한 형태는 후륜이 두 개의 큰 강륜이고 전륜은 이보다 작은 한 개의 드럼으로 되어 있다. 이것은 일반적으로 기층을 다지는 데 사용되며, 무게는 50 kN에서 150 kN에 이른다. 또 다른 형태는 도로의 포장재료를 다지는 데 사용되는 탄뎀(tandem) 롤러이다. 이 롤러는 전륜과 후륜에 큰 드럼이 각각 한 개씩 있으며, 무게는 10 kN에서 210 kN에 이른다. 강륜 롤러는 보통 자주식(自走式)이고 회전 없이 전후로만 운전할 수 있다.

(2) 공기 타이어 롤러(rubber-tired roller)

공기 타이어 롤러에는 2,000 kN이나 되는 초중량급도 있다. 이보다 작은 롤러는 보통 두 축에 9 내지 11개의 타이어를 가지고 있으며, 표면을 골고루 다질 수 있도록 타이어의 간격이 적절하게 떨어져 있다. 소형 롤러는 자주식이지만 대부분은 견인식이다. 이 롤러는 도로의 기층, 보조기층, 제방 등을 다지는 데 주로 사용되며, 비행장이나 사력댐을 다지는 데도 사용된다.

(3) 양족 롤러(sheeps foot roller)

양족 롤러는 명칭에서 알 수 있듯이 강제 드럼에 발이 붙어 있다. 발바닥 하나의 면적은 0.03~0.08 m^{2}에 이르며, 전 드럼 면적의 8~12%밖에 되지 않는 발을 통해 하중이 전달되기 때문에 지면에 높은 압력을 가할 수 있다. 이 롤러는 점성토를 다지는 데 가장 적합하다.

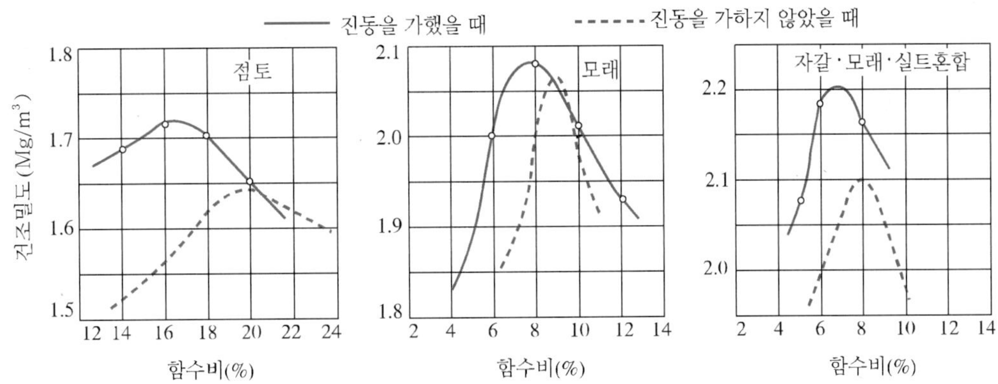

그림 16.12 강륜 롤러로 다졌을 때의 진동 효과(Ramos Medina, 1971)

(4) 진동 롤러

진동 롤러는 공기 타이어 롤러 또는 강륜 롤러에 진동기를 부착하여 만든다. 진동기는 편심의 중추를 회전시키거나 왕복운동으로 발생된 진동이 수직 방향으로 작용하는 원리를 적용한다. 진동 롤러로 흙을 다질 때에는 진동 주파수가 매우 중요하다. 최적 진동수는 흙과 진동기의 고유 진동수의 0.5~1.5배라고 한다. 따라서 요구되는 다짐진동수는 분당 1,500~2,000 사이에 있다. 진동 롤러는 점성이 없는 점성토의 다짐에 적절하다.

(5) 기타 진동장비

다짐을 하는 장소가 협소하면 위의 세 가지 대형 롤러를 사용할 수가 없으므로 여기에 적절한 장비가 요구된다. 이 목적으로 개발된 장비가 무게가 0.5~3.0 kN 되는 진동 콤팩터(compactor), 수동 진동 롤러, 진동 탬퍼(vibrating tamper) 등이다.

진동을 가하면서 사질토를 다지면 정하중만을 가할 때에 비해 얼마나 다짐 효과가 있느냐 하는 것은 그림 16.12를 보면 잘 이해할 수 있을 것이다. 이 그림은 점토, 모래 및 자갈-모래-점토 혼합시료에 대해 강륜 롤러로 32회 운행을 시켜 진동을 가할 때와 가하지 않았을 때의 효과를 비교한 것이다(Racos Medina, 1971). 이 그림에서 점선은 정하중만으로 다진 결과이고 실선은 진동하중을 추가하여 다진 시험 결과이다. 이 그림을 보면 모든 흙은 진동을 가하면 정하중에 비해 최대 건조밀도가 증가하고 최적 함수비는 감소한다는 사실을 알 수 있다.

16.3.2 현장에서의 다짐의 수행

현장에서는 주어진 중량의 장비로 흙 위를 통행하면서, 때로는 진동을 가하면서 다진다. 다짐 효과에 대한 다짐장비의 중량과 통행횟수의 영향은 여러 연구 기관에서 연구되었다. 그 결과를 보면 진동 다짐장비를 제외한 모든 롤러는 통행횟수가 증가할수록 다짐 에너지가 증가하고, 공기 타이어 롤러는 타이어의 공기압이 증가할수록 흙과의 접촉 압력이 커져서 다짐 에너지가 증가한다는 것이 밝혀졌다. 또한 장비의 운전속도도 다짐에 영향을 미치는 것으로 보고되었다.

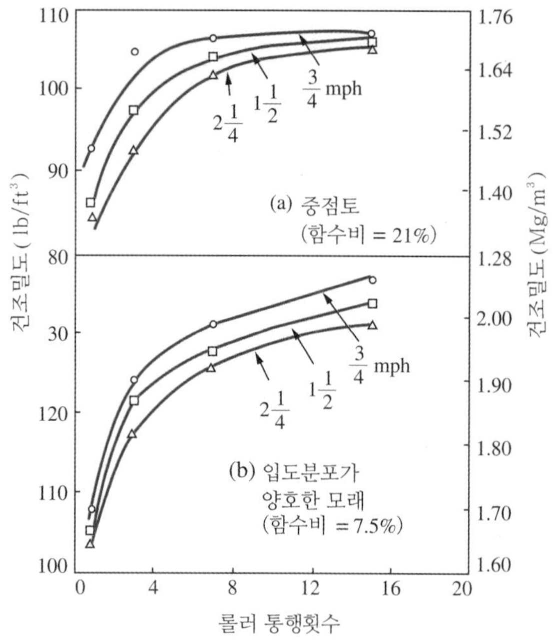

그림 16.13 진동 롤러에 의해 색인된 롤러의 운전속도와 통행횟수의 영향(Selig and Yoo, 1977)

그림 16.13은 중량이 큰 점토와 입도분포가 양호한 모래에 대하여 롤러의 통행횟수와 운전속도가 다지는 흙의 밀도의 증가에 어떤 영향은 끼치느냐 하는 것을 나타낸 것이다(Selig and Yoo, 1977). 이 그림은 77 kN의 하중을 진동 롤러로 견인시켜 다진 결과인데, 롤러의 통행횟수가 증가할수록 다진 흙의 건조밀도는 증가하나 통행횟수당 밀도의 증가량은 차츰 둔화된다는 것을 나타내고 있다. 이 그림에서 운전속도를 감소시킬수록 다짐 효과는 커진다는 사실 또한 알 수 있다.

통행횟수가 충분하면 점성토에서는 실내 표준다짐으로 얻은 최대 건조밀도의 95% 정도는 어떤 롤러로 다져도 얻을 수 있다. 점성토에 대해 수정다짐의 최대 건조밀도의 95%가 요구된다면, 타이어 압력 45 MPa, 타이어 중량 10 kN을 가진 공기 타이어 롤러, 또는 양족 롤러가 효과적이다. 점성이 없는 모래나 자갈에 대해 수정다짐의 약 100%까지 다지려면 진동형 다짐장비와 공기 타이어 롤러를 사용하는 것이 좋다. 도로의 기층을 다지는 데 있어서는 진동 롤러, 강륜 롤러, 공기 타이어 롤러를 사용하여 요구되는 밀도를 쉽게 얻을 수 있다. 대형 비행기 또는 중교통에 대비하기 위한 비행장 또는 도로의 기층을 수정다짐의 100% 이상으로 다지려면 타이어 압력 75 MPa, 무게 150 kN 정도의 중장비를 사용하고 충분한 횟수를 통행시켜야 한다.

흙을 다질 때에는 다짐층의 두께가 대단히 중요한 의미를 갖는다. 다짐층을 너무 두껍게 하여 다진다면 토질 구조물을 균질하게 만들 수 없기 때문이다. 그림 16.14는 대형 공기 타이어 롤러로 포설 두께를 달리하여 다짐을 하였을 때 깊이에 따라 다짐 효과가 어떻게 변하는가를 나타낸 것이다. 포설 두께는 0.15, 0.30, 0.60 m로 하였고 여러 깊이에서 건조밀도가 측정되었다. 이

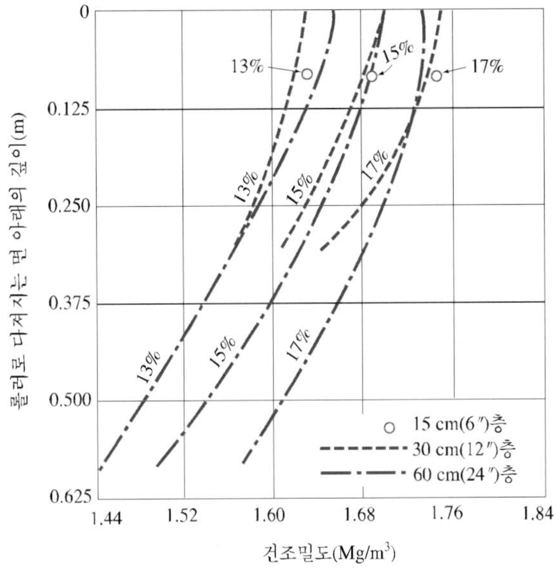

그림 16.14 공기 타이어 롤러로 다졌을 때 깊이에 따른 다짐 효과의 변화(US Army Engineers, 1957)

그림은 포설 두께나 함수비에 관계없이 아래로 갈수록 다짐 효과가 감소된다는 것을 보여준다. 그러나 만일 양족 롤러로 다진다면 다짐면이 양족에 의해 교란되므로, 그림 16.15에서와 같이 다짐면보다 약간 아래에서 다짐 효과는 가장 크게 나타난 다음, 깊이가 깊을수록 줄어든다.

따라서 성토한 흙을 균질하게 또 경제적으로 다지려면 최소의 포설 두께가 요구되며, 이 두께는 깊이에 따른 다짐 효과를 참고하여 다짐의 최소 요구 조건에 맞게 결정되어야 한다. 포설 두께는 사용되는 장비, 다짐함수비, 롤러의 운행횟수 등에 따라 달라지므로 현장에서 시험을 하여 정하는 것이 가장 바람직하다.

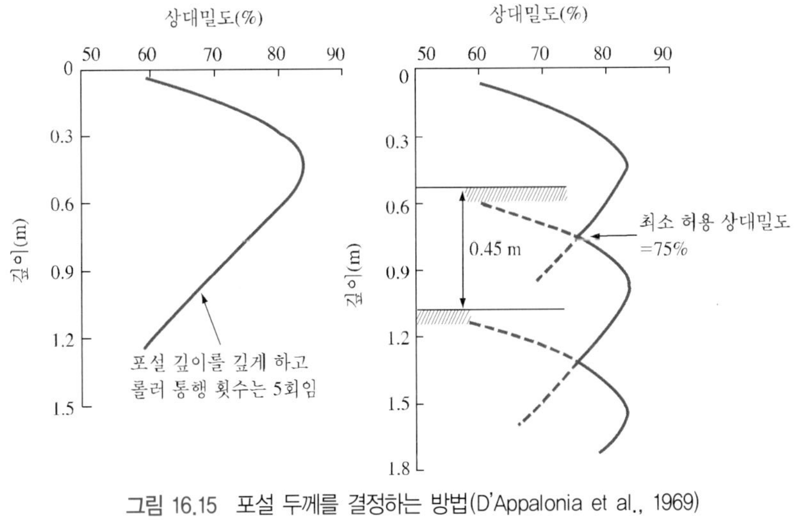

그림 16.15 포설 두께를 결정하는 방법(D'Appalonia et al., 1969)

그림 16.15는 이와 같이 시험을 하여 두께를 결정하는 방법을 나타낸 것인데, 현장시험을 하여 얻은 깊이-상대밀도 곡선을 그림에서와 같이 시험 결과를 겹쳐서 최소 요구 상대밀도에 만족되는 두께를 결정할 수 있다. 그러나 실제로 아래층은 위층의 다짐에 의한 효과가 전달되므로 이와 같이 하여 결정된 두께보다 더 크게 할 수 있을 것이다.

현장에서 다짐을 할 때 한 가지 유의해야 할 일은 토취장에서 채취되는 토량과 완성된 토질 구조물의 토량이 일치하지 않는다는 것이다. 일반적으로 말하면, 토취장의 자연 상태의 간극비는 굴토하면 곧 증가하고 이것을 다지면 다시 감소한다. 다시 말하면 채취한 흙을 토공 운반기계로 운반하는 토량은 토취장의 용적보다 많아지고, 이것을 다짐 기계로 다지면 용적이 훨씬 감소한다. 이와 같은 토량의 변화에 대한 계산방법은 다음 예제에서 설명한다.

예제 16.3

토취장에서 흙을 채취하여 2,000 m^3의 도로제방을 축조하려고 한다. 토취장의 흙의 간극비는 0.50이고 도로제방을 만든 후의 간극비를 0.35라고 할 때, 토취장에서 채취해야 할 흙의 용적을 구하여라.

| 풀이 | 제방의 전체 건조중량을 W_s 라고 하면 2장에서 설명한 단위중량에 대한 공식으로부터 완성된 제방의 건조단위중량은 다음과 같이 계산할 수 있다.

$$\gamma_{d1} = \frac{G_s \gamma_w}{1+e} = \frac{G_s \gamma_w}{1+0.35} = \frac{W_s}{2000}$$

$$W_s = 2000 G_s \gamma_w / 1.35$$

토취장에서 채취할 흙의 건조중량은 제방의 건조중량과 동일하므로 토취장에 있는 흙의 건조단위중량은 다음과 같이 계산할 수 있다.

$$\gamma_{d2} = \frac{G_s \gamma_w}{1+0.5} = \frac{W_s}{x}$$

$$W_s = \frac{x G_s \gamma_w}{1.5}$$

따라서 $$\frac{2000 G_s \gamma_w}{1.35} = \frac{x G_s \gamma_w}{1.5}$$

$$x = 2000\left(\frac{1.5}{1.35}\right) = 2,222 \text{ m}^3$$

16.4 현장 다짐의 품질관리와 시방서

16.4.1 시방서의 작성

일반적으로 다짐과 관련되는 토질구조물의 설계는 다음과 같은 절차를 따른다. 토취장이 정해지면 먼저 그곳에서 시료를 채취하여 실내에서 다짐시험을 행한다. 다짐시험의 결과를 가지고 토질구조물의 설계가 완료되면 다짐에 대한 시방서(specification)를 작성하여야 한다. 현장에서는 다짐관리시험을 행하고 시방서의 요구조건과 일치하도록 다진 흙의 품질을 관리한다.

다짐에 관한 시방서에는 기본적으로 **최종품질시방서**(end-product specification)와 **방법제시시방서**(method specification)가 있다. 첫 번째 방식으로 시방서를 작성하려면 **상대다짐도**(relative compaction)를 명시하여야 한다. 상대다짐도는 다음과 같이 정의한다.

$$상대다짐도(RC) = \frac{현장의\ 건조밀도}{실내\ 다짐시험으로\ 얻는\ 최대\ 건조밀도} \times 100(\%) \qquad (16.3)$$

상대다짐도는 표준다짐의 90% 또는 수정다짐의 95% 등과 같이 표시되며, 이것은 토질구조물의 중요성, 다지는 흙의 종류, 다짐의 목적 등에 따라 달리 정해진다. 예를 들면, 고속도로의 기층을 다지는 경우에는 상대다짐도를 수정다짐의 95% 이상 요구하고 있다. 표 16.2는 수정다짐을 기준으로 하여 토질구조물에 따라 요구되는 상대다짐도와 최적 함수비의 허용 범위를 제안한 것이다.

최종품질시방서를 적용할 때에는 최종적으로 도달되는 품질이 실내에서 얻는 최대 건조밀도의 어떤 비율 이상만 확보하면 되므로, 발주자는 시공자가 무슨 다짐장비를 사용해서 어떤 방법으로 다지든지 관여하지 않는다. 따라서 시공자는 가장 경제적이고 효과적인 방법을 자신이 정

표 16.2 토질구조물의 종류에 따른 상대다짐도와 최대 허용 포설 두께(NAVFAC DM-7.2, 1982)

토질구조물	요구되는 상대다짐도 (수정다짐 기준)	최적 함수비의 허용범위 (%)	최대 포설 두께(m)
구조물의 기초	95	−2 ~ +2	0.30
저수지의 라이닝	90	−2 ~ +2	0.15
흙댐(15 m 이상)	95	−1 ~ +3	0.30(+)
흙댐(15 m 이하)	92	−2 ~ +2	0.30(+)
포장: 도로	NAVFAC DM-5 참조	−2 ~ +2	0.20(+)
공항	NAVFAC DM-21 참조	−2 ~ +2	0.20(+)
구조물의 뒤채움	90	−2 ~ +2	0.30(+)
고랑 뒤채움	90	−2 ~ +2	0.30(+)
필터	90	충분히 살수	0.20
굴토한 구조물 지반	95	−2 ~ +2	−
록필댐		충분히 살수	0.60 ~ 0.90

해야 한다. 시공자는 중량의 장비를 사용할수록 다짐함수비의 범위를 정하는 데 융통성이 있다. 왜냐하면 다짐 에너지가 클수록 건조밀도가 증가하기 때문이다.

다짐은 본래 흙의 공학적 성질을 개선하기 위한 것이므로, 시방서에서 정한 건조밀도의 요구 조건을 만족시키는 것만이 목적이 아니라는 것을 유의할 필요가 있다. 앞에서 설명한 바와 같이, 다짐함수비의 범위가 클 때에는 최적 함수비의 건조 측에서 다지느냐 습윤 측에서 다지느냐에 따라 토질구조물의 거동은 많이 달라질 수 있다. 만일 흙댐의 심벽처럼 차수(遮水)가 목적이라면, 최적 함수비의 습윤 측에서 다질 때 투수계수는 더 작아지므로 최적 함수비보다 약간 더 많은 함수비에서 흙을 다지는 것이 좋다. 그러나 강도가 목적이라면 최적 함수비의 건조 측에서 다질 때 더 큰 강도를 얻을 수 있다. 그런데 만일 대형 롤러로 습윤 측에서 다진다면 더 가벼운 장비를 가지고 다질 때보다도 강도가 더 저하될 수 있다는 것을 유의하여야 한다(그림 16.11 참조). 큰 다짐 에너지로 다졌을 때 오히려 강도가 더 감소하였다면 이것을 **과다짐**(overcompaction)이라고 한다.

방법제시시방서에서는 롤러의 무게와 종류, 롤러의 통행횟수, 포설 두께 등을 시방서에서 자세히 제시하여야 한다. 다지는 흙의 허용할 수 있는 입자의 최대 치수도 정해 두어야 한다. 따라서 최종품질다짐시방서와는 달리 품질에 관한 한 모든 책임은 발주자에게 있으므로 발주자는 시방서를 작성하기 이전에 여러 가지 다짐장비를 가지고 현장 시험을 하여 자세한 정보를 얻어 두어야 한다. 이와 같은 시험 시공에는 많은 비용이 소요되므로 댐 공사와 같은 대형 프로젝트를 제외하고는 이 시방서를 적용할 수가 없다. 그러나 이 방법은 시험 시공을 통해서 토질에 대한 불확실한 문제가 해결될 수 있으므로 여기에 드는 비용이 보상될 수 있으며, 발주자는 자신을 가지고 공사를 감독할 수 있는 장점이 있다.

16.4.2 현장관리시험

시공자가 다짐을 하면 감독자는 다진 흙의 품질관리시방서의 요구 조건을 만족하는지 계속해서 시험을 하여야 한다. 이것을 **현장관리시험**(field control test)이라고 한다. 이 시험에서는 현장에서 롤러로 다진 흙에 대해 적절한 기구를 사용하여 밀도를 측정하고 상대다짐도를 구하여 이것을 요구하는 상대다짐도와 비교한다.

현장관리시험은 보통 성토량의 1,000~3,000 m^3마다 행하고 토성이 급격히 변화할 때에도 실시하여야 한다. 현장에서 측정점이 결정되면 흙을 파내어 무게와 함수비를 결정하고 파낸 흙의 용적을 측정한다. 그러면 다진 흙의 건조밀도는 건조한 흙의 무게를 파낸 흙의 용적으로 나누어 정한다. 현장에서 밀도를 측정할 때 가장 문제가 되는 것은 측정 위치에서 파낸 흙의 용적을 정확히 결정하는 일이다. 이 목적으로 사용되는 기구로는 그림 16.16에서와 같이 느슨한 모래를 굴토한 공간에 채워서 용적을 측정하는 방법을 이용한다. 그러나 이와 같은 측정방법은 굵은 입자가 포함되면 오차가 있을 수 있고 함수비를 측정하는 데 장시간 소요되는 단점이 있다.

최근에는 방사선을 이용하여 다진 흙을 전혀 교란시키지 않고 신속히 상대다짐도를 결정할 수 있는 방법이 고안되었다(U.S. Bureau of Reclamation, 1974). 이것을 사용하는 데 있어서 한 가지 단점은 방사선 노출의 위험이 있다는 것이다. 따라서 이 기구를 사용하는 시험자는 엄격한 방사선 안전 규정을 준수하여야 한다.

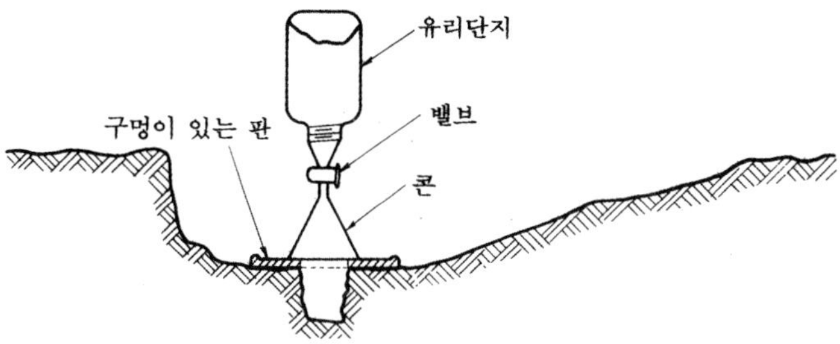

(a) 샌드콘(sand cone)

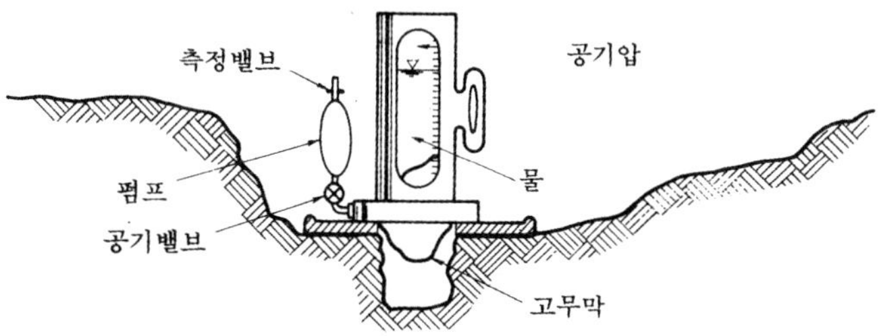

(b) 고무막

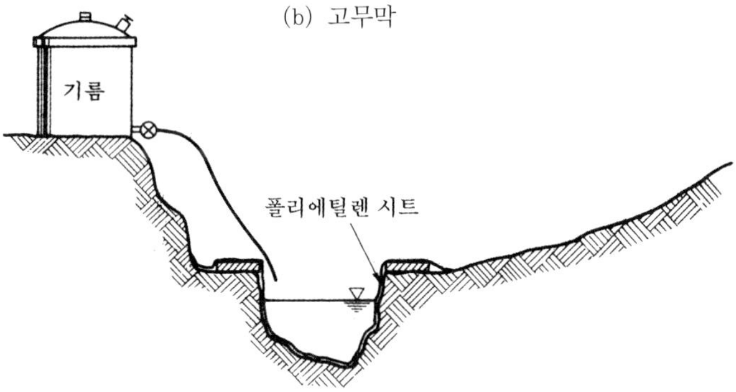

(c) 기름 이용

그림 16.16 현장 밀도를 측정하는 여러 가지 시험기구

16.1 다음 표에 다짐시험 자료가 정리되어 있다. 이 흙의 비중은 2.65로 측정되었다.

A (수정다짐)		B (표준다짐)		C (낮은 다짐)	
ρ_d(Mg/m^3)	w(%)	ρ_d(Mg/m^3)	w(%)	ρ_d(Mg/m^3)	w(%)
1.873	9.3	1.691	9.3	1.627	10.9
1.910	12.8	1.715	11.8	1.639	12.3
1.803	15.5	1.755	14.3	1.740	16.3
1.699	18.7	1.747	17.6	1.707	20.1
1.641	21.1	1.619	20.8	1.647	27.4
		1.619	23.0		

(a) 다짐곡선을 그려라.

(b) 각 시험에 대하여 최대 건조밀도와 최적 함수비를 결정하여라.

(c) 최적 함수비에서의 포화도를 각각 결정하여라.

(d) 영공기 간극곡선과 70, 80 및 90%의 포화곡선을 그리고 최적 함수비선을 표시하여라.

16.2 현장관리시험을 하였는데 시험공에서 채취한 흙의 질량은 1,814 g이고 시험공의 용적은 944×10^{-6} m^{3}이었다. 흙을 건조시킬 때 시료가 15 g 손실되었으며, 건조 후 흙의 질량은 1,570 g이었다. 실내 다짐시험의 결과는 그림 16.20과 같다.

(a) 최종품질시방서에 상대다짐도 100%, 다짐함수비의 범위를 최적 함수비 $-3\% \sim +1\%$를 요구한다면 현장 다짐의 결과가 만족되는지 판단하여라.

(b) 만일 만족되지 않는다면 시방서의 요구를 충족시키기 위해서는 어떤 조치가 필요한지 설명하여라.

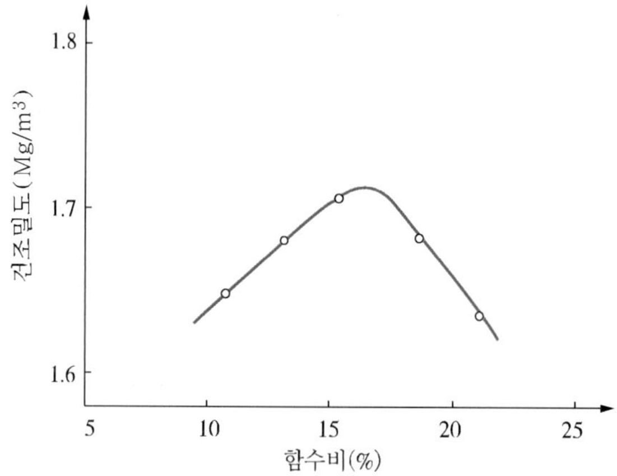

그림 16.17 문제 16.2의 그림

16.3 A-1 방법으로 다짐시험을 하여 다음 표와 같은 결과를 얻었다. 영공기 간극곡선과 다짐곡선을 그리고 최적 함수비를 결정하여라. 단, 비중 G_s는 2.65이다.

함수비(%)	전체 밀도(Mg/m^3)
17.2	2.06
15.2	2.10
10.0	2.16
8.8	2.04
7.4	1.89

16.4 동일한 자재를 가지고 A-1 방법과 A-2 방법으로 다짐시험을 행하여 다음과 같은 결과를 얻었다.

A–1 방법

함수비(%)	건조밀도(Mg/m^3)
6	1.63
9	1.70
12	1.73
14	1.74
16	1.73
19	1.68
22	1.60

A–2 방법

함수비(%)	건조밀도(Mg/m^3)
6	1.71
9	1.81
12	1.89
13	1.89
14	1.87
16	1.79
18	1.73

(a) 각 방법에 대하여 동일한 그래프 용지에 다짐곡선을 그리고 최대 건조밀도와 최적 함수비를 결정하여라.

(b) 비중이 2.67이라고 할 때 영공기 간극곡선을 그려라.

(c) A-1 방법은 A-2 방법에 비해 최대 건조밀도와 함수비가 어떻게 변화되었는지 수치로 표시하여라.

(d) 시방서에서 95%의 상대다짐을 요구한다면 각 방법에 대해 허용할 수 있는 함수비의 범위는 얼마인가?

16.5 토취장의 함수비가 8%로 측정되었다. 실내에서 표준다짐을 위해 요구되는 시료가 3,000 g이라고 할 때 다짐함수비를 11, 13, 15, 17 및 20%로 한다면 추가되는 수량이 각각 얼마가 되는지 계산하여라.

16.6 흙을 다져서 4,000 m^3의 도로제방을 만들고자 한다. 다진 흙의 건조밀도는 1.95 Mg/m^3로 예상된다. 토취장에서 채취한 흙의 비중은 2.69이고, 자연 상태에서의 건조밀도는 1.65 Mg/m^3이다. 토취장에서 채취해야 할 토량을 구하여라.

참고문헌

Bowles, J. E. (1984). *Physical and geotechnical properties of soils*. New York: McGraw-Hill.

D'Appalonia, D. J., Whitman, R. V. and D'Appalonia, E. D. (1969). Sand compaction with vibratory rollers. *J. SMFD*, ASCE, **95**, No. SM1, 263-284.

Lambe, T. W. (1958a). The structure of compacted clay. *J. SMFD*, ASCE, **84**, No. SM2, 1654-1-1654-3.

Lambe, T. W. (1958b). The engineering behavior of compacted clay. *J. SMFD*, ASCE, **90**, No. SM5, 43-67.

Lambe, T. W. (1962). *Foundation engineering*. edited by Leonards, G. New York: McGraw- Hill.

Racos Medina, J. E. (1971). *Metodos de compactacion en el campo*. Note for a paper in the Seminar on Pavenents. Public Works Ministry, Mexico.

Seed, H. B. and Chan, C. K. (1959). Structure and characteristics of compacted clay. *J. SMFD*, ASCE, **85**, No. SM5, 87-128.

Selig, E. T. and Yoo, T. S. (1977). Fundamentals of vibratory roller behavior. *Proc. of the Ninth International Conference on Soil Mechanics and Foundation Engineering*, Tokyo, **2**, 375-380.

Sherman, G. G., Watkins, R. O. and Prysock, R. H. (1967). *A Statistical Analysis of Embankment Compaction*, HRR, No. 177, 157-185.

U.S. Army Engineer Waterways Experiment Station, Corps of Engineers (1957). *Soil compaction investigation*. Water way Experiment Station Technical Memorendum 3-271, Vicksburg, Miss.

U.S. Bureau of Reclamation (1974). *Earth Manual*, 2nd ed. Denver, Co., 180.

부록 SUPPLEMENT ••• 지반공학에서 쓰이는 SI 단위

인류의 문화가 발달하면서 지역마다 또는 나라마다 물리량의 측정에 필요한 단위를 개발하여 사용하였다. 인류역사상 가장 많이 사용되고 있는 대표적인 단위체계는 영국공학단위(British Engineering System)와 SI 단위(International System of Units), MKS 단위(Meter-Kilogram-Second Units), 중력 단위(Gravitational System of Units) 등이라고 할 수 있을 것이다.

이 책의 전판에서 사용한 중력 단위체계는 지표면에서는 힘과 질량의 단위가 같도록 정의한 단위이며, 주로 공학분야에서 많이 사용되어 왔다. 이 단위체계에서는 질량 대신 중량(힘)을 기본단위로 하고 있지만, 중량은 다음에 설명하는 바와 같이 가속도에 따라 변화하는 물리량이라는 것을 이해해야 한다.

세계가 하나의 과학, 기술 및 무역단위로 발전하면서 단위의 통일이 절실히 요구되었다. 최근의 세계적인 추세는 질량이 기본단위인 SI 단위의 사용을 권장하고 있으며, 약 50년 전부터 사용되기 시작한 SI 단위체계는 이제 세계가 공통적으로 사용하는 단위가 되었다. 우리 지반공학 분야도 이 추세를 따르는 것이 당연한 순리라고 생각한다.

SI 단위체계는 1960년 제11차 국제도량형총회(CGPM)에서 국가측정표준을 정하는 단위체계로서 채택되었으며, 세계 대부분의 나라에서 법제화를 통하여 이를 공식적으로 사용하고 있다. 우리나라에서도 국가표준기본법 제10조~제12조 규정에 의거 SI단위를 법정단위로 채택하였다. 이 단위체계는 길이는 미터(m), 질량은 킬로그램(kg), 시간은 초(s), 전류는 암페어(A), 온도는 켈빈(K), 물질량은 몰(mol), 광도는 칸델라(cd)로 표시되는 7가지 기본단위(basic unit)와 이로부터 유도된 유도단위(derived unit)가 있다.

중력 단위체계에서 사용하는 중량의 단위 kg은 SI 단위체계의 질량의 단위와 혼동하기 쉽다. 이 단위체계에서는 질량 대신 힘을 기본단위로 하고 질량의 단위와 동일하게 kg으로 표시하기 때문이다. 우리가 일상적으로 사용하는 저울은 기본적으로 질량을 측정하는 기구이지만, 단위중량, 하중 또는 압력은 힘의 단위로 표시되어야 한다. 중력 단위체계에서 힘이라는 것을 표시하기 위해서는 kgf 또는 tf/m^2와 같이 접미어 f를 붙여 구별할 수 있다.

힘(F)은 뉴턴의 운동 제2법칙에 따라 다음과 같이 정의된다.

$$F = ma \quad (\mathrm{kg \cdot m/s^2 = N}) \tag{1}$$

여기서, m = 질량, a = 가속도이다. 중량(W)은 물체를 하향으로 가속시키는 중력이므로 다음과 같이 쓸 수 있다.

$$W = Mg \quad (kg \cdot m/s^2 = N) \tag{2}$$

여기서, M = 질량, g = 중력가속도($g = 9.807\ m/s^2$)이다. 위의 두 식에 의하면 힘 또는 중량은 질량을 알고 가속도를 곱하여 구하게 되어 있다.

위의 식에 의하면 힘 또는 중량의 단위는 기본단위인 질량, 길이 및 시간의 조합인 $kg \cdot m/s^2$으로 표시되며, 이것을 Newton이라고 한다. 중력 단위로 중량이 1 kgf라면 $1\ kgf = 1\ kg \times g = 1\ kg \times 9.807\ m/s^2 = 9.807\ kg \cdot m/s^2 \simeq 10\ N$이 된다.

기본단위를 조합하여 단위를 표시한다면 이것을 우리는 유도단위(derived unit)라고 한다. 지반공학에서 쓰이는 중요한 유도단위는 하중과 응력(또는 압력)이다. 응력의 단위는 Pascal이라고 하며, $Pa = N/m^2$로 정의된다. 우리들이 흔히 사용하는 유도단위는 표 A1에 나와 있다.

표 A1. 토질역학에서 많이 쓰이는 유도단위

양	기호	SI 단위	중력 단위
면적	A	m^2	m^2
체적	V	m^3	m^3
하중	P	$N = kg \cdot m/s^2$	kgf, tf
밀도	ρ	kg/m^3	kg/m^3
단위중량	γ	N/m^3	kgf/m^3
압력, 응력	p	$Pa = N/m^2$	kgf/m^2
모멘트, 토크	T	$N \cdot m$	$kgf \cdot m$, $tf \cdot m$
속도	v	m/s	m/s

SI 단위를 사용할 때 수치가 너무 크거나 작으면 기본단위만 사용하기에는 불편하므로 표 A2에 보인 바와 같이 기본단위에 접두어를 붙여서 사용한다. 예컨대, $1,200\ kN = 1.2 \times 10^6\ N = 1.2\ MN$, 또는 $2 \times 10^{-6}\ m = 2\ \mu m$ 등이다. 그런데 질량의 기본단위는 kg이지만, Mkg 또는 mkg으로 사용하지 않고 Mg(10^6 g) 또는 mg(10^{-6} g)으로 표시한다는 것을 유의해야 한다. 또한 시간에 대한 기본단위는 s이지만 관행적으로 Ms나 ms 대신 일, 월, 년 등으로 표시한다.

표 A2. 접두어의 사용

	접두어	기호		접두어	기호
10^9	giga	G	10^{-1}	deci	d
10^6	mega	M	10^{-2}	centi	c
10^3	kilo	k	10^{-3}	milli	m
10^2	hecto	h	10^{-6}	micro	μ
10^1	deka	da	10^{-9}	nano	n

오랫동안 사용하였던 국가 간의 상이한 단위체계는 SI 단위로 환산할 필요가 있다. 중력 단위와 SI 단위에 조금만 익숙하면 중량과 관계되는 SI 단위로의 변환은 그리 어렵지 않다. 예컨대, 1 kgf $\simeq$ 10 N 이라는 것을 알고 있으면, 중력 단위의 중량에 10을 곱하여 변환하여도 지반공학에서 그 오차는 허용할 수 있다. 마찬가지로 압력의 단위도 1 tf/m^2 = 9.807 kPa $\simeq$ 10 kPa이므로, 10을 환산계수로 사용하면 된다. 유용한 환산단위는 표 A3에 나와 있다.

표 A3. 토질역학에서 유용한 단위의 환산

항목	단위	환산값
길이	1 inch, in	= 25.4 mm = 0.0254 m
	1 foot, ft	= 0.3048 m
	1 yard, yd	= 0.9144 m
	1 angstrom, Å	= 1×10^{-10} m = 0.1 nm
질량	1 lb	= 0.4536 kg
	1 gram, g	= 10^{-3} kg
	1 metric ton, t	= 10^3 kg = 10^6 g = 1 Mg
힘(중량)	1 lbf	= 4.448 N
	1 kgf	= 9.807 N $\simeq$ 10 N
	1 metric-tf	= 9.807 kN $\simeq$ 10 kN
압력	1 psi	= 6.895 kPa
	1 atm(표준기압)	= 101.3 kPa $\simeq$ 100 kPa
	1 kgf/cm^2	= 98.07 kPa $\simeq$ 100 kPa
	1 metric-tf/m^2	= 9.807 kPa $\simeq$ 10 kPa
밀도	1 lb/ft^3	= 16.018 kg/m^3
	1 g/cm^3	= 10^3 kg/m^3 = 1 Mg/m^3 = 1 t/m^3
단위중량	1 lbf/ft^3	= 157.2 N/m^3
	1 gf/cm^3	= 9.807 kN/m^3 $\simeq$ 10 kN/m^3
	1 kgf/cm^3	= 9807 kN/m^3 $\simeq$ 10 MN/m^3
	1 metric-tf/m^3	= 9.807 kN/m^3 $\simeq$ 10 kN/m^3

단위중량은 중력 단위체계에서 널리 사용되는 물리량이지만, SI 단위체계에서는 기본단위인 밀도를 사용하는 것을 권장하고 있다. 꼭 사용할 필요가 있다면 뉴턴의 운동 제2법칙에 따라 미리 다음 공식으로 계산할 수 있다.

$$\gamma = \rho g \tag{3}$$

예컨대 흙의 밀도가 $1{,}600\ \mathrm{kg/m^3} = 1.6\ \mathrm{t/m^3}$라면, 위의 식에 따라 흙의 단위중량 $\gamma = 1.6\ \mathrm{t/m^3} \times 9.807\ \mathrm{m/s^2} \simeq 16\ \mathrm{kN/m^3}$가 된다. 중력단위로 쓰면 $\gamma = 1.6\ \mathrm{gf/cm^3} = 1.6\ \mathrm{tf/m^3}$이다.

수압이나 연직응력을 계산할 때에는 $\sigma = \gamma z$ 보다도 $\sigma = \rho g z$로 계산하는 것이 논리적이다. 왜냐하면 단위중량은 밀도의 측정값으로부터 환산하는 양이기 때문이다. 여기서, z는 물의 깊이 또는 토층 깊이이다. 앞서 보인 바와 같이 $g = 9.807\ \mathrm{m/s^2} \simeq 10\ \mathrm{m/s^2}$으로 가정하면 계산상의 어려움은 없을 것이다.

연습문제 해답

CHAPTER 2

2.1 $S = 95.3\%$, $n = 37.5\%$, $\rho_{sat} = 2.0\ \text{Mg/m}^3$, $\gamma_{sat} = 19.6\ \text{kN/m}^3$,

$\rho_d = 1.63\ \text{Mg/m}^3$, $\gamma_d = 15.9\ \text{kN/m}^3$, $\rho_{sub} = 1.0\ \text{Mg/m}^3$, $\gamma_{sub} = 9.8\ \text{kN/m}^3$

2.2 $S = 85\%$일 때, $\rho_t = 1.92\ \text{Mg/m}^3$, $\gamma_t = 18.8\ \text{kN/m}^3$

$S = 90\%$일 때, $\rho_t = 1.95\ \text{Mg/m}^3$, $\gamma_t = 19.1\ \text{kN/m}^3$

2.3 $\rho_d = 1.44\ \text{Mg/m}^3$, $\gamma_d = 14.1\ \text{kN/m}^3$, $e = 0.81$, $n = 44.8\%$, $S = 80\%$

2.4 $e = 0.73$, $w = 26.03\%$

2.5 $e = 0.93$, $G_s = 2.85$

2.6 $\gamma_t = 18.19\ \text{kN/m}^3$, $w = 9\%$

2.7 생략

2.8 추가 수량 = 89.7 g

2.9 (a) $e = 0.77$, $n = 43\%$, $\gamma_d = 14.95\ \text{kN/m}^3$

(b) $e = 0.75$, $n = 43\%$, $\gamma_d = 15.12\ \text{kN/m}^3$

(c) $e = 0.57$, $n = 36\%$, $\gamma_d = 16.9\ \text{kN/m}^3$

2.10

시료 번호	ρ_t (Mg/m³)	ρ_d (Mg/m³)	e	n(%)	S(%)	w(%)	G_s	용적 (cc)	질량(g)	
									전체	건조
1	1.76	1.76	0.57	36	0	0	2.76	–	–	–
2	1.84	1.38	0.92	48	98	34	2.65	–	–	–
3	1.73	1.56	0.73	42	39	11	2.71	–	–	–
4	1.90	1.45	0.87	45	97	31	2.71	10	19.0	14.5
5	1.82	1.41	0.85	46	90	29	2.60	–	–	–
6	1.88	1.41	0.88	47	100	33	2.65	86.0	162.0	121.3
7	1.79	1.54	0.74	43	58	16	2.68	31.5	56.4	48.5

CHAPTER 3

3.1 (a) 생략

(b) 시료 1의 $D_{10} = 0.002$, $C_u = 112.5$, $C_g = 2.88$

(c) 시료 1의 통일분류: SM, AASHTO 분류: A-2-4

3.2 깊이 0.6m : PI = 23%, 통일분류: MH, AASHTO 분류: A-7-5

깊이 2.4m : PI = 22%, 통일분류: SC, AASHTO 분류: A-7-6

CHAPTER 4

생략

CHAPTER 5

5.1 $\sigma_v = 262.5$ kPa, $\sigma_h = 118.1$ kPa

5.2 $\sigma_v = 228.5$ kPa

5.3 $\sigma_v{}' = 120.7$ kPa

5.4 (a) $\sigma_v = 116.0$ kPa, (b) $\sigma_h = 85.3$ kPa, (c) $u = 39.2$ kPa, (d) $\sigma_v{}' = 76.8$ kPa, (e) $\sigma_h{}' = 46.1$ kPa

5.5 (a) $\Delta\sigma_v = 12.0$ kPa, (b) $\Delta\sigma_v = 40.0$ kPa, (c) $\Delta\sigma_v = 1.6$ kPa

5.6 $\Delta\sigma_v = 31.9$ kPa

5.7 $\Delta\sigma_{vA} = 0.64$ kPa

5.8 $\Delta\sigma_{vA} = 147.6$ kPa, $\Delta\sigma_{vB} = 86.4$ kPa, $\Delta\sigma_{vC} = 10.8$ kPa

5.9 $\Delta\sigma_{vA} = 12.6$ kPa

5.10 $\Delta\sigma_{vA} = 9.0$ kPa

CHAPTER 6

6.1 $\sigma_{vT}' = 56.4\ \text{kPa},\ \sigma_{vM}' = 72.8\ \text{kPa},\ \sigma_{vB}' = 89.2\ \text{kPa}$

6.2 (a) $\sigma_{vA} = 100\ \text{kPa},\ u_A = 0,\ \sigma_{vA}' = 100\ \text{kPa}$

(b) $\sigma_{vA} = 119.6\ \text{kPa},\ u_A = 68.6\ \text{kPa},\ \sigma_{vA}' = 51.0\ \text{kPa}$

6.3 기준면: 시료 중간 높이

구분	A	B	C	D	E
전수두(m)	1.0	1.0	0.75	0.5	0.5
위치수두(m)	0.0	0.0	0.0	0.0	0.0
압력수두(m)	1.0	1.0	0.75	0.5	0.5

6.4 (a) $\sigma_{vA} = 100.9\ \text{kPa},\ u_A = (-)4.9\ \text{kPa},\ \sigma_{vA}' = 105.8\ \text{kPa}$

(b) $i_c = 1.1 > i = 1.0 \quad \therefore$ 분사현상이 발생하지 않음

6.5 (a) $h_{tA} = 12\ \text{m},\ h_{tB} = (-)2\ \text{m},\ h_{tC} = 2.67\ \text{m}$

(b) $u_A = 58.8\ \text{kPa},\ u_B = (-)19.6\ \text{kPa},\ u_{cA} = 6.5\ \text{kPa}$

(c) $\sigma_A' = 0,\ \sigma_B' = 186.4\ \text{kPa},\ \sigma_C' = 124.6\ \text{kPa}$

(d) $J = 137.2\ \text{kPa}$

(e) $\Delta\sigma' = 137.2\ \text{kPa}$

6.6 (a) $i = 0.67$, (b) $\sigma_C = 81.8\ \text{kPa},\ u_C = 75.1\ \text{kPa},\ \sigma_C' = 6.7\ \text{kPa}$

(c) $i_c = 0.83$, (d) $i_c = 0.83 > i = 0.67 \quad \therefore$ 발생하지 않음

(e) $\sigma_B' = 10.0\ \text{kPa}$

CHAPTER 7

7.1 $k = 7.69 \times 10^{-5}\ \text{m/s}$

7.2 $k = 1.65 \times 10^{-4}\ \text{m/s}$

7.3 $k = 8.63 \times 10^{-4}\ \text{m/s}$

7.4 $k_h = 7.26 \times 10^{-4}\ \text{m/s},\ k_v = 1.5 \times 10^{-8}\ \text{m/s}$

7.5 (a) 하단면 기준

구분	위치수두(m)	압력수두(m)	전수두(m)
상단면	2	1	3
하단면	0	5	5

(b), (c) 생략

7.6 (a) $Q=5.09\times10^{-4}\ \mathrm{m^3/s/m}$

(b) $u_a = 357.2$ kPa, $u_b = 332.32$ kPa, $u_c = 269.99$ kPa

(c) $F_s = \dfrac{W}{J} = \dfrac{608.4}{324.6} = 1.87$

7.7 생략

CHAPTER 8

8.1 (액성한계를 이용한 계산)

- 흐트러진 시료 : $C_c = 0.30$
- 흐트러지지 않은 시료 : $C_c = 0.40$

8.2 생략

8.3 (a) T = 0.15552

(b) $U_z = 0.17$, $u_e = 49.8$ kPa

(c) $\sigma_v{}' = 100$ kPa

8.4 (a) $S_c = 0.859$ m

(b) $t = 912$ day $= 2.53$ yr

(c) $S_{ct} = 0.386$ m

8.5 (a) GL -6 m $u = 29.4$ kPa, GL -12 m $u = 88.2$ kPa

(b) GL -6 m $u = 79.4$ kPa, GL -12 m $u = 138.2$ kPa

(c) GL -7 m $u_e = 4.0$ kPa, GL -9 m $u_e = 8.5$ kPa,

GL -11 m $u_e = 4.0$ kPa

(d) $t_{50} = 1.41$ year, $t_{90} = 6.06$ year

8.6 (a) $S_c = 0.37$ m

(b) $t_{10} = 0.057$ year, $t_{50} = 1.407$ year, $t_{80} = 4.050$ year, $t_{90} = 6.057$ year

8.7 $S_c = 0.65$ m

8.8 (a) e-log σ' 곡선으로부터 $C_c = 0.29$, $C_r = 0.03$, $\sigma_c{}' = 65$ kPa이고, 점토층 중앙에서의 $\sigma_{vo}{}' = 69.6$ kPa이므로 정규압밀토로 가정하면, $S_c = 0.14$ m

(b) 평균 응력증가량, $\Delta\sigma' = 11.5$ kPa이므로, $S_c = 0.07$ m

CHAPTER 9

9.1 $\sigma_n = 250$ kPa, $\tau_n = (-)87$ kPa

9.2 $\sigma_1 = 650$ kPa, $\sigma_3 = 350$ kPa, $\theta = 45°$와 $\theta = 135°$

9.3 (a) $\sigma_n = 113$ kPa, $\tau_n = 19.3$ kPa

(b), (c) 생략

9.4 (a) $\sigma_1 = 56.2$ kPa, $\sigma_3 = 13.8$ kPa

(b) 21.2 kPa

9.5 (a) $\sigma_1 = 29.1$ kPa, $\sigma_3 = 12.9$ kPa

(b) (σ_1, σ_3)를 이용하여 Mohr 원을 그렸을 때, 포락선의 각이 22.7°로서 ϕ=30°보다 작기 때문에 파괴가 일어나지 않음

9.6 (a) $\sigma_1 = 672.6$ kPa, $\sigma_3 = 192.6$ kPa

(b) 생략

9.7 (a) 생략

(b) $\phi_A = 42°$, $\phi_B = 43°$

(c) $\tau_A = 149$ kPa, $\tau_B = 622$ kPa

(d) $\alpha_A = 66°$, $\alpha_B = 66.5°$

(e) A, B 시료 모두 수평면과 45°

9.8 생략

9.9 (a) 시료 A의 입도가 균등하고 입자가 둥근 모양이기 때문에 간극비가 더 크다.

(b) 시료 B의 간극비가 작고 모난 입자(interlocking)로 전단저항각이 더 크다.

CHAPTER 10

10.1 $u = 69.4$ kPa

10.2 $A_f = 0.73$

10.3 $B = 0.96$ A계수의 변화: 생략

10.4 생략

10.5 $\phi' = 30.3°$, $\phi_u = 16.4°$

10.6 (a)

구속압력(kPa)	σ'_{1f} (kPa)	σ'_{3f} (kPa)
350	168	26
400	254	47
500	394	84

(b) $c' = 15$ kPa, $\phi' = 37.4°$

(c) $d = 12.0$ kPa, $\alpha = 31.3°$

10.7 생략

10.8

배수조건	σ_3 (kPa)	축변형률	체적 변형률	평균(수정) 단면적	$(\sigma_1 - \sigma_3)_f$ (kPa)	σ'_{3f} (kPa)	σ'_{1f} (kPa)
UU	200	0.13	0	13.03 cm^2	178.0		
CD	200	0.14	0.08	12.13 cm^2	392.4	200	592.4

10.9 (a) $\phi' = 21.6°$, (b) $\alpha = 20.2°$, (c) 생략

10.10 생략

CHAPTER 11

생략

CHAPTER 12

12.1 (a) $\sigma_{ha1} = 10.8$ kPa, $\sigma_{ha2} = 17.3$ kPa, $\sigma_{ha3} = 9.2$ kPa,

$\sigma_{ha4} = 14.7$ kPa, $\sigma_{ha5} = 20.9$ kPa

(b) 주동토압의 합력, $\sum P_A = 32.4 + 26.0 + 36.8 + 58.8 + 41.8 = 195.8$ kN/m

(c) 평균작용점, $\bar{x} = 2.834$ m (바닥면 기준)

12.2 (a) $\sigma_{ha1} = 10.8$ kPa, $\sigma_{ha2} = 9.2$ kPa, $\sigma_{ha3} = 9.2$ kPa, $\sigma_{ha4} = 11.1$ kPa,

(b) 주동토압의 합력, $\sum P_A = 75.6 + 9.2 + 46.0 + 27.8 = 158.6$ kN/m

평균 작용점, $\bar{x} = 3.02$ m (바닥면 기준)

(c) 수압, $u_5 = 49.0$ kPa, 수압의 합력, $P_w = 122.5$ kN/m

12.3 (a) $P_A = 71.8$ kN/m

(b) 토압 + 수압, $P_A + P_w = 39.9 + 176.4 = 216.3$ kN/m

12.4 (a) $P_A = 685.8$ kN/m, (b) $P_O = 1096.2$ kN/m

12.5 (a) 주동토압(수압 포함)의 합력, $\sum P_A = 233.9$ kN/m

(b) 평균 작용점, $\bar{x} = 2.19$ m (바닥면 기준)

(c) 수위강하 전 모멘트: 512.2 kN-m

수위강하 후 모멘트: 403.3 kN-m, 모멘트 감소량: 108.9 kN-m

12.6 주동토압(수압 포함)의 합력, $\sum P_A = 277.8$ kN/m

12.7 생략

12.8 (a) $z_o = 3.53$ m, (b) 주동토압의 합력, $\sum P_A = 118.7$ kN/m, (c) $P_w = 61.1$ kN/m

12.9 생략

12.10 (a) $F_s = 3.29$, (b) $F_s = 2.27$, (c) σ_{max}, $\sigma_{min} = 103.4$ kPa, 60.4 kPa

CHAPTER 13

생략

CHAPTER 14

14.1 (a) $q_{\text{ult}} = 2327.5$ kPa, (b) $q_{\text{ult}} = 3193.6$ kPa

14.2 $q_a = 29.8$ kPa

14.3 (a) $B = 1.51$ m, (b) $B = 1.06$ m, (c) $B = 1.42$ m

14.4 $q_a = 37.3$ kPa, 기초의 크기 : $B \times L = 7.5\ \text{m} \times 4.5\ \text{m}$

14.5 (a) $B = 1.27$m, (b) $B = 1.17$ m

14.6 $B = 1.36$ m

14.7 정사각형 기초의 폭, $B = 2.68$ m

14.8~14.9 생략

14.10 $s_i = 89$ mm(모서리), $s_i = 178$ mm(중심)

CHAPTER 15

15.1 (a) $Q_{up} = 587.9$ kN, (b) $Q_{us} = 1465.7$ kN, (c) $Q_a = 821.4$ kN

15.2 (a) Berezantzev 방법: $Q_{up} = 726.9$ kN, Meyerhof 방법: $Q_{up} = 466.2$ kN
(b) $Q_{us} = 814.7$ kN
(c) Berezantzev 방법: $Q_a = 513.9$ kN, Meyerhof 방법: $Q_a = 420.3$ kN

15.3 (a) $Q_u = 640.8$ kN, (b) $Q_u = 506.4$ kN

15.4 (a) $Q_{us} = 1104.0$ kN, (b) $Q_{us} = 1351.9$ kN, (c) $Q_{us} = 1185.5$ kN

15.5 단일 말뚝으로 고려할 경우: $Q_u = 9 \times (Q_{up} + Q_{us}) = 9 \times (380.2 + 810.0) = 10712.1$ kN
무리 말뚝으로 고려할 경우: $Q_u = Q_{up} + Q_{us} = 1072.1 + 6192.5 = 16904.6$ kN
∴ 결정 무리 말뚝의 극한지지력: $Q_u = 10712.2$ kN

15.6 단일 말뚝으로 고려할 경우 : $Q_u = 9 \times (Q_{up} + Q_{us}) = 9 \times (39.4 + 657.4) = 6271.2$ kN
무리 말뚝으로 고려할 경우 : $Q_u = Q_{up} + Q_{us} = 1807.9 + 5022.0 = 6829.9$ kN
∴ 결정 무리 말뚝의 극한지지력: $Q_u = 6271.2$ kN

15.7 (a) 단일 말뚝으로 고려할 경우의 합계지지력:

$Q_u = 25 \times (Q_{up} + Q_{us}) = 25 \times (88.3 + 1638.3) = 43614$ kN

무리 말뚝을 정방형으로 배치할 경우, 한 변의 길이 $x = 4.34$ m

(b) 따라서 말뚝의 간격은 (4.34−0.35)/4 = 0.9975 m ≒ 1.0 m로 결정함

15.8 콘크리트 단위중량을 23 $\mathrm{kN/m^3}$로 가정

(a) Hiley: $Q_a = Q_u/2 = 171.4$ kN

(b) ENR: $Q_a = 200.0$ kN

15.9 $Q_a = 60.0$ kN

15.10 (a) $Q_{up} = 2968.8$ kN, (b) $Q_{us} = 5614.3$ kN, (c) $Q_a = 2861.0$ kN

15.11 $Q_a = (Q_{up} + Q_{us})/3 = (102732 + 3541)/3 = 35{,}424$ kN

(여기서, $N_q = 38$, $\delta = 30°$로 가정)

CHAPTER 16

16.1 (a) 생략

(b) A: $\rho_{d\max} = 1.92\ \mathrm{Mg/m^3}$, $w_{opt} = 12.7\%$

B: $\rho_{d\max} = 1.75\ \mathrm{Mg/m^3}$, $w_{opt} = 15.8\%$

C: $\rho_{d\max} = 1.74\ \mathrm{Mg/m^3}$, $w_{opt} = 17.3\%$

(c) $S_A = 0.94$, $S_B = 0.89$, $S_C = 0.86$

(d) 생략

16.2 (a) 현장다짐밀도 $\rho_{d,\,\mathrm{field}} = 1.66\ \mathrm{M_g/m^3} < 100\% \times \rho_{d\max} = 1.72\ \mathrm{M_g/m^3}$ ∴N.G.

$14\% \le$ 현장함수비 $w = 14.6\% \le 18\%$ ∴ O.K.

(b) 다짐 에너지 증가

16.3 $w_{opt} = 9.9\%$, $\rho_{d\max} = 1.96\ \mathrm{Mg/m^3}$

16.4 (a) A-1: $\rho_{d\max} = 1.74\ \mathrm{Mg/m^3}$, $w_{opt} = 13.5\%$

A-2: $\rho_{d\max} = 1.89\ \mathrm{Mg/m^3}$, $w_{opt} = 12.6\%$

(b) 생략

(c) A-2 방법에 비해 A-1 방법은 최대 건조밀도는 작아지고, 최적 함수비는 증가했음

(d) A-1: $\rho_{d\max} = 1.65\ \mathrm{Mg/m^3}$, 허용함수비의 범위, $w = 6.7$~20.5%

A-2: $\rho_{d\max} = 1.81\ \mathrm{Mg/m^3}$, 허용함수비의 범위, $w = 9.1$~15.6%

16.5 토취장의 함수비 8%에서의 수량은 222 g

w(%)	각 함수비에서 필요한 수량(g)	추가되는 수량(g)
11	306	84
13	361	139
15	417	195
17	472	250
20	556	334

16.6 다져진 제방에서 건조된 흙의 질량, $M_s = 7800\ \mathrm{Mg}$

채취해야 할 토취장의 흙, $V = 4726.4\ \mathrm{m^3}$

기호 설명 EXPLAIN SIGN

기호	설명	참고	기호	설명	참고
A	단면적	7장	C_u	균등계수	3장
A	간극수압계수	10장	C_1, C_2, C_3	탄성 압축량	15장
A_c	수정된 단면적	6장	C_α	2차 압축지수	8장
A_p	말뚝의 단면적	15장	$C_{\alpha\varepsilon}$	2차 압축률	8장
A_s	말뚝의 둘레 면적	15장	CR	크리프 비	7장
A_w	수압이 작용하는 단면적	6장	c_u	비배수조건에 대한 점착력	9장
A_0	원단면적	9장	c_{uv}	베인 시험으로 얻은 비배수 강도	9장
A'	단위면적당 인력	6장	c_v	압밀계수	8장
a	스탠드 파이프 단면적	7장	$\bar{c}$	겉보기 점착력	9장
a	입자의 접촉면적	6장	D	깊이계수	13장
a_v	압축계수	8장	D	간극수압계수	10장
B	간극수압계수	10장	D_f	보상기초의 근입 깊이	14장
B	기초폭	14장	D_r	상대밀도	2장
B	말뚝의 폭	15장	D_s	유효지름	7장
$\bar{B}$	간극수압비	15장	D_s	말뚝머리에서 중립면까지의 깊이	14장
B_f	실제 기초의 폭	14장	D_{10}	유효지름	3장
B_0	재하판의 폭	14장	D_{30}	가적 통과율 30%에 대응하는 입경	3장
C	형상계수	7장	D_{60}	가적 통과율 60%에 대응하는 입경	3장
C_a	부착력	12장	D_{85}	가적 통과율 85%에 대응하는 입경	7장
C_a	옹벽 저판과 지반 사이의 부착력	12장	d	구의 지름	3장
C_B	시추공 지름 보정계수	9장	d	관의 지름	6장
C_c	압축지수	8장	d	깊이비(比)	13장
C_E	해머의 에너지 효율 보정계수	9장	d_c, d_γ, d_q	깊이계수	14장
C_g	곡률계수	3장	$d\varepsilon_d$	축차변형률 증분	11장
C_m	동원된 전 점착력	13장	$d\varepsilon_v$	체적변형률 증분	11장
C_N	유효연직응력 보정계수	9장	E	탄성계수	12장
C_R	로드길이 보정계수	9장	E_c	다짐 에너지	16장
C_r	재압축지수	8장	E_s	흙의 탄성계수	14장
C_S	샘플러 종류 보정계수	9장	e	편심	12장

기호	설명	참고
e	간극비	2장
e	말뚝 효율	15장
e_{max}	가장 느슨한 상태에서의 간극비	2장
e_{min}	가장 촘촘한 상태에서의 간극비	2장
e_0	초기 간극비	2장
F	마찰 성분에 관한 안전율	15장
F	지반반력	12장
F_c	점착력에 관한 안전율	15장
F_s	안전율	15장
f	마찰저항	15장
f_s	주어진 깊이에서의 단위 마찰저항	15장
G	전단탄성계수	11장
G_s	흙의 비중	2장
GI	군지수	3장
g	중력 가속도	6장
H	댐의 수심	7장
H_p	1차 압밀이 완료된 후의 점토층의 두께	8장
H_u	말뚝의 극한 수평지지력	15장
H_w'	비탈 내 수위의 높이	13장
H_0	압밀층 두께	8장
h	높이	6장
h	해머의 낙하고	15장
h_c	모관상승고	6장
h_e	위치수두	6장
h_p	압력수두	6장
h_t	전수두	6장
h_v	속도수두	6장
I_B	영향계수	5장
I_w	즉시 침하에 대한 영향계수	14장
i	동수경사	6장
i	비탈의 경사각	13장
i_c	한계 동수경사	6장
i_c, i_γ, i_q	경사계수	14장
J	전침투수력	7장
K	횡응력계수, 토압계수	5장
K	절대투수계수	7장
K	체적탄성계수	11장
K_A	주동토압계수	12장
K_{AE}	지진주동토압계수	12장
K_{PE}	지진수동토압계수	12장
K_p	수동토압계수	12장
K_0	정지토압계수	5장
k	투수계수	7장
k	포화와 관련되는 상수	6장
k_h	수평 방향 투수계수	7장
k_v	연직 방향 투수계수	7장
k_v, k_h	각각의 연직, 수평 방향 지진계수	12장
k_x	x방향 투수계수	7장
k_z	z방향 투수계수	7장
k_0	간극 형상에 의존하는 계수	7장
L	길이	12장
l	길이	5장
l	말뚝의 길이	15장
l	물이 시료를 통과한 거리	7장
LI	액성지수	2장
M	흙의 질량	2장
M	한계상태선의 기울기	11장
M_a	공기의 질량	2장
M_d	활동(滑動) 모멘트	13장
M_R	저항 모멘트	13장
M_s	흙 입자의 질량	2장
M_y	말뚝의 항복 모멘트	15장
M_w	물의 질량	2장
$\mathrm{M}_{7.5}$	지진규모 7.5	10장
m	모관흡수력과 관련된 계수	6장
m_e	체적팽창계수	10장

기호	설명	참고	기호	설명	참고
m_f	액체의 체적변화계수	10장	Q	수평력	12장
m_v	흙의 체적변화계수	8, 10장	Q_a	허용지지력	15장
N	표준 관입 시험치	9장	Q_d	말뚝 머리의 사하중	14장
N	수직력	13장	Q_{fn}	부마찰력	14장
N_c	액상화 진동응력횟수	10장	Q_g	말뚝 무리의 극한지지력	13장
N_c, N_γ, N_q	지지력계수	15장	Q_l	말뚝 머리의 활하중	14장
N_{cf}	임계안정계수	13장	Q_p	선단지지에 의한 말뚝의 지지력	15장
N_{kt}	콘 계수	9장	Q_s	주변 마찰에 의한 말뚝의 지지력	15장
N_s	안정 수	13장	Q_u	전 극한지지력	14장
N_0	안정계수	13장	Q_u	말뚝의 극한지지력	15장
N_{60}	보정된 N값	9장	Q_{up}	말뚝의 선단지지력	15장
$(\mathrm{N}_1)_{60}$	유효연직응력이 보정된 N_{60}	9장	Q_{us}	말뚝의 마찰저항	15장
N'	유효수직력	13장	q	단위시간당 침투수량	7장
n	간극률	2장	q	$(\sigma_1 - \sigma_3)$	11장
n	반발계수	15장	q_c	콘 관입 저항값	9장
n	함수특성곡선과 관련된 계수	6장	q_o	지표면에 작용하는 건물 단위하중	14장
n_d	등수두선으로 나뉜 간극 수	7장	q_s	상재 하중	12장
n_f	유선으로 나뉜 간극 수	7장	q_t	콘 수정선단저항값	9장
n_e	다짐 층수	16장	q_u	1축 압축강도	9장
O_p	평면 기점	9장	q_{uo}	재하판의 극한지지력	14장
OCR	과압밀비	8장	q_{ult}	단위 극한지지력	14장
P_A	주동토압의 합력	12장	q_{ur}	교란된 흙의 1축 압축강도	9장
P_{AE}	지진 시의 주동토압의 합력	12장	q_0	기초에 놓이는 순하중	14장
P_h	수평분력	12장	q'	기초 바닥 위의 유효연직응력	14장
P_l	한계압력	9장	q'	주어진 깊이에서의 유효연직응력	15장
P_P	수동토압의 합력	12장	q'	각 지층의 유효연직응력	15장
P_{PE}	지진 시의 수동토압의 합력	12장	R_h	수평반력	12장
P_v	연직분력	12장	R_v	연직반력	12장
p_a	대기압(=100 kPa)	9장	R_0	말뚝의 저항력	15장
p_{cr}'	항복면의 중심응력	11장	r	반지름	15장
p'	$(\sigma_1' + 2\sigma_3')/3$	11장	r_d	흙의 변형에 따른 감소계수	10장
PI	소성지수	2장	S	포화도	2장
Q	침투수량	7장	S	비표면적	7장

기호	설명	참고	기호	설명	참고
S_c, S_γ, S_q	형상계수	14장	W_p	말뚝의 무게	15장
S_m	동원된 전단지지력	13장	W_r	해머의 무게	15장
S_r	잔류포화도	6장	W_s	흙 입자의 중량	2장
s	침하량	8장	W_w	물의 중량	2장
s	한 말뚝으로 인한 말뚝의 침하량	15장	w	함수비	2장
s, s_f	흙의 전단강도	9장	w_l	액성한계	2장
s_c	전 압밀침하량	14장	w_p	소성한계	2장
s_i	즉시침하량	14장	w_s	수축한계	2장
s_s	2차 압밀침하량	14장	x	포화와 관련되는 계수	6장
s_t	예민비	9장	Z	각 점에서의 변형률이 합쳐지는 전체 깊이	14장
s_t	전 침하량	14장	z	깊이	5장
s_u	비배수강도	9장	z	토층의 두께	7장
T	표면장력	6장	z	지표면에서 측정한 깊이	14장
T	우력(偶力)	9장	α	표면장력의 작용 방향이 연직면과 이루는 각	6장
T	절편 저변의 전단력	13장	α	공기함입치의 역수	6장
t	시간	7장	α, β	각도	12장
U	양압력	12장	$\alpha_{\max}$	최대 지표면가속도	10장
U	모관 압력, 간극수압	6장	α'	K_f선의 절편값	10장
U_z	깊이 z에서의 압밀도	8장	γ_d	건조 단위중량	2장
$\overline{U}$	평균 압밀도	8장	γ_s	구의 단위중량	3장
u, u_w	간극수압	6장	γ_{sat}	포화 단위중량	2장
u_a	간극공기압	6장	γ_{sub}	수중 단위중량	2장
u_e	과잉간극수압	8장	γ_t	전체 단위중량	2장
u_i	초기 과잉간극수압	8장	γ_w	물의 단위중량	2,3장
u_r	잔류 간극수압	10장	Δ	변화량	9장
u_0	초기 간극수압	8장	Δh	전수두차	6장
V	연직하중	14장	Δh	전수두 손실	7장
V_V	간극의 체적	2장	Δh_{ave}	평균 수두 손실	7장
V_w	물의 체적	2장	Δl	전단 시 시료의 길이의 변화량	10장
V_0	원체적	9장	ΔP_{AE}	지진에 의한 주동토압의 증가분	12장
v	속도	6장	ΔP_{PE}	지진에 의한 수동토압의 감소분	12장
v_s	침투속도	7장	$\Delta\sigma'$	유효응력의 차이	6장
W	흙덩이의 무게	13장	$\Delta\varepsilon$	전체 변형률	11장

기호	설명	참고	기호	설명	참고
$\Delta\varepsilon^e$	탄성변형률	11장	σ_{hp}	수동토압	12장
$\Delta\varepsilon^p$	소성변형률	11장	σ_v	연직응력	5장
$\Delta\varepsilon_v$	체적변형률	11장	σ_x	x방향의 수직응력	9장
δ	흙과 말뚝 재료의 마찰각	15장	$\sigma_x, \sigma_y, \sigma_z$	x, y, z방향의 수직응력	12장
δ	흙과 다른 재료와의 전단저항각	14장	σ_y	y방향의 수직응력	9장
ε	변형률	14장	σ_θ	θ 평면에 작용하는 수직응력	9장
ε_v	연직 방향 변형률	14장	σ_1	최대 주응력	9장
ε_x, ε_y, ε_z	x, y, z방향의 변형률	12,14장	σ_2	중간 주응력	9장
λ	점성토의 마찰계수	15장	σ_3	최대 주응력	9장
λ	정규압밀곡선의 자연대수축 기울기	11장	σ'	유효수직응력	9장
μ	푸아송비	5장	$\sigma_p{}'$	선행압밀압력	10장
μ	수정계수(Bjerrum)	10장	$\sigma_{vo}{}'$	유효연직응력	8장
θ	각도	12장	$\sigma_{vo}{}'$	유효연직응력	9장
θ	체적함수비	6장	η	액체의 점성계수	3장
θ_r	잔류체적함수비	6장	η	타격효율	15장
θ_s	포화체적함수비	6장	τ	전단응력	9장
κ	부마찰계수	15장	τ_f	파괴면에서의 전단응력	9장
κ	재압축곡선의 자연대수축 기울기	11장	τ_{ff}	파괴 시 파괴면에서의 전단응력	9장
ρ_d	흙의 건조밀도	2장	τ_l	항복전단강도	10장
ρ_s	흙 입자의 밀도	2장	τ_{xy}	xy 평면에 작용하는 전단응력	9장
ρ_{sat}	흙의 포화밀도	2장	τ_θ	θ 평면에 작용하는 전단응력	9장
ρ_{sub}	흙의 수중밀도	2장	ϕ	전단저항각	9장
ρ_t	흙의 전체 밀도	2장	ϕ^b	흡수마찰각	9장
ρ_w	물의 밀도	2장	ϕ_l	국부전단으로 파괴될 때의 전단저항각	15장
σ_c	구속압력	9장	ϕ_m	가동된 전단저항각	13장
σ_{ff}	파괴 시 파괴면에서의 수직응력	9장	ϕ_0	말뚝을 설치하기 전의 전단저항각	7장
σ_h	수평응력	5장	ϕ'	유효응력으로 표시한 전단저항각	9,10,15장
σ_{ha}	주동토압	12장	φ	K_f선의 경사각	10장

찾아보기 INDEX

ㄱ

ㄴ

ㄷ

ㄹ

ㅁ

ㅂ

ㅅ

ㅇ

ㅈ

ㅊ

ㅋ

ㅌ

ㅍ

ㅎ

기타